HANDBUCH DER PRAKTISCHEN UND EXPERIMENTELLEN SCHULBIOLOGIE

HANDBUCH DER PRAKTISCHEN UND EXPERIMENTELLEN SCHULBIOLOGIE

STUDIENAUSGABE IN 8 BÄNDEN

Herausgegeben von Oberstudiendirektor a. D.
Dr. *Hans-Helmut Falkenhan*, Würzburg

Unter Mitarbeit von

Oberstudiendirektor Prof. Dr. *Ernst W. Bauer*, Nellingen-Weiler Park; Universitätsprofessor Dr. *Franz Bukatsch*, München-Pasing; Studiendirektor Dr. *Helmut Carl*, Bad Godesberg; Studiendirektor Dr. *Karl Daumer*, München; *Hilde Falkenhan*, Würzburg; Studiendirektorin *Elisabeth Freifrau v. Falkenhausen*, Hannover; Dr. *Hans Feustel*, Hessisches Landesmuseum, Darmstadt; Studiendirektor Dr. *Kurt Freytag*, Treysa; Oberstudiendirektor a. D. *Helmuth Hackbarth*, Hamburg; Universitäts-Prof. Dr. *Udo Halbach*, Frankfurt; Studiendirektor *Detlef Hasselberg*, Frankfurt; Studiendirektor Dr. *Horst Kaudewitz*, München; Dr. *Rosl Kirchshofer*, Schulreferentin, Zoo Frankfurt; Studiendirektor *Hans-W. Kühn*, Mülheim-Ruhr; Studiendirektor Dr. *Franz Mattauch*, Solingen; Dr. *Joachim Müller*, Göttingen-Geismar; Professor Dr. *Dietland Müller-Schwarze*, z. Z. New York; Gymnasialprofessor *Hans-G. Oberseider*, München; Studiendirektor Dr. *Wolfgang Odzuck*, Glonn; Studiendirektor Dr. *Gerhard Peschutter*, Starnberg; Studiendirektor Dr. *Werner Ruppolt*, Hamburg; Professor Dr. *Winfried Sibbing*, Bonn; Studiendirektor Dr. *Ludwig Spanner*, München-Gröbenzell; Studiendirektor *Hubert Schmidt*, München; Universitätsprofessor Dr. *Werner Schmidt*, Hamburg; Oberstudienrätin Dr. *Maria Schuster*, Würzburg; Oberstudienrat Dr. *Erich Stengel*, Rodheim v. d. Höhe; Oberstudiendirektor Dr. *Hans-Heinrich Vogt*, Alzenau; Dr. med. *Walter Zilly*, Würzburg

AULIS VERLAG DEUBNER & CO KG · KÖLN · 1981

HANDBUCH DER PRAKTISCHEN UND EXPERIMENTELLEN SCHULBIOLOGIE

Band 2

Besondere Unterrichtsveranstaltungen

AULIS VERLAG DEUBNER & CO KG · KÖLN · 1981

Der Text der achtbändigen Studienausgabe ist identisch
mit dem der in den Jahren 1970–1979 erschienenen Bände 1–5
des „HANDBUCHS DER PRAKTISCHEN UND
EXPERIMENTELLEN SCHULBIOLOGIE"

Best.-Nr. 9433
© AULIS VERLAG DEUBNER & CO KG KÖLN
Gesamtherstellung: Clausen & Bosse, Leck
ISBN 3-7614-0546-4
ISBN für das Gesamtwerk: 3-7614-0544-8

Inhaltsverzeichnis

                                                                        Seite

Vorwort XI

Wahlpflichtfach, Grund- und Leistungskurse als neue Formen der biologischen Arbeitsgemeinschaft

I.	*Einführung*	3
II.	*Arbeitsmethoden*	4
III.	*Wahl des Themas*	8
IV.	*Arbeitsweise*	13
V.	*Die Teilnehmerzahl*	16
VI.	*Arbeitsräume*	16
VII.	*Der offene Arbeitskasten*	20
VIII.	*Der Reagenzienblock*	21
IX.	*Die Fotoausstattung*	23
X.	*Geräte und Chemiekalien zur Durchführung der Chromatographie*	24
XI.	*Aus der praktischen Arbeit*	24
XII.	*Schriftliche Arbeiten in den biologischen Arbeitsgemeinschaften*	31
Literatur		37

Der Programmierte Unterricht

I.	*Entwicklung des Programmierten Unterrichts*	43
	Historische Entwicklung	43
	Institutionen für den Programmierten Unterricht	43
	Gegenwärtige Situation des Programmierten Unterrichts	44
II.	*Das Wesen des Programmierten Unterrichts*	45
	Allgemeines	45
	Effektivität des Programmierten Unterrichts	45
	Vorteile des Programmierten Unterrichts	46
	Nachteile des Programmierten Unterrichts	46

		Seite
III.	Die Stellung des biologischen Objekts im Programmierten Unterricht	47
IV.	Der Aufbau von Unterrichtsprogrammen	48
	Lernschritte	48
	Beispiele einiger Lernschritte	48
	Fragen und Antwortformen	52
	Lineare und verzweigte Programme	52
	Programme zur Neudurchnahme und zur Wiederholung	53
V.	Die Entwicklung von Unterrichtsprogrammen	55
	Planungsphase	55
	Gestaltungsphase	56
	Validierungsphase	57
VI.	Die Integration von Programmen in den Unterrichtsablauf	58
VII.	Die Aufgabe des Lehrers im Programmierten Unterricht	59
VIII.	Erfahrungen mit dem Programmierten Unterricht in Biologie	60
IX.	Biologie-Programme	62
Literaturverzeichnis		64

Das Schullandheim

I.	Die Schullandheimbewegung	67
II.	Heime, Gruppen, Themen	68
III.	Vorbereitung des Lehrers	74
IV.	Ablauf eines vierzehntägigen Schullandheimaufenthalts	77
V.	Biologieunterricht im Schullandheim	82
VI.	Beispiele für Arbeitsblätter	87

Der biologische Schulgarten

Einführung		97
A. Bedeutung des Schulgartens		99
B. Was ist ein biologischer Schulgarten?		101
C. Anlage eines biologischen Schulgartens		106
I.	Allgemeines	106
II.	Der Anfang	109
III.	Abgrenzung des Schulgartens	112
IV.	Der Boden des Schulgartens	112
V.	Pflanzungen im Schulgarten	113

		Seite
1.	Das Frühlingsbeet	116
	Pflanzenliste 1	117
2.	Biotope	120
	a. Pflanzen aus dem (Buchen)wald	121
	Pflanzenliste 2	121
	b. Pflanzen von Steppenheiden und ähnlichen Standorten	124
	Pflanzenliste 3	124
	c. Pflanzen vom Wasser	126
	Pflanzenliste 4, unterschieden nach Pflanzen in feuchter Luft in Wassernähe	127
	in der trockeneren Verlandungszone	127
	in der feuchteren Verlandungszone	129
	im Wasser	132
	d. Pflanzen von Hochgebirgen	135
	Pflanzenliste 5, unterschieden nach Pflanzen im Steingarten	136
	auf der Trockenmauer	139
	zu anderen Möglichkeiten	141
3.	Kletterpflanzen	142
	Pflanzenliste 6, unterschieden nach a. rechts- bzw. linkswindende Pflanzen	143
	b. Pflanzen mit Ranken	145
	c. Wurzelkletterer und Pflanzen mit Haftscheiben	146
	d. Spreizklimmer	147
4.	Einrichtung zur Pollenverbreitung, Übersicht dazu	149
	Pflanzenliste 7	151
5.	Einrichtungen zur Verbreitung von Früchten und Samen, Übersicht dazu	159
	Pflanzenliste 8	162
6.	Stammbaum der Pflanzen, Entwicklungsreihen, Familien	174
	Pflanzenliste 9	176
7.	Abstammungsgemäßes System der meisten erwähnten Pflanzen	201
8.	Schöne einjährige und zweijährige Pflanzen	212
	Pflanzenliste 10	212
D. Tätigkeiten im biologischen Schulgarten		214
1.	Das Beobachten	214
2.	Manuelles Arbeiten und andere Betätigungen	221

	Seite
Empfehlenswerte Literatur	224
Verzeichnis der meisten erwähnten Pflanzen mit deutschsprachiger und wissenschaftlicher Bezeichnung	344

Hydrokultur im Bereich der Schule

I. *Historischer Abriß* 227

II. *Das Wasser und die Nährlösung* 228

III. *Hydrokultursubstrate* 233

IV. *Geeignete Kulturgefäße* 237
    a. Form und Größe 237
    b. Wasserdichtheit und chemische Beschaffenheit 238

V. *Verschiedene Verfahren der Hydrokultur* 239
    a. Anstau-Verfahren 240
    b. Flutungs-Verfahren 240

VI. *Anwendungsmöglichkeiten im Zimmer und auf dem Balkon* 242
    a. Der Hydrokultur-Einzeltopf 242
    b. Die Wasserkultur von Blumenzwiebeln 245
    c. Hydroanlagen für Gruppenpflanzungen 245
    d. Das Hydrokultur-Blumenfenster 252

VII. *Hydrokultur mit Torf im Freiland* 254
    a. Hydroponik-Beete im Schulgarten 254
    b. Stroh- und gedüngte Torfsubstrat-Kultur 255
    c. Senkrechte Pflanzenbeete 256

VIII. *Beschaffung und Vorbereitung des Pflanzenmaterials* 259
    a. Für die Hydrokultur besonders geeignete Pflanzen 260
    b. Die Umstellung der Pflanzen auf Hydrokultur 261
    c. Anzucht von Hydrokulturpflanzen aus Samen oder Stecklingen 263

IX. *Pflegemaßnahmen* 264

X. *Schlußbetrachtung* 265

Zusammenstellung von Firmenanschriften 267

Literaturverzeichnis 267

Seite

Biologieunterricht im Zoologischen Garten

I. Allgemeine Gesichtspunkte 271

    1. Standort Zoologischer Gärten in unserer Gesellschaft 271

    2. Einrichtung von Zooschulen und ihre Bildungsziele 273

    3. Ein Fachverband für Zoopädagogen 274

    4. Didaktische Überlegungen für den Zoounterricht im Hinblick auf die Schulbiologie 274

    5. Methoden des Unterrichtens in Zoologischen Gärten 277

II. Besondere Möglichkeiten 280

    1. Zoos in der BRD als Ziel für Zoologische Exkursionen 280

    2. Zooschulen und andere den Biologieunterricht im Zoo fördernde Einrichtungen (BRD, DDR) 286

    3. Zoo-Lehrwege und Arbeitsblätter als Unterrichtshilfen für Lehrer und Schüler 292

    4. Dokumentation von didaktisch-methodischen Arbeiten zum Zoo-Unterricht und von Unterrichtsprogrammen 295

Ergänzung 301

Literaturverzeichnis 305

Biologieunterricht im Naturkunde-Museum

Einführung 309

Einige Anregungen für die Arbeit im und mit dem Museum 311

Museen in der Bundesrepublik Deutschland und Westberlin mit botanischen, zoologischen und paläontologischen Sammlung 311

Literatur 322

Anhang: Naturschutz und Naturschutzgesetze

Einführung 327

Die Entwicklung der Gesetzgebung auf dem Gebiet des Naturschutzes 327

Kurze Übersicht über den Inhalt des Bundesnaturschutzgesetzes 328

Ziele des Naturschutzes und der Landschaftspflege 329

Grundsätze des Naturschutzes und der Landschaftspflege 331

Schutz und Pflege bestimmter Teile von Natur und Landschaft: 332

— Naturschutzgebiete 332

— Nationalparks, Landschaftsschutzgebiete, Naturparke, Naturdenkmale, geschützte Landschaftsbestandteile 333

	Seite
Schutz und Pflege wildwachsender Pflanzen und wildlebender Tiere	333
Allgemeiner Schutz von Pflanzen und Tieren	334
Besondere Schutzvorschriften für wildwachsende Pflanzen	334
Liste der vollkommen geschützten Pflanzenarten	335
Liste der teilweise geschützten Pflanzenarten	336
Besondere Schutzvorschriften für Vögel	336
Geschützte Arten von anderen nicht jagbaren Tieren: —Säugetiere, Kriechtiere, Lurche, Kerbtiere —	337
Rote Listen bedrohter Pflanzen und Tiere	338
Wichtige Bestimmungen aus dem Bundesjagdgesetz	338
Liste der dem Jagdrecht unterliegenden Tierarten	339
Namen- und Sachregister	341

Vorwort des Herausgebers

Nach den Handbüchern für Schulphysik und Schulchemie bringt der AULIS VERLAG das vorliegende HANDBUCH DER PRAKTISCHEN UND EXPERIMENTELLEN SCHULBIOLOGIE heraus. Zur Mitarbeit an diesem mehrbändigen Werk haben sich erfreulicherweise mehr als 25 Biologen von Schule und Hochschule bereit erklärt, die im Handbuch jeweils ihr Spezialgebiet bearbeiten und sich durch ihre bisherigen schulbiologischen Veröffentlichungen einen Namen gemacht haben. Real- und Volksschullehrer werden es besonders begrüßen, daß unter ihnen auch Professoren der Pädagogischen Hochschulen zu finden sind.
Keine Wissenschaft hat in den letzten Jahrzehnten eine so stürmische Entwicklung durchgemacht, wie die Biologie. Beschränkte sie sich um die Jahrhundertwende noch fast ausschließlich auf Morphologie und Systematik, so haben inzwischen andere Disziplinen, wie Genetik, Physiologie, Ökologie, Phylogenie, Ethologie, Molekularbiologie, Kybernetik und Biostatistik eine ständig wachsende Bedeutung erlangt.
Diese sich ständig ausweitende Stoffülle erschwert den modernen Biologieunterricht außerordentlich. An der Hochschule und im Seminar hat der junge Biologielehrer zwar die Methodik und Didaktik seines Faches gründlich kennen gelernt, aber der praktische Unterrichtsbetrieb mit seiner starken Belastung macht es ihm nicht leicht, das Erlernte auch anzuwenden. Will er nicht nur mit Kreide und Tafel seinen Unterricht gestalten, muß er sehr viel Zeit für die Vorbereitung aufwenden, denn die Beschaffung der lebenden oder präparierten Naturobjekte, die Bereitstellung der verschiedenen Anschauungsmittel und die Vorbereitung eindrucksvoller Unterrichtsversuche erfordern viel Arbeit. Von erfahrenen Pädagogen sind zwar irgendwo in der umfangreichen Literatur die Wege beschrieben worden, wie man diese Schwierigkeiten am besten überwinden kann, aber gerade das Zusammensuchen der verstreuten Literaturstellen erfordert wiederum Zeit und Mühe und der Anfänger weiß oft nicht, wo er suchen soll. Manche Buch- und Zeitschriftenveröffentlichungen sind außerdem für ihn oft kaum beschaffbar. Hier will das Handbuch helfen! Es soll dem in der Schulpraxis stehenden Biologen auf alle im Unterricht und bei der Vorbereitung auftauchenden Fragen eine möglichst klare und umfassende Antwort geben. Er soll hier nicht nur Ratschläge zur Beschaffung der Naturobjekte und Anschauungsmittel erhalten, sondern auch Vorschläge und genaue Anweisungen für Lehrer- und Schülerversuche finden, die sich besonders bewährt haben und ohne großen Aufwand durchführbar sind. Darüber hinaus bietet ihm das Handbuch statistisches Material, Tabellen, vergleichende Zahlenangaben und oft auch die Zusammenstellung wichtiger Tatsachen, die besonders unterrichtsbrauchbar sind. Auch die neuesten medizinischen Erkenntnisse, die für den Biologen interessant sind, wie etwa über Krebsvorsorge,

Ovulationshemmer und die Belastung bei der Raumfahrt, kann er im Handbuch finden.

Wenn auch bereits in der Aufführung der Tatsachen, die für einen modernen Biologieunterricht wichtig sind, eine gewisse methodische Anweisung steckt, so wird doch im Handbuch auf spezielle methodische und didaktische Hinweise verzichtet. Der Fachlehrer soll hier die Freiheit haben, nach eigenem pädagogischen Ermessen zu unterrichten. Gerade aus diesem Grund wird das Handbuch von den Fachbiologen a l l e r Schultypen erfolgreich verwendet werden können.

Dagegen werden im Handbuch auch solche Probleme behandelt, die als V o r - a u s s e t z u n g e n für einen modernen und erfolgreichen Biologieunterricht wichtig sind, wie etwa die Einrichtung von Unterrichts- und Übungsräumen und des Schulgartens. Auch die Beschreibung und Einsatzmöglichkeit der verschiedenen optischen und akustischen Hilfsmittel fehlt nicht. Trotz seines Umfanges kann das Handbuch natürlich nicht vollständig sein. Deshalb steht am Ende jeden Kapitels ein ausführliches Literaturverzeichnis.

Neben dem Inhaltsverzeichnis wird ein Stichwortverzeichnis dem Leser das Suchen erleichtern. Es ist so angelegt, daß alle Seite aufgeführt sind, auf denen das Stichwort zu finden ist. Wenn aber das Stichwort an einer Stelle im Handbuch besonders gründlich behandelt wird, so ist die entsprechende Stelle durch Fettdruck hervorgehoben.

Der vorliegende Band 1 des Handbuchs ist aus wohlerwogenen Gründen der zuletzt erscheinende des Gesamtwerkes. Er bringt die Voraussetzungen für einen erfolgreichen Biologieunterricht, die Leistungskontrolle und die besonderen Unterrichtsveranstaltungen. Gerade auf diesen Gebieten hat aber in den letzten Jahren eine stürmische technische und curriculare Entwicklung stattgefunden. Um möglichst viel von den neuen Erkenntnissen zu berücksichtigen, erscheint es ratsam, gerade diesen Band erst als letzten herauszubringen. Die große Stoffülle machte es außerdem notwendig, ihn in die zwei Teilbände 1/I und 1/II aufzuteilen.

Im Band 1/II werden die besonderen Unterrichtsveranstaltungen beschrieben, die zum Teil auch außerhalb des Klassenzimmers stattfinden. Alles, was der Lehrer dabei berücksichtigen muß, wird ausführlich behandelt. Verzichtet wurde nur auf den normalen Lehrausflug, weil bei ihm die sehr verschiedenen örtlichen Verhältnisse und Unterrichtsziele seinen Charakter bestimmen. Außerdem werden die dabei auftretenden didaktischen Fragen während der Seminarausbildung gründlich besprochen.

Um Wiederholungen zu vermeiden, wurde im allgemeinen auf Abschnitte in den schon erschienenen Bänden verwiesen. Wenn aber der Zusammenhang dadurch zu sehr verloren ging, auch um dem Benutzer unnötiges Suchen zu ersparen, erwies es sich als zweckmäßig, manche Versuche noch einmal zu beschreiben, besonders wenn es verschiedene Möglichkeiten ihrer Durchführung gibt.

Würzburg, im Sommer 1978

Dr. Hans-Helmut Falkenhan

WAHLPFLICHTFACH, GRUND- UND LEISTUNGSKURSE ALS NEUE FORMEN DER BIOLOGISCHEN ARBEITSGEMEINSCHAFT

Von Studiendirektor Dr. Werner Ruppolt

Hamburg

I. Einführung

Im letzten Jahrzehnt hat der Biologieunterricht auf der Oberstufe unserer Gymnasien eine spürbare Wandlung erfahren. Generell kann gesagt werden, daß wie bisher im üblichen Sinne mit wenigen Ausnahmen kein Klassenunterricht mehr stattfindet, sondern der Unterricht ist aufgelockert worden. Anfang der sechziger Jahre wurde das Wahlpflichtfach eingeführt und zu Beginn der siebziger Jahre wird dieser Begriff von der kollegialen Oberstufe abgelöst. Die kollegiale Oberstufe wird in Grund- und Leistungskurse unterteilt. Mit diesen Reformen hat der Schüler die vorher nicht gegebene Möglichkeit, seinem Lieblingsfach oder Lieblingsfächern eine stärkere Betonung als bisher zu verleihen. Er kann diesen Fächern in der Schule viel mehr Zeit widmen und sich in die Probleme dieser Disziplinen stärker als bisher vertiefen.

Es ist deshalb keine leichte Aufgabe, im Rahmen dieses Handbuches auf Einzelheiten einzugehen, da an manchen Gymnasien noch die Biologie auf der Oberstufe als Wahlpflichtfach durchgeführt wird, in anderen Schulen ist aber die Kollegstufe bereits im Vormarsch, und es mag sicherlich noch Schulen geben, welche den Unterricht im herkömmlichen Sinne führen.

Alle verschiedenen Formen haben aber gemeinsam, daß sich junge Menschen zu Arbeitsgemeinschaften zusammengefunden haben. In diesen biologischen Kursen sollen innerhalb eines bestimmten Zeitraumes (Semester), vorher bekanntgegebene Rahmenthemen theoretisch, experimentell oder noch besser, wenn Theorie und Praxis in Einklang stehen, in detaillierter Form erarbeitet und diskutiert werden. Um diesen Forderungen der Minister zu entsprechen, sind verschiedene Voraussetzungen notwendig, auf die hier kurz eingegangen werden soll.

Aufgelockerter Unterricht bedeutet, den Schüler mehr als bisher zu selbständiger manueller als auch geistiger Tätigkeit zu erziehen. Es sollte gelingen, im Schüler ein stärkeres Verantwortungsbewußtsein wachzurufen.

Die Biologie ist ebenso wie die anderen naturwissenschaftlichen Disziplinen ein experimentelles Fach. Leider muß diese Tatsache dem einen oder anderen Kollegen immer wieder zugerufen werden.

E. Leick hat in *Schoenichens* „Methodik und Technik des naturgeschichtlichen Unterrichts" schon 1914 herausgestellt, weshalb im Biologieunterricht Schülerübungen unerläßlich sind. Er hat die Hauptgedanken in einigen Punkten zusammengefaßt, die hier ihrer Aktualität wegen wiedergegeben werden sollen. Er begründet seine Aussage folgendermaßen:

„1. um die Erarbeitung allgemeiner Gesetze auf Grund zuverlässiger eigener Beobachtungen zu ermöglichen,

2. um zu einer kritischen Sinnestätigkeit und einem erhöhten Wahrnehmungsvermögen zu erziehen,

3. um die Eigenart der naturwissenschaftlichen Arbeitsmethoden aus eigener Erfahrung kennenzulernen und zu einer Würdigung ihrer Bedeutung zu gelangen,
4. um den heuristischen Wert und die Tragweite von Hypothesen und Theorien richtig abzuschätzen und sie auf ihren philosophischen Gehalt prüfen zu lernen,
5. um die Anschauung auch auf mikroskopische Objekte ausdehnen zu können,
6. um einen Einblick in die Organisationsverhältnisse des Tier- und Pflanzenkörpers zu gewinnen,
7. um die wandelbaren Erscheinungen des Lebens in ihren mannigfachen Abhängigkeiten auf Grund der eigenen Versuche und Betrachtungen zu erfassen."

Alle Punkte enthalten wertvolle begründete Gedanken, die wir stets während der Arbeitsgemeinschaften nutzbringend anwenden sollten.

Zur aufgelockerten Form des biologischen Unterrichts haben sich in letzter Zeit einige Autoren sehr positiv geäußert. *Brüggemann* schreibt u. a. folgendes hierzu: „Insbesondere aber ist die didaktische Kategorie des ‚Umgangs' von grundlegender Bedeutung für denjenigen Arbeitsstil im Unterricht, der den jungen Menschen zur Selbständigkeit bringen soll. Alles, was mit lebenden Pflanzen und Tieren in der Schule geschieht, vollzieht sich im ‚Umgang' mit ihnen und weckt bildende Kräfte von größter Bedeutung. Hier liegen auf allen Stufen des biologischen Unterrichts Möglichkeiten der Realisierung eines hohen erzieherischen Anspruchs, der gleichzeitig ein notwendiges Gegengewicht gegen den überspannten Anspruch einer falschen ‚Verwissenschaftlichung' bildet."

An anderer Stelle spricht *Flörke* ähnliche Gedanken aus. Hier heißt es: „Insbesondere haben die Fächer Chemie und Biologie die einmalige Möglichkeit, zu einer Bildungsarbeit vorzustoßen, die sich auf Eigentätigkeit und Selbstverantwortung stützt und das Ganze in den Griff bekommt. Hier hat nämlich der Lehrer mit kleinen Gruppen zu arbeiten, mit Schülern, die sich das Fach oder auch den Lehrer gewählt haben, so daß angenommen werden darf, daß das Bildungsgut dem zu Bildenden adäquat ist, was *Kerschensteiner* als Voraussetzung für den Erfolg des Bildungsprozesses ansieht.

Wahl des Faches, Arbeitswille, innere Verbundenheit mit dem Lehrer, kleine arbeitsfähige Gruppen, kein strenger Lehr- und Stoffplan mit ‚Minimalforderungen' ermöglichen in der Arbeitsgemeinschaft eine Intensität der Arbeit, die im Pflichtunterricht schon aus rein äußerlichen Gründen nie erreicht werden kann."

II. Arbeitsmethoden

Grundlage zur selbständigen geistigen Tätigkeit ist das Rüstzeug, welches der Schüler bereits in den vorausgegangenen Schuljahren zu erwerben hat. Während der Unter- und Mittelstufe ist dem Schüler soviel Sachwissen zu vermitteln, daß er damit auf der Oberstufe arbeiten kann. (Siehe Rahmenplan des Verbandes Deutscher Biologen für das Schulfach Biologie, Okt. 1972) Sachwissen hat in diesem Falle nicht nur die Bedeutung der Vermittlung von vielen einzelnen Tatsachen, sondern es muß bereits auf diesen Stufen angestrebt werden, Querverbindungen zu anderen Fächern herzustellen, Zusammenfassungen und Übersichten zu erarbeiten oder zu geben.

Zur Durchführung eines aufgelockerten naturwissenschaftlichen Unterrichts ist erforderlich, die Zahl der Schüler innerhalb einer Arbeitsgemeinschaft nicht über eine bestimmte Quote hinausgehen zu lassen. Ich werde später noch darauf eingehen.

Für den arbeitsteiligen Unterricht müssen die notwendigen Arbeitsräume mit den Lehr- und Übungsmitteln sowie eine gute Fachbücherei zur Verfügung stehen. Wertvolle Einzelheiten hierüber vermittelt dem interessierten Leser die Schrift von W. *Franz* (siehe auch Seite 9, 16 und Seiten 7, 12, 14, 28, 29).

Zur Durchführung einer fachübergreifenden Behandlung bestimmter Stoffgebiete ist es unerläßlich, daß der Biologe möglichst Kenntnisse im Fach Chemie oder der Physik oder Geographie aufzuweisen hat. Wie bereits erwähnt, soll der Unterricht im Wahlpflichtfach aufgelockert sein. Als Methode hierfür scheint der arbeitsteilige Unterricht besonders günstig. Hiernach erhalten kleine Schülergruppen oder noch besser Einzelschüler Teilthemen, die zu einem Hauptthema gehören können, zur Bearbeitung. Gemäß den „Richtlinien zur didaktischen und methodischen Gestaltung der Oberstufe und Gymnasien" kann man für den Gesamtablauf des Unterrichts drei Arbeitsphasen unterscheiden:

1. Die Aufgliederung des Arbeitsganzen,
2. Die Ausführung der Teilarbeiten (Schul- und Hausarbeit),
3. Die Zusammenfassung der Ergebnisse.

Diese Art der Arbeitsweise bietet Vorteile, die nicht verschwiegen werden sollen. Besonders wird die Selbsttätigkeit des Schülers gefördert; gemäß seinen Neigungen kann er sich die Bearbeitung einer Teilaufgabe selbst auswählen. Er ist für die Durchführung seiner Arbeit selbst verantwortlich.

Aus diesem Grunde ist es gut, wenn der Arbeitsgemeinschaftsleiter keine Gruppen-, sondern Einzelaufgaben verteilt. Auf diese Weise kann es zu fruchtbaren Diskussionen über das bearbeitete Hauptthema im Klassenmaßstab kommen. Die Schüler sind gezwungen, über ihr Schulbuch hinaus einen Einblick in die Fachliteratur zu nehmen, kurz, sich Gedanken darüber zu machen, wie sie das Ziel, für das sie allein verantwortlich sind, erreichen. Experimente, die sie im Rahmen ihrer Aufgaben ausführen, werden sie dazu erziehen, genau und sauber zu arbeiten, Geduld zu üben und die Ergebnisse in schlichten Worten zu Papier zu bringen. Der Wert dieser Arbeitsmethode liegt ferner darin, die Schüler zum Suchen, zum Sehen und zur Freude am Entdecken, zur Wahrhaftigkeit und nicht zuletzt zur Ehrfurcht vor den Naturobjekten zu erziehen. Sie sollen lernen zu planen, zu vergleichen, zu formulieren, auszuwerten und zu verstehen, die Fachliteratur sinnvoll anzuwenden.

Im neuen Oberstufenunterricht soll sich aber nicht nur das Prinzip der Arbeitsteiligkeit, sondern auch das der Konzentration bewähren.

Man unterscheidet dabei die äußere und innere Konzentration. Die erste Form sucht die Verbindung zu den anderen Fächern. Sie hat darüber hinaus den Zweck, sich nicht nur auf das rein Stoffliche, sondern auch auf das Methodische zu beziehen. So wird es oft notwendig sein, Gemeinsamkeiten und Unterschiede der Forschungsmethoden herauszuarbeiten. Die innere Konzentration versucht innerhalb der Biologie verschiedene Stoffgebiete und Methoden in Zusammenhang zu bringen. Als Beispiel sei die Abstammungslehre erwähnt. Anatomie, Morphologie,

Physiologie, Embryologie sowie Systematik liefern für ihr Verständnis wertvolle Beiträge. Innere Konzentration bedeutet in diesem Zusammenhang auch Wiederholung und Ergänzung des fundamentalen Unter- und Mittelstufenwissens.
Es könnte vielleicht nach dem bisher Gesagten der Gedanke entstehen, daß der Unterricht in der Arbeitsgemeinschaft lediglich einen experimentellen Charakter hat. Das muß aber abgelehnt werden. Der Lehrer wird gezwungen sein, regelmäßig oder nach Bedarf Stunden einzulegen, die es notwendig machen, das Erarbeitete zusammenzufassen. Ferner ist es unmöglich, alle empfohlenen Stoffgebiete eines Themenkreises experimentell zu unterbauen. Gedacht ist hier zum Beispiel an die Abstammungslehre, an biologische Aspekte der Morphologie, an sozialkundliche Probleme, an die Paläontologie oder an die Stellung des Menschen in der Natur. In diesen Fällen wird es notwendig sein, geeignete Literatur — möglichst für alle Schüler —, Bild- und Filmmaterial beschaffen; denn auch bei der Bearbeitung solcher Themen soll die Selbsttätigkeit der Schüler nicht vernachlässigt werden. Durch Lichtbilder oder Filmvorträge von Seiten der Schüler mit anschließenden Diskussionen und Zusammenfassungen der Ergebnisse kann das eine oder andere hierfür geeignete Stoffgebiet erarbeitet werden.
Der Bildungswert unseres Faches wird erhöht, wenn wir uns einiger Grenzgebiete wie Philosophie, Psychologie, Religion nicht verschließen. Der Schüler muß in diesen Fällen lernen, wo die exakte naturwissenschaftliche Aussage aufhört und die Grenze ihren Anfang nimmt. Allerdings ist der Versuch, solche Grenzgebiete zu berühren, nur empfehlenswert, wenn der Lehrer über gute Fachkenntnisse des Grenzgebietes verfügt.
Das neue System hat den Zweck, die Schüler von der bisherigen Stoffülle zu entlasten. Unser Unterricht kann daher keinen Anspruch auf systematische Vollständigkeit erheben. An die Stelle des bisherigen Stoffplanes ist ein Themenkreis getreten. Er enthält Themen, zu deren Bearbeitung der Lehrer verpflichtet ist, aber auch solche, die er bei noch vorhandener Zeit zusätzlich und freiwillig besprechen kann. Pflichtthemen wären z. B. Bau und Funktion von pflanzlichen und tierischen Organen, Vererbungs-, Abstammungslehre und die Stellung des Menschen in der Natur. Beispiele, die sich für diese Gebiete besonders eignen, wählt der Lehrer selbst. Themen, die für eine freiwillige Bearbeitung in Frage kommen, wären z. B. Biochemie (Hormone, Vitamine, Fermente), Tierphysiologie, Verhaltensforschung, Kybernetik, Virologie, Fortpflanzung und Entwicklung, Fragen der Ökologie (Anpassungsproblem), Gemeinschaften des Lebens, Natur- u. Landschaftsschutz, Geschichte der Lebewesen. Da eine Stoffülle vermieden werden soll, arbeitet der Lehrer exemplarisch. Er kann an einem passenden Beispiel mit der gesamten Klasse die vorhandenen Probleme erarbeiten. Es bietet sich aber auch die Möglichkeit — und dies ist die wertvollere Methode — daß jeder Schüler an einem anderen Beispiel (selbstgewählt oder gegeben), also arbeitsteilig, das gestellte Problem untersucht. Im letzteren Falle ist nach Beendigung der Arbeiten alles zusammenzufassen, und die Ergebnisse sind auszuwerten. Diese Methode würde dem Schüler einen größeren Überblick bieten. Für den Lehrer ist sie dagegen schwierig, weil er in der Lage sein sollte, alle auftauchenden Unebenheiten z. B. bezüglich der vorgeschlagenen Objekte, die zur Verfügung stehende Zeit zur Bearbeitung zu übersehen.
Das exemplarische Arbeiten — sowohl mit einem Thema als auch mit mehreren — stellt für die meisten Kollegen etwas völlig Neues, Ungewohntes dar. Es wird

nicht immer leicht sein, die damit verbundenen Schwierigkeiten schnell zu überwinden. Diese bestehen darin, daß eine Musteranleitung nicht gegeben werden kann. Schon die Wahl des Unterrichtsbeispieles, an welchem möglichst viel demonstriert werden soll, dürfte nicht immer leicht fallen. Man kann sagen, daß jedes Thema vom Lehrer sein eigenes Einfühlungsvermögen, seine eigene Planung und Bearbeitung erfahren muß. Zunächst sollte nur ein solches Objekt behandelt werden, das in genügend großen Mengen vorhanden ist. Erst wenn die Schüler die Arbeitsmethode kennengelernt haben, wird man auch in der Lage sein, vielleicht mit weniger Material auszukommen. Der Lehrer muß das zur Bearbeitung kommende Material stofflich und methodisch zu handhaben wissen. Viele Vorarbeiten sind also für eine ordentliche Durchführung notwendig. Hierbei wird es sich herausstellen, welche Materialien und Geräte in der Schule vorhanden sind und welche — bei Fehlbeständen — noch anzuschaffen sind. Es sollte eine sinnvolle Planung vorausgehen, damit die Arbeiten aus diesen Gründen später keine Unterbrechung zu erfahren brauchen. Während der Vorbereitungs- und Durchführungszeit durch die Schüler werden diese oft an ihren Lehrer mit Fragen, welche die Theorie und die Praxis des Themas betreffen, herantreten. Er sollte alle so sinnvoll und wendig beantworten, daß jeder Schüler seine Arbeit mit Erfolg fortsetzen kann. Natürlich ist der Lehrer nicht allwissend. Dem Schüler sollte in diesen Fällen mit Literaturhinweisen zur Fortsetzung seiner Arbeiten gedient sein.

Es wird so sein, daß in den ersten Jahren, in denen diese Methode angewandt wird, sehr viel pädagogisches und vielleicht auch wissenschaftliches Neuland — in bezug auf die Reformen gesehen — betreten werden muß. Es wird ein geeigneter Themenstamm bearbeitet werden müssen. Nur der Kollege, der hinsichtlich der Zeit und seiner Arbeitskraft nicht geringe Opfer zu bringen imstande ist, wird sich mit dieser Methode anfreunden können. Im anderen Falle wird es im Interesse der Schüler besser sein, auf die Leitung einer Arbeitsgemeinschaft zu verzichten. Daher wird jeder einsichtsvolle Schulleiter aus diesen Gründen Wert darauf legen, jene geeigneten Oberstufenlehrer zu entdecken, die bereit sind, in der genannten Form zu arbeiten, und das in die Tat umzusetzen, was in den Plänen als Ideal niedergelegt worden ist. Die Schulbehörden müssen hierzu erkennen, daß so ein anspruchsvoller Oberstufenunterricht nur bei entsprechender Stundenentlastung möglich ist.

Exemplarisch zu lehren soll aber nicht heißen, in der Methode eine Einseitigkeit zu entfalten. Exemplarisch lehren bedeutet soviel, daß das zu untersuchende Objekt von allen Seiten mit allen Möglichkeiten beleuchtet wird. Der Wechsel ist oberstes Gesetz, und der Lehrer sollte immer bemüht sein, zu ergründen, welche Methode die geeignetste sein könnte. Auf diese Weise wird der Unterricht nie langweilig, er kann es aus dem Grunde schon nicht werden, weil der Schüler mehr als bisher im Mittelpunkt steht und seine Aktivität voll entfalten kann. Neben den praktischen Übungen, die bei dem einen oder anderen Thema zweifellos im Vordergrund stehen werden, wird der Schüler-, aber auch der Lehrervortrag gepflegt werden müssen. Zum Thema in Verbindung stehende Filmvorführungen sollten keine Vernachlässigung erfahren. Literatur-, Zeitschriften- und Zeitungshinweise können den einen oder anderen ein Stück in seiner Arbeit weiterbringen, auch Betriebsbesichtigungen können den geistigen Horizont erweitern und das soziale Bewußtsein wecken.

Exemplarisch bedeutet aber auch orientierend lernen und lehren. Das orientierende Verfahren werden wir vielleicht an den Anfang oder den Schluß unserer Aufgabe stellen. Es wird sicher nützlich sein, wenn wir den Schülern demonstrieren wollen, wie sich das gestellte Thema in das Gesamtsystem der Wissenschaft harmonisch einordnet, wenn wir während unserer Arbeit Zusammenhänge aufzeigen oder Lücken schließen wollen.

III. Die Wahl des Themas

Wenn der Lehrer für die freiwillige Arbeitsgemeinschaft ein Thema zur Bearbeitung stellt, sollte er sich vorher die Frage vorlegen, was für die Schüler an positiven Dingen herauskommt. Es ist nicht allein damit getan, daß die Schüler die höchste Form der schulischen Arbeit, die freiwillige selbständige Form, durchführen.
Die Wahl des Themas wird von verschiedenen Faktoren abhängen. Ich könnte mir vorstellen, daß der Lehrer bestimmte Lieblingsgebiete kennt. Diese wird er stofflich und methodisch gut beherrschen und vielleicht noch offenstehende Probleme nach der einen oder anderen Seite durch Schülerversuche ergänzen lassen. Es wird sich bewähren, solche Themen in den Vordergrund — mindestens zu Beginn der praktischen Tätigkeit — zu stellen.
Natürlich kann auch der umgekehrte Fall eintreten. Die Teilnehmer möchten gern über ein bestimmtes Gebiet arbeiten. Doch da heißt es aufpassen, um nicht zu schnell eine verbindliche Zusage zu machen. Man sollte sich auch hier wieder die Frage vorlegen: Was für ein Endergebnis könnte herauskommen? Oft ist es wichtig, die zur Verfügung stehende Zeit bei der Bearbeitung zu berücksichtigen. Weiter sollte die Frage beachtet werden, ob genügend Material bis zur Beendigung der Arbeiten zur Verfügung steht und das Thema nicht zu schwer ist oder zu geringe Anforderungen stellt. Die Wahl des Themas wird ferner davon abhängen, ob die Schule in einer Klein- oder Großstadt liegt. In der Kleinstadt dürfte man Gelegenheit haben, schneller die Gebiete natürlicher Lebensgemeinschaften aufzusuchen als in der Großstadt. Hier liegen andere Verhältnisse vor, doch an geeigneten Themen und Arbeitsmöglichkeiten wird es auch nicht fehlen. Sehr erfreulich wäre zur Durchführung einer freiwilligen Arbeitsgemeinschaft die Benutzung eines Schulgartens. Hier ist Gelegenheit gegeben, im Freien zu arbeiten. Auch muß gründlich geplant werden, welche Objekte zu pflanzen oder auszusäen sind, mit denen später gearbeitet werden soll (siehe auch Seiten 9, 25). Somit spielt die Jahreszeit für die Themenstellung eine große Rolle. Für das Sommerhalbjahr würden sich vorzugsweise botanische Themen eignen. Gedacht sei hier an Keimungs-, Wachstums- und Fortpflanzungsvorgänge. Auch blütenökologische Beobachtungen sind von der Jahreszeit abhängig. So macht *Hensel* einen guten Vorschlag, der sich nur in der warmen Jahreszeit verwirklichen läßt. Er zieht für einige Tage oder Wochen mit einer Großstadtklasse aus der Oberstufe auf eine Nordseeinsel, um sie durch Selbstbetätigung in das Wissensgebiet der Ökologie einzuführen. Dieser Versuch ist um so erwähnenswerter, weil er bereits 1961 gemacht wurde. Er läßt sich also ohne weiteres wegen seines Cha-

rakters auf das Wahlpflichtfach oder die freiwillige Arbeitsgemeinschaft übertragen (siehe auch Seiten 10, 11, 12). Dagegen kan man zootomische, biochemische oder botanisch-anatomische Übungen oder solche zur Humangenetik, wie sie von *Dressel* vorgeschlagen werden, sehr gut in das Winterhalbjahr verlegen, allerdings müßte man auch hier in Form von konserviertem Material etwas im Sommer bereitgestellt haben.

Die Themenstellung wird sich oft nach den vorhandenen Räumlichkeiten der Schule richten. Wenn 15—20 Schüler, wie es an meiner Schule z. T. der Fall ist, experimentieren, reichen oft die Abstellmöglichkeiten für die zu beobachtenden Versuche nicht aus. Auch ist ein solcher Gerätevorrat wohl in den seltensten Fällen vorhanden. Hinzu kommt, daß Parallelklassen das gleiche Recht auf die Räume und die Abstellplätze haben. Nur strengste Disziplin und gegenseitiges Rücksichtnehmen können Reibereien verhindern.

Es wurde schon eingangs betont, daß das gestellte Thema nicht zu schwer und nicht zu leicht sein soll. Der Schüler darf auf keinen Fall nach den ersten Stunden den Mut verlieren und die Arbeit aufgeben wollen. Es darf aber auch nicht so sein, daß er sich langweilt und seine Zeit im Gespräch mit Kameraden verbringt. Die hier durchgeführten Arbeiten sollen keine Forschungen sein, sondern sie sollen den Zweck haben, die Freude am Neuentdeckten hervorzurufen. *Stengel* sagt: „daß wir auf dem Boden der Schule bleiben müssen".

Schaut man sich in älteren naturwissenschaftlichen Methodikwerken um, z. B. *Schoenichen*, so sind der Selbsttätigkeit des Schülers über einhundert Seiten gewidmet, was innerhalb des Buches ein recht beträchtlicher Umfang ist. *Schoenichen* stellt der selbsttätigen Arbeit des Schülers ein Wort von *Helmholtz* voran. Dieser sagt: „Wer aus Lust an der Sache arbeitet und demzufolge strebt, die Sache zu fördern, der wird durch die Arbeit veredelt, welche es auch sein mag". Es wird ausdrücklich darauf hingewiesen, daß der Charakter der freiwilligen Arbeit gewährt sein muß. Die Anregungen des Lehrers sind nur dann wertvoll, wenn die Schüler zu selbständiger Tätigkeit veranlaßt werden. Die Themen, welche in dieser Mitteilung vor ungefähr einem halben Jahrhundert schriftlich fixiert worden sind, können auch heute in einer Arbeits-, Wahlpflicht- oder Kursgemeinschaft angeboten werden.

Einzelne, die mir wichtig erschienen, seien hier genannt. „Die Entwicklung eines Pflanzenindividuums im Verlauf eines Jahres". Ich nenne dieses Thema gleich an erster Stelle, da ich es im Wahlpflichtfach bereits erfolgreich bearbeiten ließ, ohne die Formulierung bei *Schoenichen* gekannt zu haben. Die Schüler erkannten bei der Themenstellung sofort, welche Schwierigkeiten sich ergeben würden, z. B. Einplanung der großen Ferien, Klassenfahrt, keine Verwendung von zwei- oder mehrjährigen Pflanzen, notfalls Vorhandensein eines Gartenstückes oder Balkons, da es unmöglich ist, alle Pflanzen in den Schulräumen groß zu ziehen. Wenn passende Objekte gewählt wurden, konnte der Zyklus geschlossen werden, und der Schüler hatte als Ergebnis seiner Untersuchungen das in der Hand, wovon er ausgegangen war, nämlich den Samen. Ich möchte mich hier nicht weiter in Einzelheiten verlieren, da ich laut Literaturangaben bereits an anderer Stelle darüber berichtet habe. Das zweite Thema, welches ich bereits mit einer 12. Klasse ausprobiert habe, heißt „Fortpflanzungsmöglichkeiten im Pflanzen- und Tierreich". Ein sehr interessantes und ebenso reizvolles Thema, das den Schülern sehr viel Freude und immer wieder neue Anregungen gegeben hat.

Schoenichen nennt folgende andere Bearbeitungsgebiete: „Die Anpassung der Trockenlandpflanzen (Xerophyten)." Bei diesem Thema wäre es vorteilhaft, wenn ein Botanischer Garten zur Verfügung stände, um genügend Vergleichsmöglichkeiten aussuchen zu können, was für Schulen in Universitätsstädten besonders geeignet erscheint. Das Thema: „Schnelligkeit der Saftbewegung in verschiedenen krautigen Stengeln und Holzgewächsen" eignet sich wohl vornehmlich für die Frühjahr- und Sommermonate. Das gleiche möchte ich von folgendem Thema behaupten „Der Keimprozeß von Erbsen im Licht und bei Lichtabschluß". Im weiteren Verlauf werden dann auch Themen angegeben, die man als Hauptthemen ansprechen müßte. Hierbei ist der Lehrer gezwungen, das Hauptthema weiter aufzugliedern, so daß jeder Schüler eine geeignete Teilaufgabe erhält. Dabei sind die Schüler dem Lehrer in der Regel behilflich, weil sie den einen oder anderen Wunsch bezüglich der Bearbeitung äußern. Ich habe diese Tatsachen bei dem genannten Fortpflanzungsthema dankbar feststellen können.
Als weiteres Gebiet, das sich für Schülerübungen eignet, wird die Planktonkunde genannt. Voraussetzung ist natürlich, daß in der Umgebung der Schule geeignete Gewässer vorhanden sind, welche entsprechendes Untersuchungsmaterial liefern. Fänge können dann über das ganze Jahr getätigt und verglichen werden.
Es wird die Mykologie angeführt. Ich kann mir vorstellen, daß Schüler Algen-, Schlauch- und Ständerpilze als erfolgreiches Arbeitsgebiet ansehen. Notwendig sind ein Sterilisationsgerät und Pilzlampe, die nicht zu langsam wachsen. Ein Teilthema wäre die Verbreitung von Sporen und die Untersuchung verschiedener Mykorrhizen, ebenso stoffwechselphysiologische Übungen bei Pilzen. Einzelheiten hierüber sind der Literatur zu entnehmen (siehe auch Band 2, S. 443, 489).
Das Thema „Aufbau von Wurzel, Stamm und Blatt" ist interessant. Man kann jedem Schüler ein anderes Objekt anvertrauen oder noch besser selbst suchen lassen. An Hand der verschiedenen Pflanzen können zum Schluß der vorliegenden Ergebnisse die Gemeinsamkeiten, aber auch die Differenzen demonstriert werden. Jedem Schüler wäre hierbei Gelegenheit zu ausreichender mikroskopischer Arbeit gegeben, es würde im Verlauf der Untersuchungen zu Diskussionen über das Entdeckte kommen, und jeder könnte an Hand eines Schülervortrages seine Ergebnisse der Klasse mitteilen.
Ebenso könnten getrennt gemeinschaftlich „Pflanzliche Speicherorgane" einer Bearbeitung unterzogen werden. Hier wäre zu zahlreichen histochemischen Untersuchungsmöglichkeiten und zum Mikroskopieren Gelegenheit gegeben.
Schwieriger dürfte die Materialbeschaffung bei der Bearbeitung des Themas „Vergleichende Untersuchung der Verdauungsorgane von pflanzen- und fleischfressenden Tieren" sein. Bei diesem Thema wäre es günstig, wenn die Schule zu einem Schlachthaus oder einer Försterei Verbindung hätte. Die gleichen Voraussetzungen wären bei dem Thema „Parasitismus im Tierreich" zu erfüllen.
Das Thema „Untersuchung von Eiern und Spermien verschiedener Tierformen" ist ebenfalls sehr reizvoll, dürfte aber in der Bearbeitung hinsichtlich der Materialbeschaffenheit auf einige Schwierigkeiten stoßen.
Ich selbst hatte Gelegenheit, während meiner Amtszeit einige Themen, die in dieser Richtung lagen, in freiwilligen Arbeitsgemeinschaften bearbeiten zu lassen. Darüber habe ich in den Fachzeitschriften berichtet. Beispielsweise handelte es sich um das Thema „Schulversuche mit Südfrüchten" oder „Pflanzen als Energiespender" sowie „Kaffe, Tee und Kakao".

Diese Themen bieten Gelegenheit, makroskopisch und mikroskopisch, anatomisch als auch keimungsphysiologisch zu arbeiten. Das Material kann zu jeder Jahreszeit und in ausreichenden Mengen beschafft werden. Die Schüler zeigten für diese Themen großes Interesse. „Versuche mit Bioga-Geräten" war ein zweiter Themenkreis. Hierbei ist zu beachten, daß die Schüler genügend Gerätematerial zur Verfügung haben. Die Versuche sind zum Teil schnell aufgebaut, brauchen aber noch Zeit zur Auswertung und Beobachtung. Damit der betreffende Schüler während dieser Zeit nicht untätig ist, kann er sich gemäß der Versuchskartei auf einen zweiten oder dritten Versuch vorbereiten. Stehen nicht so viele Geräte zur Verfügung, daß zwei oder drei Versuche eines Schülers parallel laufen, sollte man mikroskopische Übungen mit den gleichen Objekten durchzuführen versuchen, mit denen makroskopisch gearbeitet wird. Das wird sich aber mehr mit botanischen als zoologischen Objekten durchführen lassen.

Großes Interesse zeigen die Schüler für Grenzgebiete. Ich denke hier an die Biochemie. So hatte ich in einem Jahr ein Thema über Fermente ausgesucht. Hierbei ist es notwendig, daß mehrere Stromversorgungsgeräte zur Verfügung stehen. Die Schüler werden gezwungen, sehr sauber zu arbeiten, da die Versuche sonst nicht funktionieren. Ein anderes Thema in dieser Sparte wurde „Biochemische Übungen" genannt. Hierbei konnte sich jeder ein Gebiet aussuchen. Es wurden Fette, Kohlenhydrate, Eiweiße, Vitamine, Harn, Nucleinsäuren, Gallenfarbstoffe u. a. bearbeitet. Die biochemischen Übungen verliefen überaus erfolgreich. Vor allem führten die Schüler zu diesem Thema sehr genaue Protokolle mit Skizzen. Weniger Interesse mußte ich feststellen, als in einem Jahr „Die mikroskopische Untersuchung der pflanzlichen Zelle" bearbeitet wurde. Es scheint mir, daß dieses Stoffgebiet von der Schülerperspektive als etwas „abstrakt" angesehen wird.

Ähnliche Bearbeitungsvorschläge führt *Steineke* in seiner „Methodik des Biologieunterrichtes" an. Ein Abschnitt ist dem Thema „Biologische Arbeitsgemeinschaften und Kurse" gewidmet. Das selbständige Arbeiten in Form von Arbeitsgemeinschaften ist bereits über 100 Jahre alt. Allerdings haben die Bestrebungen, solche Übungen konsequent durchzuführen, immer wieder von höherer Warte aus Unterbrechungen erfahren bis 1925 eine lehrplanmäßige Einordnung der Schülerübungen stattfand. Botanische Themen, die in den Richtlinien vorgeschlagen werden, überwiegen. Ob man aber mit dem „Ansetzen und Untersuchen von Bakterienkulturen" große Erfolge und entsprechendes Interesse wachrufen kann, ist fraglich. Schwierig erscheint auch das Thema „Pflanzenkrankheiten und ihre Erreger". Eine längere Zeit das Thema „Bestimmungen schwieriger Blütenpflanzen und Kryptogamen" durchzuführen, dürfte im Laufe der Zeit langweilig werden und nicht das gewünschte Interesse bei den Schülern finden. Besser eignen sich nach *Steineke* folgende Themen: „Planktonuntersuchungen heimischer Gewässer", ebenso „Die Beobachtungen und Untersuchungen von Lebensgemeinschaften". Hervorgehoben werden z. B. „Blütenökologische Untersuchungen" und „Versuche zur Vererbungslehre".

Sehr aufschlußreich zum Thema Arbeitsgemeinschaften sind die Ansichten von *Stengel*, die er in einem Beitrag „Ist das Weitmarer Holz ein sterbender Wald?" vertritt. Er stellt zunächst die Forderung auf, daß die Arbeiten innerhalb der Arbeitsgemeinschaft — und man könnte dies heute auch auf das Wahlpflichtfach und die Kurse ausdehnen — auf der Ebene der Schule liegen müssen. Das Literaturstudium soll nicht zu umfangreich sein. Der Schüler soll nach Möglichkeit recht schnell mit der Aufgabe und dem Objekt in Beziehung treten. Er sagt, daß eine ganze Reihe von Spezialgebieten von den verschiedenen Autoren in den letzten Jahren mit Erfolg bearbeitet worden sind. Gemeint sind z. B. die vorher genannten Themenvorschläge. *Stengel* empfiehlt umfangreiche Themen zur Bearbeitung, so daß die Schüler gleichzeitig ein gesundes Verhältnis zur Natur erfahren. Ein solches Beispiel wurde bei der Untersuchung des „Weitmarer Holzes" durchgeführt. Die Themenwahl wird nach *Stengel* oft nicht einfach sein, da es nach seinen Auffassungen in einer bestimmten Beziehung zum Menschen stehen soll. So nennt er Themen, welche diesen Punkt besonders berücksichtigen, wie z. B. „Die biologischen Bildungsstätten im Industriegebiet" oder „Die biologische Beschaffenheit der Ruhr zwischen Witten und Dahlhausen". Jeder Schüler erhält auch hier zum Gesamtthema eine Teilaufgabe zugewiesen. Andere Themen wären: „Durchgrünung einer Industriegroßstadt mit ihren Folgen für die Tierwelt und für den Menschen." oder „Untersuchung über Verschmutzung der Gewässer innerhalb eines Stadt- oder Landkreises." Wie der Leser sich leicht überzeugen kann, haben diese Themen in der Regel nicht nur eine Fachdisziplin zum Gegenstand, sondern — wie allein aus der Bearbeitung des „Weitmarer Holzes" ersichtlich ist — greift die Biologie hier in die Geologie, Chemie, Geographie, Landschaftskunde, Bodenkunde und Mikrobiologie über. Solche Querverbindungen zu anderen Fächern sind sehr erwünscht und weiten den geistigen Horizont der Schüler.

Stengel versteht es, auch bei einem anderen Thema „Dorf und Stadt" zahlreiche Querverbindungen, die zur Bearbeitung notwendig sind, heranzuziehen. Es handelt sich hier um eine biologisch-soziologische Untersuchung. Hier dienen Geschichte, Kulturgeschichte, Religion, Geographie, Bevölkerungskunde, Hygiene und Soziologie als Querverbindungen zur Biologie. Gleichzeitig wird bewiesen, daß die Biologie nicht im konservativen Sinne, wie es oft böse Zungen behaupten, unterrichtet zu werden braucht, sondern fortschrittlich und allumfassend. An diesem Beispiel wird gezeigt, daß die Jugend durch die richtige Unterrichtsweise auch erzogen werden kann; denn die jungen Menschen fühlen sich nach der Feststellung ihrer Unterrichtsergebnisse für ihre eigene und die Zukunft ihres Volkes verantwortlich.

Kollegen, die sich für biologisch-sozialkundliche Fragen interessieren und sich einer solchen Aufgabe gewachsen fühlen, kann der vom Kollegen *Stengel* durchgeführte Versuch zur Nachahmung sehr empfohlen werden.

In diesem Zusammenhang sei darauf hingewiesen, daß der Aulis-Verlag durch die Herausgabe geeigneter Literatur sich seit Jahren darum bemüht, die praktische Arbeit in den höheren Schulen in unserem Fach zu unterstützen. Innerhalb der Praxis-Schriftenreihe sind inzwischen eine Reihe Bändchen aus den verschiedensten Gebieten der Biologie erschienen. Es ist anzunehmen, daß hierdurch nicht nur die jungen Kollegen wertvolle Anregungen erfahren, sondern auch für die anspruchsvollen älteren Kollegen noch das eine oder andere interessante Thema sich für die schulische Bearbeitung ergibt.

Ebenso wird im Verlag Quelle & Meyer die Reihe der „Biologischen Arbeitsbücher" und „Das Wahlpflichtfach im Unterricht der Gymnasien" laufend ergänzt. Neuerdings gibt auch der Bayerische Schulbuchverlag eine Reihe zur Initiativförderung und selbständiger Arbeitsweise auf der Sekundarstufe II der Gymna-

sien heraus. Die Reihe nennt sich „Experimentierunterricht" und befindet sich im Aufbau.
Erwähnenswert ist ein Beitrag von *Koch* „Das Wahlpflichtfach Biologie". Hierin gibt er u. a. einen Stoffverteilungsplan wieder, wie er nach der Rahmenplanvereinbarung in Nordrhein-Westfalen durchgeführt werden soll. Er wird zwischen dem neu- und altsprachlichen einerseits und dem mathematischen und naturwissenschaftlichen Gymnasien andererseits unterschieden. Des Interesses wegen und als Beispiel sei dieser Plan in verkürzter Form hier wiedergegeben. Danach bearbeitet unter Berücksichtigung der vorher genannten Punkte wie z. B. der Selbstbetätigung und Verantwortung des Schülers usw. die Klasse U_1 im sprachlichen Zug folgende Themen:
„Mikroskopische Übungen an Pflanzen als physiologische Anatomie betrieben." „Zelle, Blatt und Sproß." „Vergleichende Anatomie und Physiologie der Tiere." „Atmung, Kreislauf, Nervensystem." In der O_1 des gleichen Zuges werden Reiz- und Sinnesphysiologie oder Entwicklungsphysiologie behandelt. Umwelt- und Verhaltensforschung, Genetik und Evolution. Hierbei sollen die Schüler entsprechende Originalarbeiten lesen. Im math.-naturw. Zug in U_1 werden zu Beginn des Jahres umfangreiche Hausaufgaben gestellt, die die Schüler im Laufe des Jahres oder einer bestimmten Periode zu bewältigen haben. Gedacht ist z. B. an das Anlegen eines Herbars mit 50 verschiedenen einheimischen Pflanzen oder Beobachtung und Entwicklung von Lurchen, Schnecken usw. Im Unterricht werden Bestimmungsübungen durchgeführt. Zu den Beobachtungen im Freien und den Experimenten soll ein Protokoll angefertigt werden. Weiter werden Reiz- und Sinnesphysiologie, Photo- und Geotropismus betrieben. Keimversuche werden hierzu angesetzt. In der O_1 des gleichen Zuges steht das Thema Fortpflanzung im Vordergrund. Hieran schließen sich die Genetik und die Evolution an. Dazu werden mit *Drosophila* oder *Neurospora prassa* praktische Übungen durchgeführt.

IV. Arbeitsweise

Die Arbeitsweise wird weitgehend durch die zur Verfügung stehende Zeit bestimmt. In der Regel werden für die Arbeitsgemeinschaft 2, auch 3 oder 5 Stunden (Leistungskurs) zur Verfügung stehen. Da die Stunden vielleicht am Ende des Vormittags liegen, kann der Lehrer nach Vereinbarung mit den Schülern eventuell noch die Arbeitszeit verlängern. Ich kann mir auch vorstellen, daß in einer Kleinstadt die Schüler am Nachmittag einzeln oder geschlossen noch Beobachtungen oder Arbeiten ausführen können, so daß kaum ein Zeitproblem auftaucht. Bei Schulen mit 5-Tage-Woche kann eventuell auch der Samstagvormittag für länger laufende Versuche benutzt werden. Über die festgesetzte Arbeitszeit hinaus wird der Leiter den Schülern gern gestatten, die Versuchsräume in den Pausen zu Verrichtungen oder Beobachtung der gestellten Aufgaben aufzusuchen. Natürlich ist hierzu stets die Anwesenheit des Lehrers erforderlich.
Trotz der Zeit, die zur Verfügung steht, muß von beiden Seiten (Leiter und Teilnehmer) danach gestrebt werden, diese Zeit so gut und rationell wie möglich auszunutzen. Aus diesem Grunde sollte es der Leiter vermeiden, vor dem Beginn der praktischen Arbeiten zehn bis fünfzehn Minuten Erläuterungen einzuschieben.

Hierzu habe ich folgende, meiner Ansicht nach brauchbare Erfahrungen gesammelt: Die Teilnehmer haben sich bereits zu Hause über die anfallenden Aufgaben und mit der Theorie der Probleme zu orientieren. Es ist Aufgabe des Leiters bei der Beschaffung der notwendigen Literatur behilflich zu sein.
Bezüglich des finanziellen Teiles ist zu sagen, daß die Kosten von den Schülern selbst getragen werden oder von der Schule, je nachdem, wie es in den Ländern geregelt ist. Ist die Schule Kostenträger, verbleiben die Bücher in der Fachbücherei, so daß sie auch später wieder Verwendung finden können. In der Regel lasse ich 15—20 Exemplare mit gleichem Titel anschaffen.
Fermente spielen im biologischen Geschehen eine große Rolle. Der Lehrer wird aber im täglichen Unterricht kaum Gelegenheit haben, größere und länger dauernde Versuche zu demonstrieren. Um über die Fermente mehr zu erfahren wie bisher, und um sich vor allem mit einigen Vertretern experimentell zu befassen, sind die Arbeitsgemeinschaften gedacht. Will der Leiter über dieses Thema innerhalb einer Arbeitsgemeinschaft unterrichten, so sei ihm beispielsweise für dieses Stoffgebiet das Heftchen von K. *Freytag* empfohlen. Um theoretisch tiefer in diese interessante Materie eindringen zu können, stehen den Teilnehmern einige Lehrbücher, die im Literaturverzeichnis angegeben sind, zur Verfügung. Man kann in diesem Falle die Arbeitsgemeinschaft auch so gestalten, daß dem Praktikum einige theoretische Stunden vorausgehen. Frühzeitig denkt der Leiter an die Beschaffung der notwendigen Chemikalien. Er hat daher sorgfältig die Literatur für den experimentellen Teil zu studieren. Bereits drei Monate vorher verschaffe er sich Klarheit über das Thema, welches in der zukünftigen Arbeitsgemeinschaft durchgeführt werden soll. Andere notwendige Objekte für das oben aufgezeigte Thema, wie Kartoffeln, Mehl, Meerrettich, Weizenkörner und Hefe bringen die Schüler zu den Stunden, in denen sie gebraucht werden, mit.
Zu Beginn jeder Stunde stellt der Leiter die Anwesenheit der Schüler in einer besonderen Liste fest, da sich die Teilnehmer in der Regel aus verschiedenen Oberstufeneinheiten zusammensetzen. Außerdem ist es an meiner Schule üblich, eine von der Schulbehörde herausgegebene Liste zu führen, in welche der Leiter die Arbeitszeit, die zu bearbeitenden Teilthemen und die gestellten Hausaufgaben einzutragen hat. Sind diese Formalitäten erledigt, wird mit der Arbeit begonnen. Jeder Schüler soll das Gefühl haben, daß er seine — oft selbst gewählten Aufgaben — völlig selbständig und freiwillig durchführt. Freiwillig deshalb, weil ihm rechtzeitig das im Schuljahr zu bearbeitende Thema genannt wird und er sich selbst für die Teilnahme entscheiden kann. Der Leiter überzeugt sich, ob jeder das für die Stunde zu behandelnde Teilthema vorbereitet hat. Er wird die notwendigen Chemikalien ausgeben, wenn es sich um Gifte oder teure Stoffe, wie z. B. einige Fermente, handelt. Auf den vorsichtigen und sparsamsten Umgang mit den Chemikalien wird zu Beginn der Arbeitsgemeinschaft stets aufmerksam gemacht. Die Geräte holen sich die Schüler selbst aus den Schränken. Sind diese Vorbereitungen erledigt, widmet sich der Leiter den Schülern. Er sucht sie an den Arbeitsplätzen auf und wird feststellen, ob die Experimente nicht nur mechanisch ausgeführt, sondern auch durchdacht und die Zusammenhänge erkannt werden. Er wird sie beim Praktizieren beobachten und — wenn notwendig — beraten. Für den Lehrer wird es der schönste Lohn seiner nicht leichten Arbeit sein, seine Schüler als „Entdecker" und kleine „Forscher" zu sehen. Groß ist die Freude der Teilnehmer darüber, einmal durch das Experiment bestätigt zu

finden, was oft in den Unterrichtsstunden erwähnt worden ist. Während der praktischen Betätigung machen sich die Schüler Aufzeichnungen, die zu Hause für die Anfertigung des Protokolls verwandt werden. Wichtig ist der Hinweis des Lehrers auf die Notwendigkeit, ein Protokoll gewissenhaft zu führen. Der Schüler muß zu der Einsicht kommen, daß der ihm vorgelegte Text nur eine experimentelle Anleitung darstellt. Im Protokoll sollen die persönlichen Beobachtungen, Erfahrungen und Ergebnisse der Abwandlung eines Versuchs aufgezeichnet werden. Oft wird es erforderlich sein, daß der Schüler den in der Vorlage angegebenen Versuch in bezug auf die Geräte oder Objekte abwandeln muß. Er wird ihn erweitern oder — wenn er schon längere Zeit praktisch gearbeitet hat — eigene Wege gehen, die zum gleichen Ziele führen. Die erzieherischen Werte der praktischen Arbeit liegen darin, den Schüler von der Notwendigkeit der Beharrlichkeit, Geduld und Ausdauer zu überzeugen. Das Protokoll soll dazu dienen, sich in der biologischen Fachsprache zu üben. Es soll zur Ehrlichkeit erziehen, da nur das aufgeschrieben werden soll, was der Wahrheit entspricht. Oft gelingt ein Experiment nicht gleich beim erstenmal, es muß zwei oder mehrmals wiederholt werden. Der Lehrer wird bald feststellen, daß der Schüler oft nicht in der Lage ist, die Fachsprache seiner Vorlage richtig zu verstehen und in die Tat umzusetzen. Hier muß er helfend eingreifen. Das Protokoll soll ein Teil des Versuchsergebnisses darstellen. Niemals sollte das Datum fehlen!
Der Schüler soll durch alle diese Anweisungen zum sorgfältigen und exakten Arbeiten erzogen werden. Es kommt gar nicht darauf an, daß in einer Stunde viele Experimente ausgeführt werden. Entscheidend ist, daß der Schüler mit den Arbeitsmethoden vertraut gemacht wird. Ich habe erfahren, mit welcher Sorgfalt die Schüler ihre Protokolle anlegen, den Text durch saubere Skizzen oder Zeichnungen ergänzen oder ihn in Maschinenschrift anfertigen. Sollten sie später wieder einmal diese Aufzeichnungen durchlesen, werden sie sich freudig an die Teilnahme der biologischen Arbeitsgemeinschaft erinnern oder sich später sogar der Arbeitsprinzipien bedienen. Nicht unerwähnt bleiben soll die Aufgabe des Lehrers, daß er die angelegten Protokolle besonders im Anfang von Zeit zu Zeit durchsieht, und die Schüler auf Mängel und Verbesserungsvorschläge aufmerksam macht. Oft werden einzelne Schüler durch die Aufgabenstellung gezwungen sein, den Biologieraum zu verlassen, um ihn in der freien Natur, in den Chemieräumen, im Schulgarten oder im Bot. Garten arbeiten zu müssen. Der Lehrer muß von Fall zu Fall entscheiden, wie er sich zu verhalten hat, um seine Amtspflicht nicht zu verletzen. Auch in diesen kritischen Fällen sollte er auf das Vertrauen seiner Teilnehmer bauen. Ist die Arbeitszeit beendet, sind alle Geräte zu reinigen und wieder an einen bestimmten Platz zu legen. Der Arbeitstisch ist sauber zurückzulassen. Hierzu ist noch zu sagen, daß die Aufräumungsarbeiten bis zum Stundenende fertig sein müssen, da sowohl die Schüler als auch der Lehrer das Recht auf Freizeit nicht verlieren sollten. In der Praxis sieht es oft so aus, daß innerhalb der Pause schon wieder andere Schüler anrücken, um den Raum zu belegen und dem anderen Kollegen bei seinen Vorbereitungen zu helfen.

V. Die Teilnehmerzahl

Die Teilnehmerzahl sollte in der Arbeitsgemeinschaft in der Regel nicht höher liegen, als Arbeitsplätze vorhanden sind. Für die praktische Arbeit benötigt jeder Schüler einen Arbeitstisch, auf dem er seine Arbeitsgeräte aufstellen und auch noch Gelegenheit hat, Aufzeichnungen zu machen. In meiner Schule sind zwölf solcher Plätze vorhanden. Eine angemessene Teilnehmerzahl, bei der der Lehrer gerade in der Lage ist, sie zu überschauen. In der Regel meldeten sich zu den Veranstaltungen mehr Teilnehmer, als ich es wünschte. Ich habe dann unter den Gemeldeten ausgewählt. Als Gesichtspunkte für diese Auswahl mögen gute unterrichtliche Mitarbeit und spezielles Interesse für das eine oder andere Sondergebiet, welches der Betreffende bereits außerhalb der Schule pflegt, oder der spätere Beruf ausschlaggebend sein. Hat ein Schüler bereits während der 10. Klasse oder im Vorsemester bewiesen, daß er für die praktische Arbeit nur wenig Geschick hat, sollte man ihn davon überzeugen, daß er den Arbeitsplatz einem anderen überläßt. Übersteigt die Arbeitsgemeinschaftszahl wesentlich die der Arbeitsplätze, so braucht man auf die praktische Arbeit nicht zu verzichten, sie kann dann aber nur vom Lehrer in Form von Demonstrationsversuchen durchgeführt werden. Wird innerhalb der Arbeitsgemeinschaft nur ein theoretisches Thema in Angriff genommen, so kann die Teilnehmerzahl bis zu 25 ansteigen.
Arbeitet man praktisch, so lassen sich zwölf Schüler sorgfältig betreuen. Besonders zu Beginn der Arbeit werden an den Leiter viele Fragen — sowohl technischer als auch fachlicher Art gestellt. Die technischen Fragen lassen sich am besten dadurch beantworten, daß man die Teilnehmer einmal durch die Sammlung führt und ihnen zeigt, wo alle Geräte, Glassachen, Chemikalien und Schlüssel aufbewahrt sind. Über jedes ausgeliehene Gerät, Buch oder Sonstiges, welches er zur Arbeit mit nach Hause nimmt, gibt er eine Quittung ab.
Da bezüglich der Fächer Wahlfreiheit herrscht, kommt es oft zu einem sehr ungesunden Zahlenverhältnis. In der Regel sind die Schüler der Ansicht, daß sie in der Biologie nicht soviel zu leisten haben, wie in der Nachbardisziplin, der Chemie. Da aber die Biologie heute auch wesentlich mehr chemische Kenntnisse verlangt als vor wenigen Jahren, ist das Verhältnis zwischen den Schülern, die Chemie oder Biologie wählen, ein gesundes.

VI. Arbeitsräume

In der Hauptsache werden die Teilnehmer der Arbeitsgemeinschaften ihre Aufgaben im biologischen Arbeitsraum der Schule durchführen. Als Beispiel möchte ich den biologischen Übungssaal zunächst einer Schule älterer Bauart schildern. Es steht ein 6 mal 11 m großer Raum zur Verfügung mit fünf dreifach geteilten Fenstern (Abb. 1). Drei liegen nach Westen, eins nach Süden und das letzte nach Norden. Durch die großen Fenster kann genügend Licht einfallen, so daß der Raum hell und freundlich wirkt. Die Fensterbänke sind mit Steinplatten versehen. Versuchspflanzen, Versuchsaquarien (Nordseite) und kurze Zeit Geräte für Experimente können dort aufgestellt werden. Die sieben Tische des Arbeitsraumes sind wegen der Licht- und Energieverhältnisse so angeordnet, daß in der

Abb. 1: Schüler beim Arbeiten im Praktikumsraum

Ost-West-Richtung vier, in der Süd-Nord-Richtung drei stehen. Diese Aufstellung behindert die Arbeit in keiner Weise. Durch die Anzahl der Tische ist auch die Anzahl der Arbeitsplätze für evtl. 14 Schüler gegeben. Da jeder Tisch zwei Gasanschlüsse, zwei Wasseranschlüsse und vier Steckdosen besitzt, ist jeder Arbeitsplatz hinreichend mit Energie versorgt, und die Schüler brauchen sich während der Übungen nicht gegenseitig zu belästigen. Die Tischplatten sind mit einem linoleumähnlichen Material belegt, das sich gut bewährt hat, denn die Schüler sind nicht besonders schonend damit umgegangen. In jedem Experimentiertisch sind an der Vorderwand zwei große Fächer eingelassen. Jedes Fach ist 21 cm tief, 45 cm hoch und 90 cm lang, mit Schiebetüren versehen und enthält zwei verstellbare Bretter zum Aufnehmen von Geräten. Zweckmäßig wäre es, wenn man die Fächer verschließen könnte, so daß die dort deponierten Gegenstände vor unbefugten Händen bewahrt bleiben. Oberhalb jeder Schiebetür sind zwei Steckdosen angeschlossen. Auf der anderen Seite ist unterhalb der Arbeitsplatte ein Bord zum Ablegen von Büchern und Arbeitsmappen angebracht. Der Gasanschluß ist dreifach gesichert. In der Nähe des Lehrertisches ist ein Haupthahn für den Arbeitsraum installiert, ein zweiter Absperrhahn ist an jedem Tisch angebracht, außerdem ist für jeden Arbeitsplatz ein Absperrhahn vorhanden. Auf diese Weise sind Unglücksfälle mit Gas fast unmöglich.

Die freien Wände sind mit Schränken, die das zum Arbeiten notwendige Inventar aufnehmen, bestellt. So ist ein Schrank mit optischen Instrumenten, wie Lupen,

Mikroskopen und einem Fotoapparat, belegt. Der Bequemlichkeit wegen ist auch ein Mikrotom darin untergebracht. Ein zweiter Schrank nimmt die für die Arbeit notwendigen Chemikalien auf. Schließlich soll noch ein Schrank erwähnt werden, der nur aus ausziehbaren Schubkästen besteht (Phywe). In den einzelnen Kästen sind Mikropräparate, Glasgeräte und die für die Bioga-Versuche von *Dr. Garms* entwickelten Geräte deponiert. Jeder Kasten trägt eine Aufschrift, aus welchem der Inhalt zu ersehen ist.

Im Arbeitsraum ist ferner ein elektrisches Warmwassergerät angebracht. Es hat sich im Laufe der Jahre aus hygienischen und arbeitstechnischen Gründen bestens bewährt. In der Ecke zwischen Ost- und Westfenstern stehen drei fahrbare Abstelltische bereit, die dazu benutzt werden, vorbereitete Versuche der Schüler aufzuheben und zu beobachten. In unmittelbarer Nähe wird die Aufmerksamkeit der Schüler auf zwei größere Aquarien gelenkt, von denen das eine ein Warm-, das andere ein Kaltwasserbecken ist. Beide dienen für Versuchs- und nicht für Schauzwecke. An der Ostseite des Raumes ist eine biologische Ecke eingerichtet. Es handelt sich um ein mit Kunststein abgeteiltes Becken, das unten mit Kies und oben mit Torfmull ausgefüllt ist. In den Torfmull sind Blumentöpfe eingelassen. An einem besonders hergerichteten Ast eines Baumes wechseln Bromelien, Farne und andere Pflanzen, die von Schülern gepflegt werden.

Der Arbeitsraum ist nicht nur eine Stätte, an welcher die Teilnehmer der Arbeitsgemeinschaften ihre Arbeitsstunden verbringen, sondern die Schüler können selbstverständlich in den Pausen ihre angesetzten Versuche beobachten und sich in einer Umgebung erholen, die ihnen für weitere Arbeiten neue Anregungen gibt. Dabei soll nicht unerwähnt bleiben, daß sich zuweilen auch aus den Gesprächen mit den Schülern in den Pausen solche ergeben können.

In einem kleineren Nebenraum, der über den Flur leicht zu erreichen ist, sind ein Thermostat und ein Kühlschrank untergebracht. Beide Geräte haben sich im Laufe der Jahre bestens bewährt und sollten heute zum Inventar eines jeden Schullabors gehören.

In Schulen, die während der 60er Jahre in Hamburg gebaut worden sind, herrscht der sogenannte Pavillonstil vor. Der Disziplin Biologie steht ein eigenes Gebäude in Zigarrenkistenform zur Verfügung. Insgesamt sind vier Räume vorhanden: Ein Klassenraum mit Plätzen, ein Raum für den Sammlungsleiter, in welchem sich die Bibliothek, ein Thermostat, ein Kühlschrank und ein Experimentiertisch mit Wasser und Gasanschluß befinden. Daneben liegt der Sammlungsraum, in welchem Karten, Präparate, Waagen und vier Abstelltische vorhanden sind. Insgesamt konnten hier 8 Schränke zur Unterbringung der Modelle und Präparate aufgestellt werden. Der letzte Raum im Trakt besitzt einen eigenen Eingang und stellt den Übungsraum mit 12 Arbeitsplätzen dar. In der Mitte des Raumes stehen 3 Energiesäulen (Wasser, Gas, Elektrizität), daneben auf jeder Seite zwei Arbeitstische. Der Nachteil dieser Anordnung besteht darin, daß zu jenen Plätzen, die sehr weit von den Energiesäulen entfernt stehen, lange Gasschläuche und für den elektrischen Strom Verlängerungskabel notwendig sind. Alle Räume besitzen zur Südseite hin große Klappfenster. An der Nordseite sind die Fenster nur in Form kleiner Oberlichter vorhanden. Die Verdunkelung geschieht durch Rollvorrichtungen, die mit der Hand und einer Kurbel bedient werden. Die Ostseite ist mit vier Schränken besetzt, in denen sich hauptsächlich Chemikalien und Bioga-Geräte vorfinden. An der linken Seite, vom Experimentiertisch des Lehrers aus gesehen, sind Schränke mit Schiebetüren aufgestellt. In ihnen finden sich Reagenzglasgestelle, Reagenzienblöcke, Bioga-Stative u. a. vor. Auch unter der an der Westseite angebrachten Tafel, unmittelbar hinter dem Experimentiertisch des Lehrers sind weitere zwei Schränke mit Schiebetüren angebracht. Hierin fanden Verlängerungsschnüre, Transformatoren für Stereolupen, Waagen und Gewichtssätze, Bunsenbrenner Unterbringungsmöglichkeiten. Alle Räume liegen zur ebenen Erde. Ein Obergeschoß, welches dringend notwendig gewesen wäre, fehlt, ebenso Toilettenanlagen und Abstellräume, die in einen Keller hinein hätten verlegt werden können. So erweist sich das ganze Bauwerk als viel zu eng und bei den heutigen Mammutzahlen der Klassenfrequenzen als zu klein. Auf den Fensterplatten der beiden Unterrichtsräume ist nichts abstellbar. Einmal wegen der Verdunkelung und zweitens sind in der Regel die Fensterplätze während des Unterrichts von Schülern belegt. Nachteilig ist weiter, daß die optischen Instrumente in diesem Raum nicht untergebracht werden können, sondern im zunächst stehenden Schrank des Sammlungsraumes Aufnahme finden mußten. Auch auf die Wünsche des Sammlungsleiters und der Schulleitung sowie der Beratungsstelle für den naturwissenschaftlichen Unterricht in Hamburg, an den Trakt ein Gewächshaus anzugliedern, ist man bis heute nicht eingegangen. Hier hätten sich weitere Möglichkeiten zur Durchführung von Experimenten ergeben. Natürlich wäre es viel sinnvoller gewesen, eine weitere Etage aufzusetzen, da zu dieser Zeit kein Stundenplan so angefertigt werden kann, daß alle Klassen die Fachräume belegen können. Der zweite Eingang befindet sich an einer Längsseite des Gebäudes. Von hieraus gelangt man in den großen Unterrichtsraum, in den Raum des Sammlungsleiters und theoretisch

Abb. 2: Mikroprojektionsgerät

auch in den Sammlungsraum. Aber diese Tür mußte durch einen Schrank, in dem sich Akten und Garderobe für die Lehrer befinden, gesperrt werden. Aus dieser Darstellung ergibt sich, daß Fachräume nicht von Fachleuten, die von der entsprechenden Disziplin etwas verstehen, erstellt werden. So können Töpfe für Pflanzen und eventuell kleinste Aquarien nur auf den Fensterbänken des Sammlungsleiters und des Sammlungszimmers aufgestellt werden, und das ist viel zu wenig. Aber da die Biologie immer ein Stiefkind der höchsten Stellen gewesen ist, wird man wohl kaum ideale Verhältnisse vorfinden.

Abschließend zu diesem Kapitel sei noch erwähnt, daß sich in jedem Raum eine Projektionsleinwand auf dem Lehrertisch ständig befindet. Bei Benutzung ist sie schnell herausgezogen. Alle Projektionsgeräte, wie Epidiaskop, Diawerfer, Filmapparat und auch das Mikroprojektionsgerät (Abb. 2) befinden sich ständig auf fahrbaren Tischen. Das hat den Vorteil, daß man die Geräte nicht dauernd abzutragen braucht und sie schnell und beweglich sind. Da die Räume untereinander nicht durch Türschwellen verbunden sind, können sie auf diese Weise auch leicht von einem Raum in den anderen transportiert werden. Diese Maßnahme hat sich im Laufe der Jahre bestens bewährt.

VII. Der offene Arbeitskasten

Für mikroskopische Arbeiten in der Arbeitsgemeinschaft hat sich der offene Arbeitskasten bestens eingeführt (Abb. 3). Er wird von verschiedenen Firmen vertrieben und ist 25,5 × 16,5 cm groß. Oben ist er — wie der Name sagt — offen, und an der Unterseite sind zwei Leisten angebracht. Dadurch können die Kästen übereinander stehen, während des Transportes nicht verrutschen, auch kann das Material nicht herausfallen. Jeder Arbeitsgemeinschaftsteilnehmer erhält einen solchen Kasten und versieht ihn sofort nach dem Empfang mit seinem Namen. Die Schildchen werden alle zweckmäßig in Druck- oder Schreibmaschinenschrift gehalten. Um eine Einheitlichkeit zu gewähren, werden sie an die gleiche Stelle geklebt. Mit der Anbringung des Schildes übernimmt der Schüler die Verantwortung für das Inventar. Allerdings hat der Leiter der Arbeitsgemeinschaft dafür zu sorgen, daß nicht Schüler anderer Klassen den Kasten benutzen, da sonst bestimmt Unordnung die Folge ist. Der offene Arbeitskasten hat

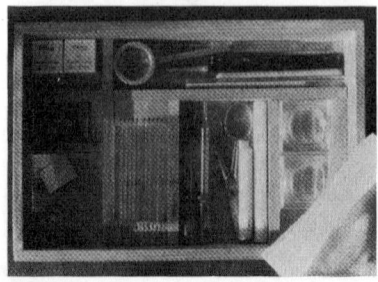

Abb. 3: Arbeitskasten mit Geräten

sich deshalb bewährt, weil er während der praktischen Arbeit vieles Umherlaufen, viele Fragen und vor allen Dingen Zeit zum Zusammensuchen der erforderlichen Arbeitsgeräte erspart. Zunächst ist noch zu erwähnen, daß auf dem Innenboden verschiedene Holzleisten eingeklebt sind, so daß kleine und große zweckmäßig angeordnete Fächer entstehen. Die Leisten verhindern ein Verrutschen der Geräte. Bringt man nur bestimmte Instrumente oder Geräte hinein und haben alle ihren bestimmten Platz, so läßt sich leicht feststellen, was fehlt. So herrscht immer Ordnung. Welche Arbeitsgeräte befinden sich nun im offenen Arbeitskasten? Ein kleines Mittelfach enthält zwei mit Rillen versehene Leisten, in denen 10 Objektträger aufrecht stehen können. Ein weiteres Fach nimmt Rasierklingen und Deckgläschen auf. In einem 18 cm langen Fach können längere Arbeitsgeräte, wie Bleistifte, Scheren, Skalpelle, Pinzetten, Spatel, Glasstäbchen, Nadeln, Pipetten u. a. untergebracht werden. In einem daneben liegenden Fache findet man Holundermark, in einem anderen Blockschälchen und entsprechende Deckgläschen. Sie dienen zur Anfertigung von Mikropräparaten. Je nach dem Bedarf läßt sich das Inventar variieren. Der Arbeitsgemeinschaftsleiter muß das Inventar bei der Planung des auszuführenden Themas berücksichtigen. Der gesamte Inhalt wird mit einem weichen trockenen Leinentuch staubsicher abgedeckt. Das Leinenläppchen ist unbedingt erforderlich, um Objektträger, Deckgläschen und andere Geräte trocken zu reinigen. Auf jeden Fall sollte man vermeiden, die Geräte mit einem feuchten Tuch abzudecken, da dann die Geräte in kurzer Zeit Schaden nehmen könnten.

VIII. Der Reagenzienblock

Bei biochemischen Arbeiten — makroskopisch wie mikroskopisch — hat sich der Reagenzienblock (Abb. 4) gut bewährt. In einem massiven Holzstück, welches die Größe von 32 × 14 cm und die Höhe von 4,5 cm besitzt, sind zehn runde Eintiefungen eingelassen. In ihnen stehen Glasflaschen à 50 ml. Sie enthalten die für die histochemischen Arbeiten notwendigen Reagenzien. Die Flaschen tragen einen Verschluß, der es gestattet, die Chemikalien tropfenweise oder auch in größerer Menge zu entnehmen. Ein Namensschildchen aus Papier ist mit einem Tesafilmstreifen überklebt, so daß schädlich einwirkende Chemikaliendämpfe das Schriftbild nicht zerstören können. In den Flaschen werden folgende Chemikalien vor-

Abb. 4: Holzblock mit flüssigen Nachweischemikalien

rätig gehalten: Chlorzinkjod, Eisen-(III)-chlorid, Fehlingsche Lösung I und II, Jodkaliumlösung, Kalilauge (Konz.), Phloroglucinlösung (alkoholisch), Salzsäure (konz.), Schwefelsäure (konz.) und Sudan-(II)-glyzerin.
Chlorzinkjodlösung benötigen wir zum Nachweis von Zellulose. Eisen-(III)-chlorid leistet wertvolle Dienste, wenn wir Gerbstoffe erkennen wollen. Alle Zucker, außer Rohrzucker, lassen sich durch die Fehlingprobe, zu der wir die Lösungen I und II benötigen, erkennen. Liegen Rohrzucker oder Stärke vor, so können wir sie mit konz. Salzsäure, die sich ebenfalls im Reagenzienblock befindet, hydrolytisch spalten, sie also sekundär als Einfachzucker nachweisen. Jodjodkalium wird zum Nachweis von Stärke und Eiweiß in lebendem oder konserviertem pflanzlichen Material sehr viel benötigt. Kalilauge dient zur Neutralisation oder zum alkalisch machen von sauren Lösungen. Eine solche liegt z. B. bei der hydrolytischen Spaltung von Stärke oder Rohrzucker vor. Kalilauge wird ferner zum Eiweißnachweis bei der Biuretreaktion benötigt, dazu ist auch verdünnte Kupfersulfatlösung (Fehling II) vorhanden. Alkoholische Phloroglucinlösung und konz. Salzsäure erweisen sich für den Holz- bzw. Ligninnachweis als unentbehrlich. Holz ist in zahlreichen Präparaten enthalten und diese eindeutige Reaktion ruft bei den Schülern immer wieder Erstaunen hervor. Schließlich sei noch die konz. Schwefelsäure erwähnt. Mit ihrer Hilfe können wir die verschiedensten Reaktionen durchführen. Das Sudan-(III)-glycerin sei hier als Nachweismittel für die Fette an letzter Stelle erwähnt.
Aus der Zusammenstellung der Reagenzien ergibt sich, daß wir die drei Nährstoffe Kohlenhydrate (Stärke und Zucker), ferner Eiweiße und Fette erkennen können. Darüber hinaus sind wir in der Lage, verholzte Bestandteile, Zellulose und Gerbstoffe nachzuweisen.
Soll makroskopisch gearbeitet werden, so erhält jeder Teilnehmer zusätzlich ein Reagenzglasgestell mit sechs Prüfgläsern, einem Reagenzglashalter und einem Glastrichter sowie Filtrierpapier und einen Bunsenbrenner.
Um Unglücksfälle bei der Herausnahme der Pipettenflaschen aus dem Reagenzienblock zu vermeiden, sollte man die Schüler darauf hinweisen, daß stets die Flaschen zu fassen sind und nicht die darin befindlichen Pipetten.
Ein Schüler faßte nur die Pipette und nicht die Flasche, welche konz. Schwefelsäure enthielt, an. Während der Herausnahme löste sich die Flasche von der Pipette, und die Flasche fiel so unglücklich, daß der Betreffende Schwefelsäurespritzer ins Auge erhielt. Es fragt sich, ob man an Stelle der konz. Schwefelsäure lieber konz. Salpetersäure einlagern sollte. Aber diese kann man lediglich zur Xanthoproteinreaktion gebrauchen, während konz. Schwefelsäure bei zahlreichen Reaktionen zum Unterschichten irgendwelcher Lösungen gebraucht wird. — Es gehört eben zur Ausbildung des Oberstufenschülers, daß er lernt, mit gefährlichen Stoffen umzugehen.
Nicht unerwähnt bleiben soll, daß es sehr zweckmäßig ist, jene Flaschenhälse bzw. jene Stelle der Pipette, die mit dem Flaschenhals in Berührung kommt, bei bestimmten Chemikalien mit Vaseline einzureiben. Gedacht ist an die Kalilauge und die Fehlingsche Lösung II. Da es hier binnen kurzer Zeit zur Karbonatbildung kommt und ein Verkleben unvermeidlich ist.

IX. Die Fotoausstattung

Viele Teilnehmer an den Arbeitsgemeinschaften haben das Bedürfnis, ihre Versuchsergebnisse im Mikroskop oder auch makroskopisch festzuhalten. Oft besitzen die Schüler selbst einen Fotoapparat, aber er ist in den meisten Fällen nicht so konstruiert, daß er an den Tubus eines Mikroskopes angeschlossen werden kann. Ich habe daher seit Jahren eine Spiegelreflexkamera für diese Zwecke angeschafft, dazu gehören die notwendigen Zwischenringe, um Objektive aus nächster Entfernung zu fotografieren, sowie auch ein Mikrozwischenstück, das man bei Mikroaufnahmen zwischen den Apparat und das Mikroskop schaltet (Abb. 5). Mit Hilfe einer beiliegenden Gebrauchsanweisung finden sich die Schüler bald mit dem Gerät zurecht, und so konnte schon manche gute Aufnahme als Dokument für ein abgeliefertes Protokoll dienen. Natürlich sollte sich bei diesem Inventar auch ein guter Belichtungsmesser befinden. Da in den Chemieräumen eine Dunkelkammer installiert ist, haben die Schüler die Möglichkeit, ihre Filme selbst zu entwickeln und Bilder anzufertigen, zumal an der Schule eine fotografische Arbeitsgemeinschaft vorhanden ist. Auf diese Weise können solche Fertigkeiten von einer Generation auf die andere übertragen werden.

Aus diesem Grunde weise ich die Schüler schon in den 9. und 10. Klassen darauf hin, daß sie sich von ihren Eltern oder sonstigen Gönnern möglichst zwei Dinge, die sie für das ganze Leben gebrauchen können, zu einer passenden Gelegenheit schenken lassen möchten: einen guten Fotoapparat, mit dem man möglichst auch Mikrobilder anfertigen kann, am besten den erwähnten Spiegelreflexkameratyp und eine Schreibmaschine, die zur Anfertigung eines lesbaren Protokolls unerläßlich ist. Das sind Dinge, die sie auch für ein eventuelles Studium in den Naturwissenschaften unbedingt nötig haben.

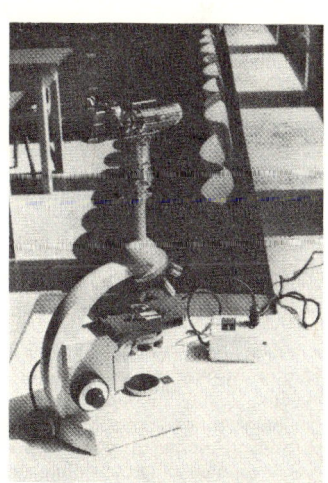

Abb. 5: Mikroskop mit aufgesetztem Fotoapparat zur Anfertigung von Mikroaufnahmen

X. Geräte und Chemikalien zur Durchführung der Chromatographie

Um den Teilnehmern an den Arbeitsgemeinschaften auch einen Einblick in die modernen analytischen Verfahrensweisen zu geben, habe ich in den letzten Jahren auch solche Geräte angeschafft, die der Chromatographie dienen. Wir sind dabei eigentlich gleich zur Dünnschichtchromatographie übergegangen, pflegen aber auch bei bestimmten Anlässen die ältere Methode der Papierchromatographie. Es kommt ja in der Schule darauf an, den Schüler mit möglichst vielen Arbeitsmethoden vertraut zu machen. Exakte Ergebnisse kann man in dem zur Verfügung stehenden kurzen Zeitraum nur in den seltensten Fällen verlangen.

Wichtig sind hierfür die entsprechende Literatur, in der sich der Schüler orientieren kann, um ihn vor Mißerfolgen zu bewahren, die notwendigen Papiere und verschiedene Plattensorten. Damit mehreren Schülern die Möglichkeit gegeben ist, gleichzeitig zu chromatographieren, stehen uns drei Glaskammern zur Verfügung. Da ja bekanntlich bei Tageslicht nicht alle Komponenten des analytischen Ergebnisses sichtbar werden, ist auch unbedingt eine UV-Lampe (Abb. 6) wichtig,

Abb. 6: Selbstangefertigte UV-Lampe. Beim Arbeiten wird ein Holzkasten zur Abschirmung benutzt

deren Anschaffungspreis erschwinglich ist. Wenn es notwendig ist, eine Dünnschachtplatte nach dem Trocknen zu besprühen, kommt man gut mit einem Reagenzglas und einem Metallsprüher aus, wie man ihn in jedem Geschäft erhält, welches Zeichengeräte führt. Natürlich ist auch ein Trockenschrank (Thermostat) unerläßlich, wenn die Platten bei einer bestimmten Temperatur mit der spezifischen Chemikalie reagieren sollen.

XI. Aus der praktischen Arbeit

Im ersten Jahr hatte ich 19 Schüler zu betreuen. Eine viel zu große Zahl, um jeden Schüler individuell zu beraten und um allen geplanten Aufgaben gerecht zu werden.

Ich ließ von der Klasse ein botanisches Thema bearbeiten. Das Hauptthema, das ich stellte, hieß: Untersuchung einheimischer oder ausländischer Nutzpflanzen. Drei Wochenstunden standen mir zur Verfügung, von ihnen lagen zwei Wochen-

stunden hintereinander. Die Schüler wählten die Pflanzen, die bearbeitet werden sollten, zum größten Teil selbst. Fand der eine oder andere aus Unkenntnis oder Hilflosigkeit kein geeignetes Objekt, griff ich ein und unterbreitete einige Vorschläge. Folgende Pflanzen wurden untersucht: Baumwolle, Dattelpalme, Erdnuß, Erbse, Fenchel, Gartenkresse, Kaffee, Kokospalme, Kürbis, Lein, Mais, Raps, Rizinus, Sojabohne, Sonnenblume, Walnußbaum, Weizen, Zitrone, Zuckerrübe. Ich schlug den Schülern vor, sich zunächst mit dem Samen der Objekte zu befassen. Samen der genannten Pflanzen waren überall zu haben. Anatomische, histologisch-chemische und physiologische Beobachtungen und Versuche wurden angestellt. Bei vielen Samen konnte die Quellung beobachtet werden. Zeichnungen der Keimungsstadien wurden angefertigt und schließlich gelang bei den meisten Objekten sogar die Anzucht. Die Keimungs- und Anzuchtversuche konnten erwartungsgemäß nicht alle in der Schule durchgeführt werden. Deshalb nutzten viele Schüler die Balkone in den Privatwohnungen, Gartenanlagen und dergleichen für die Anpflanzungen und Beobachtungen aus. Auf diese Weise war die laufende Materialbeschaffung garantiert. Die Schüler brachten sich zu den Unterrichtsstunden zuerst die Samen, später die Wurzeln, die Stengel, die Blätter und Blüten mit und führten mikroskopische und physiologische Übungen damit aus. Jeder Schüler suchte sich für jede Arbeitsgemeinschaftsstunde bereits einige Tage vorher ein geeignetes Thema aus und besprach es mit mir. Dadurch wurde vermieden, daß die Schüler nicht wußten, was sie in der kommenden Stunde bearbeiten sollten. Zeit wurde eingespart und zielstrebig gearbeitet. Auf diese Weise wurde eine Menge Beobachtungs- und Untersuchungsmaterial zusammengetragen. Entweder schrieben die Bearbeiter das Protokoll von jeder Übungsstunde und hefteten es ab, oder sie faßten zum Schluß die Gesamtuntersuchung zusammen. Die letzte Methode wurde häufiger angewandt. Die Arbeiten wurden aus erzieherischen Gründen pünktlich 14 Tage vor der Zeugnisausgabe abgegeben. Sie wurden von mir durchgesehen, zensiert und der Schuldirektion vorgelegt. Äußerlich machten die Arbeiten einen sauberen Eindruck, sie waren größtenteils in Maschinenschrift abgefaßt. Skizzen, Zeichnungen, Fotografien und Herbarmaterial wurden geschickt zur Auflockerung des Textes an geeigneter Stelle eingeflochten.
Im Laufe des Halbjahres ließ ich verschiedene Übungsarbeiten in geeigneten Abständen anfertigen. Die Themen dieser Arbeiten befaßten sich mit völlig anderen Stoffgebieten. Ich habe über den Sinn dieser Arbeiten ausführlich in einem anderen Kapitel dieses Aufsatzes berichtet (Seiten 26, 27, 30) und möchte hier nicht näher darauf eingehen.
Die Herbstzeugnisnote setzte sich also nicht nur aus der Beurteilung der Halbjahresarbeit, sondern noch aus dem Ergebnis der Übungsarbeiten zusammen.
Nach den Herbstferien sollten die Klassenkameraden erfahren, worüber die einzelnen Schüler gearbeitet hatten. Aus diesem Grunde hatte jeder Beteiligte über seine praktische Arbeit einen Vortrag zu halten. Das war für den einen oder anderen keine leichte Aufgabe. Ich ließ, um die Anfangsschwierigkeiten zu überwinden, zunächst Stichwörterzettel anfertigen, später aber völlig frei sprechen. Schüler, die sich das Thema selbst gewählt hatten und über dem bearbeiteten Stoff standen, redeten ohne Konzept. Oft zog sich ein Arbeitsbericht über ein bis zwei Stunden hin. Ich gab des öfteren Ergänzungen, im allgemeinen stellten die Teilnehmer noch Fragen, oder es schloß sich eine Diskussion an. Schüler, die

über kein gutes Redetalent verfügten, wiederholten ihren Vortrag. Nach dieser Methode gewöhnten sie sich schnell an freies Sprechen vor der Klasse und an eine bessere Vortragsweise. Die Rede- und Vortragsübungen nahmen einen geraumen Teil der zur Verfügung stehenden Zeit in Anspruch, aber ich möchte sie nach meinen bisherigen Erfahrungen doch für unentbehrlich halten. Auch den anderen Schülern prägten sich die fremden Themen durch das wiederholte Hören ein. Während des Abiturs hatte jeder Prüfling die Möglichkeit, über das von ihm selbst bearbeitete Gebiet vor der Prüfungskommission zu berichten.

Im letzten Vierteljahr wurde ein Spezialthema durchgenommen. Ich halte es für unzweckmäßig, das ganze Schuljahr über zu praktizieren. Die Schüler müssen erkennen, wo ihrer Tätigkeit Grenzen gesetzt sind und müssen es lernen, ihre Arbeit ordnungsgemäß abzuschließen. Durch dauerndes Praktizieren werden sie zu wenig geistig beschäftigt. Beides, praktisches Arbeiten und Durchdenken theoretischer Gebiete müssen im Einklang stehen. Es wurden die Eiweißstoffe, die Nukleinsäuren und die Viren besprochen. Die Schüler sollten hauptsächlich die Zusammenhänge erkennen, die zwischen den genannten Komponenten bestehen. Als Hilfsquellen benutzte ich das Büchlein von *Vogt* und zwei Sonderdrucke von *Delbrück* und *Schramm*. Jeder Schüler erhielt ein Exemplar der angegebenen Schriften, außerdem standen das langatmige Bändchen von *Weidel* und für gute Bilder das Lehrbuch von *Karlson* zur Verfügung.

Auch im Winterhalbjahr wurden verschiedene Übungsarbeiten angefertigt, so daß sich die Jahreszensur auf das abgegebene Protokoll der praktischen Arbeit, den Zensuren der Übungsarbeiten und den mündlichen Leistungen zusammensetzte. Bereits im Winterhalbjahr nahm ich mit den Schülern Rücksprache, welches Thema sie im nächsten Sommerhalbjahr bearbeiten wollten. Diesmal sollte es aus dem Gebiete der Zoologie stammen. Während der Osterferien konnte sich jeder Teilnehmer definitiv entscheiden, über welches Gebiet er arbeiten wollte. Der größte Teil der Klasse machte mir sofort Vorschläge, die ich annehmen oder aus Gründen von Bearbeitungsschwierigkeiten ablehnen konnte. Schülern, die kein Thema fanden, stellte ich ein Thema zur Wahl. Folgende Objekte wurden behandelt: Ameisen, Blutegel, Copepoden, Guppys, Haushuhn, Libellen, Mehlkäfer, Plankton, Hamburger Fleete, Regenwürmer, Silberfischchen, Schäferhund, Schmeißfliegen, Stechmücke, Stichling, Strandkrabbe, Strudelwürmer, Tellerschnecken, Tiere der Gezeitenzone, Wasserfrosch. Um das Prinzip der Selbsttätigkeit zu wahren, hatte auch diesmal jeder Schüler sich mit einem anderen Objekt zu beschäftigen. Meiner Ansicht nach ist das Arbeiten mit zoologischen Objekten schwieriger als mit botanischen. Dies hängt einmal mit der Materialbeschaffung und mit der Wartung der Tiere zusammen. Schwierigkeiten zeitlicher Art ergaben sich — wie im Vorjahre — durch die vielen schulischen Unterbrechungen, wie Klassenfahrten, Schüleraustausch, Wander- und Feiertage. Sie sind typisch für das Sommerhalbjahr und daher sollte man die Schüler vor Beginn ihrer Arbeit darauf hinweisen und immer wieder betonen, daß der Abgabetermin eingehalten werden muß.

Themen, die sich erfolgreich bearbeiten ließen, waren folgende: Entwicklung des Wasserfrosches, Entwicklung des Hühnchens, Entwicklung der Schmeißfliege, Verhalten des Stichlings, Entwicklung der Libellenlarven, Sexualverhalten des Schäferhundes, Entwicklung des Mehlkäfers, Bau- und Lebensweise des Blutegels, Entwicklung der Stechmücke und Regenerationserscheinungen bei Strudelwürmern. Ist bei der Bearbeitung eines bestimmten Themas nichts Befriedigendes herausgekommen, so sollte der Lehrer sich dadurch nicht entmutigen lassen. Ich habe die Erfahrung gemacht, daß ein anderer Bearbeiter des nächsten Jahres größere Erfolge haben kann. Der Erfolg hängt letzten Endes vom Einsatz und der Persönlichkeit des Schülers ab. Wir arbeiteten in Hamburg sowohl mit der Verwaltung des Botanischen Institutes und des Botanischen Gartens und den Vertretern des Zoologischen Staatsinstitutes zusammen. In diesem Halbjahr wurden ebenfalls Übungsarbeiten angefertigt. Es wurden hauptsächlich zoologische Themen zur Bearbeitung gestellt. Nach den Herbstferien wurden Schülervorträge gehalten. Die Redegewandtheit war bedeutend besser als im vergangenen Jahr. Als die Klasse über alle Arbeitsgebiete des letzten Halbjahres unterrichtet war, gingen wir an die Bearbeitung des Sonderthemas. Wir entschieden uns für die Hormone der wirbellosen Tiere. Als Lektüre erhielt jeder Schüler ein Bändchen aus der Reihe „Verständliche Wissenschaft" von *Giersberg*. „Die Hormone" wurden auch als Thema eines Klassengespräches in der mündlichen Reifeprüfung gewählt.

Da während des letzten Halbjahres noch genügend Zeit zur Verfügung stand, schlug ich den Schülern vor, ein Wahlthema für die mündliche Prüfung aus unserem Lehrbuch selbständig zu bearbeiten. Unter anderem wurden folgende Gebiete ausgewählt: das Nervensystem des Menschen, Ernährungsweise der Tiere, Stammesgeschichte des Menschen, Diffusion und Osmose, Verhaltensweisen der Tiere und Systematik des Tier- und Pflanzenreiches. Nach diesen Vorbereitungen war jeder Schüler in der Lage, je 15—20 Minuten über die beiden selbst erarbeiteten Themen und das durchgearbeitete theoretische Stoffgebiet frei zu sprechen und Fragen zu beantworten. Für einen Schüler ergab sich z. B. folgende Themenzusammenstellung: Vom Weizenkorn zum Weizenkorn, die Entwicklung des Wasserfrosches und das Nervensystem des Menschen. Ein anderer hatte folgende Gebiete, über die er Auskunft geben konnte: Anzucht einer Baumwollpflanze, Plankton in Hamburger Fleeten und ausgewählte Kapitel aus der Abstammungslehre.

Da in diesen Disziplinen Biologie und Chemie keine schriftliche Prüfungsarbeit angefertigt wurde, ließ die Arbeitsdisziplin bei den Teilnehmern nach den Herbstferien in der 13. Klasse erheblich nach. Einige Schüler konzentrieren ihre Arbeit auf ein anderes Fach, nämlich das Wahlprüfungsfach; denn das Wahlprüfungsfach brauchte nicht immer dem Wahlpflichtfach zu entsprechen. Der zukünftige Abiturient versuchte bereits ab Klasse 11 möglichst alle Fächer zu meiden, die für ihn unangenehm sind.

Ostern 1964 erhielt ich eine neue Gruppe für die biologische Arbeitsgemeinschaft. Es waren 17 Teilnehmer. Die Zahl war wieder recht groß, aber ich hatte bereits einige Erfahrungen gesammelt und konnte sie im neuen Schuljahr anwenden. Nachteilig machte sich bemerkbar, daß zwei Klassen — die 12. und die 13. Klasse — innerhalb der Arbeitsgemeinschaft beteiligt waren. Es mangelte an Abstellplätzen für die Versuche und Apparaturen.

Nachdem die Schüler mit den neuen Arbeitsmethoden vertraut waren, hatte ich mir überlegt, welches Hauptthema im Sommerhalbjahr bearbeitet werden sollte. Ich hatte mir auch diesmal vorgenommen, daß zur Einführung ein botanisches und zur Fortsetzung ein zoologisches Thema gewählt werden sollte. Als Hauptthema aus der Botanik wählte ich die Pflanzenphysiologie. An Literatur standen zur Verfügung: *Brauner-Bukatsch:* „Das Kleine Pflanzenphysiologische Praktikum" (10 Exemplare), Bioga-Versuchskartei (8 Exemplare) und *H. W. Müller:* „Pflanzenbiologisches Experimentierbuch" sowie das „Kleine Botanische Praktikum" von *Strasburger-Körnicke.* Die Einstellung zur praktischen Arbeit in dieser Klasse war gut und die Leistungen durchschnittlich befriedigend. Zur Durchführung der Versuche wurden u. a. die von Dr. Garms entwickelten Bioga-Geräte verwendet. Die Schüler fanden sich mit den Geräten schnell zurecht. Allerdings standen nur 15 Gerätegestelle zur Verfügung, und aus diesem Grunde mußte ein Teil der Versuche mit normalen Glasgeräten durchgeführt werden. Viele Schüler fotografierten die Versuchsergebnisse und benutzten die Fotos als Dokumente für ihre Protokolle.

Bei dieser Arbeitsgruppe verfuhr ich wie im Vorjahr und schob verschiedene Übungsarbeiten ein. Nachdem die Schüler ihr selbsterarbeitetes Stoffgebiet vorgetragen hatten, wurden einige Sondergebiete, wie Eiweiße, Nukleinsäuren und Viren besprochen. Kurz nach den Weihnachtsferien überlegten wir gemeinsam die zoologischen Themen für das nächste Schuljahr. Wir kamen zu folgenden Ergebnissen:

Vier Schüler wählten Themen über Fische. „Bau und Leben der Bachforelle" war das erste Gebiet, das bearbeitet werden sollte. Der Vater dieses Schülers besaß eine kleine Fischbrutanstalt in der Lüneburger Heide, so daß dadurch sein Sohn die nötigen Anregungen erhielt. Die anderen arbeiteten über Zierfische. Ihre Themen lauteten: „Beobachtung an Makropoden", „Sexualverhalten bei Xiphophorus" und „Verhaltensweisen bei Buntbarschen". Die Schüler wurden durch ein Kolloqium, das eine Bergedorfer Klasse im Institut für Lehrerfortbildung durchführte, angeregt. Ein Schüler faßte seine Arbeit unter dem Gesichtspunkt: „Beobachtungen und Untersuchungen an Protozoen" zusammen. Ein anderer hatte sich schon einige Jahre mit der Aufzucht junger Dohlen, die aus den Nestern gefallen waren, beschäftigt. Er suchte sich erneut solche „Unglücksraben" und schrieb seine bisherigen Beobachtungen und Aufzuchtversuche mit den diesjährigen Ergebnissen nieder. Er stellte jetzt fest, daß die Vögel an einer Infektionskrankheit litten und bald nach dem Einfangen wieder zugrunde gingen. Einem Schüler leistete das im Franck-Verlag erschienene Büchlein vom „Stabheuschrecken-Praktikum" wertvolle Hilfe. Von einer anderen Hamburger Schule konnte er sich Zuchtmaterial beschaffen. In einem Zuchtkasten hielt er die Insekten und führte mit ihnen die im Praktikum angegebenen Versuche und Übungen aus. „Beobachtungen an Triton vulgaris" überschrieb ein weiterer Mitarbeiter seine Zusammenfassung. Er hatte Glück und konnte auch Molchlarven fangen, beobachten und sah, wie die Tiere sich häuteten und an das Landleben gewöhnten. Theoretisch ergänzte dieser Mitarbeiter sein Wissen durch die *Spemann*schen Versuche und durch ein Bändchen aus der Reihe „Verständliche Wissenschaft". Bei einem anderen erweckten die Rotatorien helle Begeisterung. Er untersuchte Gewässer in der Umgebung Hamburg. Ihm standen, wie auch anderen Schülern, ein Mikroskop und sonstige Arbeitsgeräte während der Ferien zur Verfügung. Über „Das Verhalten eines Goldhamsterpärchens" wurde von einem Bearbeiter ein kleiner Film gedreht und zahlreiche Aufnahmen gemacht. Ein gut angelegtes Referat begeisterte die Klasse. Das Interesse für Ameisen ist fast in jeder Arbeitsgruppe vorhanden. Obgleich die Ergebnisse im Vorjahr nur recht bescheiden ausfielen, vergab ich dieses Thema wieder. „Beobachtungen am künstlichen Ameisennest" wurden die Arbeit genannt. Ich habe es nicht bereut, dieses Thema noch einmal zu stellen. Der Schüler durfte sogar die Arbeit seines Vorgängers lesen. So ging der letzte Bearbeiter von besseren Voraussetzungen aus und erreichte gute Ergebnisse. Ein Thema, das recht interessant, aber etwas abseits lag, lautete „Beobachtungen zur Entwicklung des menschlichen Säuglings". Der Verfasser selbst war oft Baby-Sitter gewesen und hatte daher seine Anregungen genommen. Seine Beobachtungen stellte er in Säuglings- und Kinderpflegeheimen an. Ein Schüler ließ sich von einer Frankfurter Firma verschiedene Schmetterlingseier schicken und brachte sie im Laufe der Sommermonate zur Entwicklung. Sein Thema lautete „Die Metamorphose bei Schmetterlingen". Da ein weiterer Mitarbeiter zu Hause einen Hühnerhof besaß, beschäftigte er sich mit „Verhaltensweisen des Haushuhnes." Als Literatur kan ihm u. a. sehr das von *Bäumer* geschriebene Kosmosbändchen „Das Dumme Huhn" zustatten. Ein Schüler befaßte sich bereits vor Ostern, dem eigentlichen Arbeitsbeginn für das zoologische Thema, mit der Theorie der Vererbung bei Drosophila. Seine Zuchtversuche führte er mit großer Gewissenhaftigkeit durch. Anleitung und Zuchttiere holte er sich im Institut für Strahlenforschung in Eppendorf und im Institut für Lehrerfortbildung. Auch über den Süßwasserpolypen wurde gearbeitet. Da der Verfasser wohl über genügend Versuchsmaterial verfügte, aber kein geschickter und fleißiger Experimentator war, beschränkten sich seine Ergebnisse vorwiegend auf das Studium der Literatur. Dadurch wurde er den Anforderungen der Arbeitsgemeinschaft nur teilweise gerecht. Im Laufe des Halbjahres vergrößerte sich die Arbeitsgemeinschaft durch einen Schüler aus dem Raume Stuttgart. Er hatte bereits angefangen über Leukozyten des menschlichen Blutes zu arbeiten. Daher setzte er seine Studien fort und nahm mit einem praktischen Arzt, der ihm wertvolle Ratschläge gab, Verbindung auf.

Die im Anschluß an die Fertigstellung der Protokolle gehaltenen Vorträge waren rhetorisch und fachlich gut fundiert. Da die Klasse biologischen Problemen gegenüber recht aufgeschlossen war, schlossen sich jedem Vortrag umfangreiche Diskussionen an. Infolgedessen sind wir aus Zeitmangel nicht mehr zur Bearbeitung von Sonderthemen innerhalb des Klassenmaßstabes gekommen. Aber diese Lücke glich sich auf andere Weise aus.

Ich hatte in der vergangenen Zeit dafür gesorgt, daß sich der Bestand unserer Fachbücherei vergrößerte. Jeder erhielt aus dieser Bücherei eine Schrift, die er in einem angemessenen Zeitraum durcharbeiten und nach einigen Gesichtspunkten vor der Klasse bzw. vor der Reiteprüfungskommission darüber berichten sollte. Dadurch wurde ein drittes Arbeitsgebiet erschlossen. Im allgemeinen wurde der Inhalt der Schrift wiedergegeben, kritisch zu den Problemen Stellung genommen und diskutiert. Bei geeigneten Werken wurde der Vortrag durch Filme ergänzt. Folgende Werke wurden im Selbststudium durchgearbeitet: *Lorenz:* „Das sogenannte Böse" und „So kam der Mensch auf den Hund". Anregende Diskussionen löste das Büchlein von *Aldous Huxley:* „Schöne neue Welt" aus. Von amerikanischen Autoren wurden *Milne:* „Die Sinneswelt der Tiere und des Menschen" und von drei Autoren das Büchlein: „Insulin", ferner von *Medawar:* „Die Zukunft des Menschen" bearbeitet. Ein Schüler gab eine sehr gute Schilderung über die Kulturstufe des Eiszeitmenschen nach *H. Kühn*'s Büchlein: „Auf den Spuren des Eiszeitmenschen". Großes Interesse fanden die Bücher von *Eibl-Eibesfeld:* „Galapagos" und „Im Reiche der Atolle". Das erste Buch wurde z. B.

durch die Galapagos-Filme bestens erläutert. Da die Klasse nichts von Pflanzenzüchtung erfahren hatte, bearbeitete einer aus der Reihe „Verständliche Wissenschaft" das Bändchen von *Schwanitz:* „Kulturpflanzen". Aus der gleichen Reihe wurde von *Giersberg:* „Hormone" studiert. Ich hatte vorhin erwähnt, daß ein Schüler sich im Praktikum mit Molchen beschäftigt hatte. Dieser Schüler hatte als Ergänzung von *Mangold:* „Hans Spemann" aus der Reihe „Große Naturforscher" gelesen. Zum Thema Verhaltensforschung wurde von einem anderen *Dröscher:* „Das Tier, ein unbekanntes Wesen" und von *Fischel* „Kleine Tierseelenkunde" studiert. Auch von *Uexküll* kam zu seinem Recht. „Streifzüge durch die Umwelten von Tieren und Menschen" hieß ein vergebener Titel. Schließlich bleiben noch von *Weidel:* „Molekulargenetik" und von *v. Frisch:* „Aus dem Leben der Bienen" zu erwähnen.

Auf diese Weise erhielt die Klasse einen interessanten Überblick aus der biologischen Literatur über die verschiedensten Arbeitsgebiete. Diese Methode fand großen Anklang, so daß ich sie in den folgenden Jahren wieder anwenden werde. Ich glaube, daß meiner aufgezeigten Arbeitsweise ein genaues System zugrunde liegt. Man kann als Lehrer dem Schüler mit Beginn der 11. Klasse bereits sagen, in welcher Weise sich die Arbeit im Kollektiv vollziehen wird. Er selbst hat die Möglichkeit, sich an der Bestimmung der Themen, die er bearbeiten will, zu beteiligen. Eine weite Vorausplanung ist gegeben.

Da ich Ostern 1965 eine weitere Gruppe erhielt, möchte ich meine Erfahrungen mit diesen Schülern wiedergeben. Acht Schüler hatten sich zu Beginn des Schuljahres für die biologische Arbeitsgemeinschaft gemeldet. Durch zwei Zugänge hat sich die Zahl auf 10 erhöht, aber das spielte keine Rolle. Die Einstellung dieser Schüler zum Fach Biologie war vorbildlich, so daß bereits Weihnachten keine Zeugnisnote unter drei (befriedigend) lag.

Da die Arbeitsgruppe klein war, entschied ich mich für das Hauptthema: „Natürliche und künstliche Lebensgemeinschaften". Ich bekam zu Beginn des Schuljahres einen Referendar zugeteilt, der die Gruppe in der Betreuung übernahm und Gelegenheit hatte, sich einzuarbeiten. Zunächst klärte er mit den Schülern den Begriff der Lebensgemeinschaft. Jeder Schüler erhielt dazu geeignete Literatur. In weiteren Verlauf wurden Bestimmungsübungen durchgeführt, da sie einen wesentlichen Teil der Arbeit ausmachen würden. Der Unterrichtsversuch lief vom 1. 4. — 20. 9. 1965.

Jeder Schüler erhielt die Aufgabe, sich ein geeignetes Areal auszusuchen. Es sollte möglichst in der Umgebung seiner Wohnung liegen bzw. mit einem Verkehrsmittel leicht zu erreichen sein. Nachdem die Wahl durch die Schüler getroffen war, fuhr mein Helfer selbst mit den Schülern hinaus und gab ihnen an Ort und Stelle entsprechende Ratschläge und Hilfen bezüglich ihrer späteren Arbeit.

Die Themen wurden wie folgt formuliert:
1. „Die Lebensgemeinschaft eines Tümpels". 2. „Lebewesen eines Bruchmoores". 3. „Eine verwaltete Wiese als Lebensgemeinschaft". 4. „Der Erlenbruch als Lebensgemeinschaft". 5. „Die Lebensgemeinschaft eines Inselbruches". 6. „Der Teich als Lebensgemeinschaft". 7. „Ein gärtnerisch gepflegter Wassergraben und seine nähere Umgebung als Lebensgemeinschaft". Dieser Graben liegt im Botanischen Garten der Universität. 8. „Eine Wiese als Lebensgemeinschaft".

Die Schüler brachten sich zu jeder Übungsstunde entsprechendes Material mit. Es wurden insgesamt 121 Pflanzen- und 50 Tierarten bestimmt.
Da die Nachkömmlinge erst gegen Ende der Vegetationsperiode in Hamburg eintrafen, holten sie die praktische Arbeit im Winterhalbjahr nach. Der eine Schüler versuchte aus den verschiedenen Pflanzenfamilien den Begriff der Sukkulenz zu klären, während der andere über die Familie der Orchideen arbeitete. Für diese Themen leistete uns der Botanische Garten wertvolle Hilfe, außerdem hatten die Schüler den Auftrag, verschiedene Vereinigungen aufzusuchen. In Hamburg gibt es zahlreiche Liebhaber, die sich mit Sukkulenten befassen und andere, deren Lieblingsbeschäftigung darin besteht, Orchideen zu züchten.
Arbeitsgemeinschaften in Form des Wahlpflichtfaches werden nur noch in den wenigsten Schulen unter dem Namen noch bestehen. Die neue Form ist die Kollegstufe mit einem Vor- und den folgenden Studiensemestern. Die letzteren werden bekanntlich in Grund- und Leistungskurse aufgeteilt. Ob diese Form auf der Oberstufe der Weisheit letzter Schluß ist, sei dahingestellt und mit einem großen Fragezeichen versehen. Jedenfalls läßt sich nicht leugnen, daß wohl in allen Ländern Lehrplankommissionen fleißig am Werke waren, um zunächst bestimmte Gebiete festzulegen und aus diesen Gebieten Lernziele, Lerninhalte, Unterrichtsverfahren und Lernzielkontrollen herauszukristallisieren. So soll in der Eingangsstufe zur Studienstufe „die Zelle als Funktionseinheit" behandelt werden mit den Unterthemen: Struktur der Zelle, wichtige Zellorganelle und ihre Funktionen, Mitose und Meiose, Feinbau der Chromosomen, Genetischer Code, Proteinbiosynthese. Auf Einzelheiten einzugehen würde im Rahmen dieser Abhandlung zu weit führen, da entsprechende Lehrpläne in den einzelnen Ländern vorliegen.
In den nachfolgenden Studiensemestern kann über Fortpflanzung und Entwicklung der Lebewesen, über Vererbungslehre, Abstammungslehre, den Bau- und Energiestoffwechsel der Pflanze und der Tiere, die Regelung und Steuerung, die Ethologie, Mensch, Tier und Pflanze in ihrer Umwelt, biologische Aspekte der Anthropologie verhandelt werden. Die Wahl der Bearbeitungsgebiete wird von den verschiedensten Faktoren abhängen.
Interessant zu diesem Gesichtspunkt ist ein Entwurf des Verbandes Deutscher Biologen, der im Oktober 1972 herausgegeben wurde. Darin ist von fachübergreifenden und fachspezifischen Kursen die Rede.
Die erste Kategorie ist zur Einführung neuer Aspekte gedacht. Man liest etwas von Wahrscheinlichkeitsrechnung und Statistik, von Wissenschaftstheorie, von Kybernetik und Systemtheorie, von Biochemie und Biophysik, von Sozialwissenschaften und Psychologie.
Hauptthemen der fachspezifischen Kurse waren u. a.: Ultrastruktur, Biochemie und Biophysik der Zelle, Probleme der Evolution, Verhaltensphysiologie, Probleme der Ökologie und Entwicklungsphysiologie.

XII. Schriftliche Arbeiten in den biologischen Arbeitsgemeinschaften

W. *Siedentop* erwähnt in seiner „Methodik und Didaktik des Biologieunterrichts" im Abschnitt „Das Wahlpflichtfach", daß es in manchen Ländern der Bundesrepublik Deutschland üblich ist, Übungsarbeiten zu schreiben. Ich halte diese Bestimmung für gut und nachahmenswert, wenn sie bisher in anderen Ländern noch nicht bestehen sollte.

Durch ständiges Experimentieren und Protokollieren wird nach meiner Ansicht der Schüler nicht hinreichend zu ernsthafter geistiger Tätigkeit angeregt. In der Regel wird der Durchschnittsschüler Versuche ausführen, die bereits in einer Vorlage beschrieben sind. Das muß im Laufe der Zeit zu geistiger Trägheit im Nachdenken führen. Um dieser einseitigen Ausbildung vorzubeugen, sollte man den Schüler von Zeit zu Zeit dazu zwingen, sich mit einem Problem, das seinem gewohnten Arbeitsthema fernliegt, zu beschäftigen. Eine Wiedergabe eines gelernten Stoffgebietes muß abgelehnt werden, dagegen sollte ein praktisches Thema in Übungsarbeiten behandelt werden. Meiner Ansicht nach kommt es nicht darauf an, daß der Schüler in der zur Verfügung stehenden Zeit das Problem vollständig löst. Er soll zeigen, wie er das Thema auffaßt und vor Schwierigkeiten nicht kapituliert; auch soll er überlegen, mikroskopieren, zeichnen und seine Ergebnisse niederschreiben. Die Methode hat sich bewährt, zu einem geeigneten Thema vorher einen entsprechenden Abschnitt im Schulbuch selbständig durchzuarbeiten. So wird der Schüler gezwungen, das erarbeitete Stoffgebiet auf die Praxis zu übertragen. Durch derartige Übungsarbeiten wird der Schüler angeleitet, kurze und treffende Bescheibungen seiner Beobachtungen, sowie klare Formulierungen der Ergebnisse wiederzugeben. Das Thema sollte so gewählt werden, daß der Verfasser übergeordnete Zusammenhänge erkennen kann.

Zu empfehlen ist, daß der Lehrer zu Beginn der Arbeitsperiode darauf achtet, das Thema aus präzisierten Einzelaufgaben zusammenzustellen. Der Bearbeiter wird dadurch vermeiden, sich bei seinen Untersuchungen ins Uferlose zu verlieren, ferner wird die Bewertung der Arbeit erleichtert. Solche Übungsarbeiten sind ein gutes Mittel, den Schüler zur geistigen Selbständigkeit zu erziehen, außerdem kommen die gesammelten Erfahrungen dem Schüler in den anderen Stunden der Arbeitsgemeinschaft zugute.

Nach einem gewissen Zeitabschnitt ist der Schüler selbst in der Lage, sich mit Hilfe des gewonnenen Arbeitsstiles einen Plan mit Zielpunkten zu entwerfen, durch den er brauchbare Ergebnisse erarbeiten kann. Dann ist der Schüler in der Lage, ein Thema, in dem keine Einzelaufgaben gestellt werden, frei zu durchdenken.

Die abgegebenen Arbeiten werden zensiert, gleichzeitig erhält der Lehrer eine solide Grundlage für die Zeugniszensur. Eine Festsetzung der Zeugnisnote, die sich allein auf das Praktizieren im Halbjahr bezieht, halte ich nicht für sinnvoll. Streng sollte darauf geachtet werden, daß die angeführten Mängel sachlicher und technischer Art sich bei den Korrekturen nicht wiederholen und dadurch spätere Übungsarbeiten ein besseres Niveau erhalten.

In der Folge sollen einige Themen wiedergegeben werden, die bei Übungsarbeiten gestellt wurden.

1. Gegeben sind einige Beeren des Ligusters.

a. Was können Sie über den Aufbau einer Beerenfrucht aussagen? Skizze eines Querschnittes.

b. Wodurch kommt Ihrer Ansicht nach die dunkle Färbung der Ligusterbeere zustande?

c. Entnehmen Sie dem Fruchtfleisch einige Zellen. Schlämmen Sie dieselben auf einem Objektträger in einem Tropfen Wasser auf und bedecken Sie den Tropfen mit einem Deckglas. Beobachten Sie die Zellen im Mikroskop und skizzieren Sie einige. Geben Sie unter dem Mikroskop an eine der Deckglaskanten ein bis zwei Tropfen Kaliumnitratlösung und saugen Sie mit dem Filterpapier gegenüber entsprechend Wasser ab. Was geschieht mit dem Zellinhalt der gesunden Zellen? Beobachtung und Skizze. Wie verhalten sich die Zellen nach anschließender Wasserzugabe und Entfernung der Kaliumnitratlösung? Deutung!

d. Geben Sie auf einen sauberen Objektträger wie bei c. etwas Fruchtfleisch und einen Tropfen Wasser. Führen Sie jetzt anstelle der Kaliumnitratlösung unter dem Mikroskop etwas verdünnte Natronlauge, später Salzsäure hinzu. Welche qualitativen Aussagen können Sie über den Farbstoff machen?

e. Stellen Sie mit der Rasierklinge einige Längsschnitte durch den Samen her. Skizze! Geben Sie zu einem Längsschnitt einen Tropfen Jodlösung. Wo beobachten Sie eine Farbänderung? Vergleichen Sie die Reaktion mit einem Kartoffelschnitt, bei dem ebenfalls Jodjodkaliumlösung zugegeben wird. Welchen Stoff konnten Sie in beiden Fällen nachweisen.

f. Zerquetschen Sie den Inhalt eines oder mehrerer Ligustersamen mit dem Heft eines Skalpells auf einem Filtrierpapier, das auf einer harten Unterlage liegt. Lassen Sie das Papier trocknen und halten Sie die Stelle, auf der das Zerquetschen stattgefunden hat, gegen das Licht. Welch ein Stoff mag die Reaktion hervorrufen? Geben Sie zu einem dünnen Längsschnitt einen Tropfen Sudan-III-glyzerin-Lösung. Welcher Zellinhaltsstoff mag angefärbt sein und wie erscheint er im Mikroskop?

Dieses Thema wurde am 14. Mai bearbeitet. Es waren aus dem Vorjahr noch genügend Beeren an den Sträuchern. Die Arbeitszeit betrug 5 Unterrichtsstunden. Ein anderes Thema, welches am gleichen Tage in einer Arbeitsgemeinschaft bearbeitet wurde, lautete folgendermaßen:

2. a. Schneiden Sie einen Blütenstengel vom Löwenzahn mehrere Zentimeter über Kreuz ein. Beobachtung und Deutung!
Stellen Sie einen Stengel in ein Becherglas mit Wasser. Beobachtung. Erklären Sie die Erscheinung. Fertigen Sie eine Skizze an, aus der die verschiedenen Zustände zu ersehen sind. Stellen Sie danach den Stengel in eine 10 %ige Kochsalzlösung. Beobachtung. Erklärung und Skizze.

b. Nehmen Sie mit einer Nadel aus dem Fleisch einer Ligusterbeere etwas Gewebe, bringen Sie es auf einen Objektträger, auf dem sich bereits ein Tropfen Wasser befindet. Bedecken Sie das Fruchtfleisch mit einem Deckgläschen und üben Sie durch Reiben einen leichten Druck aus, so daß sich die einzelnen Zellen verteilen.
Beobachtung im Mikroskop bei mittelstarker Vergrößerung. Die gesunden Zellen sind mit violettem Zellsaft gefüllt. Skizze einzelner Zellen. Geben Sie vom Deckglasrand mit einer Pipette einen Tropfen einer Natriumnitratlösung hinzu und saugen Sie auf der gegenüberliegenden Seite des Deckglases mit einem Fliesspapier Flüssigkeit ab.
Warten Sie einige Minuten und beobachten Sie im Mikroskop. Skizze und Deutung der Erscheinung! Durch Hinzugabe von Wasser entfernen Sie die Natriumnitratlösung auf die gleiche Weise. Deutung dieser Erscheinung.

33

c. In einem Schälchen zerkrümeln Sie etwas Preßhefe und geben reichlich Kochsalz hinzu und verrühren das Ganze mit einem Glasstab.
Mikroskopische Beobachtung und Deutung. Vergleichen Sie ohne und mit Kochsalz behandelte Hefezellen im Mikroskop. Deutung!
d. Schneiden Sie aus einer Kartoffel einen Quader heraus, so daß er bequem in die Öffnung eines Meßzylinders paßt. Drehen Sie in das untere Ende zur Beschwerung eine Metallschraube ein, spülen Sie unter der Wasserleitung ab und trocknen mit Fließpapier. Danach geben Sie das System in den Meßzylinder und übergießen mit Glyzerin. Beobachtung und Deutung der Erscheinung! Sehen Sie sich die Kartoffel eines Versuches an, die schon einige Tage dem Glyzerin ausgesetzt war.
Für die Anfertigung dieser Arbeit standen drei Unterrichtsstunden zur Verfügung. Die Schüler hatten vorher die Aufgabe erhalten, sich die entsprechenden Abschnitte über die Osmose im Lehrbuch durchzulesen.

3. Die drei gegebenen Pflanzen A, B und C sind miteinander morphologisch und anatomisch vergleichend zu betrachten. Durch eine Analyse ist auf eine begründete Zugehörigkeit zu den einzelnen Abteilungen des Pflanzenreiches zu schließen. Mikroskopieren Sie die Anhangsorgane der Pflanze A. Begründen Sie, welche Funktionen Sie Ihnen zuordnen würden. Von den roten Organen fertigen Sie zur Vervollständigung der Analyse ein Quetschpräparat an. Bei der Pflanze B ist die Achse in bezug auf die Festigkeitselemente zu untersuchen und mit der Pflanze C zu vergleichen. Mikroskopieren Sie ein Blättchen. Stellen Sie Vermutungen darüber an, welche Funktionen die verschiedenen Zellen haben könnten.
Bei der Pflanze C kommt es hauptsächlich auf einen Achsenquerschnitt an. Werten Sie ihn hinsichtlich der systematischen Einordnung aus.
Welche Standorte ordnen Sie den Pflanzen zu?
Begründen Sie Ihre Meinung. Über die gemachten Beobachtungen ist ein ausführliches Protokoll mit beschrifteten Skizzen anzufertigen.
Jeder Schüler erhielt die drei Pflanzen in Petrischalen, die mit Wasser gefüllt waren. Es handelte sich um die Alge der Gattung Chara, um ein Moos der Gattung Sphagnum und um einen Farn der Gattung Selaginella. Das Pflanzenmaterial konnte ohne Schwierigkeiten aus dem Botanischen Garten beschafft werden.
Bei den Anhangsorganen der Pflanze A sollten die bekannten Fortpflanzungsorgane analysiert werden. Bei der Pflanze B wurde verlangt, die Assimilationszellen von den Wasser speichernden Zellen zu unterscheiden. Bei dem Objekt C waren an Hand von Querschnitten besonders die Leitbündel nachzuweisen und zu zeigen, daß die Pflanze die höchstentwickelte der drei Objekte sei.
Obwohl die gestellte Aufgabe im ersten Augenblick recht schwierig und umfangreich erscheint, fielen die Ergebnisse doch recht befriedigend aus.
Die Arbeitszeit betrug in diesem Falle 5 Unterrichtsstunden.

Das 4. Thema, welches angeführt werden soll, ist jahreszeitlich bedingt, aber für eine Untersuchung sehr reizvoll. Es lautete folgendermaßen:
„Es sind zwei Exemplare von Primula officinalis (Hummel oder Falterblume) zu untersuchen.
a. Zeichnen Sie die beiden Blütenlängsschnitte.

b. Welche Unterschiede fallen Ihnen an den Blütenorganen auf? Vergleichen Sie mikroskopisch die Pollenkörner sowie die Oberflächen der Narben.
c. Stellen Sie Betrachtungen darüber an, welche ökologischen Bedeutungen diese Differenzierungen haben könnten.
Über die Untersuchungen ist ein Protokoll mit Skizzen anzufertigen."
Zur Bearbeitung dieses Themas standen drei Unterrichtsstunden zur Verfügung. Es wurde am 10. 4. gestellt, als die Hauptblütezeit der Schlüsselblumen war. Eine mündliche Vorbereitung auf dieses Thema entfiel.
Ebenfalls jahreszeitlich bedingt sind die beiden folgenden Themen, die der Cecidologie entnommen sind. Sie eignen sich besonders gut für eine Bearbeitung, da sowohl die Botanik als auch die Zoologie zu ihrem Recht kommen.

5. Thema: „Gegeben ist ein Buchenblatt mit einem Anhangsorgan. Was können Sie über die Morphologie, Anatomie und Ökologie dieses Organs sagen? Stellen Sie Betrachtungen über seine Entstehung und Zukunft an. Falls mehr als eine Larvensorte im Anhangsorgan ist, versuchen Sie diese Erscheinung zu deuten. Bewohner ist eine gelbbraun aussehende Larve. Über die Untersuchung ist ein ausführliches Protokoll mit Skizzen anzufertigen".
Jeder Schüler erhielt reichlich Untersuchungsmaterial. Auch waren auf dem Lehrertisch Entwicklungsstadien der Galle ausgelegt, so daß daraus etwas über das Zustandekommen ausgesagt werden konnte.
Eine Schwierigkeit trat bei der Bearbeitung dieses Themas auf. Im Untersuchungsjahr waren die Larven der Mikiolagalle so stark von Parasiten heimgesucht worden, daß in den Gallen keine ursprüngliche Erzeugerin mehr vorhanden war. Dies konnte sich naturgemäß erst im Laufe der Untersuchungen herausstellen, da ich selbstverständlich nicht alle Gallen vorher öffnen konnte. Aber die Voruntersuchung zeigte dies bereits. Deshalb im Thema die Aussage über das Aussehen des direkten Erzeugers und anderer Larvensorten.
Außer der Buchengalle eignet sich auch die Sprirallockengalle, die auf Pyramidenpappeln vorkommt, für solche Übungsarbeiten. Ich sammelte für jeden Schüler ungefähr fünf Gallen. Auch jene Stadien, die ihr Wachstum eingestellt hatten, führte ich vor, damit etwas über die Entwicklung der Galle ausgesagt werden konnte.

Das 6. Thema lautete folgendermaßen:
„Das vorliegende Objekt ist auf seine Morphologie, Anatomie und Ökologie einer Analyse zu unterwerfen. Äußern Sie sich über die Vergangenheit und Zukunft des gebildeten Organs. Wie würden Sie es benennen und welche Bewohner stellen Sie darin fest? Über die Untersuchungen ist ein Protokoll mit Skizzen anzufertigen."
Da es bei diesen Untersuchungen viel zu mikroskopieren und zu zeichnen gab, wurde ein Vormittag als Arbeitszeit zur Verfügung gestellt.
Auf einer Wanderung im Schwarzwald fand ich an einer Mauer recht gute Exemplare der Mauerraute. Ich sammelte die benötigte Menge in einen Plastikbeutel, um sie für eine Übungsarbeit zu benutzen. Die Schüler bearbeiteten als Hauptthema verschiedene Lebensgemeinschaften. Sie mußten von Zeit zu Zeit Bestimmungsübungen an pflanzlichen und tierischen Objekten durchführen. Das Thema formulierte ich wie folgt:

7. „Schließen Sie nach dem äußeren Habitus, zu welcher Abteilung die gegebene Pflanze gehört." (An der Blattunterseite waren zahlreiche Sporenhäufchen entwickelt, so daß eine Entscheidung nicht schwer fiel). „Sie ist näher nach *Schmeil-Fitschen* zu bestimmen. Die einzelnen Bestimmungsstationen sind zu protokollieren. (Seiten- und Nummernangabe). Knüpfen Sie an Hand der Organe der Blattunterseite an die Fortpflanzungsverhältnisse an. Die Organe der Blattunterseite und ein Blattquerschnitt sind zu mikroskopieren und zu skizzieren. Welchen Beitrag liefert die Blattstielanatomie zur systematischen Stellung dieser Pflanze?"

Für die Vorbereitung zur Bearbeitung dieses Themas waren aus dem Lehrbuch entsprechende Abschnitte über Fortpflanzung der Moose und Farne aufgegeben worden. Die Arbeitszeit betrug drei Unterrichtsstunden.

Natürlich sollte der Lehrer auch nach entsprechenden Themen aus der Zoologie suchen. Hierfür zwei Beispiele.

Jeder Schüler erhielt in einem kleinen Gefäß mit Alkohol sechs verschiedene Insektenbeine, und zwar:

1. ein Schwimmbein einer Wasserwanze
2. ein Gleitbein eines Wasserläufers
3. das Grabbein eines Maikäfers
4. das Laufbein eines Maikäfers
5. das Sammelbein einer Erdhummel
6. das Putz- und Grabbein eines Totengräbers

Die Aufgabenstellung war wie folgt formuliert:

8. a. „Skizzieren Sie die verschiedenen Insektenbeine und orientieren Sie die Darstellungen einheitlich.

b. Kennzeichnen Sie einander entsprechende Teile der Beine durch eine sinnvolle Benennnung der Einzelteile oder durch gleiche Farbgebung.

c. Schließen Sie vom Bau des Beines auf seine Funktion und auf den Lebensraum des Tieres.

d. Nennen Sie, wenn möglich, das Insekt."

Eine häusliche Vorbereitung für dieses Thema wurde nicht gegeben. Ebenso für das nächste. Es lautete:

10. „Makro- und mikroskopische Beobachtungen an Wasserflöhen".

Die Arbeitszeiten für das letzte und das vorletzte Thema betrugen drei Unterrichtsstunden.

Besondere Freude löste das letzte Thema aus, da es sich um ein lebendes Objekt handelte und das Mikroskopieren wegen der Durchsichtigkeit des Objektes nicht schwer fiel.

In je zwei Schulstunden wurden die beiden folgenden Themen behandelt:

10. Jeder Schüler hatte einen kleinen Blumentopf mit einer Graspflanze zur Bestimmung bekommen (Lolium perenne L.).

Aufgabe:

a. „Bestimmen Sie nach *Schmeil-Fitschen* ‚Flora von Deutschland' die vorliegende Pflanze (Bestimmung beginnt auf Seite 13, Tabelle 1).

Anmerkung: Geben Sie nach Auffinden der Pflanzenfamilie alle weiteren Kennziffern an, z. B. von 1 nach 3, von 3 nach 17 usw.

b. Beschreiben oder zeichnen Sie ein Ährchen und eine Blüte."

Um den Schülern auch eine gewisse Sicherheit in der Literaturbenutzung zu geben, stellte ich folgendes Thema:

11. „Gegeben sind sieben botanische Objekte, die alle mit dem Begriff ‚Nuß' verknüpft sind. Benennen Sie die Objekte (alphabetische Reihenfolge) und klären Sie mit Hilfe der gegebenen Literatur im botanischen Sinne den Begriff ‚Nuß', stellen Sie fest, zu welcher Pflanzenfamilie die Objekte gehören und ob es sich um Früchte oder nur um Teilprodukte derselben handelt."

Gegeben waren Erd-, Hasel-, Kokos-, Kola-, Muskat-, Para- und Walnuß.

Als Literatur wurden gereicht: *Schmeil* 1, Pflanzenkunde; *Ewald*, Pflanzenkunde I und II; *Strasburger*, Lehrbuch der Botanik; *Gassner*, Mikroskopische Untersuchungen pflanzlicher Nahrungs- und Genußmittel. Die Kolanuß wurde von keinem Bearbeiter erkannt.

Als letztes Thema in dieser Reihe möchte ich folgendes nennen:

12. „Von den Pflanzen A und B ist je ein Blatt gegeben. Führen Sie einen Vergleich durch, indem Sie je einen Querschnitt und einen Schnitt der Blattunterseite anfertigen und im Mikroskop betrachten. Welche Abweichungen vom normalen Blattyp treten auf? Über die Untersuchungen ist ein Protokoll mit Skizzen anzufertigen."

Aus dem Lehrbuch waren für dieses Thema die Abschnitte Laubblattanatomie, Assimilation und Sukkulenz aufgegeben worden. Bei den gegebenen Blättern handelte es sich um solche mit wenig ausgeprägtem Sukkulenzcharakter. Diese Tatsache hatte den Vorteil, daß leicht und schnell Querschnitte angefertigt werden konnten. In den meisten Fällen erkannten die Schüler, daß hier Wasserspeicherungsgewebe vorliegen.

Der Lehrer sollte im Laufe des Jahres darauf achten, daß der Schwierigkeitsgrad der Arbeiten sich steigert. Man sollte mit der Themenplanung wegen der Jahreszeit und des zu beschaffenden Materials stets rechtzeitig beginnen. Im Interesse des Untersuchers halte ich es für vorteilhaft, wenn er lebendes Material in die Hand bekommt. Die genannte Zahl von einer Übungsarbeit im Monat ist nicht zu hoch gegriffen, wenn man überlegt, daß die Lernenden sich im Beobachten, Mikroskopieren, Schlußfolgern, Protokollieren und Skizzieren üben sollen. Ich habe die Beobachtung gemacht, daß die Schüler in den verschiedenen Disziplinen im Laufe der Zeit eine große Technik entfalten, so daß die Zahl der unterdurchschnittlichen Arbeiten immer mehr abnimmt. Ist dem Lehrer diese Erziehungsaufgabe gelungen, daß die Schüler über einen individuellen Arbeitsstil verfügen, kann man in den Abschlußarbeiten Objekte geben, die der Schüler selbständig bearbeiten soll. Er hat es gelernt, sich einen Arbeitsplan zu geben und diesen in der gesetzten Zeit durchzuführen.

Literatur

Bässler, U.: Das Staheuschreckenpraktikum. Stuttgart 1965
Becher, R.: Versuche zur Demonstration der Abhängigkeit der Intensität der Photosynthese von Licht, Temperatur und Kohlensäurekonzentration. Praxis d. Naturw. Biologie 7/1961
Baumann, K.; Berck, K. H. Bruggaier, W.; Freytag, K.; Kästle, G.: Themen für das Wahlpflichtfach Biologie. Fünf Stoffpläne für den Zweijahreskurs. Heidelberg 1969
Berck, K. H.: Gehört das in das Wahlpflichtfach Biologie? P. d. N. Biol. 5/1965
Berck, K. H.: Tier- und Humanpsychologie — eine methodische Anleitung für den Unterricht. Heidelberg 1968

Blunk, L.: Eiweißstoffe. München 1972
Borgmann, K.: Verhaltenslehre in der Oberstufe. P. d. N. Biol. 5/1973
Botsch, W.: Einige Schulversuche mit Chlorophyll. P. d. N. Biol. 3/1961
Braun, R.: Tierbiologisches Experimentierbuch. Stuttgart 1959
Braune, R.: Verfahren für die Herstellung von Dünnschliffen tierischer Hartgebilde. P. d. N. Biol. 10/1960
Brauner, G.; Stehli, G.: Pflanzensammeln — aber richtig. Stuttgart 1968
Breiding, R.: Der Löwenzahn, ein ideales Versuchsobjekt der allgemeinen Botanik. MNU 6/1964—65
Bruggaier, W.: Literaturstudien im Wahlpflichtfach Biologie. P. d. N. Biol. 9/1969
Brüggemann, O.: Die Notwendigkeit und die Problematik des Exemplarischen im Biologieunterricht der Gymnasien. Der Gymnasial-Unterricht. Klett - Stuttgart
Brüggemann, O.: Ist der Biologieunterricht zu anspruchslos? MNU 7/1963—64
Brünnig, K.: Physiologische Versuche in einer biol. Arbeitsgemeinschaft. P. d. N. Biol. 1/1963
Bukatsch, F.: Rund um die Bäckerhefe. P. d. N. 3/1959
Bukatsch, F.: Versuche zur Veranschaulichung der elektrischen Aufladung der Bodenkolloide und ihrer praktischen Auswirkung auf die Pflanzenernährung. P. d. N. Biol. 7/1959
Bukatsch, F.: Zum Nachweis mehrerer Vitamine nebeneinander. P. d. N. 6/1961
Bukatsch, F.: Eine einfache und rasche Blattgrüntrennung mit geringstem Materialaufwand. P. d. N. Biol. 7/1972
Bukatsch, F.: Schulversuche mit Blüten-, Frucht- und Blattfarbstoffen. P. d. N. 2/1960
Carl, H.: Anschauliche Menschenkunde. Köln 1959
Carl, H.: Das Hühnerei als Exemplum. P. d. N. Biol. 4/1963
Csaller, K.: Einfache Versuche mit Pflanzenfarben. P. d. N. 11/ 1959
Daecke, H.: Chromatographie. Frankfurt/Main — Hamburg 1966
Delbrück, M.: Die Vererbungschemie. Naturw. Rundschau 3/1963
Dehn, E.: Praktische Chemie der Lebensmittel. Heidelberg 1964
Dressel, W.: Humangenetik. Ein Themenvorschlag für das Wahlpflichtfach Biologie. MNU 7/1963—64
Drews, R: Das Protokoll im naturwissenschaftlichen Unterricht. P. d. N. 6/1971
Dylla, K.: Verhaltensforschung. Heidelberg 1964
Dylla, K.: Schüler beobachten und experientieren im Zoologischen Garten. MNU 3, 1964/65
Dylla, K.: Thesen zum Unterricht im Wahlpflichtfach Biologie. P. d. N. Biol. 8/1966
Dylla, K.: Schmetterlinge im praktischen Biologieunterricht. Köln 1967
Eichhorn, W.: Untersuchung von keimenden Pollenschläuchen am lebenden Objekt (Gartentulpe) im Verlauf eines halben Jahres. P. d. N. Biol. 5/1967
Esser, H.; Janssen, B.: Beobachtungaufgaben zur Molchentwicklung. P. d. N. Biol. 5, 6, 7/1969
Falkenhan, H. H.: Der klassische Kerzenversuch — oft gezeigt, aber falsch gedeutet. P. d. N. Biol. 2/1952
Falkenhan, H. H.: Kleine Pilzkunde für Anfänger. Köln 1960
Falkenhan, H. H.: Entwurf des Deutschen Biologenverbandes zur Neugestaltung des Biologieunterrichts auf den Oberstufen der Gymnasien. P. d. N. 7/1969
Falkenhan, H. H.: Schreiben des VDB an die ständige Konferenz der Kultusminister. P. d. N. 7/1971
Falkenhan, H. H.: Biologieunterricht im Umbruch. P. d. N. 5/1971
Finkenrath, E.: Aufnahmen mit einer Kamera für weniger als 10,— DM. P. d. N. Biol. 1/1970
Fischer, J.: Das Unterichtsaquarium. Köln 1963
Flörke, W.: Der naturwissenschaftliche Unterricht in der Entscheidung. MNU 7/1963—64
Franz, W.: Die äußeren Voraussetzungen des Wahlpflichtfaches im naturwissenschaftlichen Unterricht. Heidelberg 1964
Freytag, K.: Schulversuche zur Bakteriologie. Köln 1960
Freytag, K.: Eine einfache Abdruckmethode zur Untersuchung von Pflanzenoberflächen. P. d. N. Biol. 12/1961
Freytag, K.: Fermente. Frankfurt/Main — Hamburg 1960
Freytag, K.: Die Entwicklung des Hühnchens. Eine Anregung für das Wahlpflichtfach. P. d. N. 4/1965
Fritz, F.: Die Embroynalentwicklung des Huhns. P. d. N. 10/1966
Fürsch, W.: Demonstrationsversuche zum Kapitel Atmung und Assimilation der Pflanzen. P. d. N. Biol. 7/1960
Gagamer, H.; Vogler, H.: Herausgeber: Biologische Anthropologie. Band 1—3. Stuttgart 1972
Gassner, G.: Mikroskopische Untersuchung pflanzlicher Lebensmittel. Stuttgart 1973
Geiler, H.: Ökologie der Land- und Süßwassertiere. Berlin — Oxford — Braunschweig 1971
Gleichauf, R.: Schmetterlinge sammeln und züchten. Stuttgart 1968
Glöckner, W. E.: Eine Arbeitsgemeinschaft über Papierchromatographie in der Oberstufe. P. d. N. Biol. 2/1959
Grave, G.: Untersuchungen an der Hefe — ein Beispiel für den exemplarischen Unterricht. P. d. N. Biol. 3/1964

Harte, C.: Anleitung für eine biometrische Arbeitsgemeinschaft auf der Oberstufe der höheren Schule. P. d. N. Biol. 9, 10 und 12/1959

Hasselberg, D.: Bericht über eine in Erprobung befindliche, neuartige Organisation der gymnasialen Oberstufe. P. d. N. Biol. 10/1970

Hasselberg, D.: Die Assimilation der Pflanzen, ein interessantes Thema für eine biologische Arbeitsgemeinschaft. P. d. N. Biol. 2/1966

Hensel, G.: Eine Schulwanderfahrt mit einer 12. Klasse nach List (Sylt) zur Einführung in die Ökologie. MNU 3/1961—62

Illies, J.: Wir beobachten und züchten Insekten. Stuttgart 1956

Jacobi, G.: Photosynthese und deren Demonstration im Schulversuch. P. d. N. 3/1962

Jenette, A.: Vorschläge für die Behandlung der Lebensgemeinschaft Wiese in einer biologischen Arbeitsgemeinschaft. P. d. N. Biol. 4/1958

Jocher, W.: Futter für Vivarientiere. Stuttgart 1965

Kalmus, H.: Einfache Experimente mit Insekten. Basel 1950

Kemper, J.: Genetische Versuche mit dem Pilz Sordaria macrospora Auersw. MNU 8/1964—65

Klein, K.: Gruppenprojekte als Endphase des biologischen Oberstufenunterrichts. P. d. N. Biol. 12/1971

Klevenhusen, W.: Biologisches Anschauungsmaterial an der Nordsee. P. d. N. Biol. 7/1959

Klingler, H.: Schulversuche mit Viren. P. d. N. Biol. 5/1961

Klingler, H.: Über die Kultur von Pilobolus im Unterricht und in Arbeitsgemeinschaften. P. d. N. Biol. 10/1960

Klingler, H.: Papierchromatographie und Elektrophorese. Köln 1963

Krauter, D.: Mikroskopie im Alltag. Stuttgart 1961

Krauter, D.; Streble, H.: Das Leben im Wassertropfen. Stuttgart 1973

Kühn, H. W.: Pflanzengallen — ein lohnendes Thema für biologische Arbeitsgemeinschaften. P. d. N. Biol. 11/1970, 7 und 8 1958, 6/1975

Koch, H.: Das „Wahlpflichtfach" Biologie. MNU 8/1962—63

Krumbiegel, J.: Wie füttere ich gefangene Tiere? Frankfurt/M. 1965

Lersch, P.: Physiologisch-chemisches Praktikum. Stuttgart 1968

Linkens, H. F.; Stange, L.: Praktikum der Papierchromatographie. Berlin — Göttingen — Heidelberg 1961

Loos, W.: Schulversuche mit Pflanzenhormonen. P. d. N. Biol. 7/1961

Luckner, M.: Prüfung von Drogen. Jena 1966

Marten, E.: Ein begehbares Erdbeet — der „Experimentiertisch" der Biologie an höheren Schulen. P. d. N. 3/1965

Mattauch, F.: Über einige Demonstrationsversuche aus dem Gebiete der Bodenbiologie. P. d. N. Biol. 1/1965

Memmert, W.: Grundlagen der Biologie — Didaktik. Essen 1971

Müller, H. W.: Pflanzenbiologisches Experimentierbuch. Stuttgart 1961

Müller, J.: Lebensgemeinschaft Süßwassersee Köln. 1963

Nehls, J.; Ruppolt, W.: Chemische Nachweise von Nährstoffen, einiger Vitamine, Fermente und anderen organischen Substanzen in der Rindermilch. P. d. N. 12/1961

Nöding, M.; Nöding, S.: Das Brot. Köln 1969

Pendel, K.: Aus der Arbeit im Wahlpflichtfach Biologie/Biochemie. P. d. N. Biol. 1/1969

Rahmenplan des Verbandes Deutscher Biologen für das Schulfach Biologie. P. d. N. 6/1973

Raths, P.; Biewald, G. A.: Tiere im Experiment. Köln 1971

Reich, H.: Pflanzenphysiologische Schulversuche. Köln 1966

Rensch, B.: Notwendigkeit einer Reform des Biologieunterrichts in Europa. P. d. N. 10/1962

Riech, F.: Mikrotomie. Köln 1962

Riedl, A.: Die Ökologie im Biologieunterricht der Kollegstufe. P. d. N. Biol. 11/1972

Riese, K.: Bakterienversuche — fast ohne Zeitaufwand. P. d. N. Biol. 4/1959

Riese, K.: Drosophilazucht in der Schule. P. d. N. 9/1962

Riese, K.: Holzuntersuchungen in biologischen Arbeitsgemeinschaften. P. d. N. Biol. 8/1958

Ruge, U.: Angewandte Pflanzenphysiologie. Stuttgart 1966

Ruppolt, W.: Schulversuche mit Südfrüchten. P. d. N. 1961

Ruppolt, W.: Bioga-Geräte für die Schulpraxis. P. d. N. 3/1961

Ruppolt, W.: Die Rahmenvereinbarung von der Seite des Schülers aus kritisch gesehen. MNU 9/1963—64

Ruppolt, W.: Ein Unterrichtsversuch zur Rahmenvereinbarung MNU 1/1963

Ruppolt, W.: Schriftliche Arbeiten im Wahlpflichtfach. MNU 4/1965—66

Ruppolt, W.: Zwei Jahre Wahlpflichtfach Biologie — ein Bericht. P. d. N. 9/1965

Ruppolt, W.: Pflanzen als Energiespender (Baumwolle, Erdnuß, Kokospalme, Ölpalme, Sojabohne und Sonnenblume). Beschreibungen und Versuche. Köln 1969

Ruppolt, W.: Kaffee, Tee, Kakao. Köln 1973

Schoenichen, W.: Methodik und Technik des naturgeschichtlichen Unterrichts. Leipzig 1914

Schomann, H.: Untersuchungen eines Mooses im Rahmen einer biologischen Arbeitsgemeinschaft oder des Wahlpflichtfaches der Oberstufe. P. d. N. 11/1964

Schopfer, P.: Experimente zur Pflanzenphysiologie. Freiburg 1970
Schott, D.; Breska, K.: Methodische Bemerkungen und Hilfsmittel für eine Einführung in die Molekulargenetik im Wahlpflichtfach. P. d. N. 1965
Schramm, G.: Biochemische Grundlagen des Lebens. Naturw. Rundschau 3/1963
Schröder, M.; Schröder, J. H.: Lebistes reticulatus als Studienobjekt für das Wahlpflichtfach Biologie MNU 9/1965—66
Seiert, G.: Embryologisches Praktikum. Stuttgart 1970
Sichl, K.: Untersuchungen zum biologischen Gleichgewicht im Wahlpflichtfach. MNU 3/1965—66
Siedentop, W.: Seminar über die Reform des biologischen Unterrichts vom 4. bis 14. 9. 1962 in La Tour de Peilz (Schweiz). MNU 7/1962—63
Siedentop, W.: Methodik und Didaktik des Biologieunterrichts
S. 150—159 Das Wahlpflichtfach
S. 160—163 Die biologische Arbeitsgemeinschaft. Heidelberg 1964
Siedentop, W.: Zu den Berliner Plänen für die Wahlpflichtfächer Physik, Chemie und Biologie. MNU 9/1962—63
Siedentop, W.: Gruppenarbeit im Biologie-Unterricht der Unter- und Mittelstufe. MNU 10/1963—64
Spanner, L.: Schulbiologie im Wandel? P. d. N. 7/1970
Stahl, E.: Dünnschichtchromatographie. Berlin — Heidelberg — New York 1966
Stehli, G.: Sammeln und Präparieren von Tieren. Stuttgart 1959
Steinecke, F.: Methodik des Biologieunterrichts. Heidelberg 1951
Steiner, G.: Das Zoologische Laboratorium. Stuttgart 1963
Stellungnahmen zum Beitrag von *H. Berck* „Gehört das in das Wahlpflichtfach Biologie?" P. d. N. 9/1965
Stengel, E.: Ist das Weitmarer Holz ein sterbender Wald? P. d. N. 6/1959
Stengel, E.: Dorf und Stadt. Köln 1965
Stockel, A. W.: Praktikum der Verhaltensforschung. Stuttgart 1971
Teufert, K. H.: Vererbungsversuche mit Farbmäusen. P. d. N. 3/1962
Urschler, J.: Chromatographie — Systematik als Forschungsthema für Schüler. P. d. N. 2/1971
Vogt, H. H.: Eiweißstoffe. Köln 1962
Wagner, W.: Das Blut. Ein Thema für biolog. Arbeitsgemeinschaften. P. d. N. Biol. 8/63
Walter, H.: Untersuchungen an dem Brutvogelbestand des Bonner Botanischen Gartens. P. d. N. Biol. 9/1962
Wiegner, H.: Züchtung von Farnprothallien. P. d. N. 9/1960

DER PROGRAMMIERTE UNTERRICHT

Von Oberstudienrätin Dr. Maria Schuster

Würzburg

I. Entwicklung des Programmierten Unterrichts

Historische Entwicklung

Die Methode der programmierten Unterweisung wurde in den fünfziger Jahren von *Skinner* und *Crowder* aus lernpsychologischen Überlegungen heraus entwickelt. Die Ideen, die als Wegbereiter des PU anzusehen sind, wurden allerdings schon in der ersten Hälfte unseres Jahrhunderts geboren. *Skinner* [1] faßte den Lernprozeß als operantes Konditionieren auf, bei dem durch ständiges Wiederholen des Stoffes eine fortwährende Verstärkung erzielt und das Eintrainieren des Lernstoffes erreicht wird. Außerdem kritisierte *Skinner* das Auftreten fast ausschließlich negativer Verstärkungen im herkömmlichen Unterricht, eine Tatsache, die beim Arbeiten mit Programmen wegfallen würde. Entsprechend dieser Auffassung konstruierte *Skinner* Unterrichtsprogramme, die sich durch kleine Lernschritte und dauernde Wiederholungen auszeichnen. Dieser Aufbau gewährleistet mit hoher Wahrscheinlichkeit eine richtige Beantwortung der Frage und verhilft dem Schüler zu positiven, motivationsfördernden Verstärkungen. Die *Skinner*schen Programme werden aufgrund der linearen Abfolge kleiner Lernschritte als „lineare Programme" bezeichnet.

Im Gegensatz zu *Skinner* will *Crowder* [2] das Lernen nicht als einfache Konditionierung, sondern eher als Lernen durch Versuch und Irrtum verstanden wissen. Der Schüler lernt nicht nur aus richtigen, sondern auch aus falschen Antworten. Dementsprechend sind seine Programme so angelegt, daß der Schüler aus einer Anzahl vorgegebener Auswahlantworten die richtige Antwort selbständig herausfinden muß; falsche Antworten führen ihn über Zusatzinformationen auf den richtigen Weg zurück. *Crowder* schuf den Typus des verzweigten Programms oder Mehrwegprogramms, das geeignet ist, dem Schüler nicht nur reines Wissen zu vermitteln, sondern ihm auch höhere Lernziele zu erschließen.

Beide Programmtypen verhelfen aufgrund ihres Aufbaus jedem einzelnen Schüler zu positiven Verstärkungen durch sofortige Erfolgsbestätigung, wie er sie im Lehrerunterricht aufgrund der andersartigen Situation gar nicht erfahren kann.

Institutionen für den Programmierten Unterricht

In Deutschland war der PU anfangs nur Gegenstand einer lebhaften wissenschaftlichen Diskussion innerhalb der pädagogischen Forschung. Das beweist die umfangreiche pädagogische Literatur jener Zeit. Mit den vielfachen Bemühungen um eine Reform des Bildungswesens und mit dem damaligen Lehrermangel erhielt die Diskussion um den PU immer wieder neue Nahrung. Inzwischen hat die Methode der Programmierten Unterweisung jedoch eine Phase erreicht, in der sie in immer stärkerem Maße Eingang in die Unterrichtspraxis findet. Dies wurde u. a. nicht zuletzt auch dadurch erreicht, daß Institutionen geschaffen wur-

den, deren Aufgabe es ist, an der Fortentwicklung des PU mitzuwirken, seine Effizienz zu überprüfen und vor allem Unterrichts-Programme zu entwickeln. Solche Einrichtungen sind:
das Institut für Lehrerfortbildung, Beratungsstelle für Programmiertes Lernen, StD *Fritz Thayssen*, Moorkamp 3, 2000 Hamburg;
die Zentralstelle für PU an bayerischen Gymnasien, *Dr. Karl-August Keil*, Schertlinstraße 7, 8900 Augsburg. Angeschlossen sind dieser Zentralstelle Versuchsschulen für PU in einzelnen Fächern, u. a.
die Versuchsschule für PU in Biologie, Röntgen-Gymnasium Würzburg, Sanderring 8, 8700 Würzburg.
In anderen Bundesländern wird dieser Aufgabenbereich von Referaten im Kultusministerium wahrgenommen, so in Nordrhein-Westfalen, wo im Abstand von einigen Jahren das große Programmverzeichnis herausgegeben wird. Ferner wären noch zu nennen
das Institut für Medienverbund/Mediendidaktik, Prof. Dr. *Tulodziecki* und
das Institut für Unterrichtswissenschaft des Forschungs- und Entwicklungszentrums für objektivierte Lehr- und Lernverfahren GmbH, Prof. Dr. *Waltraut Schöler*, 4790 Paderborn,
welche sich mit der Herstellung von Buchprogrammen befassen. Auskünfte über Fragen des PU können an den genannten Stellen eingeholt werden.

Gegenwärtige Situation des Programmierten Unterrichts

Die Ausbreitung der Methode der Programmierten Unterweisung ist abhängig von dem Angebot brauchbarer Unterrichtsprogramme. Anderseits kann man eine verstärkte Entwicklung von Unterrichtsprogrammen erst dann erwarten, wenn die Methode in der Schule einen gewissen Bekanntheitsgrad erreicht hat und von den Lehrern als brauchbar erkannt worden ist. Die Zahl der in den verschiedenen Fächern angebotenen Programme ist sehr unterschiedlich, wie man aus dem Verzeichnis der lernmittelfrei genehmigten Unterrichtsprogramme für Bayern von der Zentralstelle für PU in Augsburg [3] oder aus dem Verzeichnis des Kultusministeriums von Nordrhein-Westfalen entnehmen kann [3]. Spitzenreiter in der Reihe der gymnasialen Fächer bezüglich des Programmeinsatzes, aber auch bezüglich der Programmentwicklung sind Mathematik, Physik, Latein und Englisch, wie z. B. eine Umfrage der Zentralstelle für PU in Augsburg ermittelt hat [4]. Dieser bevorzugte Platz der genannten Fächer wird häufig mit einer besonderen Eignung des Stoffes für eine Bearbeitung in Programmform erklärt. Dies dürfte jedoch nicht der einzige Grund sein; auch in Biologie oder Chemie läßt sich beispielsweise der gesamte Stoff programmieren, was Versuche beweisen, die in dieser Hinsicht in Amerika unternommen wurden. Freilich soll damit nicht gesagt werden, daß eine Programmierung des gesamten Biologie-Stoffes, auf unsere schulischen Verhältnisse übertragen, sinnvoll und wünschenswert wäre.
Die Programme, die sich bei uns durchgesetzt haben, sind durchwegs in Buchform verfaßt. *Skinner* experimentierte darüber hinaus mit programmierten Texten, die in Verbindung mit Maschinen benutzt werden müssen. Derartige mechanische oder elektronische Lehrmaschinen können die Lehrfunktion des Lehrers übernehmen, indem sie dem Schüler den Unterrichtsstoff darbieten und auch seine Antworten kontrollieren. In Deutschland hat allein das Buchprogramm

Eingang in die Unterrichtspraxis gefunden. Eine Verbreitung von Lehrmaschinen an unseren Schulen ist aus Kostengründen nicht zu erwarten.
Ihrer Programmierungstechnik nach sind die veröffentlichten Buchprogramme häufig linear programmiert. Zumeist handelt es sich jedoch um Mischformen zwischen rein linearen und verzweigten Programmen, in denen je nach Lehrziel, Art und Komplexität des Lehrstoffes und nach Adressatenkreis linear programmierte Passagen oder Verzweigungen überwiegen.

II. Das Wesen des Programmierten Unterrichts

Allgemeines

Im PU übernimmt das Unterrichtsprogramm die Lehrfunktion des Lehrers, d. h., daß Stoffvermittlung, Regelungs-, Steuerungs- und Kontrollfunktion von einem Objekt, dem Programm, übernommen und ausgeführt werden (Objektivierter Unterricht, 5). Erziehungs- und Bildungsaufgaben besonderer Art kann das Programm dem Lehrer hingegen nicht abnehmen. Damit sind bereits die Grenzen des PU angedeutet. Während sich stofflich orientiertes Wissen, aber auch Denkstrategien, mit Hilfe von Unterrichtsprogrammen gut vermitteln lassen, kann der Lehrerunterricht in Erziehungsfragen, bei der Bildung von Wertmaßstäben, ja selbst bei der Herstellung vielfältiger Querverbindungen zu anderen Fach- und Lebensbereichen, nicht durch den objektivierten Unterricht ersetzt werden, da solche Ziele im Lehr- und Bildungsprozeß nur durch einen menschlichen Kontakt erreicht werden können. Aus dieser Erkenntnis heraus allein ist nicht zu befürchten, daß im Zuge der fortschreitenden Technisierung unserer Welt der Lehrerunterricht eines Tages vom PU verdrängt werden könnte. Mit Sicherheit wird aber der PU aufgrund seiner Vorzüge stärker als bisher eine von mehreren Unterrichtsmethoden in der Hand des Lehrers darstellen. Nach *J. Zielinski* und *W. Schöler* [6] gebührt „demjenigen Mittel der Vorrang, mit dem Selbstbildung intensiver und effektvoller zu betreiben ist, denn darauf zielt letztlich die Bildungsarbeit ab".
In methodischer Hinsicht gelten für den PU dieselben Gesichtspunkte wie für den Lehrerunterricht in der Klasse. Mit Hilfe des Programms kann der Lehrstoff entweder als Information dargeboten, in fragend-entwickelnder Weise oder auch selbsttätig erarbeitet werden; er kann durch Wiederholung gefestigt und durch Übertragung auf andere Problemstellungen angewendet und verknüpft werden. Auch bezüglich der Anschauungsmittel sind kaum Unterschiede vorhanden. Abbildungen, graphische Darstellungen, Modelle, Versuche, lebende Objekte (z. B. Pflanzen) und die Verwendung des Mikroskops lassen sich sinnvoll in den PU integrieren.

Effektivität des Programmierten Unterrichts

Gegenüber dem persönlichen Unterricht ist der Unterrichtsablauf durch das Programm genau festgelegt, der Stoff ist bis ins kleinste durchdacht und aufbereitet und in logischer Abfolge in kleinen Schritten dargeboten, so daß selbst schwache Schüler, besser als im herkömmlichen Unterricht, den Lehrstoff erfassen. Eine derartige Aufbereitung und gründliche Vorbereitung jeder einzelnen Unterrichtsstunde von seiten des Lehrers wäre im herkömmlichen Unterricht aus Zeitgründen nicht zu leisten. Die Effektivität des PU ist demzufolge auch größer als die des herkömmlichen Unterrichts, in dem sich sehr häufig nur ein Teil der Klasse angesprochen fühlt und mitarbeitet. Das beweisen eine Reihe von Untersuchungen aus Deutschland und den USA, in denen der Lernerfolg nach herkömmlichem Unterricht und programmierter Unterweisung ermittelt und verglichen wurde. In jedem Falle war die Behaltensleistung nach programmierter Unterweisung größer als nach herkömmlichem Lehrerunterricht [7, 8].

Vorteile des Programmierten Unterrichts

Der PU ist eine Unterrichtsform, die sich durch eine Reihe besonderer Vorteile auszeichnet. So zwingt z. B. der Einsatz eines Programms den Schüler zu einer erhöhten Aktivität. Während es einzelnen Schülern im herkömmlichen Unterricht bekanntlich immer wieder gelingt abzuschalten, erfordert das Lösen der Aufgaben im Unterrichtsprogramm die volle Aufmerksamkeit eines jeden Schülers, denn jeder einzelne ist direkt durch das Programm angesprochen. Die Folge von Informationen, Fragen und Antworten im Programm erweist sich als gute Konzentrationsschulung. Außerdem lernt jeder Schüler selbständig und eigenverantwortlich zu arbeiten, da er seine eigenen Lösungen und Antworten auch selbst kontrolliert. Die großen Erfolgschancen beim programmierten Lernen, bedingt durch die Anpassung des Schwierigkeitsgrades an den jeweiligen Adressatenkreis und die Aufgliederung des Stoffes in kleine Lernschritte, verhelfen dem Schüler zu Erfolgserlebnissen und damit auch zu einer Steigerung der Lernmotivation, welcher im Lernprozeß eine entscheidende Rolle zukommt [9]. Auch schwache Schüler sind von Erfolgserlebnissen nicht ausgeschlossen. Die sofortige Erfolgsbestätigung führt zudem zu einer Lernverstärkung. Im normalen Klassenunterricht ist diese Erfolgsbestätigung nur bei einzelnen Schülern möglich. Darüber hinaus sind im PU negative mitmenschliche Einflüsse, z. B. Aversionen gegen den Lehrer, ausgeschaltet, das Lernen wird versachlicht und die Angst vor einer Blamage bei falscher Antwort vor der Klasse und dem Lehrer entfällt. Beim programmierten Lernen können die Schüler, unabhängig von Lehrer und Klassenkameraden, ihr eigenes Lerntempo bestimmen. Dem individuellen Arbeitsrhythmus wird Rechnung getragen: leistungsstärkere Schüler kommen schnell voran, leistungsschwächere Schüler werden nicht überfordert und haben gute Chancen, bei gößerem Zeitaufwand ans Ziel zu gelangen.

Die günstige Lernsituation im PU, die mit den obigen Ausführungen angesprochen wurde, führt zu den bereits genannten erhöhten Behaltensleistungen.

Nachteile des Programmierten Unterrichts

Trotz aller Vorzüge sollte man nicht versäumen, auch auf einige Argumente aufmerksam zu machen, die häufig als Nachteile des PU genannt werden. In der Unterrichtspraxis selbst fallen sie jedoch kaum ins Gewicht, da die Programmierte Unterweisung stets im Wechsel mit anderen Unterrichtsformen eingesetzt wird und nie über längere Zeiträume hinweg erfolgt. So wird die Übertragung der Selbstkontrolle, die manchen Schüler zum Trödeln oder Mogeln verführt, gelegentlich als Nachteil genannt. Diesem Verhalten kann der Lehrer aber entgegenwirken, indem er z. B. mit dem Schüler, der durch häufiges Blättern oder Unlust auffällt, eine Zeitlang mitarbeitet. Das Argument der Vereinsamung des Menschen und der Verringerung mitmenschlicher Kontakte durch den PU fällt bei einem seltenen Einsatz von Buchprogrammen von vornherein nicht ins Gewicht, ebensowenig das Argument der Vernachlässigung der Ausdrucksfähigkeit der Schüler. Letzteres würde nur bei ununterbrochenem Arbeiten mit Unterrichtsprogrammen eintreffen.

Eine Überanstrengung des Schülers infolge erhöhter Konzentration bei Programmeinsätzen könnte tatsächlich auftreten, wenn der PU über mehrere Stunden am Tag betrieben würde. Angesichts des Fachwechsels im Stundenplan dürfte aber auch hier keine wirkliche Gefahr vorhanden sein.

Die eingeschränkte erzieherische Wirkung des Lehrers während des Programmeinsatzes ist ebensowenig ein ernstzunehmendes Argument gegen den PU wie die fehlende Bildungsarbeit des Programms, denn der Lehrer hat gerade während des Programmeinsatzes Zeit, sich verstärkt mit einzelnen Schülern zu beschäftigen und erzieherisch auf diese einzuwirken; andererseits kommt es auch hier wieder auf den sinnvollen Wechsel von traditionellem und programmiertem Unterricht an.

Der Vorwurf, daß der PU zu verbal sei und auditive Lerntypen benachteilige, trifft für Buchprogramme zu, nicht hingegen für Programme, die Tonbänder als Unterrichtsmittel verwenden. Das Argument von der Uniformierung des Denkens durch den vorgegebenen Weg im Programm wird in seinem Gewicht verringert, wenn das Programm mehrere Wege anbietet.

Der Nachteil, der aus der Verwendung von Auswahlantworten erwachsen soll und auf dem Erraten der richtigen Antwort liegt, ist kein schwerwiegendes Argument gegen den PU, denn Auswahlantworten kommen in unseren heutigen Programmen stets im Wechsel mit anderen Antwortformen vor. Somit erweisen sich alle genannten Nachteile des PU bei einem sinnvollen Einsatz von Unterrichtsprogrammen als durchaus tragbar.

III. Die Stellung des biologischen Objekts im Programmierten Unterricht

Im Biologieunterricht spielt die Anschauung eine entscheidende Rolle; darum muß ihr auch im PU der gebührende Platz eingeräumt werden. Untersuchungen am Objekt, Versuche, Mikroskopierübungen lassen sich gut in den PU integrieren. Das kann in zweifacher Weise geschehen. Erstens dadurch, daß das Objekt bereits in das Programm mit einbezogen wird. Letzteres läßt sich in Pflanzenkunde vorzüglich arrangieren. In diesem Falle gibt das Programm im Sinne einer Schülerübung alle notwendigen Informationen zum Zerlegen der Pflanzen sowie die damit verbundenen Lerninhalte an den Schüler weiter. Die Erfahrung mit dem Tulpenprogramm zeigt, daß die Integration des Objekts eine enorme motivationsfördernde Wirkung besitzt.

Läßt sich das (lebende) Objekt nicht unmittelbar in das Programm einbeziehen, so wird man das Lernziel mit anderen Hilfsmitteln (z. B. Zeichnungen oder Abbildungen) zu erreichen suchen. Das schließt aber nicht aus, daß nach der Erarbeitung der Grundlagen im Anschluß an die Bearbeitung des Programms eine gemeinsame Wiederholung am lebenden Objekt, am Stopfpräparat, an Modellen oder sonstigen biologischen Anschauungsmaterialien vorgenommen wird. An

gleicher Stelle ließe sich eine Mikroskopierübung durchführen, nachdem z. B. die theoretischen Grundlagen über Einzeller erarbeitet worden sind. Bestimmungsübungen mit dem Mikroskop würden den PU abrunden.
In gleicher Weise ließen sich auch kleine Versuche, z. B. Versuche zur Samenkeimung im Programm einbauen, die die Schüler nach Anweisungen zu Hause in eigener Regie durchführen könnten, um die Ergebnisse gemeinsam im Unterricht auswerten zu können. Der PU ist nicht zu einer nur theoretischen Abhandlung des Lehrstoffs verurteilt. Auch hier gilt wie im Lehrerunterricht: je anschaulicher, desto besser, und möglichst objektnah zu arbeiten.

IV. Der Aufbau von Unterrichtsprogrammen

Lernschritte

Wie jede Art von Lehrtätigkeit muß auch der PU eine Reihe allgemeingültiger Prinzipien berücksichtigen: Wecken der Aufnahmebereitschaft (Motivation), Anbieten einer Information, Kontrolle des Lernerfolges.

Gemäß dieser Prinzipien ist das Lernprogramm aus einer Folge kleiner Lehr- bzw. Lernschritte (englisch: *frames*) aufgebaut. Jeder Lernschritt besteht aus einer Information, einer Frage bzw. Aufgabe und der Musterantwort bzw. Musterlösung. Die Lösung zu jeder Aufgabe folgt stets auf der nächsten Seite, so daß der Schüler gezwungen ist, zunächst selbst eine Lösung zu finden, und nicht verleitet wird, die richtige Antwort einfach abzulesen. Erfahrungsgemäß wird hier wenig gemogelt. Die Antworten werden schriftlich fixiert und dann mit der vorgegebenen Musterantwort verglichen. Alle Anweisungen über auszuführende Tätigkeiten, z. B. zum Präparieren von Blütenteilen oder zur Durchführung von Versuchen, sind in den Informationen enthalten.

Aufbau einer Programm-Seite

Musterantwort bzw. Musterlösung zum vorangegangenen Lernschritt
↓
neue Information
↓
Frage bzw. Aufgabe

Wie der Auszug aus dem Lehrprogramm „Die Gartentulpe" für die 5. Klasse zeigt, sind die Informationen sehr kurz gehalten. Jede Information enthält im allgemeinen einen neuen Gedanken. Der Behandlung von Bestäubung und Befruchtung geht die Besprechung des Blütenbaues voraus, der am Objekt erarbeitet wird. Im 2. und 3. Teil des Programms folgen die Erarbeitung des Aufbaus und der Funktion von Stengel und Blättern sowie die Behandlung der Zwiebel.

Beispiele einiger Lernschritte

Auszug 1: Ausschnitt aus dem Programm „Die Gartentulpe"

Lösung zu 32:
Pollen oder Blütenstaub
Bestäubung
Narbe

Schneide jetzt den Stempel deiner Blüte mit einem Skalpell in der Mitte quer durch! Den unteren Stumpf läßt du in der Blüte zurück, den oberen mit der Narbe sollst du jetzt mit einer Lupe untersuchen!

Auf der Schnittfläche wirst du helle Körnchen entdecken.

Das sind die *Samenanlagen*.

Vergrößert sieht der Querschnitt so aus, wie ihn nebenstehende Zeichnung zeigt.

Aufgabe:
Übertrage obigen Querschnitt in dein Heft!
Beschrifte dann Samenanlagen und Fruchtknotenwand des Stempelquerschnittes!

Lösung zu 33:

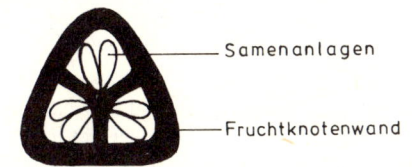

— Samenanlagen

— Fruchtknotenwand

Bei genauer mikroskopischer Untersuchung stellt sich heraus, daß jede Samenanlage außen von *Hüllen* umgeben ist und im Inneren je eine *weibliche Keimzelle* enthält.

Samenanlage im Schnitt:

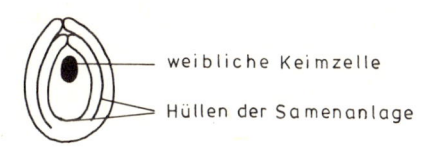

— weibliche Keimzelle

— Hüllen der Samenanlage

Aufgabe.
1. Beschreibe den Aufbau einer Samenanlage im mikroskopischen Schnittbild!
2. Wie bezeichnet man die weibliche Keimzelle beim Menschen und bei Tieren?

Lösung zu 34:
1. Die Samenanlage ist außen von Hüllen umgeben. Im Inneren befindet sich eine weibliche Keimzelle (oder sinngemäße Antwort).
2. als Eizelle

Die Samenanlagen sind die „Träger" der weiblichen Keimzellen, da in ihrem Inneren je eine weibliche Keimzelle gebildet wird.

Aufgabe:

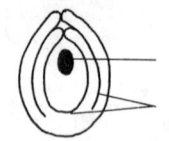

1. Übertrage nebenstehende Zeichnung in dein Heft!
Beschrifte dann die Zeichnung!
2. In welchem Teil des Stempels entsteht die weibliche Keimzelle?

Lösung zu 35:

1
— weibliche Keimzelle
— Hüllen der Samenanlage

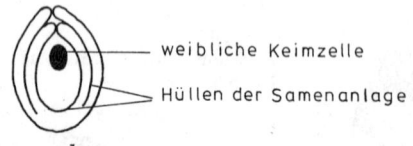

2. in der Samenanlage

Samenanlagen und *Pollen* sind, wie du nun weißt, die „Träger" der pflanzlichen Keimzellen. Bei der Tulpe kommen Pollen und Samenanlagen in *einer Blüte* vor (in Staubblättern und Fruchtknoten), darum ist die Tulpenblüte eine *Zwitterblüte*.

Aufgabe:

Fasse jetzt zusammen, was du zum „Stempel" und zur „Samenanlage" gelernt hast!
Bei der Tulpe besteht der Stempel aus 2 Teilen, aus der (1). .... und aus dem (2). .... Auf der (3.) .... bleibt der Blütenstaub oder (4). .... kleben, den Bienen von anderen (5.) .... mitgebracht haben. Im aufgeschnittenen Fruchtknoten sind die (6.) .... zu sehen. Sie sind außen von (7). .... umgeben; im Inneren enthält jede Samenlage eine (8). .... Weil die Tulpe männliche und weibliche Keimzellen in einer Blüte enthält, bezeichnet man die Tulpenblüte als (9.) ....
(Wie lauten die fehlenden Worte?)

Lösung zu 36:

1. Narbe
2. Fruchtknoten
3. Narbe
4. Pollen
5. Tulpenblüten
6. Samenanlagen
7. Hüllen
8. weibliche Keimzelle (oder Eizelle)
9. Zwitterblüte

Du weißt jetzt, daß in einer Pflanze (ebenso wie beim Menschen und bei Tieren) männliche und weibliche Keimzellen gebildet werden.

Frage:
1. Wo sind bei der Tulpenpflanze die männlichen Keimzellen enthalten?
2. Wo sind die weiblichen Keimzellen enthalten?
3. Was geschieht bei der Bestäubung?

Antwort zu 37:
1. in den Pollen
2. in den Samenanlagen

3. Bei der Bestäubung wird Blütenstaub von den Staubblättern einer Blüte auf die Narbe einer anderen Blüte übertragen (oder sinngemäße Antwort).

Wenn ein Pollenkorn bei der Bestäubung auf der klebrigen Narbe hängengeblieben ist, beginnt es einen *Pollenschlauch* auszubilden. Der Pollenschlauch wächst durch das Gewebe des Stempels *bis zu einer Samenanlage.*

Narbe — Pollen mit männlicher Keimzelle
— Pollenschlauch
— Fruchtknoten
— Samenanlagen mit weiblicher Keimzelle

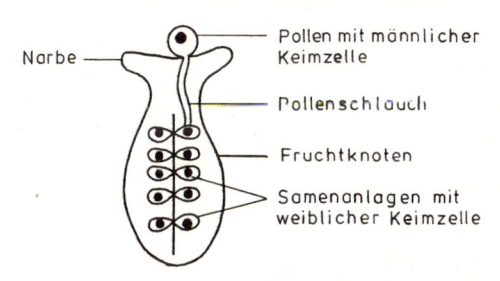

Aufgabe:
Beschreibe, was nach der Bestäubung mit dem Pollenkorn geschieht!

Lösung zu 38: 39

Auf der Narbe bildet das Pollenkorn einen Pollenschlauch aus. Dieser wächst durch das Gewebe des Stempels hindurch bis zu einer Samenanlage (oder sinngemäße Antwort).

Durch den Pollenschlauch wandert nun die *männliche Keimzelle* aus dem Pollen bis zur Samenanlage und *verschmilzt* dort mit der *weiblichen Keimzelle.*

Aufgabe:

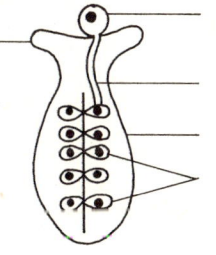

Übertrage nebenstehende Zeichnung in dein Heft.

Beschrifte dann die gekennzeichneten Teile.

Lösung zu 39: 40

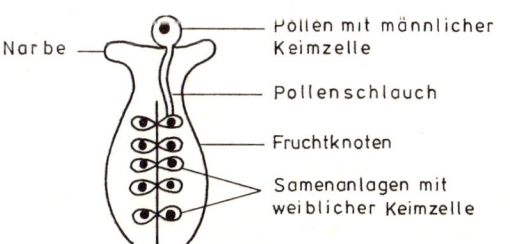

Narbe — Pollen mit männlicher Keimzelle
— Pollenschlauch
— Fruchtknoten
— Samenanlagen mit weiblicher Keimzelle

Das Verschmelzen von männlicher und weiblicher Keimzelle wird als *Befruchtung* bezeichnet.

Frage:
1. Was geschieht bei der Befruchtung?
2. Wie gelangen die Keimzellen zueinander?

Fragen und Antwortformen

Die an den Informationsteil anschließenden Fragen bzw. Aufgaben beziehen sich auf die letzte Information, auf eine zurückliegende Information oder einen größeren Abschnitt. Sie können reine Reproduktion, eine Reorganisation, Transfer oder auch problemlösendes Denken beinhalten. Ein Programm sollte nicht nur Gedächtnisfragen, sondern auch Überlegungsfragen enthalten.

Als Antwortformen werden am häufigsten freiformulierte Antworten verlangt, teilweise Kurzantworten, aus einem Wort bestehend, oder voll ausformulierte Sätze. Die letztgenannte Antwortform wurde im Tulpenprogramm aus Gründen der Sprecherziehung bevorzugt. Häufig bedient man sich in biologischen Programmen zeichnerischer Antworten, indem man das besprochene Detail zeichnen läßt oder lediglich die Beschriftung einer Zeichnung fordert. Darüber hinaus können Auswahlantworten angeboten werden, wenn echte Wahlmöglichkeiten vorhanden sind, oder auch Lückentexte ausgefüllt werden. Letztere wurden im Tulpenprogramm anstelle von Zusammenfassungen eingesetzt — für Unterstufenschüler sind sie durchaus angemessen. In Programmen, die für ältere Schüler bestimmt sind, werden sie hingegen nur selten verwendet. Das Tulpenprogramm enthält alle möglichen Antwortformen.

Fehlantworten können im Programm einkalkuliert sein und müssen korrigiert werden. Dazu gibt es bei der Programmgestaltung mehrere Möglichkeiten: Im einfachsten Fall gibt man die richtige Antwort an, der Schüler vergleicht und verbessert notfalls seine Antwort. Ferner kann man den Schüler auf die betreffende Information im Programm zurückverweisen und läßt ihn die richtige Antwort finden. Weiterhin kann durch Wiederholung des richtigen Sachverhalts oder durch den Einbau zusätzlicher Informationen der Schüler auf den richtigen Weg geführt werden. In der Programmierungstechnik spricht man vom Einbau von Schleifen oder Verzweigungen, die mit Hilfe eines Flußdiagramms sichtbar gemacht werden können.

Flußdiagramme (Zahlen: Nummern der Lernschritte bzw. Seiten)

linearer Verlauf: | 33 | → | 34 | → | 35 | → | 36 | → | 37 | →

Programm mit Verzweigung (Schleife):

| 57 | → | 58 | → | 59 | ——————→ | 62 | → | 63 |
                              ↳ | 60 | → | 61 | ↗

Lineare und verzweigte Programme

Ihrer inneren Struktur nach unterscheidet man lineare Programme von verzweigten Programmen. Im linearen Programm folgen — wie das Schema zeigt — die einzelnen Lernschritte in logischer Reihenfolge aufeinander. Jeder Schüler muß die einzelnen Lernschritte in gleicher Weise bearbeiten. Es sind keine Differenzierungen für schwächere oder bessere Schüler vorhanden. Die leistungsstärkeren Schüler werden das gleiche Programm lediglich in wesentlich kürzerer Zeit bearbeitet haben.

Wegen seines klaren und übersichtlichen Aufbaus scheint mir das lineare Programm nach wie vor für jüngere Schüler und für einfache Sachverhalte die geeignetste Programmform zu sein. Freilich können gelegentliche kleine Verzweigungen als Wiederholungsschleifen oder kurze Zusatzinformationen als Zusatzschleifen eingebaut sein (s. Schema und Auszug 2). Im allgemeinen sollte der Unterstufenschüler nicht durch zu häufiges Blättern verwirrt werden.

Die Mehrzahl der heutigen Unterrichtsprogramme besteht aus linear programmierten Partien und Verzweigungsstellen.

Verzweigungen größeren Maßstabs ermöglichen es, den Lehrstoff auf verschiedenen Lernzielebenen nebeneinander für leistungsschwächere und leistungsstärkere Schüler anzubieten. In solchen Programmen sind die verschiedenen Lernzielkategorien verwirklicht: Reproduktion, Reorganisation, Transfer und problemlösendes Denken. Auf diese Weise erhält jeder Schüler die Möglichkeit, auf dem ihm angemessenen Niveau zum gewünschten Lernziel zu gelangen. Der Aufbau eines derartigen Programms ist sehr kompliziert; es bietet stellenweise mehrere Wege zur Bearbeitung nebeneinander an, wodurch das Programm sehr umfangreich und aufgebläht erscheint und in seinem Aufbau insgesamt verwirrend wirkt. Ein Überspringen von Seiten und häufiges Blättern wird notwendig. Beispiele von Programmen mit Verzweigungsstellen, die mehrere Bearbeitungswege auf verschiedenen Lernzielniveaus anbieten, sind z. B. aus der Physik bekannt (10). Erfahrungen mit derartigen Programmen aus der Biologie liegen noch nicht vor, da bisher im wesentlichen Programme mit einfachen Verzweigungen (Wiederholungs- und Zusatzschleifen) verfaßt worden sind.

Programme zur Neudurchnahme und zur Wiederholung

Nach dem Verwendungszweck des Programms unterscheidet man Programme zur Neudurchnahme und zur Wiederholung. Die Wiederholungsprogramme müssen den unterschiedlichen Eingangsvoraussetzungen der einzelnen Schüler Rechnung tragen, d. h. es müssen erheblich mehr Verzweigungen enthalten sein, die bei Bedarf bearbeitet werden müssen oder übersprungen werden können. In Schleifen werden die erforderlichen Grundlagen z. T. wiederholt, es können darin für interessierte Schüler erweiternde Zusatzinformationen enthalten sein oder Zusatzinformationen für Schüler mit geringem Kenntnisstand. Darüber hinaus können die Schleifen auch hier wieder den Zweck erfüllen, die einzelnen Lerninhalte auf verschiedenen Lernzielebenen anzubieten.

Wiederholungsprogramme setzen in jedem Falle Wissen voraus, so daß sie nicht zur Neudurchnahme eines Stoffes geeignet sind. Umgekehrt lassen sich Programme, die für eine Neudurchnahme konzipiert worden sind, ganz oder auszugsweise zur Wiederholung einsetzen, so z. B. die Tulpenblüte am Anfang der 6. Klasse, um die Blüten-Terminologie, um Bestäubung und Befruchtung zu wiederholen.

Auszug 2: Ausschnitt aus dem Programm „Die Gartentulpe" mit einer Zusatzinformation (Zusatzschleife)

Antwort zu 58: 59
1. als Blütenblätter oder Blütenhüllblätter
2. die grünen Blätter am Sproß

Die Laubblätter können bei den einzelnen Pflanzen sehr unterschiedlich am Sproß angeordnet sein. Die Anordnung der Blätter am Sproß bezeichnet man als *Blattstellung*. Die Blattstellung wechselt von Pflanze zu Pflanze.
Untersuche jetzt die Blattstellung an deiner Tulpenpflanze, die mindestens 2 Blätter haben sollte! Falls nur 1 Blatt vorhanden ist, so sieh dir die Pflanze deines Nachbarn mit an!

Frage:
Wie sind die Tulpenblätter am Stengel angeordnet:
gegenständig oder *wechselständig*?

gegenständige Blattstellung

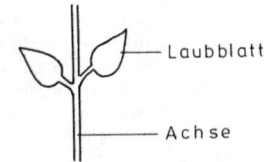

wechselständige Blattstellung

Wenn du diese Begriffe bereits kennst und die Frage beantworten kannst, so fahre bei LS 62 fort — dort findest du auch die richtige Antwort. Wenn dir diese Begriffe jedoch unbekannt sind, so brauchst du die Frage nicht zu beantworten und kannst bei LS 60 weiterarbeiten.
Die Antwort zu 59 kommt später. 60

„*Gegenständig*" bedeutet, daß sich am Stengel, d. h. an einer Achse, in gleicher Höhe jeweils *2 Blätter gegenüberstehen*. Diese Blattstellung wird als *gegenständige Blattstellung* bezeichnet.

gegenständige Blattstellung:

— Laubblatt

— Achse

Frage:
1. Wann ist die Blattstellung gegenständig?
2. Trifft die „gegenständige Blattstellung" für die Tulpe zu?
(Untersuche deine Tulpenpflanze!)

Antwort zu 60: 61
1. wenn sich 2 Blätter in gleicher Höhe gegenüberstehen.
2. Nein, die Tulpenblätter stehen nicht gegenständig an der Achse.
(oder ähnliche Antwort)

„Wechselständig" bedeutet, daß die Blätter *einzeln* und *in wechselnder Höhe am Stengel* bzw. *an der Achse* sitzen. Diese Blattstellung wird als *wechselständige Blattstellung* bezeichnet.

wechselständige Blattstellung:

— Laubblatt

— Achse

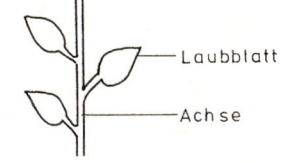

Aufgabe:
Kontrolliere die Blattstellung an deiner Tulpenpflanze und beantworte jetzt die Frage, wie die Tulpenblätter am Stengel angeordnet sind.

Antwort zu 59 und 61: 62
Die Blätter der Tulpe sind wechselständig angeordnet.
(Lautet deine Antwort „gegenständig", so mußt du noch einmal bei LS 60 beginnen!)

Laubblätter können sich in Aufbau und Blattansatz wesentlich voneinander unterscheiden. Es gibt z. B. Laubblätter, die aus *Blattstiel* und *Blattspreite* (= Blattfläche) bestehen.

Aufgabe: 
1. Übertrage den Umriß eines Ahornblattes in dein Heft.
   Beschrifte dann die einzelnen Teile des Blattes.
2. Mit welchem Teil setzt das Ahornblatt an der Achse, am Zweig an?

V. Die Entwicklung von Unterrichtsprogrammen

Planungsphase

Zur Entwicklung von Unterrichtsprogrammen gibt es kein allgemeingültiges Rezept. Jeder Autor — in der Regel ein erfahrener Unterrichts-Praktiker — wird die im Unterricht gewonnenen eigenen Erfahrungen verwerten; dennoch ist es hilfreich, einige allgemeine Gesichtspunkte zu berücksichtigen.

In der Planungsphase sollte zunächst überlegt werden, welches lehrplanbezogene biologische Thema in Programmform einen optimalen Effekt erzielen könnte, welche Anschauungsmaterialien verwendet werden können, für welchen Adressatenkreis (Schultyp, Jahrgangsstufe) das Unterrichtsprogramm bestimmt sein soll, ob es zur Neudurchnahme oder zur Wiederholung dienen soll. Der Adressatenkreis spielt insofern eine Rolle, als dessen Voraussetzungen und Reaktionen bei der Programmgestaltung einkalkuliert werden müssen. Eine Stoffsammlung und Zusammenstellung der notwendigen Versuche und Anschauungsmaterialien schließt sich an.

Ferner ist eine Lehrzielanalyse unumgänglich (11, 12), um sich über die Frage Klarheit zu verschaffen, was mit dem Unterrichtsprogramm überhaupt im einzelnen erreicht werden soll. Am besten ist es, die Lernziele zu formulieren. Dabei sollen nicht nur inhaltlich-materiale Lernziele, etwa Kenntnis von Begriffen, Fakten, Gesetzmäßigkeiten angestrebt werden, sondern auch andere Lernzielkategorien verwirklicht werden, z. b. solche aus dem psychomotorischen Bereich (wie etwa Fertigkeiten im Präparieren, Mikroskopieren) oder aus dem affektiven Bereich (wie z. B. Freude am Problemlösen biologischer Fragen, Freude an Selbständigkeit und Selbstverantwortlichkeit beim Lernen, Interesse und Verständnis für bestimmte biologische Fragen).

Darüber hinaus eignet sich das Unterrichtsprogramm auch zur Denkerziehung und zum Einüben bestimmter allgemeingültiger Denkprozesse, wie Analysieren, Ordnen, Klassifizieren, Verallgemeinern usw. Die Verfechter des „entdeckenden Lernens" [13] wollen auch den methodischen Aspekt in der Lernzielbestimmung berücksichtigt wissen. Sie vertreten die Ansicht, daß „grundlegende Einsichten, Gesetzmäßigkeiten, Regeln, Begriffe vom Lernenden nicht rezeptiv erworben, sondern in einer angeleiteten, konstruktiv-produktiven Sachauseinandersetzung selbst entdeckt, geprüft und formuliert werden sollen." Auf diese Weise könne „mit dem Erwerb transferwirksamer Denkkategorien zugleich die Förderung eines Problemlösungsverhaltens intendiert" werden, welche „zur Entwicklung von fach- bzw. problemspezifischen Denkstrategien und allgemeiner heuristischer Methoden des Problemlösens führen" [14].

Bei der Planung des Programms sollte überlegt werden, auf welche Weise mit dem Unterrichtsprogramm eine maximale Motivation des Schülers erreicht werden kann. Zugute kommt dem PU, daß ein hoher Grad an Motivation im Programm selbst begründet liegt, denn mit jeder richtigen Antwort wird im Schüler ein Erfolgserlebnis ausgelöst. Aus diesem Grunde darf das Unterrichtsprogramm den Schüler nicht überfordern. Der Schüler darf aber auch nicht unterfordert werden, sonst langweilt er sich. Demzufolge ist es wichtig, das Unterrichtsprogramm in einem angemessenen Schwierigkeitsgrad, gut gegliedert und in adressatengerechter Sprache zu verfassen.

Gestaltungsphase

In der Gestaltungsphase wird zunächst ein Rohprogramm nach den allgemeinen Prinzipien der Methodik und Didaktik verfaßt, indem für jedes fachliche Feinziel mindestens ein Lernschritt formuliert wird. Mit einer optimalen Gestaltung solcher Lernschritte haben sich *Markle* [15] und *Lysaught* und *Williams* [16] ausführlich befaßt. Im Schwierigkeitsgrad darf das Rohprogramm ruhig etwas höher ausfallen. Eine Vereinfachung schwieriger Stellen ist bei den nachfolgenden Überarbeitungen möglich.

Nach größeren Lerneinheiten sind Zusammenfassungen sinnvoll, welche sich auch für eine Übertragung ins Heft eignen. Um den Lernerfolg eines Programms feststellen zu können, wird ein Schlußtest ausgearbeitet, der nach Beendigung des Programmeinsatzes von den Schülern bearbeitet wird. Im Schlußtest werden die fundamentalen Lerninhalte auf den verschiedenen Niveaus der Lernzielkategorien, nach Möglichkeit unter Einbeziehung von Transferaufgaben und Aufgaben zum problemlösenden Denken, überprüft. Nach der Auswertung des Schlußtests ist ein Programm nach heutigen Vorstellungen dann als erfolgreich zu beurteilen, wenn ein mittlerer Lernerfolg zu verzeichnen ist. Die frühere Forderung, daß 90 % der Adressaten 90 % des Lehrstoffs beherrschen sollten, hat heute keine Gültigkeit mehr, weil die Programme unter Berücksichtigung dieser Forderung zu leicht ausfallen und damit vom größten Teil der Adressaten als langweilig empfunden werden. Als letztes ist die Fertigstellung eines Begleitheftes in Angriff zu nehmen. In ihm sollen Angaben zum Programminhalt, zur Programmierungsart, Daten zur Erprobung und Erfolgsmessung, eine bildungstheoretische Begründung des Programms, d. h. der zutreffende Katalog von Lernzielen, enthalten sein. Ferner sollen darin Angaben zur Bearbeitungsdauer, Hinweise zum technischen Einsatz, Integrationsvorschläge u. a. gemacht werden.

Validierungsphase

Nach Fertigstellung des Rohprogramms beginnt die Erprobung und Überarbeitung des Programms. Hierbei geht es lediglich um eine Optimierung des Programms, bei der es auf die Mitarbeit von Adressaten und testenden Lehrern ankommt, auf Kritik und Verbesserungsvorschläge aller Beteiligten.
Die erste Testfassung wird nur einzelnen Schülern in Gegenwart des Verfassers vorgelegt, der die verbesserungswürdigen Stellen aus Rückfragen erkennen und sofort ausmerzen kann. Nach der Verbesserung der Rohfassung wird das Unterrichtsprogramm vervielfältigt, so daß nunmehr der Einsatz in einer ganzen Klasse — möglichst wieder in Gegenwart des Autors — erfolgen kann. Die nachfolgenden verbesserten Fassungen werden dann an anderen Schulen zur Erprobung eingesetzt. Mehrarbeit verursacht das Testen für den betroffenen Lehrer nicht. Bei den Schülern kommen solche Tests im allgemeinen gut an.
Alle Testunterlagen, d. h. die Antwortblätter der Schüler und die durchgeführten Schlußtests, werden danach vom Verfasser auf Fehlerhäufigkeit bzw. Effizienz hin ausgewertet und dienen als Grundlage für weitere Verbesserungen. Für eine Überarbeitung wird heute nicht mehr der strenge Maßstab der Begründer des PU angewendet, demzufolge alle Lernschritte, bei denen die Fehlerquote über 10 % liegt, überarbeitet werden mußten. Die Zahl der überarbeiteten Fassungen während der Validierungsphase ist unterschiedlich (im Mittel sind es 3 Fassungen); sie hängt u. a. vom Schwierigkeitsgrad des Programms und von der Erfahrung des Autors ab.
Für die technische Fertigstellung der Programme stehen den Autoren in Bayern z. B. die Versuchsschulen für den PU mit ihren Einrichtungen zur Verfügung.

Veröffentlichung des Programms

Hat sich ein Programm nach hinreichender Erprobung bewährt, kann an eine Veröffentlichung gedacht werden. Manche Verlage reichen das Programm vor der Veröffentlichung bei den Kultusministerien der einzelnen Bundesländer zur lernmittelfreien Genehmigung ein. Für dieses Verfahren werden die Erprobungsprotokolle einer ausreichenden Zahl von Probeeinsätzen (im Mittel von 20—30 Klassen) benötigt. Darüber hinaus werden Gutachter zur Beurteilung des Programms bestellt.
Die lernmittelfrei genehmigten Programme können in Klassensätzen vom Lehrmitteletat der Schule finanziert werden.

VI. Die Integration von Programmen in den Unterrichtsablauf

In der Literatur zum PU wurden Einsatzformen vielfach diskutiert [17, 10]. Hier sollen die wichtigsten Modelle zur Integration zusammengestellt werden, die auch für das Biologie-Programm Gültigkeit besitzen. Zunächst können Programme selbstverständlich von Einzelschülern zum Nacharbeiten versäumter Unterrichtsstunden, zum Wiederholen bestimmter Stoffgebiete, aus eigenem Antrieb oder auf Empfehlung des Lehrers herangezogen werden. Wie die Ausleihziffern in unserer Schülerbücherei beweisen, machen die Schüler von dieser Möglichkeit tatsächlich regen Gebrauch.

Ferner kann man z. B. den in der Schule zurückgebliebenen Teil einer Klasse mit Programmen beschäftigen, während sich der übrige Teil etwa im Skilager befindet. Aussicht auf ein erfolgreiches Arbeiten wird man besonders dann erwarten dürfen, wenn die Schüler aus dieser Arbeit einen Vorteil für sich verbuchen können, z. B. als Vorbereitung für eine Schulaufgabe.

Ein Modell für den Einsatz eines Programms im Klassenunterricht wäre der alternierende Unterricht nach *Witte* [18], in welchem PU und Lehrerunterricht im Verlaufe einer Stunde abwechseln. Für einen derartigen Programmeinsatz müßten allerdings Kurzprogramme zur Verfügung stehen, die in einer halben oder einer viertel Stunde bearbeitet werden könnten. Die offengelassenen Probleme würden anschließend im Lehrerunterricht behandelt werden. Im Augenblick ist dieses Integrationsmodell für uns jedoch nicht zu verwirklichen, da derartige Kurzprogramme in Biologie nicht auf dem Markt erhältlich sind. Es bleibt aber der Eigeninitiative eines jeden Lehrers überlassen, solche Kurzprogramme für seinen Unterricht zu entwickeln.

Die mehrstündigen Unterrichtsprogramme können als zusammenhängender PU-Kurs in den Klassenunterricht integriert werden, indem der konventionelle Unterricht (KU) an passender Stelle unterbrochen wird.

PU-Kurs in der Schule: $\boxed{KU} \rightarrow \boxed{PU} \longrightarrow \cdots \rightarrow \boxed{PU} \rightarrow \boxed{KU}$

Durch Hausaufgaben bis zu einer bestimmten Seite kann man erreichen, daß der Abstand zwischen schnell und langsam arbeitenden Schülern nicht zu groß wird. Außerdem wird durch diese Synchronisation auch die Bearbeitungszeit reduziert. Eine weitere Möglichkeit ist der Einsatz des Programms nach der sog. Werra-Fulda-Taktik nach *Leupold* [17]. Hierbei laufen PU und konventioneller Unterricht nebeneinander her und münden dann in den konventionellen Unterricht ein. Das Unterrichtsprogramm wird zu Hause durchgearbeitet, während der Lehrer im Unterricht ein ganz anderes Thema behandelt, zu welchem er aber keine Hausaufgaben aufgibt. Dazu ein konkretes Beispiel aus der Biologie: In einer 6. Klasse wird in der Schule eine beliebige Blüte in konventioneller Form behandelt, zu Hause läßt man die Blüte nach dem Tulpenprogramm bearbeiten. Zum Schluß wird im Unterricht ein Vergleich beider Blütentypen angestellt.

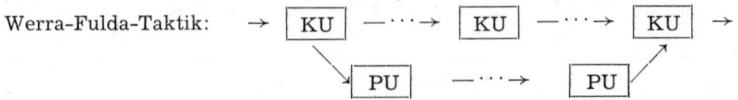

Werra-Fulda-Taktik: $\rightarrow \boxed{KU} \longrightarrow \cdots \rightarrow \boxed{KU} \longrightarrow \cdots \rightarrow \boxed{KU} \rightarrow$
$\searrow \boxed{PU} \longrightarrow \cdots \rightarrow \boxed{PU} \nearrow$

Und schließlich wird noch die kombinierte Form des Einsatzes vorgeschlagen [10], eine Mischform, in der im konventionellen Unterricht zu Beginn der Stunde etwa

10 Minuten lang eine Aussprache über das Programm stattfindet. Auf diese Weise erhält der Lehrer Einblick darüber, inwieweit sorgfältig gearbeitet wurde, und er hat die Möglichkeit, Noten zu machen. Danach wird der Lehrerunterricht mit einem anderen Thema fortgesetzt.

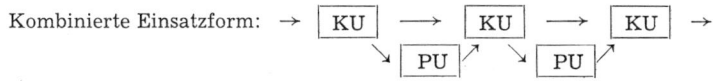

Kombinierte Einsatzform: → KU ⟶ KU ⟶ KU →
↘ PU ↗ ↘ PU ↗

VII. Die Aufgaben des Lehrers im Programmierten Unterricht

Beschränkt sich die Tätigkeit des Lehrers im PU — abgesehen von einer gelegentlichen Betätigung als Programmautor — auf das Austeilen von Büchern und Materialien? Keineswegs! Aus einer Reihe wiederholt genannter Tätigkeiten [19, 20] sollen hier nur die wichtigsten zusammengestellt werden. Im übrigen bleibt es jedem Lehrer überlassen, die Zeit des Programmsatzes nach eigenem Gutdünken zu nutzen. Am Anfang des PU bespricht der Lehrer die neue Unterrichtsmethode, er weist die Schüler auf die Sinnlosigkeit des Mogelns und Wetteiferns während der Programmarbeit hin, denn nicht die Geschwindigkeit, sondern der Erfolg zählt bei dieser Art des Lernens. Am Ende des Programmeinsatzes wird bei Verwendung eines Programms, das sich noch in Erprobung befindet, in jedem Falle ein Schlußtest durchgeführt. Wird ein bereits veröffentlichtes Programm eingesetzt, so hängt die Durchführung des Schlußtests von der Entscheidung des Lehrers ab: er kann den vorgegebenen Schlußtest zum Zwecke der Notengebung bearbeiten lassen oder eigene Fragen zum Programm stellen.

Selbstverständlich bleibt es dem Lehrer unbenommen, am Anfang einer PU-Stunde auch mündlich zu prüfen und die erbrachte Leistung zu benoten. Während des Programmeinsatzes steht der Lehrer zur Beantwortung von Zwischenfragen zur Verfügung, er kann sich schwachen oder ängstlichen Schülern zuwenden und ihnen zu Erfolgserlebnissen verhelfen, indem er mit ihnen gemeinsam Passagen des Programms durcharbeitet und ihnen so beweist, daß sie die Arbeit durchaus bewältigen können. Schnell arbeitende Schüler müssen nach der Beendigung der Programmarbeit durch Zusatzaufgaben beschäftigt werden, etwa derart, daß sie zum Stoff passende Aufgaben gestellt bekommen (Mikroskopieren, Anfertigen von Präparaten usw.) oder solche, die mit dem Programm nichts zu tun haben, wie z. B. Ausgestaltung eines Schaukastens o. ä. Außerdem hat der Lehrer endlich Zeit, mit einzelnen Schülern anstehende schulische Belange zu besprechen, er kann die Zeit sinnvoll für Korrekturen oder zum Durchsehen von Heften nutzen; und im übrigen wird er eine derartige Verschnaufpause als eine wohltuende Unterbrechung im Verlaufe eines anstrengenden Unterrichts-Vormittags empfinden. Zum Abschluß des PU kann der Stoff in gemeinsamer Arbeit mit der Klasse unter besonderen Gesichtspunkten zusammengefaßt werden, es können Querverbindungen zu anderen Bereichen hergestellt und Ergänzungen vorgenommen werden.

VIII. Erfahrungen mit Programmiertem Unterricht in Biologie

In meiner Eigenschaft als Beauftragte für den PU im Fach Biologie für Bayern haben mich im Laufe der Zeit zahlreiche Rückmeldungen über Erfahrungen zum PU im Zusammenhang mit Programmeinsätzen erreicht. Diese und eigene Erfahrungen sollen hier zusammengestellt werden. Anfangs war es nicht ganz leicht, ausreichend Lehrer für das Testen von Biologie-Programmen zu interessieren. Um so erfreulicher war es, daß gelegentlich Kollegen, die das Arbeiten mit Programmen kennengelernt hatten, sich für das Testen weiterer Programme und das Ausleihen von Klassensätzen bereits getesteter Programme für weitere Einsätze haben vormerken lassen.

Es kam aber auch vor, daß eine bewährte Zusammenarbeit abgebrochen wurde, weil derartige Aktivitäten des betreffenden Lehrers von Seiten der Schulleitung nicht unbedingt gebilligt wurden.

Eine nur zögernde Ausbreitung der Methode der Programmierten Unterweisung aufgrund einer konservativen Haltung der Lehrer ist verständlich, wenn man bedenkt, daß jeder Lehrer seinen Auftrag zu lehren wörtlich nimmt und ihm sehr gern nachkommt, vor allem dann, wenn es um schöne Stoffgebiete geht, die er in jahrelanger Praxis erfolgreich in Musterstunden an die Schüler weitergegeben hat. Ein Abtreten derartiger Stoffgebiete an ein Programm fällt verständlicherweise schwer.

Außerdem ist das Angebot brauchbarer Biologie-Programme auf dem Markt noch dürftig, so daß eine stärkere Berücksichtigung dieser modernen Lehrmethode im Unterricht schon aus diesem Grunde nicht zu erwarten ist.

Die Entwicklung von Unterrichtsprogrammen bis zur druckfertigen Fassung ist für den Verfasser mit einem großen Arbeitsaufwand verbunden und dauert 3—5 Jahre, da das Testen im Unterricht gewöhnlich nur einmal im Schuljahr, nämlich zur Zeit der lehrplangerechten Behandlung des Stoffgebietes, möglich ist, sofern es sich um Programme zur Neudurchnahme des Stoffes handelt. Aus diesem Grunde gibt es gegenwärtig erst wenige Biologen, die sich als Programmautoren betätigen.

Erfreulicherweise haben sich einige Seminarlehrer bereits so gründlich mit dieser modernen Unterrichtsmethode auseinandergesetzt, daß sie ihre Referendare mit dem PU ausführlich bekannt machen und darüber hinaus Programme als Seminararbeiten anfertigen lassen. Unter den Programmen, welche im Rahmen einer Seminararbeit verfaßt worden sind und mir zu Gesicht kamen, waren Arbeiten vertreten, die eine Fortführung als wünschenswert erscheinen ließen. Leider bleibt es gewöhnlich bei der Erstfassung solcher Programme. Infolge Arbeitsanhäufung in den ersten Berufsjahren ist der Programmautor gewöhnlich nicht zu einer weiteren Überarbeitung zu bewegen, obwohl gerade in Mathematik eine Reihe solcher Seminararbeiten vervollkommnet und den Verlegern angeboten worden sind [21].

Immerhin wird die Kenntnis von der Methode des PU durch die Ausbildung in den Pädagogischen Seminaren, wenn der Seminarlehrer keine konservative oder gar negative Haltung dem PU gegenüber einnimmt, an die nachfolgenden Lehrergenerationen weitergegeben. Einen optimalen Stand hat die Ausbildung der Referendare bezüglich des PU selbst in Mathematik mit einem viel größeren Programmangebot noch nicht erreicht, wie dem Aufsatz von *Hofmann* [21] zu entnehmen ist.

Erschwerend für die Fortentwicklung des PU wirkt gegenwärtig auch die Tatsache, daß es u. U. nicht ohne weiteres gelingt, ein fertiges Programm zur Veröffentlichung in einem Verlag unterzubringen.

Ferner erschwert der relativ hohe Preis die Anschaffung der Programme durch Schüler. Vom Lehrmitteletat der Schulen können nur Klassensätze lernmittelfrei genehmigter Programme angeschafft werden.

Alles in allem sind das bedauernswerte Umstände, wenn man bedenkt, daß die Effizienz des PU nachgewiesenermaßen gegenüber vergleichbarem konventionellem Unterricht größer ist, wie eingangs bereits erwähnt wurde.

Schülerbefragungen zum PU ergaben immer wieder ein positives Echo, wie mir wiederholt von Lehrern berichtet wurde, welche Biologieprogramme testen ließen und wie mehrfach in der Literatur auch zahlenmäßig belegt wurde [7, 5, 22]. Der überwiegende Teil der Schüler steht dem PU positiv gegenüber oder ist sogar begeistert bei der Arbeit. Das ist verständlich, da der Lernende sich fortwährend bestätigt fühlt und auch schwache Schüler den Stoff besser verstehen bei insgesamt größeren Behaltensleistungen.

Nur gelegentlich hört man von Schülerseite, „ich finde es langweilig" oder „ich würde mich lieber mit dem Lehrer unterhalten". Ein guter Schüler würde selbstverständlich auch nach der konventionellen Lehrmethode zu guten Ergebnissen kommen. Für durchschnittliche und schwache Schüler ist der PU hingegen ergiebiger, da diese Schülergruppe sich den Stoff gewissermaßen portionsweise, dem eigenen Leistungsvermögen entsprechend und im persönlichen Lerntempo aneignet.

Der Prozentsatz derer, die zunächst mit Begeisterung dem PU zustimmen, nimmt allerdings mit zunehmender Dauer der Beschäftigung mit Unterrichtsprogrammen etwas ab; die positive Einstellung der Schüler zum PU liegt aber auch am Ende mit 77 % trotzdem noch sehr hoch [22]. Berücksichtigt man dieses Umfrageergebnis sowie die Tatsache, daß Schüler im PU sehr konzentriert arbeiten müssen und demzufolge schneller ermüden, so ist es ratsam, den PU nicht über einen längeren Zeitraum hinweg zu betreiben, ihn vielmehr immer im Wechsel mit konventionellem Unterricht anzusetzen. Dies gilt sowohl für einen Unterrichtstag als auch für einen größeren Zeitraum innerhalb eines Unterrichtsfaches.

Von Lehrern, denen Erfahrungen im PU fehlen, wird häufig von vornherein als Argument gegen diese Unterrichtsform der große Zeitaufwand angeführt, der zum Durcharbeiten von Programmen erforderlich ist. Für die Bearbeitung von Programmen wird in der Tat viel Zeit benötigt, da ja der langsamste Schüler gewissermaßen das Tempo bestimmt; im konventionellen Unterricht kann in dem Maße kaum auf den „Letzten" Rücksicht genommen werden. Wenn demnach ein Lehrer hört, daß etwa für die Besprechung der Gartentulpe nach Programm 4—6 Stunden (6 Stunden gelten für den Fall, daß das Programm ganz in der Schule bearbeitet wird, 4 Stunden für eine Bearbeitung mit Hausaufgabe) benötigt werden, so kann dies bereits der Grund für eine Ablehnung sein. Mit Sicherheit läge in diesem Falle aber die Zeit für eine Besprechung des gleichen Stoffgebietes mit gleicher Gründlichkeit im Lehrerunterricht nicht wesentlich unter 4 Stunden.

Lehrer mit PU-Erfahrung stehen Programmen wesentlich positiver gegenüber, wie aus persönlichen Gesprächen oder aus dem Schriftwechsel zu entnehmen war. Eine positive Einstellung gegenüber dem PU zeigte auch der überwiegende Teil der Lehrerschaft, welche 1969/70 an einem Schulversuch in Nordrhein-Westfalen teilgenommen hatten. 85 % der Befragten verneinten auch eine Mehrbelastung [22].

Es ist zu erwarten, daß die Vorurteile der Lehrer nach einem verbesserten Informationsstand und einem vergrößerten Programm-Angebot ausgeräumt werden, daß die Methode der Programmierten Unterweisung, die aufgrund ihrer Vorzüge nicht nur meiner Ansicht nach wert ist, kennengelernt und angewendet zu werden, in Zukunft in gebührendem Maße als eine von mehreren brauchbaren Unterrichtsmethoden, als Ergänzung zum konventionellen Unterricht Eingang in die Unterrichtspraxis finden wird.

IX. Biologie-Programme

In der nachfolgenden Aufstellung werden nur solche Biologie-Programme aufgeführt, die auf dem Markt erhältlich und für den Schulbereich bestimmt sind. Als Quellen dienten die Verzeichnisse der Lernprogramme des Landes Nordrhein-Westfalen und der Zentralstelle für PU an Bayerischen Gymnasien in Augsburg [3]. Unberücksichtigt bleiben alle jene Programme, die als Seminararbeiten verfertigt wurden oder sich noch in Erprobung befinden.

Knust, J.: Die Blutgruppen
Programm zur Neudurchnahme, 107 Lernschritte, mittlere Bearbeitungsdauer 3 1/2 Stunden, Adressaten: 10. Jahrgangsstufe, Gymnasium; Inhalt: Klassische Blutgruppen, theoretische Blutgruppenbestimmung, Probleme und Möglichkeiten der Bluttransfusion, Bedeutung des Rhesus-Faktors. Vorkenntnisse: Zusammensetzung und Aufgaben des Blutes. Lehrerheft vorhanden, Bayerischer Schulbuch-Verlag, ISBN 4024-0, 1977, Preis: 7,80 DM.

Masuch, G: Blutkreislauf und Herztätigkeit
Programm zur Neudurchnahme, 148 Lerneinheiten, Bearbeitungsdauer 6—8 Unterrichtsstunden, Adressaten: 9. und 10. Klassen, Gymnasium, Realschule, Berufsschule; Inhalt: 1. Kap.: Der Blutkreislauf, 2. Kap.: Der Bauplan des Herzens, 3. Kap.: Die Herztätigkeit, 4. Kap.: Gasaustausch, 5. Kap.: Gefäßkrankheiten
In Kap. 3 kann (muß nicht) ein Stethoskop verwendet werden. Vorkenntnisse: keine. Lehrerheft vorhanden, Ernst Klett-Verlag Stuttgart, ISBN 7681, 1975, Preis: 8,50 DM.

Schuster, M.: Die Gartentulpe
Programm zur Neudurchnahme, auch zur Wiederholung einsetzbar, 106 Lernschritte, Bearbeitungsdauer 4—6 Stunden, Adressaten: 5., 6. Klasse, Gymnasium, Realschule; Inhalt: Teil I die Blüte, Teil II Stengel und Blätter, Teil III Die Zwiebel. Zur Bearbeitung ist eine ganze Tulpenpflanze erforderlich. Vorkenntnisse: keine, Lehrerheft vorhanden, Bayerischer Schulbuch-Verlag, ISBN 4025-9, 1977, Preis: 6,80 DM.

Cappel, W., Strittmatter, P.: Grundlagen der Ersten Hilfe
Programm zur Vorbereitung der Schüler auf die praktischen Übungen zur Ersten Hilfe, 138 Lerneinheiten, Adressaten: 8., 9. Klasse, Hauptschule und Realschule, Inhalt: Kap. I Wunden, Kap. II Schock, Kap. III Bewußtlosigkeit, Atemstillstand, Kap. IV Verätzungen und Vergiftungen, Kap. V Verbrennungen und Verbrühungen, Unfälle durch elektrischen Strom, Kap. VI Knochenbrüche, Verletzungen der Gelenke, Kap. VII Aufgaben zur Selbstkontrolle. Vorkenntnisse: keine, günstig sind elementare Vorkenntnisse aus der Humanbiologie, Lehrerheft vorhanden, Ernst-Klett-Verlag Stuttgart, ISBN 76991, 1974, Preis: 7,20 DM.

Dern/Dern: Zellen
113 Lerneinheiten, Adressaten: Sekundarstufe I, Haupt- und Realschule, Inhalt: Die Zelle, Einzeller, Zellkolonie, Vielzeller, Schwämme, Süßwasserpolyp, Quallen; Lehrerheft vorhanden; Verlag Bildung und Wissen, 1974, Preis: 11,50 DM.

Dern/Dern: Plattwürmer
123 Lerneinheiten, Adressaten: Sekundarstufe 1, Haupt- und Realschule; Inhalt: Allgemeines über Würmer, 1. Strudelwürmer, 2. Parasitische Plattwürmer, 3. Bandwürmer (Rinder-, Schweine-, Hunde-, Fischbandwurm), Vorkenntnisse: keine, wünschenswert geringe Kenntnisse über Haustiere, Lehrerheft vorhanden. Verlag Bildung und Wissen, 1973, Preis: 12,50 DM.

Dern/Dern: Nematoden (Fadenwürmer)
119 Lerneinheiten, Adressaten: Sekundarstufe I, Haupt- und Realschule, Inhalt: I. Pflanzenparasitische Nematoden, II. Nematoden als Parasiten des Menschen. 1. Trichine, 2. Spulwurm, 3. Madenwurm; Vorkenntnisse: Kartoffel, Erdbeere, Futterrübe, Gummibaum, Tomate, Zwiebel, Lehrerheft vorhanden, Verlag Bildung und Wissen, 1975, Preis: 12,50 DM.

Dern/Dern: Gliedertiere (Articulata)
76 Lerneinheiten, Adressaten: Sekundarstufe I, Haupt- und Realschule; Inhalt: 1. Ringelwürmer, Regenwurm, Sandwurm, Röhrenwürmer, 2. Blutegel, Verlag Bildung und Wissen, 1975, Preis: 11,50 DM.

Eschenbach, D., Krüger, B.: Atmung des Menschen
102 Lerneinheiten, Adressaten: Sekundarstufe 1, Haupt- und Realschule, Inhalt: Bau und Funktion der an der Atmung beteiligten Organe, Lehrerheft vorhanden, Schülerarbeitsheft (2,20 DM), Kallmeyer-Verlag, 1974, Preis 5,80 DM.
In einer abgewandelten Form werden in Verbindung mit einer „Kontrollfix-Arbeitsplatte" Grundschul-Programme zur Wiederholung im Heinevetter-Verlag angeboten:

Petersen, J.: Fragen aus der Biologie der Kl. 5/6

Petersen, J., Fragen aus der Biologie der Kl. 7/8

Köhler, B.: Biologie 1 — Tiere in der Welt des Menschen, ab 3. Kl.

Literatur

1. *Skinner, B. F.*: The Science of Learning and the Art of Teaching. In: Harvard Educational Review, 24, 1954.
2. *Crowder, N. A.*: Automatic Tutoring by Intrinsic Programming. In: Lumsdaine & Glaser (Eds.): Teaching machines and programmed learning, 1960.
3. *Programm-Verzeichnisse:* Verzeichnis der Lernprogramme, Herausgeber: der Kultusminister des Landes Nordrhein-Westfalen, erweiterte Neuauflage, E. u. W. Gieseking, Bielefeld, 1976. Verzeichnis lernmittelfreier Lehrprogramme für Gymnasien, Zentralstelle für PU an bayerischen Gymnasien, K.-A. Keil, Augsburg, unveröff., 1976.
4. *Miericke, J.*: Zum Stand des Programmierten Unterrichts am Gymnasium. In: Moderne Unterrichtsverfahren, Handreichungen zur Unterrichtstechnologie, zusammengest. und bearbeitet durch Referendarvertretung im bayer. Philologenverband (bphv), Nürnberg, 1976.
5. *Schröter, G.*: Objektivierung des Unterrichts, Westermann Taschenbuch, 1965.
6. *Zielinski, J.; Schöler, W.*: Pädagogische Grundlagen der Programmierten Unterweisung unter empirischem Aspekt, Henn-Verlag, Ratingen, 1964.
Zielinski, J.: Methodik des programmierten Unterrichts, Henn-Verlag, Ratingen, 1965
7. *Keil, K. A.*: Erfahrungen mit Programmiertem Unterricht, in: Zentralblatt für Didaktik der Mathematik, Heft 1, 1975
8. *Weltner, K.*: Eine vergleichende Untersuchung von Lernleistung und Erinnerungsfestigkeit bei Programmiertem Unterricht und Direktunterricht. In: Deutsche Schule, 7/8, 1964.
9. *Correll, W.*: Programmiertes Lernen und schöpferisches Denken. In: Studienhefte der Pädagogischen Hochschule, Ernst Reinhard Verlag, München/Basel, 1965.
10. *Feuerlein, R.*: Programmierter Unterricht. In: Moderne Unterrichtsverfahren, Handreichungen zur Unterrichtstechnologie, zusammengest. u. bearb. durch Referendarvertretung im bphv, Nürnberg, 1965.
11. *Mager, R. F.*: Lernziele und Programmierter Unterricht. Beltz Bibliothek, Bd. 2, Weinheim, 1970.
12. *Keil, K.-A.*: Die Entwicklung von Lehrprogrammen. In: Moderne Unterrichtsverfahren, Handreichungen zur Unterrichtstechnologie, zusammengest. u. bearb. durch Referendarvertretung im bphv, Nürnberg, 1965.
13. *Neber, H.* (Hrsg.): Entdeckendes Lernen. Beltz Verlag Weinheim Basel, 1975.
14. *Riedel, K.*: Lehrhilfen zum entdeckenden Lernen. Hermann Schroedel Verlag KG, Hannover. 1973.
15. *Markle, S. M.*: Gute Lernschritte R. Oldenbourg Verlag, München — Wien, 1967.
16. *Lysaught, J. P.* und *Williams, C. W.*: Einführung in die Unterrichtsprogrammierung, R. Oldenbourg Verlag, München — Wien, 1967.
17. *Schöler, W.* (Hrsg.): Buchprogramme im Aspekt der Integration. Reihe Unterrichtswissenschaft, Bd. 3, Ferdinand Schöningh, Paderborn, 1973.
18. *Witte, A.*: Das Modell des alternierenden Unterrichts. In: Buchprogramme im Aspekt der Integration, Hrsg. W. Schöler, Ferdinand Schöningh, Paderborn, 1973.
19. *Hofmann, W.*: Was macht der Lehrer während des PU? in: aula, Heft 6, 1975.
20. *Schiefele, H.*: Programmierte Unterweisung, Ergebnisse und Probleme aus Theorie und Praxis. Ehrenwirth Verlag, München, 1964.
21. *Hofmann, W.*: Programmierter Unterricht und die Seminararbeit. In: Moderne Unterrichtsverfahren, Handreichungen zur Unterrichtstechnologie, zusammengest. u. beab. durch Referendarvertretung im bphv, Nürnberg, 1965.
22. *Echterhoff, W.*: Ergebnisse von Schulversuchen in NRW zum programmgesteuerten Lernen. In: Buchprogramme im Aspekt der Integration, Hrsg. W. Schöler, Ferdinand Schöningh, Paderborn, 1973.

DAS SCHULLANDHEIM

Von Prof. Dr. Ernst W. Bauer

Esslingen

I. Die Schullandheimbewegung

Ohne Jugendbewegung keine Schullandheimbewegung. Diese Schlußfolgerung mag zwar verkürzt sein, ohne Zweifel ist jedoch die Protesthaltung gegen die „verspießerte, bürgerliche Kultur der Elterngeneration", die sich auch in den pädagogischen Reformbewegungen, die das Ende des 19. Jahrhunderts und den Beginn des 20. Jahrhunderts auszeichnen, eine wesentliche Wurzel der Schullandheimbewegung. Dabei sind die pädagogischen Ansätze nicht einheitlich. Neben einem schwärmerischen „Zurück zur Natur" und der romantisch überhauchten Suche nach der „Blauen Blume", nach Saitenspiel und Lagerfeuer, steht der Wunsch nach der „Neuen Schule", die in einer heilen „Pädagogischen Provinz" in erster Linie der Menschenbildung und weniger der Erfüllung eines amtlich verordneten Pensums dienen soll.

Die *Jugendbewegung* hat keinen geistigen Vater im eigentlichen Sinn, sie ist vielmehr das Ergebnis vielfältiger und sehr unterschiedlicher, sozialer, sozialpolitischer und geistiger Strömungen ihrer Zeit. Der reformpädagogische Ansatz der Schullandheimbewegung ist nur eine der möglichen Antworten auf die Fragen, die sich vor allem aus der Großstadtmüdigkeit und Zivilisationsverdrossenheit der Jugend vor dem ersten Weltkrieg ergaben. Die Wandervogelbewegung, insbesondere die Wanderfahren der meist jungen Lehrer mit ihren Schülern, ja ganzen Klassen über das Wochenende und in den Ferien, der Wunsch nach eigener Herberge mit eigener Lebensordnung führten schließlich zu Jugendherbergen einerseits und zu Schullandheimen und Landerziehungsheimen andererseits.

Hermann Lietz wies nachdrücklich darauf hin, daß Schulunterricht für die Charakterbildung der Jugend nicht genügt. Seine Landerziehungsheime gründete er ganz bewußt außerhalb der Städte in ländlicher, landschaftlich reizvoller Umgebung. Arbeit im Garten, im Wald und auf dem Feld, Spiel im Freien erschien ihm und vielen Gleichgesinnten als notwendiger Ausgleich für den „wissenschaftlichen Unterricht." Nur war eben das Modell privater Schulen nicht auf die Masse der Schulen übertragbar. Anders das Konzept der Klassenwanderungen und des mehrtägigen oder mehrwöchigen Aufenthalts von Klassen auf dem Land; diese Form naturnaher Bildung und Erziehung könnte von vielen verwirklicht werden. *Berthold Otto* entwickelte auf diesem Boden das Modell der „pädagogischen Provinz auf dem Lande". Abgeschirmt — damit aber auch isoliert — von allen fremden Einflüssen sollte die harmonische Ausbildung des ganzen Menschen erfolgen. Selbst *Georg Kerschensteiners* Vorstellung von der Arbeitsschule und ihrer staatsbürgerlichen Aufgabe muß in diesem Zusammenhang gesehen werden, insbesondere seine Warnung vor der „Wissensmast", die von ihm geforderte Hinwendung zur Anschauung, zur Natur und zur Arbeitswelt. Ganz wesentlich wirkt sich die pädagogische Reformbestrebung, die *Klaus Kruse*[*])

---
[*]) Deutscher Schullandheimverband: Pädagogik im Schullandheim. Regensburg 1975

mit dem Begriff „Heimatbewegung" zusammenfaßt, verstärkend auf die Schullandheimbewegung aus. Allerdings auch hier mit einer nicht ungefährlichen Abwendung vom städtischen Lebensraum und einer Hin-, um nicht zu sagen Rückwendung zum „verlorenen Paradies" auf dem Lande.
Ganz allgemein zeigt sich zunächst im wesentlichen *der therapeutische Ansatz* mit dem Versuch, die Überbetonung rein geistiger Leistungen abzubauen, den Schäden der „Entwurzelung" womöglich zu beheben, ihnen aber zumindest entgegenzuwirken. Notwendigerweise entwickelte sich daraus der Ansatz einer *prophylaktischen Schullandheimpädagogik,* die sich darum bemüht, Schäden gar nicht erst entstehen zu lassen, sondern sie möglichst früh abzuwenden. So gesehen ist die Arbeit im Schullandheim unserer Tage keine pädagogische Nostalgie, auch sie ist vielmehr im höchsten Maße zeitgemäße und notwendige Prophylaxe und Therapie.
Die Abkehr eines zunehmend größeren Teils der Bevölkerung von den natürlichen Lebensgrundlagen nimmt, ungeachtet der lautstark vorgetragenen und der durch zahllose *„Initiativen"* zunehmend politisierten Umweltforderungen, immer noch zu. Dies zeigt sich nicht zuletzt in zwiespältigen Verhaltensweisen, die sich darin äußern, daß Tausende von Demonstranten mit eigenen Kraftfahrzeugen anreisen, um lautstark gegen Verkehr und Lärmbelästigung zu demonstrieren, daß eine Wiese zertrampelt wird, um öffentlich deren Schutz zu fordern. Doch bedarf es dieser gedanklichen Zuspitzung gar nicht, um zu verdeutlichen, wie gebrochen das Verhältnis vieler Menschen zur Natur ist. Unter dem Stichwort „Erschließung" ließe sich eine besonders traurige Liste von Widersprüchen und Doppelzüngigkeiten aufsammeln: die neue Straße zum einsamen See, der Lift zum fernen Gipfel, der Campingplatz — 130 000 Caravans stehen allen in der Bundesrepublik ganzjährig auf den Campingplätzen — am stillen Waldrand, die Oase der Ruhe mit einem Riesenparkplatz und Würstchenbuden. Was als Versuch die Natur zu gewinnen gedacht war, zerstört sie vollends.
Kein Wunder, daß unter diesen Voraussetzungen der Schullandheimgedanke nach Jahren der Resignation neue Bedeutung gewinnt. Dazu kommt, daß ganz allgemein, vor allem bei den Schülern, die Bereitschaft zum „einfachen Leben" wächst, daß Lehrer neben der wissenschaftlichen Grundlage ihrer Arbeit, deren erzieherische Bedeutung neu entdecken.

II. Heime, Gruppen, Themen

Für den Erfolg der Schullandheimarbeit ist das Heim und dessen Lage von einiger Bedeutung. Wer im Schullandheim eine „auf's Land verlagerte Schule auf Zeit" sieht, wird Wert auf ein großes, gut ausgestattetes Haus mit mehreren Unterrichtsräumen, möglichst sogar Fachräumen und technischem Gerät legen. Damit allerdings handelt er sich auch alle Probleme der Normalschule ein und ein wesentliches Erziehungsziel des Schullandheims wird kaum oder gar nicht erreicht, nämlich die soziale Erziehung in einer überschaubaren Gruppe, in die der Lehrer integriert ist.
Stimmt man diesem Ziel zu, gehört *dem kleineren Heim der Vorzug,* wie überhaupt das Landschulheim, will man durch Veränderung der Schulsituation ande-

ren *Unterrichts- und Erziehungsmöglichkeiten* Raum geben, sich deutlich von der Normalschule unterscheiden sollte. Nur dann kann man auch damit rechnen, daß sich die Erwartunghaltung der Schüler und damit deren Aufnahmebereitschaft ändert und dies nicht nur im sachlich-wissenschaftlichen Bereich, sondern vor allem auch im sozialen Bereich. Das hat auch Konsequenzen für die Organisation der Arbeit, die in viel höherem Maße als in der normalen Schulsituation Gruppenarbeit sein kann. Für den begleitenden Lehrer — mehr als zwei werden es auch bei einer großen und gemischten Klasse nicht sein können — ist die physische und psychische Belastung, wenn er mit einer Klasse allein unterwegs ist größer, als wenn er im Verbund mit Kollegen eine größere Zahl von Klassen zu betreuen hat. Dennoch wird die Mehrzahl der Kollegen, die an der Schullandheimarbeit Freude gefunden haben, froh darüber sein, sich wenigstens einige Wochen von Zwängen lösen zu können, die normalerweise ihr Schulleben bestimmen. So fällt die starre Stundeneinteilung weg, ebenso der Zwang zu korrigieren und zu zensieren, Fächergrenzen verlieren ihre scharfen Konturen, auch der Übergang vom Unterricht zur Freizeit wird fließender. Das entbindet den Lehrer jedoch nicht davon, den Schullandheimaufenthalt zu strukturieren. Weder den Schülern noch den Lehrern ist damit gedient, wenn ein Schullandheimaufenthalt zu einem Brei undifferenzierter und undefinierter Inhalte wird. So gesehen ist die Frage nach der Rolle des Biologieunterrichts im Schullandheim durchaus berechtigt.

Ist der begleitende Lehrer Biologielehrer, dann wird er nach Möglichkeit darauf achten, daß Klassen ins Schullandheim gehen, deren Lehrplan mit der Arbeit im Schullandheim in einem engeren Zusammenhang steht. *Grundschulklassen* werden im Rahmen der Heimatkunde oder der Sachkunde biologische Sachverhalte behandeln, ohne sie ausdrücklich als solche zu kennzeichnen. Arbeitsthemen wie: „Bei der Heuernte", „Unser Brotgetreide", „Vom Korn zum Brot", „Bei der Kartoffelernte", „Tiere im Stall", aber auch Monographien wie „Das Buschwindröschen" oder „Der blühende Apfelbaum" haben durchaus auch hier schon ihren Platz.

Auf der Sekundarstufe I sollte man ökologischen Rahmenthemen den Vorzug geben, zumal es in der Schule außerordentlich schwierig ist, so komplexe Sachverhalte wie „Acker und Wiese", „Der Wald", „Das Moor", „Die Heide", „Das Wattenmeer" einigermaßen anschaulich zu behandeln.

Auch zivilisationsökologische Aspekte können mit Schülern angegangen werden, wobei es sich nicht empfiehlt, der Mode folgend auf die Fehler anderer zu starren, sie zu diskutieren und in papierene Formeln zu pressen. Die Analyse von Tageszeitungen und Fernsehsendungen ist weniger Aufgabe des Schullandheims, vielmehr bietet sich hier der im Schulleben seltene Fall an, daß, vor allem beim kleinen Heim, die Klasse mit ihren Betreuern eine überschaubare Gruppe darstellt, deren „Versorgung" und, wie es heute so schön heißt, „Entsorgung" exemplarisch betrachtet werden kann. Es läßt sich sehr leicht feststellen, wieviel Wasser die Gruppe in einer bestimmten Zeit verbraucht, wieviel Strom und wieviel Heizmaterial. Wieviel Nahrungsmittel bei welchem Anteil der wichtigsten Nährstoffgruppen und wieviele Kalorien. Ganz entsprechend läßt sich auch der Dienstleistungsaufwand vom Briefträger bis zum Kaminfeger erfassen. Am Beispiel der Wasserversorgung wird besonders deutlich, in welchem Maße eine Gruppe von ihrem weiteren Umfeld abhängig ist, woher das Wasser also kommt und wo es am Ende mit Abfallstoffen beladen als Abwasser hingeht. Daß ganz nebenbei praktischer Naturschutz, also Selbstverantwortlichkeit für Umweltzustände geübt werden kann, sei erwähnt. Um es deutlicher zu sagen: die Gruppe, die ihre Umwelt mit Einwegflaschen und Getränkedosen, Einwickelpapier und Plastiktüten garniert, hat kaum Berechtigung, sich über Kraftwerke zu ereifern. Dieser Ansatz gilt sinngemäß auch für die *Sekundarstufe II*. Auch hier haben ökologische Betrachtungen Vorrang. Die Schwierigkeit wird künftig nur sein, aus dem Rahmen der reformierten Oberstufe sinnvolle Gruppen aus dem komplizierten Stundenraster herauszulösen, zumal die Schüler der Klassen 12 und 13, aber auch schon der Klasse 11, mehr als jemals zuvor unter dem Druck des Abiturs stehen.

Die übervollen und fordernden Lehrpläne für Biologie sehen „lockere Sonderveranstaltungen" wie Schullandheime nicht vor. Sinnvoll wäre es für jede Schule, einen Zeitraum vorzusehen, währenddessen Schullandheimaufenthalte und Exkursionen, aber auch Initiativkurse durchgeführt werden können.

Natürlich werden die Fragestellungen für die Sekundarstufe II anspruchsvoller, ganz wesentlich ist dabei die *Einübung wissenschaftsadäquater Methoden* auch im Schullandheim. Die Möglichkeit dazu hängt in erstaunlichem Maße wieder von der Qualität des Heims ab. Im kleinen Heim wird die arbeitende Gruppe nicht daran gehindert, schon in aller Morgenfrühe auf Vogelexkursion zu gehen. Auch die späte Heimkehr der Klasse von einer Sternwanderung oder von astronomischen Beobachtungen bringen niemand um den Schlaf. Keine Hausordnung wird durcheinandergebracht, wenn sich nicht alle Gruppen zu den Mahlzeiten einfinden.

Besonders wertvoll sind Heime an der Grenze verschiedener Großlandschaften, nahe der Grenze von Geest und Marsch, am Rande eines Mittelgebirges, am Rande der Oberrheinischen Tiefebene oder zwischen Alpen und Alpenvorland. Diese mannigfaltigere Umgebung bietet verschiedene Lebensräume und damit Vergleichsmöglichkeiten. Ein Heim dieser Art kann man mit einer Klasse auch ein zweites Mal besuchen, während sonst entgegen den Erwartungen vieler Städte, die ihre eigenen Schullandheime besitzen, der wiederholte Besuch ein und desselben Hauses nur selten die gewünschte Vertiefung bringt, sondern vielmehr Wiederholung und damit Verdrossenheit.

Von einiger Bedeutung ist die *Entfernung des Schullandheims vom Schulort*. Für die Sekundarstufe I gilt die Faustregel, möglichst weiter als eine Autobusstunde vom Schulort entfernt, aber in begründbaren Fällen mehr als vier Fahrstunden. Damit ist einerseits erreicht, daß die Schüler nicht zu oft von lieben Anverwandten besucht werden, die „eben mal auf einer Nachmittagskaffeefahrt vorbeischauen" wollten, daß sie aber doch, wenn es nötig ist, von ihren Eltern innerhalb eines Tages abgeholt werden können.

Für die Schüler der Sekundarstufe I ist der Schullandheimaufenthalt meist *ein einschneidendes Ereignis*, weil viele von ihnen zum ersten Mal für längere Zeit von ihrer Familie getrennt sind. Mit Ängsten und Heimweh muß gerechnet werden. Deshalb empfiehlt es sich, schon frühzeitig die Eltern in einem *Elternabend* über die Ziele des Aufenthalts, aber auch über das Heim zu informieren. Die zwingende Voraussetzung dafür ist, daß der Lehrer den Platz dann selbst schon kennt. Sinnvollerweise macht er dabei einige Dias, die nicht nur die Landschaft vorstellen, in der das Heim liegt, sondern auch das Haus selbst und womöglich einige Details der Innenausstattung, ein typisches Zimmer, den Speiseraum, Duscheinrichtungen und den Platz ums Haus. Auch die *finanzielle Seite* des Aufenthalts muß rechtzeitig besprochen werden. Dazu gehört in jedem Fall der soziale Finanzausgleich innerhalb der Klasse. Wieweit sich von Fall zu Fall das Land und der Schulträger an der Finanzierung des Aufenthalts beteiligen, muß geklärt werden.

Selbst in der schönsten Umgebung ist ein Heim mit unzureichenden Toiletten und Waschgelegenheiten problematisch, ja ungeeignet. Der Tagesraum — besser zwei — muß so viel Platz bieten, daß bei schlechtem Wetter alle Schüler in Gruppen arbeiten können, ohne sich gegenseitig allzusehr zu behindern. Die Tafel, eine Projektionsfläche und gegebenenfalls eine Wandkarte müssen von allen einsehbar sein. Nicht unwichtig ist ein eigener Schuhputzraum, vor allem, wenn bei schlechtem Wetter biologisch gearbeitet wird. Eine Tischtennisplatte in einem überdachten Raum trägt viel dazu bei, Regentage durchzustehen und auch sonnige Tage aufzulockern. Wer die Wahl hat, wird kleinere Schlafzimmer für 3—4 Schüler den althergebrachten Schlafsälen mit ihren massenpsychologischen Problemen vorziehen*).

Nun ist natürlich die Qualität des Hauses auch eine *Frage des Preises.* Es gilt die goldene Mitte zu halten. Das Luxusheim: Vollpension mit Zimmerservice ist genauso ungeeignet wie der primitive Schuppen, mit Zimmern, in denen sich allenfalls die sonnigsten Hochsommertage ohne Erkältung überdauern lassen.

Gar nicht nebensächlich ist die Gestaltung des *Speisezettels.* Nicht nur, weil der Biologielehrer im Schullandheim den praktischen Beweis dafür zu erbringen hat, daß seine im Unterricht geäußerten Vorstellungen von Qualität der Ernährung dem Speiseplan des Schullandheimes auch einigermaßen entsprechen. Es gilt darauf zu achten, daß nicht nur die Kalorien stimmen, sondern auch der Eiweißanteil und vor allem die Zufuhr an frischem Gemüse und Obst. Im Zweifelsfall ist es richtig, von Zeit zu Zeit eine Vitamingabe zu verabreichen. Für die Stimmung im Heim ist es von ganz entscheidender Bedeutung, daß jeder das Gefühl hat, soviel essen zu dürfen, bis er satt ist. Daß, bei jüngeren Klassen, in den ersten Tagen vor allem unter den Jungen *Rangordnungskämpfe* in Form regelrechter Freßwettbewerbe schon am Frühstückstisch stattfinden, ist eine Erfahrung, die so alt ist wie die Wandervogelbewegung. Ist die Rangliste auf diesem Gebiet erst einmal hergestellt, normalisiert sich der Nahrungsbedarf rasch. Entsteht aber der Eindruck, daß die Nahrungsreserven ihrem Ende zugehen, steigert sich das Eßbedürfnis womöglich noch, vor allem aber sinkt das Stimmungsbarometer. Dennoch geht Qualität auch im Heim über Quantität.

Für *die Vorbereitung* gilt es, die Eltern auch auf solche Phänomene hinzuweisen, um Jammerbriefe, wie sie in den ersten Tagen nicht selten geschrieben werden, richtig einzuordnen. Am Rande nur sei darauf hingewiesen, daß das Briefgeheimnis auch für die Briefe und Postkarten von Schülern gilt, auch wenn der Herbergsvater nicht selten ganz anderer Meinung ist.

Wesentlich für die Vorbereitung des Schullandheimaufenthalts ist es, daß sich der reguläre *Biologieunterricht* darauf einstellt. Das gilt nicht nur für die thematische Gliederung des Schuljahres, in dem der Aufenthalt stattfindet, sondern auch für die methodische Vorbereitung. Schüler, die nicht während des Unterrichts an *selbständige Arbeit* und arbeiten in Gruppen gewöhnt werden, können

---

*) Schullandheimverband Baden-Württemberg: Der Schullandheimaufenthalt. Beiheft zur Handreichung für die Durchführung eines Schullandheimaufenthalts. Stuttgart 1976

sich darauf auch im Schullandheim nicht schlagartig einstellen. Die Klasse müßte auch Exkursion und Lerngang als Unterrichtsform in der normalen Unterrichtsarbeit erfahren haben. Auch mit den wichtigsten biologischen Arbeitsgeräten sollten die Schüler einigermaßen sicher umgehen können. Während des Schullandheimaufenthalts können dann Geländetechniken wie der Umgang mit dem Thermometer, dem Hygrometer und dem Barometer, auch dem Regenmesser bei der Betreuung einer Wetterstation oder zur Erhebung ökologischer Daten. Auch Meßgeräte zur Bestimmung der Windgeschwindigkeit oder der Fließgeschwindigkeit eines Gewässers können eingesetzt werden, selbst Pflanzenpressen und Spannbretter für genadelte Insekten haben im Schullandheim bei entsprechenden Arbeitsaufträgen einen Platz, dasselbe gilt für die Arbeit mit Bestimungsbüchern.

Wie eine Schule Eltern und Schüler etwa 8 Wochen vor der Abreise auf den Schullandheimaufenthalt eingestimmt werden, zeigt *ein Merkblatt*, wie es meine Kollegen vom Georgii-Gymnasium Esslingen für ihre Klassen entwickelt haben. Ausnahmsweise geht dieser Schullandheimaufenthalt über die Landesgrenzen hinaus in ein abgeschiedenes Tal in Südtirol. Dieses Schullandheim hat sich dennoch außerordentlich bewährt, weil dort in einem klar abgegrenzten Raum eine Reihe interessanter biologischer, geographischer und historischer Probleme Fragen in verhältnismäßig kurzer Zeit von den Schülern mit Erfolg bearbeitet werden können.

Georgii-Gymnasium Esslingen, im Juli 1974, Blatt 1

Schullandheim der Klasse 10a

Information für Schüler und Eltern

Zeit und Ort: 18. bis 30. 9. 74 Eisack im Ahrntal, Südtirol, 970 m

Zielvorstellung:
Mit und in der Gruppe leben — das bedeutet: es gibt mehr Einfälle, mehr Witz und Phantasie, aber auch mehr Spannungen, die bewältigt werden müssen; Arbeit und Spiel werden anregender; man lernt einander besser kennen und verstehen (auch Schüler und Lehrer untereinander). Kooperation beim Arbeiten soll trainiert werden: in kleinen Gruppen werden eigene Untersuchungen angestellt (Material erheben, sichten, bearbeiten, diskutieren und darstellen).

Arbeitsthema:
Wir untersuchen, wie der Mensch die Gebirgslandschaft nutzt und wie er sie belastet.
Wir beschäftigen uns mit der Lage der deutschsprachigen Minderheit in Italien.

Programm:
Biologische, erdkundliche und volkskundliche Themen werden in Gruppen, Diskussionsrunden, Referaten zur Landeskunde bearbeitet. Sport und Spiel, Wanderungen (bis ca. 2600 m hoch), Studien- und Ausflugsfahrten (Dolomiten, Bozen—Meran), Besichtigungen, gemeinsame Abendprogramme, dazu täglich die neueste Ausgabe der Schullandheimzeitung.

Unterbringung: Pension Falter, I Eisack — Italien (Bz), Telefon (nur für Notfälle): x x x
Dreibettzimmer mit Waschbecken, Dusche auf jeder Etage; keine Bettwäsche, aber *Handtücher* mitbringen! Tische decken und abservieren, Betten machen und Schuhe putzen, all das ist im Pensionspreis nicht inbegriffen und wird von den jungen Gästen selbst erledigt. Bettruhe ist von 22 bis 7 Uhr.

Abfahrt: 18. 9. 74 7.00 Uhr Schulhof. Wir sind erst zum Abendessen dort, also etwas „Marschverpflegung" mitbringen!

Rückkehr: 30. 9. 74 nicht vor 18.00 Uhr am GG. Von dort aus können die Eltern angerufen werden.

Kosten: Pensionspreis DM 10,— pro Tag (12 Tage zählen), dazu Fahrtkosten mit Bus DM 80,— (durch städtischen Zuschuß bereits ermäßigt); Gesamtkosten von DM 200,— bitte bis 12. 9. 72 auf Girokonto Nr. XXX Kreissarkasse Esslingen überweisen! Auf Antrag (s. Blatt 3) kann einigen Schülern ein Zuschuß aus Landesmitteln gewährt werden. Die Einzahlung ermäßigt sich dann um den vorher bestätigten Betrag (bis ca. DM 60,— möglich). Wir sind aber auch für eine zusätzliche Spende dankbar, da die Reise knapp kalkuliert ist.

Zusätzliche Verpflegung ist sicher nicht notwendig. Das Essen ist trotz des niedrigen Pensionspreises gut und vollwertig. Die Pensionsinhaber erwarten, daß die Getränke im Haus (zu bestimmten Zeiten) gekauft werden. Eine Cola kostet 100 Lire (ca. 55 Pfg), eine Literflasche Orangensaft 280 Lire (ca. DM 1,40). Für die 12 Tage dürfte also ein *Taschengeld* von DM 20,— bis DM 30,— in Lire umgetauscht ausreichen. Höhere Beträge sind unnötig und unerwünscht.

Versicherung: Genaue Information über die Krankenversicherung ist notwendig. Die Schülerunfallversicherung zahlt nur, wenn die eigene Vesicherung nicht zahlt. Eine Zusatzhaftpflichtversicherung Ausland wird von der Schule abgeschlossen.
Post: dauert meist länger als im Inland, Paketpost ist noch unsicherer. Ein Paket sollte aber nicht nur einen Einzelnen, sondern möglichst die Gruppe erfreuen.

Ausrüstung: ein *gültiger amtlicher Ausweis!* Koffer mit Namensschild, Tagesrucksack.
Wanderstiefel, Turnschuhe, Hausschuhe; strapazierfähige Wanderkleidung, Sport- und Badesachen, Pullover, Anorak, Regenschutz.
Handtücher; Wasch- und Flickzeug, Kleiderbürste, Schuhputzzeug; Verbandsmaterial, Medikamente nur, wenn bes. verschrieben.
Ringbuch, Schreibblock DIN A 4 unliniert, Füller, Bleistifte, Farbstifte, Filzstifte, Zirkel, Lineal, Winkelmesser, Klebstoff, Schere, Tesafilm;
Taschenlampe, Kompaß, Foto (empfindliche optische und elektrische Geräte sollten zuhause bleiben), Tischtennis, Federball u. ä. soweit vorhanden;
Musikinstrumente, Radios, Plattenspieler, Tonbandgeräte nach Absprache mit den Lehrern;
Material für Spielabende, Quiz, Liederbücher; ein Buch zum Lesen.
Wer sich eine Karte kaufen kann und will:
Internationale Generalkarte 1 : 200 000 Südtirol, DM 3,50
Kompaß-Wanderkarte: 1 : 50 000 Blatt 82 ca. DM 4,—

Blatt 2

Themen für die Arbeitsgruppen

1. Bergbauern im Ahrntal
2. Wald und Forst
3. Leben im Bach
4. Leben in einem Baumstumpf
5. Schnecken, Versuche und Gehäusesammlung
6. Eine Nahrungskette am Beispiel von Eulen und deren Beute. Auswertung von Gewöllen.
7. Die Fichte am natürlichen Standort
8. Gesteine und Mineralien
9. Wasserversorgung und Wasserverschmutzung im Ahrntal
10. Gewerbe und Industrie im Ahrntal
11. Fremdenverkehr
12. Schulen im Ahrntal
13. Eine Burg
14. Kapellen und Friedhöfe
15. Südtirol und Italien

Freizeitgestaltung:

1. Spielabende
2. Gesprächsrunden
3. Singen, Musik, Lagerfeuer
4. Hörspiel
5. Geländespiel
6. Tischtennisturnier

Daneben bleibt auch unverplante Freizeit für jeden, aber *das Zusammenleben in der Gruppe* bringt manche Einschränkung der persönlichen Freiheit und auch Verzicht auf gewohnte Ansprüche.

Es wird erwartet:

— *Rücksicht* auf andere,
— Höflichkeit untereinander, gegenüber den Wirtsleuten sowie gegenüber anderen Hausgästen,
— Pünktlichkeit bei allen Veranstaltungen einschließlich Mahlzeiten,
— Einordnung in die Gruppe,
— Bereitschaft, über den vertrauten Freundeskreis hinaus weniger beachtete Klassenkameraden anzuerkennen und anzunehmen,
— nicht zuletzt Einhaltung der Hausordnung,
— unbedingter Verzicht auf Tabak, Alkohol und andere Drogen.
Nur als Anmerkung: In Italien wird bereits Besitz von Rauschgift empfindlich bestraft.

Blatt 3

Erklärung für den Schüler / die Schülerin ....

(Name, Anschrift, Telefon)

1. Vom Schüler bitte auszufüllen:
a. Von den Arbeitsthemen interessieren mich am meisten: ....
in zweiter Linie: ....
b. Zur Freizeitgestaltung kann ich beitragen mit: ....
c. Ich möchte folgende Geräte / Instrumente mitnehmen: ....

2. Vom Elternhaus bitte auszufüllen und zu unterschreiben:
a. Die Schullandheiminformation (Blatt 1 und 2) habe ich zur Kenntnis genommen.
b. Name und Sitz der Krankenkasse ....
Gilt die Versicherung auch für Italien? ....
Ich bin bereit, im Notfall ausgelegte Gelder für ärztliche Behandlung zu ersetzen.
c. Für das Schullandheim ist folgende körperliche Behinderung zu berücksichtigen: ....
d. Ich beantrage einen Zuschuß aus Landesmitteln in Höhe von DM ....
Um diesen Betrag ermäßigt sich nach Bestätigung durch das Georgii-Gymnasium meine Einzahlung.
e. Falls mein Sohn / meine Tochter aus gegebenem Anlaß nach Hause geschickt werden müßte, bin ich damit einverstanden, daß er / sie allein fährt — werde ich ihn / sie abholen.

Unterschrift des Erziehungsberechtigten

III. Vorbereitung des Lehrers

Je nachdem wie gut das Heim mit Arbeitsgeräten und Büchern ausgestattet ist, wird der Lehrer eine mehr oder weniger große Kiste packen und mitnehmen. Am besten ist die Kiste so ausgestattet, daß sie leicht zu einem behelfsmäßigen Bücher- und Geräteschrank umgewandelt werden kann. Folgender *Packzettel* für den Lehrer hat sich bewährt:

Schreib- und Zeichenmaterial:

Schreibmaschinenpapier, stabiles Zeichenpapier, Millimeterpapier, Transparentpapier, Buntpapier und Pauspapier.
Aktendeckel, Karteikarten.
Tusche, Kugelschreiber, Filzstifte, Farbkasten, Pinsel.
Klebstoff, Tesafilm, Klebeband, Bindfaden, Büroklammern, Reißzwecken, Stecknadeln.
Meterstab, Lineal, Winkel, Reißzeug.

Biologisches Arbeitsgerät:

Pinzetten, Lupen, ein Mikroskop, Hygrometer, Barometer, Thermometer, gegebenenfalls auch zusammengefaßt als kleine Wetterstation.
Trichter, Meßzylinder oder Babysaugflasche aus Plastik mit ml-Einteilung für Regenmesser.
PH-Papier, Salzsäure.
Försterdreieck und Neigungsmesser können auch im Schullandheim gebastelt werden.
Pflanzenpresse, dazu Saugpappe, 100 g/m² Papier für das Herbarium.
Kleinaquarium mit Glasabdeckung und Abdeckgitter.
Insektentorf, Styropor, Nadeln, Etiketten, Spannbrett, Plastikfläschchen, Sammelröhrchen, Zigarrenschachteln, Plastikbüchsen, Essigäther, Watte.
Glasplatten um Präparatschachteln abzudecken, Glasschneider. Klebeband.
2—3 Insektenkästen.
Eine geschickte Zusammenstellung der wichtigsten Materialien bietet die „Bio-Box 1" von CVK.
Die Bücherei sollte vor allem Bestimmungsbücher, Naturführer und naturkundliche Wanderbücher enthalten. Hier eine Auswahl:

Aichele, D., Schwegler, H.: Unsere Gräser. Kosmos Stuttgart. (Für Schüler geeigneter Bestimmer.)

Aichele, D., Schwegler, H.: Unsere Moose und Farnpflanzen. Kosmos Stuttgart. (Gute Bestimmungsschlüssel und Abbildungen, für den Schüler geeignet.)

Aichele, D.: Was blüht denn da? Kosmos Stuttgart. (Bestimmer nach Farben.)

Amman, G.: Kerfe des Waldes. Neumann München. (Bewährtes Bildbuch mit Bestimmungstafeln. Weitere Bestimmungsbücher vom selben Autor.)

Bechyne, J. und B.: Welcher Käfer ist das? Kosmos Stuttgart (Viele Abbildungen, farbig, Schlüssel geht bis zur Gattung und den wichtigsten Arten.)

Brink, F. H. v. d.: Die Säugetiere Europas. Parey Münch. (Umfassende knappe, gut bebilderte Darstellung.)

Brohmer, P.: Fauna von Deutschland. Quelle & Meyer, Heidelberg. (Altbewährtes Bestimmungsbuch, Schwierigkeitsgrad unterschiedlich, von Brohmer im selben Verlag eine Reihe sehr geschickter Einzeldarstellungen.)

Engelhardt, W.: Was lebt in Tümpel, Bach und Weiher? Kosmos Stuttgart. (Sehr klar, sehr gutes Bildmaterial.)

Falkenhan, H. H.: Kleine Pilzkunde für Anfänger. Aulis Köln. (Für Schüler gut geeignet.)

Frankenberg, G.V.: Das Heimataquarium, Wege zur Naturerkenntnis. Schulz Berlin. (Auf die Schule abgestimmt viele Anregungen.)

Garms, H.: Pflanzen und Tiere Europas. dtv. (Taschenbuch mit vielen farbigen Bildern und Stichworten.)
Grupe, H.: Bauernnaturgeschichte. Diesterweg Frankfurt. (Fünf jahreszeitlich gegliederte Bände. Wie in den Wanderbüchern nicht nur Tatsachenmaterial, sondern eine Fülle von Anregungen und Fragen.)
Grupe, H.: Naturkundliches Wanderbuch. Diesterweg, Frankfurt. (Ein außerordentlich anregendes, mit einer Fülle von Fragen ausgestattetes Buch, das auch als Bestimmer benützt werden kann. Allerdings setzt hier die Auswahl der Arten eine Grenze.)
Haas/Gossner: Pilze Mitteleuropas Band I und II. Kosmos Stuttgart. (Ausgezeichnete Bestimmungsleisten und Abbildungen.)
Hegi, G., Merxmüller, H.: Alpenflora. Hauser, München. (Bewährter Führer mit verläßlichen Bildtafeln.)
Koller, G.: Die wildlebenden Säugetiere Mitteleuropas. Winter's naturwissenschaftliche Taschenführer, Heidelberg. (In dieser Reihe weitere wertvolle Taschenbücher.)
König, C.: Wildlebende Säugetiere Europas. Belser Stuttgart. (Fotos und umfangreicher Text.)
Kuckuck, P.: Der Strandwanderer. Lehmann, München. (Bewährter Führer mit verläßlichen Bildtafeln.)
Merz, R.: Von Rupfungen und Gewöllen. Die neue Brehmbücherei Wittenberg-Lutherstadt. (Viele Hinweise zur Anlage von Federsammlungen und Gewölleauswertung. In dieser Reihe weitere wertvolle Hefte.)
Mertens, R.: Kriechtiere und Lurche. Kosmos, Stuttgart. Alle einheimischen Lurche werden angesprochen und charakterisiert.)
Mitchell, A.: Die Wald- und Parkbäume Europas. Parey, Hamburg. (Ausführliches Bestimmungsbuch mit Biologie der Gehölze.)
Oberdorfer, E.: Pflanzensoziologische Exkursionsflora für Südwestdeutschland. Ulmer, Stuttgart. (Leistungsfähiges Bestimmungsbuch mit ökologischer Komponente, vor allem für die Hand des Lehrers.)
Peterson, Mountfort, Hollom: Die Vögel Europas. Parey. München. (Umfassende Zusammenstellung, geschickt angelegte Abbildungen für die Bestimmung.)
Schmeil-Fitschen: Flora von Deutschland. Quelle & Meyer, Heidelberg. (Bewährtes Bestimmungsbuch mit Hochschulniveau.)
Schnare, K.: Säugetiere unserer Heimat. Spectrum, Stuttgart. (Lesebuch mit zoologischen Stichworten.)
Schwaighofer-Budde: Die wichtigsten Pflanzen Deutschlands. Freitag, München. (Besonders für Schüler gut geeignet, viele Abbildungen mit schülergemäßem Bestimmungsschlüssel, gute Erläuterungen.)
Reichelt, G. , Schwörbel, W.: Ökologie CVK — Berlin. (Gut verständliches Schullehrbuch.)
Stresemann, E.: Exkursionsfauna von Deutschland. Volk und Wissen, Berlin. (Bewährtes Bestimmungsbuch auf Hochschulniveau.)
Stehli-Brohmer, P.: Welches Tier ist das? Kosmos Stuttgart. (Die wildlebenden Säugetiere, sehr gute Bestimmungsleisten und Abbildungen.)

Diese Liste ist nicht vollständig. Vor allem erfaßt sie die Beschreibung von Lebensgemeinschaften und Aufsätze in Fachzeitschriften nicht.

Auf eines sei aber noch hingewiesen, daß in vielen Lehrerbibliotheken *ältere Literatur steht,* die zwar nomenklatorisch nicht mehr auf dem allerneuesten Stand ist, aber was die Fülle und Qualität der Abbildungen, und oft auch ihre didaktischen Ansätze anbelangt, kaum übertroffen wurde. Dazu gehört:
Reiter: Fauna Germanica, hier: Die Käfer Deutschlands,
Fraas: Der Petrefaktensammler (Neuauflage bei Kosmos),
Geyer: Unsere Land- und Süßwassermollusken,
Eckstein: Die Schmetterlinge Deutschlands,
Lampert: Das Leben unserer Binnengewässer.
Es lohnt sich auch ältere Nummern von *Fachzeitschriften* durchzuschauen und vor allem die Literatur mehr lokalen Charakters, wie sie von naturkundlichen Gesellschaften der verschiedenen Regionen Deutschlands herausgegeben werden. Auch die regelmäßigen Veröffentlichungen der Landesstellen für Naturschutz gehören hierher. Viele Jugendherbergen, Wandervereinshäuser und Alpenvereinshütten haben brauchbare Beschreibungen der näheren Umgebung, in die in der Regel prähistorische, historische, volkskundliche, geographische und biologische Abhandlungen eingegangen sind. Auch sie gilt es zu berücksichtigen. Dazu kommen Kreisbeschreibungen und Ortsbeschreibungen, die, wenn nicht im Heim, so doch im nächstgelegenen Bürgermeisteramt oder in einer Schule greifbar sind. Wie es sich überhaupt empfiehlt, mit Schulen und *Behörden* Kontakt aufzunehmen, vor allem aber auch mit der Försterei und dem Forstamt, die für den Bereich des Schullandheims zuständig sind.
Ganz wesentlich für die Arbeit ist die Ausstattung der Klasse mit brauchbaren *Karten.* Als Grundlage empfiehlt sich Karte 1 : 50 000, die außer über den Buchhandel in der Regel mit Preisnachlaß für Schulen bei den Landesvermessungsämtern beschafft werden kann. Viele dieser Karten sind über Wandervereine als Sonderausgaben mit eingezeichneten Wanderwegen erhältlich. Das kann für das Schullandheim durchaus interessant sein. Ist Kartenkunde Gegenstand der Schullandheimarbeit, empfiehlt es sich, auch einen genügend großen Satz von Meßtischblättern 1 : 25 000 anzuschaffen. Ein Blatt für 2 Schüler genügt. Dazu kommen gegebenenfalls Spezialkarten. In geologisch einfach strukturierten Gebieten die Geologische Karte oder soweit vorhanden pflanzensoziologische Karten und andere Spezialkarten. Wenn Geländespiele mit Karten durchgeführt werden sollen, geht es nicht ohne Kompaß und Winkelmesser, auch ein barometrischer Höhenmesser ist dann sinnvoll.

IV. Ablauf eines vierzehntägigen Schullandheimaufenthalts

1. Allgemeines

Vierzehn Tage sind das *Minimum* eines sinnvollen Schullandheimaufenthalts. Drei Wochen sind besser. Häufig scheitert aber der längere Aufenthalt an der Finanzierung und an der Bereitschaft der Kollegen, so lange Zeit auf ihren Unterricht zu verzichten und fremde Klassen vertretungsweise zu unterrichten. Schließlich müssen auch Zeugnisse gemacht werden. Wenn 14 Tage eingeplant sind, muß nicht unbedingt der Montag der Anreisetag und ein Sonntag der Rückreisetag sein, psychologisch ist es besser, am Wochenende so frühzeitig zurückzukommen, daß die Schüler wenigstens einen Tag haben, um sich zuhause einzugewöhnen. Dehalb sei empfohlen, samstags früh loszufahren und samstagabends nach Hause zu kommen. Das hat auch den Vorteil, daß für Elternbesuche der Sonntag in der Mitte vorgesehen werden kann.

Die ersten Tage:

Wenn also am *Samstag* losgefahren wird, dann in der Frühe. Treffpunkt ist sinnvollerweise die Schule, weil dort einiges eingeladen werden muß und die normalen Verkehrslinien dorthin bekannt sind. Es hat sich bewährt, gegen Ende der ersten Schulstunde loszufahren, weil dann weder vor Schulbeginn noch in der ersten Pause große Abschiedsszenen heraufbeschworen werden. Manche Kollegen lassen ganz bewußt am ersten Tag nach einer alphabetischen Liste einsteigen, um ganz klar zu machen, daß bewährte Freundschaften zwar durchaus erfreulich, aber *neue Sitzordnungen* im Schullandheim möglich sind. Die Schüler allerdings schon bei der Ausfahrt aus dem Schulhof dazu zu animieren, Wanderlieder zu singen, ist meist vergebliche Liebesmüh, es sei denn, der Musiklehrer hat sich auf das Schullandheim eingestellt und einiges vorbereitet. Auch der Lehrer, der schon nach den ersten Kilometern das *Mikrophon* zur Hand nimmt, um über die Entstehung der örtlichen Landschaft zu berichten und die Gefährdung der Umwelt durch die Industrieanlagen, ist hier eigentlich nicht gefragt; die Klasse sollte sich nach Möglichkeit auf den neuen, unbekannten Ort konzentrieren und nicht die heimatkundlichen Versäumnisse vergangener Schuljahre aufarbeiten. Neigen die Schüler zu allzu großer Betriebsamkeit, kann das tägliche Rundfunkprogramm für Beruhigung sorgen. Wenn dann die Landschaft unbekannter wird, empfiehlt es sich, Hinweise auf Flüsse, Berge, Städte zu geben, aber auch hier sparsam. Immerhin kann deutlich gemacht werden, daß die Anfahrt zur Schullandheimzeit gehört, wenn eine kleine Gruppe von zwei, höchstens drei Schülern die Aufgabe erhält, die Fahrtroute und einige wenige markante Punkte zusammen mit einer Skizze auf DIN A 4-Blättern festzuhalten. Dieses Blatt geht wie auch die Tagebuchblätter der nächsten Tage ohne weitere Umstände zu den Materialien, die noch während des Schullandheimaufenthalts und nicht erst zu Hause nach mühevoller Nacharbeit in einem Klemmhefter zu einem Tagebuch zusammengefaßt werden.

Kommt die Klasse am frühen Nachmittag *im Heim* an, hat es vieles für sich, wenn jeder Schüler schon weiß, mit wem er zusammen in welches Zimmer einziehen wird. Bei dieser Aufteilung kann der Lehrer durchaus persönliche Wünsche berücksichtigen. Er sollte nicht davor zurückschrecken, lebhaftere Schüler zusammenzulegen. Nicht selten stellt sich nämlich heraus, daß die scheinbar harmlosen „stillen Wasser" im Schullandheim besonders munter werden, während die „Rabauken", wenn man sie nicht jeden für sich allein zur Alphafigur in einem Zimmer macht, recht degenmäßig sind.

Schon am *Nachmittag*, vielleicht nach dem Nachmittagskaffee, ist eine Orientierungswanderung angebracht, die die Schüler mit der näheren Umgebung des Heims bekanntmacht. Damit wird erreicht, daß eine Reihe von Bezugspunkten hergestellt werden, die auch bei der Gruppeneinteilung in den nächsten Tagen wichtig sind. Nach dem Abendessen ein Geländespiel zu veranstalten, das den dämmrigen Wald mit einbezieht und in der Regel nach dem Durchbruchmuster verläuft, also ohne Beschädigungskampf, und einer anschließenden Generaldebatte am Lagerfeuer, hat den großen Vorteil, daß die erste Nacht weniger anstrengend verläuft als das der Fall ist, wenn die Schüler ihre Aktivität erst nach Einbruch der Dunkelheit im Schlafsaal entfalten.

Ist der Lehrer allein mit der Klasse, dann kann er sich am zweiten Nachmittag ruhig dem Sport zuwenden, schließlich ist *Sonntag*. Auch, und das sei bei dieser Gelegenheit ganz deutlich angemerkt, sollte er auf den Wunsch der Schüler eingehen, die am Vormittag eine Kirche besuchen wollen. Den Abend bestreitet er sinnvollerweise noch einmal selbst und ohne Heimabend, wenn der Himmel klar ist. Es empfiehlt sich eine Nachtwanderung mit einem Blick zum Sternenhimmel. Für viele Schüler ist das ein ungewöhnliches Erlebnis, auch führt die Abendwanderung wiederum dazu, daß die abendlichen Dauerredner schneller zur Ruhe kommen.

Es hat vieles für sich, am *dritten oder vierten Tag* eine kartenkundliche Einführung im Heim anzuschließen, damit Namen und Dimensionen des „neuen Lebensraumes" bekannt werden. Ganz abgesehen davon sind in der Regel die Schüler mit Landkarten viel weniger vertraut, als man annehmen möchte.

Am Nachmittag kann dann ein erster, gemeinsamer Lerngang stattfinden. Die Anforderungen sollten am Anfang weder von der Marschleistung noch von der Sache her zu hoch sein, es lohnt sich nicht, die Arbeitsfreude der Schüler zu gefährden. Zunächst geht es häufig nur darum, unsere Stadtjugend in eine engere Beziehung zur Natur zu bringen, je selbständiger sie dabei werden, um so besser.

Es empfiehlt sich, bei diesem ersten Lerngang die theoretische Kartenkunde praktisch umzusetzen, wie überhaupt der Übergang von Lerngang, Wanderung und Spiel im Schullandheim unmerklich vollzogen werden sollte, zumal Jugend am liebsten dann lernt, wenn sie gar nicht bemerkt, daß gelernt wird.

Trotzdem ist es natürlich richtig, einen Lerngang einem bestimmten Thema zuzuordnen. Heißt es etwa „Der Buchenwald", so nimmt jeder Schüler sein Notizbuch, sein Sammelbesteck und die Karte mit. Eine Gruppe, die sich im Laufe der Zeit intensiver mit dem Laubwald befassen soll, die *„Spezialisten"* also, rüsten sich besser aus. Sie nehmen, auch wenn am ersten Tag keine großen Erfolge zu erwarten sind, Pflanzenbestimmer, Pflanzenpresse und Frischhaltebeutel mit. Von Zeit zu Zeit wird zusammengefaßt und das Allerwichtigste aufgeschrieben.

Gegebenenfalls kann, und das ist eine besonders heilsame Übung für ausdrucksschwache Schüler, das Ergebnis einer Beobachtung auch mit einem Diktiergerät festgehalten werden. Die Spezialisten müssen intensiver betreut werden als der Rest der Gruppe. Es gilt vor allem den Blick für das Wesentliche zu schulen, je eifriger die Schüler sind, um so leichter verlieren sie sich in der Fülle. Ihre kleinen Entdeckungen am Wegesrand werden mit gebührender Hochachtung behandelt, eine Blattsammlung kann bereits am ersten Tag begonnen werden. Alle übrigen Funde werden möglichst getrennt in Plastikbeuteln gesammelt. Dabei sollte man darauf achten, daß Rupfungen und Skelettreste nicht mit bloßen Händen angefaßt werden, vor allem nicht in Tollwutgebieten. Je nach Aufgabenstellung können aber jetzt schon Schneckenschalen, Galläpfel, Versteinerungen, selbst Steine gesammelt wedren, allerdings stets mit genauer Angabe, woher das Material stammt.

79

Belehrung sollte nicht penetrant erfolgen. Es muß nicht alles beim ersten Gang durch den Wald begriffen werden. Was sich nicht gleich einprägt, kann im Laufe der 14 Tage mehrfach wiederholt zur Selbstverständlichkeit werden. So läßt sich die Kenntnis der heimischen Laub- und Nadelhölzer im Unterricht anhand von Monographien, auf der Wanderung, im Geländespiel als Erkennungszeichen, am Abend als Quiz aufgreifen. Die Anlage der Wanderroute rund um das Haus erfolgt am besten so, daß sich die Wege im Laufe der Tage immer wieder berühren und ganz unauffällig Wiederholungen eingebaut werden können. Der Biologe muß allerdings auch darauf achten, daß das Programm des Schullandheimaufenthalts nicht in biologische Dauerberieselung ausartet.

Am vierten Tag sollte man sich, wenn möglich unter Mitwirkung des Heimleiters, eine runde Stunde lang mit dem Heim und der Geschichte der näheren Umgebung befassen. Nach einer Pause werden dann die Arbeitsgruppen, soweit dies nicht schon am Schulort geschah, zusammengestellt und mit ihren Aufgaben vertraut gemacht. Das bedeutet nun für die nächsten Tage, daß jedes Thema einmal aufgegriffen wird und der *Start für die Gruppenarbeit* erleichtert wird. Insgesamt sollte für selbständige Arbeit der Schüler mindestens ein Zeitraum von 3—4 vollen Tagen oder entsprechend vielen Halbtagen zur Verfügung stehen, wobei gegen Ende des Aufenthalts zusammenhängende Arbeitszeit immer wichtiger wird. Noch während der Schullandheimzeit sollten die Ergebnisse so weit zusammengefaßt werden, daß sie in das Tagebuch, das als Lose-Blatt-Sammlung angelegt und in einem Klemmhefter zusammengefaßt wird, eingehen können. Von wochenlangen Nacharbeiten am Schulort ist wenig zu halten.

Wichtige Literatur

Verband Deutscher Schullandheime (Hrsg.): Pädagogik im Schullandheim. Handbuch. Walhalla und Praetoria Verlag Georg Zwisckenflug Regensburg 1975
Kruse, K.: Zur Geschichte der Schullandheimbewegung und Schullandheimpädagogik. in „Pädag. i. Schullandheim". Regensburg 1975
Sarhage, H. (Hrsg.): Schullandheim in der Bundesrepublik Deutschland. Bremen 1953
Nicolai, R.: Das Schullandheim. in „Handbuch der Pädagogik" Bd. IV, 1928
Wilhelm, Th.: Modelle der deutschen Gemeinschaftserziehung in Ztschr. f. Päd. 4/1958
Berger, W.: Gesunde Jugend durch das Schullandheim. Hans Krohn Verlag, Bremen 1965

2. Möglicher Ablauf eines 14tägigen Schullandheimaufenthalts, bei dem der Biologie-Lehrer Neigung zu Geographie und Sport hat

Das Haus liegt am Mittelgebirgsrand, Klassenstufe 7/8.

Tag	Vormittag	Nachmittag	Abend
Sa	Anreise im Bus, Einräumen der Zimmer	Erste Orientierungswanderung	Geländespiel Lagerfeuer
So	Morgenspaziergang Beginn des Federballturniers, Möglichkeiten zum Kirchgang	Federballturnier, Freizeit, nach dem Kaffee zweite Orientierungswanderung mit Materialsammlung für den Unterricht am Montag	Sternwanderung. Bei schlechtem Wetter Singabend mit Liedtexten. Immer noch gerne gesungen werden Shanties.

Tag	Vormittag	Nachmittag	Abend
Mo	Klassenunterricht: die Bäume unserer Wälder. Vergleich von Nadelbäumen und Laubbäumen, insbesondere Wuchsform. Vergleich des Holzaufbaus, Nadel, Blüte. Sport. Beratung einzelner Gruppen, die sich mit dem Thema eingehender beschäftigen.	Waldgang mit dem Förster. Neben Kennübungen vor allem forstwirtschaftliche Gesichtspunkte, Umtriebszeit, Schlagverfahren, Preise. Hinweise für Gruppen. Sammeln für Gruppenarbeit.	Die Geschichte des Heims, möglichst unter Mitwirkung der Heimleitung.
Di	Klassenunterricht: Kartenkunde, Sport, Auswahl der Klassenfußballmannschaft für ein Freundschaftsspiel gegen eine gleichaltrige Klasse im nächsten Dorf.	Gruppenarbeit, Federballturnier, Vorbereitung eines Hüttenabends, den die Schüler gestalten. Vorbereitung eines kartenkundlichen Geländespiels.	Quiz
Mi	Klassenunterricht: Farn und Moos. Eingehende Beratung der Sportgruppen. Fußball.	Besuch beim Imker. Gruppenarbeit.	Diskothek mit Hitparade.
Do	Vogelkundliche Frühwanderung. Klassenunterricht: Die Honigbiene. Gruppenarbeit. Experimente zum Farbensehen der Honigbiene	Sport Gruppenarbeit	Leseabend
Fr	Ganztägiger Wandertag		
Sa	Bericht der Arbeitsgruppen und Gruppenarbeit	Wenn genügend Wind Drachen bauen und Drachenflugwettbewerb in zwei Klassen.	Fliegen, schweben, fallen. Bilder aus der Geschichte des Fliegens.
So	Elternbesuchstag. Schüler, die Besuch bekommen, werden vom Heim beurlaubt, für die anderen ebenfalls Freizeit, aber durchaus mit Angeboten von Seiten des Lehrers.		

Tag	Vormittag	Nachmittag	Abend
Mo	Besuch auf einem Bauernhof.	Kartenkunde und Geländespiel.	Scharade.
Di	Die Versorgung des Heims mit Wasser, Energie und Dienstleistungen, anschließend Sport	Gruppenarbeit, Federballturnier.	Leseabend.
Mi	Von der Quelle bis zum Fluß. Eine Wanderung mit dem Ziel, mehr über die Wasserversorgung des Heims zu erfahren.	Besuch einer Kläranlage, anschließend Sport und Spiel.	Vorbereitung eines Abschlußabends in Gruppen, Lagerfeuer.
Do	Gruppenarbeit	Die Rolle der Eulen im Wald. Gewölleanalyse. Gruppenarbeit.	
Fr	Wald- und Waldwirtschaft. Abschluß der Gruppenarbeit.	Rundwanderung, Sport und Spiel.	Abschlußabend.
Sa	Abreise		

V. Biologieunterricht im Schullandheim

Ungeachtet der Gruppenarbeit wird es immer Themen geben, die sinnvollerweise mit der ganzen Klasse im *Frontalunterricht* angegangen werden. Dazu gehören auf Unter- und Mittelstufe immer noch die „klassischen Monographien" wie das Wiesenschaumkraut, der Löwenzahn, der Apfelbaum, die Kartoffel, das Knäuelgras, der Roggen, die Eiche, die Kiefer, der Wurmfarn, das Bürstenmoos, die Schraubenalge, die Kieselalge. Ganz entsprechend auch Monographien aus dem Tierreich wie der Igel, der Marder, das Wildschwein, der Fuchs, der Mäusebussard, die Waldohreule, der Buntspecht, das Goldhähnchen, der Wasserfrosch, der Feuersalamander, die Forelle, der Maikäfer, der Mistkäfer, der Sandlaufkäfer, der Ameisenlöwe, die Florfliege, die Blattlaus, der Kiefernspinner, die Rote Waldameise, die Honigbiene, die Feldwespe, die Ackerhummel, die Nordseegarnele, die Strandkrabbe, die Miesmuschel, die Teichmuschel, die Kreuzspinne, der Regenwurm, die Ohrenqualle.

Diese Liste ist natürlich nur eine Auswahlliste, zudem enthält sie Formen, die am Schulort normalerweise nicht behandelt werden, weil sei kaum zu bekommen sind. Wer aber im Schullandheim die Möglichkeit hat, bei einer Strandwanderung Quallen aufzusammeln, sollte sich auch einmal die Zeit nehmen, die Biologie dieser Tiere in einer Unterrichtseinheit aufzuarbeiten. Ganz entsprechendes gilt für den Ameisenlöwen oder den Sandlaufkäfer. Selbst geschützte Formen wie Orchideen können — mit deutlicher Betonung des *Naturschutzgedankens* — angegangen werden, wobei sich die biologische Betrachtung nicht auf ausgerissene Exemplare stützt, sondern möglichst vor Ort beobachtet, bestimmt und auswertet: Aus der Arbeit mit der Klasse kann die *Gruppenarbeit* herauswachsen. Um ein Beispiel zu nennen: Wenn im Umkreis des Schullandheimes ein Bienenstand steht und der Imker zur Zusammenarbeit bereit ist, kann im Klassenunterricht der Körperbau der Biene, die Unterschiede zwischen Arbeiterin, Drohn und Königin herausgearbeitet werden, ebenso die Entwicklung und die Sozialstruktur und ein Überblick über die Geschichte der Imkerei.

Drei bis fünf Schüler bilden eine *Arbeitsgruppe*. Sie sind, wenn genügend viele Schüler zur Verfügung stehen, auch in Zimmergemeinschaften untergebracht. Nachdem im Unterricht oder in Einzelbesprechungen, vor allem aber auf den Lerngängen der Grund gelegt ist, können die Schüler an die Arbeit gehen. Die genauen Themen werden dazu mit den Gruppen noch einmal durchgesprochen, Kernfragen und Arbeitsanleitungen diktiert, oder am besten in Form vorbereiteter *Arbeitsblätter* ausgegeben. Solche Arbeitsblätter sollten, außer einer knappen Hinführung, vor allem eine Reihe von Fragen und Anregungen enthalten, aber auch vorhersehbare Schwierigkeiten überwinden helfen. Wichtig ist auch eine genaue Angabe von Arbeitsgeräten und des verfügbaren Schrifttums, möglichst schon zu Hause.

Versuche, wie sie *Karl von Frisch* zur Ermittlung des *Farbsehvermögens* bei Bienen unternahm, können aber durchaus von Schülern nachvollzogen werden, wenn der gedankliche Ansatz des Experiments klar ist. Sie brauchen dazu einen Tisch, der groß genug ist, um wenigstens 20 Felder mit Futterschälchen zu besetzen, Graupapiere unterschiedlicher Helligkeit und Farbpapier, darunter am besten blau. Die Graupapiere in sehr klarer Abstufung kann man leicht dadurch herstellen, daß man Fotopapier im Format 9 × 12 unterschiedlich lange belichtet und dann gleich lang entwickelt. Um den Versuch durchzuführen, brauchen die Schüler gar nicht in der Nähe des Bienenstandes zu arbeiten, auch wenn es natürlich interessanter ist, neben der Farbdressur auch Beobachtungen zur Fluggeschwindigkeit und Flughäufigkeit markierter Bienen anzustellen.

Selbst für Versuche, die von der Methode und vom Aufwand her verhältnismäßig einfach sind, brauchen Schüler *Zeit*. Sie sollen ja nicht nur zielstrebig ein Versuchsergebnis ansteuern, sondern dabei lernen zu protokollieren und darzustellen. Wichtig ist auch, daß man die Grenzen der Versuchsmöglichkeiten kennt, so wäre bei Bienen die Untersuchung des Orientierungsverhaltens und der Dienentänze nur möglich, wenn ein Beobachtungskasten zur Verfügung stünde, aber wo gibt es das schon. Möglich ist eine Ausweitung im Hinblick auf die innere Uhr. Wenn täglich pünktlich zur gleichen Zeit am gleichen Ort mit konzentriertem Zuckerwasser gefüttert wird, stellen sich nach einigen Tagen die Bienen schon vor der eigentlichen Fütterungszeit ein; sie fliegen auch an, wenn das Schälchen ausnahmsweise einmal leer bleibt.

Für den *Erfolg der Arbeit* ist es wichtig, daß die Schüler einer Arbeitsgruppe die ganze Klasse hin und wieder über ihre Versuchsergebnisse informieren. Daraus ergibt sich fast zwangsläufig, daß die Zahl der Arbeitsgruppen nicht zu groß werden darf, auch daß der Umfang ihrer Aufgaben *im Zweifelsfall eher kleiner als größer* sein sollte. Mit Globalthemen wie „Wald und Waldwirtschaft", „Acker und Wiese", „Der verlandende See" sind Gruppen überfordert. Was sie jedoch leisten können, sind Zubringerthemen zu den umfassenden Rahmenthemen. Wobei auch hier die Regel gilt, daß wenig viel sein kann. Wenn beispielsweise der Wald gründlich untersucht werden soll, ist für die Biologen im Schullandheim genug zu tun. Da mag dann noch das eine oder andere nicht mit dem Wald zusammenhängende Thema für eine Gruppe übrig bleiben, die Mehrzahl der Schüler aber, die sich mit biologischen Fragen beschäftigen will, sollte sich aber auf Teilaspekte des umfassenden Themas konzentrieren. Damit wird erreicht, daß sich einzelne Gruppen nicht übernehmen, außerdem wird eher Kontakt mit anderen Gruppen gehalten und schließlich wird der Sinn des Unternehmens für alle Beteiligten leichter erkennbar. Eine Gefahr dieser Konzentration auf ein umfassendes Thema sei aber nicht verschwiegen: Der Schullandheimaufenthalt bekommt einen mitunter zu deutlichen Schwerpunkt, andere nicht minder interessante Beobachtungsmöglichkeiten werden vielleicht vernachlässigt. Unter der Annahme aber, daß „Der Wald" das Rahmenthema ist, kann man sich folgende Gruppenthemen vorstellen:

„Moose im Wald".

die 10 häufigsten Moose werden unter genauer Angabe ihres Standortes bestimmt und ins Herbar übernommen. Verschiedene Bautypen werden zeichnerisch erfaßt. In Anlehnung an den Klassenunterricht wird an einem Beispiel der Generationswechsel der Moose aufgezeigt. Die ökologische Rolle eines Moospolsters für den Wasserhaushalt des Waldes wird durch Versuche belegt.

„Farne im Wald".

Fünf Farnarten werden unter Berücksichtigung ihres Standorts bestimmt und ins Herbarium eingebracht. In Anlehnung an den Klassenunterricht wird der Generationswechsel der Farne an einem konkreten Beispiel dargestellt. Die Bedeutung der Farne als Zeigerpflanzen für Bodenqualität wird untersucht.

„Laubbäume der Wälder".

In einer vergleichenden Darstellung werden die wichtigsten Laubholzarten erfaßt. Ihr forstlicher Wert wird in Anlehnung an den Klassenunterricht in Zusammenarbeit mit dem Förster festgestellt. Höhenbestimmungen, Festmeterbestimmungen, Holz- und Borkeproben, Habituszeichnungen, gegebenenfalls auch Fotos gehen in eine Zusammenstellung ein.

„Die Nadelbäume unserer Wälder".

Entsprechend der Darstellung der Laubhölzer kann auch eine Zusammenstellung der Nadelhölzer erfolgen. Wobei auch hier im Klassenunterricht monographisch die Kiefer behandelt werden kann.

„Das jagdbare Wild unserer Wälder".

In Zusammenarbeit mit dem Förster kann eine Bestandsaufnahme der jagdbaren Tiere gemacht werden. Hier auch Maßnahmen der Hege, insbesondere der Wildfütterung. Verteilung der Futterstellen. Futterzeiten. Zusammensetzung des Futters, seine Herkunft und Herstellung. Problematik der Fütterung, Problematik zu großer Populationen. Die Tollwut und ihre Folgen (hier gilt es mit äußerster

Vorsicht auf die besonderen örtlichen Verhältnisse zu achten)! Soweit die Voraussetzungen gegeben, können abgeworfene Stangen, Skeletteile und auch Losung mit der angemessenen Vorsicht aufgenommen werden.

„Die Rolle der Greifvögel und Eulen im Wald".

Ausgehend von Gewöllefunden kann die Rolle der Eulen und von daher auch die Rolle der Greifvögel erfaßt werden. (Auch hier Vorsicht bei Wildtollwut.) Anleitungen zur Gewölleanalyse, insbesondere Bestimmungskriterien für Nager und Insektenfresserschädel sind notwendig.

„Der Waldtrauf".

Ausgehend von einer Bestimmung der wichtigsten Sträucher im Bereich des Waldrandes kann auf die Rolle der Hecke und die Veränderung ökologischer Daten von außerhalb durch den Waldtrauf in den Wald hinein gemacht werden. Dazu ist nötig, entlang eines gegebenen Profils Klimadaten zu erheben und graphisch darzustellen.

„Die Rote Waldameise".

In Anlehnung an den Unterricht, in dem der Körperbau der Insekten besprochen wird, und vielleicht am Beispiel der Honigbiene die Merkmale der Hautflügler herausgearbeitet werden, können Schüler am Beispiel der Roten Waldameise Phänomene des Soziallebens kennenlernen, ohne dabei allerdings den Bau um und um zu graben. Besonders ergiebig sind Temperaturmessungen zu verschiedenen Tageszeiten an der Bauoberfläche und in einer Tiefe von 10 cm, eine Analyse der eingetragenen Beute und anderen, sogar Gewichtsbestimmungen von Ameisen, die Bäume erklettern und von Bäumen herunterkommen, sind aufschlußreich.

Damit sind nur einige Ansätze aufgezeigt, wie sie im wesentlichen für die Mittelstufe, aber in Abwandlung durchaus auch für die Oberstufe denkbar sind. Dabei nimmt der Anspruch der Arbeiten auf der Oberstufe zu, insbesondere sollen dort komplexere Themen angegangen werden, etwa die Wirkung verschiedener Schlagweisen, die Rolle des Waldes im Ökosystem, wobei Experimente und grundsätzliche Überlegungen zur Ökologie eine ganz wesentliche Rolle spielen können. Auch monographische Betrachtungen wie etwa die mikroskopische Untersuchung von Euglena in landwirtschaftlichen Abwässern kann außerhalb der Gruppenarbeit für alle verbindlich stattfinden
Weitgehend unabhängig von Gruppeninteressen sind Besichtigungen und Tageswanderungen, wobei natürlich auch hier Material in die Gruppenarbeit eingebracht werden kann. Der Lehrer wird bei jeder Gelegenheit Hilfestellung leisten und dafür sorgen, daß die Arbeit nicht auf der Strecke bleibt, denn die Fähigkeit zu selbständigem Vorgehen ist nur selten weit genug entwickelt. Vor diesem Hintergrund wird eine ganz wesentliche Aufgabe des Schullandheims sichtbar, nämlich über die Schule hinauswirkende Verhaltensweisen einzuüben, den Menschen im Umgang mit dem Phänomen der Natur sicherer und verantwortungsbewußter zu machen.

Eine sorgfältige Auswahl der Themen muß gewährleisten, daß die *Anforderungen* den Fähigkeiten der Schüler einigermaßen *gerecht werden*. Wählt man nicht das große Rahmenthema, bleiben viele kleine, meist zunächst recht unscheinbare Themen, die erfreuliche Ergebnisse bringen. Wenn man dabei den meist noch etwas ausgetretenen Pfad der Schulbiologie für ein paar Tage verläßt, kommt das der Fragestellung nur zugute.

Ist *über einen Baum* alles gesagt, wenn man weiß, welcher Art er zugehört, welcher Gattung und welcher Familie? Das Interesse wächst, wenn man sich einmal gemeinsam Gedanken macht, was es über einen alten einzelstehenden Baum an einem Kreuzweg alles zu berichten geben kann. Das Thema „Die alte Linde" erweist sich als äußerst ergiebig, wenn man über Alter und Lebenslauf, Geschichten und Legenden, Wuchsform, Höhe, Breite, Holzwert, Blattfläche, Verdunstung, Blattausfall, Besiedelung durch Überpflanzen und Tiere, Vermehrung und anderes mehr nachdenken kann. Das gleiche gilt für eine Reihe weiterer Themen, bei denen ganz bewußt die Beobachtung des Alltäglichen, Unscheinbaren gefordert wird: „Die Weidbuche", „Erlen am Bach", „Die Schafherde", „Schwalben im Dorf", „Schneckenschalen". Aber kleinste Biotope wie „Der bemooste Stein", „Tiere unter Steinen", „Tiere in der Hecke", „Tiere im Ackerfeld", sind durchaus zu schaffen. Hier liefert *Grupe, H.:* „Naturkundliches Wanderbuch" viele Anregungen.

Was man nicht ganz übersehen sollte, daß eine erhebliche Zahl unserer Schüler über *Fotoapparate* verfügt, mit denen nur selten mehr als Familienbilder und aussageschwache Landschaftsfotos gemacht werden. Es lohnt sich durchaus schon, auf der Sekundarstufe I fotografische Aufträge auszugeben. So können mit dem Foto blütenökologische Zusammenhänge fotographisch erfaßt werden, aber auch „Der Tageslauf beim Bauern", „Ein Tag beim Waldarbeiter", „Der Schäfer und seine Herde". Auf der Oberstufe ist es sogar möglich, wenn man ganz konsequent schwarzweiß fotografiert, während des Schullandheimaufenthalts erste Ergebnisse vorzuweisen. Man muß mit einigem Andrang zu solchen Arbeitsgruppen rechnen, zumal die Schüler die Schwierigkeiten, die einer anspruchsvollen Fotografie im Wege stehen, meist nicht richtig einschätzen. Technische Hinweise sind unerläßlich, weil sich hinter einer großartigen Ausstattung nicht selten eine erstaunliche technische Ahnungslosigkeit und vor allem Einfaltsarmut verbirgt. Auch einfach gestellte Arbeitsaufgaben — die sich leicht auf die Oberstufe transformieren lassen — brauchen Zeit für die selbständige Arbeit. Am meisten da, wo im Freien gesammelt und beobachtet wird.

Der Lehrer muß auf dem Laufenden bleiben, Zwischentermine einlegen, Unterrichtskurzreferate vor der Klasse anbahnen und für die nötige Stetigkeit und Verbindung der Gruppen untereinander sorgen.

Auch wenn nach vierzehn Tagen keine neuen Forschungsergebnisse auf dem Tisch liegen und die *Zusammenfassung* einzelner Gruppen ergibt, daß zwar fleißig gesammelt, aber weniger erfolgreich ausgewertet wurde, wird doch unter dem Strich, vorausgesetzt, daß das Wetter einigermaßen mittut, ein positives Ergebnis zu verbuchen sein. Der Biologe sollte auch einmal daran denken, daß er im normalen Schulbetrieb während der vierzehn Tage allenfalls vier Unterrichtsstunden zur Verfügung gehabt hätte. Aber ganz abgesehen davon kam er während dieser Zeit einem wesentlichen Bildungsziel näher, der Fähigkeit nämlich, mit anderen Menschen an einer gemeinsamen Aufgabe erfolgreich zu arbeiten. Damit wird ganz unpathetisch ein ganz wesentlicher Beitrag zur staatsbürgerlichen Erziehung geleistet.

VI. Beispiele für Arbeitsblätter

Schullandheim im Allgäu

Arbeitsbogen für eine 11. Klasse

Die Fichte am natürlichen Standort

Die Fichte bildet in den Alpen einen weit nach Südwesten vorgeschobenen Vorposten eines großen, bis Nordrußland und Skandinavien reichenden Verbreitungsgebietes. Im Gegensatz zu den zahlreichen Aufforstungen der letzten Jahre, bei denen Fichten vor allem aus Rentabilitätsgründen bevorzugt werden, steht der Nadelbaum in den Alpen am natürlichen Standort. Über weite Flächen bildet sie reine Bestände und verleiht den Abhängen einen ernsten, düsteren Charakter. Sie bildet weithin die obere Baumgrenze.

In der Umgebung des Schullandheims gibt es große Waldgebiete. Verschaffe dir während des Aufenthalts einen Überblick über die Waldverteilung, die Waldwirtschaft, insbesondere über das Vorkommen der Fichte. Welche Bedeutung hat sie für den Wald und die Wirtschaft?

Folgende Hinweise und Fragen sollen dich bei deiner Arbeit unterstützen:

a. Suche in Erfahrung zu bringen, welche Teile der Markung landwirtschaftlich und forstwirtschaftlich genutzt werden, wo die Nutzung unterbleibt und wo es sich um nicht nutzbares Ödland handelt.

Gemeindeverwaltung und Forstamt verfügen über Informationen. Das Kartenblatt 1 : 50 000 gibt wertvolle Hinweise.

b. Welchen Teil der bewaldeten Flächen nehmen Laubwald, Nadelwald und Mischwald ein? Lassen sich innerhalb dieser drei Gruppen bestimmte Höhenstufen feststellen? Entnehme die Höhenzahlen dem Meßtischblatt.

c. Welche Bedeutung wird dem Wald in den Alpen zugemessen: Erkundige dich bei Einheimischen und Ortskundigen, versuche auch die Meinung weniger ortskundiger Touristen zu erfahren. Beachte dabei neben der wirtschaftlichen Seite auch Schutz gegen Lawinen, Steinschlag, Erosion. Prüfe den Begriff Bannwald. Zeichne und fotografiere charakteristische Beispiele.

d. Welche Entwicklung nahm der Wald in den letzten 20 Jahren? Wurde die Bedeutung des Waldes berücksichtigt? Erkundige dich nach Lawinenschäden und Steinschlägen. Welche Methoden des Abholzens und der Aufforstung werden angewandt? Sind sie typisch für die Alpen?

Auch hier ist der Förster bereit, auf deine Fragen einzugehen. Allerdings solltest du dann auch einen längeren, möglicherweise anstrengenden Waldgang mitmachen. Erbitte beim Forstamt Unterlagen über die Waldentwicklung und Zukunftsplanung.

e. Was wird aus dem gefällten Holz? Wie kommt es aus dem Wald ins Tal? Welche Jahreszeit wird für den Holztransport bevorzugt? Gibt es eine heimische Holzindustrie, die an der Verarbeitung beteiligt ist? Was stellt sie her?

f. Welchen Wert stellt das jährlich geschlagene Holz dar? Hat sich der Wert in den letzten vier Jahren deutlich verändert? Welche Baumarten sind am wertvollsten? Welche Gründe gibt es dafür? Welche Rolle spielt die Fichte?

Prüfe, was früher aus dem Holz wurde und was heute daraus wird.

g. Wenn es ein Sägewerk in der Nähe gibt, ist es interessant zu erfahren, was das Werk leistet und wieviel Menschen dort beschäftigt sind. Auch der Wertzuwachs ist von Interesse. Informiere dich über Lagerhaltung und Kundenkreis.

h. Welcher Anteil der Bevölkerung im Tal ist mit Waldwirtschaft befaßt. Wer ist in der holzverarbeitenden Industrie tätig? Überlege dir eine grafische Darstellung.

2a. Untersuche nun die Fichte an verschiedenen Standorten: Wie ändert sich ihre Wuchsform mit zunehmender Höhe? Welcher Unterschied zwischen freistehenden Bäumen und Bäumen im geschlossenen Wald ist festzustellen? Was zeichnet die Wetterfichten aus? Versuche die charakteristische Gestalt solcher Wetterfichten zu erklären. Dazu Zeichnung oder Foto. Worin unterscheiden sich die Fichten im Bereich der Baumgrenze und in den tieferen Lagen?

b. Untersuche den Bau einer Fichte. Versuche ihr Erscheinungsbild zu beschreiben. Auch die Anordnung der Nadeln an den Zweigen, auch die Form der Zapfen und deren Verteilung über den Baum, der Aufbau eines Zapfens ist interessant. Wenn die Möglichkeit besteht, vergleiche mit einem anderen Nadelbaum.

c. Versuche den jährlichen Zuwachs einer Fichte zu ermitteln. Welche Methoden eignen sich dafür?

d. Bestimme an Jahresringen von gefällten Bäumen ihr Alter. Überlege, ob sich nicht hier ein Ansatz für die Berechnung des Zuwachses ergibt.

e. Schätze einige besonders große Fichten auf ihren Festmetergehalt. Dazu kannst du folgende Formel anwenden:
$V = D^2 \cdot H \cdot 0{,}0004$
Dazu ist der Brusthöhendurchmesser in 1,30 m über dem Boden für D einzusetzen.
V = Volumen, H = Höhe.

f. Versuche Methoden zur Höhenbestimmung einer Fichte zu entwickeln. Erinnere dich an das Försterdreieck.

3a. Welche Pflanzen finden sich in einem typischen Stück Fichtenwald von 50×50 m? Wieviele Fichten stehen dort? Wie alt schätzt du sie? Gibt es neben den Fichten andere Nadelhölzer? Finden sich Laubhölzer?

b. Man spricht vom Stockwerkbau des Waldes, wenn man die bodennahen Pflanzen, Gräser und Kräuter, die halbhohen Sträucher und Jungbäume und die hohen Bäume gegeneinander abgrenzen will. Läßt sich im ausgesteckten Waldstück diese Stockwerkstruktur erkennen? Welche Vertreter sind den Stockwerken zuzuordnen?

c. Versuche aus der Fülle der Tierwelt einige charakteristische Arten festzustellen. Welche jagdbaren Tiere gibt es im Wald, welche von ihnen sind schutzbedürftig? Welche sind eher im Übermaß vorhanden? Was läßt sich zur Vogelwelt, was über Kleinsäuger, Kriechtiere, Schnecken und Insekten sagen?

d. Leidet der Wald unter Schädlingen? Welchen? Gibt es Gründe für den Schädlingsbefall? Was tut man dagegen, mit welcher Begründung?

Diese Fragensammlung läßt sich ganz sicher nicht während eines Schullandheimaufenthalts erschöpfend beantworten. Möglicherweise entstehen während der Arbeit auch ganz andere Fragestellungen. Wichtig ist aber in allen Fällen, daß

Feststellungen und Beobachtungen möglichst exakt notiert, gegebenenfalls gezeichnet und fotografiert werden. In der Zusammenstellung sind grafische Darstellungen, die das Verständnis des schriftlich Dargestellten erleichtern, erwünscht.

Im übrigen bei der Arbeit nicht vergessen:
Im Gebirge hält man sich an markierte Wege und klettert nicht im unbekannten Gelände, Rettung aus Bergnot ist auch nicht ganz billig! Nicht auf Bäume klettern! Das Arbeitsgebiet, das außerhalb der normalen Zugangswege liegt, wird mit dem Förster zusammen festgelegt.

Arbeitsgeräte:

Feldbuch, Meterstab, das Försterdreieck, Neigungsmesser, Kompaß, wenn möglich: Fotoapparat, Fernglas, Höhenmesser.
Für die Arbeit im Heim: Zeichenblock, Millimeterpapier, DIN A 4-Papier, Winkel, Zirkel, farbige Stifte, Klebstoff, Schere.

Literatur:

Amann, D.: Bäume und Sträucher des Waldes. Verlag Neumann, Neudamm-Melzungen
Amann, D.: Bodenpflanzen des Waldes. Verlag Neumann, Neudamm-Melzungen
Amann, D.: Kerfe des Haldes, Verlag Neumann, Neudamm-Melzungen
Mitschell, A.: Die Wald- und Parkbäume Europas. Verlag Paul Paray, Hamburg und Berlin
Bauer, E. W.: Hrsg. Biologie 2, CVK, Berlin
Reichelt, G., Schwoerbel, W.: Ökologie, CVK, Berlin
Schuhmacher, Egon: Wunderwelt der Bäume, Bertelsmann Gütersloh

Schullandheim Otto Hofmeisterhaus

Arbeitsbogen für Klasse 11

Torfmoor auf der Schwäbischen Alb

Mitten auf der Alb, dem wasserarmen Kalkgebirge liegt ein Torfmoor; vom einstigen Hochmoor ist allerdings nur noch ein winziger Rest erhalten. Dieses Gebiet steht heute unter Naturschutz. Eine Reihe von Fragen stellt sich.

1. Ein Hochmoor im Karstgebirge

a. Kläre zunächst den Begriff Hochmoor im Gegensatz zum Flachmoor! Vielleicht kennst du aus einer anderen Gegend Deutschlands Hochmoore. Lies über deren Entwicklung im Biologiebuch.

b. Wassersammlungen gibt es nur auf undurchlässigem Untergrund. Suche etwas über den besonderen Untergrund des Hochmoorgebiets zu erfahren (Geologische Karte).

c. Wieviel Wasser steht dem Gebiet jährlich zur Verfügung, wenn bei $1°$ C etwa 40 mm des Niederschlags verdunsten? Bei einer mittleren Jahrestemperatur von $x°$ C wären es demnach $x \cdot 40$ mm (Schopfloch hat eine Regenwarte).

d. Zur Doline „Wasserfall" fließt aus dem Moorgebiet ein Bach, er versiegt dort. Versuche die Wassermenge pro Sekunde zu bestimmen! Berechne näherungsweise den Gesamtabfluß pro Jahr. Bestimme dazu das Einzugsgebiet des Baches nach dem Meßtischblatt. Berechne den Abflußfaktor in Liter / pro Sek. pro km².

2. Das Torfmoor in seiner ursprünglichen Form

a. Versuche die alten Umrisse des Moorgebiets in Erfahrung zu bringen.

b. Welche Pflanzenwelt wurde damals beschrieben!

3. Die Veränderung des natürlichen Moors durch den Menschen

a. Zu welcher Zeit, wie lange wurde das Moor wirtschaftlich ausgebeutet?

b. In welcher Form erfolgte die Ausbeutung? Wieviele Menschen, welche Siedlungen waren daran beteiligt?

c. Welche wirtschaftliche Bedeutung hatte die Torfgewinnung in der damaligen Zeit?

4. Das Moor heute

a. Wie weit ist der alte Zustand noch erhalten? Kartenskizze, Foto.

b. Beschreibe und zeichne ein Profil durch das Moor.

c. Ist die Pflanzenwelt im ehemaligen Moorgebiet noch deutlich anders als auf der übrigen Albhochfläche?

d. Welche Pflanzen fallen im Moor besonders auf? Bestimmung der Pflanzen, Zeichnung und Fotografie, besonders auffälliger Formen. Kein Herbar, die eine Reihe geschützter Pflanzen gerade hier vorkommen! Welche? Wenn eine Pflanze genau bestimmt ist, sollte über sie folgendes bekannt sein:
Familie: Sonnentaugewächse *(Droseraceae)*
Gattung: Beisp.: Sonnentau *(Drosera)*
Art: rundblättriger *(rotundifolia)*
Standort: Hochmoor beim Otto-Hofmeister-Haus 17. 5. 1975

Literatur:

Bertsch, K.: Flora von Württ. und Hohenzollern
Gradmann, R.: Pflanzenleben der Schwäb. Alb Bd. I und II
Reichelt, G., Schwoerbel, W.: Ökologie
Schwenkel, H.: Heimatbuch des Kreises Nürtingen
Weitere Bestimmungsbücher. Meßtischblatt 1 : 25 000

Arbeitsgerät:

Papier (am besten DIN A 4), Millimeterpapier, Zeichenblock, Farbstifte, Klebstoff, Fotoapparat, Messer, Lupe, Pinzette. Zur Bestimmung der Bodensäure Indikatorpapier.

Schullandheim in der Oberrheinischen Tiefebene

Arbeitsbogen für Klasse 8

Schwalben im Dorf

Zum Bild eines Bauerndorfes gehörten früher Schwalbennester. Leider werden die Schwalben immer seltener. Sie sind an Zahl so stark zurückgegangen, daß man

vielleicht in Zukunft solche Beobachtungen gar nicht mehr durchführen kann. Deshalb suche so genau wie möglich zu sein, an deiner Arbeit sind Vogelkundler interessiert.
Hier einige Fragen, die dir bei der Arbeit helfen können.
1. Welche Schwalbenart stellst du fest? Beschreibe die verschiedenen Arten und fertige eine Tabelle an, in der Form, Farbe, Flugweise, Gesang, Flughöhe, Flugbild und anderes berücksichtigt werden.
2. Wo nisten die Schwalben?
3. In welchen Gebäuden und wo am Gebäude findest du ihre Nester? Fertige dazu einen Plan des Dorfes an, soweit er für deine Arbeit wichtig ist. Kennzeichne die Nester der verschiedenen Arten mit verschiedenen Farben. Wieviele Nester lassen sich feststellen? Sind sie alle bewohnt? Kennzeichne auch die unbewohnten Nester im Ortsplan.
4. Hat sich die Zahl der Schwalben im Dorf deiner Ansicht nach geändert? Wenn ja, wie?
5. Beobachte die Schwalben beim Nestbau. Wo holen sie ihr Nistmaterial her? Wie sind die Nester der verschiedenen Arten gebaut? Wie lange bauen die Schwalben an ihrem Nest?
6. Beobachte die Versorgung der Brut. Was füttern die Eltern, wie oft fliegen sie im Laufe eines Tages ans Nest an? Versuche auszurechnen, wieviel Insekten sie im Laufe einer Brutzeit verfüttern.
7. Versuche die höchste Flughöhe zu bestimmen und die Fluggeschwindigkeit zu bestimmen (Försterdreieck, Maßband, Stoppuhr).
8. Wann kommen die Schwalben aus dem Süden? Wann fliegen sie wieder ab? Frage dazu mehrere Leute im Dorf.
9. Stimmt es, daß man aus der Flughöhe auf das Wetter schließen kann? Was sagen die Bauern, was stellst du selbst fest?
10. Kannst du Gründe nennen, weshalb die Zahl der Schwalben in den letzten Jahren abgenommen hat?

Arbeitsgerät:

Feldbuch, Schreib- und Zeichenmaterial, Farbstifte, Ortsplan, möglichst Fotoapparat und Zubehör, Fernglas, Stoppuhr, Maßband.
Vogelbestimmungsbücher. Heimatbuch.
Denke daran, daß du selbst an deiner Arbeit am meisten interessiert bist. Stelle deshalb deine Fragen höflich und sei auch beim Besuch von Häusern und Stallungen lieber zurückhaltend als vorlaut. Arbeite so, daß deine Aufzeichnungen als Grundlage für weitere Beobachtungen dienen können. Stelle die gewonnenen Ergebnisse sauber und übersichtlich zusammen.

Schullandheim im Schwarzwald

Arbeitsbogen für Klasse 8

Ein Bauernhof im Schwarzwald

Immer noch spielen Bauernhöfe in unserer Heimat eine große Rolle. Manche dieser Höfe sind erst in den letzten Jahrzehnten entstanden, andere sind sehr alt.

Während des Schullandheimaufenthalts solltest du dich mit dem Leben einer Familie auf einem Hof befassen. Du bis mit den Freunden deiner Gruppe angemeldet und darfst an einigen Tagen auch zur Arbeit auf dem Hof bleiben. Die versicherungsrechtliche Seite ist mit dem Bauern und deinen Eltern geklärt. Versuche während des Aufenthalts im Schullandheim mit deiner Gruppe folgenden Fragen nachzugehen:

1. Gibt es geschichtliche Aufzeichnungen über den Hof? War er immer in der selben Familie? Ernährt der Hof die ganze Familie oder fahren einige Angehörige zur Arbeit? Gab es besondere Notzeiten in der Geschichte des Hofes?

2. Fotografiere oder zeichne den Hof von verschiedenen Seiten und trage ein, welchem Zweck die Räume dienen. Kann man den Hof einer bestimmten Grundform zuordnen? Hat die Anlage noch die ursprüngliche Form oder wurde verändert? Wann und wie?

3. Wie groß ist die vom Hof bewirtschaftete Fläche in ha? Wo liegen die Felder, wie groß sind die einzelnen Parzellen?
Versuche die Feldverteilung in einem Gemarkungsplan (Flurkarte) einzutragen und unterteile nach Äcker, Wiesen, Weiden und Wäldern.

4. Was wird auf den Äckern angebaut? Wird jedes Jahr dasselbe angebaut? Gibt es Gründe für den jeweiligen Anbau?

5. Werden auf dem Hof Tiere gehalten? Welche? Gehören sie bestimmten Rassen an? Was ist der Grund für die Auswahl einer bestimmten Rasse? Was kostet ein Tier? Was wird gefüttert? Wieviel frißt es täglich, was liefert es? Hat sich die Form der Tierhaltung verändert? Wird sie sich voraussichtlich ändern?

7. Hat der Bauer mit Tierkrankheiten zu kämpfen? Welchen? Woher kommt der Tierarzt? Was kostet ein Besuch des Tierarztes?

8. Hat der Ackerbau mit Pflanzenkrankheiten zu kämpfen? Mit welchen, was tut man gegen sie?

9. Welche Maschinen werden auf dem Hof gehalten? Wird der Maschinenpark erweitert oder verkleinert? Gibt es Gründe für diese Entwicklung?

10. Wieviele Leute werden auf dem Hof beschäftigt? Was verdienen sie?

11. Was wird für den täglichen Bedarf selbst erzeugt, was wird eingekauft? Wo?
Seid höflich zur Bauersfamilie. Überlege, wie du dich zu Hause verhalten würdest, wenn dich jemand befragt. Stelle deine Fragen taktvoll und berichte den Befragten über das Ergebnis deiner Arbeit.

Arbeitsmaterial:
Feldbuch, Schreib- und Zeichenmaterial, Farbstifte, möglichst Foto mit Zubehör.

Literatur:
Heimatbuch der betreffenden Gegend
Karte 1 : 50 000

Schullandheim Harpprechtshaus
Arbeitsbogen für Klasse 8

Anlage einer Fossilsammlung aus dem Weißen Jura
Süddeutschland ist durch den Reichtum an versteinerten Lebewesen (Fossilien und Petrefakten) bekannt. In aller Welt findet man in den geologischen Museen

Saurierplatten aus Holzmaden oder Ammoniten von der Schwäbischen Alb. Der Urvogel stammt aus den Juraplattenkalken der Fränkischen Alb. Auch du findest auf Wanderungen immer wieder versteinerte Hartreste von Meerestieren der Jurazeit.

1. Stelle einer Sammlung versteinerter Tiere aus der Jurazeit zusammen.
2. Folgende Tiergruppen fallen besonders auf:

Schwämme	*Weichtiere*	*Armkiemer*	*Stachelhäuter*
Kiesel-Kalkschwämme	Muscheln, Schnecken, Kopffüßler, Ammoniten, Belemniten	Terebrateln, Rynchonellen	Seeigel

Bestimmungsmerkmale sind besonders Form und Schalenbau. Die genaue Bestimmung ist meistens recht schwierig, die wissenschaftlichen Namen haben sich in den letzten Jahren besonders bei vielen Ammoniten geändert. Am besten gehst du nach den Bildtafeln von *Fraas* vor.

3. Lege eine Übersichtssammlung, die die verwandtschaftlichen Beziehungen der einzelnen Gruppen untereinander zeigt, an. Benütze dazu dein Biologiebuch. Besprechung der Baupläne.
4. Stelle das Vorkommen bestimmter Formen in den verschiedenen Schichten dar.
5. Verfolge auf der Klassenwanderung den Schichtenbau der Alb vom Tal bis auf die Hochfläche. Sammle mit deinen Feunden in den einzelnen Schichten, gib die Fundorte möglichst genau an (Höhenmesser), denn nur so haben die Fossilien nachher ihren vollen Wert. Trage den Fundort im Meßtischblatt ein. Gib das begleitende Gestein an (Geologische Karte). Stelle die wichtigsten Funde übersichtlich zusammen.

Literatur:

Engel, Th.: Geognostischer Wegweiser durch Württemberg und andere Titel.
Guinner, M. P., und *Geyer, O. F.:* Der Schwäbische Jura, Sammlung Geologischer Führer, Bornträger, Berlin
Fraas, D.: Petrefaktensammler, Franckh, Stuttgart
Wagner, G.: Einführung in die Erd- und Landschaftsgeschichte
Ziegler, B.: Paläontologie, Schweizerbarth, Stuttgart
Karte 1 : 25 000, Wanderkarte 1 : 50 000

Arbeitsgerät:

Hammer, Meißel, Plastikröhrchen, Schachteln, Kompaß, verdünnte Salzsäure in Plastiktropfflaschen.

DER SCHULGARTEN

Von Gymnasialprofessor Hans Georg Oberseider

Söcking

EINFÜHRUNG

Zu den Hilfsmitteln für den Biologie-Unterricht gehört wesentlich der biologische Schulgarten. Er kann das biologisch wirksamste Lehrmittel sogar über den Biologie-Unterricht hinaus sein. Der Schulgarten ist Arbeitsfeld für den praktischen Schulbiologen, für den ja dieses Handbuch gedacht ist. Der Garten ist ein Anschauungsmittel, das nicht erst aufgestellt werden muß, er ist ein Lehrmittel, das immerzu wirksam ist. Der biologische Schulgarten ist keine Sammlung von Formen und Strukturen, in ihm wirkt das Leben, das durch Strukturen bedingt ist und das durch sein Geschehen neue Strukturen entstehen läßt. Die Dynamik des Gartens wirkt auf jeden, der mit der zugehörigen Schule zu tun hat und wenn es auch nur das wäre, daß er daran vorübergeht.

Im alltäglichen Beschauen und Beobachten dieses von selbst funktionierenden Lehrmittels, sei es der Einzelerscheinung, sei es der ganzen Verwebung des Gartens kann der Schüler und jeder andere Grundinformationen empfangen, die sein Bild von der Umwelt prägen. Hier im Garten kann er zu Verhaltensweisen veranlaßt werden und sie einüben, die für sein ganzes weiteres Leben bedeutungsvoll sein können: So tief kann die Wirkung des Gartens in die Struktur der Persönlichkeit einwirken. Der pädagogische Wert des biologischen Schulgartens kann gar nicht überschätzt werden. Hier wirken die Phänomene selbst und nicht irgendeine Abstraktion. Die Phänomene müssen in der Pädagogik den Vorrang haben, ganz im Sinne unseres pädagogischen Altmeisters *M. Wagenschein*. Es muß — wenn ein Nebengedanke erlaubt ist — verwundern, daß von bildungspolitischer Seite die allgemein in der Gesellschaft klaffende Bildungslücke im Bereich des naturwissenschaftlichen Wissens noch immer nicht in ihrer Bedeutung erkannt ist. Die Lücke im öffentlichen Bildungsbewußtsein ist an vielen Miseren unserer Tage schuld und gibt außerdem reichlich Anlaß zu Kontroversen, deren Feuer der Emotionen in sachlich allgemeinverständlicher Aussprache sofort zusammensinken würde.

Aus der Inhaltsübersicht ist die Anlage des ganzen Artikels über den biologischen Schulgarten ersichtlich. Die in den Pflanzenlisten empfohlenen Arten sind vom Verfasser selbst gezogen und beobachtet worden. Im Text ist die neueste Nomenklatur verwendet, aber doch auf früher übliche Bezeichnungen hingewiesen. Die Evolution der Pflanzen wurde ausführlicher behandelt, weil die Ergebnisse neuerer Forschungen in einem Buch für die Schule m. W. noch nicht dargestellt sind. Dabei wurde die stammesgeschichtliche Gliederung der *Magnoliophytinen (Angiospermen)* in neun Entwicklungsreihen übernommen und in Pflanzenbeispielen verankert. Dadurch wird die Fülle der Angiospermen-Familien übersichtlich und sinnvoll gegliedert. Man muß sich nur etwas hineinlesen. Wem es unangenehm ist, statt „Umbelliferen" (Doldenblüher) nun „Apiaceen" (Sellerie-Familie) zu lesen, der möge bedenken, daß doldige Blütenstände im ganzen Pflanzenreich verbreitet sind und daß der Sellerie unter ähnlich klingenden Bezeichnungen als uralte Kult- und Kulturpflanze schon in der Odyssee vorkommt. Ähnlich ist es mit der Bohne, die so lange schon über die ganze Erde als Kulturpflanze verbreitet ist, daß ihr Name von einer ganz alten Sprachwurzel kommt. So steht die Bohne besser als Repräsentant und Namengeber für die romantische, aber kaum erklärbare Bezeichnung der „Schmetterlingsblüher". Wir sagen jetzt besser „Bohnen-Familie" *(Fabaceen)*. Auch die so vielgestaltigen früheren „Kreuzblüher" haben im allbekannten Kohl einen viel besseren Bannerträger gefunden, weil es ja so viele kreuzförmige Blüten gibt. Wem aber „Kohl-Familie" nicht gefällt, der mag ruhig „Raps-Familie" sagen.

Schließlich sei noch auf die Vorbemerkung zum abstammungsgemäßen System hingewiesen, wo die Uneinheitlichkeit der deutschsprachigen Bezeichnungen erklärt wird. Jede Ausdrucksweise ist der Dynamik unterworfen. Aber einmal muß das Manuskript, das fast zwölf Jahre lang immer wieder überarbeitet wurde, dem Drucker ausgeliefert werden und der macht einen statischen Drucksatz daraus.

Einen besonderen Hinweis verdient der Vorschlag, den biologischen Schulgarten in die Arbeit der Kollegstufe der Gymnasien einzubeziehen.

Frühjahr 1978   *Der Verfasser*

A. Bedeutung des Schulgartens

Tätig werden: Schauen — betrachten — beobachten — vergleichen — Schlüsse ziehen, das ist wesentliches Tun im Schulgarten. Das sind Tätigkeiten, die für alle Bereiche des Lebens gelernt und geübt werden müssen.

Die zu Bildenden sollen im Schulgarten zuerst das genaue Hinsehen, das Beobachten lernen, sie sollen lernen, das Beobachtete mitzuteilen und schriftlich niederzulegen. Sie sollen Beobachtungen vergleichen, sie sollen über Beobachtungen miteinander reden und Beobachtungen austauschen. Aus den Beobachtungen werden dann Schlüsse gezogen und schließlich ergibt sich eine Erkenntnis. Das soll zuerst auch exemplarisch geschehen, weil diese Art der Erkenntnisbildung auf alle Lebensbereiche angewendet wird. Aus den Beobachtungen im Garten ergibt sich aber noch eine spezielle Lebenserfahrung. Die nämlich, daß in der Natur alles zusammenhängt und daß alles voneinander abhängig ist. Die Veränderung eines Faktors kann weitreichende Folgen haben. Das Arbeiten im Garten wird wesentlich dazu beitragen, ein Bewußtsein vom Eingeschlossensein des menschlichen Lebens in alle Zusammenhänge der Natur zu schaffen. Ein Bewußtsein, daß sich der Mensch von der Natur nicht emanzipieren kann. Der Ausdruck „Bewußtsein" will sagen, daß es nicht reicht, unter vielem anderen Wissen, das auf einen Abruf wartet, auch das vom Eingeschlossensein in das Naturganze zu haben. Es muß vielmehr ein immerwährend gegenwärtiges Wissen, eben ein Bewußtsein sein. Dieses Verbundensein menschlichen Seins mit dem Naturganzen bedeutet, daß unser Lebendigsein ein „natürliches" Phänomen ist. Wir erkennen die freie Natur, wo wir in Gesellschaft anderer „Produkte" der unabänderlichen in der Natur wirksamen Kräfte sind, als unsere physische Heimat und verstehen, daß wir uns in dieser freien Natur ausruhen und erholen können. Der Schutz dieser Natur erscheint uns dann als etwas selbstverständliches, als etwas Notwendiges und die Störung und Zerstörung der natürlichen Landschaft als ein Kapitalverbrechen

Im Beobachten der verschiedenartigen Ausformung der Pflanzenteile in den natürlichen Familien und Gattungen sehen wir die Schritte der Entwicklung alles Lebendigen. Sie ist die Folge davon, daß die Reproduzierung der Lebensformen nicht unabänderlich erfolgt, daß bei den Reproduktionsvorgängen (also bei der Vererbung) immer „Störungen" wirksam werden, die zusammen mit der Auslese einen steten Wandel der Erscheinungsformen herbeiführen. Das ergibt bei der Unerbittlichkeit der wirkenden Naturgesetzlichkeiten etwas wie eine „Freiheit" in der Natur. Deshalb ist auch das sture — wenn man so sagen darf — Reproduzieren, wie es durch die Molekularbiologie als ein sicher interessanter Mechanismus vorgeführt wird, grundsätzlich gar nicht so wichtg, wie die Möglichkeit, daß das Programm dieser Vorgänge veränderlich ist. Die Möglichkeit des simplen

Nachdruckens eines stehenden Drucksatzes ist nicht der Rede wert. Aber die Möglichkeit, den Drucksatz immer wieder zu verändern, wodurch in der Abfolge der Auflagen ein ganz anderes Werk entstehen kann, das ist bemerkenswert. In diesem Zusammenhang wird auf die oft nur kleinen Unterschiede der Pflanzen im Garten immer wieder hingewiesen.
Und dann spielt sich im Garten die Geschichte von Einem ab, der auszog, die Freude zu finden. Für eine spätere Berufstätigkeit wird in der Schule gelernt, vor allem aber für das persönliche Leben. Zu den wesentlichen Anstößen für ein irgendwie geartetes Handeln der Menschen gehört die Freude und ihr Gegenteil. Aber sich freuen können muß gelernt sein. Über das geweckte Interesse entwickelt sich oft eine tiefe Freude, aber leider ist diese Freude selten: die Jungen suchen danach und die Alten können sie oft auch nicht finden. Man hat Betätigung, man besitzt vielerlei, man reist in alle Welt, aber man findet keine Freude. Was man finden kann und weiterhin angeboten bekommt, ist Lust, die nur einen Augenblick dauert. Die Freude aber bescheint den Lebensweg. Lust ist wie ein jäher Blitz, dessen grelles Licht alles verzerrt erscheinen lassen kann — ein starker Reiz, Freude aber ist ein warmes Licht überm Weg, das lange dauert und noch lange nachleuchtet und fruchtbar wird. Darüber können hier keine weiteren Worte verloren werden. Aber es wird immer auch darauf Bezug genommen und es sind Pflanzen ausgewählt, die durch die Besonderheit ihrer Erscheinung, ihrer Formen und Farben und ihrer Lebensvorgänge die Besucher zum Betrachten, vielleicht auch zum Versenken verlocken — die Freude geben!
Im Schulgarten wird letztlich erkannt, daß die Menschen nur mit der Natur leben können. Es wird erkannt, daß die Menschen die Natur nicht „beherrschen", sondern nur von ihr lernen können. Es wird erkannt, daß auch das menschliche Sein in die Natur eingebettet ist und daß es Freiheit nur innerhalb der Naturgesetze geben kann. Der Schulgarten ist nicht eine „heile Welt" von Naturschwärmern. Der Schulgarten ist das modernste Lehrmittel, seit die Öffentlichkeit sich wieder der „Umwelt" besinnt. Umweltschutz ist nichts anderes als naturgemäßes Leben. In ein solches Leben paßt auch nicht das Profitdenken einzelner auf Kosten der übrigen. Und damit wird der Schulgarten sogar politisch . . . Nein — die Politiker sollten auch in einem Schul-, in einem Parlamentsgarten lernen. Sie müssen lernen, daß die menschliche Existenz in der gesamten Natur verankert ist und daß der Mensch nicht einsam als absoluter Akteur über allem steht.

B. Was ist ein biologischer Schulgarten

Es gibt viele gärtnerische Anlagen, die mit einer Schule in wesentlicher Beziehung stehen und deshalb als „Schulgärten" bezeichnet werden können. Diese Anlagen unterscheiden sich je nach der Aufgabe ihrer Schule in Anlage, Pflege und Verwendung.

Noch weit verbreitet ist die Vorstellung vom Schulgarten mit grabenden, säenden, pflanzenden, jätenden und erntenden Schülern, in dem die „Selbsttätigkeit" ihre pädagogische Wirkungen entfalten soll. Heute gibt es den Garten der Arbeitsschulbewegung als Selbstzweck wohl kaum mehr. Aber sein Prinzip kann in allen oder fast allen anderen Schulgärten zur Wirkung gebracht werden.

Im extremen Gegensatz dazu steht der jetzt selten gewordene, vom Hausmeister, der Stadtgärtnerei oder auch vom Lehrer in peinlicher Ordnung gehaltene Garten mit Pflanzen in systematischer Anordnung. In ihm kommt es auf die Gestalt der Pflanzen als Ordnungsprinzip an und nicht auf ihre Lebensfunktion. Er ist gleichsam ein statischer Garten. Die starren Tafeln und Täfelchen mit den Bezeichnungen von Familien, Gattungen und Arten erhöhen den Eindruck des Musealen. Ein ähnlicher Aspekt kann auch das traurige Ende eines „biologischen Schulgartens" (s. unten) sein. Er hat vielleicht seinen tatkräftigen Betreuer verloren, die einjährigen und empfindlicheren Pflanzen sind eingegangen oder von starkwüchsigen Sträuchern und Bäumen verdrängt, die Namensschilder werden vielleicht noch eine Zeit lang unterhalten, die Pflanzennamen von Nichtkennern (bei gutem Willen) entstellt, bis der ehemalige biologische Garten zu einer mehr oder weniger statischen „Anlage" herabsinkt.

Der Garten einer Hauswirtschaftsschule enthält Gemüse- und Gewürzpflanzen. Sie sind meist zum Betrachten in einem bestimmten Entwicklungsstand gedacht. Daß Petersilie auch blühen und der Kopfsalat „schießen" kann, sind geradezu peinliche Vorstellung, es sei denn, der Unterricht schließt auch Anleitungen für die „Küchengärtnerin" ein. Andere Pflanzen interessieren im hauswirtschaftlichen Schulgarten nur als Lieferanten für Raum- und Tischschmuck. Man nennt sie „dankbar", wenn sie über einen langen Zeitraum hin haltbare Schnittblumen darbieten.

Ähnliche Anschauungsgärten sind solche bei Drogistenfachschulen oder Ausbildungsstätten von Pharmazeuten. Dort werden die Stammpflanzen von Drogen und Tees gezeigt, soweit sie im Klima des Gartens gedeihen.

Der Garten der Blumenbinder hat nur das Material zum Erlernen und Üben der Binde- und Steckkunst hervorzubringen, allenfalls kann er die natürliche Anordnung der verwendeten Pflanzenteile zeigen.

Im Garten einer Berufsschule für Gärtner oder einer Gärtnerfachschule werden die Pflanzen mit betriebswirtschaftlichen Augen gesehen. Hier ist auch die Anlage eines Gewächshauses notwendig. Die Gärtner benutzen ihren Schulgarten oft gemeinsam mit den Blumenbindern.

Die botanischen Gärten der Universitäten, die oft prächtige Anlagen für die Öffentlichkeit sind und viele Anregungen für den Schulgärtner jeder Art geben können, seien hier nur genannt.

Schließlich muß noch erwähnt werden, daß manchmal in gemeindlichen Anlagen Bäume und Beete mit Namensschildern versehen werden. So „gut gemeint" eine solche Maßnahme ist, so gering ist ihr pädagogischer Wert. Denn die Bezeichnung für eine Pflanze, ihren „Namen", zu kennen, ist ja nur ein Anfang oder besser erst die Abrundung des Kennens ihrer Eigenarten. Nur ein Mensch, der in seiner Schulzeit den Schulgarten erlebt hat, kann einen Nutzen aus solchen Schildern ziehen.

Unter Schulgarten ist hier der „biologische Schulgarten" verstanden, wie er zu jeder Schule, gleich welcher Zielsetzung, gehören sollte. Auch politischen Akademien, Parlamenten und vor allem Schulungsstätten politischer Parteien täte ein solcher Garten not, damit die natürlichen Zusammenhänge, die natürlichen Voraussetzungen menschlichen Zusammenlebens eindringlich vor Augen stehen. Vorbedingung wären allerdings Augen, die nach allen Seiten offen sind.

Der biologische Schulgarten ist für jeden Schüler da, nicht nur für den späteren Fachmann und Spezialisten. Denn daß jeder Mensch nur mit der Natur leben kann, das muß gerade den Schülern klar werden und klar bleiben, die Berufsrichtungen einschlagen, die keine naturwissenschaftlichen sind. Manchmal allerdings prägt der Garten auch Berufswünsche.

Der Schulgarten ist das Feld des *praktischen Schulbiologen*. In diesem Garten ist die Pflanze der Akteur und der Mensch ist „nur" im Beschauen, Beobachten, Pflegen und Experimentieren aktiv. Aber selbst wenn im Experiment eine Störung gesetzt wird, ist der Mensch der Beobachter der Reaktion der Pflanze. Es wird gleichsam der Pflanze eine Frage gestellt, die sie mit ihrer Reaktion beantwortet. Auch die Aufgaben der speziellen Lehrgärten kann der biologische Schulgarten mindestens exemplarisch miterfüllen. Jeder Garten ist im allgemeinen immer eine mehr oder weniger willkürliche Anlage. Er beherbergt in seinem Gehege Pflanzen, die den verschiedensten Gesellschaften entstammen, die von den unterschiedlichsten Standorten kommen. Praktische oder architektonisch-ästhetische Gründe sind für die Anpflanzung der verschiedenen Pflanzenarten maßgebend. Auch im biologischen Schulgarten treffen sich die verschiedenartigsten, einander ursprünglich oft ganz fremden Pflanzen. Deshalb bedarf der Garten zur Erhaltung seines Bestandes immer der Pflege, sei es, daß man dem Fremdling im Garten helfend beistehen muß, sei es, daß man die einheimische Pflanzenwelt an der Besetzung ihres gleichsam angestammten Territoriums hindert. Ein sich selbst überlassener Garten muß über kurz oder lang zu einer Wildnis werden, weil sich die Mitglieder der standortgemäßen Pflanzengesellschaft ausbreiten und sich ein natürlicher Gleichgewichtszustand einstellt und auf weitere Sicht die natürliche Pflanzensuccession eintritt. Die Notwendigkeit solcher Mühen muß schon vor der Anlage eines biologischen Schulgartens (wie jedes Gartens) bedacht werden. Im übrigen ist dieser stete Kampf gegen die Verwilderung biologisch äußerst interessant und lehrreich.

Im biologischen Schulgarten soll vor allem von den Schülern beobachtet werden. Dieses Beobachten führt zu Wissen und ein reiches bereitliegendes Wissen führt zum Vergleichen und endlich zur Abstraktion und zum Erkennen von Gesetzmäßigkeiten. Diese den Menschen unter anderem kennzeichnende Fähigkeit muß gerade heute in immer größerem Maße geschult und entwickelt werden. Der biologische Schulgarten muß deshalb so beschaffen sein, daß er zur Beobachtung geradezu herausfordert, daß er zum Beobachten verlockt. Wirksame Anregungen zum Beobachten im Garten können u. a. sein:

1. eine überlegte Auswahl und Anordnung der Pflanzen im Garten ganz allgemein, die Gestaltung von Pflanzengruppen, fließendes Wasser, der Zustand der Wege u. a.

2. ungewohntes bezüglich Gestalt und Farben von Blüten und Blättern, fremdartige Pflanzen. Eine gemeine Brennessel verlockt nicht zum genauen Hinschauen.

3. relativ rasche Veränderungen im Aussehen einer einzelnen Pflanze oder eines Pflanzenteiles; vor allem aber Veränderungen in der Bepflanzung des Gartens. Ein jahraus, jahrein gleich aussehender Schulgarten verlockt schon deshalb nicht zum Beobachten, selbst wenn er fremdartige Pflanzen beherbergt: das Ungewöhnliche ist hier zur Gewohnheit geworden. Pflanzen, die rasche Bewegungen ausführen oder deren Blüten die Farbe ändern, sind „interessant", weil man relativ schnelle Bewegungen an Pflanzen nicht gewohnt ist.

4. eine solche Auswahl der Pflanzen, daß es für die Schüler aller Altersstufen Interessantes zu beobachten gibt.

5. eine gestellte Aufgabe führt die Schüler zusätzlich in den Garten, besonders wenn die Lösung einer Aufgabe eine irgendwie geartete Belohnung erwarten läßt.

6. die Möglichkeit, den Garten immer, d. h. in den Unterrichtspausen, vor und nach dem Unterricht besuchen zu können, auch sonntags und in den Ferien. Gerade zu solchen Zeiten werden oft selbständige Beobachtungen gemacht.

7. leichte Gelegenheit, die gemachten Beobachtungen mitteilen zu können. Auf die Mitteilungen seiner Schüler muß der Lehrer eingehen. Das macht besonders für die jüngeren das Beobachten interessant und lohnend.

8. Immer wiederholter Hinweis und Bezug auf den Schulgarten mit seinen Möglichkeiten. Er darf nicht ein Anhängsel, er muß ein wesentlicher Bestandteil der Schule, wenn nicht der Stadt, sein. Nur dadurch ist auch zu verhindern, daß er vergessen wird, wenn etwa sein Betreuer ausscheidet.

Diese Sätze sind Leitgedanken für alle Maßnahmen im Schulgarten.
Es muß aber auch darauf hingewiesen werden, daß sich Kinder, Jugendliche und auch Erwachsene keineswegs alle von sich aus in den Garten und zur Arbeit in ihm drängen. Hier muß der Lehrer — besonders wenn der Garten neu angelegt wird — auf weite Sicht hin ein wahrer Päd-agoge sein, bis einmal der Garten mit seinen Möglichkeiten und Notwendigkeiten so selbstverständlich geworden ist wie der Spielplatz, die Turnhalle oder das chemische Labor. Dann erst wird der biologische Schulgarten seine vollen pädagogischen Kräfte entfalten. Daß der mit dem Garten betraute Lehrer ein guter Pädagoge sein muß, ist nach alledem klar; daneben braucht er aber auch gärtnerisches Können, fachliches Wissen und nicht zuletzt schöpferische Phantasie. Aber von dem größten Fachmann muß erwartet werden, daß er auch andere Lehrer mit und in „seinem" Garten arbeiten läßt. Das sei nur angedeutet.

Was wird im biologischen Schulgarten beobachtet?

Es werden beobachtet

1. Entwicklungsphasen, Strukturen, Formen und Farben
2. Vorgänge, das biologische Geschehen. Daß es in der Natur keinen Zustand, kein Verweilen, sondern nur einen Ablauf, eine Entwicklung gibt, gehört zu den Grundphänomenen, die dem Schüler so vertraut werden müssen, daß das immer gegenwärtige Wissen davon sein ganzes Leben begleitet und beeinflußt, gleich welchen Beruf er einmal hat.

Das ist eine der fundamentalen Aufgaben des Biologieunterrichtes, zu der der biologische Schulgarten ein unvergleichliches Lehrmittel darstellt.

Daß „Zustände" überhaupt zu existieren scheinen, kommt daher, daß wir Menschen die Welt und die Vorgänge in ihr in Bildern sehen (Struktur des menschlichen Auges!) und daß der oft (für uns) langsame Ablauf der biologischen Vorgänge uns einen Stillstand vortäuscht. Ein einmaliger Besuch eines Gartens läßt ihn beshalb statisch erscheinen, genauso wie wir einen Blumenstrauß statisch sehen und uns an seinem Erscheinungsbild freuen. Der Schüler soll im Garten vor allem das biologische Geschehen sehen und beobachten. Sein Auge soll geschärft werden für die Lebenserscheinungen, die sich unablässig abspielen. Er muß lernen, daß ein ihm „schön" erscheinender Anblick keine Dauer hat und wenn der Deutsch-Lehrer das vergebliche Verlangen Fausts nach einem Verweilen des Augenblicks als eine tragische Unmöglichkeit anschaulich machen will, dann stellt er das ewig wechselnde Bild des Schulgartens vor die Augen der Schüler.

Der Schulgarten wird vor allem von den Schülern gesehen und genutzt. Es muß noch anderer Personen und Personengruppen gedacht werden, die aber den Garten mehr oder weniger statisch sehen. Wie er da in bedeutsamer Weise wichtig werden kann, soll nur angedeutet werden. Ein Klassenzimmer und ein Schulhausgang sind im allgemeinen und im Alltag wenig werbewirksam, wenn man so sagen darf. Aber der Schulgarten kann ein wirksames Aushängeschild sein, besonders wenn er auch Pflanzen und Blüten als Sendboten ins ganze Schulhaus schicken kann und auch schickt. Angesprochene Personenkreise sind zuerst die anderen Lehrer, die manchmal auch heute noch die Naturwissenschaften als „ein sonderbar Ding" betrachten; von einigen glänzenden Ausnahmen natürlich abgesehen. Da kann ein „schöner" Garten geradezu Wunder wirken und manchen „fachfremden" Lehrer aus Gründen wie immer in die naturwissenschaftlichen Regionen einer Schule führen. Es gibt da Beispiele, wo solche Begegnungen Freunde, zum mindesten Interessenten fürs Leben schufen. Eine andere Gruppe sind die Eltern der Schüler. Sie sind fast immer nicht in der ausgeglichensten seelischen Verfassung, wenn sie ins Schulhaus kommen. Ihnen kann der Garten eine Wartezeit verkürzen, ihnen kann der Garten die ganze Schule in einem angenehmeren Lichte erscheinen lassen, manche Eltern haben sich schon für einen eigenen Garten anregen lassen. Man kann auch an jene Menschen denken, denen die Arbeit an einem Gymnasium etwa fremd und geradezu unverständlich erscheint: Handwerker, Lieferanten, Boten, Passanten auf der Straße, die ein freundlicher Garten, vielleicht mit beobachtenden oder manuell arbeitenden Schülern, aufmuntert. Es sei noch daran erinnert, daß der Garten der Raum für eine abendliche Serenade oder ein kleines Fest unter Schülern oder Lehrern sein kann. Schließlich sollte man auch an die Einrichtungen der sog. Erwachsenenbildung (z. B. Volkshochschulen) denken, die im Schulgebäude vielleicht ihre Abendkurse abhalten. Nicht nur, daß der Garten den Berufstätigen, die müde von der Arbeit kommen, ein erholsamer Aufenthalt bis zum Beginn ihrer Kurse sein kann. In diesen Kreisen müßte viel mehr an die pädagogische Bedeutung der Biologie gedacht werden und auch hier wäre der biologische Schulgarten ein wertvolles Lehrmittel.

C. Anlage eines biologischen Schulgartens

I. Allgemeines

Der biologische Schulgarten ist nach alledem ein Lehrmittel von umfassender Bedeutung. Er ist aber kein Lehrmittel, das man gebrauchsfertig kaufen kann. Er muß erst angelegt werden. Aber wenn nach einer allgemeinen und grundsätzlichen Planung die ersten Pflanzen angesiedelt sind, beginnt schon seine pädagogische Wirksamkeit, und „fertig" wird ein biologischer Schulgarten nie, wie eine gute Wohnung nie „fertig" wird.

Bevor nun allgemeine Überlegungen zu einem ersten Anfang gemacht werden, muß ein Schulgarten genannt werden, der sozusagen ein ideales Musterbeispiel ist, das vom einzelnen Lehrer nie erreicht werden kann. Es weist manche Vorteile eines engen Verwachsenseins mit einer bestimmten Schule nicht auf, dafür aber bietet es viele andere Möglichkeiten. Ich meine den großen Schulgarten Burg bei Herrenhausen (Hannover). Dieser Garten ist immerhin 7,5 ha groß und die Ideen und Erfahrungen von mehr als 50 Jahren sind in seiner Gestaltung und pädagogischen Nutzung lebendig. Seine Wurzeln reichen, von der Gartentradition Herrenhausens getragen, noch weitere 40 Jahre bis ins vorige Jahrhundert zurück. Der Garten Burg liefert allen Schulen Hannovers je nach Wunsch und Typ der Schule, lebende Pflanzen zu verschiedenen Themen und holt sie auch wieder ab. Schulklassen können ganze Tage mit Beobachten und Gartenarbeit in ihm zubringen. Zusätzlich besitzt der Garten einen Saal zum Mikroskopieren und Präparieren. Weil aber nun die so außerordentlich wichtige tägliche Beobachtung bei der eigenen Schule in Burg fehlt, werden kleine eigene Gärten bei den Schulen empfohlen und die Direktorate und Lehrkräfte können sich in Burg beraten lassen. Natürlich wandelt sich auch die Anlage im Burger Garten und immerfort wird an der Verwirklichung neuer Ideen gearbeitet. Dort freut man sich über jede Zuschrift eines Kollegen oder Interessenten.

Dieses Modell von Hannover stellt einen Sonderfall dar. Wohl in Nachfolge des Gartens in Hannover-Burg sind bezeichnenderweise in nicht großer Entfernung andere Schulgärten entstanden: in Braunschweig, in Harburg, in Hamburg und auch in Frankfurt/Main ist eine ähnliche Anlage.

Hier in diesem Handbuch soll dem einzelnen Lehrer zur Hand gegangen werden, wie er einen biologischen Schulgarten nach seinen Vorstellungen anlegen und wie er ihn verwenden kann. Aber ein Problem muß vor allen Überlegungen gelöst sein: Der biologische Schulgarten erlebt nicht nur das Schuljahr, er hat den Ablauf seines biologischen Jahres und kümmert sich weder um Ferien noch um Abitur. Besonders während der großen Sommerferien ist der Garten sich

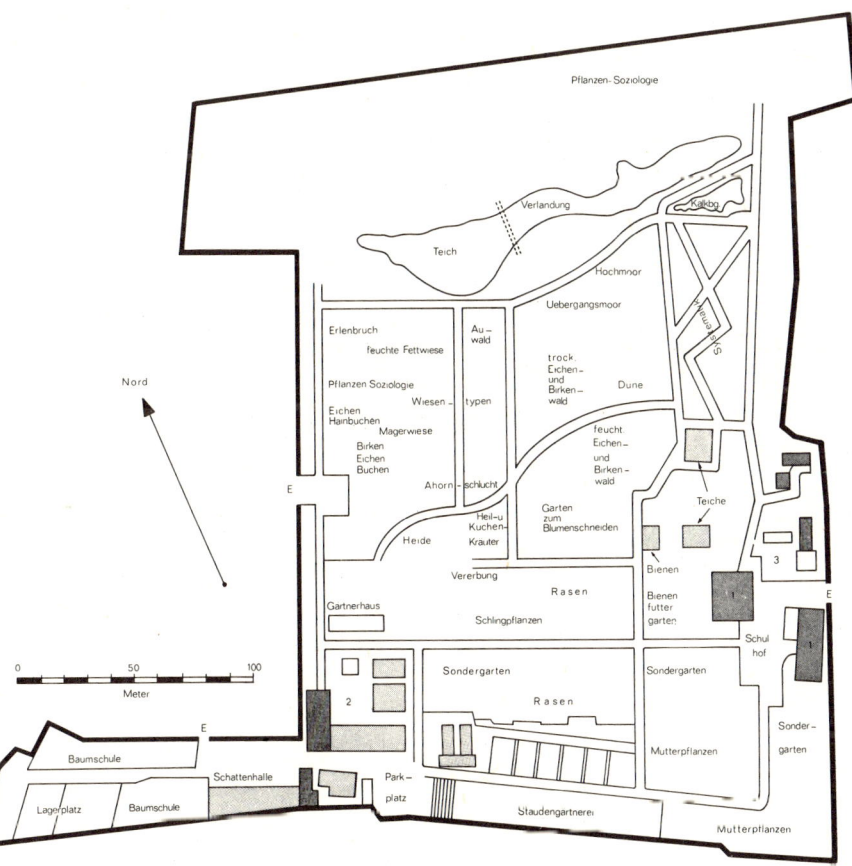

Abb. 1: Plan des Schulgartens in Hannover - Burg

1 Unterrichtsräume, 2 Gärtnerei, Gewächshäuser, Wirtschaftsräume, 3 Tiergehege, E Eingänge.
„Sondergärten" sind Pflanzflächen, die nur vorübergehend besonderen Aufgaben dienen.
(Nach dem freundlicherweise zur Verfügung gestellten Originalplan)

selbst überlassen. Da wird dann vielleicht aus dem Garten ein Stück Landschaft. Auch in der hohen Zeit der Klassenarbeiten mag der Garten mehr oder weniger vereinsamen. Wer da nicht das Glück hat, eine spezielle Gartenhilfe zu haben, der hat später sehr lehrreiche Möglichkeiten zu Wachstumsbeobachtungen an Unkräutern, zum Studieren von Fraßspuren und Eiablagen verschiedenster Insekten, zu Beobachtungen über die Wuchskraft von Pflanzen, die die Trockenheit lieben. Den Samenreichtum unerwünschter Pflanzen merkt man noch bis zu den nächsten Sommerferien. Wer die Frage der Pflege und Überwachung des Gartens während der Ferien erst lösen will, wenn es soweit ist, kommt nie zu einer Lösung. Man muß sich schon vor jedem Beginn klar sein. Auf Vorschläge sei hier verzichtet.

Der biologische Schulgarten liegt zweckmäßigerweise auf dem Schulgrundstück oder schließt unmittelbar daran an. Er soll ja jederzeit, besonders vor und nach dem Unterricht und während der Pausen ohne Zeitverlust besucht werden können. Der Garten sollte auch nie verschlossen sein, denn er soll ja zum Besuch verlocken. Außerdem soll die größere Schulfamilie mit einbezogen werden. Wer in einem älteren, rings von Gebäuden umschlossenen Schulhaus wirken muß, der tut sich schwer. Vielleicht kann er aber doch in einem Winkel des Hofes, wo die Sonne hinscheint, versuchen, einige Pflanzen zu ziehen. Der Verfasser hat Jahrzehnte lang Freude, Erfahrung und vielleicht auch pädagogische Erfolge aus solch einem Gärtchen von 15 m × 8 m am Rand eines öden, staubigen Schulhofes in einer Großstadt bezogen. Es wurde von Kunsterziehern gewürdigt wegen der Formen und Farben, von Altphilologen wegen der griechischen Pflanzennamen (die aber nicht angeschrieben waren) und gab lateinischen Schulaufgaben den inhaltlichen Hintergrund.

Bei Erweiterung oder Neubauten von Schulen wird häufig ein Schulgärtchen eingeplant. Seine pädagogische Erweckung vollzieht dann aber erst der Biologielehrer, dem die Betreuung übertragen ist. Bei aufwendigen Bauten tritt manchmal auch ein Gartenarchitekt auf, der eine Anlage „hinstellt", die am Tage der Übergabe „gut ausschaut". Durch das Eigenleben der eingebrachten Pflanzen wird das Bild meist bald gestört. Eine solche, auf statisches Aussehen geplante Anlage, hat aber wenig pädagogische Bedeutung, es sei denn die, zu zeigen, daß etwas Lebendiges nie statisch, sondern immer dynamisch ist. Das wäre ja schon etwas für den meist nicht niedrigen Preis solcher Arrangements. Es wäre noch an die Möglichkeit zu denken, daß der Gartenarchitekt und der Biologe zusammenwirken. Der Lehrer wünscht ein Experimentierfeld, der Architekt schafft einen Rahmen, den die Öffentlichkeit sieht. Zwar könnte ein ideenreicher Lehrer den Rahmen sich sicher auch ausdenken. Dabei ist aber zu bemerken, daß der Architekt meist unter die Baukosten fällt, während der Lehrer seine Anschaffungen aus dem laufenden Etat bestreiten muß. Am besten ist ein kluger Architekt, der eine (winterharte) *Magnolia Kobus* und einen *Ginkobaum* und ähnliche lehrreiche aber teure Pflanzen auf seinem Etat einplant.

Die spezielle Einrichtung eines biologischen Schulgartens hängt so sehr von den örtlichen baulichen Verhältnissen, von der geographischen Lage des Schulortes, d. h. vom Groß- und Kleinklima, von der Bodenart, der Lage im Gelände ab, daß hier nur allgemeine Hinweise gegeben werden können. Die sinnvolle Größe des Gartens richtet sich auch nach den Möglichkeiten der Pflege und nach der Ausnutzbarkeit des Gartens.

Ein biologischer Schulgarten wird auch nicht fertig angelegt und dann in Betrieb genommen. Es ist für den Lernenden — und wer ist das nicht? — viel anregender, den Garten während seiner Schulzeit entstehen, d. h. sich entwickeln zu sehen, ja bei der Entwicklungsarbeit selbst tätig zu sein. Es empfiehlt sich deshalb nicht, eine Art Botanischen Garten zu planen und möglichst bald „fertig" zu stellen. Es muß immer die Möglichkeit zur Ausführung neuer Ideen bleiben. Kein fertig zur Verfügung gestelltes Lehrmittel hat die pädagogische Wirkung von einem, das erst gebrauchsfertig gemacht werden muß. Beim Spielzeug ist es ja ähnlich.

II. Der Anfang

Wenn man aus dem Nichts mit etwa 600m^2 anfängt, dann ist das vielleicht ein gutes Beginnen. Wenn auf dem Gelände ein paar Bäume stehen, dann können sie die Knotenpunkte für den grundsätzlichen Plan abgeben. Betonung der Vertikalen ist auf einer ebenen Fläche immer wichtig, damit sich das Auge nicht hilflos in der Fläche verläuft, vertikale Markierungen bringen die Ausdehnung der Fläche erst zum Bewußtsein. Sind von Anfang an keine verstreuten Bäume vorhanden, dann pflanzt man ein paar rasch wachsende Koniferen, z. B. *Picea omorica,* die serbische Fichte. Eventuell muß man sie wieder entfernen, wenn nach ein paar Jahren der Garten aus sich heraus zusammenwächst. Vielleicht leiht eine gemeindliche Gärtnerei dem Schulgarten ein paar Bäume, die später, wenn sie groß geworden sind, wieder zurückgenommen werden. Es muß auch daran gedacht werden, daß für viele biologisch im Garten wichtige Pflanzen, z. B. *Farne,* Schatten benötigt wird. Vor und in einer Gehölzgruppe gibt es (später) solchen Schatten oder Halbschatten. Die Markierung der Vertikalen kann auch durch Stangen, Pfähle oder Gittergerüste geschehen, an denen man *Schlingpflanzen* wachsen lassen kann. Nur sind stationäre schwere Gerüste im unbewachsenen Zustand, d. h. weit über ein halbes Jahr, kein erfreulicher Anblick, zudem müssen sie dauernd vor Rost geschützt werden. Näheres bei Schlingpflanzen, S. 142.

Zu den vertikalen Markierungen, die das Auge in die Höhe ziehen, kommt nun ein Wegenetz, das die Fläche erschließt. Es sollte von Anfang an, wenn auch nicht im Garten, so doch auf einem Prinzipplan vorhanden sein. Wo dauernd jüngere und ältere Schüler und andere herumgehen, herumgehen sollen, da müssen Wege vorgesehen sein. Ihre Breite richtet sich danach, ob etwa Führungen veranstaltet werden sollen; dann stehen regelmäßig viele Besucher an bestimmten Stellen. Für den richtigen biologischen Schulgarten wird man daran wohl weniger denken müssen. Die Wege brauchen aber in keinem Falle einen schweren Unterbau oder eine Teerdecke. Sie sollen ja mit Sicherheit einmal verlegt werden. Wichtig ist es, sich alsbald nach der wärmsten Stelle im Garten umzusehen. Vielleicht steht da abgrenzend eine Mauer. Diese warme windgeschützte Stelle wird für Pflanzen aus wärmeren Gegenden reserviert. Eine nicht zu kleine Fläche wird als „Frühlingsbeet" ausgewiesen. Dieses Beet soll gut einsehbar sein, weil es im Frühling einen Blickfang darstellt. Wenn das Gelände die Anlage einer Trockenmauer erlaubt, dann ist das eine schöne Möglichkeit. Ausführliches über Frühlingsbeet und Trockenmauer s. S. 116. Weiterhin braucht man eine nicht zu kleine Frühbeetanlage und Anzuchtbeete. Sie sollen den Anblick nicht beherrschen, es muß aber

Platz zum Anziehen von Stauden sein. In dieser mehr technischen Ecke lagern auch diverse Materialien wie Lehm, Sand, Moorerde und unter einem Schutzdach Torfballen und ein Vorrat an Blumentöpfen. Hier wäre dann auch die Stelle für eine (spätere) Hütte als Aufbewahrungsort für Geräte, Samen (Achtung auf Mäuse und Feuchtigkeit), vielleicht auch zum Kleiderwechsel für ein paar „Gärtner". Zum technischen gehört auch eine Regenwassertonne, wenn nicht gleich ein Becken betoniert werden kann, das das Regenwasser von Dachrinnen aufnimmt. Doch muß eine Umstellvorrichtung vorgesehen sein, damit während langer Regenperioden oder im Winter das Wasser durch die Traufrohre abfließen kann. In der Nähe der Regenwasserbehälter ordnet man den Wasserhahn an. Unter ihm muß ein Wasserabfluß am besten zur Kanalisation bestehen, mindestens muß aber eine aufnahmefähige Sickerdole angelegt werden. Daß der Ablaufgully einen Sandfang hat, ist selbstverständlich. Bei der Anlage der Wasserleitung muß man sich fragen, ob im Garten noch weitere Zapfstellen angelegt werden sollen. Das wird von seiner Größe abhängen. Daß die Wasserleitung im Winter entleert werden kann, daran denkt der Installateur. Bei der Planung ist es zweckmäßig, die Anlage eines Wasserpflanzenteiches evtl. für später vorzusehen. Dann kann die Wasserzuleitung gleich verlegt und eine Lösung für den Ablauf bedacht werden. Es ist immer mindestens unangenehm, im bepflanzten Garten nachträglich Versorgungsleitungen zu ziehen. Deshalb muß auch ein wetterfester Stromanschluß, sei es in der Hütte, sei es an einer Wand, installiert werden. Es muß aber auch daran gedacht werden, daß vom Garten aus leicht und zu jeder Zeit Dusch- und Toilettenräume des Schulhauses oder auch des evtl. Turnpavillons erreichbar sind. Es sei denn, man kann so großzügig planen, daß in einem festen Gebäude im Garten solche Räume eingerichtet werden. Die eleganteste, zweckmäßigste und schönste Lösung ist die, daß Unterrichtsräume für Biologie mit Sammlungen und Labor in einem Pavillon am Garten verlegt werden. Im Untergeschoß liegen dann die Betriebsräume für den Garten, wie Arbeitsraum, Geräteraum, kleine Werkstatt für Reparaturen und Anfertigung spezieller Vorrichtungen für den Garten, Dusche, Toilette und Umkleideraum, Vorratsraum für Samen. In einem kleinen Raum findet sich eine bescheidene Handbibliothek. Dort wird auch der Schriftverkehr mit anderen Schulgärten, Berichte anderer Gärten, Angebote von Samen- und Pflanzenhandlungen u. a. verwahrt. An den Pavillon schließt sich das kleine Gewächshaus an, das seinen Heizungsanschluß dann auch leicht findet. Vielleicht kann ein Biologielaborant im Pavillon oder einem kleinen Anbau seine Dienstwohnung haben. Er ist bei allen technischen Schwierigkeiten im Garten der sichere Nothelfer. Vielleicht wäre es zweckmäßig, wenn er seinen Urlaub nicht gerade in den Schulferien hätte. Baum- und Sträuchergruppen nach pädagogischen Gesichtspunkten ausgewählt, ein Brunnen mit fließendem Wasser, Wände, die für den Bewuchs mit Kletter- und Schlingpflanzen vorgesehen sind, Vogeltränken und andere Tierschutzeinrichtungen, vielleicht ein Terrarium, das alles gibt einen erfreulichen Anblick und verlockt die Schüler und Lehrer zur Arbeit.
Wenn also nun der Plan soweit gemacht ist, die technischen Einrichtungen installiert sind, für das Frühlingsbeet und die empfindlichen Pflanzen Plätze vorgesehen sind, dann bleibt die größte Fläche als Versuchsfeld zur Verfügung. Sie wird sich nur langsam füllen und ihr Pflanzenbestand wird sich oft ändern. Einzelne Pflanzen aus Versuchsreihen, einzelne Stauden bleiben ein paar Jahre

stehen, einige Einjahrspflanzen werden immer wieder nachgezogen, weil sie den Beteiligten so gut gefallen haben oder weil sonst eine Erinnerung daran hängt. Auch kräftige Stauden können nach einigen Jahren kränkeln und dann wird ihr Platz wieder frei. Einzelne größere Stauden, die über Jahre lebenskräftig bleiben, können über den ganzen Garten hin an markante Punkte gepflanzt werden; sie sorgen dann für eine Gliederung der ganzen Gartenfläche. Solche große Stauden sind z. B. *Lavathera thuringiaca, Kitaibelia vitifolia, Nappaea dioica* (alle drei *Malvaceen*), *Astragalus alopecurioides,* eine Stragelart, deren sympodialer Wuchs sehr ornamental ist, die aber nur schwer verpflanzt werden kann, oder *Aruncus silvester*, der zu starke Besonnung nicht gut verträgt. Stauden haben den Vorteil, daß oberirdische Schäden, die sie erleiden, sich im folgenden Jahr von selbst beheben. Vor dem Hercules*Heracleum Mantegazzianum* muß allerdings gewarnt werden, so imposant sein Erscheinungsbild namentlich zur Blütezeit ist. Durch Ausläufer und ausgefallenem Samenreichtum wird er in kurzem den ganzen Garten beherrschen. Außerdem sind manche Menschen empfindlich bei der Berührung. Eine Staude besonderer Art ist *Asphodeline lutea*, die auf günstigem Stand fast einen Meter hohe kräftige Stengel mit langblühenden gelben Blütenständen hat. Die malerischen reichen Fruchtstände werden sogar die Kunsterzieher anlocken. Die Samen selbst fallen leicht und reich aus, so daß immer neue Pflanzen nachgezogen werden können. Sie brauchen aber schon ein paar Jahre, bis sie blühfähig sind. Bis dahin wachsen sie an irgendeiner sonnigen Stelle heran. Auch die zweijährige *Onopordon bracteatum*, Eseldistel genannt, ist eine so mächtige Pflanze, daß sie sich als Orientierungspunkt eignet. Nur muß man halt jedes Jahr Jungpflanzen im Nachwuchs haben, was nicht schwierig ist. Natürlich können auch Bäume und Sträucher, die man in einer Versuchsreihe einmal gezogen hat, solche gliedernden Aufgaben übernehmen. Doch muß mit der Gefahr gerechnet werden, daß solche Gewächse den Rahmen des Gartens später sprengen können. An *Robinia pseudeasacia* oder *Gleditachia triacanthos* könnte hier gedacht werden. Die erstere zeigt in großer anschaulicher Blüte den Typus der Fabaceenblüte mit Bürsteneinrichtung, die letztere ist die einzige bei uns leicht zu kultivierende *Caesalpiniacee*, wenn man von *Ceratonia siliqua*, dem Johannisbrotbaum (im Winter einräumen!) und *Cercis siliquastrum* absieht, die in geschützter Lage im Garten des Verfassers in der Nähe Münchens (540 m NN) reich geblüht hat. Kauliflorie! Solche Bäume müssen aber schon solitär stehen, weil sie dem Boden Wasser und Mineralien in hohem Maße entziehen. Zudem wird *Robinia pseudoacacia* im Alter sehr windbruchig.
Die stete Verjüngung des Gartens ist ein Gesichtspunkt, den man nie aus dem Auge verlieren sollte. Noch freie Flächen kann man wohl mit Rasen besäen, er muß dann aber auch gepflegt werden. Zudem fliegt in ihm leicht Unkraut an, das man nicht gerne im Garten hat, z. B. *Veronica filiformis*. Das Anfliegen von Unkraut ist natürlich an sich ein beobachtenswertes Phänomen, besonders, wenn der Rasen später ohnehin umgelegt werden soll.
Nach Abschluß der Bauarbeiten sollte der Garten möglichst bald das Aussehen eines schuttverzierten Lagerplatzes verlieren. Auch provisorischer Rasen sollte nicht als Fußballplatz verwendet werden können. Es ist schwer, eine eingelebte Gewohnheit reibungslos abzustellen.
Spielplatz ist Spielplatz. Gegebenenfalls muß ein hohes — wenn auch nicht unbedingt schönes — Gitter den Garten vor kräftigen Bällen schützen. Der Verfasser

hat so eine Spielplatznachbarschaft jahrelang miterlebt. Es muß gesagt werden, daß sich öfter Schüler vom Spielplatz zu den „Gärtnern" gesellt haben, als daß im Garten arbeitende Schüler sich auf den Spielplatz verdrückt hätten.

III. Abgrenzung des Schulgartens

Idealerweise sollte der Zugang zum Schulgarten jedermann immer möglich sein. Zum mindesten sollte man von der Straße in den Garten sehen können, denn die Öffentlichkeit soll ja Einblick in das Arbeiten der Schule haben. Damit erhebt sich die Frage nach der Abgrenzung des Schulgartens, die aus vielen Gründen notwendig ist. Ein Lattenzaun ist solide und muß unterhalten werden. Er ist geradezu das Gegenteil von etwas Lebendigem. Mauern, eventuell nur halbhoch mit einem metallisch gut gestalteten Aufsatz sind erfreulicher und geben auch Einblicke frei. Statt niedriger Mauer kann auch an eine Hecke gedacht werden. Sie bedarf aber einer sorgfältigen Pflege. Wenn der Geländeabschluß auch die Funktion eines Windschutzes übernehmen soll und muß, dann ist eine Hecke das richtige. Hecken können, wenn der Garten größer ist, einzelne Abteilungen abgrenzen. Sie müssen ja nicht unbedingt mit der gnadenlosen Heckenschere nach der Schnur geschnitten werden. Die individuellere Gartenschere tut es auch. Es ist damit mehr Zeitaufwand verbunden, wir sind hier aber nicht in einer betriebswirtschaftlich zu betrachtenden Anlage. So behandelte Hecken sind auch für Vögel interessanter. Eine *Hainbuchenhecke (Carpinus betulus)* wird relativ schnell dicht und sieht gut aus. Drei Jungpflanzen von etwa 80 cm Höhe mit Ballen auf den laufenden Meter gepflanzt geben nach drei Jahren schon eine schöne Hecke von 130 cm Höhe. *Thujen* sind auch im Winter grün, aber sie sind düster, teuer und gegen große Schneelast im Winter anfällig. Über die Anlage und Pflege einer Hecke und über andere geeignete Holzgewächse zur Heckenbildung informiert man sich am besten in einem Gartenbuch, von denen es viele gute im Handel gibt[1]). In manchen neueren Schulgebäuden ist für den Schulgarten ein Innenhof vorgesehen. Dann ist das Kleinklima meist ein günstiges; aber der Schulgarten blüht im Verborgenen.

IV. Der Boden des Schulgartens

Bei der Untersuchung des Bodens im vorgesehenen Gelände kann man seine Überraschungen nach der erfreulichen, aber auch nach der Gegenseite erleben. Aber so, daß kein Pflanzenwuchs möglich wäre, ist der Boden innerhalb der bebauten Fläche einer ländlichen Siedlung oder einer Stadt selten. Sandige Böden müssen mit Humus angereichert werden, schweren Lehmboden lockert man mit viel Torf möglichst tief auf. Bei der dünnen und mageren Verwitterungsschicht glazialer Niederterrassenböden ist das Auffüllen mit Gartenerde das Beste. Solche

---

[1]) Unter anderen sei genannt: *Hansen/Stahl*, 2. Bd. des 4. bdg. Werkes „Unser Garten", Obst- und Gartenbau-Verlag, München.

gibt es, wenn etwa das Areal aufgelassener Gärtnereien oder Kleingartenanlagen mit Häusern oder Verkehrswegen bebaut werden soll. Dann wird die gute, oft in großer Mächtigkeit lagernde Erde abgeschoben und braucht dann oft nur mit einem Lastwagen abgeholt werden. Schüler bringen von ihrem Schulweg gute Hinweise auf Baustellen mit und sind dann auch an der Verwirklichung ihrer Idee interessiert. Auch wenn im Augenblick kein akuter Bedarf an guter Erde besteht, ist es gut, bei günstiger Gelegenheit ein paar Fuhren zu lagern. Ebenso gut ist es, für alle Fälle Lehm zu bevorraten, wenn an einer Baustelle z. B. glazialer Verwitterungslehm ansteht und abgefahren werden muß. Auch Quarzsand hält man sich vor, gilt es doch für die verschiedensten Pflanzen möglichst günstige Standortverhältnisse zu schaffen.

Durch die intensive Pflanzenkultur bedarf der Gartenboden guter Düngung. Nur in den seltensten Fällen steht heute tierischer Dünger (Rindermist) zur Verfügung (wenn er, sowie Guano, auch in getrocknetem Zustand in Plastikbeuteln nicht gerade billig in kleinen Portionen zu haben ist). Der Rindermist muß noch im Herbst eingebracht werden. Bei der verstreuten und wechselnden Bepflanzung des Gartens ist das manchmal recht umständlich. So wird meist auf mineralischen Dünger ausgewichen werden müssen. 40—50 gr/m² sind ein Richtmaß. Doch wird sich die Düngergabe nach der Bodenart, den Pflanzen und den angestellten Versuchen richten müssen. Mit beginnendem kräftigen frühjahrlichen Pflanzenwuchs streut man den Mineraldünger bei feuchter Witterung (Nieseln, leichter Regen). Besser als dieser rein mineralische Dünger ist der Torfvolldünger, den es in verschiedenen Fabrikaten gibt. Der Torfvolldünger wird im Frühjahr etwa zwei Finger dick aufgestreut und oberflächlich eingearbeitet. Reiner Torf ist kein Dünger, er kann aber die Bodenstruktur verbessern, was oft sehr wichtig ist. Über besondere Bodenansprüche wird bei den einzelnen Pflanzen gesprochen. Wertvoll ist die sog. Fruhstorfersche Einheitserde, die im Handel ist (p$_H$ 7).

V. Pflanzungen im Schulgarten

Zu 10 Themenkreisen werden im folgenden Pflanzenvorschläge gemacht. Zum Teil handelt es sich um natürliche ökologische Gruppen. Die Pflanzen sind aber so ausgewählt, daß sie auch zu anderen Themen und Fragestellungen Aussagen machen können. Die Pflanzen sind in Listen in alphabetischer Reihenfolge genannt und in gedrängter Kürze sind für jede Art die wichtigsten Angaben gemacht. Arten, die für mehrere Themenkreise bedeutsam sind, werden meist nur einmal besprochen, sie werden aber bei allen Themen mit entsprechendem Hinweis genannt. Natürlich sind die Listen nur als Vorschläge gedacht. Namentlich in extremen Lagen werden Schulgärten einen ganz anderen Aspekt haben können.

Zur Bezeichnung der Arten ist die neueste Nomenklatur verwendet. Sie wird auf der ganzen Welt einwandfrei verstanden. Trotzdem sind herkömmliche Bezeichnungen meist in Klammern genannt. Es sollte sich aber jeder Neuling die neuen Bezeichnungen einprägen und sie sollten auch in der Schule zum Allgemeingut werden. Es ist doch sehr schwer, einem Schüler zu erklären, daß die Taubnesselblüte an „Lippen" erinnere. Aber die allbekannte Taubnessel kann mit ihrem

Namen *Lamium* ihre ganze Familie repräsentieren: *Lamiaceen* (statt *Labiaten*). Ebenso vertritt die Bohne mit ihrer allbekannten Blüte alle sog. „Schmetterlingsblütler". Sagen wir also *Fabaceen* zu den *Papilionaceen*. Es war ja nie möglich, Kindern glaubhaft zu machen, daß eine Fabaceenblüte an einen Schmetterling erinnere.
Die Familienbezeichnungen sind dem deutschen Sprachgebrauch angepaßt. Es wird von *Rosaceen* gesprochen und nicht von *Rosaceae*. Diese Familienbezeichnungen können natürlich verdeutscht werden. In der nachfolgenden Aufstellung ist das auch versucht. Es entstehen aber so holprige, ungewohnte und auch unverständliche Wortgebilde, daß besser die wissenschaftlichen Familienbezeichnungen auch in der Schule verwendet werden. Dasselbe gilt für viele Artnamen. Es wurde fast bei jeder Art eine deutschsprachige Bezeichnung in Klammern beigefügt. Doch sind das oft keine Eigennamen, sondern Übersetzungen, die nicht oder kaum eingebürgert sind. Oft gibt es eine deutsche Gattungsbezeichnung. Die Art muß dann durch einen Zusatz bezeichnet werden.
In diesem Zusammenhang muß noch kurz von der Kennzeichnung der Pflanzen im Garten gesprochen werden. Natürlich können irgendwie beschaffene Schildchen an die Beete gesteckt werden. Aber oft gehört schon Kenntnis dazu, festzustellen, welches Schild zu welcher Pflanze gehört. Außerdem sieht ein Wald von Schildchen wirklich nicht schön aus. Viele Menschen meinen schon etwas von einer Pflanze zu wissen, wenn sie den Namen kennen. Aber vom Leben der Pflanze sollten sie etwas wissen. Sonst genügt es doch, wenn ihnen eine Pflanze gefällt oder nicht. Es gibt Schulgärten, in denen auf alle Schildchen bewußt verzichtet wird. Die Schüler kennen sich erfahrungsgemäß auch so aus. Gelegentlich übernimmt ein Schüler gerne eine Führung für Leute, die den Schulgarten gerne sehen möchten. Ihn von einem Schüler zeigen zu lassen, ist ja vielleicht auch besser und wertvoller, als wenn der Schulgartenleiter es macht.

Liste der angesprochenen Reihen und Familien mit einer deutschsprachigen Bezeichnung

Agavaceen	agavenartige Pflanzen
Alismataceen	froschlöffelartige Pflanzen
Amaryllidaceen	knotenblumenartige Pflanzen
Angiospermen	bedecktsamige Pflanzen
Apiaceen	(früher *Umbelliferen*) sellerieartige Pflanzen
Araceen	aronstabartige Pflanzen
Asclepiadaceen	schwalbenwurzartige Pflanzen
Asteraceen	(Teil der früheren *Compositen*) asterartige Pflanzen
Bignoniaceen	trompetenblumenartige Pflanzen
Boraginaceen	rauhblättrige Pflanzen
Brassicaceen	(früher *Cruciferen*) rapsartige Pflanzen
Caesalpiniaceen	judasbaumartige Pflanzen
Callitrichaceen	wassersternartige Pflanzen
Campanulaceen	glockenblumenartige Pflanzen
Capparidaceen	kapernartige Pflanzen
Caprifoliaceen	geißblattartige Pflanzen

Caryophyllaceen	nelkenartige Pflanzen
Ceratophyllaceen	hornblattartige Pflanzen
Cichoriaceen	(Teil der früheren *Compositen*) wegwartenartige Pflanzen
Commelinaceen	dreimasterblumenartige Pflanzen
Compositen	siehe *Asteraceen* und *Cichoriaceen*
Crassulaceen	dickblättrige Pflanzen
Cruciferen	siehe *Brassicaceen*
Cupressaceen	zypressenartige Pflanzen
Centrospermen	zentralsamige Pflanzen
Dipsacaceen	kardenartige Pflanzen
Equisetaceen	schachtelhalmartige Pflanzen
Ericaceen	heidekrautartige Pflanzen
Euphorbiaceen	wolfsmilchartige Pflanzen
Fabaceen	(früher *Papilionaceen*) bohnenartige Pflanzen
Fagaceen	buchenartige Pflanzen
Geraniaceen	storchschnabelartige Pflanzen
Globulariaceen	kugelblumenartige Pflanzen
Gramineen	siehe *Poaceen*
Guttiferen	siehe *Hypericaceen*
Gymnospermen	nacktsamige Pflanzen
Hydrocharitaceen	froschbißartige Pflanzen
Hydrophyllaceen	wasserblattartige Pflanzen
Hypericaceen	(früher *Guttiferen*) johanniskrautartige Pflanzen
Juglandaceen	nußbaumartige Pflanzen
Juncaceen	binsenartige Pflanzen
Koniferen	Nadelhölzer
Labiaten	siehe *Lamiaceen*
Lamiaceen	(früher *Labiaten*) taubnesselartige Pflanzen
Liliaceen	lilienartige Pflanzen
Linaceen	leinartige Pflanzen
Loasaceen	brennwindenartige Pflanzen
Loranthaceen	mistelartige Pflanzen
Lycopodiaceen	bärlappartige Pflanzen
Lythraceen	weiderichartige Pflanzen
Malvaceen	malvenartige Pflanzen
Mimosaceen	mimosenartige Pflanzen
Monocotyle	einkeimblättrige Pflanzen
Oenotheraceen	siehe *Onagraceen*
Oleaceen	ölbaumartige Pflanzen
Onagraceen	(früher *Oenotheraceen*) nachtkerzenartige Pflanzen
Ophioglossaceen	natternzungenartige Pflanzen
Orchidaceen	knabenkrautartige Pflanzen
Osmundaceen	Rispenfarne

Papaveraceen	mohnartige Pflanzen
Papilionaceen	siehe *Fabaceen*
Pinaceen	kiefernartige Pflanzen
Pirolaceen	wintergrünartige Pflanzen
Poaceen	(früher *Gramineen*) Gräser
Polemoniaceen	himmelsleiterartige Pflanzen
Polycarpicae	„vielfrüchtige" Pflanzen
Polygonaceen	knöterichartige Pflanzen
Potamogetonaceen	laichkrautartige Pflanzen
Primulaceen	schlüsselblumenartige Pflanzen
Pteridophyten	Farnpflanzen
Ranunculaceen	hahnenfußartige Pflanzen
Rhoeadales	Mohnpflanzen
Rosaceen	rosenartige Pflanzen
Salicaceen	weidenartige Pflanzen
Salviniaceen	Schwimmfarne
Saxifragaceen	steinbrechartige Pflanzen
Scrophulariaceen	braunwurzartige Pflanzen
Simaroubaceen	götterbaumartige Pflanzen
Solanaceen	nachtschattenartige Pflanzen
Sparganiaceen	igelkolbenartige Pflanzen
Staphyleaceen	pimpernußartige Pflanzen
Taxaceen	eibenartige Pflanzen
Taxodiaceen	sumpfzypressenartige Pflanzen
Thymelaeaceen	seidelbastartige Pflanzen
Tropaeolaceen	kapuzinerkressenartige Pflanzen
Umbelliferen	siehe *Apiaceen*
Urticaceen	brennesselartige Pflanzen

Die genannten deutschsprachigen Bezeichnungen sind in das alphabetische Register am Ende des Artikels nicht aufgenommen.

1. Das Frühlingsbeet

Ein gut einsehbares sonniges Beet mit bunten Blüten im ersten Frühling kann ein Blickfang für jedermann sein. Die ganze Anlage mit ihren schnell wachsenden Pflanzen, mit der Buntheit der Blütenfarben und dem Formenreichtum wirbt nach außen für die Schule. Der Lehrer aber nützt diese psychologisch günstige Situation für Hinweise und Beobachtungsaufgaben. Über diese S. 215. Die Freude an den „Blumen" soll dabei gepflegt und nicht verdorben werden.

Das Frühlingsbeet ist keine natürliche Pflanzengemeinschaft. Es ist eine Versammlung von früh und auffällig blühenden Pflanzen. Die Mitglieder dieser Vereinigung leben an diesem Standort teilweise unter ungünstigen Bedingungen. So kann das schöne Frühlinsbeet zu einem Experimentierfeld werden. Zum Vergleich könnten nämlich diese notleidenden Arten an günstigen, vielleicht versteckten Standorten ebenfalls gepflanzt werden. Von dorther können Verluste

auf dem Frühlingsbeet immer wieder ausgeglichen werden. Nach dem frühzeitigen Einziehen der Pflanzen auf dem Frühlingsbeet steht diese Fläche dann zum Anbau von repräsentativen Einjahrspflanzen bereit. Einige von diesen Arten bieten bis zu den ersten Frösten des Herbstes ansehnliche Blüten dar. Über geeignete Annuelle S. 212. Wenn es die örtlichen Verhältnisse erlauben, kann auch statt des einen Beetes an einen Weg mit Beeten zu beiden Seiten gedacht werden.
Aus optischen und biologischen Gründen sollte das Frühlingsbeet oder der Frühlingsweg von einigen Sträuchern eingerahmt sein. Aus der unbegrenzten Auswahl seien hier nur einige genannt: *Forsythia* (F. × intermedia), *Hamamelis*, die spätwinterblühende Zaubernuß *(japonica* oder *mollis)*, *Cornus mas*, die Kornelkirsche, die auf schweren warmen Böden nach Jahren baumartig wird und eßbare Früchte trägt, *Cornus alba* mit roten Zweigen, dunkellaubige *Berberissorten* mit den berührungsempfindlichen Staubfäden in den Blüten, *Hippophae rhamnoides*, der Sanddorn, wobei darauf geachtet werden muß, daß weibliche und männliche Exemplare gepflanzt werden (der Strauch wird groß und verbreitet sich durch Ausläufer. Er muß im Zaum gehalten werden! S. 125), *Viburnum opulus*, der wilde Schneeball (wer die Blattläuse fürchtet, nimmt *V. plicatum)* mit den sterilen Schaublüten, *Viburnum fragrans*, der seine zartrosa Blüten mit ihrem starken Duft mitunter schon im Spätherbst entfaltet. Die Haselnuß *(Corylus avellana)* vielleicht in einem rotlaubigen Exemplar, bei dem im Hochsommer das Grün der Blätter hervorkommt, kann im Frühling seine Kätzchenblüten zeigen. *Staphylea pinnata*, die Pimpernuß (eine Pflanze, die abstammungsmäßig in der Nähe der Ahorne steht) bekommt lange weiße Blütentrauben. Später hängen an langen Stielen die aufgeblasenen Früchte. Der Strauch steht gerne etwas geschützt. Wer eine Schlingpflanze unterbringen kann, dem sei *Clematis macropetala* empfohlen, die ihre hellavendelblauen Blüten in reichem Flor zur Zeit der Tulpen und Narzissen entfaltet. Sie braucht eine 2 bis 3 Meter hohe Schlingmöglichkeit und einen beschatteten Fuß. Für sommerliche Farbigkeit sorgt in dem dann einheitlichen Grün *Kolkwitzia amabilis* mit einer Fülle rosa-weißer Blüten. In geschützten Lagen oder im Weinbauklima steht hier die schon erwähnte *Cercis siliquastrum* mit ihrem Reichtum violetter kauliforer Blüten. Vielleicht finden auch ein paar frühblühende *Rhododendren* ihren Platz: etwa der immergrüne *Rh.* × *praecox* und der sommergrüne *Rh. dauricum*. Blütezeit Ende März und Februar/März. Beide Arten sind weniger kalkempfindlich. Doch sollten sie in ein mit feuchtem Torf ausgefülltes Pflanzloch von etwa 60 cm Tiefe und 90 cm Durchmesser gesetzt werden. Sie benötigen leichten Frostschutz und die Blüten können unter Frösten leiden.
Das Frühlingsbeet mit seiner Gehölzumrahmung bzw. der Frühlingsweg können ein wahrer Schmuckhof der Schule sein.
Für das Frühlingsbeet selbst können die nachfolgenden Arten empfohlen werden:

Liste 1

Anemone blanda, das blaue Windröschen entwickelt sich aus schwarzen, nur 2 cm tief liegenden Rhizomen. Blüten in bläulichen Farbtönen mit etwa 5 cm Durchmesser auf 3 bis 5 cm hohen Stielen. Die Blüten entwickeln sich weitgehend oberirdisch und nehmen dann erst Farbe an. Die Rhizome wachsen stark und können durch Zerbrechen vermehrt werden, In dichten Herden am Beet- und Wegrand wirken sie am besten in ihrer freundlichen Gestalt. Sie sind im Samenhandel billig zu haben.

Corydalis cava oder *C. solida,* der hohle bzw. massive Lerchensporn kommen als Wildformen in den Garten. Ihre kartoffelähnlichen Knollen liegen sehr tief. Freundlicher sehen die weißen oder rosa Formen aus (als die trübvioletten). Bei *C. cava* kann der Nährstoffverbrauch durch Hohlwerden der Knolle gezeigt werden. Die Blüten liefern den Bienen frühzeitigen Honig. Die glänzenden, bald gebildeten Samen haben ein großes Elaiosom. Die zarten Blätter ziehen bald ein. Die Blüte ist ein Beispiel für die dorsiventralen Mohne. Der Lerchensporn steht am besten im Schutze der randlichen Sträucher, da er Trockenheit nicht liebt. Er fühlt sich auf dem Frühlingsbeet nicht so recht wohl, weshalb er auch nicht so stark verwildert. Er müßte sonst eingedämmt werden.

Crocus blüht schon zwischen den letzten Schneeresten. Die kleinen Knollen der wildformähnlichen weißlich, hellblau und gelb blühenden Pflanzen werden nur 3 bis 5 cm tief gelegt. Bleiben sie einige Jahre in Ruhe, dann blühen sie in dichten Horsten. Die Blätter müssen von selber einziehen. Einige dunkelviolette großblütige Exemplare bringen diesen im Frühjahr seltenen Farbton ins Beet. Leider gehen im vitaminarmen ersten Fühjahr die Amseln bei dem Bemühen zu dem ersehnten Blütenstaub zu kommen, etwas zu wild zu Werke und zerhacken manche Blüte (besonders gelbe!). Im Schulgarten ist aber auch das interessant. Die neue Knolle der Pflanze bildet sich gleich nach der Blütezeit oberhalb der alten, die sich auflöst. Kräftige Zugwurzeln ziehen die neue Knolle mitsamt der Pflanze in die richtige Tiefe. Das ist eine Lebensäußerung der Pflanze. Diese Erscheinung ist übrigens weit verbreitet. Lilien, Gladiolen, Aronstab, Steinbreche, Primeln, Enzianen u. a. regulieren mit Zugwurzeln ihre Tiefenlage. Es gibt auch herbstblühende Krokusse, die für den Unterricht zum Schuljahresbeginn wertvoll sein können.

Dicentra spectabilis, der Herzerlstock, eine *Papaveracee,* steht am Rande des Frühlingsbeetes, weil sie lange bis in den Juni hinein blüht und weil sie meist erst im Juli einzieht. In rauhen Lagen leiden ihre zarten Triebe fast regelmäßig unter den Spätfrösten. Die interessanten Blüten zeigen deutlich die Abwandlung der radiären Papaveraceenblüte.

Epimedium versicolor, die Elfenblume, ist eine der bei uns artenarmen Berberidaceen. Ihre bei der Sorte× *sulfureum* gelben Blüten entwickeln sich vor den Blättern. Die spätere Blattentfaltung läßt sich gut beobachten. Die Blätter zeigen eine deutliche Aderung und verfärben sich im Herbst in auffallender Weise. Die Pflanze steht im lichten Schatten der randlichen Gehölze des Beetes in humoser Erde. Sie muß aus der Nähe beobachtet werden können. *Epimedium pinnatum* ist eine wintergrüne Staude.

Eranthis hyemalis, der Winterling. Etwas dunkler gelb ist *E. cilicica.* Beide gibt es im Samenhandel. Sie lieben lichten Schatten und etwas geschützte Standorte. Die kleine Knolle geht bei der Bodenbearbeitung leicht verloren. Die Pflanze braucht jahrelange Ruhe, um sich herdenweise zu vermehren. Der Winterling hat eine der allerersten Blüten. Ihre Entfaltung ist interessant, ebenso die Entwicklung aus Samen. Sie ist eine Ranunculacee und ein Vergleich mit *Anemone blanda* ist lehrreich. Oft sind die gekauften Knollen so eingetrocknet, daß man sie erst im Wasser quellen lassen kann. Aber auch dann blühen sie manchmal erst im zweiten Jahr.

Erythronium, der Hundszahn mit den Arten *dens canis, revolutum* und *tuolumnense* mit der Hybride *Kondo* lieben den Schatten des Gehölzrandes und einen nicht austrocknenden Boden sowie leichten Frostschutz in rauheren Lagen. *E. tuolumnense* ist höher und hat mehrere gelbe Blüten. Alle Arten sind im Handel leicht zu haben. Der Name dieser zu den Liliaceen gehörenden Pflanzen kommt von der eigenartigen Gestalt der Zwiebeln. *E. dens canis* und *E. revolutum* brauchen sauren Boden

Fritillaria imperialis, die Kaiserkrone, ist mit ihren roten oder gelben Blütenständen eine markante Gestalt im Beet. Die große weiße Zwiebel ohne trockene Zwiebelschalen wird 20 bis 25 cm tief in nahrhaften Boden mit der Vertiefung, wo der letztjährige Trieb stand, nach oben gepflanzt. Die Kaiserkrone wächst von März an außergewöhnlich schnell, blüht schon nach vier Wochen, reift bis in den Mai hinein ihre Samen und zieht ganz dann ein. Sie ist auch wegen ihrer Größe ein ausgezeichnetes Objekt zur Beobachtung eines Vegetationskreislaufes. Daß die Pflanze wegen ihrer stürmischen Wachstumsperiode hinreichend Wasser braucht, in der Ruhezeit aber keine stauende Nässe verträgt, ist leicht einzusehen. Sie würde auch lieber im lichten Schatten eines Gehölzrandes wachsen, als auf dem Präsentierteller eines Frühlingsbeetes. Aber wer hat schon einen so ausgedehnten Schulgarten, daß er ein paar Kaiserkronen harmonisch am Gehölzrand leben lassen kann.

Fritillaria meleagris, die Schachblume, sollte schon wegen ihrer eigenartigen schachbrettartigen Zeichnung nicht fehlen. Doch wächst sie normalerweise auf feuchten Wiesen, weshalb ein schwererer und deshalb feuchterer Boden in Schattennähe vorzuziehen ist. Im Handel bekommt man oft Zwiebeln, die Pflanzen mit weißlichen Blüten und ganz blasser Zeichnung hervorbringen.

Galanthus, das Schneeglöckchen, gehört zu den allerersten Blühern. Die Art *nivalis* ist wegen ihrer Zartheit und der weißen Blütenfarbe etwas unauffällig. Es muß deshalb zu anderen bescheidenen Pflanzen gesetzt werden. Wegen seiner starken Vermehrung bildet es leicht stärkere Tuffs. Größer ist die Art *Elwesii*, die im Handel auch leicht zu haben ist. Beide Arten brauchen etwas feuchten Boden im lichten Schatten.

Iris Danfordiae und *I. reticulata* blühen beide sehr früh (gelb bzw. violett), wenn auch nach die Pracht nicht lange anhält. Die überall im Handel erreichbaren Zwiebeln brauchen trockenen Boden und vertragen im Winter keine übermäßige Nässe. Die hohen schmalen bespitzten Blätter bleiben vor dem Einziehen noch lange (bis Juni) im Beete stehen. Im zweiten Jahr blühen sie bei uns meist nicht mehr.

Leucoium vernum, die Frühlingsknotenblume ist kräftiger als das Schneeglöckchen. Es hat seinen natürlichen Standort in feuchtem Gelände.

Muscari, die Traubenhyazinthen, bringen ein schönes Blau auf das Beet. *M. botryoides* ist bei uns einheimisch, wenn auch immer seltener. *M. racemosum* ist kräftiger und hat ein dunkleres Blau. Trotz des schönen Farbeffektes haben die Bisamhyazinthen den Nachteil, daß ihre Blätter bis zum Schuljahresende wenig repräsentativ stehen bleiben und oft im September schon wieder austreiben.

Narzissen sind so recht Pflanzen des Frühlingsbeetes. Zwiebeln vieler Sorten bietet der Handel an. Doch sind für den Schulgarten Abkömmlinge des *Narzissus pseudonarzissus* wohl am besten. Auch *N. poeticus* empfiehlt sich. Große Zwiebeln dieser Arten werden 20—25 cm tief gelegt. Dort können sie jahrelang ruhig liegen bleiben, weil sie von wenig tief gehenden Gartengeräten nicht erreicht werden. Die Zwiebeln vermehren sich in gutem Boden sehr. Die Narzissen sind etwas giftig, worauf schon der Name (gleicher Stamm wie Narkose!) hinweist. Die genannten Arten wachsen in Europa auch wild und solche Wildformen als Beute eines Urlaubes wachsen beim Verfasser schon lange kräftig und gesund.

Ornithogalum, die Vogelmilch, in der Art *O. nutans* ist eine interessante Abwandlung der *Liliaceen*form. Die genannte Art ist repräsentativer als etwa die verbreitetere Art *O. umbellatum.*

Primeln. Die der *Primula vulgaris* nahestehenden Sorten, die auch bei uns gelegentlich wild vorkommen, sind wohl am empfehlenswertesten. Sie lieben humosen, nicht zu trockenen Boden und fühlen sich im lichten Gehölzschatten am wohlsten. Abgesehen von den *Primulaceen*merkmalen und den Zugwurzeln haben die Samen ein Elaiosom und die Fruchtstände liegen am Boden (Ameisen!).

Scilla bifolia, die Meerzwiebel, hat wenige blaue Blüten. Schöner ist *S. sibirica* mit relativ großen Blüten. Sie sollen nicht zu dicht stehen. Die blauvioletten Zwiebeln sind im Handel leicht zu haben und treiben immer wieder aus.

Tulpen. Wie die Narzissen sind sie die üblichen Frühlingsbeetpflanzen. Von den vielen Sorten, die der Handel anbietet, empfehlen sich für den Schulgarten die sog. *„frühen einfachen"* und besonders sog. *„botanischen",* weil sie am frühesten blühen und auch relativ bald wieder einziehen und das Beet frei machen. Die Zwiebeln der „botanischen" Tulpen zerfallen im Boden weniger leicht und können jahrelang liegen bleiben. Sie stehen auch den Wildformen näher. Besonders interessant ist es, wenn in einer Ecke des Beetes vor einem Strauch echte Wildformen stehen, die vielleicht von einer Reise mitgebracht wurden. An solchen Pflanzen haftet ein persönliches Interesse und können deshalb auch pädagogisch wertvoller sein. So wächst seit Jahren im Garten des Verfassers *Tulipa celsiana* blüht eifrig und vermehrt sich. Im biologischen Schulgarten sind die Tulpen auch deshalb wichtig, weil in ihren Blättern sich der Traubenzucker als solcher leicht nachweisen läßt. Dazu läßt man irgendwo im Schulgarten ein paar späte *Darwintulpen* wachsen. Sie haben ihre Blätter noch fast bis zum Ende des Schuljahres. Man kann Tulpenzwiebeln 15—20 cm tief legen. Dann werden sie von nicht zu tief gehenden Gartengeräten nicht gestört werden und man kann sie jahrelang belassen, bis schließlich zu dichte Horste entstanden sind. Man muß die abgeblühten Tulpen stehen lassen, bis Stiel und Blätter ganz trocken geworden sind. Die Annuellen können leicht dazwischen gepflanzt werden. Natürlich müssen die Fruchtknoten gleich nach der Blüte entfernt werden, außer von ein paar Exemplaren, an denen die Samenreife gezeigt werden soll. Im folgenden Jahr dann das Keimen der Samen und später das Heranreifen der Jungpflanze bis zur Blühreife.

2. Biotope

Biotope können nicht in der ganzen Komplexheit ihrer inneren Zusammenhänge und Abhängigkeiten in den Schulgarten verpflanzt werden. Ja, ihre Abhängigkeiten sind ja noch nicht einmal alle bekannt. So kann hier nur das Zusammenleben von Pflanzen dargestellt werden. Dabei finden sich in vielen Fällen Mitglieder der natürlichen Pflanzengemeinschaft wie *Tiere, Pilze,* andere Pflanzen, von selbst ein. Das zu beobachten ist dann besonders lehrreich. Dazu ist es aber nötig, daß die Pflanzungen möglichst in Ruhe bleiben und nicht etwa „sauber" gemacht werden. Nur grobes, großes Unkraut wird entfernt.

a. *Pflanzen aus dem (Buchen)wald*

Im Schatten von dichter stehenden Laubgehölzen, ja schon unter der Hainbuchenhecke, kann die Buchenwaldflora wachsen. Für die Lichtverhältnisse ist eine nach Südwesten verlaufende Hecke am besten. Noch besser ist, wenn sie zweireihig gepflanzt ist. Die meisten der dort anzusiedelnden Pflanzen kann man aus dem Gelände besorgen. Daß die Entnahme vom Originalstandort überlegt und sachgemäß erfolgen muß, ist selbstverständlich; doch muß an den Übereifer der Schüler gedacht werden, der zu bändigen ist. Viele Arten sind auch im Staudenhandel zu haben. Zweckmäßig werden von den Arten dieser Pflanzengesellschaft solche ausgewählt, die pädagogisch besonders wertvoll werden können. Eine solche Auswahl ist z. B. die folgende:

Liste 2

Actaea spicata, das Christophskraut mit mosaikartiger Blattanordnung, Wurzelstock mit Zugwurzeln, Beerenfrüchte bei einer Ranunculacee!

Anemone nemorosa, das Buschwindröschen, hat ein kriechendes Rhizom, die Blüten sind proterogyn, sie nicken bei trübem Wetter und ebenso der Fruchtstand, dessen Früchte sehr früh reif sind und ausfallen. Polykarper Fruchtstand. Anemonenhabitus!

Aposeris foetida, der Hainsalat, ist eine goldgelb blühende Cichoriacee. Ungestört bildet sie mit ihren grundständigen Blättern einen dichten Teppich. Das wird dadurch erreicht, daß sich die Blütenstiele nach der Befruchtung zu Boden neigen. Auch die Blütenstände selbst führen eine Drehung aus. Die Pflanze zeigt schon im Frühjahr den Cichoriaceentyp der Blüte.

Arum maculatum, der Aronstab mit Kesselfallenblüte, sehr chlorophyllreichen Blättern, Rhizomknollen. Er ist eine monokotyle Pflanze mit Netzaderung der Blätter. Spätreifender roter Beerenfruchtstand, Raphidenbündel, die beim Kauen (nicht hinunterschlucken!) erst auf der Zunge, dann auf den Lippen brennen. Ausspucken!

Asarum europaeum, die Haselwurz, hat nierenförmige Blätter mit deutlicher Nervatur, dunkelgrün, immergrün, Blüten liegen am Boden, sind innen violett und haben 12 bewegliche Staubblätter. Die Blüte wird von Bodentieren bestäubt, hat scharfen Geruch. Die Samen haben großes Elaiosom. Die Pflanze hat sympodialen Aufbau.

Circaea lutetiana, das Hexenkraut, blüht im Herbst (Schuljahrsbeginn), bevorzugt etwas feuchten Boden, ist eine Onagracee mit unterständigem Fruchtknoten (typischer Achsenkelch!). Beispiel einer zweizähligen Blüte, stachelige Früchte (Verbreitung!), unterirdische Ausläufer, die am Ende Knöllchen tragen, die wei-

tere Ausläufer bilden können. Diese Knöllchen sichern die Überwinterung. Die ursprüngliche Pflanze stirbt ab. Die Samen bedürfen keiner Ruhezeit.
Convallaria majalis, das Maiglöckchen, wechselt durch teilweise verzweigte Ausläufer langsam seinen Standort. Perigon mit verwachsenen Blütenblättern. Giftig!
Daphne mezereum, der Seidelbast, ein stark duftender, schon im ersten Frühjahr rosa blühender Strauch, dessen vierzählige, um einen Achsenbecher stehende Blüten in den Achseln der vorjährigen Blätter stehen. Frühe Bienenweide, giftig!
Dentaria bulbifera, die Zahnwurz. Die Dentariaarten sind ganz besonders den Lebensbedingungen im Laubwald angepaßt: der Stengel durchbricht umgebogen die Erde und zieht die schon weit entwickelten Blätter und Blüten nach sich. Durch die kriechende Grundachse kann die Pflanze den Standort bis zu 8 cm/Jahr ändern. Schuppenartige Niederblätter. Die Samen wachsen einige Jahre unterirdisch und ernähren sich heterotroph. Bildung von vegetativen Bulbillen in den Achseln der siebenzähligen Blätter. Blüten typische große Brassicaceen (Cruciferen)-Blüten.
Gagea lutea, der Gelbstern. Diese kleine Liliacee, die zu den ersten Frühlingsblühern gehört, kann so recht die jahreszeitliche Vorverschiebung der Vegetationszeit der Buchenwaldflora zeigen und ist als lilienartige Pflanze ein Beispiel dafür, daß sich Vertreter der verschiedensten Familien an das Walddasein angepaßt haben. Auch die *Scilla bifolia* könnte dazu genommen werden, wenn sie auch mehr den Auwäldern ("Klebwäldern") angehört.
Hepatica nobilis, das Leberblümchen (früher Anemone hepatica nach einem neueren Synonym genannt). Während der langen Anthese vergrößern sich die Blütenblätter auf fast das doppelte. Sie bieten sich also den Insekten schon auffällig dar, bevor sie ganz entwickelt sind (ausnützen der kurzen Vegetationszeit!). Nach der Blüte erschlaffen die Blütenstiele, so daß das Elaiosom an den Samen für Bodentiere leicht erreichbar ist. Die im Frühjahr gebildeten Blätter überwintern bis zum nächsten Jahr. Die für Anemonen typischen Hochblätter sind als ganzrandige, kelchartige Blätter ausgebildet. Gesammelter Samen muß gleich nach der Ernte ausgesät werden.
Lathraea squamaria, die Schuppenwurz, ist ein chlorophylloser Parasit, der durch seine eigenartige Organisation imstande ist, von seinem Wirt so viel Baustoffe zu gewinnen, daß sehr viele violette Blüten entstehen können. Nach *Molisch* scheiden die jungen Triebe im Frühjahr so viel Wasser aus, daß der Boden zum Durchbrechen aufgeweicht wird. Die Blüten sind das einzige der Pflanze, was über der Erde erscheint. Die Pflanze selbst ist ein oft sehr großer, mit schuppenartigen Niederblättern besetzter unterirdischer Sproß. Über seinen Bau und seine Entwicklung näheres z. B. in *Hegi,* Fl. v. M. VI, 1 S. 129 ff. Die Lathraea ist an keinen bestimmten Wirt gebunden, aber es werden sommergrüne Laubbäume und Sträucher bevorzugt. Der Schulgärtner markiert zur Blütezeit einen Standort, an dem die Wirtspflanze eindeutig lebt, z. B. eine Hasel und gräbt nach der Blüte ein größeres Rhizomstück aus und pflanzt es wieder über dem Wurzelsystem desselben Wirtes in humosen Boden ein. Samen der Schuppenwurz keimen nur in Verbindung mit dem Wirt.
Lathyrus vernus, die Frühlingsplatterbse, kommt mit dem nach oben gekrümmten Stengel wie Dentaria aus dem Boden. Die rotvioletten, auffallenden Blüten

entfalten sich vor den Blättchen. Diese sind so ungeschützt, daß sie kein direktes Sonnenlicht vertragen. Die Pflanze kann aus gesammeltem Samen gezogen werden. Dabei kommt der Sproß umgebogen aus der Erde. Die Blütenfarbe ändert sich mit dem Verblühen ins bläulichgrüne.

Lilium Martagon, die Türkenbundlilie. Die rein gelbe Zwiebel wird (natürlich) nicht ausgegraben. Sie ist in guten Staudengärtnereien zu haben. Die Früchte, die aus den von Schwärmern befruchteten nickenden Blüten hervorgehen, richten sich auf und der Wind bringt die verholzten, federnden Stengel zum Schwingen, so daß die Samen ausgeschleudert werden. Das Keimen und Heranwachsen der Samen ist sehr lehrreich.

Maianthemum bifolium, die Schattenblume, hat ein kriechendes Rhizom, eine zarte Blüte, die duftet, später schön rote Früchte, die nur langsam reifen (schattiger Standort). Staubfäden während der Anthese beweglich, Blätter dünn (Lichtmangel!).

Mercurialis perennis, das Waldbingelkraut, steht in dichten Herden auf etwas feuchteren Böden, verträgt aber auch tieferen Schatten und erscheint dann ± blau. Wurzelstock kriechend und verzweigt. Junge Sprosse krümmen sich bei Lichtmangel ein, bei Licht strecken sie sich wieder. Die Pflanze ist zweihäusig, was beim Sammeln zu beachten ist. Die Blüte wird von Fliegen besucht, ist aber auch windblütig. Keimlinge haben oft 3 Keimblätter, die aber nicht aus dem Boden kommen. Charakteristische Wolfsmilchblüte.

Paris quadrifolia, die Einbeere, zeigt besonders deutlich den jährlichen monopodialen Zuwachs des Rhizoms in verschiedener Länge und die Stelle, wo jeweils die oberirdischen Sprosse standen mit den jetzt verkorkten Gefäßspuren. Klar zeigt sich die Knospe für das nächste Jahr. Paris ist eine Liliacee mit meist 4zähligen Blättern; es gibt aber auch 5zählige Blüten, wie auch leicht 5- bis 8blätterige Pflanzen gefunden werden können. Die Blätter sind sehr dünn (Lichtmangel). Die Bestäubung erfolgt durch Fliegen, aber auch durch den Wind. (Beobachtung!) Die ganze Pflanze ist giftig.

Polygonatum multiflorum, das Salomonsiegel, läßt sich leicht verpflanzen. Es ist ein altbekanntes Beispiel für Rhizome und Rhizomwachstum. Die Pflanze ist zweihäusig.

Prenanthes purpurea, der Hasenlattich, ist trotz der erreichten Größe eine zierliche Schattenpflanze. Sie hat eine eigenartige Blattanordnung, die Selbstbeschattung weitgehend verhindert. Der Blütenstand besteht aus 5 violetten Einzelblüten, so daß der Aufbau einer Cichoriaceenblüte leicht verstanden werden kann. Allerdings blüht die Pflanze erst spät im Sommer.

Pulmonaria officinalis, das Lungenkraut, ist ein Beispiel für den Blütenbau der Boraginaceen (Heterostylie, 4 Nüßchen) Farbumschlag der Blüten (Aziditätswechsel), Blütenstand (Doppelwickel).

Sanicula europea, die Sanikel, weicht von dem etwas eintönigen Typus der *Apiaceen* (Umbelliferen) ab. Die in Aufbau und Ausformung der Teile so charakteristischen Apiaceenblüten und -Früchte können zum Vergleich mit anderen Blüten und Früchten der gleichen Familie an anderen Stellen des Gartens dienen.

Aus dem Formenreichtum der *Cyperaceen* (Sauergräser), *Juncaceen* (Binsen) und *Poaceen* (Gräser), empfehlen sich fürs Gehölz

Carex pendula (große Segge) *Melica nutans* (Perlgras)
Carex sylvatica (Wald-Segge) *Milium effusum* (Waldflattergras)
Luzula sylvatica (Wald-Binse) *Poa nemoralis* (Waldrispengras)

Diese Arten können aus Samen leicht gezogen werden, nur brauchen die *Carices* (Seggen) oft Jahre bis zur ersten Blüte.

b. *Pflanzen von Steppenheiden und ähnlichen Standorten*

Dazu muß eine Stelle ausgesucht werden, die ungehinderte Sonneneinstrahlung, durchlässigen Boden und guten Wasserabzug hat. In durchwegs schweren Lehmböden läßt sich das nur durch tiefes Ausheben des Bodens (mindestens 1 m), Anlage einer Drainage zur Kanalisation und Einbringen von Kies, grobem Sand und schließlich einer Schicht kalkreichen, durchlässigen Humusbodens erreichen. In niederschlagsreichen, kühlen Gegenden lohnt der Erfolg die Mühe kaum. Pflanzen für diese Anlage haben meist einen dicken, mehrköpfigen, weit in den Boden reichenden Wurzelstock. Man kann deshalb und weil viele von ihnen in Mitteleuropa zu den Seltenheiten gehören, diese Pflanzen nicht aus dem Gelände holen. Manche Arten sind aber im Staudenhandel zu haben, andere kann man aus Samen ziehen. Dann vergehen natürlich einige Jahre, bis sie blühfähig werden. Aber gerade das macht sie für den Schulgarten aus pädagogischen Gründen wertvoll. Einige seien beispielhaft genannt.

Liste 3

Adonis vernalis, das Adonisröschen, schöner früher Blüher. Im Staudenhandel zu haben.
Allium strictum, der steife Lauch. Sein xerophytischer Bau wird im Vergleich mit anderen Allium-Arten erkannt.
Anthericum ramosum, die Graslilie.
Artemisia-Arten, beifußähnliche, typische Steppenheidepflanzen.
Asperula tinctoria hat orangerote Rhizome, die früher zum Färben verwendet wurden. Die charakteristische Rubiaceenblüte ist manchmal 3zählig.
Aster lynosyris, das Goldhaar, ist eine xerophytische Asteracee.
Astragalus pilosus und *A. sericeus* sind charakteristische Stragelarten.
Catananche caerulea, die Raschelblume, ist eine lavendelblau blühende Cichoriacee, deren Kronblätter am Grunde dunkler sind und die ihren deutschen Namen von den trockenhäutigen Hüllblättern hat, die „rascheln". Blüten auf langen Stielen.
Dictamnus albus, der Diptam (im Staudenhandel) ist eine schön blühende Staude mit starker Sekretion eines brennbaren Öles an den Früchten, das eine niedrige Entzündungstemperatur hat. Die glänzenden schwarzen Samen müssen sofort nach der Ernte ausgesät werden. Sie sind Dunkelkeimer.
Eremurus robustus, himalaicus oder ähnl. Arten, die Steppenkerze. Diese Solitärstaude kann gut bei den Steppenheidepflanzen ihren Platz finden. Die Sprosse beginnen schon im zeitigen Frühjahr sehr schnell bis zu 2 m zu wachsen und nach der kurzen Blütezeit zieht die Pflanze schnell, noch vor Schuljahresende, wieder ein. Sie kann gut zu Wachstumsmessungen verwendet werden. Der eigenartige

Wurzelstock erinnert an einen Schlagenstern und muß vorsichtig behandelt werden, weil er sehr brüchig ist. Im August wird er 10 cm tief gepflanzt, er legt sich dann im Laufe der Zeit selbst in die richtige Tiefe.

Genista sagittalis, der Pfeilginster, hat geflügelte Stengel und reduzierte Blätter. Unter Lichteinfluß drehen sich die Internodien in eine Ebene. Später legen sich die Stengel auf den Boden und können an den Knoten neue Stengel treiben. Auf feuchtem Standort ändert sich der Habitus stark (fast ungeflügelte Stengel). Die Pflanze liebt den Kalk weniger. Sie bildet an günstigen Standorten dichte Horste, in denen Ameisen bauen.

Hippophae rhamnoides, der Sanddorn. Der zweihäusige Strauch mit seinen stengelständigen Blüten, den orangenen, vitaminreichen Früchten, und den graugrünen, schmalen Blättern findet in dieser Anpflanzung zur optischen Gestaltung des ganzen gut seinen Platz. Der Sanddorn, schon bei der Umrahmung des „Frühlingsbeetes" genannt, ist wegen seiner Blütenbiologie, seiner Bestäubung, seiner Fruchtbildung und Samenreifung, seiner Samenverbreitung, seiner Samenkeimung, wegen seiner Schildhaare und deren Veränderung, der Dornenbildung und seiner reichen Wurzelbrut interessant. Letzteres Phänomen kann in 5 Jahren 12 und mehr junge Sträucher in der Nähe der ursprünglichen entstehen lassen. Das zu beobachten ist wertvoll, doch bedarf die Pflanze ebendeshalb auch der Überwachung und Beschränkung. Auch das Lichtbedürfnis der Pflanze zu beobachten und zu untersuchen ist eine gute Aufgabe. Näheres ausführlich bei *Hegi,* Fl. v. M. Bd. V, 2 S. 732 ff.

Jurinea cyanoides, die Sand-Bisamdistel, oder auch *J. mollis,* die Spinnweben B., eine deutlich xerophytisch erscheinende Asteracee (Composite). Wärmeliebend!

Kochia arenaria, die Sandmelde, ist in ihrem Habitus eine für diesen Standort typische Pflanze. Wirkungsvoller sind indes die dichten Büsche der *K. scoparia,* die im Herbst schön rot werden. Die trockenen Büsche werden in den Balkanländern als Besen verwendet. Für die Schulgartenpflanzung ist *K. scoparia* (Samen im Handel) auch zur optischen Auflockerung wertvoll. Die Pflanze ist einjährig, weshalb ihr Standort leicht verändert werden kann.

Koehleria glauca, die graue Kammschmiele, ist durch ihre graugrüne Farbe auffällig. Ihre Rhizome sind knollenartig verdickt. Poacee (Graminee).

Liatris spicata, die Prachtscharte (Asteracee = Composite), ist eine Pflanze der nordamerikanischen Prärie. Sie blüht mit einem dichten violetten Blütenstand. Dieser ist deshalb bemerkenswert, weil er von oben nach unten aufblüht. Allerdings wird diese interessante Pflanze oft gerade während der Sommerferien blühen. Gelegentlich im Staudenhandel. Sonst aus Samen, wobei die Keimung mit einem langen Keimblatt auffällt.

Linum flavum, der gelbe Lein, ist aus Samen leicht zu ziehen und eine ansehnliche, langblühende Staude mit allen deutlichen Kennzeichen der Linaceen. Auch im Staudenhandel.

Ononis natrix, die gelbe Hauhechel. Ihre Blüte ist ein gutes Beispiel einer großen, anschaulichen Fabaceen-Blüte (Schmetterlingsblüte). Außerdem sind ihre drüsigen Haare deutlich. Aus Samen leicht zu ziehen.

Ononis rotundifolia, die rundblättrige Hauhechel. Sie ist eine aufrechte Pflanze mit roten, angenehm duftenden Blüten. Die Samen werden endozoisch verbreitet, weshalb die Samen auch in der Anzucht schlecht keimen (einweichen!).

Onosma arenaria, die Sandlotwurz, ist eine ansehnliche, gelbblühende Boraginacee, deren Haare auf kleinen Erhöhungen stehen (Mikroskopie!). Die Pflanze ist nur 2jährig, manchmal mehrjährig und muß deshalb immer wieder neu angezogen werden.

Potentilla alba, das weiße Fingerkraut, hat schön geformte, auf der Unterseite mit weißen Seidenhaaren besetzte Blätter. Der ganze Sproß liegt meist auf dem Boden an.

Potentilla verna, das Frühlingsfingerkraut. Wertvoll als frühzeitig blühende Rosacee. Außerdem sind 4 Unterarten, die sich in der Ausbildung der Haare unterscheiden, ein gutes Objekt für die Mikroskopie.

Pulsatilla vulgaris = Anemone pulsatilla, die Küchenschelle, ist eine bekannte, im ersten Frühjahr blühende Steppenheidepflanze mit hohen Fruchtständen.

Stipa pennata, das Federgras, ist eine der schönsten Formen unter den *Poaceen.* Die Früchte bohren sich durch Drehungen der hygroskopischen, sehr langen Grannen (20 cm und mehr) in den Boden ein. Das schönste Federgras *St. capillata* kommt erst im August zur Reife. Die fruchtenden Halme können als Trockenstrauß aufbewahrt werden.

c. Pflanzen vom Wasser

Ein Wasserbecken oder gar ein Gartenteich muß von einem Fachmann einwandfrei angelegt werden, sonst hat auf die Dauer niemand Freude daran. Das beste ist eine Wasserfläche, deren Grund von etwa 1 m Tiefe erst schneller, dann langsam ansteigt, bis eine Zone stark durchfeuchteter Erde in trockenen Boden übergeht. Fließendes Wasser ist ein solcher Glücksfall, daß es hier unbeachtet bleiben kann. Die Auswahl der Pflanzen muß hier auf Arten, die stehendes und deshalb wärmeres Wasser bevorzugen, beschränkt werden. Ist die Wasserfläche groß genug, dann erhöht sich die Luftfeuchtigkeit rings um das Becken. Das fördert das Wachstum vieler Pflanzen. Auf dem Boden des Beckens wachsen die Pflanzen entweder in geeigneten Behältnissen wie Körben oder Kästen, oder in einer mit Hornspänen und Mist angereicherten Erdschicht. Ein irgendwie gestalteter Springbrunnen macht den Garten „lebendiger" und erhöht die Luftfeuchtigkeit. Eine mit Wasser verbundene Vogeltränke gibt weitere Beobachtungsmöglichkeiten. Es muß aber bedacht werden, daß zufließendes Wasser eine Abflußmöglichkeit erfordert. Über die Bautechnik einer Wasserpflanzenanlage muß auf Spezialliteratur verwiesen werden, z. B. *Thiele/Stahl,* Unser Garten, seine Planung und Anlage, Obst- u. Gartenbauverlag München. Der Schulgärtner muß sich vor der Erstellung der Anlage klar sein, ob er nur Standorte für Wasserpflanzen schaffen will, oder ob der Teich oder das Becken als Wasserfläche in der Gesamterscheinung des Gartens Bedeutung haben soll. An einem gut bepflanzten Gartenteich werden sich bald Insekten und Vögel einstellen, die das Leben im Garten unterstreichen. Vielleicht können sogar Fische gehalten werden. Daß sich auf den warmen Mauern in feuchter Luft Eidechsen, im kühlen Schatten der Uferpflanzen Frösche und natürlich auch — Schnecken jeder Art aufhalten, sei nur nebenbei erwähnt.

Viele der genannten Wasserpflanzen sind im Staudenhandel zu haben.

Liste 4

a. In der feuchten Luft in Wassernähe, aber in normaler Gartenerde seien folgende Pflanzen empfohlen:

Commelina caelestis, eine monocotyle Pflanze (Commelinacee), die nach der Aussaat schon im ersten Jahr blüht. An zu trockener Luft (Versuch!) verrunzeln die stahlblauen Blütenblätter. Die Wurzelknolle der nicht winterharten Pflanze kann frostfrei überwintert werden.

Hemerocallis, die Taglilie. Die großen ephemeren Lilienblüten halten sich an feuchter Luft etwas besser. Sie wuchern aber so, daß sie kurz gehalten werden müssen. *H. flava* ist freundlicher als *fulva,* die schöne *H. citrina* blüht evtl. während der Sommerferien. Das im Handel angebotene Hybridensortiment ist groß.

Ligularien (Asteraceen) mit ihren großen Blättern und den späten dunkelgelben Blütenständen fühlen sich an der feuchten Luft wohl. Auf Schnecken achten! Schneckentod streuen!

Mimulus guttatus (= M. luteus), die Gauklerblume. Ihre Blüte hat zwei Narbenlappen, die sich bei Berührung zusammenklappen (siehe auch bei *Molisch*). Die ansehnliche gelbe, rotgepunktete Blüte ist relativ groß. Die Form *tigrinus* ist noch schöner.

Tradescantia virginica, auch Dreimasterblume genannt, gibt es in vielen, besonders blauen Farbtönen. Im Staudenhandel ist die Sorte *Osprey* mit weißen Blüten und blauen Staubfäden. Diese Staubfäden der Tradescantien tragen lange Fäden aus aneinandergereihten Zellen, in denen mit dem Mikroskop die Plasmaströmung gut zu beobachten ist. Auch das Längenwachstum der Pollenschläuche ist ein mikroskopisch leicht beobachtbarer Vorgang. Schließlich zeigt der Sproßaufbau der Tradescantien eine deutliche Zwischenstellung zwischen Lilialen und Poalen nicht nur habituell, sondern der Samen (auch der reichlich von Commelia gebildete) enthält Stärke (Nachweis!) und der Embryo liegt wie bei den stärkereichen Samen der Gräser seitlich dem Endosperm an.

Trollius europaeus, die Trollblume, wächst gerne schon in dem gegen das Wasser etwas feuchteren Boden. Sie hat eine ansehnliche Blüte und kann ein deutliches Beispiel für den Aufbau und die Entwicklung der Ranunculaceenblüte sein. Die unbestimmte Zahl der Blütenblätter, die bei manchen Formen sogar außen grün sein können, die sehr schmalen, an Zahl unbestimmten Honigblätter und schließlich die vielen Staub- und Fruchtblätter. Es gibt auch Blüten, bei denen die Honigblätter blütenblattartig ausgebildet sind. Am reifen Fruchtstand sieht man die aus den einzelnen Fruchtblättern hervorgegangenen Früchte sehr gut. Höher und länger blühend mit sehr großen Honigblättern ist *T. sinensis* mit orangeroten Blüten. Im Staudenhandel.

β. In der trockenen Verladungszone

Asclepias incarnata, die Seidenpflanze, läßt sich aus Samen leicht ziehen. Blüht erst im zweiten oder dritten Jahr. Die rosa Blüten mit Nebenkrone zeigen den Klemmapparat der Asclepiadaceen. Die Früchte sind große Balgkapseln, die Samen tragen einen Haarschopf (groß) als Flugapparat.

Gelegentlich kann beobachtet werden, daß kleinere Insekten, sogar Schmetterlinge, an den Beinen vom Klemmapparat festgehalten werden, aber nicht die Kraft haben, die Klemmkörper mit den Pollinien herauszuziehen. Die Staude muß nach 3 bis 4 Jahren nachgezogen werden. Eine andere Asclepiadacee, die dieselben Erscheinungen an einem reicheren Blütenstand zu beobachten erlaubt, ist *A. syriaca,* früher auch *A. Cornuti* bezeichnet. Ihre dickeren Blätter zeigen reichen Milchsaftfluß. Die Früchte sind große Balgkapseln. Die Samen tragen seidige Flughaare.

Dianthus superbus, die Prachtnelke, ist die einzige feuchtigkeitsliebende Nelke. Nur Tagschwärmern ist der Nektar zugänglich. Wegen der großen, feinstzerschlitzten Blütenblätter und des buntbehaarten Schlundes sind die duftenden Blüten sehr dekorativ.

Epilobium hirsutum, das zottige Weidenröschen, zeigt wegen seiner Blütengröße deutlich den Bau der *Onagraceen* (Oenotheraceen)-Blüte, besonders den einen Blütenstil vortäuschenden Fruchtknoten und den Haarschopf der Samen schon im unreifen Zustand. Verbreitet sich stark!

Fritilaria meleagris, die Schachblume, hat hier einen, den natürlichen Standorten ähnlichen Platz (s. „Frühlingsbeet").

Iris sibirica, die sibirische Schwertlilie. Die früh entfalteten, großen Blüten lassen leicht die blütenbiologischen Einrichtungen (u. a. Saftmale, Griffeläste) erkennen und bei ihrer Funktion beobachten. Ein Iris-sibirica-Horst wächst allmählich nach außen, so daß ein Ring mit leerer Mitte entsteht. Die großen Fruchtkapseln springen in der Linie der Samen auf (lokulizid). Die Samen sind Frostkeimer.

Lysimachia nummularia, das Pfennigkraut, ist ein gutes Beispiel für vegetative Vermehrung. Sein Sproß kriecht am Boden und treibt an den blättertragenden Knoten kleine Wurzeln. Er stirbt hinten ab, wächst vorne nach und verzweigt sich (selten) auch. Der Sproß läßt sich durch Teilen in weiterwachsende Stücke teilen, was auch spontan geschieht. Die Pflanze ist offenbar selbststeril. Die verwachsenen Blütenblätter (Primulacee!) sind erst bei genauem Hinschauen als solche zu erkennen.

Lysimachia vulgaris, der gemeine Gilbweiderich, hat schon an jungen Pflanzen kräftige Ausläufer, die selbst solche entwickeln. Schon die aus einem Samen entstehende Keimpflanze treibt einen Ausläufer und stirbt dann selbst ab (*Irmisch*). Bei Überschwemmung bilden sich die Ausläufer auch auf dem Boden. Die Knospen an den Ausläuferenden brechen voll entwickelt im Frühjahr zahlreich aus dem Boden. Mit Hilfe der Ausläufer vermag die Pflanze relativ große Entfernungen, oft in Richtung zum Wasser, zu überwinden. Auf zu starke Vermehrung muß geachtet werden. Die Samen sind Licht- und Frostkeimer.

Myosotis palustris, das Vergißmeinnicht, ist eine *Boraginacee* mit schwimmfähigem Samen. Zweijährig.

Ranunculus aconitifolius, der Gebirgshahnenfuß, vermehrt sich stark durch Wurzelsprosse. Der Wurzelstock stirbt unten ab und bildet sich oben mit neuen Seitenwurzeln nach. Zugwurzeln verhindern ein Herauswachsen aus der Erde.

Die sehr feuchten Standorte bieten besonders viele Beobachtungsmöglichkeiten für Anpassungsweisen: die starke Ausläuferbildung, das Luftgewebe (Aerenchym), die schlaffen Stengel mit den dünnen Blättern, die Ausbildung von Land-

und Wasserformen bei der selben Art, die Schwimmfähigkeit der Samen, die Arillusbildung, die Insektivorie, überhaupt die außerordentliche vegetative Kraftentfaltung. Daneben gibt es die vielen artspezifischen Ausbildungen zu beobachten und zu vergleichen. Die in dieser Liste angeführten Eigentümlichkeiten können nicht erschöpfend sein, sie sind als Anregung zu nehmen.

γ. In der feuchteren Verlandungs- und Uferzone

Bidens cernuus oder *B. tripartitus*, der Zweizahn, sind einjährige Asteraceen (Compositen), die im Wassergarten kultiviert werden können, um zu zeigen, daß sich auch Mitglieder dieser Pflanzenfamilie dem feuchten Standort anpassen können. Beide Arten sind nach ihren natürlichen Standorten als Ruderalpflanzen zu bezeichnen. Die Früchte sind durch 4 Grannen mit rückwärts gerichteten Zähnen bemerkenswert. Diese Bildungen gehen aus dem Pappus hervor. Die Grannen bewirken epizoische Verbreitung.

Calla palustris, die Drachenwurz, eine Zierde des Gartens, braucht aber etwas Schatten. Die Spatha ist rundlich, der Blütenstand mit zwittrigen Blüten ohne Kolben. Auch Schnecken sind manchmal Bestäuber.

Caltha palustris, die Sumpfdotterblume. Eine prachtvolle, frühblühende Pflanze mit großen Blüten an verschieden langen Stielen. Die Blüte hat 5 oder mehr Blütenblätter in der typischen apokarpen Ranunculaceenweise. Caltha kann auch in ganz flachem Wasser stehen, bildet dann aber nicht so schöne, dichte Horste.

Carex. Wer die große und formenreiche Gattung der Carices nicht missen möchte, weil es so lohnend ist, die eigenartigen Pflanzen, die ihr Bauprinzip so „phantasiereich" abwandeln, der weiß wohl selbst, welche Arten er im Garten haben will. Wer aber noch zögernd ist, dem können fürs erste *C. tomentosa,* die einen trockenen Standort braucht, *C. panicea* für den Wassergarten und *C. atrata,* die in den Hochgebirgen, aber auch tiefer wächst, empfohlen werden. Sie zeigen alle den Typ der heterostachen Carices mit relativ großen Blüten besonders deutlich. Alle Carices blühen erst nach einigen Jahren.

Eriophorum latifolium, das Moorwollgras. Diese Pflanze ist nicht nur eine Zierde des Wassergartens. Die Pflanze zeigt die einfache Cyperaceenblüte, vor allem aber kann beobachtet werden, wie die allbekannten weißen Haarschöpfe zuerst als kurzes Perigon die 3 Staubfäden und den Griffel mit den 3 Narben umstehen und dann, die Tragblätter weit überragend, den Früchten als Flugapparat dienen. Die genannte Art wird empfohlen, weil sie keine Ausläufer bildet und sich deshalb nicht so sehr ausbreitet.

Equisetum palustre, der Sumpfschachtelhalm. Gerne möchte der Schulgärtner Equisetaceen im Garten haben. Mit ihren knotigen kriechenden, meist tiefliegenden Rhizomen haben sie aber eine solche Vermehrungs- und Ausbreitungskraft, daß sie geradezu eine Gefahr für den Garten darstellen. Deshalb sei an *E. palustre* erinnert, das in einem geräumigen Kübel gut gedeiht. Seine großen Vallekulargänge sind eine Anpassung an den schlammigen, sauerstoffarmen Standort. Die Art hat nur relativ dünne, grüne Stengel mit weniger als 10 tiefen Rippen, langen Scheiden und deutlichen Zähnen, so daß der Aufbau sehr klar beobachtbar ist.

Juncus bufonius, die Krötenbinse, ist niedriger und zarter als die folgende Art. Aber an ihren Blüten sind die 3 roten Narben sehr deutlich zu sehen. Sie ist einjährig.

Juncus obtusiflorus, die stumpfblütige Binse, hat dickes, waagrechtes Rhizom, aus dem in kleinen Abständen die Stengel wachsen. Die Stengel mit Luftparenchym (Mikroskopie!), die Blätter mit unvollkommenen Scheidewänden, die Blüte 6zählig (Lupe!) hat die Tracht der Liliaceenblüte.

Litorella uniflora, der Strandling, ist ein kleines Pflänzchen, das in seiner Tracht zuerst als grasartige Pflanze angesehen werden könnte. Es ist aber mit seiner kompletten Blüte (4 Kelchblätter, 4 Kronblätter, 4 Staubblätter, 1 Griffel) eine dikotyle wegerichartige Pflanze. Sie bildet Ausläufer und kann rasenartige Bestände erzeugen, wenn sie in ganz seichtem Wasser steht. Sonst werden keine Ausläufer ausgebildet und die Blätter sind kleiner.

In der Nachbarschaft sollten nur andere, kleinere Uferpflanzen stehen, z. B. zum Vergleich die Cyperacee *Eleocharis acicularis,* mit der *Litorella* in der Natur vorkommt. Der Strandling kann auch im Flachwasser untergetaucht gedeihen, dann verändert er seine Tracht; er treibt Ausläufer und größere Blattrosetten. Andere Flachwasserpflanzen siehe bei δ., Seite 132.

Lysimachia thyrsiflora, der Straußgilbweiderich, wächst unmittelbar am Wasser und in leicht überschwemmten Böden. Rötlicher unterirdischer Sproß mit Wurzeln. Ausläufer mit Erneuerungsknospen wie bei *L. vulgaris*. Blätter gekreuzt paarweise. Blüten in dichten, goldgelben Trauben. Einzelblüten klein, Blütenblätter schmal, aber im Blütenstand optisch wirksam. Sie sind nur bei genauem Hinsehen als Primulaceenblüten erkennbar, sie haben oft sogar 6 Blütenblätter. Die Samen keimen nur am Licht, besonders nach Frost. Es gibt auch eine submerse Wasserform mit zarten Blättern ohne Blüten.

Lythrum salicaria, der Blutweiderich, steht am Wasser und ist eine Lythracee mit violettroten Blüten in dichten Blütenständen. Die Einzelblüte hat 6 Blütenblätter und 6 längere und 6 kürzere Staubblätter, die um 1 Griffel stehen. Sie ist nicht vollständig radiär. Es kommen 3 Griffellängen und 2 verschiedene Staubblattlängen vor.

	Staubfäden	Griffel
1.	6 länger + 6 kürzer gelb gelb	länger als alle Staubfäden
2.	6 länger + 6 kürzer blau gelb	kürzer als alle Staubfäden
3.	6 länger + 6 kürzer blau gelb	länger als die kürzeren Staubfäden und kürzer als die längeren Staubfäden

Da die Blüten an einer Pflanze alle gleich ausgebildet sind, sichert diese Tristylie die Fremdbestäubung einigermaßen. Die untergetauchten Stengelteile bilden ein Aerenchym, ein Durchlüftungsgewebe, aus. Näheres über die Pflanze bei *Hegi,* Flora von Mitteleuropa, B. V, 2 S. 757 ff.

Mentha aquatica, die Wasserminze. Das Rhizom hat deutliche Internodien mit kräftigen Wurzeln an den Knoten. Die Stengel sind oft schräg oder liegend. Die Pflanze bildet oberirdische Ausläufer, die mit grünen Blättern besetzt sind und unterirdische, die Blätter in Schuppenform tragen. Alle Sprosse haben Luftkanäle (Aerenchym). Die Blüten stehen in dem für Lamiaceen (Labiaten) typischen, dichten, nicht sofort erkennbaren Scheinquirlen. Das den starken Geruch bedingende Öl wird von Drüsen auf der Blattunterseite und an den Kelchblättern ausgeschieden. Dieses ätherische Öl hat eine andere Zusammensetzung als „das Pfefferminzöl", weshalb die Wasserminze nicht wie die „Pfefferminze" verwendet werden kann. Bildet untergetaucht eine sterile Wasserform.

Menyanthes trifoliata, der Fieberklee, ist eine *Menyanthacee*. Ihre eigenartigen, weißen, ± rosa-fleischigen, mit dichten, saftigen Haaren besetzten Blütenzipfel und die violetten Staubbeutel sind ein eigenartiger Schmuck der Uferregion. Die Blüten zeigen Heterostylie. Die Samen sind lufthaltig und keimen nur langsam.

Parnassia pulustris, das Herzblatt. Die Pflanze blüht zum Schuljahrbeginn, weshalb sie auch früher Studentenröserl hieß. Die weiße Blüte hat nur 5 Staubfäden, während die anderen 5 als gefranste Staminodien ausgebildet sind. Die Blüten sind nicht ganz radiär. Die Pflanze hat einen dicken Wurzelstock mit Zugwurzeln.

Pinguicula vulgaris, das Fettkraut, kann als Beispiel einer Insektivore in den Garten kommen. Sie kann helfen, die übertriebenen Vorstellungen vieler Menschen von den „insektenfressenden" Pflanzen auszuräumen. Das langsame Einrollen der Blätter wird durch einen Berührungsreiz nur eingeleitet und durch einen chemischen Reiz von gelöstem Eiweiß vollendet. Doch zeigt sich das nur bei jungen Blättern relativ deutlich. Blütenbiologisch ist die weißblühende Art *P. alpina* interessanter. Bei ihr werden die durch den Honig im Blütensporn angelockten Fliegen durch Schlundhaare an die Pollensäcke gezwungen und beladen sich so mit Blütenstaub. Diese Art wird von den Alpenflüssen noch weit ins Vorland hinausgetragen.

Potentilla atropurpurea (= *Comarum palustre*) das Sumpfblutauge. Es wächst gerne dicht am Wasserrand. Langer, weitkriechender Sproß mit dichten Adventivwurzeln. Blätter (genau hinsehen!) 5zählig gefiedert, gelegentlich 7zählig. Die große Blüte ist gut überschaubar und interessant: grüne, kurze Außenkelchblätter, große, schwarzviolette Kelchblätter, die sich später aufrichten, vergrößern und ± vergrünen, kleine dunkelviolette Blütenblätter mit feiner Spitze, nicht abfallend, 20 Staubblätter in 3 Kreisen (15 + 5 + 5) ebenfalls dunkelviolett, Fruchtblätter auf aufgewölbtem Blütenboden. Das ganze deutlicher Typ der Rosaceenblüte. Die Stengel der Pflanze wachsen auch ins flache Wasser hinaus und sind eine Grundlage der Verlandung; doch wird die Pflanze von sich später ansiedelnden, dichten Wasserpflanzen leicht unterdrückt. Deshalb muß ihr Platz freigehalten werden. S. Liste 9., S. 176.

Rannunculus flammula, der brennende Hahnenfuß, ist ein Beispiel für den Formwandel bei Standortwechsel. Er hat stengelumfassende, schmale Blätter, die Stengel sind manchmal liegend und tragen an den Knoten Adventivwurzeln. Die Blüten haben einfaches, zurückgeschlagenes Perianth aus 5 grünen Blättern und 5 größere, fettigelbe Honigblätter. Es gibt Formen fürs Trockene, zum Schwimmen (mit verlängerten Blattstielen und vergrößerten Spreiten) und zum Untertauchen (submerse Formen) mit sehr schmalen verlängerten Blättern. Untergetauchte Pflanzen blühen nie. Die verschiedenen Formen treten je nach dem Standort auf und werden auch wieder zurückgebildet. Es gibt auch eine erblich bestimmte Landform mit dünnen, liegenden Stengeln, die ebenfalls unter Formänderung ins Wasser gehen kann.

Scirpus lacustris, die Teichbinse. Sie steht dicht am Wasser und kann leicht überschwemmt sein. Sie ist als Beispiel für die Binsen gedacht. Die relativ große Blüte zeigt den *Cyperaceen-Typ.* Die Pflanze treibt unterirdische Ausläufer, hat runde Stengel, die zum Flechten verwendet wurden und lufthaltiges Gewebe. Blütenstände in Spirren. Biolog. Abwasserreinigung s. Bd. III, S. 397.

Valeriana officinalis, der Arznei-Baldrian, hat eine schwach unsymmetrische Blüte mit 5 verwachsenen Blütenblättern und einer kleinen seitlichen Aussackung (Honigdrüse), 3 Staubblättern, 1 Griffel mit dreiteiliger Narbe. Der Fruchtknoten ist unterständig und an seinem oberen Rand ist zur Blütezeit deutlich der Pappus angelegt, der in ausgebildetem Zustand zum Flugapparat der reifen Samen wird. Die Beobachtung der Entfaltung dieses Flugapparates ist lehrreich. Der Wurzelstock enthält das in Verdünnung nicht unangenehm riechende, aromatische Baldrianöl. Die Rhizome dieser Pflanze vom feuchten Standort riechen meist nicht so unangenehm, wie zuerst vermutet, weil nur hohe Konzentrationen den strengen Geruch bedingen. Diese Art bildet an trockenen Standorten (Versuchspflanzung an anderer Stelle) kürzere und schmälere Fiederblättchen aus.

δ. Pflanzen im Wasser

Acorus calamus, der Kalmus. An dem kräftigen Wurzelstock, der dem anderer *Araceen (Arum* und *Calla)* sehr ähnlich ist, wachsen unten Wurzeln, oben Sprosse. Er wächst bis 10 cm unter Wasser, Die Spatha ist ein grünes Blatt (Vergleich mit anderen Araceen!). Die Blüten sind sehr klein, eine Frucht wird bei uns fast nie gebildet. Die ganze Pflanze, besonders der Wurzelstock, riechen aromatisch. Blüht im Garten selten!

Alisma plantago (eine *Alismatacee),* der Froschlöffel, wächst im sehr flachen, bis 25 cm tiefen Wasser. In tieferem Wasser fluten die Blätter an langen Stielen. Die Blütenstände in lockeren, teilweise doldig verzweigten Quirlen.

Azolla mexicana, ein Wasserfarn *(Salviniacee).* S. 9, S. 178.

Butomus umbellatus (eine *Butomacee),* die Schwanenblume, wächst in Wassertiefen bis 10 cm. Sie ist eine bis 1,5 m hohe Pflanze mit einem lockeren Blütenstand und schönen 6zähligen weißen, rosa gezeichneten Blüten mit 3 Staubblättern, 3 blütenblattartigen, oft ein wenig anders gezeichneten Kelchblättern.

Glyceria aquatica, der Wasserschwaden, ist ein Süßgras *(Poacee),* das im Schlamm des Wasserbeetes um 10 cm unter Wasser wächst. Die Art ist ein stattliches, schönes, bis 2 m hohes Gewächs. Es hat rohrartige Stengel, die Blätter sind über 1 cm breit, und die große, etwa 30 cm lange Blütenrispe hat einen schönen, geschlossenen, ovalen Aufbau. Die Ährchen sind oft violett überlaufen. Ein übersichtliches Gras für den Schulgarten zur Demonstration des Grasaufbaues und seiner Wuchsweise.

Hippuris vulgaris, der Tannenwedel, wächst mindestens 10 cm unter dem Wasserspiegel, geht aber auch 30 und mehr cm tief. Die Blüten haben keine Krone und nur 1 Staubblatt. Der Vegetationskegel ist im Längsschnitt ein gutes Objekt für die Mikroskopie (Zellanordnung und Blattanlagen).

Iris pseudacorus, die gelbe Schwertlilie. Nur wer eine hinreichend große Anlage hat, kann diese sich mächtig entwickelnde Pflanze bis in 10 cm Wassertiefe setzen.

An den großen, sehr hinfälligen Blüten kann die Blütenbiologie im Zusammenhang mit dem komplizierten Blütenbau beobachtet werden.

Lemna trisulca, die Wasserlinse. Das kleine Pflänzchen (bis 1 cm $\emptyset$) schwimmt mit der Wurzel frei im stehenden Wasser. Die fruchtbaren, an der Oberfläche schwimmenden Blätter, haben Spaltöffnungen, sind rundlich, die untergetauchten unfruchtbaren haben keine Spaltöffnungen, sind dünn und länglich. Die selten gebildeten Blüten sind eingeschlechtig, sehr einfach, oft innerhalb des Blattes verborgen. Die vegetative Vermehrung erfolgt reichlich durch Sprossung. Die untergetauchten Blätter hängen zu Kolonien zusammen, die fruchtbaren oberirdischen sind einzeln. Die Überwinterung erfolgt am Grunde des Wassers. Manchmal vermehren sich die Wasserlinsen so, daß sie einen dichten Überzug über das Wasser bilden. Sie müssen dann zum größten Teil abgeschöpft werden. Die leichter zu findende Art *L. minor* lebt nur an der Oberfläche schwimmend.

Limnanthemum nymphaeoides (= *Nymphoides peltata*), die Sumpfrose oder Seekanne, ist eine schöne, in der Natur selten gewordene Pflanze, im Handel jetzt leicht erhältlich. Das lange, dicke, in deutliche Internodien gegliederte Rhizom wurzelt in 20 bis 100 cm Tiefe. Seine Kurztriebe entwickeln langstielige, rundliche Schwimmblätter bis etwa 8 cm Durchmesser. Große, goldgelbe, tiefgespaltene, hinfällige Blüten. Die Blütenknospen entwickeln sich unter Wasser. In der Blüte kleine Schuppen mit Fransen, die den Zugang zum Honig erschweren und damit die Bestäubung begünstigen. Die Blüten haben verschiedene Griffellänge, die Blätter tragen auf der Unterseite Hydropoten, „wassertrinkende" Stellen, die fürs Mikroskop geeignet sind. Wie Menyanthes (siehe c γ) ist L. eine Menyanthacee. Vergleich verschiedener Gattungen dieser Familie! Neigung zur Fransenbildung wie bei den nahe verwandten *Gentianaceen*.

Nymphaea alba, die weiße Seerose oder eine Handelssorte. Die beste Pflanztiefe im Wasser gibt die Bezugsquelle der Pflanzen an (50—150 cm). Die großen Blüten können zur Demonstration des Überganges des Kurztriebes zur Blüte dienen. Sie zeigen Zwischenformen zwischen Blütenblättern und Staubblättern. Tageszeitliches photonastisches Öffnen und Schließen der Blüten. Die Blätter haben als typische Schwimmblätter die Spaltöffnungen auf der Oberseite. Blatt und Blütenstiele sind lufthaltig. Mikroskopische Objekte sind die sog. inneren Haare, die in Stengelquerschnitten gut zu sehen sind und einen Fraßschutz darstellen. Der Samen ist durch einen lufthaltigen Mantel (Arillus) zuerst schwimmfähig, nach der Auflösung dieses Gewebes im Wasser sinken die Samen durch ihre relativ hohe spezifische Dichte zu Boden. Die Keimung dieser Samen erfolgt im Licht; sie zu beobachten ist ein lehrreicher Versuch: eigenartiges Aufspringen der Samen, Bildung einer kurzen, später absterbenden Wurzel und der Wurzelhaare, die die Funktion der Wurzel übernehmen, Entstehung des ersten Blattes mit Sproß. Die Keimung der Seerose erinnert an die der einkeimblättrigen Pflanzen.

Polygonum amphibium, der Wasserknöterich, ist in einem hinreichend großen Teich ein gutes Beispiel für die Anpassungsfähigkeit einer Pflanze mit einem erblich nicht genau festgelegten Habitus.

	Wasserform	Landform
Stengel:	schlaff, im Wasser flutend, von Luftwegen durchzogen	aufrecht durch tragendes Sklerenchym

| Blätter: | lang gestielt, breiter, kahl, warzige Drüsen ohne Sekret | kurz gestielt, schmaler, behaart, gestielte Drüsen mit klebrigem Sekret |

Ranunculus lingua, der große Hahnenfuß, steht in ganz flachem Wasser. Er wird bis 1,5 m hoch, hat einen sehr langen, dicken, hohlen Wurzelstock mit quirligen Wurzeln. Die sitzenden Blätter sind lang zugespitzt und ganzrandig und sollen an eine Zunge (?) erinnern (Name!). Die Blüten sind für eine Hahnenfußart recht groß. 5 Perianthblätter, 5 goldgelbe, fettig-glänzende große Honigblätter. Der Habitus der Pflanze ist nach dem Standort veränderlich.

Sagittaria sagittifolia, eine *Alismatacee,* das Pfeilkraut, steht in 15—20 cm tiefem Wasser und wird im Mittel 50 cm hoch. Die Pflanze treibt Ausläufer, an deren Enden Knospen sitzen, die überwintern. Die unteren Blätter sind lineal bis schwach oval, die oberen an der Luft eigenartig pfeilförmig. Die Blüten sind getrennt geschlechtlich, die 3 großen, breiten Blumenblätter sind weiß mit einem großen roten Grund. Die männlichen Blüten haben viele Staubblätter.

Sium angustifolium = *S. erectum,* der aufrechte Merk, ist eine *Apiacee* (Umbellifere) des typischen Aussehens, die hier genannt ist, weil sie beweist, daß auch Pflanzen dieser Familie sich dem nassen Standort angepaßt haben. Das Rhizom treibt Ausläufer, die Fruchtwand ist lufthaltig, so daß der Samen schwimmt. Die Pflanze wird etwa 80 cm hoch, riecht nach Sellerie, steht aber im Verdacht, giftig zu sein.

Sparganium ramosum, der ästige Igelkolben, ist eine *Sparganiacee,* steht im Flachwasser, treibt aus kriechenden Rhizomen Ausläufer. Die Blüten sitzen nach Geschlecht getrennt in kugeligen Blütenständen, die größeren weiblichen weiter unten, die kleineren männlichen an der Spitze. Die weiblichen Einzelblüten haben 3—6 braune Perigonblätter und 1 Fruchtknoten, die männlichen 3 Perigonblätter und 3 Staubblätter.

Stratiotes aloides, die Krebsschere (eine *Hydrocharitacee,* die den Butomaceen [siehe oben] nahesteht), ist eine stattliche, schönblühende Pflanze. Die breiten, bis ca. 40 cm hohen Blätter, sind in weiten Abständen grob gesägt und bilden am ausläufertreibenden Rhizom Rosetten. Die zweihäusigen, großen, weißen Blüten bestehen aus 3 weißlichen Kelchblättern, 3 breiten, weißen Blütenblättern und einem, aus vielen, gelben, gestielten Drüsen gebildeten Nektarium und stehen in einer zweiblättrigen „Spatha". Die weiblichen Blüten haben einen Fruchtknoten mit 6 zweiteiligen Narben, die männlichen mehr als 10 Staubblätter. Die sonderbaren Pflanzen, deren Blätter an Aloe erinnern (Name!), wachsen auf 40—50 cm tiefen Wasser, an dessen Grund sie überwintern. Schwimmpflanze!

Trapa natans, die Wassernuß, die dem *Hippuris* nahesteht, ist einjährig, aber eine so eigenartige Pflanzengestalt, daß sie manchen Schulgärtner, wenn auch nicht zum Ansiedeln, so doch zu einem Versuch dazu verlockt. Aber die Pflanze braucht Wärme und verträgt den Kalk schlecht. Das im Wassergrund wurzelnde Rhizom trägt an einem Stengel eine schwimmende Blattrosette, in deren Achsel die kleinen, 4zähligen weißen Blüten stehen. Die bizarr geformten, hellbraunen, vierkantigen Früchte werden bald dunkler und enthalten den eßbaren Samen.

Typha latifolia, der Rohrkolben, wird in einem hinreichend großen Wassergarten sicher gerne stehen. Er wird etwa 18 cm unter der Wasseroberfläche gepflanzt und seine blaugrünen Blätter werden vielleicht 2 m hoch. Das kriechende, stärkehaltige Rhizom treibt außer den Blättern den hohen Blütenstand, der in seinem oberen Teil männliche, darunter dichtstehende weibliche Blüten trägt. Die Blüten sind sehr einfach gebaut, Staubfäden und Fruchtknoten sind nur von feinen Haaren umstellt. Die lockerstehenden männlichen Blüten fallen im Laufe der jahreszeitlichen Entwicklung ab, während die anschwellenden weiblichen Blüten in dichter, ähriger Packung den braunen Kolben bilden. In Kübel pflanzen, damit sie sich nicht verbreiten können.

Utricularia vulgaris, der Wasserschlauch, ist eine Insektivore von anderem Typ als *Pinguicula*. Da *Drosera*-Arten im Schulgarten wohl kaum kultivierbar sind, mag ein Versuch mit dieser Art verlockend erscheinen. Die Pflanze wächst etwa 20—30 cm tief im Wasser. Unter Wasser bildet sie ihre „Schläuche". In diese werden kleine Tiere nach Berührung einer Tastborste, die einen „Deckel" des Schlauches öffnen, durch einströmendes Wasser eingeschwemmt. Der Wasserstrom kommt durch die Auslösung einer Spannung zustande, die die Schlauchwände nach innen eingedellt hatte. Durch das Zurückfedern dieser Eindellung haben die Schläuche ein größeres Volumen, es entsteht beim Öffnen des Deckels ein Strom nach Innen. Durch ein verdauendes Sekret werden die Eiweißstoffe der eingeschleusten Tiere aufgelöst, die Lösung wird aufgenommen und die Spannung des Schlauches wiederhergestellt. Der Deckel ist so festgelegt, daß der Unterdruck im Schlauch ihn nicht öffnet und erst die durch die Hebelwirkung der Fühlborste verstärkte Anstoßkraft eines Tierchens den Vorgang auslöst. Bei der Kleinheit der Schläuche von höchstens 4 mm ist der Vorgang selbst in einem kleinen Becherglas nur schwer zu beobachten. Über die Wirkung einer starken Beleuchtung ist nichts bekannt geworden. Die *U.* bildet eine schöne, gelbe Rachenblüte über dem Wasserspiegel aus.

d. *Pflanzen aus Hochgebirgen*

α. Der Steingarten

Früher oder später wird an den Betreuer des Schulgartens der Wunsch nach einem „Alpinum" herangetragen werden. So sehr ihn jede Anregung freut, so ist es ihm vielleicht wichtiger, Gelegenheit zu haben, mit seinen Schülern über die Vorstellungen über einen solchen Gartenteils und seine Bedingungen zu sprechen und sie mit den Gegebenheiten zu vergleichen. Die Lage des Schulortes in geringer Meereshöhe, die in einer größeren Stadt so geringe UV-Einstrahlung und die arbeitsaufwendige Pflege einer solchen Anlage lassen Einrichtung und Unterhaltung bald als tragwürdig erscheinen. Junge Schüler — und gerade sie müssen ja in die Welt des biologischen Schulgartens hineinwachsen — haben oft die Einrede, man solle halt mal einen Versuch machen. Das läßt sich mit ein paar Arten ohne großen Aufwand realisieren. Das berühmte Edelweiß *(Leontopodium alpinum)* eignet sich gut dazu, sofern man Samen dieser Pflanze zur Verfügung hat. Die Vergrünung und schwache Behaarung der Hochblätter und der aufgeschossene Wuchs werden eine Enttäuschung sein. Zu schwach belichtete *Sempervivum*-Arten lösen ihre Rosetten auf, die einzelnen Blätter krümmen sich zurück. Viele alpine Polsterpflanzen ändern durch verstärktes Längenwachstum ihre ursprüngliche Gestalt. Die im Hochgebirge dichte Behaarung wird locker, oder veschwindet. Niedrige

Pflanzen, z. B. Spaliersträucher, leiden im Garten unter der Konkurrenz starkwüchsiger Arten.

Ohne einen eigenen Steingarten anzulegen, gibt es aber doch die Möglichkeit, wenigstens einige Arten in den Garten zu holen, die auch hier ihre Eigenheiten nicht verlieren. Es gibt Hochgebirgspflanzen, die auch im Tiefland gedeihen; einige Arten sind durch züchterische Maßnahmen, z. B. durch Einkreuzen anderer Arten, dem Standort in den Gärten angepaßt worden.

Solche Arten lassen sich zweckmäßig an die Bossensteine einer Einfassungsmauer setzen, denen eine geeignete Gestalt gegeben wird (Abb. 2).

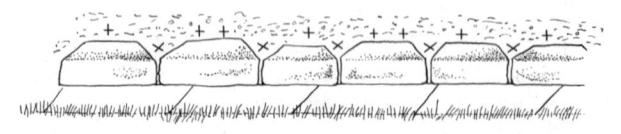

Abb. 2: Bossensteine einer Einfassungsmauer zur Anpflanzung von Hochgebirgspflanzen

Pflanzen in den Winkeln zwischen den Steinen sind vor herandrängenden Arten von außen her und seitlich geschützt, die Steine verbessern die Strahlungsverhältnisse des Standorts, so daß sich bei entsprechenden Arten Rosetten bilden, die den Steinen aufliegen. Helle, nach dem Verlegen bald weißbleichende Jurakalksteine (Solnhofer) haben harte, scharfe Kanten, verwittern langsam und begünstigen die Reflexion, während rote Sandsteine die Wärme speichern, weichere Kanten haben, sich dem Gesamtbild besser einordnen und zudem die Acidität des Substrats erhöhen. In den Plattenwinkeln würden Pflanzen, die sich mächtig entwickeln, den Rahmen sprengen, kleine Arten aber sind gut zugänglich, können leicht gepflegt und beobachtet werden. Die im folgenden nur beispielartig genannten Arten zeigen Eigentümlichkeiten, die auf ihren natürlichen Standort hinweisen: lange Grundachse, niedriger, polsterartiger Wuchs, Behaarung, Wachsüberzug, eingesenkte Spaltöffnungen, hohe Zellsaftkonzentration (Gefrierschutz), auffällige Blüten.*)

Liste 5

Alsine laricifolia, die lärchenblättige Miere, kann im Schulgarten den Typ der in fast unüberschaubarem Formenreichtum vorkommenden Mieren und ähnlicher Gattungen (Alsineen) vorstellen. Es sind nelkenartige Pflanzen, bei denen die 5 Kelchblätter nicht verwachsen sind, im Gegensatz z. B. zu *Dianthus* u. ä. *A. laricifolia* hat lärchenähnliche Blätter (Name), die Blüten sind im Vergleich zu anderen Vertretern der Gattungen ziemlich groß. Das hübsche Pflänzchen bildet Polster und hat den Vorteil, im Staudenhandel beziehbar zu sein. (Kalkpflanze!)

Androsace lactea, der milchweiße Mannsschild. Der Sproßaufbau ist eigenartig. Die Blattrosetten treiben einige lange, rötliche Stengel, die ihrerseits Rosetten

---

*) Für den Steingarten ist ausgezeichneter Helfer *Wilh. Schacht,* der Steingarten, 4. Aufl., Eugen Ulmer, Stuttgart.

tragen. Die Rosetten (aber nicht alle) bilden die auf hohen Schäften stehende, wenig blütige Infloreszenz. Die Blütenblätter sind milchweiß mit gelben Schlund und verwachsen (*Primulacee*!). Die schöne Pflanze wächst am besten in verwittertem, sandigem Lehm mit Moorerde. Sie kann aus Samen gezogen werden.

Aster alpinus, die Alpenaster. Die Narben der weiblichen Randblüten sind schon Tage vor den zwittrigen Scheibenblüten entfaltet und in diesen wird der Pollen einige Tage vor der Entfaltung ihrer Narben gebildet (Fremdbestäubung!). Die Pflanze wird besser nahe der Längskante einer Steinplatte gepflanzt, weil sie die Enge des Plattenwinkels offenbar nicht liebt, wie sie auch in der Natur gerne auf exponierten Simsen steht. Der Staudenhandel bietet mehrere Sorten an, von denen „Dunkle Schöne" am ehesten der natürlichen Art entspricht.

Campanula poscharskyana bildet sehr schöne niedrige Polster, aus denen bis 10 cm hohe langblühende Blütenstände von kleinen dichten hellblauen Glockenblumen entspringen. Auch für die Trockenmauer geeignet, wo sich die Triebe den Steinen anschmiegen. Im Staudenhandel in mehreren Sorten!

Campanula thyrsoides, die Straußglockenblume, ist eine prächtige, stark behaarte Alpenpflanze. Ihre dichten, kolbenförmigen Blütenstände sind eigenartigerweise blaßgelb. Die Pflanze ist aber leider zweijährig. Es müssen deshalb jedes Jahr junge Pflänzchen aus dem Samen herangezogen werden. Im ersten Jahr bilden sich dicht am Boden Blattrosetten, die noch im Sommer an die geplante Pflanzstelle gesetzt werden. Im Winter machen sie einen direkt kümmerlichen Eindruck. Oft bilden kräftige Pflanzen Erneuerungsrosetten, besonders wenn der Blütenstand nach dem Verblühen abgeschnitten wird. Als Samen ist meist eine von *Sündermann-Lindau* züchterisch etwas veränderte Variante „carniolica" zu haben. Nach Abschneiden des Blütenstandes, manchmal auch von selbst, bilden sich zwischen den grundständigen Blättern einzelne Blüten in größerer Zahl, was der Pflanze ein eigenartig fremdes Aussehen verleiht. Die Wurzel der einjährigen Pflanze ist dick und kräftig mit Reservestoffen.

Campanula carpatica, die Karpatenglockenblume, hat einen reichen Flor hellblauer weit offener Blüten. Die Staude kann sich so vergrößern, daß sie verkleinert werden muß. Bei Regen hängen die Blüten nach unten. Die Samenkapsel hat drei Öffnungen, die bei feuchtem Wetter verschlossen sind. Bei trockenem Wetter werden die sehr kleinen Samen vom Wind durch Schwingen der verholzten Stengel ausgeschleudert.

Crepis aurea, der Goldpippau, ist eine *Cichoriacee*, die jahrelang in einer Steinecke stehen kann und den Typus der Polsterpflanze mit Früchten an Fallschirmen repräsentiert.

Dianthus caesius, die Pfingstnelke (Kalkpflanze!), stammt nicht aus den Alpen, sie wächst aber gern in felsigem Gelände. Die Pflanze hat mit ihren schmalen Blättern einen rasigen Wuchs. Der lange verwachsene Kelch der Blüte (Silenee!) ist violett, die Kronblätter sind rotviolett und am Schlunde bärtig.

Draba aizoides, das immergrüne Hungerblümchen bildet ähnliche Rosetten wie Androsace aus länglichen bewimperten Blättern. Typische goldgelbe *Brassicaceenblüte*. Die befruchtungsfähige Narbe ragt vor dem Aufblühen aus der Knospe. Bei trockenem Wetter spreizen sich die Staubfäden, bei feuchtem berühren sie die Narbe. Die Blüten sind schon im Herbst vorgebildet, so daß sie ehestens erblühen können. Die Samen aber werden erst spät reif und die Fruchtstände sind Wintersteher.

Edraianthus graminifolius, die grasblättrige Becherglocke, ist im nicht blühenden Zustand ein grasartiges Pflänzchen. Wenn aber die Blütenstände gebildet werden, dann liegen ihre relativ langen Stiele radial abstehend auf der Erde. An ihrem Ende tragen sie die blauvioletten Glockenblumen. *(Campanulacee).* Die Pflanze steht am besten in einer Steinspalte!

Festuca rupicaprina, der Gemsschwingel, ist ein niedriges saftiges Weidegras der Hochalpen. Es kann kultiviert werden, geht aber bald ein, so daß es als Beispiel für Alpenpflanzen dienen kann, die das Leben im Tiefland nicht vertragen.

Geranium argenteum, der silbrige Storchschnabel, hat seinen Namen von den silbrigen Haaren am Sproß und den großen Kelchblättern. Die Blütenblätter sind rosarot, feingezeichnet und zeigen für *Geraniaceen* typische Bewegungen des Blütenstieles: Blüte richtet sich aus der nickenden Knospenlage zur Anthese auf, nach der Bestäubung und Befruchtung nickt sie wieder und zur Samenverbreitung richtet sie sich wieder auf. Durch rasches Weiterwachsen des Blütenstandes und Entfaltung neuer Blüten wird eine lange Blütezeit der Pflanze erreicht, obwohl die Einzelblüte hinfällig ist. Die Verbreitung der Samen erfolgt im Gegensatz zu vielen anderen Geraniaceen, die Schleuderfrüchte haben, epizoisch, indem die nicht abfallenden Grannen die Haftorgane für die Samen bilden.

Globularia cordifolia, die herzblättrige Kugelblume. Die teilweise verholzenden Sprosse wachsen am Boden hin und bilden oft einen dichten Teppich. Die sehr kleinen, ledrigen Blätter sind an der Spitze ± herzförmig ausgerandet (Name) und bilden Rosetten. Die hellblauen Blüten stehen in Köpfchen auf kurzen Stielen. Kalkpflanze!

Gregoria vitaliana = Douglasia vitaliana, die Goldprimel, bildet an ihren natürlichen Standorten rasenartige Bestände mit vielen, ganz kurz gestielten, goldgelben Primelblüten in kleinen Blattrosetten. Diese Alpenpflanze fühlt sich im Tiefland nicht sehr wohl. Sie ist aber im Staudenhandel (wenn auch nicht überall) in den angepaßten Formen *cinerea* und *praetutiana* zu haben. Die Pflanze soll in schwerem, kalkfreiem Boden stehen. Sie ist wieder ein Beispiel für die Abwandlung des Primulaceentyps.

Hypericum polyphyllum, das vielblättrige Johanniskraut, hat polsterartigen Wuchs. Die reichbeblätterten (Name!) Stengel tragen große gelbe Blüten, in denen die zahlreichen langen zarten Staubfäden in Büscheln stehen. Die Pflanze kann als Beispiel für den Typ der *Hypericaceen* (Guttiferen) im Garten stehen. Sie dehnt sich allerdings oft so aus, daß man sie gelegentlich verkleinern muß.

Penstemon gracilis, der zarte Fünffaden, wie man seinen Namen etwas umständlich übersetzen könnte, ist eine Polsterpflanze mit schönen rötlich blauen Blütenständen auf etwa 15 cm hohen Stielen. *Scrophulariacee.*

Phlox subulata kann im bunten Garten als Einfassung gepflanzt werden.

Saturea montana, die Karst-Saturei, ist in der ± niederliegenden *var. subspicata = S. pygmaea* im Staudenhandel zu beziehen. Typische, aromatisch duftende *Lamiacee* (Labiate), die etwas Winterschutz braucht. Sie hat die Tracht der in mediterranen Trockengebieten beherrschend vorkommenden Lippenblüher.

Saxifraga cotyledon, der Fettblattsteinbrech, ist eine stattliche Pflanze, die in Schluchten und Felsspalten der Granit-Gneisgebirge vorkommt. Sie liebt im Garten nahrhaften, frischen Boden. Wenn sie auch in der Natur absonnige Standorte vorzieht, so schaden ihr im Garten sonnige Standorte nicht, wenn sie hinreichend feucht sind. Dabei ist die Luftfeuchtigkeit das wichtigste. Die grünen Blattrosetten liegen dem Boden an, an den Zähnen des Blattrandes scheidet sich bei entsprechendem Standort Kalk aus. Die Rosetten vermehren sich auf vegetativem Weg und bilden manchmal an langen Ausläufern neue, blühfähige Rosetten. Aus den größten Rosetten wachsen 30—40 cm hohe Blütenrispen mit zierlichen, weißen Steinbrechblüten. Drüsen am ganzen Blütenstand bringen ein klebriges Sekret hervor, an dem sich oft viele kleine Insekten fangen. Die Rosette, die einen Blütenstand hervorgebracht hat, stirbt mit dem Verblühen ab. In der Natur ist diese Pflanze einer der wirkungsvollsten Pioniere, die mit außerordentlich wenig erdigem Substrat, oft innerhalb eines Moospolsters, vegetieren kann. Das sukkulente Gewebe der Blätter wird durch Gefrieren nicht geschädigt.

Sempervivum arachnoideum, die spinnwebige Hauswurz, verliert an zu wenig trockenen Standorten die Behaarung mehr oder weniger. Die spinnwebigen Haare sind in ihrer eigenartigen Ausformung, die von ihrem Entstehen aus Drüsenhaaren herrührt, ein interessantes Objekt für die Mikroskopie.

Silene inflata var. alpina, der Alpentaubenkropf, der mit vielen Synonymen bezeichnet wird, ist eine niedrige Variation des bekannten, aufgeblasenen Taubenkropfes. Diese Variation kann im Vergleich mit der Varietät von den Wiesen des Tieflandes die Auswirkungen des Standortes aufzeigen. Die Pflanze hat zwittrige, rein weibliche und rein männliche Blüten; doch können Spuren des jeweils unterdrückten Geschlechtes festgestellt werden. Bestäuber sind Nachtfalter.

β. Pflanzen an einer Trockenmauer

Einzelne der genannten, vor allem aber größere Arten können an einer Trockenmauer gepflanzt werden. Diese kann einen Höhenunterschied ausgleichen, sie kann aber auch eine Erdanschüttung oder eine Aushebung (tiefergelegter Gartenteil) abgrenzen. Soll oder muß die Mauer nicht höher als 50—60 cm werden und hat sie keinen größeren Erddruck auszuhalten, dann genügt es, die bossierten Steinplatten und -quader auf einem Fundament geringer Tiefe (20—30 cm) bei kleinem Anlauf zu errichten. Anweisungen dazu in guten Gartenbüchern z. B. Thiele und Stahl, Unser Garten, Band 1, Planung und Anlage, Obst- und Gartenbauverlag München. Als Material sind Sandsteine, Tuffe, Muschelkalke u. a. geeignet, die ohne Bindemittel versetzt aufeinander gelegt werden. Die Bepflanzung einer solchen Mauer ist schon im voraus zu überlegen und die Pflanzen werden am besten gleich beim Bau eingesetzt. Dazu bleiben zwischen den am besten angenähert trapezförmigen Steinen 1—3 cm breite Lücken, in die die Pflanzen auf ein Erdbett gelegt werden. Solche Mauerpflanzen haben lange Wurzeln, mit denen sie in die gute, nahrhafte, leicht lehmige Erde reichen, mit der die Mauer beim Bau hinterfüllt wurde. Ein entsprechend sattes Einbringen dieser Erde ist wichtig, damit nicht nachträglich Setzungen eintreten, die die Wurzelsysteme verlagern, beschädigen oder ganz abreißen können (Abb. 3).

Die oberste, abschließende Steinschicht ist etwas breiter zu wählen. Sollte der Fuß der Mauer in einer Rasenfläche stehen, muß dort eine etwa 20 cm breite

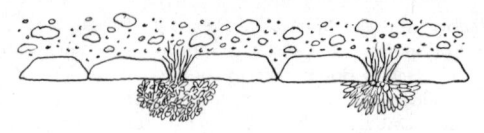

Abb. 3: Trockenmauer mit Mauerpflanzen und ihre Wurzeln (im Schnitt von oben)

Plattenreihe verlegt werden, damit der Rand des Grases sauber gemäht werden kann (Abb. 4). Der Anlauf der Mauer erhöht ihre Standfestigkeit und die Einstrahlung. Es herrscht an der Vorderseite der Mauer, wo sich die Blätter der Pflanzen ausbreiten, starke Einstrahlung, während die Wurzeln hinter den Steinen genügend Wasser finden. Niedrige Mauern, ohne großen Erddruck, kann der Schulgärtner mit seinen Helfern selbst errichten. Größere Anlagen, die eine Mauerung erfordern, evtl. auch Treppenanlagen, die sehr wirkungsvoll sein können, muß der Fachmann anlegen (Abb. 5).

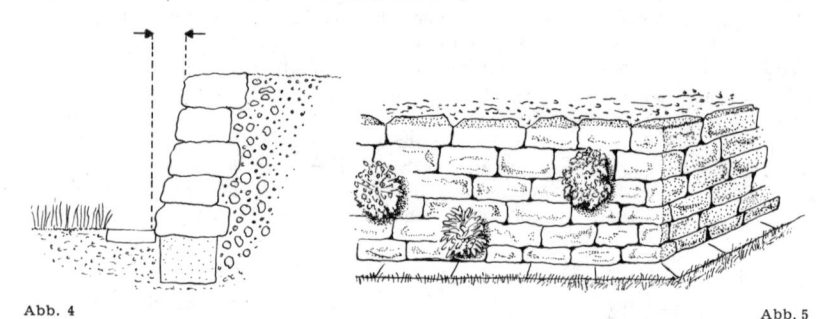

Abb. 4

Abb. 5

Abb. 4: Trockenmauer von der Seite (im Schnitt)
Abb. 5: Trockenmauer (Gesamtansicht)

Pflanzen für eine solche Mauer können beispielsweise die folgenden sein:

Achillea clavennae, das Steintäschel, dessen weißliche Behaarung auffallend ist, eine *Asteracee* (Composite).

Aethionema grandiflorum oder *A. pulchellum,* großblütige Felsensteinkressen, sind rosablühende, prächtige Felsspaltenpflanzen. (*Brassicaceen* [Cruciferen])

Alyssum saxatile, das Felsensteinkraut, eine *Brassicacee* (Crucifere) mit dichtem, leuchtend gelbem Blütenstand.

Aubrieta deltoides, eine manchmal „Blaukissen" genannte *Brassicacee* (Crucifere) bildet zur Blütezeit im Mai große violettblaue Polster.

Campanula cochlearifolia, die löffelkrautblättrige Glockenblume, die oft einen reichen, hellblauen Flor hervorbringt.

Helianthemum canum, das graufilzige Sonnenröschen, hat leuchtend gelbe Blüten und ist filzig behaart *(Cistacee).*

Saponaria ozymoides, das rote Seifenkraut, bildet üppige, rote Blütenpolster. Es ist zweckmäßig, der Pflanze eine etwas breitere Steinspalte zu geben. S. auch γ.
Saxifraga aizoon, der Traubensteinbrech, bildet viele beieinanderstehende Blattrosetten, die aus steifen, graugrünen, scharf gezahnten Blättern mit ev. ausgeschiedenen Kalkschuppen bestehen. Der Blütenstand ist locker und drüsig behaart. Die Pflanze bildet Ausläufer, die eine Blattrosette tragen. Die vegetative Kraft ist sehr groß, während die vielen gebildeten Samen wenig Keimkraft haben. Die Blätter haben eine dicke Kutikula, einen Wachsüberzug, Spaltöffnungen. Die Protandrie ist ins Extreme getrieben, indem ein Staubblatt nach dem anderen reif wird und dann erst die Narbe befruchtungsfähig wird.

γ. Weitere Möglichkeiten

Andere Alpenpflanzen können wegen Wuchs und Größe nicht an der Steinkante und nicht an der Mauer wachsen. Sie werden auf dem durch die Steineinfassung begrenzten Beet in Anlehnung an die Einfassung und die kleinen Rosettenpflanzen einen Platz finden können. Einige aus dieser Gruppe empfehlenswerte Pflanzen sind:
Cortusa Matthioli, das sog. Alpenglöckl, zeigt wieder einmal die Wandelbarkeit des Primulaceentyps. Die Staude wird 10—30 cm hoch mit nickenden, roten Blüten in der Dolde. Die Pflanze braucht etwas feuchten Boden und vor allem Luftfeuchtigkeit, was durch Beschattung von benachbarten Stauden und leicht lehmigen Boden zu erreichen ist. Die interessante Pflanze ist aus Samen zu ziehen. Die Keimblätter liegen dicht dem Boden an.
Dracocephalum ruyschianum, der nordische Drachenkopf, ist eine in der Natur seltene *Lamiacee* (Labiate). Die großen Blüten der Scheinquirle sind blau, die Blätter schmal und gegenständig. Die Pflanze stammt aus dem Altai und kommt in den Alpen, in Skandinavien und den Karpaten wohl nur als Eiszeitrelikt vor.
Dryas octopetala, die Silberwurz, eine *Rosacee,* ist ein Spalierstrauch, der mit seinen unterseits silbergrauen, kleinen Blättern und seinen vielen, großen, weißen Blüten Jahrzehnte alt werden kann. Eine ästige Pfahlwurzel dringt tief in den Boden. Deshalb und weil die Pflanze weithin selten und verfolgt ist, darf sie nicht im Gelände ausgehoben werden. Besonders gerne überwächst die Pflanze auch im Garten Steinflächen. Die Wurzeln tragen reiche, äußere Mykorrhiza. Nach der Anthese verlängert sich der Griffel und bildet sich zum Flugapparat für die Samen um. Diese interessante Pflanze ist kalkstet.
Gentiana acaulis, wie *G. Clusii* jetzt genannt wird, ist der große stengellose Enzian. Wer möchte diese schönen Blüten nicht in seinem Schulgarten haben! Im Staudenhandel sind Pflanzen zu haben, die zwar nicht die reine Art, meist sogar nur eine ähnliche Art sind. Wenn man keine speziellen systematischen Studien betreiben will, macht das nicht viel. Der Standort sollte etwas feucht sein, vielleicht etwas schwererer Boden in einer Senke. Notfalls muß leichter Schatten die Bodenfeuchtigkeit erhalten. Die Blüten öffnen und schließen sich thermonastisch. Die Pflanzen stehen gerne in kleinen Trupps und wollen nicht gestört werden.
Morina longifolia ist eine *Dipsacacee* (skabiosenartige Pflanze) eigenartiger Tracht. Aus dem distelartigen Blattquirl wachsen die beblätterten Stengel mit

dichten Blütenquirlen von rosa-weißen Blüten. Diese ansehnliche Pflanze kann gut auf dem Beet mit den Alpenpflanzen stehen; sie stammt aus den Gebirgen Zentralasiens. Diese Art ist ein ungemein lehrreiches Beispiel für die Abwandlung des uns gewohnten *Dipsacaceen*-Typs.

Saponaria ocymoides, das rote Seifenkraut, steht nicht nur an der Trockenmauer an gleichsam natürlichem Standort. Es eignet sich auch als Beeteinfassung und zeigt erst da seine Wachstumskräfte, wenn es sich nach drei Jahren so ausgebreitet hat, daß die niederliegende Staude mit ihren grünen Blättern und den unzähligen roten Blütensternen wie eine Stickerei aussieht.

Scabiosa graminifolia, die grasblättrige Skabiose, ist eine nicht zu häufige Alpenpflanze. Auch sie vertritt die Familie der *Dipsacaceen* im Schulgarten wirkungsvoll. Aus der behaarten schmalblättrigen Rosette erheben sich auf etwa 30 cm hohen Stengeln die relativ großen bläulichen Blütenstände. Der Typ der Blüte ist gut zu beobachten. Die Staude ist im Handel gelegentlich zu bekommen. Sie ist aber auch leicht aus Samen zu ziehen.

3. Kletterpflanzen

Kletterpflanzen haben ein solches Längenwachstum bei geringer Sproßdicke und nicht hinreichend kräftigem Stützgewebe, daß sie sich ohne Stütze nicht aufrecht halten können. Sie haben die verschiedensten Methoden des Sich-stützens entwickelt. In kleinen Gärten werden nur einige Vertreter dieser Pflanzengruppe Platz finden können. Vielleicht sind sie nur ein vorübergehendes Thema und verschwinden dann wieder. Auf jeden Fall sind sie in einem noch in den Anfängen stehenden Schulgarten eine wertvolle Möglichkeit, die Vertikale in der Anlage zu betonen. Sie ermöglichen auch, Pfähle oder Säulen, die vielleicht vorgegeben sind, zu bekleiden. Glatte Metallstangen werden zweckmäßig mit einigen trockenen Schilfstengeln umgeben, die mit Bast oder Blumendraht festgebunden sind. Sonst werden für höhere Pflanzen Bohnenstangen, für niedrige dünne Bambusstäbe verwendet, die einzeln eingerammt oder zu zwei oder drei mit der Spitze zusammengeneigt und mit Bast oder Draht zusammengebunden werden. Für ausdauernde Pflanzen dieser Gruppe, die verholzen und zum Teil schnell wachsen, aber auch schön blühen, findet sich vielleicht eine passende Mauer, die man bekleiden kann, eine Laube oder — am großartigsten — kann eine Pergola berankt werden. Eine solche muß fachmännisch angelegt sein und verlangt durch Anstrich dauernden Unterhalt, was bei dichtem Pflanzenbewuchs problematisch werden kann. Ebenso muß das Lattengerüst, das an einem Gebäude die Pflanzen tragen soll, unterhalten werden. Deshalb kann es oft besser sein, die Pflanzen bekommen als Stütze waagrechte Drähte, die an eingelassenen Eisen befestigt sind. Natürlich können sich Wurzelkletterer an der Mauer selbst festhalten. Aber früher oder später muß der Verputz des Schulhauses erneuert werden und das kann dann das Ende der Freude bedeuten. Es ist das aber wieder eine Gelegenheit, auf den Wandel in den Voraussetzungen für alles Leben hinzuweisen und auf die Notwendigkeit, immer nach neuen Möglichkeiten zu suchen. Die in der anschließenden Liste als Beispiel und Anregung genannten Pflanzen sind nach Rechts- und Linkswindern, Pflanzen mit Ranken, Wurzelkletterern und Spreizklimmern unterschieden.

Liste 6

a. *Pflanzen mit windendem Sproß um eine senkrechte oder fast senkrechte Stütze*
Rechtswinder. Es können nur wenige Pflanzen empfohlen werden.

Humulus lupulus, der Hopfen, ist eine zweihäusige Pflanze, deren Stengel Klimmhaare (Mikroskop) tragen. Sollen Pflanzen, die etwa in Flußauen wachsen, in den Garten versetzt werden, dann muß je ein weibliches und ein männliches Exemplar ausgewählt werden. Die Pflanzen der Hopfengärten sind weiblich und bleiben unbefruchtet. Die Harzdrüsen sitzen vor allem an den Fruchtschuppen und dem grünen, unauffälligen Perigon. Die Drüsen fallen von den reifen Doldenblättern leicht ab. Sie sind in ihrem Wachstum ein gutes mikroskopisches Objekt. Die wilden Pflanzen tragen weniger Drüsen als die Kulturpflanzen. Der Blütenstaub wird vom Wind vertragen.

Lonicera caprifolium, das Geißblatt, auch Je-länger-je-lieber genannt. Die oberen Stengelblätter sind am Grunde verwachsen, so daß sie vom Stengel durchwachsen erscheinen. Die rötlichen Blüten sitzen zu 6 dem obersten Blattpaar auf. Sie haben 5 lange Staubblätter, sind 2lippig, tief geschlitzt und duften besonders nachts sehr stark. Bei der Art *L. periclymenum* sind die obersten Blätter nicht verwachsen, die Blüten sind rötlich gelb und duften ebenfalls stark. Die Früchte sind schöne, rote Beeren. Beide Arten sind so eingerichtet, daß Selbstbestäubung verhindert wird. Sie werden von Schwärmern bestäubt, bieten ihnen aber keinen Sitzplatz. Die Tiere müssen schwebend mit dem langen Rüssel den Nektar saugen. Am 1. Tag der Anthese ist der Griffel mit der empfängnisfähigen Narbe seitwärts (bei *L. caprifolium* abwärts) gebogen, am 2. Tag kann die Narbe berührt werden, aber die Staubbeutel sind schon leer. *L. periclymenum* kann bei kräftigem Wuchs an schwächeren Bäumen als Würger wirksam werden.

Polygonum convolvulus, der windende Knöterich, ist einjährig und kann bis 1 m lang werden.

Eine Pflanze, die am selben Exemplar *rechts- und linkswinden* kann, ist die schöne

Cajophora lateritia, die Brennwinde, eine *Loasacee.* Der Stengel und die ornamentalen fiederspaltigen graugrünen Blätter tragen äußerst wirksame Brennborsten (Mikroskop!). Die relativ großen Blüten mit den ziegelroten, oft auch orangeroten, eigenartig geformten Kronblättern und der sonderbaren Staubblattanordnung haben einen gedrehten, später verholzenden, unterständigen Fruchtknoten. Die Entfaltung dieser Blüte zu beobachten ist eine anregende Aufgabe. Die Pflanze braucht einen warmen Standort und ist nur einjährig. Sie kann im Schulgarten eine Höhe von 3 m erreichen, in manchen Jahren aber vielleicht nur 1 m, das hängt von der Witterung, aber auch vom Zeitpunkt des Ansäens und Auspflanzens ab.

Weitaus die meisten schlingenden Pflanzen sind *Linkswinder,* wie es dem Gang der Sonne entspricht. Einige der ausgewählten Pflanzen sind ausdauernd und verholzend, sie sind Lianen. Für sie muß sich ein Platz finden, an dem sie über längere Zeit verbleiben und beobachtet werden können.

Aristolochia sipho, im Staudenhandel auch *A. durior* genannt, die Pfeifenwinde. Die Pflanze gedeiht auch im Schatten und treibt aus ihrem Wurzelstock viele verholzende Stengel. Die Blätter sind sehr groß und verursachen tiefen Schatten

(Ausgestaltung eines schattigen Sitzplatzes!). Die Blüten sind unscheinbar, aber eigenartig pfeifenkopfförmig gekrümmt (Gleitfallenblume mit entsprechender Blütenbiologie). Querschnitte von jungen Trieben zeigen sehr gut die getrennt angeordneten Leitbündel mit ihren Kambien. Die Leitbündel bleiben auch später getrennt und das bewirkt ja die später so fasrige, wenig starre Struktur der Lianen. Moderne Nomenklatur: *A. macrophylla*.

Celastrus orbiculatus, der Baumwürger, eine *Celastracee,* zeigt die Kraft, mit der er die Schlingen seines Stengels, der ziemlich dick werden kann, um seine Stütze zieht. Das wird deutlich, wenn er an einer Stange wächst, die mit einem elastischen Schlauch überzogen ist. Im Herbst sind die gelben Früchte mit dem scharlachroten Arillus ein prächtiger Schmuck des Gartens. Der Wurzelstock treibt viele Schößlinge, die ggf. entfernt werden müssen. Die verholzten Triebe zeigen viele deutliche Lentizellen. Zweihäusig.

Convolvolus saepium, die Zaunwinde, wird sich im Garten alsbald von selbst einstellen. Die große Blüte ist in der Knospe nach rechts eingedreht. Die Samenkapsel ist rundlich und enthält 4 große, schwarze Samen. Der Wurzelstock treibt reichlich lange, kräftige Ausläufer, wodurch die Pflanze im Garten lästig werden kann.

Cuscuta europea, der Teufelszwirn, ist ein chlorophylloser Schmarotzer ohne Wurzel. Seine seidenartig glänzenden Stengel umwinden die Wirtspflanze und bilden Saugorgane (Haustorien) aus, die in Siebröhren und Gefäße des Wirtes eindringen und Nahrungsstoffe entziehen. An den Stengeln bilden sich ganze Knäuel von kleinen, rosa Blüten, die von Insekten besucht und bestäubt werden. Der Samen keimt nur an Licht. Bei der Suche nach einem Wirt wächst der Keimling vorne weiter, wobei das Material der älteren Teile verwendet wird. Notfalls umschlingt er auch andere Keimlinge der gleichen Art und bringt sie um. Ein Cuscuta-Nest in einer Gartenecke auf Brennesseln, Hanf oder Futterwicke ist lehrreich. Wegen des ans Licht gebundenen Keimprozesses kann durch sorgfältiges Umgraben der ganze Spuk wieder beseitigt werden.

Ipomoea purpurea = *Pharbitis purpurea,* manchmal Prachtwinde genannt, blüht schön violett. Die Blüten sind (etwas kleiner als bei *C. sepium* und) ephemer. Sie verblühen schon zum Mittag des Blühtages, haben aber viele Knospen bereit. Die Pflanze braucht einen warmen Standort und windet bis 3 m hoch. Sie ist einjährig. Gerne wird auch *I. tricolor* gezogen, die sehr große, hellblaue ephemere Blüten bildet, die schon gegen Mittag durch Aziditätswechsel rötlich werden und durch nachlassen des Turgordruckes an Längsleisten zusammensinken. Die schöne, blaue Farbe ist erblich nicht dominant, weshalb die im Garten eingesammelten großen, schwarzen Samen aus den kugeligen Kapseln meist andere Sorten eingekreuzt sichtbar werden lassen; die Farbe ist nicht mehr rein hellblau.

Die Samen der Ipomoeen sollten zeitig angezogen werden.

Mina lobata, gelegentlich Mina-Prunkwinde genannt, ist eine *Convolvulacee* mit reichen, gelblichen Blütenständen, die in der Knospe leuchtend rot erscheinen.

Periploca graeca, ist ein Schlinger aus der Familie der *Asclepiadaceen.* Als mediterrane Pflanze eignet sie sich nur für begünstigte Stellen oder milde Klimate. Die Pflanze hat Blüten, die den für diese Familie typischen Klemmapparat groß und deutlich zeigen. Auch die Balgfrüchte sind ansehnlich.

Phasaeolus vulgaris, die Feuerbohne. Diese Pflanze kann vieles zeigen: die epigäische Keimung, die interessante Blütenbiologie, die Reifung der Früchte, die thermonastischen Bewegungen der Blätter. Die Feuerbohne liebt einen wärmeren Standort.

Polygonum Aubertii, der windende Knöterich, wächst außerordentlich schnell und bildet einen reichen, weißen Blütenflor. Er zeigt den charakteristischen Wuchs der *Polygonaceen* mit der Nebenblattscheide (Tute oder Ochrea) und eine einfache Blütenhülle.

Quamoclit coccinea ist eine Prunkwinde; aber sie hat duftende gelbe Blüten mit rotem Saum, bei der die einzelnen Teile nacheinander reifen. Auch sie braucht (wie Ipomoea) einen warmen Standort.

Wistaria sinensis, die Glyzine, braucht einen warmen Standort und nahrhaften Boden. In feuchter, warmer Luft entwickelt sie ihre langen, blaßvioletten Blütentrauben besonders schön. Die prächtige Pflanze wächst nur langsam und blüht oft erst nach Jahren. Sie ist eine verholzende Liane für eine Pergola.

b. *Pflanzen mit Ranken*

Bryonia dioica, die Zaunrübe, eine *Cucurbitacee,* hat eine dicke, lange Wurzel, die Blüten sind zweihäusig, von den 5 Staubfäden sind je 2 verwachsen und einer frei. Die Ranken sind unverzweigt und zeigen die Umkehrstellen der Windungsrichtung deutlich. Der Stengel ist rauh.

Cobaea scandens, die Glockenrebe, ist eine *Polemoniacee.* Sie wächst außerordentlich schnell. Die Achse der gefiederten Blätter läuft in eine lange, verzweigte Ranke aus. Diese hat eine krallenartige Spitze, mit der sie sich an Unebenheiten festhalten kann. Die Ranken können sich spiralig aufrollen, sich so verkürzen und die ganze Pflanze elastisch festhalten. Die großen Blüten an langen Stengeln sind nach der Entfaltung noch grün und färben sich erst anschließend dunkelviolett. Die länglichen, großen Früchte hängen durch Krümmung des Stieles abwärts. Nur an warmen Standorten reifen die Samen. Die aus Mexiko stammende Pflanze ist an sich ausdauernd, erfriert aber bei uns und muß deshalb jedes Jahr aus ihren flachen Samen möglichst frühzeitig angezogen werden. Wer ein Gewächshaus hat, kann die Pflanze auch überwintern. Doch scheinen überwinterte Pflanzen weniger eifrig zu blühen.

Corydalis claviculata, der rankende Lerchensporn, ist ein einjähriges zartes Pflänzchen, dessen dünne Stengel in verzweigte Ranken auslaufen. Die Pflanze gehört zur Familie der *Papaveraceen* und kann zeigen, daß diese so gut umschriebene Familie rankende Typen entwickeln konnte. Auch die sehr selten als Zierpflanze anzutreffende *Adlumia fungosa,* die Adlumie, gehört zur Mohnfamilie und rankt mit ihren jungen Blattstielen. Beide Arten kann man wegen ihrer Kurzlebigkeit z. B. an dunklen Koniferen hinaufranken lassen, von denen sie sich wegen ihrer helleren Farbe gut abheben.

Thunbergia alata, das Schwarzauge oder auch schöne Susanna genannt, ist eine einjährige *Acanthacee.* Ihre nur gut 1 Meter hochrankenden Triebe tragen einen reichen Flor orangeroter Blüten, deren tief schwarze Mitte ein ausgezeichnetes Beispiel für eine von der Natur hervorgebrachte angenähert absolut schwarze Fläche darstellt. (Physik im Schulgarten!) Die Pflanze kann (frühzeitig) aus Samen gezogen werden, junge Pflanzen sind auch in Gärtnereien oder auf Wochenmärkten zu haben. Interessant ist die Fruchtbildung.

Vicia sepium, die Zaunwicke, ist ausdauernd und hat einen Wurzelstock mit Ausläufern. Die nicht sehr großen Nebenblätter haben einen braunen Fleck, der ein extraflorales Nektarium trägt (Mikroskopie!). Reicher Ameisenbesuch. Die Blütenbiologie ist insofern interessant, als die dicht angeordnete Blüte, deren Griffel 2 Bürsten trägt, nur von kräftigen Insekten regulär mit Erfolg besucht werden kann. Doch finden sich auch Honigräuber ein. *V. sativa* empfiehlt sich, weil sie an den Wurzeln die Bakterienknöllchen gut sichtbar trägt.

Vitis vinifera, der Weinstock. Diese alte Kulturpflanze kann leicht an einer warmen Südwand als Spalier wachsen. Sie kann dann auch an Schulorten außerhalb des Weinbauklimas diese wichtige Nutzpflanze mit ihren Eigentümlichkeiten vorstellen: die Ranken, die nicht umgebildete Blätter, sondern Sprosse sind, die eigenartigen, unscheinbaren Blüten, von denen es zwittrige, aber auch rein männliche und rein weibliche gibt, wobei das unterdrückte Geschlecht rudimentär zu erkennen ist. Der Kelch ist mit 5 kleinen Schuppen nur angedeutet und an der Basis stehen zwischen den Staubfäden große Nektarien auf einem Diskus. Die Kronblätter heben sich als Mützchen ab. Ein starker Duft lockt Insekten an den Nektar und den reichlichen Pollen. Doch wird je nach der gewählten Sorte und der Witterung wenig oder kein Nektar gebildet. Häufig tritt auch Selbstbestäubung ein. Die Blüten stehen in dichten Rispen. Die Weinranken zeigen deutlich ihren Mechanismus: die zweiteiligen Rankenenden nutieren bis sie eine Stütze berühren, winden sich um sie herum und dann rollt sich der ältere Teil der Ranke wie eine Schraubenfeder ein und verholzt. Ein älterer Weinstock bietet den typischen Anblick einer Liane. Der Stumpf eines im Frühjahr abgeschnittenen Zweiges zeigt das starke „bluten". Nach Jahren muß ein zu groß gewordener Weinstock zweckmäßig beschnitten werden. Über den Sproßaufbau siehe bei *Parthenocisus* weiter unten.

c. *Wurzelkletterer und Pflanzen mit Haftscheiben*

Actinidia arguta, der Strahlengriffel, ist eine schön weißblühende Liane aus dem Himalaja, die im Handel gelegentlich zu haben ist.

Campsis radicans ist eine aus den Vereinigten Staaten stammende *Bignoniacee.* Sie hat sehr große, längliche, rote, trichterförmige, etwas unsymetrische Blüten, in armblütigen Infloreszenzen. Die Haftwurzeln sind sehr kurz, so daß man dieser prächtigen Liane ein Lattengerüst an einer warmen Mauer geben muß, denn Wärme benötigt die Pflanze. Es genügt aber ein leichter Winterschutz.

Hedera helix, der Efeu (Araliacee) ist der einzige einheimische Wurzelkletterer. Er ist kein Schmarotzer. Efeu ist eine Schattenpflanze. Die Haftwurzeln und die Nährwurzeln haben wohl den gleichen morphologischen Ursprung. Sie differenzieren sich aber sehr früh. Der Efeu zeigt eine auffallende Heterophyllie von schmalen Sonnenblättern und breiten, dunklen Schattenblättern. Die hellen Sonnenblätter treten nur bei alten blühfähigen Pflanzen auf, die sich mit einem selbsttragenden Sproß über die Baumkrone erhoben haben, unter der die Pflanze zuerst wuchs. Die Sonnen- und Schattenblätter haben verschiedenen anatomischen Bau. Der Steckling eines alten, aufrechten Sprosses gibt wieder eine baumartige Pflanze (nach Molisch). Die in dichten Dolden stehenden farblich unscheinbaren grünlichen Blüten entfalten sich erst im Herbst, die Früchte reifen erst im folgenden Frühjahr. Die Efeu kann gleicherweise an eine absonnige Mauer und an einen kräftigen Baum (z. B. Buche) gepflanzt werden. Die Sternhaare des Efeus und ihre Bildung sind ein gutes mikroskopisches Objekt. Versuche mit Efeublättern bei Molisch, Botanische Versuche ohne Apparate, 3. Aufl. S. 35.

Hydrangea scandens, die Kletterhortensie, wächst mit schwachen Haftwurzeln an der Unterlage und bedarf einer Stütze, um im lichten Schatten die großen weißen Infloreszenzen mit den rundlichen, großen, unfruchtbaren Blüten entfalten zu können. Die Pflanze ist eine *Hydrangeacee.*

Parthenocissus tricuspidata, eine Art des „wilden Weines", hat Haftscheiben an den Ranken, mit denen er sich auch an Holz halten kann. Die großen Blätter der Liane sind ± dreiteilig, frisch grün und im Herbst schön rot. Die Stengel zeigen die für Vitaceen typischen Perldrüsen (Mikroskop). In den Zellen können Kristalldrusen, Einzelkristalle und Raphiden beobachtet werden. Die Gefäßbündel sind isoliert (wie bei *Aristolochia sipho,* s. o.) und die Sprosse zeigen dementsprechend die fasrig aufgelöste, seilartige Struktur bei geringem Standvermögen. Die Gefäße sind außerordentlich weit (Sproßquerschnitt). Die Blüten entsprechen im allgemeinen denen des Weinstocks, doch breiten sich die Blütenblätter meist (nicht immer) aus und fallen nicht als Mützchen ab. Die reifen Beeren sind blau und bereift. Im Handel sind auch die ähnlichen Arten *P. vitacea* und *P. quinquefolia* zu haben. *P. veitschii* ist nur eine Form von *P. tricuspidata.* Ampelopsisarten haben keine Haftscheiben an den Ranken.

d. *Spreizklimmer*

sind Pflanzen, die sich durch starkes Wachstum der Sprosse mit langen Internodien zwischen Ästen und Blattwerk anderer Pflanzen schieben und sich durch die erst später entwickelten Blattstiele und Seitenäste in die Trägerpflanzen, aber auch in Mauern oder Gebäudeteile verspreizen. Durch rauhe Stengeloberflächen (Haare, Borsten, Stacheln) und krümmbare Blattstiele wird das Festhalten erleichtert.

Clematis macropetala ist eine gute Art, die 5 (!) blaßviolette, ansehnliche Blütenblätter hat. Die Pflanze wächst an einem leichten Gestell windgeschützt bis zu 2 m hoch vor einer Mauer oder an einer dunklen Coniferne. Die relativ dünnen Stengel haben die Struktur der Lianen und sind im Winter sehr brüchig (Vorsicht!). Schon im Herbst sind die großen wolligen Knospen sehr auffällig (s. S. 117). Den Fuß beschatten z. B. mit *Saxifraga umbrosa* oder *Potentilla chrysocraspeda!*

Clematis vitalba, die Waldrebe, kann aus gesammelten Samen leicht gezogen werden. Die Blattstiele reagieren auf Berührungsreiz. Die unauffälligen Blüten werden von Bienen besucht. Aber die großen Fruchtstände mit ihren langen behaarten Schnäbeln sind vor allem bei Rauhreif eine prächtige Zierde. Sie wächst am besten in einem nicht gerade südexponierten Mauer- oder Zaunwinkel an einer ein paar Meter hohen Stange. An Bäumen fühlt sie sich wohl, schädigt sie aber durch Lichtentzug. Die Stengel sind typische Lianen. Im Frühjahr bilden sich an ihnen so große Gefäße, daß man sie mit bloßem Auge angedeutet sehen kann. (Querschnitte im Mikroskop, Vergleich mit anderen Lianen!) Im Handel gibt es noch andere *Clematisarten* und -Sorten. Aber die großblütigen halten nie lange aus. Am besten ist m. E. noch *Jackmanii, die* man vielleicht im Winter nicht geschützt auf den Boden legen muß. *Clematis tangutica* hat gelbe Blüten und ist winterhart. Alle *Clematis-Arten* schätzen einen schattigen und damit etwas feuchten „Fuß", denn alle Kletterpflanzen sind ja in der Natur von den Pflanzen beschattet, unter denen sie wachsen.

Cucubalus baccifer, oft Taubenkropf genannt, ist klein, wächst nur 1 m hoch, was im beengten Schulgarten erfreulich ist. Zwischen den langen Internodien des nach Art der *Caryophyllaceen* dichasial verzweigten Sprosses stehen die am Grunde verwachsenen Blätter. Der Kelch der Blüten ist am Grunde verwachsen, die Kronblätter mit dem kurzen Krönchen sind weiß und nur schmal und der kugelige Fruchtknoten steht in reifem Zustand über dem zurückgeschlagenen Kelch als dunkle Beere. Die zentrospermen Früchte sind im Längsschnitt als Typ gut zu beobachten.

Galium aparine, das Klebkraut, ist (Gott sei dank!) nur einjährig. Es repräsentiert im Schulgarten den Typ der Labkräuter. Der vierkantige Stengel mit den Blattquirlen trägt die einfachen 4teiligen Blüten. Der Fruchtknoten ist unterständig und zerfällt bei der Reife in die zwei Teilfrüchte, die mit ihren hakigen Borsten epizoisch verbreitet werden. Die Blattränder und die vier Kanten des Stengels sind mit rückwärtsgerichteten stacheligen Zähnchen besetzt, die so scharf sind, daß sie überall hängen bleiben und daß man meinen könnte, sie seien klebrig (Name!). Im Schulgarten kann die Pflanze z. B. zwischen Getreidehalme als episodischer Versuch angesät werden. An gut zugänglicher Stelle ist das Klebkraut dann wieder leicht zu unterdrücken.

Jasminum nudiflorum, der Winterjasmin, kann in den spätwinterlichen Garten schon seine Blüten bringen. Im Schutz einer Mauer wächst diese *Oleacee.* An den grünen vierkantigen Stengeln sitzen gegenständig dreifach gefingerte Blätter. Aus ihren Achselknospen entspringen im frühen Frühjahr die gelben langröhrigen Blüten.

Lycium halimifolium, der Bocksdorn, ist eine strauchige Solanacee mit vielen rotvioletten, spät im Jahr entfalteten Blüten. Wenn der Bocksdorn keine Sträucher vorfindet, zwischen deren Zweigen er seine mit Dornen bewehrten Triebe hinaufschicken kann, dann hängen sie herunter. Man kann von der Pflanze deshalb kahle Felsen oder Stützmauern begrünen lassen. Die Früchte sind längliche rote Beeren. Der Strauch treibt aus seinem Wurzelstock viele Schößlinge und kann deshalb lästig werden.

Rosa-Arten, die Heckenrosen. Die Rosenarten sind mit ihren stachelbewehrten raschwüchsigen Trieben, die manchmal in kürzester Zeit dick aus dem Boden kommen, zu den Spreizklimmern zu rechnen. Die unterschiedlichen Blatt-, Kelchblatt-, Stachel- und Scheinfruchtformen können wieder einmal zeigen, in welchen Formenreichtum sich ein bestimmter Typ gewandelt hat. Sicher wird vor allem die Rosenblüte und ihr Wandel zur Frucht Unterrichtsgegenstand sein. Der Schulgarten bietet hier die Möglichkeit, diesen Wandel zu verfolgen. Das Zeichnen verschiedener Rosenblätter oder fruchtender Zweige verschiedener Arten erzieht das Auge zum Betrachten und Beobachten von Naturformen. Ob nun *R. canina, R. gallica, R. villosa* oder die großfrüchtige *R. rugosa* in einem Gartenwinkel, vielleicht als Pflanzung zur Straße, stehen oder alle zusammen oder ganz andere Arten, nach einigen Jahren wird das Rosengebüsch zu einem undurchdringlichen Dickicht geworden sein, das es ja von Natur aus ist. An einer Wand oder an der Pergola kann natürlich als Schmuck eine edle Kletterrose wachsen. Auch in dieser Beziehung ist der Schulgarten ein Beispiel- und Lehrgarten für die Besucher des Gartens, die keine Zuunterrichtenden im Sinne der Schule sind. Welche Rosensorten an der Pergola zu ziehen sind, hängt von der Lage des Schulortes ab. Empfehlenswerte Sorten sind *Solo* (dunkelrot und gefüllt, duftend), *New Dawn* (Dauerblüher, rot-weiß), *Ruga* (zart, weiß, gefüllt), *Le Rêve* (gelb, frühblühend). Alle sind winterhart. Floribundaartige große rote Rosen bringen die schnell wachsenden *Heidelberg* und *Koblenz*. Alle Rosen müssen gegen Schädlinge entsprechend behandelt werden. Darüber näheres in einem guten Rosenbuch im Buchhandel.

Rubus-Arten gehören auch hierher. Vielleicht will man *R. idaeus,* die Himbeere, eine Brombeerart oder den großen *Rubus odoratus* im Garten haben. Sie können da ihre unglaubliche Wüchsigkeit zeigen und ihre Tätigkeit als Pioniere auf neu zu besiedelndem Boden.

Tropaeolum maius, die Kapuzinerkresse. Die bekannte, durch ihre großen bunten Blüten zur besonderen Beobachtung herausfordernde Pflanze zeigt im Schulgarten vielerlei. Mit den langen glatten Stengeln drängt sie sich zwischen anderen Pflanzen in die Höhe und mit ihrem sparrigen Wuchs und den reizempfindlichen Blattstielen verankert sie sich. Auf einem leeren Beet gepflanzt, wächst die Pflanze mit mehreren Trieben radial auseinander. Die Blätter zeigen an den Enden der meist 10 Hauptadern deutlich die Guttation als Wasserspalten (Mikroskop!). Die großen farbprächtigen Blüten sind unsymmetrisch, haben einen Honigsporn und eine sehr interessante Blütenbiologie: Nach Öffnen der Blüte sind Staubblätter und Griffel nach abwärts gebogen. Dann aber streckt und öffnet sich eines nach dem anderen der 8 Staubblätter, dann erst nach Ausfallen des Blütenstaubes öffnen sich die Narben. Das Blütenblatt liefert im Tangentialschnitt ein Haar- und Drüsenpräparat, auch der Honigsporn, aus dem gelegentlich von Insekten geräubert wird, hat deutliche Wasserspalten. Die Frucht ist von einem später eintrocknenden Gewebe umgeben. *T. peregrinum* hat kleine gelbe Blüten und geschlitzte Blätter.

4. *Einrichtungen zur Pollenverbreitung*

Für das wichtige Phänomen der Pollenverbreitung bietet der Garten vielfache Beobachtungsmöglichkeiten. Daß Schüler und im allgemeinen auch Erwachsene den Tieren zunächst mehr und auch intensiveres Interesse entgegenbringen, ist wohl auf die größere äußere Dynamik der Tiere zurückzuführen. Deshalb ist es pädagogisch wichtig, im Garten Pflanzen anzusiedeln, deren Dynamik deutlich ins Auge fällt. Vom Sinnfälligen wird dann Auge und Interesse auf das Subtilere, auf tiefere Zusammenhänge gelenkt. Eine geradezu weltweite Dynamik im Pflanzenreich ist die Pollenverbreitung. Es wird zunächst eine Übersicht von Verbreitungsweisen des Pollens gegeben. Dabei werden Pflanzengattungen als Beispiele genannt und kurz gekennzeichnet. Ihre Bedeutung für die Betrachtung der Pollenverbreitung wird herausgestellt. Über die Beobachtung der Verbreitungsvorgänge wird im Abschnitt „Tätigkeiten im Schulgarten" gesprochen.

Pollen wird verbreitet:

a. durch autonome Bewegung der Spermatozoiden bei Pteridophyten
Dryopteris

b. durch strömendes Wasser
Bestäubung an der Oberfläche des Wassers
Ruppia, Vallisneria
Bestäubung unter Wasser
Callitriche, Ceratophyllum

c. durch Wind (Pollen sind leicht, pulvrig, Gynäzeum freistehend, Narben lang, klebrig)
Einzelblüten oder ganze (männliche) Blütenstände im Winde leicht beweglich
Betula, Briza, Corylus, Rumex
Pollensäcke an langen, dünnen Filamenten im Winde wehend
Poaceen, Sanguisorba, Ulmus
Staubbeutel mit besonderem Öffnungsmechanismus
Rizinus
„Explosivblüten"
Mercurialis, Urtica
Luftsäcke an Pollenkörnern
Pinus

d. durch Wind und Tiere, die von Düften, Farben und Formen der Blüten angelockt werden. (Pollen sind zeitweise klettig und klebrig)
Castanea, Tilia

e. durch Tiere allein, und zwar durch

α. Vögel
Salvia

β. Schnecken
Calla, Lemna

γ. Fledermäuse
Cobaea

δ. Insekten
bei Pollenblumen, die nur Pollen bilden
Glaucium, Helianthemum, Hepatica, Hypericum, Papaver, Rosa, Thalictrum
bei Nektarblumen, an denen die Insekten dem Nektar nachstellen und den Pollen nur zufällig vertragen. Der Nektar kann offen oder versteckt dargeboten sein.
Tagfalterblumen
ohne zusätzliche Einrichtungen
Centranthus, Dianthus, Lilium
mit Klemmapparat
Asclepias, Cynanchum
Nachtfalterblumen
Convolvulus, Lonicera, Saponaria, Silene
Fliegenblumen und zwar:
Kotfliegenblumen

Asarum
Schwebfliegenblumen
Alsine, Circaea, Veronica
bei Blumen, in denen Bienen, Hummeln und Wespen Nektar und Pollen nachstellen und zwar:
Blüten ohne besondere Einrichtungen wie
Bienenblumen
Antirrhinum, Lamium, Phacelia
Hummelblumen
Aconitum, Aquilegia, Digitalis, Iris
Wespenblumen
Scrophularia, Symphoricarpus
Blüten mit besonderen Einrichtungen wie
„Schlagbaumapparat"
Salvia
Auspressen des Pollens
Centaurea
Fegeeinrichtung
Campanula, Phyteuma
bei Fabaceen
Klappeinrichtung
Laburnum, Onobrychis
Bürsteneinrichtung
Vicia, Phaseolus
Pumpeinrichtung (Nudelpumpe)
Anthyllis, Coronilla, Lotus
Explosionseinrichtung
Sarothamnus, Trigonella
bei Orchidaceen (Pollinien!)
Orchis
bei Fallenblumen
Aristolochia, Arum, Cypripedium
bei Blüten, bei denen der Fortpflanzungstrieb der Insekten ausgenützt ist
Ficus, Ophrys, Yucca

Liste 7

Aconitum napellus, der blaue Eisenhut (Ranunculacee) ist eine bis 1 m hohe Pflanze, die im Tiefland oft eine Stütze braucht. Blätter tief eingeschnitten. Blüten in Trauben, dunkelviolett, gespornt, Hummelblume. Verträgt stark gedüngten Boden. Absonniger Standort!

Alsine verna, die Frühlingsmiere ist eine niedrige, rasig wachsende Alsinee mit weißen Blütchen mit roten Staubbeuteln. Gerne von Schwebfliegen besucht.

Anthyllis vulneraria, der Wundklee, ist eine formenreiche Art. Er braucht einen trockenen, durchlässigen, sonnigen Standort. Dann hat die Pflanze einen schönen, rosettigen Wuchs. Sie liefert den ganzen Sommer über „Schmetterlingsblüten". Diese haben die meist von kräftigen Hummeln in Betrieb gesetzte Pumpeinrichtung, wobei die verdickten Staubfäden den Pollen bei jedem Herabdrücken des

Schiffchens oder der Flügel aus der Schiffchenspitze drücken. Wenn kein Pollen mehr vorhanden ist, tritt der Griffel mit Narbe aus dem Schiffchen. Der Mechanismus kann auch künstlich in Betrieb gesetzt werden. Die einsamige Hülse steht seitlich am Stengel. Die Pflanze ist im allgemeinen nur zweijährig.

Antirrhinum maius, das Löwenmäulchen, wird besonders von Bienen besucht. S. 8, S. 163.

Aquilegia vulgaris, die Akelei, wird von Hummeln besucht. S. 8, S. 163.

Aristolochia clematitis, die Osterluzei, ist eine kräftige, blaßgrüne Pflanze mit hellgelben, proterogynen Kesselfallenblüten der bekannten Bauweise. Die großen Blätter haben eine deutliche Nervatur und sind am Grunde eigenartig ausgebuchtet. Die Pflanze benötigt einen warmen Standort. *A. sipho* (durior) hat ähnliche Blüten. S. 6 a, S. 143 f.

Arum maculatum, der Aronstab, hat eine Kesselfallenblüte. S. 2, S. 121.

Asarum europaeum, die Haselwurz, wird von Kotflsiegen besucht. S. 2, S. 121.

Asclepias incarnata, die Seidenpflanze, wird von Fliegen besucht, die mit den Beinen in den Klemmkörper geraten und dann diesen mitsamt den Pollinien herausreißen und zur nächsten Blüte tragen. Dabei wird dann die Bestäubung vollzogen. Näheres über diesen Vorgang bei Hegi Fl. v. M. V. 3. Siehe auch Liste 8, S. 163, und Liste 4, S. 127 f.

Asclepias syriaca (= *A. Cornuti*) wurde früher zur Verwendung der seidigen Samenhaare angebaut. Diese Pflanze mit kriechendem Rhizom führt in den Blättern giftigen Milchsaft. Interessante Früchte.

Betula, die Birke, siehe Seite 184. Sie ist ein Windblüher. Schön ist *Betula utilis*. *Briza maxima,* das große Zittergras, ist einjährig. Die zierlichen Ährchen sind sehr beweglich aufgehängt.

Calla palustris, die Drachenwurz, wird von Schnecken bestäubt. Siehe S. 129.

Callitriche autumnalis, der Herbstwasserstern *(Callitrichacee),* ist eine sehr zarte Wasserpflanze, die untergetaucht lebt. In der Achsel der schmalen Blätter sitzen die eingeschlechtigen und nur aus einem Fruchtknoten mit zwei langen Narben und einem Staubblatt mit einem langgestielten Staubbeutel bestehenden Blüten. Die Bestäubung erfolgt unter Wasser und ist deshalb nicht direkt zu beobachten. Darum eignet sich die Pflanze nur für besondere Fälle.

Campanula carpatica, die Karpatenglockenblume. In den noch geschlossenen Blüten neigen sich die fünf Staubblätter mit ihren dicken Pollensäcken, die sich nach innen öffnen, so zusammen, daß der Griffel beim Wachsen mit seinen Fegehaaren den Pollen mit nach oben nimmt. Während die Narbenäste noch geschlossen sind und eine Befruchtung unmöglich ist, nehmen die Insekten bei der Honigsuche am Grunde der Blüte den Pollen mit. Wenn die Blüten sich öffnen, sind die Staubfäden schon vertrocknet. Wenn sich aber die Narben entfalten und bestäubt werden können, ist der Blütenstaub der eigenen Blüte längst abgeholt oder vertrocknet. Protandrische Blüte! Zur Beobachtung der Blütenbiologie eignen sich alle großblütigen Glockenblumen: *C. longifolia, C. persicifolia* u. a. Bei *Symphyandra Hofmannii* ist eine ausgesprochene Staubblattröhre ausgebildet (Name!). Siehe S. 193.

Castanea vesca, die Edelkastanie, gedeiht im Weinbauklima und sonst nur an geschützten warmen Stellen. Sie ist nur für sehr große Gärten geeignet, wird dort aber bei geeignetem Klima zu einer prächtigen Gartenzierde. Sie blüht erst in späteren Jahren. Die männlichen Blüten stehen mit langen Staubfäden zahlreich in langen aufrechten blattachselständigen Kätzchen. Die weiblichen Blüten am Grunde der männlichen Blütenstände sind unauffällig und haben mehrere lange Narben. Der Pollen ist anfangs klebrig und wird von Insekten vertragen, später wird er trocken und kann vom Winde verweht werden. Die Blüten erscheinen nach den Blättern.

Centaurea scabiosa, die Skabiosen-Flockenblume, kommt in einigen Unterarten vor. Die verschiedene Gestalt der Hüllblätter mit ihren Anhängseln sollte zeichnerisch festgehalten werden. Von den Einzelblüten sind die äußeren größer und steril (Schauapparat), die inneren zwittrig. Durch Berührungsreiz können sich die Staubfäden verkürzen und der Staubbeutelinhalt wird auf den geschlossenen Narbenkopf gefegt und mit dem Insekt in Berührung gebracht. Wenn der Blütenstaub vertragen, verweht oder vertrocknet ist, öffnen sich die Narben. Der Hüllkelch ist hygroskopisch. Die bekannten Arten *C. montana*, *C. cyanus* (Kornblume), *C. jacea* sind im Garten aus verschiedenen Gründen wenig ansehnlich. Aber *C. pulcherrima* mit ihren graugrünen Stengeln und Blättern, den großen rosa Blütenköpfen in einer silbrigen Hülle, kann besonders empfohlen werden. Auch die hohe gelbe *C. macrocephala* mit ihren großen Blütenknospen.

Centrathus ruber, die Spornblume, hat Tagfalterblüten. S. S. 191.

Cephalaria tatarica, der gelbe Schuppenkopf, lockt mit seinen gelben Blütenköpfen Scharen von Hummeln an. Allerdings wird sie so hoch, daß das Verhalten der Tiere nicht ohne weiteres beobachtet werden kann. Außerdem neigen die hohen Stengel zum umfallen, weshalb sie einer Stütze bedürfen. Eine unansehnliche Stelle im Garten füllt die stattliche Pflanze aber sehr gut aus.

Ceratophyllum demersum, das gemeine Hornblatt (*Ceratophyllacee*) kann frei im flachen, aber auch tieferen Wasser schwimmen und bildet zarte Sprossen mit Quirlen aus dichtstehenden, schmalen, starren Blättern. Die Blüten sind dem Wasserleben angepaßt. Die männlichen haben viele eigenartige Staubbeutel fast ohne Filament in einer mehrblättrigen, grünen Hülle. Diese drückt die Staubbeutel heraus, so daß sie durch lufthaltiges Gewebe frei schwimmend mit den langen Narben des Fruchtknotens in den weiblichen Blüten unter Wasser zusammenkommen können. Die Befruchtung selbst ist nicht zu beobachten. Entwicklungsgeschichtlich gehört die Pflanze vor allem wegen des aus *einem* Fruchtblatt gebildeten Fruchtknotens und der vielen Staubblätter in die Nähe der Ranunculaceen.

Circea lutetiana, das Hexenkraut. Die zarten Blüten werden von Schwebfliegen bestäubt. S. S. 121.

Coix lacrima Jobi, das Tränengras, auch Josefszacher genannt, ist eine eigenartige, einjährige *Poacee* aus der Verwandtschaft des Mais. Die Scheide des Tragblattes des weiblichen Blütenstandes ist zu einem harten, krugförmigen, weißlichen Gebilde geworden, aus dem der kurze männliche Blütenstand herausschaut. Das harte Gebilde wird später perlartig (etwa 5 mm $\varnothing$). Die langen,

153

aus dem „Krug" heraustehenden Narben sind für Windblüten typisch. Die harte „Perle" vielleicht für den Werkunterricht!

Concolvulus sepium, die Zaunwinde, ist eine Blüte für Nachtfalter. S. S. 144.

Coronilla varia, die bunte Kronwicke, ist eine prächtige Fabacee. Der in späteren Jahren kräftige Wurzelstock treibt nach der Saat erst im 2. Jahre blühende Sprosse. Der reiche Blütenstand ist doldig. Die Einzelblüten richten sich bei der Anthese auf. Sie haben eine Pumpeinrichtung, bei der die 10 Staubfäden beim Niederdrücken des Schiffchens den Pollen aus der langen Spitze des Schiffchens herausdrücken.

Corylus avellana, die Haselnuß, ist ein Windblüher. Der hängende männliche Blütenstand wird leicht vom Winde bewegt. S. 117. Der Strauch kann sehr groß werden!

Cynanchum vincetoxicum (= *Vincetoxicum officinale*), die Schwalbenwurz, ist nicht gerade eine Zierde des Gartens. Wer aber den Klemmapparat der *Asclepidaceen* an einer einheimischen Pflanze zeigen möchte, der mag die etwas starre und sehr oft nicht fruktifizierende Pflanze an einer trockenen, sonnigen Stelle pflanzen. Die Insekten geraten mit dem Rüssel in den Klemmkörper und reißen den Translator mit den Pollinien heraus. Näheres über diesen Vorgang bei Hegi Fl. v. M. Bd. V. 3. S. auch *Asclepias incarnata,* S. 127.

Cytisus scoparius, siehe *Sarothamnus scoparius.*

Dianthus superbus, die Prachtnelke, S. 128, *D. caesius,* die Pfingstnelke, S. 137. Beide Arten sind Tagfalterblumen.

Digitalis purpurea, der rote Fingerhut, mit seiner dichten, einseitswendigen, hummelblütigen Blütentraube, ist eine prächtige zweijährige Pflanze lichter Wälder. In Gärten gedeiht die Sorte *gloxiniaeflora* besser. Manchmal vergehen einige Jahre, bis die Pflanze zum blühen kommt; manchmal geht sie auch nach der Blüte nicht ein, sondern bildet eine Erneuerungsrosette. Es ist zweckmäßig, jedes Jahr Jungpflanzen heranzuziehen.

Dryopteris filix mas., der Wurmfarn, findet mit anderen Farnen an absonnigen Stellen, unter Gehölzen oder im Schatten von Steinen seinen Platz. Keimung der Sporen siehe b. Spanner, Lehrerhandbuch Bot. II. S. 164 ff.

Glaucium flavum, der gelbe Hornmohn, hat Pollenblumen. Die prächtige, auch mehrjährige, sich meist selbst aussäende Pflanze, hat dickliche, graugrüne, fiederspaltige Blätter. Die gelben Blüten stehen kurzgestielt in den Achseln von rundlichen Blättern. Der Fruchtknoten wächst sich zu langen, vielsamigen Früchten aus. Die Ausbildung der Frucht ist eine interessante Beobachtungsaufgabe. Zur Fruchtzeit macht die Pflanze einen unordentlichen Eindruck.

Helianthemum nummularium ssp. grandiflorum, das Sonnenröschen, ist ein Vertreter der bei uns nur spärlich vorkommenden *Cistaceen.* Die Art hat einen xerophytischen Wuchs. Die gelben (Name!) Blüten fallen auf und bieten mit den vielen Staubfäden den Pollen (als Pollenblumen) dar. Der Staudenhandel bietet viele H.-Sorten an. *H. canum* S. 140.

Hepatica nobilis, das Leberblümchen, ist eine Pollenblume. S. 122.

Hypericum polyphyllum, das vielblättrige Johanniskraut. Die langen, abstehenden Staubfäden bieten den Pollen dar (Pollenblumen). S. 138.

Iris sibirica, die sibirische Schwertlilie, s. S. 128, *I. pseudacorus*, die Wasserschwertlilie, S. 132. Beide snd Hummelblüten.

Laburnum anagyroides, der Goldregen, ziert im Frühsommer den Garten mit seinen hängenden, lockeren, goldenen Blütentrauben. Die Einzelblüten haben nach ihrer Entfaltung eine Pumpeinrichtung für den Pollen wie *Anthyllis* (Wundklee) und *Coronilla* (Kronwicke). Wenn aber die Schiffchenblätter durch öfteren Gebrauch zerrissen sind, wirkt nur noch eine einfache Klappvorrichtung. Die Rinde des Baumes muß im Winter vor Hasen geschützt werden.

Lamium album, die weiße Taubnessel *(Lamiacee)*. Irgendwo in einem Winkel des Gartens oder Hofes sollten schon ein paar Taubnesseln stehen. Was der Lehrer an ihr hat, braucht hier nicht weiter dargestellt werden. Alles bei Spanner, Lehrerhandbuch, Botanik I, mit Literatur.

Lemna trisulca, die Wasserlinse. Ihre Blüte wird meist von Schnecken bestäubt, die auf den dichten Wasserlinsenteppichen herumkriechen. Siehe S. 133.

Lilium martagon, die Türkenbundlilie, wird von Tagfaltern besucht. S. S. 123.

Lonicera caprifolium u. *L. periclymenum*, das Geißblatt, wird von Nachtfaltern bestäubt. S. S. 143.

Mercurialis annua, das einjährige Bingelkraut *(Euphorbiacee)* ist ein zweihäusiges Unkraut von etwas starrem Wuchs und steht in Herden. Die männliche Blüte ist „explosiv". Kurz bevor sich die Staubbeutel öffnen, bildet sich auf der Innenseite der grünlichen Perianthblätter ein Schwellgewebe, das die Blütenblätter sich stark nach rückwärts krümmen läßt. Den Druck der Rückwärtskrümmung halten die umliegenden Knospen- und Stengelteile aus, bis der kurze Blütenstiel an einer vorbereiteten Stelle sich abtrennt und die ganze Blüte durch Freiwerden des genannten Druckes weggeschleudert wird. Da sich gleichzeitig die Pollensäcke öffnen, verbreitet sich eine Wolke von Blütenstaub. Der Zeitpunkt der Ablösung der Blüte hängt allein vom Wachstum der beteiligten Gewebe ab. Die Pflanze enthält Methylamin und wird beim Trocknen bläulich.

Onobrychis viciifolia, der Esparsette-Klee, ist eine etwas starre Pflanze mit langer Pfahlwurzel, die Fiederblättchen sind sehr schmal, die aufrechten ährigen Blütenstände sind trübrot. Die ssp. *montana* blüht leuchtend rot. Die Einzelblüten haben nur kleine Flügel und die Einstäubung der Insekten besorgt eine Klappeinrichtung, wenn das Schiffchen angeflogen wird.

Orchideen werden im Garten kaum wachsen. Aber auf natürlichen Standorten kann ihre Bestaubungseinrichtung vorgeführt werden, indem auf einem statt Insektenrüssel eingeführten Bleistift die Pollinien haften bleiben und sich langsam nach vorne krümmen.

Papaver nudicaule, der Islandmohn, und *Papaver somniferum*, s. S. 170. Beide Arten haben Pollenblumen.

Phacelia tanacetifolia, der Bienenfreund, eine *Hydrophyllacee*, ist eine seit langem angebaute Bienenweide. Die blaßlila Blüten stehen in dichten Wickeln, die 5 Staubblätter ragen weit aus der Krone und haben rote Staubbeutel. Die ganze Pflanze ist in der oberen Region steifhaarig, die Blätter sind gefiedert.

Phyteuma orbiculare, die kugelige Teufelskralle. Die Blütenblätter sind zu einem krallenartigen Gebilde mit ihren Rändern verwachsen (Name). Sie umschließen die fünf Staubfäden, deren Staubbeutel sich nach innen öffnen. Der behaarte Griffel schiebt mit den noch geschlossenen Narben den Pollen über die Kronblätter hinaus, während diese gleichzeitig an ihren Verwachsungsnähten erst basal und dann bis zur Spitze zerschlitzen. Am Grunde buchten sie sich aus, so daß die Kronröhre kürzer wird und der Griffel mit den sich erst jetzt öffnenden Narben herausragt. Bis dahin ist der Pollen am Griffel abgeholt, verweht oder vertrocknet. Protandrisch.

Pinus, die Kiefer. Der Blütenstaub ist leicht, staubig und hat zwei Luftsäcke an jedem Korn (Mikroskop!). Auch *Abies, Larix* und *Picea-Arten* haben solchen Pollen in großer Menge.

Poaceen, Gräser. Ob im Garten ein paar Getreidearten wachsen oder Gräser als Unkräuter zu finden sind, an allen kann zur Blütezeit das Heraushängen der langen Filamente und der verzweigten Narben beobachtet werden. An lockerblütigen Ähren sind die Blüten in ihrem Aufbau besser zu erkennen. Solche Arten sind: *Andropogon ischaemon*, das Bartgras, *A. gryllus*, der Goldbart, der einen warmen Standort liebt, *Arrhenaterum elatius*, der Glatthafer, *Phaleris arundinacea*, das Glanzgras, *Poa alpina*, das Alpenrispengras mit der var. *vivipara*, die besonders interessant ist. Als besonderen Schmuck des Gartens kann *Hystrix patula*, das Flaschenbürstengras, empfohlen werden. Es kann leicht aus Samen gezogen werden.

Potamogeton, das Laichkraut. Eine der vielen *Potamogeton*-Arten kann im Wassergarten ihren Platz finden. Sie erheben ihre einfachen Blüten über die Wasseroberfläche. Sie werden vom Wind bestäubt und die oft hakigen Früchte werden wahrscheinlich von Fischen verbreitet. Doch wuchern die großen kräftigen Arten so stark, daß sie eingedämmt werden müssen.

Ricinus communis, der Rizinus, der manchmal Wunderbaum genannt wird *(Euphorbiacee)* kann im Sommer aus den großen, schön gezeichneten Samen gezogen werden. (Ev. antreiben.) Die Blätter sind handförmig geteilt, die männlichen Blüten haben verzweigte Staubblätter, die aus sehr vielen Staubbeuteln den Pollen ausstreuen. Die Öffnung der Staubbeutel erfolgt nach dem Prinzip des Annulus der Farne. Die weiblichen Blüten haben auf dem relativ kleinen Fruchtknoten drei zweispaltige Narben. (Windblüher!) Die stacheligen, getrennt am Stengel stehenden Früchte enthalten die Samen, aus denen das Öl gewonnen wird. An warmem Standort, evtl. in einem Kübel, wächst die Pflanze meterhoch und mehr.

Rosa, die Heckenrose. Die vielen Arten der Heckenrosen, die gerne lehmigen Boden haben, tragen Pollenblumen. Siehe S. 148.

Rumex scutatus, der Schildampfer, ist eine der kleineren Ampferarten, dafür aber klar aufgebaut. Die Blätter sind dreieckig pfeilförmig und unterseits grau. In der lockeren Infloreszenz stehen männliche, weibliche und zwittrige Blüten. Die Staubbeutel hängen an langen dünnen Filamenten, der Fruchtknoten (und dann auch die Früchte) sind breit geflügelt. Die dünnen Blütenstiele haben in der Mitte eine Unterteilung. (Windblüher!)

Ruppia maritima, die Strandsalde, ist eine zarte Wasserpflanze, die ein leicht salziges Wasser liebt. Es kann ihr in einer flach auslaufenden betonierten Vertiefung im Wassergarten geboten werden. Die Pflanze hat gegenständige schmale grasartige Blätter mit sehr breiter Scheide. Die einfachen Blüten ragen über das Wasser und die gebogenen Pollenkörner schwimmen, bis sie auf eine der großen Narben treffen. Die Ruppia ist eine *Potamogetonacee.*

In der Erde am Ende des auslaufenden Salzwassers können andere Salzpflanzen stehen: *Artemisia maritima,* der Salzwermut *(Asteracee), Obione pedunculata,* die Salzmelde und *Suaeda maritima,* die Strandsalzmelde (beide *Chenopodiaceen), Atropis maritima,* der Salzschwaden *(Poacee), Glaux maritima,* das Salzmilchkraut und *Samolus valerandi,* die Salzbunge (beide *Primulaceen).* Wer einen sehr warmen Standort hat, kann am Mittelmeerstrand tief im Sand die großen Zwiebeln von *Pancratium maritimum* ausgraben und die Kultur der weiß-großblütigen duftenden *Amaryllidacee* versuchen. Sie blüht dann wahrscheinlich in den Sommerferien.

Salvia pratensis, der Wiesensalbei, kann im Freien beobachtet werden. Im Garten hält sich diese Art nicht, weil sie Düngung und Feuchtigkeit nicht liebt. Die S.-Arten haben den sogenannten Schlagbaumapparat, der bei Insektenbesuchen die beiden Staubbeutel auf den Rücken des Besuchers schlägt.

S. sclarea, der Muskateller-Salbei, hat lilarosa Blüten mit bläulich-roten Hochblättern in lockerem Blütenstand als extrafloralen Schauapparat. Kräftige Insekten betätigen den Bestäubungsapparat mit den beiden Staubfäden und den Konnektivlöffelchen, die die Blüte verschlossen halten, wenn sie in Ruhestellung ist. Die Teilfrüchtchen der Pflanze verschleimen bei Feuchtigkeit, was eine epizoë Verbreitung fördert. *S. patens* und *S. coccinea* sind zwei prächtige Pflanzen für den Schulgarten. Die erstere hat leuchtend blaue, sehr große Blüten, die in ihrer Heimat von Vögeln besucht werden. Sie kann geradezu als Beispiel für die Lamiaceenblüte dienen. Bei uns ist sie nicht ganz winterhart. In milden Wintern mit hinreichender Schneedecke oder einer zweckmäßigen Abdeckung treiben sie frühzeitig aus, blühen aber nicht viel früher als Pflanzen, die neu ausgesät wurden. Die kräftigen Wurzelknollen können übrigens auch frostfrei im Keller überwintert werden. *S. coccinea* hat leuchtend rote Blüten in dichten Blütenständen. Sie wird alljährlich neu ausgesät.

Sanguisorba minor, der kleine Wiesenknopf, zeigt sich mit seinen vielen, an langen Filamenten herabhängenden Staubbeuteln und den großen, roten, fedrigen Narben als Typ des Windblühers. Die Einzelblüten, die sich akropetal entfalten, sind meist oben weiblich, in der Mitte zwittrig und unten männlich.

Saponaria officinalis, das gebräuchliche Seifenkraut, hat eine Nachtfalterblume. Die Pflanze ist im ganzen Aufbau der Typ der Caryophyllacee. Unter der reifen Kapsel (Winterstcher) sind die Ansatzstellen der abgefallenen Blütenblätter deutlich zu sehen. Besonders die Wurzel enthält Saponin, das mit Wasser schäumt.

Sarothmnus scoparius, der Besenginster, heute nach der Prioritätsregel *Cytisus scoparius* genannt, hat eine doppelte Explosionseinrichtung der Blüte, die das Insekt durch die 5 kurzen Staubblätter zuerst am Bauch und anschließend durch die 5 längeren am Rücken einstäubt. Siehe auch unter Trigonella u. S. 158.

Scrophularia canina, die Hundsbraunwurz, hat einen hübsch angeordneten, lockeren Blütenstand mit braunroten, kleinen Blüten. Sie haben zwei längere und zwei kürzere Staubfäden und ein eigenartiges Staminodium. Als Bestäuber wirken Wespen. Die Art ist ausdauernd.

Silene nutans, das nickende Leimkraut, ist ein Musterbeispiel für Nachtfalterblumen. Die Blüte sieht tagsüber verwelkt aus. Nachts ist sie entfaltet und duftet. Von den beiden Staubblattkreisen stäuben die äußeren in der ersten Nacht, die inneren in der zweiten, die Narbe ist in der dritten Nacht bestäubungsfähig. Eine typische *Caryophyllacee*.

Symphoricarpus racemosus, die Schneebeere *(Caprifoliacee)*, mit ihren trübroten und innen stark behaarten Blüten wird von Wespen besucht. Die Früchte sind die bekannten weißen Beeren. Ihr lockeres Gewebe zeigt im Mikroskop sehr große Zellen.

Thalictrum aquilegifolium, die Wiesenraute, ist eine Pflanze des Schattens oder feuchter Stellen. Sehr dünne Blätter, die 5 unscheinbaren, grünen Blütenhüllblätter fallen bald ab und die verdickten violetten Staubfäden mit den gelben Staubbeuteln sind ein wirkungsvoller Schauapparat. Pollenblume! *T. dipterocarpum*, die hohe Wiesenraute, ist ansehnlicher.

Tilia platyphyllos, die Sommerlinde. Die stark duftenden Blüten werden von Insekten (meist Bienen) besucht. Doch verträgt auch der Wind sehr viel von der reichen Pollenproduktion, s. S. 172.

Trigonella caerulea, der blaue Steinklee. Seine Blüten haben eine Explosionseinrichtung: durch ihr Längenwachstum sind Griffel und Staubfäden in einer Spannung, die ausgelöst wird, wenn durch Niederdrücken von Flügeln und Schiffchen dieses an seiner Verwachsung zerrissen wird. Der Pollen wird an die Bauchseite des Insekts geschleudert und so vertragen. Der Explosionsvorgang läßt sich nicht wiederholen. Auch die *Medicago-Arten* haben diesen Mechanismus.

Ulmus campestris, die Feldulme, hat leicht bewegliche Blüten mit langen Staubfäden. S. 173. *Ulmus effusa* hat längere Staubfäden.

Urtica dioica, die Brennessel, hat nach Zweigen getrennt-geschlechtliche Blüten. Die männlichen haben 4 Blütenhüll-Blätter und die 4 Staubfäden sind in der Blütenknospe zunächst umgebogen. Beim Öffnen der Blüte strecken sie sich elastisch und der Pollen wird verstäubt.

Vallisneria spiralis, die Wasserschraube, ist eine zweihäusige, untergetauchte Wasserpflanze *(Hydrocharitacee)*, die nur im Weinbauklima gut gedeiht, aber sehr interessante Bestäubungsverhältnisse hat. Die zuerst in einer Spatha eingeschlossenen männlichen Blüten lösen sich als Knospe aus ihrer Umhüllung und vom Stengel, steigen an die Wasseroberfläche und schwimmen, blühen dann auf und der Pollen fällt auf das Wasser. Die weiblichen Blüten sitzen an sehr langen, dünnen, schwach spiraligen Stengeln an der Wasseroberfläche, und können durch die schwimmenden Pollenkörper bestäubt werden. Durch stärkeres spiraliges Einrollen der langen Blütenstiele werden die befruchteten Fruchtknoten unters Wasser gezogen, wo die Früchte ausreifen.

Veronica, der Ehrenpreis. Die zarten, kleinen Blüten der vielen Veronica-Arten werden meist von Schwebfliegen bestäubt, soweit nicht bei den ganz kleinen Arten Selbstbestäubung die Regel ist. Wenn nicht *V. Chamaedrys* (Gamander-E.) von selbst im Garten wächst, dann könnten *V. Teucrium* (breitblättriger E.) und *V. spicatum* (ähriger E.) gepflanzt werden. Sollte *V. filiformis* (fädiger E.) in einem Rasen irgendwo vorkommen, dann müßte sie mit spezifischen Bekämpfungsmitteln beseitigt werden.

Vicia, Wicken-Arten, haben die Bürsteneinrichtung zur Pollenübertragung wie *Phaseolus,* siehe S. 145.

Yucca flaccida oder *Y. filamentosa,* die Palmlilie, kann als Vertreter der Pflanzen im Garten stehen, die zu ihrer Bestäubung den Fortpflanzungstrieb von Tieren nützen. Die Yukka-Motte legt ihre Eier in Fruchtknoten von Yukka-Blüten und bestäubt sie dabei. Die ausgeschlüpfte Larve ernährt sich von Teilen der Fruchtblätter. Die Yukka-Pflanze braucht einen warmen und vor Regen geschützten Standort. Auch Wind ist ihr nicht erwünscht. An günstigen Stellen kann sich der riesige Stand wachsweißer Blüten noch vor den Sommerferien entfalten. *(Agavaceae)*

Andere Pflanzen, die den Fortpflanzungstrieb ausnützen, sind die *Ophrys*arten, die durch ihre Blütenform Insekten vortäuschen und die betreffenden Männchen anlocken. Auch *Ficus carica,* die Feige, gibt in ihrem Blütenstand Insekten die Möglichkeit, Eier abzulegen. An sehr begünstigten Stellen im Weinbauklima könnte ein Feigenbäumchen stehen und seine hohlen Blütenstände entwickeln. Die *Ophrys* aber ist eine *Orchidacee,* die im Garten nicht gedeiht.

Zea mays, der Mais, ist eine sehr große *Poacee,* an der die Windblütigkeit sehr gut studiert werden kann. Zum Ausreifen der Samen braucht die Pflanze einen geschützten Standort. Hat man farbige Maiskörner, kann die Vererbung der Körnerfarbe studiert werden.

5. Einrichtungen zur Verbreitung von Früchten und Samen

Die Dynamik solcher Vorgänge — besonders die über weite Entfernungen wirkende — ist im Schulgarten nur sehr beschränkt zu beobachten. Bei einem spontan aufgehenden Samen ist meist schwer festzustellen, woher und auf welche Weise er gekommen ist. Aus der Beobachtung, welche Pflanzen im Garten „anfliegen", ist nur ein ganz allgemeiner Schluß auf die Wirksamkeit der Verbreitungsmechanismen zu ziehen. Aber selbst zu solcher, durch Beobachtung zu unterbauender Feststellung, wäre es nötig, alles erscheinende „Unkraut" zu untersuchen und Bodenbearbeitung zu unterlassen. Das aber ist ja das Gegenteil von einer „auslesenden" Gartenarbeit. Immerhin könnte in einem erst aus Anfängen entstehenden Schulgarten eine Fläche bewußt ein Jahr lang unberührt liegen bleiben. Es wird dann das Ergebnis der „Samenverbreitung" zu beobachten sein. Diese Gartenfläche kann als „samenempfangend" bezeichnet werden. An den „Samensendern" können die vielfältigen Versandeinrichtungen beobachtet werden. In einigen Fällen sind solche Einrichtungen in Funktion zu sehen, in anderen kann man die Wirkungsweise nur als sehr wahrscheinlich vermuten, der eigentliche Erfolg entzieht sich oft der direkten Beobachtung. In vielen Fällen leben die Pflanzen im Schulgarten nicht unter natürlichen Bedingungen. So sind beispielsweise schwimmende Samen oder Schneeläufer oder auch Wintersteher kaum in Funktion zu sehen. Schleudereinrichtungen können direkt ausgelöst und im Erfolg beobachtet werden. Sie erscheinen äußerst wirkungsvoll. Die erreichten Entfernungen können an den im nächsten Jahr aufgegangenen Pflanzen exakt gemessen werden. Was sind aber die paar Meter gegen Verbreitung durch Wind und freifliegende Vögel*)! Damit sind die Pflanzen, deren Einzelindividuen meist

---

*) Im arktischen Baffinland wurde unter dem Horst eines Wanderfalken ein Weidenröschen gefunden, das epizoisch aus dem Süden dahin gelangt war. (B. C. Boursten in „Natur und Mensch" H. 5/6, Okt./Dez. 1975).

festgewachsen und an ihren Standort gebunden erscheinen, als Art den Tieren, denen man freie Ortsveränderung zuschreibt, mindestens gleichgestellt. Die Vielfalt der Verbreitungsmöglichkeiten zu studieren erlaubt der Schulgarten, die Wirksamkeit des Einzelvorganges kann dann unterstellt werden. Daß man bei der „Entdeckung" solcher Verbreitungsmechanismen vorsichtig sein muß, zeigen z. B. die aufgeblasenen Früchte vieler Astragalus-(Stragel-)Arten, von *Colutea arborescens*, dem Blasenstrauch, *Staphylea pinnata*, der Pimpernuß, von *Trifolium fragiferum*, einer Kleeart. Sie fallen dem beobachtenden Schüler auf und er nimmt nach dem groben Augenschein an, daß sie vom Wind verfrachtet würden. Sie sind aber so fest angewachsen, daß sie sich nicht von selbst ablösen. Mit dem Trockenwerden der Früchte werden sie luftdurchlässig, bleiben aber am Strauch oder der Staude hängen. Diese oft sogar gefärbten trockenen Früchte fallen nun nicht nur den Schülern auf; auch Tiere werden angelockt, verzehren die Samen und vertragen sie endozoisch. Die bekannte Lampionpflanze *Physalis franchetii* täuscht mit ihren vergrößerten, wie aufgeblasen erscheinenden, unten aber offenen Kelchblättern, eine große Frucht vor. Sie lockt in der Tat Vögel an, die die kirschenartigen Früchte im Inneren des Kelches verzehren und die Samen dann endozoisch verbreiten.

Die nachfolgende Tabelle gibt eine Aufstellung der wesentlichen im mitteleuropäischen Lebensraum vorkommenden Verbreitungsweisen von Früchten und Samen. Bei den einzelnen Positionen sind Pflanzen (nur mit ihrer Gattung) genannt, die die betr. Verbreitungsweise haben und im Schulgarten gepflanzt werden können. Im Anschluß an die Übersicht sind dann in alphabetischer Ordnung die in der Übersicht platzsparend nur als Gattungen genannten Pflanzen als Arten aufgeführt. Diese Zusammenstellung ist natürlich nur eine Auswahl und nur als Vorschlag gedacht. Bei vielen Pflanzen sind noch Hinweise für anderweitige Bedeutung der Pflanze für den Schulgarten gegeben.

a. *Pflanzen mit Schleuderfrüchten*

Früchte mit speziellem Mechanismus zum aktiven Ausschleudern der Samen
Ekballium, Impatiens, Oxalis
Früchte, die durch Austrocknen nach der Reife gespannt werden und dann die Samen ausschleudern
Collomia, Erodium, Eschscholtzia, Euphorbia, Geranium, Lathyrus, Sarothamnus
Teilfrüchte, die sich zusätzlich in den Boden einbohren
Erodium
Früchte, die auf langem, holzigem, elastischem Stiel, manche noch im Winter über einer nicht zu dicken Schneedecke (Wintersteher) durch Hin- und Herschwingen im Winde die Samen verbreiten
völlig offene Frucht, manchmal bei Feuchtigkeit geschlossen
Aquilegia, Dipsacus, Iris, Lychnis, Primula
Frucht mit Poren, die bei Trockenheit offen sind
Antirrhinum, Campanula, Meconopsis, Papaver
Frucht nur bei Feuchtigkeit offen
Sedum
Wintersteher über einer Schneedecke („Schneeläufer") an steilem Hang
Aquilegia alpina, (Gentiana purpurea) (Funktion im Garten nicht zu sehen)

b. *Pflanzen, die ihre Samen selbst eingraben*
Trifolium subterraneum, (Arachis)

c. *Pflanzen, deren Früchte oder Samen durch den Wind verbreitet werden*

α. Verbreitung von Früchten durch den Wind
Sehr leichte Früchte mit großer Oberfläche
Blumenbachia, Colchicum, Trifolium
Früchte mit besonderen Flugeinrichtungen
Früchte mit sog. Fallschirmen
Crepis, Centranthus, Stipa, Valeriana
Früchte mit verlängerten behaarten Griffeln als Flugeinrichtung
Clematis, Dryas, Pulsatilla
Früchte mit vergrößertem trockenen Kelch als Flugeinrichtung
Armeria, Trifolium
Früchte mit Flugblatt
Acer, Ailanthus, Tilia, Ulmus
Früchte, die sich zusätzlich im Boden einbohren
Stipa

β. Verbreitung von Samen durch Wind
Sehr leichte Samen (klein) ohne besondere Einrichtungen
Aruncus, Cuscuta, Lobelia, Menyanthes, (Orchideen, Pirola), Rhododendron, Sagina
Samen lufthaltig
Iris pseudacorus, Iris aphylla
Samen mit Flughaaren
Asclepias, Epilobium, Populus, Salix, Tamarix
Samen mit häutigem Rand (Oberflächenvergrößerung)
Arabis, Betula, Catalpa, Forsythia, Nemesia, Pinus, Syringa

d. *Pflanzen, deren Früchte od. Samen durch strömendes Wasser verbreitet werden*
schwimmende Früchte
Alisma, Butomus, Polygonum, Sium, Stratiotes
schwimmende Samen
Iris, Nymphaea, Nymphoides
Regenschwemmlinge
Sedum, (Aizoaceen)
Schwemmlinge von Gebirgen (Funktion im Garten nicht zu sehen)
Campanula, Dryas, Gypsophila, Hieracium, Linaria

e. *Pflanzen, deren Früchte oder Samen durch Tiere verbreitet werden*

α. durch zufälliges Anhängen an Tiere (epizoisch)
wegen klettiger (hakiger) Struktur von Früchten
Agrimonia, Arctium, Cenchrus, Circaea, Galium, Medicago, Ranunculus arvensis, Scandix, Xanthium
wegen klettiger (hakiger) Struktur der Samen
Calendula
wegen klettiger (hakiger) Struktur der Stengel, an denen Tiere hängen bleiben und die reifen Samen ausschütteln

Dipsacus
wegen klebriger Oberfläche von Samen
Camelina, Linum, Plantago, Viscum

β. Tiere vertragen Früchte oder Samen ± „absichtlich"
Vögel:
Arillus wird gefressen, Samen bleibt irgendwo liegen
Celastrus, Euonymus, Taxus
Früchte werden beim Wegtragen verloren
Corylus, Hippophaë, Solanum
Früchte werden vergraben
Nüsse
Ameisen vertragen Samen wegen ihres freßbaren Elaiosoms
Chelidonium, Corydalis, Euphorbia, Luzula, Veronica, Viola
andere Tiere horten Samen und „vergessen" sie, z. B. Hamster, Mäuse, Eichhörnchen

γ. Tiere (auch Fische) fressen Früchte mit den Samen, wonach diese ungeschädigt wieder ausgeschieden werden
Atropa, Cornus, Daphne, Sambucus, Viscum, Fragraria

δ. viele Pflanzen wurden vom Menschen absichtlich oder unabsichtlich (*Galinsogea parviflora, Elodea canadensis, Matricaria discoidea* u. v. a. „Unkräuter") über weite Entfernungen verbreitet *(Anthropochorie)*.

Liste 8

Acer saccharum Marsh. Der Zuckerahorn wächst schnell. Für den Garten ist vielleicht ein mehrstämmiges Exemplar zu empfehlen, das durch seine größere Breite wirkungsvoller ist. Die tiefeingeschnittenen Blätter werden im Herbst leuchtend gelb. Der zweiteilige Fruchtknoten trägt schon früh zwei Anhängsel, die sich zu den Flugblättern der beiden Hälften auswachsen. Mit der Reife zerfällt der Fruchtknoten in zwei Hälften mit je einer entwickelten Samenanlage. Der Saft des Baumes enthält soviel Zucker, daß man in Kanada daraus Brauchzucker gewonnen hat. Näheres *Hegi*, Flora v. Mitteleuropa.

Agrimonia eupatoria, der Odermennig, ist eine staudige Rosacee mit einem ± dichtblütigen, traubigen Blütenstand mit kleinen gelben, fast ungestielten Blüten. Der Außenkelch besteht aus einem Kranz von zur Fruchtzeit harten Stacheln, die der epizoischen Verbreitung dienen. Es gibt eine Unterart mit angenehm duftenden Blüten.

Ailanthus glandulosa, der Götterbaum (*Simaroubacee*), eine prächtige Baumgestalt mit großen, gefiederten Blättern, hat schön rot gefärbte Fruchtbüschel, deren Samen in ein großes Flugblatt eingebettet ist. Die weißlichen, zwittrigen oder eingeschlechtigen Blüten stehen erst in späteren Jahren in großen Rispen. Die Blättchen tragen am Grunde Drüsen, die den dem Baume eigentümlichen Geruch verbreiten. Er wächst besonders in der Jugend (dann kälteempfindlich) schnell. Die Triebe sind stark behaart, wie mit Samt überzogen. Die Wurzeln treiben viele Schößlinge, die in wärmeren Klimaten lästig werden können. Die zum Baum ausgewachsene Pflanze eignet sich nur für sehr große Gärten an geschützten Orten. Er wird erst in späten Jahren blühfähig, z. B. in einer alten Siedlung in München (540 m NN).

Alisma plantago, der Froschlöffel, siehe 4., S. 132.
Früchte sind lufthaltig und nicht benetzbar.

Anthirrhinum maius, das Löwenmäulchen. Die schöne, bei uns einjährige, an günstigen Stellen ausdauernde Pflanze kann als Sämling in Gärtnereien und auf Märkten bezogen werden. Die eigene Anzucht muß frühzeitig, mindestens in einem Mistbeet erfolgen. Die Blüten sind noch bei Schuljahrsbeginn zu beobachten. Typische *Scrophulariacee* mit vielsamigem Fruchtknoten. Die reife Kapsel öffnet sich mit kleinen Poren, durch die die Samen geschleudert werden.

Aquilegia alpina, die Alpen-Akelei, ist die großblütigste der Gattung. Sie ist schwer zu kultivieren, blüht aber beim Verfasser im Schatten von Nadelbäumen auf Boden mit Kalkgehalt und fruchtet auch. Aus Samen gezogen! Die im Handel angepriesenen Samen sind in Wahrheit Kreuzungen mit ganz anderem Habitus. Auch die Blüte hat nicht das leuchtende helle Blau der reinen Art.

Aquilegia vulgaris, die Akelei, öffnet bei der Reife ihre apokarpen (aus *einem* Fruchtblatt gebildeten) Balgfrüchte, so daß man die vielen, schwarzen, glänzenden Samen sehen kann. Schattenpflanze mit dünnen, ungeschützten Blättern. Blüte mit Honigsporn, der nur von Hummeln zu erreichen ist. Bißstellen von Honigräubern!

Arabis caerulea, die Blaukresse *(Brassicacee)*, ist eine niedere, schöne Steingartenpflanze aus den Kalkalpen. Sie ist aus Samen zu ziehen und in geeigneten Lagen zu pflanzen. Die Samen der Pflanze haben einen großen Flugsaum.

Arctium tomentosum, die Klette, ist eine große, repräsentative Pflanze, die gern solitär auf schweren Böden steht. Die großen, dunkelroten Blüten haben kugelig angeordnete Hüllblätter mit Widerhaken. Die Einzelblüte ist so groß, daß sie als *Asteraceen*-(Kompositen)blüte gut zu beobachten ist. Die Stengel der Pflanze sind filzig.

Armeria maritima = *A. vulgaris*, die Grasnelke, ist eine *Plumbaginacee* mit linealen Blättern und rasigem Wuchs. Sie kann größere Polster bilden. Die Blütenstengel tragen unter dem dichten Blütenstand eine Scheide, die aus den Spornen der Deckblätter der äußeren Blüten verwachsen sind. Der Kelch jeder Einzelblüte fällt mit der Frucht ab und bildet deren Flugapparat.

Aruncus sylvester, der Geißbart, ist eine große, stattliche Schattenstaude, die mit ihren langen, gefiederten Blättern und den weißen, aufrechten, dichten, rispigen Blütenständen den Typ der Waldpflanze darstellt. Die geflügelten Samen sind zwar 2 mm lang, wiegen aber nur 0,08 mgr. und werden schon von einem schwachen Aufwindstrom mitgenommen. Man kann die Pflanze im Garten an stärkere Sonnenbestrahlung gewöhnen; dann bekommt sie kleinere Blätter und einen gedrungenen Wuchs.

Asclepias incarnata, die Seidenpflanze, siehe 4., S. 127.

Atropa belladonna, die Tollkirsche, ist giftig und sollte schon deshalb im Schulgarten nicht fehlen. Sie braucht einen beschatteten Standort und zeigt dann ihr Blattmosaik mit den verschieden großen, dünnen Schattenblättern, die sich so ineinanderschieben, daß keines den andern Schatten macht. Interessant ist, daß von den beiden Vorblättern der Blüte eines bildungsmäßig dem nächst unteren Knoten angehört ("Verschiebung der Blätter"). Die schöne, glänzende, schwarze Frucht lockt die Vögel an und sie wird von Amseln und Drosseln ohne Schaden gern gefressen. Die vielen kleinen (Waldpflanze!) Samen werden endozoisch verbreitet.

Betula (alba), die Birke. Birken werden in einem kleineren Schulgarten nicht gern gesehen, weil sie dem Boden sehr viel Wasser entziehen. Eine mittlere Birke mit etwa 200 000 Blättern verdunstet pro Tag bei sonnigem Wetter etwa 65 Ltr. Wasser! Die Samen der Birke werden durch ihren Saum so weit vertragen, daß sie zur Fruchtzeit fast überall zu finden sind. Zur weißen Farbe der Birkenrinde siehe Molisch, S. 16.

Blumenbachia Hieronymi, ist eine *Loasacee,* die sehr leicht zu ziehen ist. Ihre eigenartig geformten, aufgeblasenen Früchte trocknen aus und werden vom Wind mitsamt den Samen leicht vertragen. Die kleinen, weißen Blüten mit den roten Staubfäden sind der Cajophora (6. S. 143) ähnlich und die Pflanze trägt ebenso Brennborsten.

Butomus umbellatus, s. 4., S. 132, die Samen schwimmen.

Camelina sativa, der Leindotter, gelb blühende Brassicacee, mit Schötchen und klebrigem Samen.

Campanula cochlearifolia und *C. carpatica* s. 5., S. 137.

Catalpa bignonioides, der Trompetenbaum *(Bignoniacee)* ist ein ornamentaler, meist etwas gekrümmter Baum mit sehr großen herzförmigen Blättern und großen, duftenden Blütentrauben. Die langen, an Bohnen erinnernden Früchte, bleiben monatelang an den Zweigen hängen. Die Samen haben einen großen, länglichen Flugsaum. Die im mitteleuropäischen Klima gebildeten Samen sind meist unfruchtbar. In der Jugend ist der Baum kälteempfindlich, später aber einigermaßen winterhart.

Celastrus orbiculatus, der Baumwürger, S. 6., S. 144. Die Frucht sitzt auf einem Arillus.

Cenchrus tribuloides ist eine *Poacee* mit stacheligen Spelzen.

Centranthus ruber, die Spornblume, ist eine ausdauernde mediterrane Art. Sie gedeiht aber auch bei uns und wird im beengten Schulgarten nicht so üppig. Sie blüht wochenlang mit schönen, roten Blütenständen. Deutlich ist der für manche *Valerianaceen* so typische Sporn (Name!) zu beobachten. Der Fruchtknoten ist unterständig, aus ihm geht der Flugapparat hervor. Die Blüte hat nur 1 Staubblatt.

Chelidonium maius, das Schöllkraut, ist eine *Papaveracee;* es ist an sich ein Unkraut, es gibt aber eine Sorte mit gefüllten Blüten (flore pleno) und eine Sorte mit schmalen Blättern (laciniata), die beide in den Garten gut passen. Die Blätter enthalten einen orangeroten Milchsaft in Milchsaftröhren, wie sie für *Papaveraceen* typisch sind. Die Blüten sind bei Nacht und Regen nickend. Die reifen Früchte springen auf. Die Samen tragen ein Elaiosom, das am Nabel gebildet ist.

Circaea lutetiana, s. 2., S. 121.

Clematis vitalba, die Waldrebe, s. 6., S. 147. Der verlängerte behaarte Griffel ist der Flugapparat.

Colchicum autumale, die Herbstzeitlose, ist für den Schulgarten wertvoll, es muß nur eine zu große Vermehrung verhindert werden. Das kann erreicht werden, wenn sie auf etwas trockenem Standort steht. Tiefliegende Knolle, Blüten vor den Blättern entwickelt, Fruchtknoten unterständig (messen; oft mehr als 25 cm), eigenartige Vegetationszeit, Früchte kommen erst im Frühjahr mit den Blättern und den alten Blütenresten an die Oberfläche. Nach der Reife lösen sie sich ab, werden vom Wind vertragen und die klebrigen Samen bleiben noch zusätzlich an den Hufen der Weidetiere hängen und werden gelegentlich abgeschleudert.

Cornus mas, die Kornelkirsche, ist ein Strauch, der an günstigen Standorten langsam zu einem Baum werden kann. Die einfach gebauten Blüten mit ihren vier goldgelben Blütenblättern und den langen Staubfäden (4) erscheinen schon im März, manchmal im Februar. Sie lassen sich leicht und schnell schon ab Mitte Dezember (nach dem ersten stärkeren Frost) treiben. Die Früchte sind in reifem Zustand leuchtend rot und glänzen. Sie sind eßbar, reifen aber nicht in jedem Jahr aus. Ihnen wird von Amseln eifrig nachgestellt, wobei sie die Samen hängen lassen. Saatkrähen fressen die Samen mit (nach Hegi).

Collomia grandiflora, die Leimsaat *(Polemoniacee).* Die Fruchtklappen spannen den trockenen Kelch soweit, bis dieser die Kapsel mitsamt den Samen herausschleudert und die Samen dabei ausgestreut werden.

Corydalis cava, der ausgehöhlte Lerchensporn, s. 1., S. 118. Der Samen hat ein Elaiosom.

Corylus avellana, die Haselnuß, ist im Schulgarten wohl das Musterbeispiel des Windblühers, der männliche und weibliche Blüten getrennt trägt. Wenn die Kätzchen länger und locker werden, dann ist der Frühling nicht mehr weit. Das ist auch heute noch so und spielt in einem Unterricht, der wieder naturverbundener sein muß, eine große Rolle. Die weiblichen Blüten sind erst in Anthese, wenn die Kätzchen desselben Strauches nicht mehr stäuben. Die Anatomie und Physiologie der Blüten bieten allen Altersstufen wertvolle Beobachtungsmöglichkeiten (auch mikroskopisch). Die reifen Nüsse werden von Eichhörnchen gefressen, aber auch vertragen, verloren oder vergessen. Haselsträucher werden allmählich sehr groß und nehmen viel Licht. Deshalb genügt eine einzige Hasel, die von Zeit zu Zeit kräftig zurückgeschnitten wird; sie hat ja ein großes Ausschlagsvermögen aus „schlafenden Augen".

Crepis rubra ist ein Pippau mit großen rosa Blüten. Fallschirmfrüchte. Einjährig!

Cuscuta europaea, der Teufelszwirn. Eines der vielen Samenkörner wiegt nur ungefähr 0,4 mgr. S. 6., S. 144.

Daphne Mezereum, der Seidelbast. Bachstelzen, Drosseln, Rotkehlchen vertragen die leuchtend roten Früchte. S. 2., S. 122.

Dipsacus sativus, die Karde, ist eine zweijährige *Dipsacacee,* die sich selbst aussät; die zu zahlreichen jungen Pflanzen müssen beseitigt werden. Die großen, hohen, stacheligen Fruchtstände (Kardätschen!) stehen starr aufrecht und verschleudern die vielen Samen, die beim umbiegen des Stengels auf ein untergehaltenes Papier herausfallen. Die Entfaltung der Blüten erfolgt am Blütenstand in einer mittleren Zone und setzt sich nach oben und unten fort. Die Stengelblätter sind am Grunde verwachsen und Regenwasser hält sich in der Höhlung lange. Auf kühleren und nährstoffarmen Böden kann auch *D. silvester* gepflanzt werden, dessen Samen leicht wild gesammelt werden können.

Dryas octopetala, die Silberwurz. Die schöne Pflanze kommt als Schwemmling von den Gebirgen. Ihre Früchte werden durch die langen, bleibenden behaarten Griffel vom Wind verbreitet. S. 5., S. 141.

Ekballium elaterium, die Spritzgurke, ist eine Cucurbitacee. Aus den reifen, abfallenden Früchten werden die Samen mit einem hörbaren Zischen ausgeschleudert. Die an sich mediterrane Pflanze überwintert an günstigen Standorten.

Epilobium angustifolium, das schmalblättrige Weidenröschen, ist eine *Onagracee,* die mit ihrem Wurzelstock weithin kriecht und Wurzelbrut treibt. Die kantigen Stengel sind rötlich, die Blätter schmal und die Blüten mit ihren typischen unterständigen Fruchtknoten haben eine interessante Biologie: die jungen Blüten strecken den Besuchern die Staubblätter entgegen, während der geschlossene Stempel nach unten gekrümmt ist. Die Staubblätter senken sich nach dem Verwelken und der Griffel hebt und entfaltet sich. Ein reicher Blütenstand läßt die Pflanze lange in Blüte stehen. Die länglichen Früchte entlassen in der Reife Unmengen von Samen, deren Haarschöpfe geradezu aspektbestimmend sind. Mit den großen, purpurroten Blüten ist die Pflanze im Schulgarten in einzelnen Exemplaren lehrreich und schön. Doch muß immer darauf geachtet werden, daß die unterirdischen Ausläufer nicht überhand nehmen. Das kann durch umgraben und herausreißen erreicht werden.

Erodium cicutarium, der Storchschnabel oder *E. gruinum,* der Reiherschnabel. Beim Reifeprozeß lösen sich bei diesen Geraniaceen die Grannen mit den Samen von der Mittelsäule, rollen sich beim Austrocknen plötzlich nach oben ein und werden fortgeschleudert. Die Grannen zeigen ein hygroskopisches Einrollen (Tortieren). Die großen Früchte der gen. Arten können nach Molisch auf einem Blatt Papier befestigt als Hygrometer verwendet werden (Bot. Versuche S. 105). Ebendort über den Mechanismus des Einbohrens der Grannen in den Boden.

Eschscholtzia californica, der Goldmohn, ist meist nur einjährig, unter günstigen Umständen aber auch ausdauernd. Die länglichen Früchte sind hygroskopisch. Reif und trocken springen sie hörbar auf und verstreuen die Samen. Das muß zum Einsammeln des Samens beachtet werden. Der Kelch der Blüten, die sich in der Sonne weit öffnen, löst sich an der Basis im ganzen ab, so daß er wie ein Mützchen von der Blüte abgezogen werden kann. Eine Zierde des Gartens!

Euphorbia latyris, die Springwolfsmilch, ist eine *Euphorbiacee,* die meist erst im zweiten Jahr blüht und dann eingeht. Sie ist bei ihrer Größe ein Musterbeispiel für den so interessanten Aufbau der Euphorbien. Der Stengel hat in zweiten Jahr gegenständige, gekreuzte Blätter, die Cyathien sind groß und deshalb gut zu beobachten: die Randdrüsen der Hülle sind groß und zweihörnig. Der dicke, gestielte, überhängende Fruchtknoten wird bei der Reife runzelig und springt erst einige Zeit nach der Samenreife so energisch mit einem deutlichen Geräusch auf, daß die drei Teilfrüchtchen mit den Samen fortgeschleudert werden. Die Samen tragen eine gestielte Caruncula.

Euonymus europaea, der Spindelstrauch *(Celastreacee),* ist ein Strauch mit unscheinbaren, gestielten Blüten in den Blattachseln. Die Staubblätter stehen auf einem Diskus, in den der Fruchtknoten eingesenkt ist. Die Samen in ihrem gelbroten Arillus hängen aus der reifen typisch geformten rotvioletten Kapsel an weißen Fäden heraus. Die Rotkehlchen stellen vor allem dem Arillus nach. Die Zweige des Strauches sind oft durch 4 Korkleisten geflügelt.

Forsythia suspensa, Forsytie (Oleacee), ist ein allbekannter Strauch. Wegen seiner leuchtend gelben Blütenfülle im ersten Frühjahr vor dem Blattaustrieb, steht er im Schulgarten außer beim Frühlingsbeet noch an manch anderer Stelle. Die auf den Boden hängenden Zweige bekommen an den Berührungsstellen Wurzeln und können als neue Pflanzen ausgesetzt werden. Die heterostylen Blüten entstehen am zweijährigen Holz an Kurztrieben. Sie haben 4 Kelchblätter, 4 Kronblätter, nur 2 zuerst zusammengeneigte Staubblätter und 1 Fruchtknoten. Die Samen sind geflügelt. Die Zweige mit Blütenknospen kann man ab Februar leicht im warmen Zimmer treiben. Nach Molisch in Hegi kam ein 12 Stunden im Wasser von 27° C gebadeter Zweig im November schon zum blühen.

Fragraria vesca, die Walderdbeere, wird auch von Rehen und anderen größeren Tieren gefressen.

Galium aparine, das Klebkraut, s. 6., S. 148.

Geranium sanguineum, der Blutstorchschnabel, bildet lange Rhizome und bedeckt in dichtem Wuchs ganze Flächen. Er muß deshalb öfters eingeschränkt werden. Von den Grannen werden die Samen beim Einkrümmen abgeschleudert (Gegensatz zu *Erodium*). Die großen roten Blüten zeigen den Bau der *Geraniaceen*blüte deutlich. Die Pflanze verträgt keinen stärkeren Schatten. Neben der schönen Blüte ist sie wegen der intensiven Rotfärbung des Laubes im Herbst eine Zierde des Gartens.

Gypsophila repens, das kriechende Gipskraut, bildet viele rasig wachsende, dicht beblätterte niederliegende Stengel. Der blühende Stengel ist aufgerichtet und hat die für die Caryophyllaceen typische dichasiale Verzweigung mit weißen bis rosa Blüten. Die Staude kommt als Schwemmling von den Gebirgen und hat eine seinen trockenen Standorten entsprechende Erscheinungsform mit schmalen Blättern, Wachsüberzug und sehr langer Pfahlwurzel. Kalkboden!

Hieracium staticifolium (Cichoriacee), das grasnelkenblättrige Habichtskraut. Die Staude hat durch ihre Blattform ein vom Hieracientyp abweichendes Aussehen. Die Pflanze kommt als Schwemmling von den Gebirgen und vermehrt sich durch Wurzelsprosse reichlich.

Hippophaö rhamnoides, der Sanddorn, ist eine zweihäusige, sehr lichtbedürftige Pflanze, die eine Beengung durch andere Pflanzen im Garten nicht verträgt. Andererseits treibt der Sanddorn lange, verzweigte Wurzelausläufer. An den Wurzeln leben symbiontisch Stickstoff assimilierende Aktinomyceten. (Mikroskop!) Die Blätter sind schmal, graugrün und mit Stern- und Schildhaaren besetzt. (Mikroskop.) Die Blüten sitzen in dichten Ständen und gestielt am Holz. Die weiblichen Blüten besitzen nur den Fruchtknoten mit großer Narbe. Bei den männlichen Blüten überdachen die 2 Kronblätter bei feuchtem Wetter die Staubbeutel. Die Sanddornblüten werden fast ausschließlich vom Wind bestäubt. (Struktur der Blüten!) Die gelbroten Beeren sind aus dem Achsenbecher gebildete Scheinfrüchte. Sie sind sehr auffallend; die Vögel fressen aber offenbar nur von den saftigen Scheinbeeren, denn Samen, die den Darmkanal von Tieren durchlaufen haben, sind meist geschädigt.

Impatiens glandulifera, die große Balsamine, ist eine prächtige Pflanze von oft 2 m Höhe. Bei leichtem Berühren der reifen Früchte werden die Samen u. U. einige Meter weit geschleudert. Der Schleudermechanismus beruht auf einem zweischichtigen Gewebe der Fruchtwand, deren untere Schicht sich durch starken Turgor ausdehnen möchte, deren obere den Samen zugewendete Schicht aber aus festen Faserzellen besteht, die die Dehnung hindern, ja eher sich zusammenzuziehen bestrebt sind. Solange die Samen noch mit der Fruchtwand verwachsen sind, besteht ein starker innerer Gewebedruck, der beim Abtrennen der Samen im Reifungsprozeß diese unter Abreißen der Samenstiele herausschleudert. Dabei rollt sich das Gewebe uhrfedrig ein. Die Entfernung der im nächsten Frühjahr aufgehenden jungen Pflänzchen zeigt die Schleuderweite. Man muß die meisten dieser Pflänzchen übrigens sorgfältig entfernen, sonst ergibt sich eine unerwünscht reiche Vermehrung. Die großen, rosaroten Blüten werden von Hummeln besucht, was bei der Höhe der Pflanze von mehreren Schülern gleichzeitig beobachtet werden kann. Extraflorale Nektarien der Pflanze locken Ameisen an. Am Grunde des Sprosses bilden sich nachträglich Wurzeln, die den dicken, schweren Stengel aufrecht halten. Der durchsichtige Stengel oder Seitenzweige können durch Einstellen in eine Farblösung deren Aufsteigen im Inneren zeigen. Beim ersten Frost erfriert die wasserreiche Pflanze. Der Samen verträgt auch niedrige Temperaturen.

Iris pseudacorus, die gelbe Schwertlilie. Die flachen Samen sind lufthaltig und wiegen nur 0,02 mgr. S. 4., S. 132.

Iris sibirica, die sibirische Schwertlilie, ist ein Wintersteher. S. 4., S. 128.

Lathyrus latifolius, die breitblättrige Platterbse, ist eine Staude mit Ranken, die unaufwendig am Zaun oder einem Gitter bis 2 m hoch klettert und viele, relativ große, rosa oder rotviolette Blüten trägt. Die reifen Hülsen springen hörbar auf und streuen die Samen aus. *L. odoratus,* die Duftwicke, hat einen zarteren Bau und zartere Blütenfarben. Sie rankt nicht so hoch, ist zudem einjährig und blüht erst spät im Schuljahr. Auch *Vicia*-Arten haben aufspringende Hülsen.

Linaria alpina, das Alpenleinkraut *(Scrophulariacee)* ist eine Staude des Gebirgsschuttes. Sie kommt als Schwemmling weit herunter. Die beblätterten Triebe liegen dem Boden ± an, die relativ großen, violetten Blüten stehen in dichten Trauben und haben meist einen orangenen Fleck am Gaumen. Pflanze für den Steingarten.

Linum usitatissimum, der Lein, kann mit seinen langen Stengeln irgendwo im Garten stehen. Er kann dann zeigen, wie durch „rösten" die Fasern gewonnen werden. Die kugelige Frucht enthält die flachen Samen, deren Oberfläche bei Feuchtigkeit verschleimt und klebrig wird. *L. flavum* s. 3., S. 125.

Lobelia erinus ist als Zierpflanze mit ihren stahlblauen Blüten sehr beliebt und in Gärtnereien leicht zu haben. Ihre Samen sind außergewöhnlich klein.

Luzula sylvatica, die Hainsimse *(Juncacee),* hat grasartiges Aussehen. Aber ihre kleinen, trockenhäutigen Blüten verdienen ein genaueres Hinsehen: mit den 6 Blütenblättern, den 6 Staubblättern und dem zweinarbigen Griffel sind sie richtige Lilienblüten. Die 3 Samen im Fruchtknoten haben je 1 großes Elaiosom. Die Arten *L. lutea* und *L. nivea* haben gelbe bzw. weiße, größere Blütenblätter. Diese beiden Arten sind wohl windblütig, aber sie werden auch von Insekten bestäubt.

Lychnis coronaria, die Kron-Lichtnelke, ist eine ausdauernde, bei uns meist 2jährige, graugrün-filzige Pflanze. Die Stengel, die aus der im 1. Jahre sich bildenden Blattrosette wachsen, haben den diachsialen Aufbau vieler *Caryophylaceen*. Die Kapsel öffnet sich mit 5 kurzen Zähnen und bleibt den ganzen Winter über vom verholzten Kelch umgeben stehen. Die große, schön karminrote Blüte ist der Typ der Nelkenblüte.

Meconopsis cambrica, das gelbe Mohngesicht, ist eine *Papaveracee* mit sehr langer Blütezeit. Der Deckel der Mohnkapsel ist auf ein paar Stangen reduziert.

Meconopsis betonicifolia, das blaue Mohngesicht, ein Himalaja-Mohn, ist eine Staude mit himmelblauen, nickenden Blüten und goldgelben Staubblättern. Die Pflanze gedeiht im Schatten in feuchter Luft auf frischen Boden in kühleren Klimaten. *M. betonicifolia* ist eine Pflanze, die zum Besuch des Schulgartens besonders verlocken kann.

Medicago ist eine *Fabaceen*-Gattung, bei der viele Arten oft geradezu bizarr geformte Früchte hervorbringen, die durch ihre klettige Form epizoisch verbreitet werden. Besonders schön sind *M. arabica, M. hispida, M. minima*. Sie brauchen einen geschützten, die letzte Art auch einen trockenen Standort. *M. pironaee* ist eine Alpenpflanze. Die Früchte aller Arten sind so zart in ihrem Aufbau, daß sie an eine Silberschmiedearbeit erinnern. *M. orbicularis* hat dünne, häutige, aufgewundene Früchte, die vom Wind verbreitet werden. Ebenso *M. globosa*.

Menyanthes trifolata, der Fieberklee. Die kleinen Samen können vom Wind verbreitet werden. S. 4., S. 131.

Nemesia strumosa, der Elfenspiegel, ist eine niedrige, einjährige *Scrophulariacee* mit einem reichen Flor hübscher, bunter Blüten. Der Samen mit seinem weißen Saum ist im Handel.

Nymphaea, die Seerose. Die Früchte schwimmen mit dem Samen, die einen lufthaltigen Mantel besitzen, auf dem Wasser, bis sich die Samenhüllen durch Verfaulen aufgelöst haben. Die Samen sinken dann auf den Grund. S. 4., S. 133.

Nymphoides peltata, die Seekanne. Die von den Früchten entlassenen Samen schwimmen durch Lufteinschlüsse noch einige Zeit, bis sie nach Verdrängung der Luft durch das Wasser zu Boden sinken.

Oenothera tetraptera, die vierkantige Nachtkerze, ist eine niedrige, einjährige *Onagracee*. Der unterständige, vierzipflige Fruchtknoten öffnet sich im reifen Zustand weit. Die Blüten haben den typischen *Onagraceen*aufbau. Sie sind reinweiß und entfalten sich gegen Abend (ab 17 Uhr) sehr schnell und bleiben die Nacht über aufrecht. Morgens färben sie sich erst rosa, dann dunkler rot, sinken zusammen und vergehen in zusammengedrehtem Zustand.

Orchideen (und auch *Pirolaceen*) gehören zu den Pflanzen, die die kleinsten „feilspanartigen" Samen haben. Es hat sich nach vielen sachverständigen Versuchen herausgestellt, daß es kaum möglich ist, Orchideen von ihrem Originalstandort in den Garten zu verpflanzen. Es hat auch keinen Sinn, „es halt doch noch einmal zu probieren"! Im Staudenhandel ist aber der Frauenschuh *Cypripedium calceolus* gelegentlich ganz legitim zu haben. Er gedeiht an einer halbschattigen Stelle in durchlässigem Boden gut.

Oxalis acetosella, der Sauerklee. Im tiefen Schatten unter einem Gehölz in sehr lockerem, humosem Boden kann diees Pflanze ihren Platz finden. Sie verträgt keine stärkere Belichtung, hat keinen Verdunstungsschutz u. ist mit ihren extrem dünnen, aber chlorophyllreichen Blättern das Muster einer Schattenpflanze. Aus den reifen Kapseln werden die Samen durch ein unter Spannung stehendes Gewebe bis zu 1 m fortgeschleudert. Durch leichtes Berühren der reifen Früchte kann der Mechanismus ausgelöst werden. Die Pflanze hat rötliche, unterirdische Ausläufer mit dichten Gruppen von Niederblätter als Reservestoffbehälter, Zugwurzeln zur Regulierung der richtigen Tiefe im Boden. Außer den normalen Blüten entstehen im Sommer kleistogame unscheinbare Blüten mit Fruchtbildung. Die gegen Licht empfindlichen Blätter vermindern durch Neigen die Intensität des Lichteinfalles. Diese Stellung nehmen sie auch nachts ein: die Bewegung ist thermonastisch.

Papaver nudicaule, s. S. 155.

Papaver somniferum, der (einjährige) Schlafmohn, hat eine große, als Knospe nickende Mohnblüte mit abgefallenem Kelch. Unter der Kapsel ist zu erkennen, wo die Staubblätter und das Perigon saßen. Milchsaft, Samenkapsel mit 6 bis 12 Querwänden (Schnitt!). Samen mit seiner grubigen Struktur im Mikroskop!

Pinus, die Kiefer, sei ihres geflügelten Samens wegen hier wenigstens genannt.

Plantago, Wegerich-Samen sind klebrig und verbreiten sich auf diese Weise nicht nur epizoisch, auch z. B. an Schuhsohlen. Der Schulgartenleiter wird nur ungern die Plantagoarten *maior* (Breitwegerich), *media* (mittlerer Wegerich) oder auch *lanceolata* (Spitzwegerich), absichtlich anpflanzen, weil er die übermäßige Ausbreitung fürchtet. Wirklich gefährlich sind diese Arten aber nur in Wiesen oder Rasen. Sicher werden diese Pflanzen aber eben wegen ihrer Verbreitungskraft irgendwo im Garten von selbst wachsen. *P. alpina* kann evtl. im Steingarten stehen. Die Blüten der Wegeriche sind sehr einfach gebaut, aus ihren Blättern sind die Gefäßbündel leicht herauszuziehen.

Polygonum amphibium, der Wasserknöterich. Seine Früchte sind unbenetzbar und können deshalb lange schwimmen, obwohl sie schwerer als Wasser sind. S. 4., S. 133.

Populus, die Pappel, wird vielleicht in einer Art oder Form im Garten oder den Anlagen in der Nähe stehen. Die an langen Fäden fliegenden Samen sind leicht zu beobachten.

Primula-Arten (Schlüsselblumen). Alle einheimischen Arten außer *P. vulgaris* = *P. acaulis* sind Wintersteher, s. S. 120.

(*Primula-Arten,* die Schlüssel-Blumen, lassen ihre fruchttragenden Stengel starr aufrechtstehen, im Gebirge auch als Wintersteher.) Als ansehnliche Art empfiehlt sich die Art *P. sikkimensis,* die knapp einen Meter hoch wird, aber gelbe Blüten wie unsere Schlüsselblume hat, steht am besten schattig. Siehe S. 197.

Pulsatilla vulgaris, die Küchenschelle. Flugapparat ist der bleibende, lange, behaarte Griffel, s. S. 126.

Ranunculus arvensis, der Ackerhahnenfuß, ist eine einjährige Pflanze der gewöhnlichen Tracht. Aber seine relativ großen Früchte sind mit Stacheln besetzt. Dadurch werden sie epizoisch verbreitet.

Rhododendron ferrugineum, die rostrote Alpenrose, für die im Schulgarten nur selten die Vorbedingungen gegeben sind, hat Samen von nur 0,02 mgr. Gewicht.

Sagina procumbens, das niederliegende Mastkraut, ist eine niedrige *Alsinee* mit schmalen, moosartigen, liegenden Stengeln und kleinen weißen Blütchen. In jedem Garten wird die Pflanze in Plattenfugen und zwischen Steinen anfliegen. Ursache sind die winzigen Samen von nur 0,3 mm Länge.

Salices, Weiden, sind in irgendeiner der vielen Arten und Kreuzungen mit ihren Kätzchen, den Blüten der frühen Bienenweide und den an Fäden fliegenden Samen im Schulgarten wertvoll. Doch können Weiden auch leicht von Schädlingen befallen werden.

Sambucus racemosa, der Traubenholunder *(Caprifoliacee)* ist ein Strauch mit einer mehr kegelförmigen, gelben Blütenrispe. Die großen Früchte sind leuchtend rot. Die Art ist weniger verbreitet und bekannt als *S. nigra*, der ebenso von Vögeln endozoisch verbreitet wird und früher oder später in jedem Schulgarten anfliegt.

Sarothamnus scoparius, der Besenginster, wächst nur auf trockenen und silikatreichen Böden an warmen Standorten. Sein Aussehen täuscht einen Xerophyten vor. Große Trockenheit verträgt er aber nicht. Im Schulgarten ist die Pflanze wegen der großen, gelben Blüten mit ihrer interessanten Blütenbiologie wertvoll. Nur große, kräftige Insekten können den Mechanismus auslösen. Die schwarzen Hülsen springen im reifen Zustand hörbar auf und die vorher durch einen besonderen Vorgang von ihren Stielen abgesprengten Samen werden ausgeschleudert. Die Wurzeln tragen besonders große Bakterienknöllchen (Mikroskop!).

Scandix pecten Veneris, der Venuskamm. Der Name der einjährigen Pflanze kommt von den sehr lang geschnäbelten Früchten dieser *Apiacee (Umbellifere)*. Die Döldchenstrahlen sind gleich lang, so daß die Früchte nebeneinander stehen. Sie sind von abwärts gerichteten Borsten rauh und werden dadurch epizoisch verbreitet. Beim Reifen werden die Früchte elastisch gespannt, so daß die Teilfrüchte wegspringen können.

Sedum acre, der Mauerpfeffer, eine niedrige *Crassulacee* mit gelben Blüten, ist auf trockenen Standorten leicht zu halten. Die kleinen Blätter sind dick. Abgerissene Pflanzenteile treiben leicht Wurzeln. Die Balgfrüchte öffnen sich nur beim Regnen oder großer Feuchtigkeit. Die Samen keimen am Licht.

Sium angustifolium, der aufrechte Merk. Der Fruchtstand schwimmt durch Lufthaltigkeit, s. 4., S. 134.

Solanum dulcamara, der bittersüße Nachtschatten, ist eine *Solanacee*, die sich beim Wachstum auf andere Pflanzen und Gegenstände stützt und kann deshalb als Spreizklimmer bezeichnet werden. Die großen Staubbeutel der kurzen Staubblätter neigen oben kegelförmig zusammen und sind verwachsen. Durch ihre gelbe Farbe im Gegensatz zu der violetten Blütenhülle locken sie Besucher an. Die leuchtend roten Beerenfrüchte werden hauptsächlich von Elstern vertragen. Die Blattform variiert an derselben Pflanze.

Stipa pennata, das Federgras. Seine bis 25 cm langen, zarten, fedrigen Grannen sind der Flugapparat. Die Pflanze ist im Staudenhandel zu haben, ist aber auch aus Samen leicht zu ziehen. Sie braucht einen trockenen Standort. Die mit Hilfe der Grannen angeflogenen Früchte (Caryopse) bohren sich mittels der an der Basis hygroskopischen Grannen (Torsion) in den Boden ein. Noch schöner ist *St. capillata.*

Stratiotes aloides, die Krebsschere, hat holzige Früchte, die auf dem Wasser schwimmen. S. 4., S. 134.

Syringa vulgaris, der Flieder *(Oleacee),* ist in vielen Sorten im Handel. Er ist auch eine Zierde des Schulgartens. Die vierzähligen, duftreichen Blüten haben (ihrer Familie entsprechend) nur 2 Staubblätter. Die Samen sind geflügelt und werden beim Aufspringen der Früchte vom Wind verbreitet.

Tamarix germanica = *Myricaria germanica,* die deutsche Tamariske *(Tamaricacee),* ist ein schlanker Strauch mit sehr kleinen Blättern, die an Heidekraut erinnern. Die endständigen Blütentrauben bestehen aus einer großen Zahl kleiner hellvioletter Blüten. Diese haben 5 schmale Blütenblätter, 10 Staubblätter (abwechselnd länger und kürzer), die im Grunde ringförmig verwachsen sind und den großen Fruchtknoten umgeben. Die Samen tragen einen fedrigen Haarschopf *(Anemochorie).*

Taxus baccata, die Eibe. Im Schulgarten muß an einer schattigen Stelle mit schwerem Boden eine Eibe wachsen, wenn auch nicht sichergestellt ist, daß sie nach 100 Jahren dort zu einem großen Baum herangewachsen ist. *Gymnosperme* mit sehr einfach gebauten Blüten, bei denen sich um den freien Samen herum ein Ring bildet, der zu einem intensiv roten Becher (Arillus) um den unteren Teil des Samens wird. Die Giftigkeit dieses nur langsam wachsenden Baumes wird sicher übertrieben, doch ist wegen individuell verschiedener Empfindlichkeit Vorsicht geboten.

Tilia platyphyllos, die Sommerlinde, ist — sofern man auswählen kann — für den Schulgarten empfehlenswerter, weil sie schon Anfang Juni blüht, wenn das Schuljahr sich noch nicht auflöst, im Gegensatz zur Winterlinde. Der Baum wächst nur in nahrhaftem, hinreichend feuchtem Boden und nicht in extremen Höhenlagen zu einer schönen Gestalt heran. Die Früchte werden noch im Herbst mit ihrem Flugblatt, wenn auch nicht sehr weit, verfrachtet. Die Blätter haben weiße „Milbenhäuschen", in den Blüten stehen die Staubblätter in 5 Bündeln.

Trifolium, der Klee. Bei vielen Arten wächst der Kelch zu einem hakigen, oft bizarr geformten Gebilde heran, das mit der Hülse verbunden bleibt und eine epizoische Verbreitung ermöglicht. Das ist nicht zuletzt der Grund dafür, daß Kleearten überall anfliegen. Unter der Lupe entfaltet sich erst der Formenreichtum dieser Flugeinrichtungen. Die Arten *Trifolium pratense,* der Rotklee, und *T. incarnatum,* der Inkarnatklee (auch durch Wind verbreitet), brauchen wohl wegen des allgemeinen Bekanntseins nicht angepflanzt werden. *T. ochroleucum* (gelblich) und *T. lupinaster* (rot) sind schon eher geeignet. Letzterer hat einen etwas glockigen, langgezähnten Kelch, *T. fragiferum,* der Erdbeerklee (rosa), hat einen aufgeblasenen Kelch eigenartiger Struktur. Man ist geneigt, an Windverbreitung zu denken. Der postflorale Kelch sitzt aber so fest, daß diese Möglichkeit sofort ausscheidet. Tiere halten das Gebilde aber nach Hegi vielleicht für Früchte, deren Samen dann endozoisch verbreitet wird.

Trifolium subterraneum, der unterirdische Klee ist eine interessante Art für wärmere Stellen. Nur wenige Blüten des Köpfchens sind fertil, die anderen wachsen zu festen Stielen aus, die fünf Stacheln tragen, die sich fast zwei Zentimeter in den Boden einkrallen und die Früchte dort verankern. Das Verhalten der Pflanze erinnert etwas an die Erdnuß *Arachis hypogaea,* die bei uns im Freiland nicht gezogen werden kann.

Ulmus campestris, die Feldulme, hat unscheinbare Blüten, die vor den Blättern erscheinen und vom Wind bestäubt werden. Die Früchte reifen sehr schnell und können durch ihre Flughaut vom Wind mitgenommen werden. *Ulmus effusa* hat lange abstehende Staubfäden.

Valeriana officinalis, der Baldrian, siehe S. 132.

Veronica hederifolia, der efeublättrige Ehrenpreis, ist einjährig und wächst häufig als kleines Unkraut mit kleinen blauen Blüten. Die dreilappigen Blätter erinnern an Efeu. Die kleinen Samen tragen ein Elaiosom, das Ameisen veranlaßt, die Samen zu verschleppen und damit zur Verbreitung des Unkrautes beizutragen.

Vicia sativa, die Speisewicke, trägt bei der ssp. *kleistogama* an Bodenausläufern kleistogame Blüten, deren unterirdische Früchte allerdings noch nicht beobachtet zu sein scheinen.

Viola odorata, das Märzveilchen, wird sicher eines Tages unter der Hecke oder unter Büschen, wohin die Ameisen seinen Samen wegen des Elaiosoms getragen haben, entdeckt. Ein einzelnes Pflänzchen breitet sich durch Ausläufer meist schnell aus. Neben den bekannten großen Blüten werden später, besonders an den Ausläufern kleistogame Blüten gebildet. Der Bau der Pflanze bietet viele Beobachtungsmöglichkeiten (Blüte mit Honigsporn, Narbe, Nebenblätter, Kelchanhängsel). Die Samen werden wegen des Elaiosoms gelegentlich auch von Eidechsen gefressen, wodurch dann endozoische Verbreitung eintritt. Die Samen keimen immer schlecht und langsam.

Viscum album, die Mistel *(Loranthacee)* findet sich vielleicht schon auf einem Baum des Gartens oder seiner Umgebung. Sonst könnte man auch künstlich einen Baum mit Samen infizieren. Die Misteln sind immergrüne Halbschmarotzer, die dem Wirt fast nur Wasser und die darin gelösten Stoffe entziehen. Den übrigen Stoffwechsel leisten sie selbst. Die Blüten werden von Insekten bestäubt. Die Samen kommen endozoisch auf die Bäume oder auch dadurch, daß die durch das Fruchtfleisch am Schnabel der Vögel festgeklebten Samen durch Abstreifen an einem Baum hängen bleiben. Die Mistel, die das Wasser durch eingesenkte Wurzeln entzieht, wird nur gefährlich, wenn sie sich auf demselben Wirt zu sehr vermehrt. Misteln wachsen auch auf Nadelbäumen.

Xanthium echinatum, die Spitzklette, ist eine einjährige Asteracee (Compositae). Die Pflanze hat große Blätter und die Blüten stehen in Köpfchen, die nach weiblichen und männlichen (an derselben Pflanze) unterschieden sind. Das männliche enthält zur Antherenröhre noch ein Fruchtknotenrudiment, das weibliche nur den Fruchtknoten. Die Hülle des weiblichen Köpfchens trägt teilweise widerhakige Stacheln. Die Hülle, die die reifen Samen enthält, wird epizoisch verbreitet. Nur an warmen Standorten reifen die Samen aus.

173

6. Stammbaum der Pflanzen, Entwicklungsreihen, Familien

Ein Wissen von der Evolution des Lebendigen ist für die Erkenntnis und das Bewußtsein von unserer eigenen Stellung in der Natur von größter Bedeutung. Wie schwierig das Zurücktasten an den Linien der Evolution ist, das kann besonders der Stammbaum (wenn man so sagen darf) der Pflanzen zeigen. Von ihm wird in der Schule nur selten gesprochen. Er steht ja auch nicht als ein übersichtlicher Baum vor uns. Nur losgelöste kurze Entwicklungsreihen sind sicher, andere fraglich und ihre Verknüpfung ist oft nur Vermutung. Erst in neuerer Zeit sind durch bessere Aufarbeitung reicheren Fossilienmaterials Lichtblicke in das evolutionäre Geschehen gefallen. Im Schulgarten lassen sich durch Darstellung von Entwicklungsreihen, von Entwicklungstendenzen, durch Darstellung von markanten Typen sowie die Ansiedlung von Angehörigen von Pflanzenfamilien theoretische Überlegungen anschaulich machen. Es läßt sich zeigen, wie manche Eigentümlichkeit z. B. Windblütigkeit oder Polyandrie u. a. im Laufe der Evolution mehrmals erworben wurden. Man zeigt die Reihe der *Polycarpicae*, die Erscheinungsformen der Ranunculaceen, die Fruchtbildung bei Rosaceen, die Malvaceen, die Onagraceen, die Zunahme der Spezialisierung, den Übergang von den Campanulaceen zu den Asteraceen, um nur einige Themen zu nennen. Die Evolution ist eben ein so wichtiger Unterrichtsgegenstand, daß eine große Ausführlichkeit notwendig scheint. Zudem zeigt diese neue Anordnung den Wandel in wissenschaftlichen Ansichten. Etwas nicht Erlebbares bleibt immer eine Theorie.

Unsere heutige Pflanzenwelt ist mit einem Zusammensetzspiel zu vergleichen, von dessen verschieden geformten Teilchen ein sehr großer Teil verloren gegangen ist, und einige davon nur noch in „Fotos" als Versteinerungen erhalten sind.

Grüne Flagellaten, Grünalgen als Vorläufer allen pflanzlichen Lebens lassen sich leicht im Wassergarten finden und mikroskopieren. An feuchteren Stellen fliegen die ursprünglicheren Lebermoose an und fruktizieren wohl auch. Die abgeleiteten Laubmoose können an geeigneten Stellen im Schatten auf verdichtetem Boden eingebracht werden, wenn sie sich nicht von selbst einfinden. Während die Moose erst aus dem oberen Devon bekannt sind, kennen wir Pteridophyten, also Gefäßkryptogamen als Urfarne *(Psilophytaten)* schon aus dem Übergang Silur zu Devon. Aus den drei parallelen Pteridophytengruppen kann die Auswahl für den Garten nur sehr bescheiden sein. Die heute noch ziemlich artenreichen Farne finden in einigen typischen Vertretern an absonnigen Stellen, etwa bei Rhododendron, ihre Standorte. Die *Lycopodiaten* (Bärlapppflanzen) sind mit den *Lycopodien* nur mehr in ganz wenigen Arten erhalten. Sie sind lebende Fossile, die über 300 Mill. Jahre ihre Gestalt erhalten haben. Sie lassen sich nicht in den Garten verpflanzen, ein Kultivieren aus Sporen scheidet meist aus, weil das leicht ein Jahrzehnt und länger dauern könnte und außerdem das Vorhandensein bestimmter Pilze erfordert. Dagegen läßt sich von den beiden abgeleiteten Ordnungen wenigstens *Selaginella helvetica* im Steingarten und *Isoetes lacustris* im Wassergarten unterbringen. Wichtig ist natürlich ein vergleichendes Betrachten der Sporen- und Prothallienentwicklung im Mikroskop. Da erlebt der Schüler (und vielleicht sogar der Referendar) die Rückbildung der haploiden Generation, die im Erscheinungsbild unserer Angiospermen überhaupt nicht mehr auftritt. Diesen Wandel aufzuzeigen ist notwendig, weil das Bewußtsein vom steten Wandel in der Natur eines der wichtigsten Bildungsziele ist. Die Equisetaten sind mit ein paar Arten ebenfalls lebende Fossile. Sie können im Schulgarten vertreten sein.

Von den drei Gruppen der Farne können die Wasserfarne die Möglichkeit geben, die Reduktion der haploiden Phase zu beobachten. Von diesen lassen sich einige im Garten kultivieren.

Heute ist es wahrscheinlicher geworden, daß von zentralen „Progymospermen", die über den *Urfarnen* stehen, sowohl die höheren *Pteridophyten* (Lycopodiaten, Filicaten) als auch einerseits die *Ginkgoaten* (Ginkgopflanzen) und die *Pinaten* (Zapfenträger und Eiben), andererseits die *Cycadaten* (Farnpalmen), die *Gnetaten* (mit den Gattungen *Welwitschia, Gnetum* und *Ephedra*) und die *Magnoliophytinen (Angiospermen)* in parallelen Reihen abgeleitet sind. Damit werden viele Schwierigkeiten mit früheren Vorstellungen behoben. Eine ausgezeichnete Übersicht bei *Friedrich Ehrendorfer, Spermatophyta* im „Straßburger", 30. Auflage, S. 584 ff., der hier gefolgt wird.

Eine „natürliche" Systematik versucht nach phylogenetischen Gesichtspunkten vorzugehen. Sie stellt Pflanzen mit ursprünglichen Merkmalen vor Pflanzen mit abgeleiteten Merkmalen. Nur eine Systematik, die ein Spiegelbild der Evolution ist, hat für den biologischen Schulgarten Bedeutung. Hier ist nicht der Ort für phylogenetische Betrachtungen. Aber die Evolution kann nicht nur ein ephemeres Thema im Biologieunterricht, sie muß vielmehr ein Prinzip im Unterricht wie in der Gartenarbeit sein. Es kann hier nur eine knappe systematische Übersicht gegeben werden, nach der auch die Beispiele in der Liste 9 aufgereiht sind.

a. *Pteridophyten, Farnpflanzen i. w. S.*

α. Lycopodiaten, Bärlapppflanzen

1. Lycopodiales, Bärlappartige
2. Selaginellales, Moosfarnartige
3. Isoetales, Brachsenkräuter

β. Equisetaten, Schachtelhalmpflanzen

γ. Filicaten, Farnpflanzen

1. Eusporangiaten, mit derbhäutigen Sporangien aus mehreren Zellschichten
2. Leptosporangiaten, mit zarthäutigen Sporangiaten aus nur einer Zellschicht
3. Hydropteriden, Wasserfarne

b. *Spermatophyten, Samenpflanzen*

α. Coniferophytinen, gabel- und nadelblättrige nacktsamige Pflanzen

1. Ginkgoaten, Ginkgopflanzen, gabelblättrig
2. Pinaten, Nadelhölzer
Piniden (= Coniferen), Zapfenträger
Pinaceen, kiefernartige Pflanzen
Taxodiaceen, sumpfzypressenartige Pflanzen
Cupressaceen, Zypressenartige Pflanzen
Taxiden, Eibenpflanzen

β. Cycadophytinen, fiederblättrige nacktsamige Pflanzen
1. Cycadaten, Farnpalmen (kein Beispiel im Garten!)
2. Gnetaten, Gnetumpflanzen
Welwitschiaceen (kein Beispiel im Garten!)
Gnetaceen (kein Beispiel im Garten!)
Ephedraceen, meerträubelartige Pflanzen

γ. Magnoliophytinen, Angiospermen, bedecktsamige Pflanzen
1. Magnoliaten (= Dicotyle) zweikeimblättrige decksamige Pflanzen
Magnoliiden, Polycarpicae, Pflanzen mit Früchten aus einem Fruchtblatt
Hamamelididen, kätzchentragende Pflanzen
Rosiden, rosenblütige Pflanzen
Dilleniiden, zistusblütige Pflanzen
Caryophylliden, Pflanzen mit zentraler und davon abgeleiteter Plazenta
Asteriden, verwachsenblütige Pflanzen mit vier Blütenkreisen
2. Liliaten, einkeimblättrige decksamige Pflanzen
Alismatiden, Froschlöffelpflanzen
Liliiden, Lilienpflanzen
Areciden, Pflanzen mit kolbenförmigem Blütenstand
Diese Übersicht wurde gegeben, weil m. W. in neuerer Zeit in keinem Schulbuch eine solche ausführlich enthalten ist. Deshalb wurde auch die anschließende Liste ausführlich gestaltet. In ihr sind auch die Pflanzen angeführt, die im gesamten Text irgendwo vorkommen.

Liste 9

a. *Pteridophyten, Farnpflanzen i. w. S.*

α. *Lycopodiaten*, Bärlapppflanzen

1. *Lycopodium*-Arten können nicht im Garten wachsen, s. o.

2. *Selaginella helvetica,* der Moosfarn, läßt sich auf feuchten, dichten, absonnigen Böden weiterkultivieren. Die zarten, dichtbeblätterten Sprossen sind in den Alpen weitverbreitet und steigen mit den Flüssen nordwärts weit hinab (bis Deggendorf, Augsburg, Passau). Im Anschluß an eine Exkursion kann das Pflänzchen mit möglichst viel Mutterboden und seinen Nachbarpflanzen mitgebracht werden.

3. *Isoetes lacustris,* das gemeine Brachsenkraut wird bis 20 cm hoch. Es ist ein weit verbreitetes, oft übersehenes Wasserpflänzchen, das in der Tracht etwas an Litorella erinnert und auch in seine Nähe gepflanzt werden kann. S. Liste 4, S. 130. Die inneren Blätter tragen an der breiten Blattscheide unter der Haut die Mikrosporangien. Durch Fäulnis des Gewebes gelangen die Sporen ins Freie. Die Spermatozoiden tragen Geißelbüsche.

β. *Equisetaten,* Schachtelhalmpflanzen

Equisetum palustre, der Sumpfschachtelhalm, s. Liste 4, S. 129, kann für diese Gruppe genügen. Die eigenartige Tracht hat sich seit der Karbon-Zeit bis heute lebensfähig erhalten. Wer es mit *E. maximum* in hinreichend feuchtem Lehmboden versuchen will, hat damit gleichsam ein ansehnliches Fossil im Garten. Das allgemein bekannte *E. arvense,* der Ackerschachtelhalm, das Zinnkraut, verbreitet sich in kaum ausrottbaren Trieben im Garten zu einem sehr lästigen Unkraut, wenn es einmal irgendwoher eingeschleppt wird. Mit seinen andersgestalteten fertilen Sprossen und den Knollen an den unterirdischen Sprossen ist es aber biologisch interessant. Man pflanzt es evtl. in einen Behälter aus Asbestzement und gräbt ihn ein.

γ. *Filicaten,* Farnpflanzen i. e. S.

Sie gedeihen an absonnigen Stellen in frischem Boden sehr gut. Viele Arten sind im Staudenhandel zu haben.

1. *Eusporangiate Farne* haben nur einen Wedel, sind in der Jugend nicht eingerollt und haben keinen Annulus (Ring) an den Sporangien. Im Garten sind sie durch die Ophioglossaceen vertreten.

Botrychium lunaria, die Mondraute, deren Wedel aus einem sterilen Teil mit etwa halbmondförmigen Fiederblättchen und einem sporentragenden Teil besteht, kann in seinem Mutterboden etwa an einem größeren Stein an trockener, leicht absonniger Stelle im Garten jahrelang wachsen und beobachtet werden. Eigenartige Pflanzengestalt, die etwa 15 cm, manchmal auch höher werden kann.

Ophioglossum vulgatum, die Natterzunge, ist auf schweren Böden nicht selten, aber leicht zu übersehen. Der sterile Blatteil läuft aus breitem Grunde spitz zu und der fertile Teil ist länglich und ährenartig.

2. *Leptosporangiate Farne* sind in der Jugend durch stärkeres Wachstum der Wedelunterseiten eingerollt. Wedel und Sporangien sind verschiedenartig ausgebildet.

Osmundaceen haben weder einen Annulus (Ring) noch ein Indusium (Schleier) und die Sporangienwand ist (wie bei den Eusporangiaten) mehrschichtig.

Osmunda regalis, der Königsfarn. Eine der prächtigsten Farngestalten, 1 Meter hoch und mehr. Er hat verschieden geformte fertile und sterile Wedel. Die sterilen sind oft teilweise fertil. Die Pflanze braucht frischen, etwas feuchten Boden und absonnigen Standort. Hegi bezeichnet sie sogar als Sumpfpflanze. Die Sporangien haben noch keinen ausgebildeten Annulus, aber eine Reihe verdickter Zellen.

Polypodiaceen. Zu ihnen gehören die meisten unserer einheimischen Farne.

Adiantum pedatum, das Frauenhaar, hat sehr zarte, dünne Wedel. Die Sori sitzen an dem eingeschlagenen Rand der Blätter.

Asplenium ceterach, der Schriftfarn, ist ein Xerophyt. Er hat dichten Wuchs und auf der Blattunterseite rotbraune Spreuschuppen, die die Sori verdecken. Die Art ist nur in sonnigen warmen Felsspalten zu kultivieren.

Asplenium septentrionale, der nordische Milzfarn, bleibt niedrig und ist wegen seiner grasartigen Tracht interessant. Er wächst nur kalkfrei in Felsspalten zwischen Gneisplatten.

Asplenium trichomanes, der schwarze Streifenfarn, gedeiht absonnig auch in Spalten von Gneisplatten.

Asplenium viride, der grüne Streifenfarn, ist das Gegenstück des vorigen auf Kalkböden.

Blechnum spicant, der Rippenfarn, hat kräftige fiederteilige Wedel. Bei den fertilen sind die Fiedern stielartig schmal und unterseits in zwei Reihen dicht mit Sori besetzt. Langer Schleier. Wintergrün.

Dryopteris filix mas, der Wurmfarn, ist vielleicht der bekannteste Farn.
Matteucia struthiopteris, der Straußfarn, hat steife Fiedern, die Wedel stehen schön trichtrig. Die fertilen haben eine reduzierte Blattfläche mit dichten Sorusständen mit großem Schleier. Schöne Pflanzengestalt.
Phyllitis scolopendrium, der Hirschzungenfarn mit ungefiederten, langen, blättrigen Wedeln. Sori in Reihen auf den Nerven. Behält im Winter seine Wedel.
Polypodium vulgare, der Tüpfelfarn, hat kräftige fiederteilige Wedel, die Abschnitte stehen abwechselnd, die Sori haben keinen Schleier. Die Wedel bleiben oft unterm Schnee grün.
Polystichum aculeatum, der Schildfarn, hat steife Wedel mit nach vorn gerichteten Fiederchen. Die Schleier sind rund. Wintergrün.
Pteridium aquilinum, der Adlerfarn, braucht einen schweren Boden. Sori am eingerollten Blattrand. Fertile und sterile Wedel gleichgestaltet. Bis 1 m hoch und mehr.

3. *Hydropteriden (Wasserfarne).* Sie sind heterospor.

Marsileaceen

Marsilea quadrifolia, der vierblättrige Kleefarn, bildet Wasser- und Landformen. Die Sporangien sitzen in länglich runden Gebilden auf Stielen, die kürzer als die Blattstiele sind. Die Megasporangien enthalten nur 1 Megaspore. Interessante Schlafbewegungen!
Pilularia globulifera, der Pillenfarn, hat Wasser- und Landformen. Die Sporangien stehen am Grunde der Blätter in rundlichen Gebilden, die oben Mikro- und unten Megasporangien tragen.

Salviniaceen

Salvinia natans, der Schwimmfarn, ist eine der wenigen einheimischen Schwimmpflanzen. Die Pflanze trägt am kurzen Sproß oben die vakuolenreichen Schwimmblätter, unten zu Wurzeln umgebildete Blätter, an deren Grund die kugeligen Sporangienblätter sitzen. Einjährig! Gelegentlich wird im Staudenhandel eine bei uns kurzlebige *Azolla*-Art angeboten.

b. *Samenpflanzen*

α. *Coniferophytinen*

1. *Ginkgoaten,* Ginkgopflanzen, gabelblättrig

Ginkgo biloba, der Ginkgobaum. Er ist eine eigenartige Baumgestalt. Lebendes Fossil! Die Art ist zweihäusig, sie wächst langsam und fruktiziert spät u. selten. In den männlichen Blüten werden noch Spermatozoiden gebildet. Zwischen Bestäubung und Befruchtung liegen oft Monate. Früchte fallen unbefruchtet ab!

2. *Pinaten,* Nadelhölzer

Piniden, Zapfenträger

So wichtig und so nötig die Piniden (= Coniferen) im Schulgarten sind, so problematisch werden sie wegen ihrer Größe. Diese kann nicht nur die Raumverhältnisse eines kleinen Gartens sprengen, die an der Spitze der Bäume gebildeten Zapfen sind auch nur schwer zugänglich. Aber Schnitte durch Samenanlagen und männliche Blüten sind ja so wichtig. So muß schon bei der Auswahl der Arten und der Standplätze im Garten entsprechend Rücksicht genommen werden. Wer viel Platz hat oder eine öffentliche Anlage gleich bei der Schule, der kann veranlassen, daß die großen Arten dort gepflanzt werden. Es sind ja schöne Gestalten.

Pinaceen, Kiefernartige

Abies koreana ist eine Tanne, die im Format des kleinsten Gartens bleibt und schon in Meterhöhe Zapfen trägt. Die große *A. alba,* unsere Tanne, gedeiht übrigens nicht in jeder Lage und auf jedem Boden. In dichtem, schwerem Boden, in regenfeuchter Luft fühlt sie sich am wohlsten.

Larix europaea, die Lärche, entwickelt sich in Großstädten mit SO_2-haltiger Luft und wenig UV-Strahlung schlecht.

Picea omorica, die serbische Fichte, ist eine schlanke, besonders schöne Fichten-Gestalt. Sie muß aber zu ihrer Entwicklung Platz haben. Zapfen trägt sie schon ab dem 6. od. 7. Lebensjahr. Baumschulen haben oft ein reiches Sortiment von niedrigwachsenden, formschönen Piceaarten und -Sorten. *P. abies* eignet sich nur für Parks oder große Gärten. Sie wurzelt sehr flach.

Pinus cembra, die Zirbelkiefer, ist ein Baum des Hochgebirges. Er gedeiht auch außerhalb der Berge in höheren Landesteilen. Die Zirbel braucht Feuchtigkeit und reine Luft. Auch auf zu trockenem Boden wächst sie nur langsam und so kommt es hier nur selten zur Fruchtreife, zumal Spechte und andere Vögel schon dem unreifen Samen nachstellen und dabei die Zapfen zerstören. Es gibt in den Baumschulen eine Zwergform „pygmaea".

Pinus montana, die Latsche, ist in geeigneten Sorten von den Baumschulen zu beziehen. Sie wird nicht hoch und die Blüten sind leicht erreichbar. Die große *P. sylvestris* ist ein Baum für Parks. Sie verträgt starken Frost schlecht.

Pseudotsuga douglasii, die Douglastanne, hat eigenartige, schöne Zapfen.

Tsuga canadensis, die Hemlocktanne, ist ein locker gewachsener, zierlicher Nadelbaum mit überhängenden Zweigen und rundlichen Zapfen.

Taxodiaceen, sumpfzypressenartige Pflanzen

In dieser Familie gibt es einige interessante Koniferen, die aber nur für wintermilde Lagen geeignet sind.

Cryptomeria japonica, die Sicheltanne aus Ostasien, *Sciadopitys verticillata,* die Schirmtanne aus Ostasien.

Cunninghamia lanceolata, die Spießtanne aus China und Formosa.

Cupressaceen, zypressenartige Pflanzen

Chamaecyparis obtusa oder *Ch. pisifera* sind schöne dichte, niedrige Pflanzen. Sie brauchen Luftfeuchtigkeit, wie sie besonders etwa Seeuferlandschaften eigen ist.

Juniperus communis, der Wacholder, ist ein meist zweihäusiger Strauch mit „Beerenzapfen", die erst im 2. Jahr reifen. Die Pflanze liebt einen flachgründigen Boden. Es gibt säulige Formen, z. B. *f. hibernica* und *J. virginiana glauca* oder

Canaertii, die sich im Garten zusammen mit Heidepflanzen wirkungsvoll anordnen lassen. *J. nana* ist der niederliegende Zwergwacholder.

Thuja plicata, der Lebensbaum, ist eine vielfach verwendete Heckenpflanze. Beschnitten kann sie natürlich nicht blühen. Sie hat Schuppenblätter. Diese Art bleibt auch im Winter tiefgrün, im Gegensatz zu *Th. occidentalis*.

Taxiden — *Eibenpflanzen*

Taxus baccata, die Eibe, ist mit ihrer dunkelgrünen Benadelung und den leuchtendroten Beeren eine Pflanze für den Schatten. S. Liste 8, S. 172. Es gibt säulig wachsende Formen, etwa *f. Hessei* oder Buschformen wie *f. nana*, die nur etwa 2 m hoch wird. Die nur für Weinbauklima geeignete *Torreya grandis*, die Nußeibe, ermöglicht übersichtliche Schnitte durch die Samenanlagen.

β. Cycadophytinen, fiederblättrige nacktsamige Pflanzen

Gnetaten

Ephedra saxatilis, das Meerträubchen, ist xerphytisch gebaut, zweihäusig und kann leicht aus Samen gezogen werden. Soll sonnig stehen, gedeiht aber beim Verfasser auch im Halbschatten. Auf die interessanten Blüten dieser sonderbaren Art kann hier nicht eingegangen werden. Für beschränkten Raum ist die Art *E. minima* geeignet.

γ. Magnoliophytinen (= Angiospermen). bedecktsamige Pflanzen

Diese umfassen den größten Teil der heutigen Pflanzenwelt. Sie sind offenbar von den *Magnoliiden (= Polycarpicae)* in fünf mehr oder weniger parallelen Entwicklungsreihen herzuleiten: 1. *Hamamelididen* (= Kätzchenträger), 2. *Rosiden* (rosenblütige Pflanzen), 3. *Dilleniiden*, 4. *Caryophylliden*, 5. *Liliaten* (einkeimblättrige Pflanzen). Eine 6. Reihe, die *Asteriden*, ist von den Rosiden abzuleiten. Bei den Einkeimblättrigen sind die *Alismatiden* ursprünglicher als die *Areciden* und die *Liliiden*. Nach diesen Reihen sind die Pflanzen in der anschließenden Liste zusammengestellt.

1. *Magnoliaten (= Dicotyle)*, zweikeimblättrige bedecktsamige Pflanzen
Magnoliiden (= Polycarpicae)

Magnoliaceen, die magnolienartigen Pflanzen. An ihren Blüten läßt sich der kurztriebartige Aufbau deutlich zeigen. Auch lange nach dem Abfallen der Blütenteile läßt sich die Blütenstruktur erkennen.

Magnolia soulangeana, die Magnolie, ist mit ihren frühen großen meist rosagefärbten Blütenblättern besonders von Spätfrösten gefährdet. Sie braucht also einen geschützten Standort. Weil sie flach wurzelt, braucht sie gute Düngung. Fruchtbildung ist selten, *M. kobus* ist winterhart und entwickelt sich zu einem Baum, besonders *var. borealis*. Die zierlichste Art ist stellata, die Sternmagnolie. An geschützten Stellen hat man an der prächtigen, sogar duftenden *M. denudata* seine Freude.

Liriodendron tulipifera, der Tulpenbaum, ist im Alter einigermaßen winterhart. Sie wächst sich zu einem großen, oft mehr als 10 Meter hohen Baum aus, der Windschatten liebt. Die Blüten sind wenig auffallend (grünlichweiß).

Calycanthus fertilis, der Gewürzstrauch. Diese Art sollte man aus Samen ziehen. Die Keimblätter sind nämlich im Samen dicht aufgerollt und entfalten sich sehr langsam und eigenartig.

C. florida ist ein Strauch, den man in Baumschulen leicht beziehen kann. Die Blüten duften stark.

Aristolochiaceen, osterluzeiartige Pflanzen.

Asarum europaeum, die Hasenwurz, s. Liste 2, S. 121.

Aristolochia macrophylla (= durior), die Pfeifenwinde, S. Liste 6, S. 143.

Nymphaeaceen, seerosenartige Pflanzen.

Nymphaea alba, die Seerose. Der grüne Kelch ist die äußere Blütenhülle. Bei den weißen Blütenblättern sieht man deutlich, wie sie von den Staubblättern abgeleitet sind. Die vielen aus je einem Fruchtblatt entstandenen Früchte werden im Laufe des Wachstums durch das Gewebe der Blütenachse umgeben, so daß es aussieht, als ob die Blüte einen verwachsenen Fruchtknoten hätte. Nach der Reife faulen die Achsenteile, und die Früchte werden frei. Siehe auch Liste 4, S. 133, wo auch über die Keimung der Samen.

Nuphar luteum, die gelbe Teichrose, ist eine Wasserpflanze, bei deren Blüte das äußere Perianth gelb ist, das innere ist nur als Honigblatt entwickelt.

Ceratophyllaceen, hornblattartige Pflanzen.

Ceratophyllum demersum, das gemeine Hornblatt, s. Liste 7, S. 153.

Ranunculaceen, hahnenfußartige Pflanzen, sind geradezu der Typ polykarper Pflanzen. Die so verschiedenartige Ausbildung des gleichen Prinzips soll im Schulgarten dargestellt und beobachtet werden: apokarpe Balgfrüchte, viele Staubblätter, Abwandlung zur einsamigen Schließfrucht (Nuß).

Helleborus niger, die Christrose. Die weißen Blütenblätter sind dick, werden später grünlich und braun und bleiben erhalten. Große Balgfrüchte.

H. foetidus, die stinkende Nießwurz. Die Blätter sind am Grunde dunkelgrün, weiter oben heller und einfacher, ganz oben Hochblätter mit nur angedeuteten Blattspreiten. Die äußere Blütenhülle ist grün und bleibt bis zur Samenreife erhalten. Die innere sind eingerollte grüne Honigblätter. Trockener Standort und lichter Schatten. Wächst wild auf Kalk. Blüht von März bis April. Alle Blütenteile sehr deutlich. Wem der Geruch unangenehm ist, der pflanzt *H. viridis.* Die Grundblätter bleiben auch im Winter grün.

Ranunculus lingua, der große Hahnenfuß, steht im Wassergarten, s. Liste 4, S. 134. Die einsamigen Früchte stehen auf einer halbkugeligen Verdickung des Blütenbodens. Erinnert an manche Potentillen! Besonders deutlich ist die Anordnung bei *R. sceleratus,* dem Gifthahnenfuß. Ganz allgemein besteht die bunte Blütenhülle (bei Ranunculus) aus blumenblattartigen Honigblättern, die der Schauapparat sind.

R. flammula, s. Liste 4, S. 131, *R. arvensis,* s. Liste 8, S. 170.

Thalictrum aquilegifolium, die Wiesenraute. Äußere Hüllblätter grün, abfallend. Honigblätter fehlend. Stiele der vielen Staubblätter als Schauapparat verbreitert und blau. Frucht geflügelt. Pollenblume s. Liste 7, S. 158.

T. dipterocarpum, die hohe Wiesenraute, ist von höherem Wuchs und gut zu beobachten.

Adonis vernalis, das Adonisröschen, hat fünf äußere grüne Hüllblätter und die vielen goldgelben inneren sind ein guter Schauapparat. Viele apokarpe Früchte mit je 1 Samen. Pollenblume! s. Liste 1, S. 124.

Caltha palustris, die Sumpfdotterblume. Die äußeren Blütenhüllblätter sind gefärbt, innere Hüllblätter fehlen, keine Honigblätter. Honigabsonderung seitlich am Fruchtblattstand, s. Liste 4, S. 129.

Trollius sinensis, die chinesische Trollblume, hat eine unbestimmte Zahl äußerer Hüllblätter und innen viele Honigblätter, die selbst ein Schauapparat sind. Die Pflanze ist höher und blüht länger als unser einheimischer *Trollius europaeus.* Staude aus Samen ziehbar!

Eranthis hyemalis, der Winterling, hat äußere gelbe Hüllblätter und Honigblätter, s. Liste 1, S. 118.

Nigella Damascena, die Gretl im Busch. Blüten von grünen Hochblättern umgeben, 5 hellblaue Blütenblätter außen und 5 Honigblätter innen. Die Einzelfrüchte sind zu einem großen Fruchtknoten verwachsen, Narben abstehend. Einzelne Staubblätter können zu Fruchtblättern werden.

Actaea spicata, das Christophskraut, 4—6 äußere Blütenhüllblätter, weiß, bald abfallend. 4—6 Honigblätter, viele lange Staubblätter mit weißem Filament, nur 1 Frucht mit vielen Samen. Beere.

Cimicifuga cordifolia, die Silberkerze oder das Wanzenkraut, blüht spät im Jahr mit hohen, traubigen Blütenständen. Äußere Blütenhüllblätter meist 4, weiß, abfällig, 4 Honigblätter, viele lange Staubblätter, wenige Balgfrüchte mit mehreren Samen. Schattenpflanze.

Aquilegia vulgaris, die Akelei, mag mit ihrer Blütenform überraschen. Aber bei genauem Hinsehen stehen 5 äußere Blütenhüllblätter abwechselnd mit 5 inneren, gespornten, größer ausgebildeten Honigblättern. Die vielsamigen Balgfrüchte sind länglich und verschmälern sich allmählich in den langen Griffel, s. Liste 8, S. 163.

Delphinium, der Rittersporn. Die Einzelblüte ist kleiner, dafür der reiche Blütenstand um so auffälliger. Die äußeren Blütenhüllblätter sind blau, das obere hat einen langen Sporn. Die inneren Blütenhüllblätter sind als Honigblätter ausgebildet. Die Fruchtknoten sind meist in geringer Zahl, aber vielsamig. Im Staudenhandel gibt es eine große Auswahl. Nicht alle Sorten haben die für unser Klima nötige Standfestigkeit.

Aconitum napellus, der Eisenhut. Die äußeren Perianthblätter sind verschieden gestaltet, das oberste Blatt bildet einen Helm. Im Helm nur 2 gespornte Honigblätter. Rudimente der 3 unterdrückten oft vorhanden. Meist 3 Früchte, Samen geflügelt. Pflanzen im Samenhandel, s. auch Liste 7, S. 151.

Clematis vitalba, die Waldrebe. Sie ist eine Liane, nur 4 äußere Blütenhüllblätter, keine Honigblätter, viele nur einsamige Balgfrüchte mit langem, behaartem Schnabel, s. Liste 6, S. 147.

Berberidaceen

Berberis vulgaris, der Sauerdorn. Die gelben, in traubigen Ständen angeordneten Blüten haben in der äußeren Blütenhülle zwei Kreise mit je zwei oder drei, in der inneren zwei Kreise mit auch je zwei oder drei ebenso gelb gefärbten Blütenblättern. Diese Blütenblätter stehen voreinander. Manchmal sind Honigblätter ausgebildet. Das Androecaeum besteht aus zwei Kreisen zu je drei Staubblättern. Die Frucht ist aus 1 Fruchtblatt mit 2 Samenanlagen gebildet. Die Staubfäden sind reizbar, in dem sie sich bei Berührung am Grunde nach innen gegen das besuchende Insekt bewegen und dieses einstäuben.

Epimedium versicolor, die Elfenblume, ist eine Schattenpflanze. Die vierzähligen gelben, sternförmigen Blüten verlieren ihre grünlichen 4 äußeren Hüllblätter schon bald. Die 4 inneren stehen vor ihnen, davor die 4 Staubblätter. Die Fruchtknoten ist die typische mehrsamige Balgfrucht. Der Blütenstand ist sehr locker. Die Blätter haben eine deutliche Nervatur und bleiben den Winter über erhalten. *E. alpinum* hat rote Blüten.

Mohnpflanzen

Von den *Polycarpicae* lassen sich auch die Mohnpflanzen herleiten. Die Fruchtblätter tragen die Samenanlagen an den Rändern, mit denen sie zu einem Fruchtknoten verwachsen sind. Die Staubblätter sind von einer doppelten Blütenhülle umgeben.

Papaveraceen, die mohnartigen Pflanzen. Die eigentlichen Mohne haben einen Fruchtknoten, der aus vielen Fruchtblättern verwachsen ist, viele Staubblätter, ein äußeres abfälliges Perianth.

Papaver, der Mohn, s. Liste 5, S. 138, Liste 8, S. 170.

Chelidonium maius. das Schöllkraut, s. Liste 8, S. 164.

Corydalis, der Lerchensporn, hat gespornte Blüten, siehe Liste 8, S. 165.

Eschscholtzia californica, der Goldmohn, s. Liste 8, S. 166.

Meconopsis cambrica u. *M. betonicifolia*, das gelbe und das blaue Mohngesicht, s. Liste 8, S. 169.

Dicentra spectabilis, der Herzerlstock, s. Liste 1, S. 118.

Macleaya cordata, der Federmohn. Er steht am besten im Hintergrund, weil er alles überwuchert. Er muß auch im Zaum gehalten werden. Aber die großen Blätter mit dem orangefarbigen Milchsaft zeigen besonders im durchfallenden Licht die Aderung ausgezeichnet. Die sehr zarten Blütenstände ohne Blütenhülle bleiben lange stehen.

Hamamelididen, kätzchentragende Holzgewächse

Sie umfassen abgeleitete Formen, die sich parallel entwickelt haben. Es sind meist große Pflanzengestalten, für die ein biologischer Schulgarten zu wenig Platz hat. Aber bei Neubauten ist es sicher erreichbar, daß in öffentliche Anlagen um die Schulgebäude solche Bäume und Sträucher zu stehen kommen.

Hamamelidaceen, zaubernußartige Pflanzen

Hamamelis japonica oder *H. mollis*, die Zaubernuß mit ihren Winterblüten im Januar/Februar. S. auch das Frühlingsbeet S. 117.

Fagaceen, buchenartige Pflanzen

Castanea vesca, die Edelkastanie, s. Liste 7.

Fagus silvatica, die Rotbuche. Die Blutbuche ist eine Mutation.

Quercus robur, die Eiche. *Qu. canadensis* hat im Herbst schöne Laubfärbung (rot).

Betulaceen, birkenartige Pflanzen

Alnus incana, die graue Erle, läßt sich vielleicht in einem wärmeren Gartenwinkel kultivieren. Erlenknöllchen an den Wurzeln!

Betula, die Birke. Die Birken sind lichtbedürftig und entziehen dem Boden viel Wasser. Sie werden bald große Bäume, die schlecht zu beobachten sind. Besser ist vielleicht Betula utilis, mit schöner Rindenfärbung.

Corylus avellana, die Haselnuß beim Frühlingsbeet, S. 117.

Carpinus betulus, die Hainbuche, wurde als Heckenpflanze empfohlen. Doch blüht und fruchtet sie da wegen dem Beschneiden nie. Wärmebedürftiger Baum.

Urticaceen ziehen mit den Brennesseln von selbst in den Garten ein. S. Liste 7, ebenso *Mercuralis*.

Ulmaceen, Ulmen mit unsymmetrischen Blättern und Flügelsamen, s. Liste 8.

Juglandaceen, nußbaumartige Pflanzen.

Juglans regia, der Walnußbaum, ist wohl auch für den biologischen Schulgarten zu groß. Leider!

Rosiden (= Rosifloren)

Rosenblütige Pflanzen. Diese Gruppe ist durch die Neigung zur Ausbildung von breiten, evtl. vertieften Blütenböden ausgezeichnet. Die Polyandrie ist sekundär angelegt, die Blüten sind cyklisch und getrenntblättrig.

Crassulaceen, Dickblattgewächse

Sempervivum arachnoideum, die spinnwebige Hauswurz, Liste 5, S. 139.

Saxifragaceen, Steinbrechartige, mit 5blättriger äußerer und 5blättriger innerer Blütenhülle. 2 fünfteilige Staubblattkreise, 2 Fruchtblätter, die im unteren Teil miteinander und dem Blütenboden verwachsen sind.

Saxifraga cotyledo, Liste 5, S. 139.

S umbrosa, der Schattensteinbrech, ist eine Schattenpflanze, deren Teile relativ groß und gut zu beobachten sind. In der Mitte der großen Rosetten aus dicklichen, unten roten Blättern steht auf langem Stiel der lockere Blütenstand. Die Einzelblüten haben die äußere, fünfblättrige, grüne Blütenhülle zurückgeschlagen, die innere hat 5 weiße, rot und gelb gepunktete Blätter. Der aus 2 Fruchtblättern unten verwachsene rote Fruchtknoten trägt die breiten, langen Narben und am Grunde 2 Honigdrüsen. 2 × 5 Staubblätter. Diese haben ein langes Filament, was der Blüte das zarte Aussehen verleiht. Reiche Ausläuferbildung. Die robuste Art kann gut dazu dienen, den Clematisarten zu einem beschatteten Fuß zu verhelfen.

Rosaceen

Eine außerordentlich vielgestaltige Guppe. Wertvoll ist die vergleichende Beobachtung des Blütenaufbaues sowie die Frucht- bzw. Scheinfruchtbildung. Reihe: *Rosa — Potentilla — Fragraria — Rubus*.

Aruncus sylvester, der Geißbart. Die (etwa 3) Früchte sind Balgfrüchte mit je 2 Samen, s. Liste 8, S. 163.

Filipendula hexapetala = *F. vulgaris*, die Rüsterstaude, hat 6 grüne äußere und 6 weiße innere Blütenhüllblätter. Innerhalb der vielen Staubblätter stehen bis zu 12 Fruchtblätter, die zu getrennten, zweisamigen Früchten heranwachsen. Die Pflanze kann in die trockene Verlandungszone (4, β) gesetzt werden. Interessant sind die unterbrochen gefiederten Blätter mit ihren fiederspaltigen Blättchen. Die Wurzeln tragen stärkereiche Knollen. Die überwinternde Blattrosette wird dunkelrot. Die Fruchtstände sind Wintersteher.

Rhodotypus scandens, die Scheinkerrie, ist ein Strauch, der für den Schulgarten sehr wertvoll ist. Die Fruchtblätter sind getrennt, nur wenig in den verdickten Achsenboden eingesenkt und von einem dünnen Auswuchs der Achse umgeben. Sie entwickeln sich noch im Juni zu großen, einsamigen, saftlosen Früchten.

Kerria japonica, auch Goldröschen genannt, ist ein Strauch mit ähnlich gebauten, aber fünfzähligen Blüten. Sie können gefüllt sein und sind dann eine Zierde des Gartens.

Potentilla verna, das Frühlingsfingerkraut. Die Früchte sind einsamig und werden zu Nüßchen, s. Liste 3, S. 126. Andere schöne Potentillen sind *P. atrosanguinea* und *P. pulcherrima*. *P. alba* kann bei den Heidepflanzen stehen.

Rubus, Himbeeren und Brombeeren. Der kegelförmige Blütenachse sitzen die Fruchtblätter auf. Saftige, einsamige Früchte.. Sammelfrucht. *R. saxatilis* hat nur wenige, aber große Früchte. *R. chamaemorus* reift seine Früchte nur in sehr milden Gegenden aus. Siehe auch Liste 6, S. 149.

Fragraria vesca oder sog. Monatserdbeeren. Die kegelförmige Achse ist fleischig geworden. Sie trägt die Früchte außen als kleine Nüßchen.

Pyracantha coccinea, der Feuerdorn, bildet eine kleine Scheinfrucht in derem Inneren, bei vorsichtigem queren Abschneiden des Fruchtfleisches die 5 oben freien Steinfrüchte mit ihren Griffelresten zu sehen sind. Die leuchtend roten Beeren bedecken den ganzen Strauch und bleiben den Winter über erhalten. Etwas geschützter Standort.

Sorbus aucuparia, der Vogelbeerbaum oder die Eberesche hat reiche Infloreszenzen. Die Blüten sind ähnlich *Pyracantha*. Die reifen Fruchtstände sind im Herbst eine Zierde des Gartens.

Amelanchier, die Felsenbirne, hat ähnliche Blüten und Fruchtbau wie *Pyracantha* und *Sorbus*. Aber in den Arten *A. canadensis* und *A. laevis* sind sie zwei der früh im Jahr mit großen Blüten blühenden Sträucher. *A. canadensis* reift seine roten Früchte noch im Juni, lange vor Schuljahresende.

Malus, der Apfelbaum. Die Früchte sind mit pergamentartigen Häuten in die Scheinfrüchte eingesenkt.

Rosa, die Rose. Die vielen einsamigen Früchte (Nüsse) sind ins innere der Achse eingesenkt. Oft eigenartige Ausbildung der äußeren Blütenhülle (Kelch), s. Liste 6, S. 148, wo einige Arten genannt sind.

Steinobstarten. Sie haben eine später abfallende fünfblättrige grüne äußere Blütenhülle, eine zwischen weiß und rot variierende fünfblättrige innere Blütenhülle und nur 1 Fruchtblatt mit 2 Samenanlagen, von denen meist nur 1 sich entwickelt. Frucht mit steinhartem Endokarp, fleischigem Mesokarp und ledrigem Exokarp. Abgesehen von Steinobstarten ist vielleicht *Prunus spinosa*, der Schlehdorn, für den Garten geeignet. Seine Blüten entfalten sich sehr früh vor den Blättern, sie sind gestielt, haben 5 grüne äußere und 5 weiße hinfällige innere Perianthblätter, etwa 20 Staubblätter mit roten Staubbeuteln. Die dornigen Sträucher eignen sich als Hecke und in ruhigen Gartenteilen auch zu Nistplätzen für Vögel. Wird oft von Gespinnstmotten befallen. *P. laurocerasus* ist ein schöner Schattenstrauch mit ledrigen, immergrünen Blättern. Die weißen Blüten stehen in etwa 10 cm langen Trauben.

Fabale (Leguminosen)

Von ihnen kommen in der Schule meist nur die *Fabaceen (Papilionaceen)* vor. Es ist aber mindestens im abstammungsgeschichtlichen Zusammenhang wichtig, die radiären *Mimosaceen* und die *Caesalpiniaceen* nicht einfach zu übergehen. Bei ersteren wäre natürlich ein Gewächshaus oder wenigstens eine Überwinterungshalle für *Acacia-Arten* wertvoll. Aber immerhin läßt sich *Mimosa pudica* im Zimmer leicht aus Samen anziehen und im Sommer an einer warmen Stelle bis zur Blüte bringen. Von den *Caesalpiniaceen* ist *Gleditschia triacanthos* (wenig glücklich „Schotenbaum" genannt) leicht zu kultivieren. Sie hat zart gefiederte Blätter. Neben den zwittrigen bildet sie auch weibliche und männliche Blüten aus. Diese erscheinen fast radiär, aber die „Hülse", die aus 1 Fruchtblatt hervorgegangene Frucht mit vielen Samen ist im Frühstadium stark gekrümmt und auch die Knospendeckung zeigt dorsiventralen Bau.

Ceratonia siliqua, der Johannisbrotbaum, ist zwar aus den Samen der Johannisbrothülse leicht zu ziehen, muß aber frostfrei und hell, aber nicht zu warm überwintert werden. Seine Blüten zeigen schon deutlicheren dorsiventralen Bau. Samen als Gewichtseinheit (Karat)!

Cercis siliquastrum, der Judasbaum, läßt sich an einer warmen Mauer als Spalier mit einigem Winterschutz erfahrungsgemäß halten. Seine violetten, frühzeitig noch vor den Blättern entfalteten, stark dorsiventralen, an *Fabaceen* erinnernden Blüten ohne Schiffchen kommen in Büscheln aus dem Holz (Kauliflorie, die in gemäßigten Breiten sehr selten ist). Die rundlichen, am Stiel tief ausgerundeten Blätter sind etwas bläulich grün. Ein für den Schulgarten wertvoller Strauch!

Von den *Fabaceen* sind in früheren Abschnitten genannt: *Anthyllis* (Liste 7), *Astragalus* (Liste 3), *Coluthea* (Liste 7), *Coronilla* (Liste 8), *Cytisus* (Liste 7), *Genista* (Liste 3), *Lathyrus* (Liste 2, 6 u. 8), *Medicago* (Liste 8), *Onobrychis* (Liste 7),

Sophora japonica, der Schnurbaum, entwickelt sich zu einer mächtigen Baumgestalt. Er hat lange gefiederte Blätter, die blaßgelben Blüten sind etwas weniger dorsiventral als bei den o. g. Gattungen. Seine Art kann von den *Mimosengewächsen* hergeleitet werden. Sie steht zentral zu 4 Zweigen, die von ihr abgeleitet werden können.

1. Zweig: *(Robinia, Astragalus, Colutea* < *Coronilla, Onobrychis) Anthyllis, Lotus)*

2. Zweig: *(Phaseolus, Glycine)* — *(Vicia, Lathyrus)* — *(Ononis)*

3. Zweig: *(Trigonella, Medicago, Trifolium)*

4. Zweig: *(Laburnum, Cytisus, Genista)*

Die Ableitung der Gattungen ist für die Schule vielleicht zu wenig instruktiv, weshalb für den Garten die Betonung auf dem außerordentlichen Formenreichtum innerhalb der Gruppe liegt. Von den in den „Zweigen" genannten Gattungen sind a. a. O. noch nicht behandelt:

Lotus corniculatus, der Hornklee, hat eine lange Pfahlwurzel. Die als Nebenblätter erscheinenden, an den Achsengrund abgerückten Blättchen sind Fiederblättchen. Blüte mit Pumpeinrichtung.

L. ornithopoides „verbirgt" nachts seine Blütenstände unter den Tragblättern (nach Goebel in Hegi).

Glycine hispida, die Sojabohne, ist einjährig, aufrecht, stark behaart. Sie hat sehr kleine Blüten.

Robinia pseudoacacia. Die Art wächst rasch zu einem ornamentalen breitkronigen Baum heran. Blütentrauben vielblütig an langen Stielen, duftend. Blüten mit Bürsteneinrichtung. In späteren Jahren entzieht der mächtig gewordene Baum dem Boden sehr viel Nahrung und seine Äste können im Sturm und unter Schneelast leicht brechen. Der blühende Baum ist eine summende Bienenweide.

Colutea arborescens, der Blasenstrauch. Seine aufgeblasenen Früchte eignen sich besonders, um die Anheftung der Samen in der Hülse zu zeigen.

Onagraceen, nachtkerzenartige Pflanzen, Fruchtknoten mit Achsenbecher verwachsen

Oenothera missouriensis, die große Nachtkerze mit niederliegenden Stengeln, zeigt den Blütenbau sehr deutlich. Gelbe Blüten sehr groß. 4-zählig. Blüht auch zum Schuljahrsbeginn noch. Braucht Sonne. Früchte breit geflügelt. Die Pflanze wirkt besonders gut, wenn sie etwas erhöht über eine Mauer herabhängen kann.

Oenothera fruticosa bleibt kleiner, aber ihre vielen gelben Blüten sind kurz gestielt, wodurch die Übersichtlichkeit erhöht wird (sehr ansehnlich!). *Oe. glauca* ist ähnlich, aber empfindlicher.

Oenothera speciosa, die weiße Nachtkerze, hat viele nacheinander aufblühende große, weiße Blüten. Diese entfalten sich abends und sinken morgens zusammen. Die Pflanze sät sich selbst aus.

Oenothera tetraptera, die vierkantige Nachtkerze, entfaltet ihre weißen Blüten aus der zusammengedrehten Knospe gegen Abend sehr schnell. Anderntags sind die eingerollten Blüten rosa, später rot.

Oenothera „odorata", die duftende Nachtkerze, das „Halbachtuhrbleaml", ist das Musterbeispiel zur Beobachtung der Blütenentfaltung, die sich in 1/2 Minute vollzieht. Siehe Tätigkeiten im Schulgarten, S. 217, Blüten sehr groß, gelb, über 1 m hoch, 2jährig, im 1. Jahr eine Rosette bildend.

Circea lutetiana, das Hexenkraut, s. Liste 2, S. 121, Liste 7, S. 153, und Liste 8, S. 164.

Fuchsia-Arten lassen sich mit ihren auffälligen Blüten, die in der Heimat von Vögeln bestäubt werden, in einigen Arten während des Sommers im Garten halten. Sie müssen aber frostfrei überwintert werden.

Epilobium, Weidenröschen, s. Liste 4, S. 128, und Liste 8, S. 166.

Lythraceen, weiderichartige Pflanzen. Der Fruchtknoten ist tief in den Achsenbecher eingesenkt, aber nicht verwachsen.

Cuphea lanceolata, der Höckerkelch, hat einen kleinen Höcker unter dem Kelch. Bei der Fruchtreife springt Kelch und Fruchtknoten am Grund auf. Violette Blüten. Einjährig!

Cuphea ignea, im Samenhandel (rot).

Lythrum salicaria, der Blutweiderich, s. Liste 4, S. 130.

Lagerstroemia indica ist ein außerordentlich malerischer Strauch nur für das Weinbauklima oder andere milde Gebiete. Die Pflanze kann baumartig werden. Sie hat dann eine auffallend glatte Rinde.

Hippuridaceen, tannenwedelartige Pflanzen

Hippuris vulgaris, der Tannenwedel, s. Liste 4, S. 132.

Elaeagnaceen, ölweidenartige Pflanzen

Hippophae rhamnoides, der Sanddorn, s. Umgebung des Frühlingsbeetes, S. 117, und Liste 8, S. 167.

Simaroubaceen, götterbaumartige Pflanzen

Ailanthus altissima, der Götterbaum, Liste 8, S. 162.

Sapindaceen, seifenbaumartige Pflanzen

Koelreuteria paniculata, die Blasenesche. Ein Baum, der in geschützter Lage durchaus noch in München Blüten trägt. Große gelbe Blütenrispen. In der Jugend frostempfindlich. Hat aber ein großes Austriebsvermögen. Kapselartige Früchte.

Hippocastanaceen, roßkastanienartige Pflanzen

Aesculus hippocastanum, die Roßkastanie, ist ein Baum, der sicher in der Nähe des Schulgartens steht oder angepflanzt werden kann. Interessant die Keimung der großen Samen.

Aceraceen, ahornartige Pflanzen

Acer, der Ahorn, s. Liste 8, S. 162. Ahornes tehen außerhalb des Gartens.

Staphyleaceen, pimpernußartige Pflanzen

Staphylea pinnata, die Pimpernuß, s. beim Frühlingsbeet, S. 117.

Oxalidaceen, sauerkleeartige Pflanzen

Oxalis acetosella, der Sauerklee, s. Liste 8, S. 170.

Linaceen, leinartige Pflanzen

Linum flavum, der gelbe Lein, s. Liste 3 und Liste 8, S. 125.

L. narbonense, blau, und *L. salsaloides*, weiß.

Geraniaceen, storchschnabelartige Pflanzen, bei ihnen ist nur das eine Ende der langen Fruchtblätter fertil und trägt 1 Samen, der andere wird unterdrückt. Das andere Ende des Fruchtblattes bildet einen Schnabel, der später hygroskopisch wird.

Geranium argenteum, der Silberstorchschnabel, s. Liste 5. S. 138.

G. sanguineum, der Blutstorchschnabel, s. Liste 8.

Geranium pratense, der Wiesenstorchschnabel, kann leicht in den Garten versetzt werden.

G. phaeum der braune Storchschnabel hat eigenartig braunviolette, manchmal auch rein violette Blüten, die ganz flach ausgebreitet sind.

Erodium cicutarium, der Storchschnabel, s. Liste 8, S. 166.

Tropaeolaceen, kapuzinerkressenartige Pflanzen mit gespornten Blüten wie Pelargonium, die Balkon„geranie".

Tropaeolum maius, die Kapuzinerkresse, s. Liste 6, S. 149.

Balsaminaceen, springkrautartige Pflanzen

Impatiens glandulifera, die große Balsamine, s. Liste 8, S. 168.

Aquifoliaceen, stechpalmenartige Pflanzen

Ilex aquifolium, die Stechpalme, kann an schattigem Standort in luftfeuchter Lage wachsen. Mit den roten Früchten im dunkelgrünen Laube ist die Pflanze wärmeliebend.

Celastraceen, pfaffenhutartige Pflanzen

Euonymus europaea, das Pfaffenhütchen, s. Liste 8, S. 166.

Celastrus orbiculatus, der Baumwürger, s. Liste 6.

Vitaceen, weinartige Pflanzen

Vitis vinifera, der Weinstock, s. Liste 6, S. 146.

Parthenocissus tricuspidata, der wilde Wein, s. Liste 6, S. 147.

Euphorbiaceen, wolfsmilchartige Pflanzen, können zeigen, wie aus reduzierten männlichen und weiblichen Blüten „Cyathien" hervorgehen können, die eine einzige Blüte vortäuschen. Außerdem zeigen sie Hochblätter, die die Funktion von Blütenblättern übernommen haben.

Euphorbia lathyris, die Springwolfsmilch, s. Liste 8.

E. polychroma, die farbige Wolfsmilch.

E. marginata, die weiße Wolfsmilch, die nur einjährig gezogen werden kann. Ihre Blätter färben sich vom Rand her allmählich weiß.

Loranthaceen, mistelartige Pflanzen

Viscum album, die Mistel, s. Liste 8, S. 173

Cornaceen, kornelkirschenartige Pflanzen

Cornus mas, Cornus alba, die Kornelkirsche, beide s. Umrahmung des Frühlingsbeetes und Liste 8, S. 165.

Araliaceen, efeuartige Pflanzen

Hederia helix, der Efeu, s. Liste 6, S. 146.

Apiaceen (= Umbelliferen), Doldenpflanzen, sellerieartige Pflanzen. Diese Gruppe ist geradezu eine Pflanzenwelt in sich: die vielfältige Abwandlung eines deutlich gekennzeichneten Typs. Sein genaues Studium kann ein ausgiebiges und umfassendes Jahresthema darstellen. Immer neue Fragestellungen werden auftauchen, je tiefer die Beobachtungen ins Detail gehen. Der Wurzelstock, die Stengelstruktur, die Verzweigung, die Blattform, die Blütenform, die Ausbildung der Früchte, die Verbreitung der Früchte, der Inhaltsstoff der Samen, der Insektenbesuch auf den Blüten. Das Reich der Umbelliferen — um sie bei ihrem bisher üblichen Namen zu nennen — kann mit seinen Formen bis ins Werken und in die Kunsterziehung dringen. Aus den 4 herabhängenden Samenanlagen bilden sich 2 Früchte, die vielfältig ausgestaltet sind. Außer den schon genannten Arten *Sium* (Liste 4), *Scandix* (Liste 8), *Sanicula* (Liste 2), können als Beispiele für verschiedenen Aufbau genannt werden:

Eryngium, das Mannstreu besonders die ungewöhnliche Art *E. alpinum*, die kleine *Hacquetia epipactis*, die Schaftdolde mit einem dichten Blütenstand innerhalb von 5 Hochblättern, *Astrantia maior*, die Sterndolde, *Orlaya grandiflora*, der Breitsamen mit besonders großen Blütenblättern, *Bupleurum rotundifolium*, das Hasenohr mit ganzrandigen, durchwachsenen Blättern, *Seseli libanotis*, die Hirschwurz, ist eine mächtige 2jährige Pflanzengestalt mit einer dichten, zusammengesetzten Dolde, *Foeniculum vulgare*, Fernchel mit dicker Grundachse, sehr fein zerschlitzten Blättern und kleinen Dolden mit gelben Blüten. Die Pflanze hat einen der ganzen Familie eigentümlichen aromatischen Geruch. Vor dem imposanten *Heracleum Mantigazzianum* wurde schon gewarnt (trotz Anschaulichkeit). Aber viele Küchenpflanzen kann man in Ruhe blühen und fruchten lassen. *Daucus carota* ist im fruchtenden Zustand anfänglich sehr malerisch. *Ferula narthex*, das Steckenkraut, ist eine Sammelart, aber groß und anschaulich.

Asteriden (= Sympetale mit nur einem Staubblattkreis)

Gentianaceen, Enzianartige Pflanzen

Gentiana acaulis, der stengellose Enzian, s. Liste 5, S. 141.

Menyanthes trifoliata, der Fieberklee, s. Liste 4, S. 131.

Nymphoides peltata, die Seekanne, s. Liste 4, S. 133.

Centaurium pulchellum, das Tausendgüldenkraut, kann die Formensammlung abrunden. Es liebt trockene Standorte. Sein Name liefert einen Beitrag zum Thema „deutschsprachige Pflanzennamen", indem das griechische Wort Kentaurion mit *Centaurium* latinisiert wurde und man dieses dann von „centum" = Hundert abgeleitet dachte. Von Hundert ist es dann nicht weit bis Tausend, was sich großartiger ausnimmt. Vergl. Namen wie Osterluzei von *Aristolochia*, Liebstöckel von *Levisticum*, Kreuzkraut für *Senecio*, u. a.

Apocynaceen, hundstodartige Pflanzen

Vinca maior, das große Immergrün (übersichtlicher als die einheimische *V. minor*), hat am Fruchtknoten zwei auffällige Drüsen und die Narbe trägt 5 Haarbüschel. Eigenartig geformte Samen (Mikroskop!).

Nerium oleander, der Oleander, liefert mikroskopische Präparate mit den unter die Blattoberfläche eingesenkten Spaltöffnungen (xerophytischer Bau!). Die Pflanze steht im Kübel wegen Überwinterung im hellen Keller oder Überwinterungsraum. Muß am besten mit warmem Wasser gegossen werden. Im Sommer darf der Oleander ein „Fußbad" haben, was seinen natürlichen Standortsverhältnissen entspricht.

Asclepiadaceen, schwalbenwurzartige Pflanzen

Asclepias incarnata, Liste 4, S. 127, Liste 7, S. 163, Liste 8, S. 163; rote Seidenpfanze.

Asclepias syriaca (= S. cornuti) s. *A. incarnata.*

Cynanchum vincetoxicum, die Schwalbenwurz, ist eine einheimische, wenig ansehnliche Seidenpflanze.

Rubicaceen, labkrautartige Pflanzen

Galium odoratum (= Asperula odorata), der Waldmeister, steht vielleicht im Schatten von Gehölzen.

Caprifoliaceen, geißblattartige Pflanzen

Viburnum opulus, der Schneeball *(V. plicatum, V. fragrans),* s. Umrahmung des Frühlingsbeetes, s. S. 117.

Lonicera caprifolium, das Geißblatt, und *L. periclymenum,* s. Liste 6, S. 143.

Sambucus racemosus, der Traubenhollunder, mit gelben Blüten, roten Früchten, s. Liste 8, S. 171.

Dipsacaceen, kardenartige Pflanzen

Dipsacus sativus, die Karde, und *D. silvester,* s. Liste 8, S. 165.

Morina longifolia, die persische Steppendistel, ist eine repräsentative Pflanze mit einem prächtigen weiß-rosa Blütenstand. Sie kann in den bei uns etwas eintönigen Pflanzentyp eine andere Farbe bringen. S. Liste 5, S. 141.

Valerianaceen, baldrianartige Pflanzen

Centrathus ruber, Spornblume, s. Liste 8, S. 164.

Oleaceen, ölbaumartige Pflanzen

Forsythia, s. Umrahmung des Frühlingsbeetes, *Ligustrum vulgare,* als anspruchsloser Strauch, *Syringa vulgaris,* der Flieder, und *Jasminum nudiflorum,* s. Liste 6,

Polemoniaceen, himmelsleiterartige Pflanzen
S. 208.

Polemonium caeruleum, die Himmelsleiter, steht als schön blaublühende Staude vor dem Gehölz. *P. syriacum* hat größere Blüten.

Collomia grandiflora, die gelbe Leimsaat, ist der Typ einer Ruderalpflanze. Die Samen werden ausgeschleudert und dann durch Wind oder Wasser verbreitet. Außerdem Verschleimen die Samen. Die Pflanze zeigt kleistogame Blüten, s. Liste 8, S. 165.

Cobaea scandens, die Glockenrebe, s. Liste 6, S. 145.

Convolvulaceen, windenartige Pflanzen

Convolvulus sepium, die Zaunwinde.

C. tricolor als Beispiel einer nichtwindenden Winde (einjährig).

Ipomoea purpurea, und *I. tricolor,* s. Liste 6, S. 144.

Cuscuta europaea, der Teufelszwirn, s. Liste 6, S. 144.

Hydrophyllaceen, wasserblattartige Pflanzen

Phacelia tanacetifolia, der Bienenfreund, s. Liste 7, S. 155.

Nemophila maculata, mit fiederspaltigen Blättern und großen weißen Blüten mit violettem Punkt an der Spitze jeden Kronblattes. Einjährig, sät sich selbst aus, muß aber dann verdünnt werden. Der fast rasig aufsteigende Wuchs darf durch Kulturmaßnahmen (Unkrautentfernen usw.) nicht gestört werden, weil sonst die Pflanze ein unordentliches Aussehen bekommt. Finger davon! Dann sehr freundlich und schön! Ähnlich ist *N. insignis* (blau) und *N. menziesii* (dunkelblau).

Boraginaceen, rauhblättrige Pflanzen

Pulmonaria officinalis, das Lungenkraut, steht bei den Waldpflanzen, Liste 2, S. 123.

Symphytum tuberosum, der gelbe Beinwell, kann bei der Waldflora stehen.

Borago officinalis, der Boretsch, ist die Musterpflanze der Boraginaceen.

Anchusa italica, die Ochsenzunge, wird oft über einen Meter hoch und kann bei ihrer Größe und der langen Blütezeit die wesentlichen Eigentümlichkeiten der Familie demonstrieren.

Cynoglossum amabile, zweijährig, blüht aber manchmal schon im ersten Jahr, kann das Vergißmeinnicht ersetzen.

Cerinthe glabra, die Alpenwachsblume, kann den Boranginaceentyp vertreten, der die Haare stark reduziert hat. Blüte gelb mit roten Flecken. Kann bei den Alpenpflanzen stehen.

Solanaceen, nachtschattenartige Pflanzen

Nicandra physaloides ist eine große einjährige Pflanze, die den Typ der Solanaceenblüte zeigt. Sie ist hellblau und blüht schon vor Schuljahresende. Sie reift viele Samen, die im nächsten Jahr wieder gebraucht werden.

Viele Einjahrspflanzen können noch empfohlen sein: *Petunia, Schizanthus pinnatus* mit sehr feinem Blattwerk, die etwas schwer kultivierbare *Salpiglossis* in den Arten *sinuata* (gelb) und *versicolor* im Samenhandel.

Atropa belladonna, die Tollkirsche, s. Liste 8, S. 163.

Solanum tuberosum, die Kartoffel, findet sich vielleicht an einer Ecke. Ihre Knollen (Sproßknollen!) mit der Stärkebildung (Probe!) sind interessant.

Scrophulariaceen, rachenblütige Pflanzen

Digitalis purpurea, der Fingerhut, mag in einer im Staudenhandel erhältlichen Sorte die Familie am besten repräsentieren können. Vielleicht steht auch *D. ambigua* (=*grandiflora*) bei den Schattenpflanzen.

Scrophularia canina, die Hundsbraunwurz, s. Liste 7, S. 157.

Verbascum nigrum, die Königskerze, ist mit ihrer prächtigen Gestalt ein guter Vertreter der Gruppe. Zweijährig!

Antirrhinum maius, das Löwenmäulchen, s. Liste 7, S. 152, und Liste 8, S. 163.

Plantaginaceen, wegerichartige Pflanzen

Plantago-Arten werden sich wegen ihrer so leicht vertragbaren Samen bald von selbst einfinden.

Litorella juncea, der Strandling, s. Liste 4, S. 130.

Bignoniaceen, trompetenblütige Pflanzen

Catalpa bignonioides, der Trompetenbaum, hat in günstigen Lagen noch im Juli große Blütenrispen, an denen sich dann die lang erhalten bleibenden Früchte bilden, die äußerlich wie Bohnen aussehen, s. Liste 8, S. 164.

Campsis radicans, die Trompetenwinde, s. Liste 6, S. 146.

Acanthaceen, acanthusartige Pflanzen

Acanthus mollis (= longifolius) ist eine Pflanze, die mit ihren hohen Blättern und reichen Blütenständen sich auch in ungünstigen Lagen (München) jahrelang gehalten hat. Sie läßt sich aus Samen leicht ziehen.

Thunbergia alata, die schwarze Susanne, s. Liste 6, S. 145.

Gesneriaceen, gesneriaartige Pflanzen

Außer der Zimmerpflanze *Gloxinia* kann im Garten in schattigen Lagen zwischen den Steinen *Ramonda Myconi* gepflanzt werden.

Verbenaceen, verbenaartige Pflanzen

Verbenaarten sind als Zierpflanzen am Markt zu haben. Samen sind Frostkeimer.

Verbena hastata ist eine Staude, die bis 80 cm hoch wird und rote Stengel hat. Reicher Flor. Kann auch aus Samen gezogen werden.

Lamiaceen, brennesselartige Pflanzen

Salvia patens ist das Musterbeispiel. Große leuchtend blaue Blüten, s. Liste 7, S. 157.

Lamium album, die Taubnessel, wuchert leicht (Ausläufer) und wird von Ameisen verbreitet (Elaiosom am Samen).

Salvia coccinea, blüht kleiner als S. patens, aber reichblütiger und leuchtend rot.

Callitrichaceen, wassersternartige Pflanzen
Callitriche autumnalis, s. Liste 7, S. 152.

Campanulaceen, glockenblumenartige Pflanzen

Campanula-Arten, s. Liste 5, S. 137. Musterbeispiele der Familie sind

Symphyandra hofmannii, bei deren weißen Blüte die Staubbeutel zu einer Röhre verwachsen sind. Sie blüht außerdem von oben nach unten auf.

Codonopsis clematidea hat eine geradezu malerische Blütenform. In der Tiefe der blaßblauen Blüte, deren Kelch absteht, sind rotblaue Saftmale. Die Stengel der Pflanze sind sehr zart und gegen Wind stützbedürftig. Die ganze Pflanze hat einen eigenartigen Geruch, der an den Geruch in Gewächshäusern erinnert. Aus Samen leicht zu ziehende Staude.

Platycodon grandiflorum, die Ballonglockenblume, hat Blütenblätter, die noch lange verwachsen bleiben. Die weiße Farbe mancher Formen scheint dominant zu sein. Die Staude treibt spät im Frühjahr aus. Die jungen Triebe sind eigenartig geformt und erinnern zuerst an Schachtelhalme.

Asteraceen, asternartige Pflanzen, sind eine vielgestaltige Gesellschaft.

Onopordon bracteatum, die Eseldistel. Eine riesige zweijährige Pflanze des Disteltyps.

Centaurea pulcherrima, die rosa Flockenblume, hat vergrößerte sterile Zungenblüten. Außenkelch!

Chrysanthemum-Arten, Margeritentyp

Helianthus annuus, die Sonnenblume.

Dimorphotheca aurantiaca, Kapringelblume, leicht aus Samen zu ziehen. Einjährig!

Helipterum roseum, eine Strohblumenart

Aster als namengebende Gattung als *A. alpinus,* s. Liste 5, S. 137.

Liatris spicata, Prachtscharte des Handels, ist eine prächtige Pflanzengestalt. Die Blüten stehen in ährigen Blütenständen, an denen sich die blauvioletten Blüten von oben nach unten (s. bei Campanulaceen, Symphyandra!) entfalten. Die Blütezeit ist spät, wohl noch zum Beginn des Schuljahres. Standort sonnig und trocken (Präriepflanze!), s. Liste 3, S. 125.

Ligularia-Arten s. Liste 4, S. 127, im Staudenhandel; blühen noch zum Schuljahresbeginn.

Cichoriaceen, zichorienartige Pflanzen, wegwartenartige Pflanzen

Cichorium intibus, die Wegwarte, kann man in den Garten setzen. Sie wird aber bald eine mächtige, wenig ansehnliche Pflanze. Die Blüten sind nur vormittags entfaltet.

Crepis aurea, der Goldpippau, s. Liste 5, S. 137.

C. rubra, der rosarote Pippau, ist einjährig, aber eine ansehnliche Pflanze.

Hieracium villosum, das wollige Habichtskraut, ist eine Staude mit zitronengelben großen Blüten.

H. aurantiacum, das rotgoldene Habichtskraut, wuchert leicht, ist aber eine ansehnliche Gestalt.

Scorzonera rosea, die rosarote Schwarzwurzel, ist eine Staude, die im Steingarten stehen kann. Sie hält sich aber besonders in tieferen Lagen nicht lange, kann aber aus Samen leicht nachgezogen werden.

Prenanthes purpurea, der Hasenlattich, als übersichtliche Cichoriacee mit wenig Einzelblüten, steht bei den Waldpflanzen. Liste 2, S. 123.

Dilleniiden. Meist zwei Staubblattkreise, wenn sekundäre Polyandrie, dann zentrifugale Bildung. Häufig parakarpe Fruchtknoten mit vielen Samenanlagen. Meist einfache Blätter.

Dilleniane (= Cistifloren), zistusblütige Pflanzen.

Paeoniaceen, pfingstrosenartige Pflanzen

Paeonia officinalis, die Pfingstrose. Die Pflanze hat neben bleibenden breiten grünen Kelchblättern auch breite rote Blütenblätter. Die aufspringenden Früchte sind innen leuchtend rot, ebenso die Samen, die später blauschwarz werden. Es gibt im Staudenhandel gefüllte Formen in verschiedenen Farben.

P. suffruticosa ist ein Strauch, dessen Blüten zartblättriger sind als bei P. officinalis. Während der Blütezeit ein außerordentlich wirksamer Busch. Im Staudenhandel in verschiedenen Farben. Gelbe Blüten hat P. Mlokosewitschii.

Hypericaceen, johanniskrautartige Pflanzen

Hypericum calycinum ist eine wuchernde Schattenpflanze mit großen gelben Blüten. Sie eignet sich, schattige unbenutzte Gartenflächen zu begrünen.

Hypericum polyphyllum, das vielblättrige Johanniskraut, s. Liste 5, S. 138.

Violaceen, veilchenartige Pflanzen

Viola odorata, das Märzveilchen, wird von Ameisen meist nach einiger Zeit von selbst angetragen.

Cistaceen, zistusartige Pflanzen

Cistus salviaefolius, die salbeiblättrige Zistrose. Ist die einzige der schönen Cistrosen, mit der man es im Weinbaugebiet oder an extrem günstigen Stellen probieren kann. Auf den ungleichen, eigenartig geformten Kelchblättern stehen Sternhaare. Die ganze Pflanze ist drüsig behaart und scheidet ätherische, brennbare Öle ab. Die Blüten sind ephemer, was aber bei dem reichen Knospenvorrat im Aspekt nichts ausmacht.

Helianthemum, das Sonnenröschen, gibt es im Staudenhandel in vielen Sorten.

Capparidaceen, kapernartige Pflanzen

Cleome spinosa, die Spinnenpflanze, eine einjährige, malerische Pflanze, die aus Samen frühzeitig anzuziehen ist. Sät sich selbst aus.

Loasaceen, brennwindenartige Pflanzen

Cajophora latericia, die Brennwinde.

Brassiacaceen (= *Cruciferen*) rapsartige Pflanzen, „Kreuzblütler", sind eine sehr große vielgestaltige Gruppe, die abgeleitet ist: doppelte vierzählige Blütenhülle, zwei vierjährige Staubblattkreise, wobei der äußere auf zwei fertile Staubblätter reduziert ist. Die restlichen ev. rudimentär. Zwei verwachsene Fruchtblätter mit Samenanlagen am Rand. Oft teilt eine dünne Scheidewand, die von randlichen Geweben gebildet wird, die Schote oder das Schötchen.

Aethionema grandiflorum, die großblütige Felsensteinkresse, s. Liste 5, S. 140.

Alyssum saxatile, das Steinkraut, s. Liste 5, S. 140.

Arabis caerulea, die Blaukresse, s. Liste 8, S. 163.

Aubrieta deltoides, das Blaukissen, s. Liste 5, S. 140.

Camelina sativa, der Leindotter s. Liste 8, S. 164.

Dentaria bulbifera, die Zahnwurz, s. Liste 2, S. 122.

Lunaria annua, das Silberblatt, ist ein sehr gutes Beispiel. Blüht im zweiten Jahr (zweijährig!) sehr früh. Schötchen! Zwischenwand bleibt erhalten.

Hesperis matronalis, die Mondviole. Etwa 0,8 m hohe Staude mit violetten, duftenden Blüten. Werden die Zweige vor der Fruchtbildung abgeschnitten, bleibt die Pflanze jahrelang blühfähig. Etwas geschützte Lage!

Rettiche und Kohlgemüse sind ebenfalls Brassicaceen. S. *Tätigkeiten* im Schulgarten, S. 220.

Salicaceen, Weiden. Die perianthlosen Blüten sind nach Geschlechtern dioezisch verteilt. Kätzchenblüten meist vor dem Laub. Frühe Bienenweide. Auch *Populus,* die Pappel, mit den Arten *P. alba* und *P. tremula,* die Espe, gehört hierher.

Cucurbitaceen, gurkenartige Pflanzen

Bryonia dioica, die Zaunrübe, pflanzt man wegen der Geschlechtsvererbung. Außerdem kann man die Ranken beobachten, die mit Haaren bewehrt sind (s. Liste 6, S. 145). Ein Kürbis, *Cucurbita pepo,* an Zaun oder Beet sieht immer gut aus und läßt vieles beobachten.

Ekballium elaterium, die Spritzgurke, s. Liste 8, S. 166.

Echinozystis lobata eignet sich zum Beranken von Gittern u. ä. Reicher Flor weißer Blüten. Beobachten der Fruchtentwicklung.

Malvanen, Malvenpflanzen
Tiliaceen, lindenartige Pflanzen

Tilia platyphyllos, die Sommerlinde, s. Liste 8, S. 172.

Malvaceen, malvenartige Pflanzen. Die vielen Staubblätter sind mit ihren Filamenten röhrig verwachsen, die in der Knospe eingedrehten Blütenblätter sind meist charakteristisch gefärbt und haben oft einen Außenkelch. Die verschiedenen Gattungen können nach der Fruchtbildung in 4 Gruppen geteilt werden:

Malope trifida mit schönen großen roten Blüten ist einjährig. Die Fruchtblätter sind übereinander angeordnet. Ebenso ist es bei

Kitaibelia vitifolia. Sie ist eine große Staude mit weinartigen Blättern und großen weißen, tief eingeschnittenen Blütenblättern.

Malva-ähnliche Pflanzen haben Fruchtblätter, die kreisförmig nebeneinander liegen und nach der Reife in Teilfrüchtchen zerfallen. Dazu gehören:

Sidalcea malvaeflora, die Steppenmalve. Eine Staude mit großen roten Blüten im hohen Blütenstand. Trockener Standort. Sie hat als Übergangsart 2 Reihen von Fruchtblättern übereinander.

Althaea rosea, die bekannte Stockrose. Es gibt gefüllte Sorten verschiedener Farbe im Staudenhandel. Da die Pflanze zweijährig ist, verliert sie, wenn sie noch ein drittes oder viertes Jahr austreibt, an Tiefe der Blütenfarbe und Füllung. Die Pflanze braucht sonnigen Standort auf durchlässigem Boden. In den großen Früchten sind die Samen nebeneinander ringförmig angeordnet.

Althaea officinalis, der Eibisch, ist eine 150—200 cm hohe, filzige Staude, die blaßviolette Blüten mit roten Staubbeuteln besitzt.

Lavatera thuringiaca, die Strauchmalve, ist eine breit ausladende Staude, die lange von dichtstehenden, hellvioletten Blüten bedeckt ist. Der blühende Busch ist eine regelrechte Bienenweide und im Herbst hängen 1000 und mehr Früchte daran. Manchmal treten verbänderte Sprosse auf.

Lavatera trimestris ist eine einjährige Pflanze mit sehr großen, rosa Blüten. Durch ihre Größe ist der Blütenbau klar zu überschauen.

Callirhoe involucrata paßt in den Steingarten. Sie treibt ausläuferartige, am Boden liegende Triebe, an denen die roten, becherartigen Blüten stehen. Sie braucht etwas Platz, weil sie als Staude jedes Jahr neu ihre längeren oder kürzeren Triebe in alle Richtungen schickt. Braucht etwas warmen Standort und die Samen bilden sich nur bei warmem Wetter.

Hibiscus-Arten haben eine Kapselfrucht mit vielen Samen.

Hibiscus trionum, die Stundenblume, ist eine Pflanze mit stark geteilten Blättern und gelblichen Blüten, die in der Mitte dunkelrot sind. Die roten Filamente mit den goldgelben Staubbeuteln heben sich leuchtend vom dunklen Hintergrund ab. Die Blüte ist nur einige Stunden am Vormittag entfaltet. Der Beginn und die Dauer der Anthese kann in bezug auf den Zeitpunkt des Sonnenaufgangs beobachtet werden. Die Pflanze ist einjährig und verträgt das Versetzen schlecht. Im Topf anziehen!

Hibiscus syriacus ist ein Strauch, der einen warmen Standort bevorzugt und für Winterschutz dankbar ist. Er treibt spät aus. Seine großen Blüten, die er schon in der Jugend trägt, haben je nach der Sorte verschiedene Farben. Am eigenartigsten ist ein fahles Blau. Schön sind cremefarbene Blüten mit purpurnem Grund.

Gossypium, die Baumwolle, ist in einem Schulgarten, an der Südwand aus Samen gezogen, schon einmal etwa 7 Wochen (bei günstigem Wetter) gewachsen.

Thymelaeaceen, seidelbastartige Pflanzen

Daphne mezereum, der Seidelbast, s. Liste 2, S. 122.

D. cneorum, das Steinrösel, ist ein kleiner, niedriger Strauch (5 cm), mit einem Stand stark duftender Blüten. Die Pflanze kann gelegentlich in Baumschulen bezogen werden.

Ericanen, die Heidekrautpflanzen, stehen in dieser Gruppe, weil sie noch 2 Staubblattkreise haben. Sie sind schon sympetal.

Ericaceen, heidekrautartige Pflanzen

Erica carnea, die Schneeheide, könnte auf dem Frühlingsbeet stehen. Mit ihren etwas trüben Blüten stehen sie schon im Februar/März in Blüte.

Calluna vulgaris, das Heidekraut, braucht sauren Boden, also viel Torf oder Quarzsand und außerdem feuchte Luft. In vielen Gegenden wird es nicht zu kultivieren sein. Ev. kann es in Einheitserde (Fruhstorfer) gepflanzt werden.

*Rhododendron*arten und -sorten um das Frühlingsbeet, s. Liste 1, S. 117.

Primulaceen, schlüsselblumenartige Pflanzen.

*Primula*arten stehen im Schatten des „Waldes": *Primula elatior*, die sehr hohe gelbe *P. sikkimensis*, die rote Etagenprimel *P. pulverulenta*, *Anagallis arvensis*, der Gauchheil, fliegt vielleicht selbst einmal an. Er hat seine ziegelroten Blüten nur vormittags offen und ist einjährig. Manchmal blüht er auch blau.

Cyclamen purpurascens läßt sich unter einem Busch unterbringen. Interessant ist die Keimung der Samen.

Androsace-Arten stehen vielleicht auf dem Steigartenbeet, s. Liste 5, S. 136.

Soldanella alpina, die Soldanelle, läßt sich in sehr absonnigen Lagen auf schwerem Boden vielleicht weiterbringen. Im frühen Frühjahr entfalten sich dann die zarten violetten Blütchen mit dem Fransenrand. (Beim Verfasser geht es!)

Lysimachia vulgaris, der Gilbweiderich, steht im Wassergarten, s. Liste 4, S. 128.

Cortusa matthioli, das Glöckel, könnte an einer schattigeren Stelle des Steingartens gedeihen. Ein kleines Pflänzchen mit roten Blüten. S. Liste 5, S. 141.

Caryophylliden, Nelkenpflanzen, mit meist zentraler Plazenta, oft zentrifugaler Vermehrung der Staubblätter.

Caryophyllaceen, nelkenartige Pflanzen *(= Centropsermen).* Sie sind eine sehr formenreiche Gruppe und könnten ein Jahresthema sein. Allerdings etwas schwierig.

Alsine, Liste 5 und 7.

Dianthus, Liste 4, 5 und 7.

Gypsophila, s. Liste 8.

Lychnis, s. Liste 8.

Sagina, s. Liste 8.

Saponaria, s. Liste 5 und 7.

Silene, s. Liste 5 und 7.

Vielleicht ist das Sortiment noch durch einige Arten zu ergänzen:

Dianthus barbatus, die Bartnelke, auch Buschnelke, mit dichten bunten Blütenständen. Die Arten der Zeichnung beobachten! 2jährig!

Lychnis chalcedonica, die Brennende Liebe, ist eine bis über 1 Meter hohe Staude mit leuchtend roten Blüten in Scheindolden.

L. flos Jovis, die Jupiternelke, kann aus Samen gezogen werden und den Sileneentyp gut zeigen. *L. coronaria* hat karminrote Einzelblüten.

Lychnis viscaria, die Pechnelke, liebt schweren Boden.

Portulacaceen, die portulakartigen Pflanzen, können vertreten sein durch

Portulaca grandiflora, das Portulakröschen, das einen warmen sandigen Boden braucht. Es hat sehr kleine Samen. Blüht in vielen Farben. Einjährig.

Calandrinia grandiflora (einjährig) hat große rote Blüten, die nur vormittags offen sind. Veränderter Geotropismus beim Aufblühen!

Chenopodiaceen, meldenartige Pflanzen, sind bald durch anfliegendes Unkraut vertreten. *Chenopodium album,* die weiße Melde ist ein häufiges Unkraut.

Amaranthaceen, fuchsschwanzartige Pflanzen

Irgendwo kann man den *Amaranthus caudatus,* den Fuchsschwanz, wachsen lassen.

Polygonaceen, knöterichartige Pflanzen

Fagopyrum esculentum, der Buchweizen, kommt sicher mit Vogelfutter in den Garten.

Polygonium amphibium, im Wassergarten, s. Liste 4, S. 133.

Manche Unkräuter werden anfliegen, Auf die rasch wuchernde Schlingpflanze *Polygonum aubertii* sei nur hingewiesen; er ist ein rasch wachsender Schlinger.

Plumbaginaceen, bleiwurzartige Pflanzen

Armeria maritima, die Grasnelke, ist eine bekannte Polsterpflanze in Steingärten. *Plumbago capensis* kann in einem Kübel als Pflanze mit hellblauen Blüten gezogen werden. Im Winter in den Überwinterungsraum (mit Oleander).

Liliaten (= Monocotyle), einkeimblättrige, decksamige Pflanzen

Alismatiden, Froschlöffelpflanzen

Butomaceen, schwanenblumenartige Pflanzen

Butomus umbellatus, die Schwanenblume, s. Liste 4, S. 132.

Alismataceen, froschlöffelartige Pflanzen

Alisma plantago, der Froschlöffel, s. Liste 4, S. 132.

Sagittaria sagittifolia, das Pfeilkraut, s. Liste 4, S. 134.

Hydrocharitaceen, froschbißartige Pflanzen

Stratiotes aloides, die Krebsschere, s. Liste 4, S. 134.

Vallisnera spiralis, die Wasserschraube. s. Liste 7, S. 158.

Potamogetonaceen, laichkrautartige Pflanzen

Potamogeton-Arten, s. Liste 7, S. 156.

Liliiden, Lilienpflanzen

Liliaceen, lilienartige Pflanzen

Colchicum autumnale, die Herbstzeitlose, s. Liste 8, S. 165.

Fritillaria meleagris, die Schachblume, und *Fr. imperialis*, die Kaiserkrone, stehen am Frühlingsbeet, s. Liste 1, S. 119.

Lilium martagon, die Türkenbundlilie, s. Liste 2, S. 123.

Lilium candidum, die Madonnenlilie, pflanzt man im August, damit sie noch eine Winterrosette bilden kann. Lilien brauchen beim Pflanzen humosen Boden und am besten eine Drainage mit Steinen und darüber 2 bis 3 cm Sand. Darauf die Zwiebel setzen.

Lilium regale, die Königslilie

Lilium bulbiferum, die Feuerlilie

Paris quadrifolia, die Einbeere, s. Liste 2, S. 123.

Trillium grandiflorum, das Dreiblatt, an schattigen Standort.

Polygonatum multiflorum, das Salomonsiegel, s. Liste 2, S. 123.

Majanthemum bifolium, die Schattenblume, s. Liste 2, S. 123.

Convallaria majalis, das Maiglöckchen, s. Liste 2, S. 122.

Asphodelus albus, der Affodill. Am besten bringt man sich aus dem Mittelmeerraum die nicht tief liegenden Wurzelknollen mit. In etwas geschützter Lage kommt er zum Blühen.

Asphodeline lutea, die Junkerlilie, läßt sich aus Samen ziehen. Blüht im dritten oder vierten Jahr.

Antherium ramosum, die Graslilie, s. Liste 3, S. 124.
Ornitholagum nutans, der nickende Milchstern, im Staudenhandel.
Scilla sibirica, die Szilla, s. Liste 1, S. 120.
Allium, etwa in den Arten *macranthum, stipitatum, caeruleum* (warmer Standort), vielleicht *pulchellum, moly*.

Agavaceen, agavenartige Pflanzen
Yucca flaccida und *Yucca filamentosa*, s. Liste 7, S. 159
Amaryllidaceen, knotenblumenartige Pflanzen
Galanthus elwesii, das große Schneeglöckchen, s. Liste 1, S. 119.
Narzissus, Narzissen, s. Liste 1, S. 120.

Iridaceen, irisartige Pflanzen
Iris sibirica, die sibirische Iris (Schwerlilie), s. Liste 4, S. 128.
Crocus in Sorten, s. Liste 1, S. 118.

Zingiberaceen, ingwerartige Pflanzen
Roscoea purpurea, R. saxatilis, R. cauteloides (gelb) blühen bei uns sehr schön im dritten Jahr nach der Aussaat. Immer größer werdendes Rhizom.

Cannaceen, blumenrohrartige Pflanzen
Canna indica, das Blumenrohr, wird im hellen Keller oder im Überwinterungsraum gehalten und Mitte Mai ausgesetzt. Wenn es nicht warm angetrieben wurde, blüht es noch zum Schuljahresbeginn. Eine wirkungsvolle Pflanze an gut sichtbarer Stelle.

Juncaceen, binsenartige Pflanzen
Juncus bufonius, die Krötenbinse, s. Liste 4, S. 129.
Juncus obtusiflorus, s. Liste 4, S. 130.
Luzula silvatica, die Waldsimse s. Liste 2, S. 124.

Cyperaceen, Sauergräser
Carex pendula, die große Segge, s. Liste 2, S. 124.
Carex sylvatica, die Waldegge, s. Liste 2, S. 124.
Andere *Carex* s. Liste 4, S. 129.
Eriophorum latifolium, das Moorwollgras, s. Liste 4, S. 129.

Commeliaceen, dreimasterblumenartige Pflanzen
Commelina caelestis, s. Liste 4, S. 127.
Tradescantia virginica, s. Liste 4, S. 127.

Poaceen, Gräser
Hystrix patula, das Flaschenbürstengras
Festuca glauca, der blaugrüne Schwingel
Deschampsia flexuosa, die Drahtschmiele
Melica ciliata, das Wimperperlgras

Briza maxima, das große Zittergras
Milium efusum, das Waldflattergras

Areciden, Kolbenpflanzen

Araceen, aronstabartige Pflanzen
Arum maculatum, der Aronstab, s. Liste 2, S. 121.

Lemnaceen, wasserlinsenartige Pflanzen
Lemna trisulca, die Wasserlinse, s. Liste 4, S. 133.

Sparganiaceen, igelkolbenartige Pflanzen
Sparganium ramosum, der ästige Igelkolben, s. Liste 4, S. 134.

Typhaceen, rohrkolbenartige Pflanzen
Typha latifolia, der Rohrkolben, s. Liste 4, S. 134.

7. Abstammungsgemäßes System der erwähnten Pflanzenfamilien

Vorbemerkung

Da in den letzten Jahren manche phylogenetische Frage mindestens in ein helleres Licht gerückt werden konnte und die Nomenklatur sich konsolidierte, erscheint es zweckmäßig, eine etwas ausführlichere Darstellung des modernen abstammungsgemäßen Systems mit möglichst knappen Erläuterungen einzufügen.

Im Sinne der so erfreulichen modernen Nomenklatur wurde versucht, auch eine eine kurze deutschsprachige Bezeichnung für die einzelnen Abteilungen, Klassen, Ordnungen, Gattungen und Familien des Pflanzenreiches zu finden. Dabei wird vorgeschlagen, die altehrwürdigen „Hahnenfußgewächse" und all die anderen kurz und einfach „Hahnenfuß-Familie" und entsprechend zu nennen. Auch der Ausdruck „hahnenfußartige Pflanzen", der im vorangehenden Teil dieses Artikels als Zwischenlösung verwendet wurde, kann nicht recht befriedigen, weil darin der Begriff „Art" enthalten ist. Es war nicht mehr möglich, die Bezeichnungen im ganzen Artikel zu vereinheitlichen, so daß diese Arbeit dem Leser überlassen und empfohlen bleibt. Eine solche Arbeit würde durch das schon modernisierte Pflanzenverzeichnis am Ende des Artikels wesentlich erleichtert.

Von der Algenklasse *Chlorophyceen* (Grünalgen) sind die Abteilungen *Bryophyten* (Moose im allgemeinen) und *Pteridophyten* (Farnpflanzen im allgemeinen) als parallele Entwicklungsreihen herzuleiten.

Abteilung *Bryophyten,* Moose im allgemeinen: Die grüne Pflanze ist der verschiedenartig ausgebildete haploide (mit einfachem Chromosomensatz in den Zellen) Gametophyt (Geschlechtspflanze). Dieser bildet in Archegonien (Eizellenbildner) von außen zugängliche haploide Eizellen (weibliche Keimzellen) und in Antheridien (Bildner männlicher Keimzellen) haploide in Wasser frei bewegliche Spermatozoiden (männliche Keimzellen). Wasser, etwa in Tropfen auf der Unterlage, ist bei Moosen und Farnpflanzen zur Fortpflanzung erforderlich. Hat eine Spermatozoë eine Eizelle getroffen und sind beider Zellkerne verschmolzen, ist die so befruchtete Eizelle, die Zygote, diploid (mit doppeltem Chromosomensatz versehen). Aus ihr erwächst eine diploide Kapsel, die den Sporophyten darstellt. In dieser Kapsel werden haploide Sporen gebildet, aus denen sich über das Protonema (Vormoos) Moospflänzchen entwickeln können. Weibliche und männliche Keimzellen können sich an der gleichen Moospflanze (Einhäusigkeit) oder auch an verschiedenen Pflanzen (Zweihäusigkeit) bilden. Es gibt dann weibliche und männliche Moospflanzen.

Die Moose mit ihren relativ großen, das Erscheinungsbild darstellenden haploiden Gametophyten, haben sich seit dem Karbon nicht mehr weiter entwickelt. Es sind zwei Klassen zu unterscheiden:

1. Klasse *Hepaticae*, Lebermoose: Thallöse (ungegliederte) Formen, Eizellen und selbstbewegliche männliche Keimzellen entstehen je an schirmartigen Auswüchsen. Die diploide Kapsel am weiblichen Schirm ist klein und ungestielt. Die Sporen sind gleichgroß (isospor), unabhängig davon, ob weibliche oder männliche Pflanzen daraus hervorgehen.

2. Klasse *Musci*, Laubmoose: Im Aufbau verästelt, primitive Spaltöffnungen, Sporophyt (Sporenträger), eine gestielte diploide Kapsel, oft mit einer (entstehungsbedingten) haploiden Haube. Bei einigen zweihäusigen Arten sind die Sporen, aus denen weibliche Pflanzen entstehen, größer als die für männliche Pflanzen. Solche Pflanzen sind heterospor (ungleichsporig).

a. Abteilung *Pteridophyten*, Farnpflanzen im allgemeinen: Die große grüne Pflanze ist der diploide Sporophyt, der haploide Sporen erzeugt. Aus der Spore entsteht ein selbständiger, meist grüner lebermoosähnlicher haploider Gametophyt, das Prothallium (Vorkeim). An ihm bilden sich in von außen zugänglichen Archegonien Eizellen und in Antheridien selbstbewegliche Spermatozoiden. Aus der befruchteten Eizelle entwickelt sich der große diploide Sporophyt, die Farnpflanze. Sie hat gut ausgebildete Spaltöffnungen, Wurzelhaare und Gefäßbündel mit Siebteil und Tracheïden.

Die Urfarne sind fast nur fossil bekannt. Vier tropische Arten sind erhalten geblieben (Klasse Psilophytaten). Bei den Urfarnen gab es

1. blattlose Formen (*Rhynia*, die „Urlandpflanze")

2. Formen mit kleinen unverzweigten, schmalen Blättern, von denen sich *Lycopodiaten* (Bärlappflanzen) und *Equisetaten* (Schachtelhalmpflanzen im allgemeinen) ableiten lassen,

3. Formen mit größeren verzweigten flächigen Blättern, die zu den *Filicaten* (Farnpflanzen im engeren Sinn) führen und

4. leiten sich von den Urfarnen, die erst im Jahre 1960 als Zwischengruppe erkannten fossilen „*Vorgymnospermen*" her, an die alle Samenpflanzen angeschlossen werden können. Siehe weiter unten!

α. Klasse *Lycopodiaten*, Bärlapppflanzen im allgemeinen: Im Karbon haben sie sich zu 5 Meter dicken und 40 Meter hohen samentragenden Bäumen entwickelt. Die heutigen Arten sind nur mehr „lebende Fossilien".

1. Ordnung *Lycopodiale*, *Bärlapp-Ordnung*: Isospor, Vorkeim ist ein unterirdischer Fäulnisbewohner.
Familie der *Lycopodiaceen*, Bärlapp-Familie

2. Ordnung *Selaginellale*, Moosfarn-Ordnung: Heterospor (große weibliche und kleine männliche Sporen), kein selbständiger Gametophyt. Dieser entsteht (sehr klein) innerhalb der weiblichen Megasporen (Großsporen), die er sprengt und

seine Archegonien mit den Eizellen zur Befruchtung durch die Spermatozoiden darbietet. Diese bilden sich innerhalb der Mikrospore (Kleinspore), deren Wand sich schließlich auflöst und die männlichen Keimzellen freigibt.
Familie der *Selaginellaceen*, Moosfarn-Familie

3. Ordnung *Isoëtale*, Brachsenkraut-Ordnung: Heterospor, Wasserpflanzen mit eigentümlichem Habitus. Fortpflanzung prinzipiell wie bei den *Selaginellalen*.
Familie der *Isoëtaceen*, Brachsenkraut-Familie

β. Klasse *Equisetaten*, Schachtelhalmpflanzen im allgemeinen: Fossile heterospore Baumformen im Karbon (30 Meter hoch, 1 Meter dick). Sporen ohne Hapteren (Haftbänder). Heutige Schachtelhalme nur „lebende Fossilien" mit Hapteren und selbständigem Vorkeim.

Ordnung *Equisetale*, Schachtelhalm-Ordnung
Familie der *Equisetaceen*, Schachtelhalm-Familie

γ. Klasse der *Filicaten*, Farnpflanzen im engeren Sinn

1. Unterklasse *Eusporangiiden*, derbgehäusige Farne: Sie haben derbhäutige, mehrschichtige Sporangien (Sporenbehälter), selbständigen grünen Vorkeim und sind isospor.
Familie der *Ophioglossaceen*, Natternzungen-Familie

2. Unterklasse *Leptosporangiiden*, zartgehäusige Farne: Sie haben zarthäutige, einschichtige Sporangien, selbständigen Vorkeim und sind isospor.
Familie der *Osmundaceen*, Königsfarn-Familie
Familie der *Polypodiaceen*, Tüpfelfarn-Familie

3. Unterklasse *Hydropteriden*, Wasserfarne: Sie sind heterospor. Es wird nur eine einzige Megaspore gebildet, die im Megasporangium (Großsporenbehälter) bleibt. Dieses löst sich von der Pflanze und schwimmt an der Wasseroberfläche. Innerhalb der Megaspore entsteht ein kleiner Vorkeim, an dem sich Archegonien mit Eizellen bilden. Der Vorkeim sprengt die Wand von Megaspore und Megasporangium, so daß die Eizellen zugänglich werden. Die Mikrosporen verlassen die Wasserfarnpflanze nicht; in der Spore entsteht ein kleiner Vorkeim, der Spermatozoiden bildet. Diese gelangen ins Wasser und können durch selbständiges Schwimmen eine Eizelle finden und befruchten. Wasserfarne haben also keinen selbständigen Vorkeim.
Familie der *Salviniaceen*, Schwimmfarn-Familie
Familie der *Marsileaceen*, Kleefarn-Familie

b. Abteilung *Spermatophyten*, Samenpflanzen: Aus wissenschaftsgeschichtlichen Gründen werden die Reproduktionsorgane der Samenpflanzen seit langer Zeit mit anderen Bezeichnungen belegt als die homologen Organe der *Pteridophyten*. Die samentragende Pflanze ist ein Sporophyt, bei dem die Megasporangien an „Fruchtblättern", die Mikrosporangien an „Staubblättern" stehen. Die Megaspore heißt hier einkerniger Embryosack, der aus der Megaspore entstehende Gametophyt mehrkerniger Embryosack. In ihm liegen die Eizellen, bei ursprünglichen Samenpflanzen noch in Archegonien. Die Mikrosporangien heißen hier Pollensäcke. Die gebildeten Mikrosporen sind die einzelligen Pollenkörner, in denen der nur aus wenigen Zellen bestehende männliche Sporophyt wächst (mehrzelliges Pollenkorn). Diese Pollenkörner werden bei der Bestäubung an die Öffnung (Mikropyle) des Megasporangiums (Samenanlage) gebracht oder bei Angiospermen (siehe unten) an die Narbe. Hier entwickelt sich der männliche Gametophyt weiter aus der Mikrospore heraus und die Spermatozoiden (bei ursprünglichen Arten) schwimmen in einem abgesonderten Flüssigkeitstropfen zu den Eizellen oder bei abgeleiteten Formen gelangen die männlichen Keimzellen durch einen vom männlichen Gametophyten gebildeten Schlauch zu den Eizellen. Nach der Befruchtung bildet die zum Embryo herangewachsene Zygote zusammen mit ihrem Embryosack, dem Megasporangium und dessen Hülle ein dichtes Gebilde, den Samen. Dieser sichert eine wesentlich bessere Verbreitung als es mit den empfindlichen Sporen der *Pteridophyten* möglich ist.

Nach letzten Erkenntnissen sind von den fossilen „*Vorgymnospermen*", die von den Urfarnen hergeleitet werden, drei parallele Entwicklungsreihen abzuleiten: α. die *Coniferophytinen*, die sich zu *Pinaten* (Nadelhölzer) und *Ginkgoaten* (Ginkgobaum) entwickeln, und über eine große nur mehr fossile Gruppe *Lyginopteridaten* (Samenfarne) β. die *Cycadophytinen* (*Cycadaten*) (Farnpalmen) und *Gnetaten (Gnetumpflanzen)* und γ. die *Magnoliophytinen* (bedecktsamige Pflanzen).

α. Unterabteilung *Coniferophytinen*, nacktsamige Holzpflanzen mit gabeligen oder nadelförmigen Blättern: Im Vergleich zu späteren Entwicklungen sind die Fruchtblätter weder jedes für sich noch untereinander zu einem Gehäuse (Fruchtknoten) verwachsen, in dem die Samen geborgen liegen (Fruchtbildung). Die Samen liegen hier offen, „nackt". Holz mit Tracheïden (also keine Tracheen), Bestäubung durch Wind, Befruchtung erst Monate nach der Bestäubung.

1. Klasse *Ginkgoaten*, Ginkgopflanzen: Gabelige Blätter, Befruchtung noch durch freibewegliche Spermatozoiden, Samenverbreitung endozoisch durch Tiere, die die Samen fressen, weil sie durch die fleischig gewordene Hülle des Embryosackes dazu verlockt werden. Die Samen selbst durchlaufen ungeschädigt den Darmtrakt.

Ginkgo biloba, der Ginkgobaum, einzige noch lebende Art dieser Klasse.

2. Klasse *Pinaten*, Nadelhölzer: Nadelförmige Blätter, Frucht- und Staubblätter jeweils an Kurztrieben schraubig dicht angeordnet; Befruchtung durch Pollenschläuche, die die männlichen Keimzellen bis an die Eizellen in der Samenanlage heranführen, Eizellen noch in Archegonien.

Unterklasse *Pinidien*, zapfentragende Nadelhölzer: Samen in zapfenförmigen Kurztrieben, die aus schraubig angeordneten Samen- und verholzenden Deckschuppen bestehen, Staubblätter in kleineren nicht verholzenden, zapfenartigen Kurztrieben. Die beiden Unterklassen der *Pinidien* und *Taxiden* (siehe unten) sind parallele Entwicklungen.

Ordnung *Pinale*, Kiefern-Ordnung
Familie der *Pinaceen*, Kiefern-Familie
Familie der *Taxodiaceen*, Sumpfzypressen-Familie
Familie der *Cupressaceen*, Zypressen-Familie

Unterklasse *Taxiden*, nicht zapfentragende Nadelhölzer: Nur 1 Samenanlage am Kurztrieb, Samen in einem später roten fleischigen Wulst.
Familie der *Taxaceen*, Eiben-Familie: Zweihäusig!

β. Unterabteilung *Cycadophytinen*, nacktsamige Pflanzen mit gefiederten Blättern: Hier treten fossil schon zyklische, zwittrige Blüten auf, die von Tieren bestäubt wurden. Es gibt nur noch Reste dieser Entwicklungsreihe in „lebenden Fossilien".

Klasse *Cycadaten*, Farnpalmen: tropische Arten, die im mitteleuropäischen Schulgarten nicht möglich sind.

Klasse *Gnetaten*, Gnetumpflanzen: In den Gefäßbündeln erstmals Tracheen. Familie der *Ephedraceen*, Meerträubel-Familie

γ. Unterabteilung *Magnoliophytinen*, bedecktsamige Pflanzen: Die Fruchtblätter, also die Blätter, die die Megasporangien tragen, sind jedes für sich oder untereinander zu „Früchten" verwachsen, in denen die Samen eingeschlossen sind. Die schmalen Enden der Fruchtblätter verwachsen zum röhrigen Griffel, der am oberen Ende die Narbe trägt. Die Samenanlagen können innerhalb der Früchte ganz verschieden angeordnet und an den Saftstrom angeschlossen sein (Plazentation). Die Eizellen entstehen im Embryosack direkt ohne Ausbildung von Archegonien. Es werden meist acht (bei manchen Arten nur vier) Zellkerne gebildet, von denen einer der Eikern ist und zwei zum dann diploiden sekundären Embryosackkern verschmelzen. Ein an die meist klebrige Narbe gebrachtes Pollenkorn treibt seinen vom Griffelgewebe genährten Pollenschlauch sofort (im Gegensatz zu den *Coniferophytinen*) bis zum Embryosack. Durch diesen Pollenschlauch erreichen die beiden männlichen Keimzellen des mehrzelligen Pollenkornes die Kerne im Embryosack. Eine männliche Keimzelle befruchtet die Eizelle, die andere verschmilzt mit dem sekundären Embryosackkern und aus diesem triploiden Kern bildet sich das sog. sekundäre Endosperm, das den Embryo ernährt. (Unterschied zu dotterreichen Eizellen mancher Wirbeltiere!) Die großartigste Ernährungsweise des Embryos ist bei den Formen erreicht, bei denen das sekundäre Endosperm in die Keimblätter des Embryos umgelagert wird, die dadurch sehr anschwellen.

Bei den *Magnoliophytinen* ist die Samenbildung und die Embryoentfaltung gegenüber den *Coniferophytinen* und gar den Pteridophyten sehr beschleunigt. Es treten erstmals „Stauden" auf, bei denen der Sproß nicht mehr verholzt und die Pflanze mit Hilfe eines unterirdischen Rhizomes (Wurzelstock) überwintert.

1. Klasse *Magnoliaten*, zweikeimblättrige Pflanzen: Gefäßbündel ringförmig im Stengel (sekundäres Dickenwachstum möglich), Blätter meist verzweigtadrig, primäre Hauptwurzel im allgemeinen langlebig, Blüten meist 4- oder 5zählig und zwei Keimblätter. Siehe dazu Diskussion bei 2. Klasse *Liliaten*, einkeimblättrige Pflanzen weiter unten.

Unterklasse *Magnoliiden*: Sie haben sehr ursprüngliche Merkmale: eine schraubige Anordnung der Blütenteile, primäre Polyandrie, d. h. ursprüngliche Vielzahl der Staubblätter, viele aus je einem Fruchtblatt hervorgehende Früchte mit je vielen Samen. Innerhalb der formenreichen Gruppe der *Magnoliiden* gibt es aber Abwandlungen, die den Anschluß abgeleiteter Reihen ermöglichen; so Verwachsen der Fruchtblätter unter sich und zyklischer (nicht spiraliger) Blütenbau, Ähnlichkeiten mit den *Alismatiden*, dreizähliger Blütenbau u. a. Die *Magnoliiden* sind als der Formenpool zu sehen, aus dem sich fünf parallele Reihen, nämlich die übrigen Unterklassen entwickelt haben. Die allgemeine Tendenz geht dabei von Früchten aus einem Fruchtblatt zu verwachsenen Früchten aus mehreren Fruchtblättern, von der primären Polyandrie über sekundäre Polyandrie zu zwei und schließlich einem Staubblattkreis, von schraubig angeordneter Blütenhülle in unbestimmter Zahl zu zyklisch angeordneten verwachsenen Blütenblättern, der Fruchtknoten tendiert zur unterständigen Stellung und die Zahl der beteiligten Fruchtblätter und Samenanlagen nimmt ab.

Ordnung *Magnoliale*, Magnolien-Ordnung: Ursprünglichste aller bedecktsamigen Pflanzen, meist holzige Formen mit Tracheïden, Staubblätter einfach gebaut.
Familie der *Magnoliaceen*, Magnolien-Familie
Familie der *Lauraceen*, Lorbeer-Familie: dreizählige Blüten!
Familie der *Calycanthaceen*, Gewürzstrauch-Familie

Ordnung *Aristolochiale*, Pfeifenwinden-Ordnung
Familie der *Aristolochiaceen*, Pfeifenwinden-Familie

Ordnung *Nymphaeale*, Seerosen-Ordnung: Sie hat viele Ähnlichkeiten mit den *Alismatiden* (einkeimblättrige Pflanzen), die auch im Wasser leben.
Familie der *Nymphaeaceen*, Seerosen-Familie
Familie der *Ceratophyllaceen*, Hornblatt-Familie

Ordnung *Ranale*, Hahnenfuß-Ordnung: meist krautige Formen
Familie der *Ranunculaceen*, Hahnenfuß-Familie[1])
Familie der *Berberidaceen*, Berberitzen-Familie: mit zyklischen (wirteligen) 6-zähligen Blüten[2])

Ordnung *Papaverale*, Mohn-Ordnung: Mit zyklischen Blüten und unter sich verwachsenen Fruchtblättern
Familie der *Papaveraceen*, Mohn-Familie[3])
Familie der *Fumariaceen*, Erdrauch-Familie

Unterklasse *Hamameliden*: erste der fünf parallelen Reihen, die sich an die *Magnoliiden* anschließen lassen. Sie ist eine Zusammenfassung von einzelnen Entwicklungsreihen hauptsächlich holziger Pflanzen mit Tracheen, meist sehr vereinfachten Windblüten („Kätzchen"). Fruchtblätter unter sich verwachsen.

Ordnung *Hamamelidale*, Zaubernuß-Ordnung
Familie der *Hamamelidaceen*, Zaubernuß-Familie
Familie der *Platanaceen*, Platanen-Familie

Ordnung *Fagale*, Buchen-Ordnung
Familie der *Fagaceen*, Buchen-Familie
Familie der *Betulaceen*, Birken-Familie
Familie der *Corylaceen*, Haselstrauch-Familie

Ordnung *Urticale*, Brennessel-Ordnung
Familie der *Urticaceen*, Brennessel-Familie

---

[1]) *Consolida regalis*, der Feldrittersporn kann zu den S. 182 genannten Pflanzen als Musterbeispiel für ein anschauliches Verwachsen der einzelnen Fruchtblätter empfohlen werden.

[2]) *Podophyllum emodi*, der Maiapfel wurde früher zu den *Berberidaceen* gestellt. Jetzt hat er die eigene Familie der *Podophyllaceen*. Diese interessante Pflanze hat über den Stengelquerschnitt verstreute Leitbündel wie die einkeimblättrigen Pflanzen. Sie will im Schatten der Randgehölze am Frühlingsbeet stehen, treibt mit einer eigenartigen Spitze aus und bekommt später eine relativ große rote Frucht. Im Laufe der Zeit wächst das Rhizom zu großer Länge aus. Interessant ist auch die Zeichnung der gelappten Blätter. Pflanze im Studenhandel! (S. 183)

[3]) *Hylomecon japonicum*, der Waldmohn hat schöne goldgelbe Blüten. Er steht am besten als keiner Trupp im Schatten von Randgehölzen (Papaveracee, S. 183)

Familie der *Ulmaceen*, Ulmen-Familie
Familie der *Moraceen*, Maulbeer-Familie
Familie der *Cannabinaceen*, Hanf-Familie
Ordnung *Juglandale*, Nußbaum-Ordnung
Familie der *Juglandaceen*, Nußbaum-Familie

Unterklasse *Rosiden:* Zweite der großen Anschlußreihen; holzige und krautige Pflanzen, deren zyklische Blütenhülle aus Kelch und Krone besteht; Blütenboden meist verbreitert, erhöht oder bei den letzten Ordnungen vertieft und auch mit Diskusbildung. Die Staubblätter haben bei den ersten Ordnungen eine zentripetal gerichtete Tendenz einer sekundären Vermehrung. Gegen Ende der Reihe sind nur mehr zwei, zuletzt nur mehr ein Staubblattkreis ausgebildet. Späte Formen zeigen schon einen unterständigen Fruchtknoten.

Ordnung *Saxifragale*, Steinbrech-Ordnung: Diese Ordnung ist der Ausgang für viele Entwicklungsreihen innerhalb der so vielgestaltigen *Rosiden*.
Familie der *Saxifragaceen*, Steinbrech-Familie
Familie der *Crassulaceen*, Fetthennen-Familie
Familie der *Hydrangeaceen*, Hortensien-Familie

Ordnung *Rosale*, Rosen-Ordnung: Fruchtblätter nicht verwachsen
Familie der *Rosaceen*, Rosen-Familie

Ordnung *Fabale*, Bohnen-Ordnung: Fruchtblätter nicht verwachsen, oft nur eines vorhanden
Familie der *Mimosaceen*, Mimosen-Familie: Blüten radiär
Familie der *Caesapiniaceen*, Johannisbrot-Familie: Blüten dorsiventral
Familie der *Fabaceen*, Bohnen-Familie: „Schmetterlingsblüher"

Ordnung *Sarraceniale*, Sonnentau-Ordnung: Die Fruchtblätter dieser und der weiteren Ordnungen der *Rosiden* (und *Asteriden*) unter einander verwachsen.
Familie der *Droseraceen*, Sonnentau-Familie

Ordnung *Myrtale*, Myrten-Ordnung: Vertiefter Blütenboden, Kelchbecher
Familie der *Onagraceen*, Nachtkerzen-Familie
Familie der *Lythraceen*, Blutweiderich-Familie
Familie der *Trapaceen*, Wassernuß-Familie

Ordnung *Haloragale*, Tausendblatt-Ordnung
Familie der *Hippuridaceen*, Tannenwedel-Familie

Ordnung *Rutale*, Weinrauten-Ordnung: Blütenachse mit Diskus
Familie der *Rutaceen*, Weinrauten-Familie (Zitrus-Bäume!)
Familie der *Simaroubaceen*, Götterbaum-Familie

Ordnung *Sapindale*, Seifenbaum-Ordnung
Familie der *Hippocastanaceen*, Roßkastanien-Familie
Familie der *Aceraceen*, Ahorn-Familie
Familie der *Staphyleaceen*, Pimpernuß-Familie

Ordnung *Geraniale*, Storchschnabel-Ordnung: öfter Schleudermechanismen
Familie der *Oxalidaceen*, Sauerklee-Familie
Familie der *Linaceen*, Lein-Familie
Familie der *Geraniaceen*, Storchschnabel-Familie: oberer steriler Teil der Fruchtblätter zu einem Schnabel verwachsen (Schleuder!)

Familie der *Tropaeolaceen*, Kapuzinerkressen-Familie
Familie der *Limnanthaceen*, Sumpfschnabel-Familie

Ordnung *Rhamnale*, Kreuzdorn-Ordnung
Familie der *Rhamnaceen*, Kreuzdorn-Familie
Familie der *Vitaceen*, Weinstock-Familie

Ordnung *Celastrale*, Spindelstrauch-Ordnung
Familie der *Celastraceen*, Spindelstrauch- oder Pfaffenhütchen-Familie
Familie der *Aquifoliaceen*, Stechpalmen-Familie

Ordnung *Euphorbiale*, Wolfsmilch-Ordnung
Familie der *Euphorbiaceen*, Wolfsmilch-Familie

Ordnung *Santalale*, Leinblatt-Ordnung
Familie der *Santalaceen*, Leinblatt-Familie: im Garten schwierig!
Familie der *Loranthaceen*, Mistel-Familie

Ordnung *Cornale*, Hartriegel-Ordnung
Familie der *Cornaceen*, Hartriegel-Familie

Ordnung *Araliale*, Efeu-Ordnung
Familie der *Araliaceen*, Efeu-Familie
Familie der *Apiaceen (Umbelliferen)*, Sellerie-Familie, („Doldenblüher")

Unterklasse *Asteriden:* Diese Reihe schließt sich an die *Rosiden* an. Sie hat ihre Bezeichnung von der stärkst abgeleiteten Gruppe der *Asteraceen*. Es mag auf den ersten Blick überraschen, *Gentianaceen* oder *Lamiaceen* nach den *Asteraceen* bezeichnet zu sehen. Aber alle Formen der *Asteriden* haben unter sich verwachsene Blütenblätter, die Staubblätter sind meist mit ihnen verwachsen, die Staubblätter sind nur mehr in einem Kreis vorhanden, die Zahl der Fruchtblätter vermindert sich bis auf zwei. Am Anfang der Reihe stehen Pflanzen, die mit relativ großen, auch dorsiventralen Blüten auf Tierbesuch spezialisiert sind. Später werden die Blüten kleiner und einfacher und rücken zu dichten Blütenständen zusammen, die am Ende der Reihe Einzelblüten vortäuschen.

Ordnung *Gentianalen*, Enzian-Ordnung
Familie der *Loganiaceen*, Buddleia-Familie
Familie der *Gentianaceen*, Enzian-Familie
Familie der *Menyanthaceen*, Fieberklee-Familie
Familie der *Apocynaceen*, Immergrün-Familie
Familie der *Asclepiadaceen*, Schwalbenwurz- oder Seidenpflanzen-Familie
Familie der *Rubiaceen*, Labkraut-Familie

Ordnung *Dipsacalen*, Karden-Ordnung
Familie der *Caprifoliaceen*, Geißblatt-Familie
Familie der *Valerianaceen*, Baldrian-Familie
Familie der Dipsacaceen, Karden-Familie

Ordnung *Oleale*, Ölbaum-Ordnung
Familie der *Oleaceen*, Ölbaum-Familie

Ordnung *Polemoniale*, Himmelsleiter- oder Phlonx-Ordnung
Familie der *Polemoniaceen*, Himmelsleiter- oder Phlox-Familie
Familie der *Convolvulaceen*, Winden-Familie

Familie der *Hydrophyllaceen*, Hainblumen-Familie
Familie der *Boraginaceen*, Boretsch-Familie

Ordnung *Scrophulariale*, Rachenblüher-Ordnung
Familie der *Solanaceen*, Nachtschatten-Familie
Familie der *Scrophulariaceen*, Rachenblüher-Familie
Familie der *Globulariaceen*, Kugelblumen-Familie
Familie der *Plantaginaceen*, Wegerich-Familie
Familie der *Bignoniaceen*, Trompetenbaum-Familie[4])
Familie der *Acanthaceen*, Akanthus-Familie
Familie der *Gesneriaceen*, Gloxinien-Familie
Familie der *Lentibulariaceen*, Fettkraut-Familie

Ordnung *Lamiale*, Taubnessel-Ordnung
Familie der *Verbenaceen*, Eisenkraut-Familie
Familie der *Lamiaceen*, Taubnessel-Familie („Lippenblüher")
Familie der *Callitrichaceen*, Wasserstern-Familie

Ordnung *Campanulale*, Glockenblumen-Ordnung
Familie der *Campanulaceen*, Glockenblumen-Familie[5])

Ordnung *Asterale* („Compositen"), Astern-Ordnung („Korbblüher")
Familie der *Asteraceen*, Astern-Familie
Familie der *Cichoriaceen*, Wegwarten-Familie

Unterklasse *Dilleniiden*: Dritte der großen Parallelreihen, die sich an die *Magnoliiden* anschließen. Die Entwicklungstendenz ist den Rosiden ähnlich. Doch erfolgt die sekundäre Vermehrung der Staubblätter zentrifugal. Die Entwicklung führt auch hier zu den sympetalen (verwachsenblütigen) Formen der *Ericalen* und *Primulalen*, wobei letztere nur einen Staubblattkreis haben, der mit den Kronblättern verwachsen ist.

Ordnung *Dilleniale*, Pfingstrosen-Ordnung: Fruchtblätter noch nicht untereinander verwachsen.
Familie der *Paeoniaceen*, Pfingstrosen-Familie

Ordnung *Theale*, Teestrauch-Ordnung
Familie der *Hypericaceen*, Johanniskraut-Familie

Ordnung *Violale*, Veilchen-Ordnung
Familie der *Violaceen*, Veilchen-Familie
Familie der *Cistaceen*, Sonnenröschen- oder Zistrosen-Familie

Ordnung *Capparale*, Kappern-Ordnung
Familie der *Capparaceen*, Kappern-Familie
Familie der *Brassicaceen* („Cruciferen"), Kohl-Familie („Kreuzblüher")

---

[4]) Zu Liste 9, S. 193 *Invarcillea grandiflora*, die Stauden-Gloxinie ist mit ihren großen roten Blüten eine ansehnliche Pflanze, die im Handel zu haben ist. In den schönen Blüten ziehen sich die Staubfäden seismonastisch zusammen.

[5]) Die Campanulacee *Codonopsis clematidea*, die Tigerglocke (s. Liste 9, S. 193) kann noch als Spreizklimmer zusätzlich empfohlen werden. Eine kräftige Staude (vielleicht eine Ligularia wegen der Blütenfarbe) oder ein kleiner Strauch können ihr als Stütze gegeben werden. Sie muß aber auf Nahsicht gepflanzt werden, damit die schönen Saftmale beobachtet und der eigenartige Geruch wahrgenommen werden können. Codonopsis ist eine Staude.

Ordnung *Salicale*, Weiden-Ordnung
Familie der *Salicaceen*, Weiden-Familie

Ordnung *Cucurbitale*, Gurken-Ordnung
Familie der *Cucurbitaceen*, Gurken-Familie

Ordnung *Malvale*, Malven-Ordnung
Familie der *Tiliaceen*, Linden-Familie
Familie der *Malvaceen*, Malven-Familie

Ordnung *Thymelaeale*, Seidelbast-Ordnung
Familie der *Thymaeleaceen*, Seidelbast-Familie

Ordnung *Ericale*, Heidekraut-Ordnung: jetzt verwachsene Blütenblätter, aber noch zwei Staubblattkreise
Familie der *Ericaceen*, Heidekraut-Familie
Familie der *Pyrolaceen*, Wintergrün-Familie

Ordnung *Primulale*, Schlüsselblumen-Ordnung: nur noch 1 Staubblattkreis
Familie der *Primulaceen*, Schlüsselblumen-Familie

Unterklasse *Caryophylliden:* Diese vierte Parallelreihe zeigt wie die *Dilleniiden* eine Neigung zu zentrifugaler sekundärer Vermehrung der Staubblätter. Bei tropischen Arten gibt es noch Fruchtblätter, die unter sich nicht verwachsen sind. Fruchtknoten meist mit zentraler Anheftung der Samenanlagen (Zentralplazenta). Der zweite Staubblattkreis wird zunehmend unterdrückt. Am Ende stehen auch hier sympetale (verwachsenblütige) Formen.

Ordnung *Caryophyllale*, Nelken-Ordnung
Familie der *Caryophyllaceen*, Nelken-Familie
Familie der *Aizoaceen*, Mittagsblumen-Familie
Familie der *Portulacaceen*, Portulak-Familie
Familie der *Chenopodiaceen*, Melden-Familie
Familie der *Amarantaceen*, Fuchsschwanz-Familie

Ordnung *Polygonale*, Knöterich-Ordnung: Nur mehr 1 Samenanlage
Familie der *Polygonaceen*, Knöterich-Familie

Ordnung *Plumbaginale*, Bleiwurz-Ordnung: Blütenblätter verwachsen
Familie der *Plumbaginaceen*, Bleiwurz-Familie[6])

2. Klasse *Liliaten*, einkeimblättrige Pflanzen: Nach altem Herkommen werden die bedecktsamigen Pflanzen in die beiden Klassen der zweikeimblättrigen und der einkeimblättrigen unterschieden; das erscheint auch sehr sinnfällig. In Wahrheit aber lassen sich die *Alismatiden*, von denen sich *Areciden und Liliiden* herleiten, als fünfte der parallelen Reihen erkennen, die sich von den *Magnoliiden* ableiten lassen. Hier sind die *Nymphaealen* die Ansatzstelle. Bei den *Liliaten* sind die Leitbündel wie bei den Nymphaealen über den Stengel verteilt, so daß kein sekundäres Dickenwachstum möglich ist, die Blätter sind meist parallelnervig, was auch bei den zweikeimblättrigen Pflanzen vorkommt, die Blüten sind

---

[6]) Zusätzlich zu S. 199 *Ceratostigma plumbaginoides*, die chinesische Bleiwurz hat leuchtend blaue Blüten, die sich erst im September entfalten und die Blätter zeigen eine auffallende herbstliche Färbung. Durch die Ausläuferbildung kann die Pflanze als Bodendecker verwendet werden.

meist drei- bzw. sechszählig, wie auch schon bei *Magnoliiden*. Die Alismatiden und viele *Areciden* und auch Liliiden sind Wasserpflanzen wie die *Nymphaealen*. Hier findet sich auch schon der Ersatz der primären Hauptwurzel durch Adventivbildungen, wie bei den Liliaten. Und schließlich haben die *Liliaten* deshalb nur ein Keimblatt, weil das andere umgebildet oder verwachsen ist. Es wäre also durchaus sinnvoll, die grundsätzliche Teilung der bedecktsamigen Pflanzen in ein- und zweikeimblättrige aufzugeben und die *Alismatiden* als fünfte Ableitungsreihe der *Magnoliiden* zu sehen. *Areciden* und *Liliiden* sind wiederum parallele Ableitungen von den *Alismatiden*.

Unterklasse *Alsmatiden:* Fruchtblätter noch nicht unter sich verwachsen, Fruchtblätter schraubig angeordnet

Ordnung *Alismatale*, Froschlöffel-Ordnung
Familie der *Alismataceen*, Froschlöffel-Familie
Familie der *Butomaceen*, Schwanenblumen-Familie

Ordnung *Hydrocharitale*, Froschbiß-Ordnung
Familie der *Hydrocharitaceen*, Froschbiß-Familie

Ordnung *Najadale*, Nixenkraut-Ordnung
Familie der *Najadaceen*, Nixenkraut-Familie
Familie der *Potamogetonaceen*, Laichkraut-Familie
Familie der *Zosteraceen*, Salden-Familie

Unterklasse *Areciden:* Sie lassen sich an primitive *Alismatiden* anschließen, haben ursprünglich noch nicht verwachsene Fruchtblätter, die sehr reduzierten Blüten (oft windblütig) stehen in dichten Blütenständen und haben oft ein auffallendes Hochblatt.

Ordnung *Arecale*, Palmen-Ordnung
Familie der *Arecaceen*, Palmen-Familie: (In Mitteleuropa nicht im Freiland!)

Ordnung *Arale*, Aronstab-Ordnung
Familie der *Araceen*, Aronstab-Familie

Ordnung *Typhale*, Rohrkolben-Ordnung
Familie der *Sparganiaceen*, Igelkolben-Familie
Familie der *Typhaceen*, Rohrkolben-Familie

Unterklasse *Liliiden:* Fruchtblätter immer verwachsen.

Ordnung *Liliale*, Lilien-Ordnung
Familie der *Liliaceen*, Lilien-Familie[7])
Familie der *Agavaceen*, Agaven-Familie

---

[7]) Zu Liste 9 S. 200 *Trillium grandiflorum*, die Dreizipfel-Lilie. Sie steht im lichten Schatten der Randgehölze und zeigt mit ihren ansehnlichen Blüten einen besonderen Typ der *Liliaceen*, deren Formenreichtum einmal ein Jahresthema sein könnte. Zu den besonderen Arten gehört neben der Einbeere auch *Uvularia grandiflora*, die Trauerglocke. Sie liebt lichten Schatten, sollte aber mit ihren zarten gelben Blüten gut einsehbar sein.
Eine kräftige Art ist *Asphodeline lutesa*, die Junkerlilie. An dem knapp meterhohen Stengel steht ein länglicher Stand gelber Blüten. Man pflanzt mehrere Pflanzen zu einem wirkungsvollen Horst zusammen. Nach der Blüte ziehen die Pflanzen ein, treiben aber im August schon wieder aus. Ein geschützter Standort tut der Junkerlilie gut.

Familie der *Amaryllidaceen*, Knotenblumen-Familie: unterständiger Fruchtknoten

Familie der *Iridaceen*, Schwertlilien-Familie

Ordnung *Orchidale*, Orchideen-Ordnung
Familie der *Orchidaceen*, Orchideen-Familie

Ordnung *Zingiberale*, Ingwer-Ordnung
Familie der *Zingiberaceen*, Ingwer-Familie
Familie der *Cannaceen*, Blumenrohr-Familie

Ordnung *Juncale*, Binsen-Ordnung
Familie der *Juncaceen*, Binsen-Familie

Ordnung *Cyperale*, Sauergräser-Ordnung
Familie der *Cyperaceen*, Sauergräser-Familie

Ordnung *Commelinale*, Dreimasterblumen-Ordnung
Familie der *Commelinaceen*, Dreimasterblumen-Familie

Ordnung *Poale*, Gräser-Ordnung
Familie der *Poaceen*, Gräser-Familie

8. Schöne Ein- und Zweijahrespflanzen, die im Sommer auf dem Frühlingsbeet oder an anderer Stelle stehen können. Teilweise kommen sie in den Pflanzenlisten nicht vor.

Liste 10

Antirrhinum maius, das Löwenmäulchen, Scrophulariacee
Briza maxima, großes Zittergras, Poacee
Campanula medium, Madonnenglockenblume, 2jährig, Campanulacee
Cobaea scandens, Glockenrebe, Polemoniacee, Schlinger
Crepis rubra, rosaroter Pippau, Cichoriacee
Clarkia elegans, Rutenröschen, Onagracee
Cleome spinosa, Spinnenpflanze, Capparidacee
Coix lacrima jobi, Jakobsträne, Poacee
Coreopsis tinctoria, Mädchenauge, Asteracee
Cuphea lanceolata, Höckerkelch, Lythracee
Cosmos bipinnatus, Kosmee, Asteracee
C. „sulfureus", gelbe Kosmee, als dichten Tuff pflanzen
Emilia sagittata, Asteracee (rot), in größerer Zahl pflanzen!
Delphinium consolida, einj. Rittersporn, Ranunculacee, heute *Consolida regalis*
Dianthus barbatus, die Bartnelke, auch Buschnelke genannt, Caryophyllacee, 2jährig
Dimorphotheca aurantiaca, Kapringelblume, Asteracee
Eschscholtzia californica, Goldmohn, Papaveracee
Euphorbia marginata, die weiße Wolfsmilch, Euphorbiacee
Gazania rigens, Hybriden, Gazanie, Asteracee; nur wo die Sonne viel scheint.
Godetia amoena, Atlasblume, Onagracee
Hibiscus trionum, die Stundenblume, Malvacee
Helianthus annuus, die Sonnenblume, Asteracee
Kochia scoparia, Sommerzypresse, Chenopodiacee, wird im Herbst blutrot!

Lagurus ovatus, Hasenschwanz, Poacee
Lavatera trimestris, Bechermalve, Malvacee
Malope trifida, Malope, Malvacee
Nemesia floribunda, Elfenspiegel, Scrophulariacee, niedrig, aber bunt!
Nemophila insignis, Hainblume, Hydrophyllacee, niedrig blau!
Penisetum ruppelii, Federborstengras, Poacee
Portulaca grandiflora, Portulakröschen, Portulacacee, braucht warmen, trockenen Standort (Sand)
Salvia patens, großer Salbei, Lamiacee, Rhizom kann auch frostfrei überwintert werden
Salvia coccinea, roter Salbei, Lamiacee
Thunbergia alata, schwarze Susanne, Acanthacee, Schlinger
Tropaeolum maius, Kapuzinerkresse, Sorte Bunte Juwelen, Tropaeolacee
Verbena rigida, Verbene, Verbenacee

Über die Anzucht siehe bei Arbeiten im Schulgarten, S. 222.

D. Tätigkeiten im Schulgarten

1. Das Beobachten

Das Beobachten ist die wichtigste und auch häufigste Art der Tätigkeit im Schulgarten. Sie kann in verschiedenen Weisen realisiert werden.

a. die Demonstration im Garten
b. die Führung im Garten
c. das selbständige Beobachten im Garten

Zu a

Der Lehrer kommt mit seiner Klasse während der Unterrichtsstunde in den Garten. Das wird immer nur mehr oder weniger eine Demonstration sein. Nur in Ausnahmefällen sind Pflanzen so groß, daß eine ganze Klasse sich davor oder dahinter versammeln könnte. Den Schülern bleibt bei solchen unterrichtlichen Maßnahmen nur das Zuhören und das Hinschauen aus der Entfernung. Zudem sollen sie ihr Augenmerk auf etwas Bestimmtes richten, während um sie herum so manches ist, was sie mehr interessiert oder wenigstens ablenkt. Zudem wird in einem gut besuchten Garten kaum etwas Wesentliches zu sehen sein, was nicht zumindest einige Schüler schon längst entdeckt haben. Es ist pädagogisch wohl besser, man spricht von einem besonderen Ereignis im Garten in der Klasse und läßt es die Schüler später selbst ansehen. Glücklich ist hier wieder der Lehrer, der einen nicht zu großen Garten gleich bei der Schule hat. Da gehen dann in der Pause, vor und nach dem Unterricht, die großen und die kleinen Schüler einzeln, zu zweit oder in Gruppen auf die Jagd nach Beobachtenswertem. Der Gartenleiter oder ein anderer Biologielehrer werden sich in den Pausen gern ebenfalls im Garten aufhalten. Bei Ganztagsschulen ist das alles noch viel besser, weil sich da Lehrer und Schüler z. B. in der Mittagszeit beim gemeinsamen, erholsamen Umherwandeln im Garten begegnen. Im Gespräch können das wertvolle Minuten sein. Manch Oberstufenschüler ist da von den „Wundern" der Natur für sein Leben gefangen worden. Über die selbständige Beobachtungstätigkeit der Schüler unter c.

Zu b

Es muß daran gedacht werden, daß immer wieder vom Lehrerkollegium, von der Volkshochschule, von einer anderen Schule oder irgend einem anderen Gremium angeregt wird, eine Führung durch den Garten zu veranstalten. Besonders Eltern bringen oft solches Verlangen vor, weil sie von ihren Kindern natürlich Wunderweisen vom Schulgarten hören. Manchen gärtnerischen Rat möchten Eltern so nebenbei billig mitnehmen. Größeren Gruppen kann man bei einer Führung nie die Einzelheiten zeigen, auf die es dem Pädagogen ankommt. Ja, erfahrungsgemäß sind viele Menschen, auch fachfremde Lehrer, oft enttäuscht, weil sie etwas überwältigendes von diesem Garten erwartet haben; während bei den Kindern das persönliche Erlebnis des Entdeckens das Aufregende war. Vielleicht gelingt es, größere Gruppen aufzulösen und etwa anläßlich einer Schulveranstaltung den Garten in ganz kleinen Gruppen zu besuchen, denen man dann das eine oder andere zeigen kann. Es ist aber überhaupt besser, dem betreffenden Kreis eine Exkursion vorzuschlagen. Da läßt sich dann vieles sagen und zeigen und die an Einzelheiten weniger Interessierten haben dann das Wandererlebnis, mit dem sie meist auch voll zufrieden sind.

Zu c

Das selbständige Beobachten der Schüler ist die wichtigste Tätigkeit im Garten. Für ihren Beginn ist das erste Frühjahr der gegebene Zeitpunkt. Das neue Austreiben der Pflanzen in einer wärmeren Luft bewegt ja fast jedermann. Das allererste Regen kann sich schon im Februar zeigen, wenn der Boden aper ist.

Das ist dann die Zeit, wo das zum Beobachten nötige Gerät bereitliegt: Das Beobachtungsheft, ein Schreib- und Skizzierstift, vielleicht ein kleinerer Maßstab und ein einfacher Plan des Gartens oder auch nur eines Bereichs, z. B. des Frühlingsbeetes. Für detaillierte Beobachtungen kann eine Lupe evtl. ein beleuchtetes Gerät, wie es mit aufsteckbarer Lupe im Handel billig zu haben ist, wertvoll sein. Den Plan ins Beobachtungsheft einzukleben ist nicht praktisch. Vielleicht ist er auf einem Pappdeckel, ein Sperrholzbrettchen oder eine dünne Plastikscheibe aufgezogen. Das kann alles im Werkunterricht während des Winters vorbereitet werden.

Das früheste Blühen ist bei diesen Beobachtungen nicht gemeint. Daß die *Zaubernuß*, die *Christrose*, die *Kornelkirsche* oder ein paar *Schneeglöckchen* Blüten haben, wird meist ein Schüler, der es unerwartet entdeckt hat, berichten. Kein Lehrer wird die innere Erregung schnell übergehen. Doch können hier pädagogische Überlegungen, wenn sie auch noch so wichtig sind, höchstens angedeutet werden.

Beobachten von Entfaltungserscheinungen

In den Tagen, wenn der Frühling noch mehr zu ahnen als zu sehen ist, zeigt der Lehrer seinen Schülern, wie hier ein *Leberblümchen* sich streckt, dort ein zusammengerolltes Blatt des *Aronstabs* aus dem Boden schaut, hier fällt ein Sämling aus, dem noch nicht anzusehen ist, was aus ihm wird. Den Keimling der großen *Balsamine* erkennt man schon, weniger an seiner Gestalt, als vielmehr an der Örtlichkeit, wo diese Pflanzen im Herbst standen. Bei der kleinen, hübschen *Nemophila maculata* ist es ebenso. Die *Haselnußkätzchen* sind schon viel länger und lockerer geworden, das Rot der *Seidelbastblüten* kann man schon mehr als vermuten und die roten Erneuerungsknospen der *Pfingstrosen* sind schon zu sehen. All diese und die neuen sich täglich mehrenden Beobachtungen werden im Beobachtungsheft mit Datum und Uhrzeit notiert, es kann ja sein, daß an einem Tag gegen Abend nochmal ein Rundgang gemacht wird. Auch die Witterung kann wichtig sein. Auf dem Plan wird die Stelle mit dem unbekannten Keimling mit einem Kreuzchen und einer Nummer bezeichnet, unter der seine weitere Entwicklung im Heft festgehalten wird. Da steht dann z. B. unter dem 2. März: 3) zwei runde, dicke Keimblätter, je 8 mm $\varnothing$, ... oder 5) grüne Spitze,

4 mm hoch ..., oder 8) etwas merkwürdiges Rotes (?) ... Manchmal endet so die Beobachtungsreihe: 20. März: 16) Keimling völlig vertrocknet ..., oder 4) Keimling von einer Amsel zerhackt ... Es ist klar, daß der Lehrer die Veränderungen an jungen Pflanzen den meisten Schülern zeigen, daß er sie anleiten muß, diese Veränderungen zu sehen, mit knappen Worten zu beschreiben und den Zeichenstift zu führen. Er wird sich auch den Erfolg der Bemühungen seiner Schüler zeigen lassen, wenn sie nicht von selbst kommen und darüber sprechen. Das ist zur Anregung nötig. Wenn die Anregungen erfolgreich waren, dann werden alltäglich immer wieder einzelne Schüler oder kleine Gruppen auf ihren Beobachtungsgängen zu sehen sein. Die Beobachtungshefte sind oft schöne Zeugen des Eifers, des Fleißes und des Wachsens der Darstellungsfähigkeiten in Wort und Bild. Manchmal werden die Hefte auch nachträglich schön ausgearbeitet. Im übrigen können solche Beobachtungsreihen im Wettbewerb „Jugend forscht" bzw. „Schüler experimentieren" veröffentlicht werden.

Solche Beobachtungen finden naturgemäß ihr Ende, wenn das erste Austreiben, sozusagen der Vegetationsstart vorüber ist und das Einzelne im allgemeinen Wachsen und Blühen untergeht. Öfters ist der Beginn der Osterferien das Ende solcher Beobachtungsweisen, weil die Kontinuität aufhört.

Jetzt wird die Entwicklung von Einzelpflanzen oder einer ganz kleinen Pflanzengruppe Beobachtungsziel. Hier ist die Skizze, vielleicht gelegentlich sogar das Fotografieren am Platze. Natürlich kann sich die Beobachtung schon im ersten Frühjahr auf ein einzelnes Objekt beschränken: unter einem Strauch schiebt die *Frühlingsplatterbse* ihren Stengelbogen ans Licht und der ganze oberirdische Pflanzenteil mit Blättern und Blüten wird noch unentfaltet aus dem Boden gezogen. Dasselbe ist an einer Zahnwurz zu beobachten, die unter einem anderen Strauch wächst. Solche Entfaltungsphänomene sollten aber mindestens 2 mal täglich beobachtet werden. Sie wären vielleicht sogar das Objekt für den Versuch zu einem kurzen Zeitrafferfilm, von dem man sich allerdings aus vielen Gründen nicht allzuviel erwarten darf. Als Beispiele und Anregung seien einige Pflanzen genannt, die sich rasch entwickeln und leicht beobachten lassen: als erster erscheint wohl der *Winterling,* der in seiner ersten Phase manchmal vom Schnee verschüttet werden kann. Das *Schneeglöckchen* und die *Frühlingsknotenblume* schieben sich, in ihr spitzes Deckblatt geborgen, oft schon früh aus dem Boden, werden aber ebenso oft durch einen Kälterückfall in der Weiterentwicklung unterbrochen. Die festgehaltenen Entwicklungsdaten werden bei einer späteren Lektüre besonders interessant. Die *Anemone blanda* erscheint als merkwürdiges rotes Etwas und *Iris Danfordiae* zeigt sich in ihrer gelblich grünen Hülle.

Das Aufblühen einer *Tulpenblüte* ist im wörtlichen Sinn eine Entfaltung: zuerst sind die dicken, noch grün gefärbten Mittelpartien des äußeren Perianths (Kelchblätter) zu einer deckenden Hülle zusammengeschlossen, während die gefärbten, zarten, randlichen Teile der Kelchblätter und die Kronblätter dicht eingefaltet sind. Das Öffnen der Knospe an der Spitze und das Ausfalten der Blütenhüllblätter durch einströmendes Wasser geht schnell vor sich. Schließlich kann man fast zusehen, wie das Grün der Kelchblätter durch intensive andere Farbe ersetzt wird. Diese Mittelzone bleibt bei vielen Tulpensorten durch andere Färbung erkennbar. Es gibt auch Sorten, bei denen die Mitte grün bleibt. Aus Prospekten, die im örtlichen Samenhandel in jedem Herbst erscheinen, sind die Sorten zu ersehen. Das abendliche Schließen und das Öffnen der Tulpenblüte am Morgen

erfolgt durch jeweiliges Wachstum der äußeren bzw. inneren Partien der Blütenblätter. Dadurch nehmen diese während der Anthese an Größe wesentlich zu. Das ist ein Vorgang, der mit dem Maßstab verfolgt werden kann.
Auch die Kaiserkrone *(Fritilaria imperialis)* ist eine schnellwachsende Pflanze. Etwas später kann dann auch am *Eremurus* das Längenwachstum mit dem Maßstab verfolgt werden. Das vielblütige Salomonsiegel *(Polygonatum multiflorum)* wächst mit seinem überhängenden Stengel relativ rasch aus dem Boden. Das Silberblatt, *Lunaria annua,* entwickelt sich im 2. Jahr sehr schnell bis zur Samenreife.
Schlingpflanzen sind hier ausgezeichnete Beobachtungsobjekte. Das Schlingen und Winden sind relativ schnell ablaufende Phänomene. Auch die Blütenbildung, das Verblühen, die Samenbildung und die Reifung vollziehen sich in rascher Folge. Hier sind *Cobaea scandens,* die Glockenrebe und *Ipomoeen,* die Prunkwinden, besonders geeignet.
Schließlich kann daran gedacht werden, die Entfaltung von Blüten, Blütenständen und die Fruchtbildung beobachten zu lassen. Große Blüten und Blütenstände sind da am geeignetsten. *Akeleien, Fingerhut, Salbei*-Arten, der *Diptam* u. *Mohne* seien hier genannt. Eine glanzvolle Vorstellung gibt bei ihrer Entfaltung die Blüte von *Oenothera odorata,* einer großen Nachtkerze. Leider ist dieser Vorgang nur des abends nach 19 Uhr zu sehen (was für die Schule etwas unpraktisch ist). In Oberbayern heißt die Pflanze deshalb „Halbachtuhrbleaml". In weniger als 1/2 Minute entfalten sich gleichzeitig oft mehrere der großen Blüten auf dem manchmal mehr als 1 m hohen Stengel. Zu schnell geht es, um genau beobachten zu können. Aber dafür kann Tag für Tag, manchmal wochenlang (je nach Knospenzahl), das Schauspiel erlebt werden. Die Einleitung der Entfaltung, das Sprengen des Kelches, geht etwas langsamer vor sich. Die Pflanze ist meist zweijährig.
Bestäubung ist die Voraussetzung für die Befruchtung. Diese läßt sich nicht unmittelbar beobachten; es ist nicht einmal sofort zu sehen, ob besuchende Insekten die Befruchtung eingeleitet haben. Aber den Tierbesuch zu beobachten und in einzelnen Fällen die Blüte dabei in Funktion zu sehen, ist eine interessante Aufgabe. Manche großen Blütenstände sind ja geradezu eine Insektenweide. Die Blütenrispen der *Buddleia (variabilis),* manchmal Sommerflieder genannt, sind geradezu ein Sammelplatz für Schmetterlinge. Auf die Bevorzugung von Pflanzenarten durch die verschiedenen Tierarten ist im Teil Pflanzungen hingewiesen. Besondere Arten locken ja geradezu Insekten an, die sonst nicht zu beobachten sind; z. B. *Ferula narthex.* Aber auch auf das Ablegen von Eiern durch Insekten muß geachtet werden und auf die Reaktion mancher Pflanzen darauf. Das Ausschlüpfen der Raupen beim Kohlweißling und anderer Insekten soll ebenso beobachtet werden, wie das Verpuppen der Raupen und die weitere Entwicklung. Vielleicht (hoffentlich) ist gelegentlich zu beobachten, daß eine Schlupfwespe ihre Eier in die Raupen des Kohlweißlings legt, wodurch diese nach Ausschlüpfen der Schlupfwespen-Larven zugrundegehen. Daß diese Schlupfwespen oder andere sich ähnlich verhaltende Insekten ihrerseits wieder das Opfer anderer parasitierender Tiere werden, muß der Lehrer erzählen. (Einzelheiten mit sehr guten Bildern: E. Danesch in Zeiss-Informationen Heft 78/1971). Dieses Ineinandergreifen und Abhängigsein von Naturvorgängen muß nicht nur der Schüler wissen, das muß ins Bewußtsein der Menschen gehen, damit sie nur mit äußerster Vorsicht an jeden Eingriff in die Abhängigkeiten herangehen. Auf das Beobachten

von größeren Tieren wie Vögel beim Nestbau, Verhalten verschiedener Vogelarten und Vögel untereinander, etwa beim Fressen und Trinken, von Eichhörnchen, Igeln, Mäusen u. a. sei nur hin gewiesen. Übrigens werden die Tiere nur durch lärmende und tobende Menschen verjagt. An ruhig arbeitende und beobachtende Schüler gewöhnen sie sich leicht.

Neben der Beobachtung von Vorgängen steht das *Beobachten von Pflanzengestalten*, vor allem von *Blütenformen*. Von der sprachlichen Aufgabe, Beobachtungen kurz und prägnant schriftlich zu fixieren, wurde schon gesprochen. Die Fähigkeit, Beobachtetes in Worte zu bringen, wird wohl im Deutschunterricht gebildet. Es ist eine Fähigkeit, die im modernen Berufs- und Alltagsleben dringend gebraucht wird. Dieser Unterricht kann wirkungsvoll im Garten stattfinden: um eine ausnahmsweise vorhandene mächtige, vielleicht 2 m hohe *Herkulesstaude*, die ihre riesigen Blütenschirme entfaltet hat, sitzt eine Klasse und beschreibt die Pflanze. Von jedem Sitz aus ist die Beleuchtung anders. Wie weit muß und kann die Beschreibung ins Detail gehen? Wie ändert sich die Beschreibung mit dem Abstand des Betrachters? Was kommt heraus, wenn nach der Beschreibung eine Zeichnung gemacht wird? Überhaupt: lassen wir die Herkulesstaude ruhig auch nach der Natur zeichnen oder malen! Nein, nicht nur im ganzen, auch Einzelheiten wie ein Blatt, die Oberfläche des Stengels, die Verzweigung, einen Blütenschirm, eine Einzelfrucht . . . Aber die Samen nie ausreifen lassen, denn die daraus entstehenden Pflanzen überwuchern sonst den ganzen Garten!

Natürlich ist das nur das Festhalten einer Entwicklungsphase. Aber Formen und Farben aller Blüten wirken auch auf uns Menschen sehr stark. Mit ihnen bietet sich ja die Pflanze der Umwelt dar und sie braucht die weit geöffnete Blüte, die mit Duft, farbigem Licht und dem Eindruck ihrer Gestalt hinausruft und Helfer herbeiholt, die Frucht mit dem Samen zu bilden. Form, Farbe und Duft sind gleichsam die Sprache der Pflanze, ihr Mittel, sich darzustellen. Deshalb „ruft" sie wohl auch uns Menschen; der eine hört es lauter, der andere leiser, der andere gar nicht, weil er diese Sprache nicht (mehr) versteht. Aber die Blumen begleiten den Menschen auch heute noch auf seinem Lebensweg und helfen die einzelnen Phasen zu betonen.

Eine solche Sprache unsere Schüler und Mitmenschen zu lehren, ihren Sinn aufzuzeigen, das ist eine wesentliche Aufgabe des Lehrers im Garten. Blüten, die schnell vergehen, verlocken vielleicht besonders, ihre vergängliche Erscheinung festzuhalten: sie sind ja auch besonders eindrucksvoll ausgebildet: *Hibiscus trionum*, die Stundenblume, *Tigridia pavonia*, die so schnell verblühenden und vergehenden *Oenotheren*, *Ipomoeen* und *Iris* sind ein paar Beispiele.

Hier wurde bisher nur von großen Einzelblüten gesprochen. Aber auch Blütenstände gilt es in ihrer Gestaltung zu studieren. Ist es eine Traube oder eine Dolde, in der viele kleine oder ein paar große Blüten stehen, ein natürlicher Blumenstrauß, der die Wirkung der Einzelblüte verstärkt. Vielleicht sind die Randblüten eines dichten Blütenstandes als besonderer Schauapparat ausgebildet. Bei vielen *Apiaceen (Umbelliferen)* ist das so. *Viburnum opulus*, der Schneeball, hat große sterile Schaublüten und die kleineren fruchtbaren. Extraflorale *Schauapparate* locken die Besucher an. Man kann im Garten nicht *Bougainvillea* anbauen, aber die Wolfsmilch *Euphorbia marginata* (einjährig) oder der Muskateller-Salbei *(Salvia sclarea)* tun es auch. Der Aufbau des Blütenstandes, das regelmäßige in seiner Verzweigung zu suchen und zu erkennen, ist hier eine Aufgabe. Die Ähre, die Rispe eines *Grases*, die Dichasien der *Nelken*, die Wickel der *Boraginaceen*, die zusammengesetzten Dolden der *Apiaceen* (Umbelliferen), um nur ein paar Aufbauprinzipien zu nennen: immer wiederholen sie sich, immer sind sie irgendwie abgewandelt. Den Formenreichtum im Blütenstandaufbau zu erleben und die Einzelform zurückzuführen auf die Grundform, das ist auch eine Aufgabe für den Kunsterzieher. Der Sproßaufbau wird beobachtet: Monopodium? Sympodium? Auf die vielfältigen Blattformen kann hier nur hingewiesen werden, wenn auch das Blatt das charakteristischste Organ der grünen Pflanze ist. Die Ausbildung des Blattes ist ein Kompromiß: um möglichst viel Strahlung zu empfangen, müßte das Blatt eine größtmögliche Fläche haben. Je größer aber, desto mehr Material ist zu seiner Stabilität erforderlich und desto schwerer wird es. Mit der Oberfläche wächst die Verdunstung, die bei hinreichendem Wasservorrat in der Wurzelregion einen größeren Wasserdurchsatz bedeutet und damit reichlichere Versorgung mit wasserlöslichen Stoffen. Da aber die Menge des erreichbaren Wassers am Standort meist eine begrenzte ist und auch von der Menge der Wurzelhaare abhängt, kann die Blattfläche nicht beliebig groß sein. Es wird sich bei konstantem Wasservorrat ein Gleichgewicht zwischen Wurzelhaarmenge, verdunstender Fläche und strahlungsaufnehmender Fläche einstellen. Bei gleicher Blattfläche kann die Verdunstung durch einschränkende Einrichtungen vermindert und die Strahlungswirksamkeit durch die Dichte der Chlorophyllkörper reguliert sein. In dieser Spannung zwischen den Wirksamkeiten muß das Blatt gesehen werden. Damit erhebt sich das scheinbar statische Blatt in den Bereich einer Dynamik. Jetzt hat es einen Sinn, Blattformen zu zeichnen. Ein Vergleich der Blattform an einer Pflanze zeigt die mögliche Variabilität, die „Freiheit" für das Individuum.

Während nun die Schüler einzeln und in Gruppen den Garten zu solchen schon genannten Beobachtungen durchstreifen, sieht man andere, über ein Beet gebeugt, nach etwas Ausschau halten: sie erwarten etwas. Sie stehen an Beeten, wo Samen schon im Herbst ausgelegt wurden. Ganz verschiedenartige Sämereien können das sein. Hier sind Samen von Sträuchern und Bäumen, auch von Gemüsen, die jeder kennt, gemeint. Es wurden im Vorjahr Samen von Buchen, Eichen, Nadelbäumen, von Obstbäumen aller Art, von Weintrauben, Johannisbeeren gesammelt. Von Ferienreisen wurden Samen unbekannter Art mitgebracht. Mit Spannung werden diese Saatbeete täglich beobachtet und jedes winzige Regen wird verzeichnet und wie oft wird sich herausstellen, daß ein ganz anderer Samen als der erwartete ausgefallen ist. Mancher Sämling wächst zu einem bekannten Unkraut heran, mancher Samen verfault im Boden. Einige Sämlinge werden vielleicht an anderer Stelle des Gartens weiterwachsen dürfen. Auf solche Art sind oft teuere Gehölze für den Garten zu gewinnen. Sie helfen auch mit, den Garten in dauerndem Wandel zu halten. Andere junge Pflanzen wandern in die heimischen Gärten der Schüler, in die Stadtgärtnerei oder werden irgendwie freudebringend verschenkt. Ein Ereignis ist es, wenn eine besondere Pflanze in den großen botanischen Garten der Universität umziehen darf. Jetzt gibt es einen persönlichen Grund, diesen Garten öfter zu besuchen. Von dort her bringen die Schüler dann wieder Anregungen mit, brauchbare und phantastische. Im übrigen sind dann von dort her auch leichter Sämereien zu bekommen. Die freundschaftlichen Beziehungen zu dem großen Freund, wo im günstigsten Fall der Lehrer vielleicht sogar studiert hat, sind immer wertvoll.

Viele Sämlinge werden aber auch nicht alt werden und eingehen, weil ihnen der Standort nicht entspricht. Bei den Gemüsearten ist es lehrreich, etwa ein *Blaukrautpflänzchen* oder ein *Weißkraut* weiter zu kultivieren, den *Kohlkopf* zu überwintern und dann im andern Jahr auswachsen und blühen zu lassen. Auch *Rettiche* oder *Gelbrüben* oder *Petersilie* sollte man auswachsen lassen, um ihre Gestalt als Langtrieb zu zeigen und ihre Blüte vorzuführen. Das ist dann auch für die Mütter interessant. Der *Kopfsalat* wird manchen mit seinen bläulichen Blüten überraschen. Die Artischocke wird gesät, und aus der bekannten Knospe entsteht eine große Blüte. Schließlich sind hier einjährige Pflanzen zu erwähnen, die ihrer Blüte wegen in Kultur sind. Empfehlenswerte Arten sind in den Listen genannt. Dieser ganz allgemeine Hinweis kann genügen, weil der Plan zu solchen Vorhaben bei den verschiedensten Gelegenheiten entsteht, weil sich unerschöpfliche Möglichkeiten darbieten.

Wenn es Herbst wird, dann sind die Vorbereitungen der Pflanzen zu ihrer eigenen Einwinterung zu beachten: die Samenreife der Einjährigen, das Einziehen der Stauden, das Verfärben der Baumblätter und ihr Fall.

Selten ist ein Garten so groß, daß er einfach alles zeigen kann; zudem machen ihn gerade starke Veränderungen besonders interessant. Deshalb sind sogen. Jahresthemen empfehlenswert. Auf einer dafür freigehaltenen Pflanzfläche werden dann in einem Jahr z. B. *Gemüsesorten* und *Salate* angebaut. Nach 2 Jahren haben sie ihren Vegetationsrhythmus beendet und das Gelände steht wieder zur Verfügung. Dann werden vielleicht *Getreidearten* angepflanzt und beobachtet. Eines Jahres findet man dann die Familie der *Apiaceen* (Umbelliferen) in ihren Erscheinungsformen versammelt. Oder es sind die *Malvaceen* oder die *Brassicaceen* ... Einmal hat jemand die Idee, einen Wald von Schlingpflanzen zu machen, einmal wurden die Samen aller nur denkbaren *Nadelhölzer* gesammelt und schon im Herbst (Frostkeimer) ausgesät. Es hat alle Besucher überrascht, wie diese Koniferenbabys ausgesehen haben. Allerdings ist ihnen der pralle Sonnenschein und die Wärme des Gartens schlecht bekommen. Aber Obstsamen wachsen manchmal gut heran. Dann kann sogar veredelt werden. Jahresthemen brauchen nicht gesucht zu werden. Es ergeben sich aus dem Gartenleben mehr, als zu realisieren sind. So wichtig und schön die Durchführung solcher Jahresversuche ist, so notwendig ist ihre Planung und Vorbereitung. Vielleicht ist ja besondere Erde dazu nötig. Wie lange dauert der Versuch? An der Wand des Arbeitsraumes hängt eine Liste, an der unten immer mehr neue Ideen zuwachsen, als oben durchgeführt gestrichen werden. Daß das Ergebnis dieser Versuche in Worten und vielleicht auch Bildern festgehalten wird, versteht sich von selbst. Interessant ist es, später die Beobachtungsprotokolle einer Entwicklung zu lesen und dann den Ablauf aus diesen Notizen zusammenstellen. Vielleicht können solche Berichte auch einmal oder laufend im Jahresbericht der Schule Platz finden. Denn die Arbeit einer Schule kommt in den Ergebnissen aus dem Schulgarten mehr zum Ausdruck als z. B. in der Zusammenstellung von Aufsatzthemen.

Als Anregung zu Beobachtungsthemen sollen noch folgende genannt sein:

Sproßverzweigungen
Blütenstandverzweigung
Blattstellungen
Knospendeckungen
Blattformen

Blütendüfte
Mykorrhiza
Einrichtungen zur Windblütigkeit
Versuche zur Vererbung, Variationen, Mutationen

Pollengestalt
Samengestalt
Fruchtknotenbildung (Plazentation)
Fruchtformen
Öffnungsweisen von Früchten
Dauer der Anthese
Blütenfarben und Blütenzeichnung

Beobachtung der Pflanzenentwicklung unter verschiedenen Bedingungen: im Schatten, im Licht, in trockenem leichtem Boden, in schwerem nassem Boden, in Böden mit verschiedenen p_H-Werten.
Anbau von Pflanzen, die in Lehrbüchern als signifikante Beispiele zu verschiedenen Phänomenen genannt sind.

Auch das Bestimmen von Pflanzen kann eine Tätigkeit im Garten sein. Es verlangt genaues Beobachten und läßt Überblicke gewinnen.
Alle diese Überlegungen zeigen, daß vor der Tätigkeit des Beobachtens die des Planens stehen muß. Immerfort gibt aber eine Beobachtung die Anregung zu einer neuen Maßnahme, zu einer Erwartung, zu einer Verbesserung oder zu einer Änderung der bestehenden Anlage. Dieses fortwährende Planen hält die Spannung fürs spätere Beobachten aufrecht. Es wird immer anderes, immer neues zu beobachten sein. Bei dem steten Wechsel der Schulbevölkerung kann sich nach einiger Zeit vieles wiederholen. Aber auch der Schulgartenleiter wandelt sich, neue Kollegen kommen, neue Anregungen werden herangetragen.

2. Manuelles Arbeiten im Schulgarten und andere Betätigungen

Daß das vielgestaltige Wachsen im biologischen Schulgarten nicht ohne manuelle Arbeit zu erreichen ist, versteht sich von selbst. Die Hauptlast liegt sicher auf dem Leiter des Gartens, der mit einer Schar von eifrigen Schülern aller Altersstufen im Garten wirkt und manche Stunden von sog. „Freizeit" gärtnernd tätig ist. Vielleicht hat er noch den Biologie-Laboranten als Helfer oder die Gemeindeverwaltung delegiert einen ihrer gemeindlichen Gärtner wenigstens aushilfsweise. Hier im Garten kann der Lehrer zu einem wahren Pädagogen werden (im ursprünglichen Sinn)! Schon bei den Referendaren sollte (spätestens) die Liebe zum Schulgarten geweckt werden. Der heutige Biologieunterricht im Schulzimmer oder Lehrsaal erinnert doch zu sehr an die Zeiten der antiken und mittelalterlichen Denker, die Naturforschung im Studierzimmer aus Büchern betrieben. Wie stolz erzählen wir vom Wandel, von der Befreiung der Forschung in der Neuzeit. Aber wie antik ist unser moderner Lehrbetrieb trotz aller Projektoren, trotz aller „Versuche" an komplizierten, vom Schüler nicht überschaubaren Anordnungen.
Die Schar helfender Schüler und Referendare darf aber nicht zu einer Elite werden, die im Gegensatz zu den übrigen Schülern und Lehrern steht. Die Schar wird sich dauernd ändern, wenn auch vielleicht einzelne Stützen der Gruppe über lange Zeit hin mitwirken und zu planenden selbständigen Helfern werden, aus deren Kreis vielleicht einmal der Nachfolger des Leiters erwächst.
Die beste Voraussetzung für intensives und sorgfältiges Beobachten ist die Beteiligung an der Gartenarbeit. Dabei geht es nicht darum, möglichst viele Schüler irgendwie zu beschäftigen. Es wird vielmehr mit einer bestimmten Anzahl von Schülern eine bestimmte Arbeit erledigt. Einige sind sofort mit Eifer dabei, einige werden erst dazu verlockt und bekommen Interesse. Die Arbeit muß so eingeteilt werden, daß niemand herumsteht und fragt, was er jetzt tun solle. Aber das sind pädagogische Fragen, die hier nicht zu behandeln sind.

Eine besondere Arbeit ist das frühjahrliche Säen. Wer nicht über ein Frühbeet unter Glas verfügt, beschafft sich am besten die mit Düngestoff imprägnierten, quadratischen Torftöpfchen und bettet sie in ein flaches Kistchen mit Torf oder leichter Erde. Dabei ist wichtig, daß die Rillen zwischen den Töpfen satt gefüllt sind, weil sonst die Töpfchen von unten her austrocknen. In diese mit leichter Saaterde gefüllten und leicht verdichteten Töpfe — etwa 8 × 6 Töpfe pro Kistchen — wird gesät. Die Samen wurden im Garten geerntet — siehe unten —, gesammelt, getauscht oder sonstwie beschafft. Jedenfalls muß im Frühjahr schon eine Planung vorliegen. Ihre Erstellung ist eine Winterarbeit. Da die Töpfchen meist klein sind —es stehen ja oft auch nur wenige Samenkörnchen zur Verfügung — werden die Artnamen auf einem Plan eingetragen. Diese Säepläne sollten auf ein Brettchen aufgezogen sein, weil sie sehr oft eingesehen werden und auch naß werden können. Manche Staudensamen liegen sehr lange bis sie ausfallen. Manche, z. B. die im Gebirge einheimischen Arten sind Frostkeimer. Sie können schon im Herbst in Töpfe gesät werden, die im Freien eingesenkt sind. Im Frühjahr hat sich durch den Frost die Erde in diesen Töpfchen so gelockert, daß sie — besonders wenn Frühjahrsregen fehlt — wieder leicht verdichtet werden muß. Die Samen der Frostkeimer können aber auch 2—3 Wochen ins Eisfach eines Kühlschrankes gelegt werden.

Die Sämereien werden in den Töpfchen ganz leicht mit Erde bedeckt — oft wird geraten, etwa 3 mal so dick Erde als der Samen dick ist— und angedrückt und dann bewässert. Sie trocknen, wenn sie nicht unter Glas sind, in der Sonne leicht aus, weshalb sie hinreichend mit Wasser zu versehen sind. Überhaupt stehen die noch nicht ausgefallenen Samen besser schattig. Manche Sämereien wie *Papaver, Ipomoea, Clarkien, Godetien* u. a. vertragen ein zu feuchtes Saatbeet nicht. Sind in einem Töpfchen zu viele Sämlinge aufgegangen, so daß sie sich bedrängen, dann müssen sie mit der Pinzette „verdünnt" werden. Manche Samen kann man auch pikieren. Einzelheiten über diese Arbeiten sind in guten Gartenbüchern (siehe Literatur) ausführlich beschrieben und vom Pädagogen auf den Schulgarten anzuwenden. An den Fenstern des Biologiesaales und der Nebenräume können Töpfe und Schalen mit früher Saat aufgestellt werden. Sie müssen immer feucht bleiben und müssen u. U. beschattet werden.

Es gibt Pflanzen, die sich schlecht versetzen lassen, d. h., sie brauchen lange, bis sie sich von diesem Schock erholt haben oder sie erholen sich überhaupt nicht mehr. Zu solchen Pflanzen gehören *Papaveraceen, Malvaceen, Sonnenblumen, Astragalus, Salpiglossis* u. a. Wenn man sie nicht gleich ins Freiland sät, dann gibt man 1 oder 2 Samenkörner in ein Töpfchen und kann dieses auspflanzen. Die feinsten Wurzeln pflegen sich meist in der Torfschicht selbst zu bilden.

Es gibt auch Einjahrspflanzen, darunter schöne Blüher, die gleich an den endgültigen Platz gesät werden können. Angaben darüber finden sich meist in den Samenkatalogen, die von den betreffenden Firmen im Frühjahr herausgegeben werden. Es empfiehlt sich, solche von mehreren Firmen zu besorgen und sie mit den Schülern zu studieren. Eine Liste (10) schön blühender sogen. Sommerblumen ist auf Seite 212 zusammengestellt. Das abgeblühte Frühlingsbeet mit seinem repräsentativen Charakter ist der geeignete Ort für solche Pflanzungen.

Schließlich darf nicht übersehen werden, die nur 2jährigen Pflanzen alljährlich nachzuziehen. Hinweise bei den betreffenden Arten.

Während der ganzen Vegetationsperiode sollten immerfort Schüler mit dem Einsammeln reifer Samen beschäftigt sein. Das fängt frühzeitig an, denn Schneeglöckchensamen reifen bald. Andere Samen reifen so spät, daß sie in manchen Jahren gar nicht zur Reife gelangen. Dazu gehören vor allem Pflanzen, die aus wärmeren Klimaten stammen und bei uns nur zu Gast sind. Sie sind ja oft sogar Stauden und erfrieren bei uns im Winter. Bei *Cajophora lateritia*, der Brennwinde, oder der schönen Schlingpflanze *Cobaea scandens* reift vielleicht nur eine einzige Frucht aus. In solchen Fällen ist es oft gut, andere Früchte, die zuviel sind oder ohnehin nicht ausreifen, zu entfernen. Bei vielen Pflanzen sollte man sich angewöhnen, im Interesse der Pflanze überflüssige Früchte sofort nach der Blüte abzunehmen. Viele zweijährige Pflanzen können dadurch veranlaßt werden, im kommenden Jahr neu zu blühen, z. B. *Hesperis matronalis*. Viele Stauden blühen ein zweites mal im Sommer, wenn sie nach der Blüte zurückgeschnitten werden, z. B. *Delphinium*.

Die gesammelten Samen müssen mitsamt den Frucht- und Stengelteilen trocken nach Arten getrennt aufbewahrt werden. Im späten Herbst kommt dann die Zeit, wo sich besonders verschworene Gartenfreunde um den Arbeitstisch setzen und den Samen „putzen". Sauber beschriftet wird er trocken und nicht zu warm aufbewahrt. Nur Frostkeimer kommen evtl. schon im Herbst in den Boden. Bei diesem gemeinsamen Samenputzen ist die rechte Zeit zum Planen, zum Erzählen oder zum Vorlesen. Das ist eine Möglichkeit der Gemeinschaftsbildung.

Mit den Samen bietet sich noch eine Möglichkeit: Samen, von denen man mehr geerntet hat als im eigenen Garten und bei den Schülern gebraucht wird, werden auf einer Liste verzeichnet. Die vervielfältigte Liste wird an andere Schulgärten verschickt. Der Gartenleiter kennt schon ein paar Kollegen und erfahrungsgemäß kommt ein Samenaustausch schnell in Gang, wenn es die anderen ebenso machen. Bald werden nicht nur Samen, sondern vor allem Erfahrungen und Ideen getauscht. Bilder werden hin und her gesandt und manche Anregung entsteht so. Der Schriftverkehr kann von den Schülern selbst erledigt werden. Das ist eine Verwaltungsaufgabe, die einen Sinn hat. Außer den Samen können auch Wurzelstöcke und Vermehrungszwiebeln getauscht werden.

Über andere Arbeiten im Schulgarten, wie das Instandhalten der Geräte, das Jäten, das Gießen usw. soll hier nicht weiter gesprochen werden. Sie versteht sich von selbst und die schon oft genannten Gartenbücher geben hinreichend Hinweise. Nicht nur Samen und Wurzelknollen verlassen den Schulgarten. Die reichblühenden Stauden und Sträucher liefern Blumensträuße. Im Direktorat und der Kanzlei prangen sie. Zum Wochenende können die Lehrer Sträuße bekommen, je nach der Jahreszeit und sie werden einen kleinen Beitrag in die Samenkasse gerne liefern. Die Führung dieser Kasse gehört zu den Aufgaben der Gartenverwaltung. Wenn aber im Herbst die Blütenfülle überreich wird, dann werden die Sträuße von Schülern in Krankenhäuser und Altersheime gebracht. Über ihre Erlebnisse bei diesen Besuchen berichten sie der Deutschlehrerin bekommt Themen. Praktische Gemeinschaftskunde ermöglicht der Garten. Er wird zum Raum einer Klassenfeier, bei der die Rettiche verzehrt werden, die gewachsen sind, er ist der Raum für eine abendliche Kammermusik, bei der die Spielenden unter sich sind, im Garten begegnen sich die Kollegen frei von der geistigen Enge eines Lehrerzimmers. Vielleicht merken sie, daß die Biologie nicht ein Fach ist, wo meistens häßliches Getier betrachtet wird oder Knochen gezählt werden. Hier spiegelt sich ihr eigenes Lebendigsein im Leben von Pflanzen und Tieren. Durch die freien

Eingänge dringt die Sprache des Gartens in die Stadt auf die Straße: Alles Lebendigsein ist der Ausdruck von Ordnungen. Aus den Ordnungen entspringt das Werden. In der absoluten Unordnung kann sich nichts mehr ereignen und die Zeit hört auf.

Empfehlenswerte Literatur

Bärtels, Das große Buch der Gartengehölze, Ulmer, Stuttgart 1973, Standardwerk!
Buffler und *Reich*, Gemüse im Garten, Ulmer, Stuttgart 2. Aufl. 1976
Duderstadt, Scholz und *Winkel*, Biologie für das 5. und 6. Schuljahr, Lehrerausgabe, Diesterweg-Salle, Frankfurt 1970
Galston, Biologie der grünen Pflanze, Franckh'sche Verlagshandlung, Stuttgart 1964
Gernet, Kletterpflanzen, Ulmer, Stuttgart 1969
Hansen und *Stahl*, Unser Garten, 4 Bde. 1. Planung und Anlage, 2. Bäume und Sträucher, 3. Stauden, 4. Sommerblumen, Obst- und Gartenbau-Verlag München. Die Bde. 2 und 3 sind jetzt in neuer Auflage als eigene Bände bei Ulmer, Stuttgart, erschienen.
Hegi Flora von Mitteleuropa, 13 Bde. Standardwerk!
Heiligmann, Janus und Länge, Die Pflanze, 2 Bde. Klett, Stuttgart 1964
Jelitto-Schacht, Die Freiland-Schmuckstauden, 2 Bde. Ulmer, Stuttgart 1963, Standardwerk!
Herwig, 201 Gartenpflanzen in Farbe, BLV 1970
Jähner, der immer grüne Garten, Bertelsmann, Gütersloh 1969
Knauers Gartenbuch, Knauer, München 1957
Koch-Isenburg, Der praktische Garten, 2 Bde. Deutsche Buchgemeinschaft 1970. Hier auch ausführliche Bezugsquellen für Pflanzen, Gartengerät und Material. Nicht mehr auf neuestem Stand!
Kordes' Söhne, alljährlich ausführlicher illustrierter Rosenkatalog. Zu beziehen bei Kordes' Söhne, 2201 Sparrieshoop bei Elmshorn
Michaeli-Achmühle, Der Wassergarten, Bertelsmann, Bielefeld 1971
Molisch, Botanische Versuche ohne Apparate, G. Fischer, Stuttgart 1955. Immer noch sehr empfehlenswert!
„Natur und Mensch", Zeitschrift, Schweizerische Blätter für Natur- und Heimatschutz, zu beziehen: CH 8201 Schaffhausen, Postfach. Jährlich z. Z. sfr. 10.— 2-monatlich. Bringt sehr viele Anregungen!
Nikolaisen, Frühling im Garten, BLV 1966
Oberseider, der Schulgarten, ein Garten bei der Schule, Diesterweg-Salle, Frankfurt 1960. Dort auch ältere Literatur!
Plomin, Der vollendete Garten, Ulmer, Stuttgart 1970
Schacht, der Steingarten, Ulmer, Stuttgart, 4. Aufl. 1971
Schacht, Frühlingsboten, Ulmer, Stuttgart 1971
Schmeil-Fitschen, Flora von Deutschland, Bestimmungsbuch, Quelle und Meyer, Heidelberg. Es gibt noch andere Bestimmungsbücher!
Schulbiologie-Zentrum, Brockenweg 5A, 3000 Hannover 22. Von dort sind auch viele Veröffentlichungen zum Biologie-Unterricht und Schulgarten zu beziehen.
Spanner, Lehrerhandbuch Botanik 3 Bde., Oldenbourg, München 1961. Mit sehr viel Literaturangaben und wertvollen Anregungen
Spanner, Archegoniaten und Spermatophyten, im Handbuch der praktischen und experimentellen Schulbiologie, Bd. 2, Aulis Verlag, Köln 1971
Seifert, Gärtnern ohne Gift, Biederstein-München, 6. Auflage 1971
Stangl, Kleiner Garten — große Freude, BLV 1969
Stangl, Bunte Blütenpracht der Stauden, BLV 1966
Stangl, Unbekannte Gartenschätze, BLV 1972
Strasburger, Lehrbuch der Botanik, Fischer, Stuttgart, 30. Aufl. 1971
„Gartenpraxis", Zeitschrift für Kenner, monatlich, zu beziehen von: E. Ulmer, Gerokstraße 19, 7000 Stuttgart 1
Ulmer-Verlag 7000 Stuttgart, Gerokstraße 19: Sonderkatalog Gartenliteratur anfordern
Zeiss-Information, Zeitschrift, unregelmäßig, von Zeiss 7082 Oberkochen, zu beziehen
Lehrreich und bebildert sind oft die jährlich erscheinenden Kataloge von Baumschulen und Staudengärtnereien. Einige seien exemplarisch genannt, die übrigen bei Koch-Isenburg siehe oben.
Götz, Staudengärtnerei, 7622 Schiltach/Schwarzwald
Hagemann, Staudenkulturen, 3001 Krähenwinkel/Hannover
Kayser und *Seibert*, Pflanzenkulturen, 6101 Roßdorf/Darmstadt
Klose, Staudengärtner, 3503 Lohfelden/Kassel
Schmidt, Eurobaumschule, 2084 Rellingen/Holstein
Sündermann, Botanischer Alpengarten, 899 Lindau/Bodensee

HYDROKULTUR IM BEREICH DER SCHULE

Von Studiendirektor Detlef Hasselberg,

Frankfurt/Main

I. Historischer Abriß

Die Erkenntnis, daß Pflanzen zu ihrem Wachstum nicht unbedingt Erde benötigten, geht zurück auf Untersuchungen des Holländers Baptist van Helmont (um 1650). Er pflanzte einen Weidenzweig in ein erdegefülltes Gefäß, wog beides sehr genau und benutzte in der Folgezeit nur noch Regenwasser zum Gießen. Nach fünfjähriger Versuchsdauer kam er zu dem Ergebnis, daß das Gewicht der Erde um 62 g abgenommen, das der Pflanze dagegen um etwa 83 kg zugenommen hatte. Daraus schloß er, daß die Pflanze die zum Leben notwendigen Substanzen offenbar nicht aus der Erde entnommen habe, sondern aus der Luft und dem Regenwasser. Die Abnahme des Erdgewichts unterschätzte er und führte sie zurück auf Meßungenauigkeiten.

Der englische Mediziner *John Woodward* kultivierte 1699 Keimlinge der Pfefferminze einmal in Regenwasser, dann in Themsewasser und schließlich in einer trüben Aufschwemmung von Gartenerde. Messungen des Wachstums- und Gewichtszuwachses zeigten deutlich, daß die zuletzt genannte Versuchsreihe Vorteile gehabt haben muß. Er schloß hieraus, daß Pflanzen dem Boden gewisse „Extrakte" entziehen. Ferner wies er mit seinen Versuchen aber nach, daß Pflanzen ohne Erde wachsen, wenn man ihnen diese Extrakte in gelöster Form bietet. *Woodward* kann folglich als der eigentliche Begründer der Hydrokultur angesehen werden.

Aber erst die Forscher *J. v. Liebig* (1840), *Knoop* und *Sachs* (1860) wiesen durch systematischere Versuche mit der Kultur von Pflanzen in Mangellösungen nach, welche Mineralsalze im einzelnen benötigt werden (siehe hierzu Bd. 4/I, S. 59 ff.). Seitdem hat die Kultur von Pflanzen in wäßrigen Lösungen vor allem Eingang gefunden in die wissenschaftlichen Laboratorien, da sie besser als Erdkultur geeignet ist, Pflanzen unter genau kontrollierten und bei Bedarf auch leichter abzuändernden Bedingungen zu kultivieren. Erst durch den Amerikaner *Gericke* wurde um 1930 aufgezeigt, daß dieses Verfahren auch für die Praxis gärtnerischen Nutz- und Zierpflanzenanbaues von Bedeutung sein kann. Allerdings gewann es nur sehr zögernd an Bedeutung (z. B. Versorgung von Truppenteilen auf bodenarmen Inseln im Atlantik und Pazifik oder von U-Bootbesatzungen mit Frischgemüse). Dies hat sicherlich verschiedene Gründe. Einmal war die „Notwendigkeit" der erdelosen Pflanzenhaltung nur in eng begrenzten Räumen gegeben (Fehlen von Humus; unfruchtbare Böden; zu große Wasserverluste in Wüstenregionen bei Erdkultur). Zum anderen nahm sich die Industrie lange Zeit dieses Problems kaum an, da sie die Hydrokultur offenbar als „absonderliches" Hobby einzelner weniger ansah. Interessierte Gärtner und auch Pflanzenliebhaber mußten sich folglich um den Bau entsprechender Gefäße und die Zusammenstellung von Nährlösungen selbst bemühen, was natürlich viele abschreckte. Und sicherlich spielte auch die Traditionsbefangenheit vieler Gärtner und Blumengeschäfte eine Rolle, so daß die raschere Verbreitung der Hydrokultur bei uns lange Zeit verzögert wurde.

In den letzten 10—15 Jahren ist dies aber anders geworden. Mittlerweile gibt es nicht nur Firmen, die für den Erwerbsgartenbau und sogar für den Obstbau in vielen Ländern (Südafrika, Florida, Saudiarabien, Israel, Japan usw.) Kultur-Großgefäße serienmäßig produzieren und entsprechend vorgefertigte Kulturlösungen bereitstellen. Auch die in Deutschland und anderen Industrieländern sehr stark betriebene Monokultur einzelner Nutzpflanzen (z. B. in Gewächshäusern) zwingt wegen der Verseuchung des Bodens mit Krankheitserregern oder wegen völlig aus dem Gleichgewicht geratener Mineralsalzgehalte der Böden mehr und mehr zum Übergang auf bestimmte Formen der Hydrokultur (Anbau auf Torfkultursubstraten; Strohkultur bei Gurken und Tomaten).

Gewissermaßen als „Nebenprodukt" dieser Entwicklung gibt es mittlerweile auch für den Pflanzenliebhaber ein recht umfangreiches Sortiment an Kulturgefäßen aller Größenordnungen für Innenräume, aber auch für Feilandflächen. Hinzu kommen vielfältige Angebote an Kulturlösungen, die das Kulturverfahren insgesamt sehr sicher machen, so daß es sich aus diesen Gründen und auch deshalb, weil der erforderliche Pflegeaufwand nur einen Bruchteil des Aufwandes ausmacht, den die Erdkultur erfordert, sowohl bei Erwerbsgärtnern, besonders aber bei Pflanzenliebhabern mehr und mehr durchsetzt.

Für den Einsatz der Hydrokultur im Bereich der Schule sprechen darüber hinaus weitere Gründe. Hier kann nämlich nicht nur das methodisch-didaktische Anliegen des Biologieunterrichtes (im Hinblick auf Pflanzenwachstum und seine Abhängigkeit) sehr leicht und ohne größeren Aufwand mit handwerklichen Fähigkeiten der Schüler in sinnvoller Weise verknüpft, sondern auch ein Beitrag geleistet werden zur Verschönerung des Schulgebäudes, Pausenhofes oder anderer Freiflächen. Nicht zu vergessen sind jene Pflanzenvitrinen in den Fluren, die meist keinen besonders erhebenden Anblick bieten, weil sich niemand findet, der die Bepflanzung pflegt und z. B. während der Ferien gießt. Eine sinnvolle Hydrokulturbepflanzung schafft hier zumindest deutliche Besserung.

II. Das Wasser und die Nährlösung

Daß der Erdboden, in dem Pflanzen normalerweise wachsen, zum einen die für den Bau- und Betriebsstoffwechsel der Pflanzen erforderlichen Mineralsalze bereitstellt und zum anderen für deren notwendige Verankerung sorgt, bedarf in diesem Rahmen sicherlich keiner genaueren Erläuterung.

Die zuletzt genannte Funktion ist jedoch bei der Anlage von Hydrokultur-Anlagen zu berücksichtigen. Insbesondere bei leicht in die Höhe wachsenden Pflanzenarten oder bei Freiland-Anlagen ist es erforderlich, für eine zusätzliche Verankerung zu sorgen (z. B. feste Montage eines Gitters oder abgestorbenen Baumastes am Kulturgefäß, so daß man die höher wachsenden Pflanzen später festbinden kann). In gut sortierten Fachgeschäften findet man entsprechendes Zubehör, mit einigem Geschick kann man aber auch kostensparend selbst entsprechende Verankerungen basteln.

Bezüglich des verwendeten Wassers und der erforderlichen Nährlösung könnte man aus dem Wort Hydrokultur (= Wasserkultur) ableiten, daß diesen beiden Faktoren bei der erdelosen Pflanzenhaltung eine ganz besondere Bedeutung zukommen müsse und daß ihnen folglich besondere Beachtung zu schenken sei. In den Anfängen der Hydrokultur glaubte man ferner, für diesen Zweck nur chemisch reines oder höchstens Regenwasser verwenden zu können. Das trifft aber nicht zu. Regenwasser alleine für sich erweist sich teilweise sogar als ausgesprochen ungünstig, denn es enthält vor allem in dichter besiedelten oder stark industrialisierten Gebieten zu viele Verunreinigungen und schädliche Gase.

Zur erdelosen Pflanzenhaltung geeignet sind vielmehr alle Wassersorten (Quell-, Brunnen- oder Leitungswasser), die nicht zu stark verschmutzt sind und weder größere Mengen pflanzenschädlicher Stoffe, noch übermäßig Mineralsalze enthalten. Das aus Desinfektionsgründen dem Trinkwasser zugesetzte Chlor liegt, wenn man das Wasser dem Hahn entnimmt, nur noch in sehr geringer Konzentration vor und schadet der Mehrzahl der Pflanzen nicht. Für besonders empfindliche Arten (Primeln, Azaleen usw.) läßt sich aber auch diese geringe Chlormenge leicht entfernen, indem man das Wasser vor Gebrauch einige Tage stehen läßt oder kurz erwärmt.

Von großer Bedeutung ist allerdings die Wasserhärte, die bekanntlich durch einen hohen Gehalt an Kalzium- und Magnesiumsalzen (meist als Hydrogenkarbonate) verursacht wird. Gegen sie sind ein Reihe von Pflanzenarten recht empfindlich und reagieren mit Wachstumsstockung oder Absterben (z. B. Farne, Anthurium, Araucarien, Begonien, Cocos-Palmen, Erica, Hortensien usw.). Zumindest entstehen aber bei der Verwendung sehr harten Wassers bei allen Pflanzen unschöne und auch nachteilige Kalkkrusten auf den Blättern und dem Kultursubstrat.

Außerdem beeinflußt insbesondere der Kalziumsalzgehalt sehr nachteilig den pH-Wert des Wassers und dieser wiederum wirkt sich deutlich aus auf das Gedeihen der Pflanzen (siehe Tab. 1). Von besonderer Bedeutung ist die Beachtung des pH-Wertes von Gießwasser und Kulturlösung immer dann, wenn man die benötigte Nährlösung selbst zusammenstellt (was aber nur aus methodisch-didaktischen Gründen des Biologie- oder Chemieunterrichtes noch lohnen dürfte), oder wenn man gekaufte Nährlösungen verwendet, die keine Ionenaustauscher enthalten. Während nämlich Erde und Humus die Fähigkeit haben, sowohl die saure als auch die basische Wirkung von Gießwasser abzuschwächen und zu puffern (als Folge unterschiedlicher Absorption verschiedener Ionen an Humin- und Tonpartikel), sind die üblicherweise verwendeten oder verwendbaren Hydrokultursubstrate hierzu nicht in der Lage. Bei jedem Gießen oder Einfüllen neuer Nährlösung ändert sich folglich der pH-Wert stärker als bei der Erdkultur.

Tabelle 1: Günstige pH-Werte einiger Zier- und Nutzpfanzen (zusammengestellt nach Unterlagen der Firmen Aglukon/Düsseldorf, BASF/Ludwigshafen und [10].

Zierpflanzen:

Pflanzenname	pH-Bereich	Pflanzenname	pH-Bereich
Abutilon (Schönmalve)	5,5—6,5	Aechmea (Lanzenrosette)	
Adiantum (Frauenhaar)		u. a. epiphytische Bromelien	4,2—5,0
u. a. Farne	4,2—5,7	Agaven und Aloen	4,5—6,5
		Amaryllis (Ritterstern)	5,5—6,5

Pflanzenname	pH-Bereich	Pflanzenname	pH-Bereich
Anthurium (Flamingoblume)	4,0—5,5	Hedera-Arten (Efeu)	5,5—6,5
Aphelandra (Glanzkolben)	5,5—6,5	Hibiscus (Eibisch)	5,5—6,5
Araucaria (Zimmertanne)	4,2—5,0	Hoya (Wachsblume)	5,5—6,5
Asparagus (Zierspargel)	5,5—6,5	Hortensien	4,2—6,2
Azaleen	4,2—5,0	Impatiens	
Aspidistra (Schusterpalme)	5,5—6,5	(Fleißiges Lieschen)	5,5—6,5
Begonien (Schiefblatt)	5,5—6,5	Kalanchoe	
Calceolaria (Pantoffelblume)	5,7—6,2	(Flammendes Kätzchen)	6,0—6,7
Chlorophytum (Grünlilie)	5,5—6,5	Kakteen und Sukkulenten	5,5—6,5
Chrysanthemum	6,0—7,0	Oleander (Nerium)	6,2—7,0
Cissus- und andere		Palmen-Arten	4,0—5,5
Zimmerreben	5,5—6,5	Pelargonien u. Geranien	5,2—6,7
Clivia	5,0—5,5	Philodendron	
Codiaeum (Buntnessel)	4,2—5,5	und verwandte Arten	5,7—6,2
Columnea	4,0—5,0	Peperomia (Pfeffergewächs)	4,5—5,5
Cordyline (Keulenlilie)	5,5—6,5	Saintpaulia	
Dieffenbachia	4,5—5,0	(Usambaraveilchen)	4,5—5,5
Dizygotheca und andere		Sansevieria (Bogenhanf)	6,5—7,3
Aralien	5,5—6,5	Saxifraga-Arten	6,5—7,3
Dracaena (Drachenlilie)	5,5—6,5	Scindapsus	5,5—6,5
Erica-Arten (Heide)	4,0—4,7	Sparmannia (Zimmerlinde)	5,5—6,5
Ficus-Arten (Gummibaum)	5,5—7,0	Tradescantia-Arten	4,5—5,5
Fuchsia	5,5—6,5	Zantedeschia (Calla)	4,0—5,5

Nutzpflanzen

Pflanzenname	pH-Bereich	Pflanzenname	pH-Bereich
Blumenkohl	6,5—7,5	Möhren	5,8—7,0
Bohnen	6,5—7,5	Rettich und Radies	5,8—6,5
Erbsen	6,0—7,0	Rosenkohl	6,5—7,6
Erdbeeren	5,5—6,5	Salat	6,0—7,0
Gurken	6,5—7,5	Sellerie	6,0—7,5
Himbeeren	5,5—6,5	Spinat	6,6—8,0
Johannisbeeren	5,5—6,5	Stachelbeeren	5,5—6,5
Kohl-Arten	6,8—8,0	Tomaten	6,5—7,5
Kohlrabi	5,8—7,6	Zwiebeln	6,7—7,8

Aber auch durch die unterschiedlich starke Entnahme einzelner Ionen aus der Nährlösung seitens der Pflanzenwurzel kommt es zu relativ großen pH-Schwankungen und außerdem ist zu bedenken, daß die Löslichkeit vieler Salze in hohem Maße pH-abhängig ist. Größere Schwankungen können sich also in Wachstumsstockung, Absterben oder im Auftreten von Mangelkrankheiten (als Folge der Ausflockung einzelner Salze) bemerkbar machen.

Man sollte also den pH-Wert der Nährlösung und auch des Gießwassers bei Hydrokulturanlagen genauer beobachten als bei Erdkultur und gegebenfalls abändern.

Eine Herabsetzung des pH-Wertes (Erhöhung des Säuregrades; bei z. B. sehr großen Wasserhärten oder bei der Kultur von Moorbeetpflanzen und vielen Pflanzenarten aus dem tropischen Vegetationsbereich, die sehr geringe pH-Werte bevorzugen) kann auf verschiedene Weise geschehen:

— Zusatz von verdünnter Schwefelsäure. Hierbei bewirkt jedoch 1 ml 10prozentige Säure in 1 l Lösung eingebracht eine pH-Senkung um 0,5 bis 1 Einheit. Mit dieser Behandlung erzielt man aber gleichzeitig die Beseitigung der Wasserhärte als Folge der Bildung unlöslichen Kalziumsulfates (welches abfiltriert und verworfen wird). Auf die Gefährlichkeit im Umgang mit Schwefelsäure bei Verdunnungsversuchen sei hier hingewiesen!

— Zusatz von Kalium- (notfalls auch Natrium-)hydrogenphosphat (primäres Phosphat). Dieser auf der Basis von Hydrolyse wirkende Zusatz schafft aber gleichzeitig bei großen Wasserhärten eine Phosphatüberkonzentration in der Lösung

— Zusatz von Oxalaten. Sie reagieren mit den Ca-Salzen zu Niederschlägen, die filtriert und verworfen werden.

— Behandlung des Gießwassers mit Torf, der die im Wasser vorhandenen Ca- und Mg-Salze bevorzugt an sich bindet. Man taucht zu diesem Zweck einen Sack oder Korb voller Torf für einige Stunden in das Wasser und erreicht dann eine, für die Praxis deutlich spürbare Verminderung der Wasserhärte.

— Mischung von (hartem) Leitungswasser mit (weichem) Regenwasser in entsprechenden Verhältnissen. Dies wird in Gärtnereien häufig praktiziert. Allerdings sollte das Regenwasser erst nach längeren Regengüssen (z. B. nach einer Stunde) aufgefangen werden, damit Schmutz und Luftverunreinigungen vorher weggespült sind.

In Gegenden, die sehr weiches Wasser haben, kann es gelegentlich erforderlich sein, den pH-Wert einer Nährlösung oder des Gießwassers zu erhöhen. Dies kann geschehen durch Zusatz

— einer stark verdünnten Aufschwemmung von gebranntem Kalk. Ein eventuell entstehender Bodensatz sollte entfernt werden.

— von Kalium- (notfalls Natrium-)karbonat, welches vorhandene Säuren neutralisiert ohne Kalzium-Ionen in die Lösung einzubringen. Dies wäre also sinnvoller bei der Kultur von kalkfliehenden Pflanzenarten.

Die Beachtung des pH-Wertes von Gießwasser und Nährlösung ist unnötig, wenn man sog. Langzeitdünger auf Ionenaustauschbasis benutzt, z. B. Lewatit HD 5 der BASF. Dieser ist ein seit einiger Zeit auf dem Markt befindlicher speziell für Hydrokulturzwecke entwickelter Dünger, der teils in gekörnter Form angeboten wird, teils aber auch als sog. Düngerpatrone, die man einfach in das Gefäß zu legen braucht. Hier werden die an Ionenaustauscher gebundenen Nährsalze jeweils nur in der Menge an die Lösung abgegeben, in der sie von der Pflanzenwurzel aufgenommen worden waren (in ähnlicher Weise wie bei der Wasserenthärtung durch Ionenaustauscher). Auf diese Weise versorgt der Dünger die hydrokultivierten Pflanzen über Monate hinweg (mit der genannten Düngerpatrone bei richtiger Dimensionierung in bezug auf die Gefäßgröße bis zu 6 Monaten) mit einer immer gleichbleibenden Nährsalzkonzentration. Außerdem kann man auch bei zu reichlicher Düngerzugabe keine Überkonzentration der Lösung schaffen, da ja die Abgabe der Mineralsalzionen abhängt vom Verbrauch seitens

der Pflanze). Gleichzeitig bleibt während der gesamten Wirkzeit der pH-Wert etwa im neutralen Bereich abgepuffert.
Allerdings wird mit einem solchen Langzeitdünger mit Ionenaustauscher nur eine gute, aber nicht die bestmögliche Nährsalzversorgung gewährleistet. Sonderansprüche bezüglich des Bedarfes an einzelnen Nährsalzen oder auch des pH-Wertes lassen sich ebenfalls nicht abdecken. Trotzdem eignet sich dieser Dünger sehr gut zur Kultur auch solcher Pflanzenarten, die insgesamt etwas schwierig zu halten sind (Z. B. Croton, Orchideen, Bromeliaceen).
Stehen solche Hydrokultur-Langzeitdünger nicht zur Verfügung, kann man selbstverständlich auch andere, speziell für Hydrokulturzwecke gedachte Nährsalzlösungen oder Salzgemische kaufen oder sogar Volldünger verwenden (letztere müssen aber Spurenelemente enthalten). Das Angebot der Blumen- oder Gartenbedarfsgeschäfte an entsprechenden Präparaten ist mittlerweile recht vielseitig. Besondere Produkte sind nicht zu favorisieren. Das gilt sowohl für Lösungen wie für feste Salzgemische. Zu beachten sind lediglich folgende Punkte:
— Es muß sich um eine Nährsalzlösung handeln, die alle Haupt- und Spurenelemente enthält.
— Gekaufte Stammlösungen sind nach Vorschrift (später gegebenenfalls nach eigener Erfahrung abgewandelt) zu verdünnen; Salzgemische sind in der angegebenen Dosierung zu lösen. Ein allzu starkes Abweichen von den angegebenen Konzentrationen sollte zumindest bei fehlender Erfahrung vermieden werden. Beim Verdünnen bzw. Auflösen kann man eventuell entstehende Bodensätze durch kräftiges Rühren oder Verwendung warmen Wassers weitgehend verhindern. Geringfügige Trübungen schaden meist nicht, es ist nur zu bedenken, daß jedes Kulturgefäß auch etwas von dieser Trübung mit abbekommt.
— Zusätze, wie z. B. „mit Regenwassereffekt", „mit Wasserenthärter" (oder Vitamine, Hormone u. a.) sind wohl in erster Linie werbewirksam. Sie beeinflussen das Wachstum kaum.
— Wichtig ist aber die gelegentliche pH-Überprüfung. Da ja die puffernde Wirkung der Ionenaustauscher fehlt, kann es durch das Gießwasser und die unterschiedliche Ionenentnahme seitens der Wurzel zu größeren Schwankungen kommen. Möglichkeiten der Beseitigung ungünstiger pH-Werte oder größerer Schwankungen sind oben bereits beschrieben.
Bei einzelnen Pflanzenarten kann es notwendig werden, der Nährlösung noch eine zusätzliche Spur von löslichen Eisensalzen beizufügen, da Hydrokulturpflanzen einen größeren Bedarf an diesem Element haben. Wann dies notwendig ist, zeigen die Pflanzen durch eine Gelbfärbung der jüngeren Blätter an, wobei die Blattadern zunächst noch grün umrandet bleiben (Erscheinung der Eisenchlorose).
Für diejenigen, die aus methodisch-didaktischen Gründen Hydrokulturlösungen selbst herstellen wollen, sind in der Tabelle 2 aus der Vielzahl von Möglichkeiten, die für die gärtnerische Praxis oder für einzelne Pflanzenarten mittlerweile veröffentlicht sind, zwei Rezepturen angeführt. Zu beachten ist in diesem Falle natürlich im Sinne des Minimumgesetzes von *Liebig* eine möglichst genaue Einhaltung der Salzmengen. Ferner ist es auch hier ratsam, den pH-Wert der fertigen Lösung zu bestimmen und gegebenenfalls abzuändern. Das gilt auch für das Gießwasser.
Nach eigenen Erfahrungen schadet es übrigens den Pflanzen nicht, wenn man von selbsterstellten Lösungen z. B. nach Abschluß einer entsprechenden Unterrichts-

sequenz umsteigt auf gekaufte Lösungen oder den oben genannten Langzeitdünger. Die Verabreichung insbesondere des zuletzt genannten Düngers (mit Ionenaustauscher) kann z. B. kurz vor Ferienbeginn völlig problemlos erfolgen.

Tabelle 2: Zusammensetzung der Nährlösung in zwei Beispielen [7]. Alle Zahlenangaben in Gramm.

Praxis-Nährlösung für Großbetriebe:
In 1000 Liter Wasser sind gelöst:

Kaliumnitrat	KNO_3	608
Ammoniumsulfat	$(NH_4)_2SO_4$	110
Kalziumphosphat	$Ca(H_2PO_4)_2$	282
Kalziumsulfat	$CaSO_4$	1214
Magnesiumsulfat	$MgSO_4$	511

zusätzlich 1 Liter der folgenden Spurenelementlösung:

Standard-Nährlösung für wissenschaftliche Versuche: In 1 Liter Wasser sind gelöst:

Kaliumnitrat	KNO_3	0,25
Kalziumnitrat	$Ca(NO_3)_2$	1,00
Magnesiumsulfat	$MgSO_4$	0,25
Kaliumphosphat	KH_2PO_4	0,25
Eisenphosphat	$Fe_3(PO_4)_2$	0,25

zusätzlich 1 Tropfen der folgenden Spurenelementlösung:

		Salzmenge bei Ansatz für Großbetriebe: In 18 Liter Wasser sind gelöst:	Salzmenge bei Ansatz für Labor-Versuche: In 1 Liter Wasser sind gelöst:
Eisensulfat	$FeSO_4$	17,5	—
Borsäure	H_3BO_4	11,0	0,614
Manganchlorid	$MnCl_2$	7,0	0,389
Aluminiumsulfat	$Al_2(SO_4)_3$	1,0	0,055
Titandioxid	TiO_2	1,0	0,055
Zinksulfat	$ZnSO_4$	1,0	0,055
Kupfersulfat	$CuSO_4$	1,0	0,055
Nickelsulfat	$NiSO_4$	1,0	0,055
Kobaltnitrat	$Co(NO_3)_2$	1,0	0,055
Kaliumjodid	KJ	0,5	0,028
Kaliumbromid	KBr	0,5	0,028
Zinnchlorid	$SnCl_2$	0,5	0,028
Lithiumchlorid	$LiCl$	0,5	0,028

III. Hydrokultursubstrate

Früher betrieb man Hydrokultur fast ausschließlich in der Weise, daß die Pflanze irgendwie am oberen Rand eines Gefäßes befestigt wurde und die Wurzeln dann in die Lösung eintauchten oder mit der Zeit hineinwuchsen. Zur Demonstration im Unterricht (z. B. des Wurzelwachstums) geschieht dies vielfach auch heute noch. Man verwendet dann z. B. ein sog. Hyazinthenglas (mit dem im Frühjahr vielfach Hyazinthen in reiner Wasserkultur zum Blühen gebracht werden) oder einen Erlenmeyerkolben und befestigt die Pflanze mittels eines Wattebausches oder eingeschlitzten Korkens (siehe Band 4/I, S. 62).
Die Wachstumserfolge sind dann aber infolge Luftmangels im Wurzelbereich meist nicht sehr überzeugend. Hinzu kommen Probleme der Befestigung und

Verankerung des Sprosses. Man ist daher mittlerweile dazu übergegangen, die Pflanzen in ein Substrat einzubetten. Dieses soll einerseits so locker sein, daß Wurzeln leicht eindringen können. Andererseits muß es aber auch hinreichend fest sein, damit sich die Wurzeln gut verankern können und den oberirdischen Sproß auch bei eventuell zu erwartendem Winddruck noch aufrecht halten. Weiterhin sollte das Substrat möglichst steril in bezug auf Krankheitserreger und chemisch inaktiv in bezug auf Absorption von Mineralsalzen sein, d. h. es sollte der Lösung weder einzelne Ionen in unterschiedlicher Stärke entziehen (sonst entstehen Mangellösungen und -krankheiten), noch Ionen an die Lösung abgeben (sonst kommt es zu Überkonzentrationen).

Ein weiteres Auswahlkriterium betrifft die Porösität bzw. Körnung. Denn optimales Wachstum ist unter anderem nur dann gegeben, wenn der Untergrund neben fester Substanz auch hinreichend Poren enthält, letztere möglichst je zur Hälfte wasser- und lufthaltig. Zu grobes Substrat enthält natürlich mehr luft- und weniger wassergefüllte Poren. Hier leiden die Pflanzen dann also an Wasser- und Nährsalzmangel und umgekehrt entsteht im Wurzelbereich bei zu feinkörnigem Substrat rasch Luftmangel, was häufig zur Wurzelfäulnis führt. Als günstige Körnung erweist sich bei wenig porösem Material eine solche zwischen 3 und 8 mm, bei porösem Substrat eine solche zwischen 5 und 15 mm.

Weitere Bedingungen sind an Hydrokultursubstrate nicht zu stellen. Infolgedessen gibt es eine Vielfalt von Möglichkeiten, wie man sich solches Substratmaterial beschaffen kann. Einige Möglichkeiten sollen nachfolgend aufgezeigt werden.

a. *Blähton*

Er wurde vor einigen Jahren speziell für Hydrokulturzwecke entwickelt und wird seither wegen seiner zahlreichen günstigen Eigenschaften in Fachgeschäften bevorzugt angeboten. Kalkfreie, chemisch inaktive Tonerde wird mit Druckluft zu Kugeln verschiedener Größe (0,5—2 cm) aufgebläht und durch scharfes Erhitzen gebrannt. Dadurch entsteht ein sehr strukturbeständiges Substrat, welches im Innern der Kugeln viele verschieden große Hohlräume aufweist. Blähton ist also sehr porös und günstig in bezug auf die Luftversorgung der Wurzeln, gleichzeitig aber auch gut saugfähig im Hinblick auf die Wasser- und Nährsalzversorgung von Wurzeln. Außerdem bietet Blähton den Wurzeln hinreichend Halt und besitzt auch keine scharfen Kanten (diese Eigenschaft ist in Gärtnereien beim Umtopfen von Bedeutung). Da dieses Substrat in verschiedenen Körnungs-Sortierungen angeboten wird, kann man je nach Wurzelbeschaffenheit auswählen. Je feiner das Wurzelwerk nämlich ist, um so kleiner sollte auch die Substratkörnung sein (z. B. gilt dies für einige Cissus-, Ficus- sowie sämtliche Hedera-, Peperomia-, Bromelien- und Begonien-Arten).

b. *Steinwolle (z. B. Grodan)*

Dieses Substrat wird aus geschmolzenem und zu Fäden ausgezogenem Granit oder Basalt hergestellt. Die Fäden werden anschließend im Vakuum bei großer Hitze ausgeflockt, während der Abkühlung mit speziellen Harzen versetzt und zu Platten oder Würfeln unterschiedlicher Dicke und Größe gepreßt. Das Material ist chemisch inaktiv, gut strukturbeständig, enthält einen geringen Trockensubstanzanteil (3—5 %) und folglich ein großes Porenvolumen. Allerdings kann

es bis zu 94 % der Poren mit Wasser füllen. Grodan darf also keiner Staunässe ausgesetzt werden, sonst leiden die Wurzeln an Luftmangel. Ferner vermag Steinwolle kaum Nährstoffe zu speichern. Günstig ist dagegen das gute Haltevermögen (wegen der starken Verfilzung der Einzelfäden) und die Tatsache, daß auch feine, zarte Wurzeln hindurchwachsen können.
Steinwolle eignet sich als Hydrokultursubstrat folglich insbesondere zur Anzucht junger Pflanzen aus Samen oder Stecklingen, wenn man Staunässe vermeidet und frühzeitig mit der Nachdüngung beginnt. Bedeutsam ist ferner, daß beim Umtopfen oder Umpflanzen die Steinwolle nicht aus dem Wurzelwerk entfernt zu werden braucht, sondern mit dem Wurzelwerk in das neue — auch andersartige — Kultursubstrat übertragen werden kann. Vorsicht geboten ist hierbei jedoch wieder bei Pflanzen, die im Wurzelwerk besonders „lufthungrig" sind (Fatshedera, Peperomia, einige Philodendron-Arten oder Scindapsus).

c. *Splitt aus Quarz, Granit oder Basalt*

Diese Materialien zeichnen sich durch ihre sehr große chemische Sterilität und Inaktivität aus. Es empfiehlt sich lediglich eine gründliche Wässerung zur Beseitigung von Staub und zu kleinen Partikeln. Da dieses Material nicht porös ist, vermag es Wasser und Nährlösung natürlich nicht aufzusaugen oder festzuhalten. Sie sind folglich nur dann empfehlenswert, wenn man Hydrokultur in größerem Umfang betreiben will (wegen der leichten Beschaffbarkeit und der geringen Kosten).

d. *Sand und Kies*

Auch diese beiden Materialien eignen sich, sofern sie nicht zu kalkhaltig sind (darüber gibt eine Behandlung z. B. mit Salzsäure Auskunft). Außerdem sollte Kies nicht zu grob sein (Gefahr der Austrocknung der Wurzeln) und Sand nicht zu feinkörnig (Gefahr des Luftmangels). Aus dem gleichen Grunde sollten Sand und Kies nur wenig Schlamm-, Ton- oder Erdverunreinigungen aufweisen. Fluß- oder Seesand eignen sich daher besser als Grubensand. Beide Substrate sind vor Gebrauch mehrmals kräftig durch Auswaschen oder Sieben von den zu feinen Schwebebestandteilen zu befreien. (Gleiches gilt ja auch bei der Einrichtung eines Aquariums). Chemisch sind beide Substrate steril und inaktiv, also zu empfehlen — Kalkfreiheit vorausgesetzt —, vor allem bei der Anzucht von Hydrokulturpflanzen aus Samen oder Stecklingen.

e. *Vermiculit (Goldschiefer)*

Dieses aus einem schieferhaltigen Gestein durch spezielle Vorbehandlung gewonnene Material ist ebenfalls chemisch inaktiv und sehr porös (Vermiculit wird deshalb oft zur Ausfütterung von Behältnissen beim Versand von Flüssigkeiten verwendet). Hinzu kommt sein geringes Gewicht (1 Liter wiegt in lufttrockenem Zustand knapp 150 Gramm). Nachteilig ist jedoch einmal der relativ hohe Preis, der insbesondere bei größeren Anlagen zu Buche schlägt und zum anderen zerfällt Goldschiefer bei Dauerbefeuchtung rasch zu einem feinkörnigen Schlamm. Damit verbunden ist ein Verlust der Saugfähigkeit, Luftdurchlässigkeit und der Möglichkeit zur Verankerung der Pflanzen.
Man kann Vermiculit jedoch gut als zusätzliches „Einfütterungssubstrat" bei solchen Zierpflanzen verwenden, die nur während einer relativ kurzen Zeit (z. B.

Blütezeit) hydrokultiviert werden, bei denen eine regelrechte Umstellung also nicht lohnt (z. B. Saintpaullia, Cyclamen, Azalea, Begonien). Voraussetzung ist aber, daß die betreffenden Pflanzen nicht in Erde, sondern in einem Torfkultursubstrat herangezogen worden waren. Auch in Balkonkästen kann man Vermiculit verwenden, da diese ja in jedem Jahr neu bepflanzt werden müssen.

f. *Kunststoff-Strukturmatten (z. B. Baystrat)*

Ähnlich den Steinwollewürfeln und -platten werden mittlerweile für die gärtnerische Stecklingsvermehrung auch elastische Matten aus synthetischen Kunststoffen angeboten. Sie eignen sich ebenfalls zur Anzucht von Hydrokulturen aus Samen und Stecklingen, sind aber auch gut einzusetzen, wenn niederliegende, kriechende oder niedrige Pflanzen in ziemlich gleichen Abständen eingesetzt werden und eine rasenartige „Unterbepflanzung" ergeben sollen.

Allerdings verliert sich die anfänglich vorhandene Elastizität bei Druckeinwirkung. Außerdem durchdringen die Wurzeln das Material sehr stark, so daß es bereits nach kurzer Zeit zu einer Verfilzung der Wurzelsysteme kommt, was sich bei späterem Umpflanzen nachteilig bemerkbar macht.

g. *Organische Kultursubstrate (Stroh, Moos, Torf usw.)*

Auch diese Naturstoffe sind als Hydrokultursubstrate verwendbar, denn sie verrotten relativ langsam und setzen währenddessen keine nennenswerten Mineralsalzmengen frei. Torf ist ja bekanntlich nicht deshalb fruchtbarkeitsfördernd, weil er viele Mineralsalze enthält und an den Boden oder die Wurzel abgibt, sondern deshalb, weil er die Bodenstruktur in bezug auf Wurzelwachstum günstig beeinflußt (Schaffung der sog. Krümelstuktur) und außerdem viel Wasser und zugegebene Mineralsalzlösungen zu speichern vermag (1 kg Torf kann bei voller Sättigung bis zu 600 ml Wasser bzw. Lösung aufsaugen). Gleichzeitig enthält aber selbst der vollgesogene Torf noch immer hinreichend Luftporen, um die Wurzelatmung zu ermöglichen. Ähnliches gilt auch für die anderen, oben genannten Stoffe. Insgesamt haben diese positiven Eigenschaften in Verbindung mit dem relativ geringen Preis und der leichten Beschaffbarkeit Torf zu einem außerordentlich wichtigen Kultursubstrat im Erwerbsgartenbau werden lassen (Torfkultur; Einheitserden). Bei genauer Betrachtung ist diese sog. Torfkultur zumindest als eine „Übergangsform" zwischen Erd- und Hydrokultur aufzufassen.

Für Hydrokulturzwecke sollte jedoch möglichst nur der langsamer zersetzbare und grobere Fasertorf genommen werden (also kein Torfmull). Weiterhin hat sich gezeigt, daß dieses Substrat bei häufigem und länger andauerndem Überstau zur Versumpfung und Verschlämmung neigt und dann seine günstigen Eigenschaften verliert. Die Verwendung von Torf, Heu, Stroh, Nadelstreu, Moos usw. ist folglich nur dann angebracht, wenn das Kultursubstrat regelmäßig befeuchtet wird, die nicht aufgesogene Flüssigkeit aber möglichst rasch wieder ablaufen kann. Außerdem ist es ratsam, Pflanzen in diesem Substrat nicht länger als eine Vegetationsperiode zu belassen. Ist dies doch erforderlich oder sinnvoll, kann — unter schonender Behandlung des Wurzelsystems — ein Umpflanzen relativ leicht bewerkstelligt werden.

h. *Bimskies, Ziegelsteinsplitt und ähnliches*

In den Anfängen der Hobby-Hydrokultur wurde in entsprechenden Fachgeschäften häufig auch Bimskies (Schaumlava) angeboten. Dieses, auch zur Herstellung

z. B. von Hohlblocksteinen benutzte Material weist bei einer Körnung von 2—15 mm ein Porenvolumen von ca. 75 % und gleichzeitig ein Wasserhaltevermögen von 45—50 % auf. Unter Berücksichtigung der geringen Kosten und leichten Beschaffbarkeit ergab dies eine gute Eignung als Hydrokultursubstrat.

Dem steht jedoch seine eigene chemische Zusammensetzung und das Verhalten gegenüber Nährlösungen entgegen, da Bimskies meist selbst recht kalkhaltig ist und verschiedene Salze der Lösung unterschiedlich stark absorbiert. Das gleiche gilt auch für Ziegelsteinsplitt, Hüttenbims, grobe Schlacke usw. Hier kommt sogar noch hinzu, daß diese Substanzen oftmals pflanzengiftige Gaseinschlüsse aufweisen und außerdem nur wenig strukturbeständig sind bei Dauerbefeuchtung.

Berücksichtigt man, daß es mittlerweile sehr viel besser geeignete Substrate gibt, so lohnt eine Beseitigung der genannten Mängel heute wohl kaum noch (Kalkentfernung durch Säurebehandlung; die unterschiedlich starke Absorption verliert sich weitgehend, wenn man das Substrat vor der eigentlichen Verwendung einige Tage lang in eine komplette Nährlösung eintaucht und diese dann verwirft).

Auch die Verwendung von Schaumstoff-Flocken (als gärtnerisches Zusatzsubstrat: z. B. Styromull, Hygromull; zerstoßenes Styropor u. a.) ist wenig empfehlenswert. Einerseits setzen solche Kunststoffe — wenn sie nicht speziell für gärtnerische Zwecke entwickelt worden sind — im Verlaufe der Zeit pflanzenschädliche Verbindungen frei (Phenol, Formaldehyd, organische Lösungsmittel) und zum anderen sind sie wegen ihres geringen Gewichtes kaum zur Pflanzenverankerung geeignet (sie schwimmen ja bei jedem Gießen hoch).

Insgesamt gesehen ist — wie der vorstehende Abschnitt wohl deutlich aufzeigte — die Palette der, für Hydrokulturzwecke verwendbaren Substrate recht umfangreich. Zu welchem man im Einzelfalle greift, muß an Ort und Stelle entschieden werden und hängt — wie noch aufzuzeigen sein wird — wesentlich ab von dem jeweiligen Verwendungszweck, der Beschaffbarkeit und dem Preis. Hingewiesen sei jedoch darauf, daß es keineswegs immer nur Blähton sein muß, um gute Hydrokulturerfolge zu erzielen (wie manche Verkäufer in Fachgeschäften glaubhaft zu machen versuchen!).

IV. Geeignete Kulturgefäße

Wie bereits eingangs erläutert, kann man heute in entsprechend sortierten Fachgeschäften Hydrokulturgefäße für beinahe alle Zwecke kaufen (Einzeltöpfe, Blumenkästen, Großgefäße für Gruppenpflanzen, Gestelle für Torfwände usw.). Sie haben verschiedenste Formen und Dessins, bestehen aus Kunststoff, Keramik oder Asbestzement und sind aber meist recht teuer. Dies schreckt natürlich viele Pflanzenliebhaber ab und sicherlich haben nur wenige Schulen die Möglichkeit, hierfür entsprechende Gelder zur Verfügung zu stellen. Aus methodisch-didaktischer Sicht ist es darüber hinaus auch sicherlich sinnvoller, Phantasie und bastlerisches Geschick von Schülern (und Lehrern) zu aktivieren und zum Selbstbau zu greifen. Dabei sind natürlich wieder einige Gesichtspunkte zu berücksichtigen.

a. *Form und Größe*

Diese richtet sich einerseits nach dem Zweck und wird andererseits bestimmt vom Umfang des Wurzelwerks. Dabei ist zu bedenken, daß hydrokultivierte Pflanzen meist mehr Wurzeln ausbilden als bei der Erdkultur. Darüber sollte man sich von vornherein klar sein, denn ein späteres Umtopfen in größere Gefäße ist schwierig, weil die Wurzeln meist den der Pflanze Halt gebenden Einsatz durchwachsen. Dieser müßte also zerstört werden und das führt stets zu Verletzungen der sehr zarten Wurzeln und zur Fäulnis. Einige Hersteller von sog. Hydrovasen (z. B. Plantanova) haben dies zwar berücksichtigt und die Einsätze der verschieden großen Gefäße so dimensioniert, daß der jeweils kleinere in den nächstgrößeren einfach eingehängt werden kann. Aber dies gilt nicht für alle Fabrikate und ist überdies mit Kosten verbunden.

Um die Zeitabstände für die erforderliche Wasserstandkontrolle und den Nährlösungsaustausch zu vergrößern und wegen des umfangreicheren Wurzelsystems sind alle Hydrokulturgefäße insgesamt etwas höher — und da Wasser schwerer ist als mehr oder weniger lufttrockene Erde — auch deutlich schwerer als entsprechende Gefäße der Erdkultur.

b. *Wasserdichtheit und chemische Beschaffenheit*

Selbstverständlich müssen alle Gefäße, die man in Innenräumen aufstellen will, absolut wasserdicht sein. Bei Gefäßen, die im Freiland aufgestellt werden sollen (Torfwände, Torfwürfel, Pflanzengirlanden usw.) muß zumindest im unteren Teil des Gefäßes ein Einsatz vorhanden sein, der die Nährlösung oder das Gießwasser wenigstens für einige Zeit zurückhält, sonst ist zu häufiges Gießen und Düngen erforderlich bzw. geht zuviel Nährlösung nutzlos verloren.

Diese Forderung ist natürlich ein krasser Gegensatz zu jenen Gefäßen, die bei der Erdkultur Verwendung finden. Diese sollen bekanntlich porös und möglichst wasserdurchlässig sein. Denn alles Wasser, das von den Bodenkolloiden nicht aufgesogen wird, füllt die Luftporen aus, zerstört dabei die Krümelstruktur und bewirkt ein Versauerung des Bodes und Wurzelfäulnis. Je mehr Abflußlöcher ein Blumentopf oder Balkonkasten also hat, um so besser gedeihen die Pflanzen. Auch noch so schön aussehende Übertöpfe auf der Fensterbank, die mehr als das untere Drittel des Ton- oder Kunststofftopfes „verstecken", sind die häufigste Ursache für das Absterben der hierin gehaltenen Zimmerpflanzen.

Auch an die Hydrokulturgefäße ist natürlich die Forderung zu stellen, daß sie die Zusammensetzung der Nährlösung nicht beeinflussen. Aus diesem Grunde dürfen die meisten Metalle (auch Kupfer) oder Holz nicht ohne Vorbehandlung verwendet werden. Vor allem letzteres entnimmt nämlich der Lösung verschiedene Ionen in unterschiedlichem Maße und beginnt außerdem bei Dauerbefeuchtung rasch morsch zu werden oder zu faulen. Metalle reagieren mit den Chemikalien der Nährlösung und als Folge solcher Korrosionsvorgänge fehlen dann einzelne Bestandteile der Lösung und andere sind in zu großer Konzentration vorhanden.

Die Vorbehandlung von Holzteilen kann einmal erfolgen durch einen mehrmaligen Isolieranstrich mit wasserfesten und pflanzenverträglichen Präparaten. Diese dürfen aber weder Teerprodukte, noch Schwermetallverbindungen enthalten. Auch Karbolineum ist als Teerprodukt pflanzenschädlich. Dagegen ist Xylamon gut geeignet, weil es Holzporen verschließt und dadurch die Veränderung der Nährlösungszusammensetzung unterbindet. Außerdem wirkt ein solcher Anstrich desinfizierend. Das gleiche gilt natürlich auch für den Isolieranstrich von Metallen. Auch hier entfallen alle Zink-, Cadmium-, Chrom- und insbeson-

dere die Bleifarben (Mennige); gut geeignet sind jedoch z. B. Inertol-49 W-Farben, Hydroasphalt oder Polyester-Harze. Diese werden als Flüssigkeit mit einem Härterzusatz versehen und rasch aufgetragen. Nach einiger Zeit (abhängig von der Temperatur) härten sie aus und bilden dann — sorgfältiges Arbeiten vorausgesetzt — einen wasserdichten Schutzanstrich. Mehrmaliges Auftragen ist natürlich ratsam. Außerdem sollte man die Gefäße nach Abschluß der Arbeiten einige Tage an trockener Luft stehen lassen zur Verflüchtigung von Lösungsmitteln.
Kunststoffe sind in der Praxis insgesamt recht gut geeignet als Grundmaterial für Hydrokulturgefäße. Auch wenn einzelne von ihnen bei längerer Einwirkung der Nährlösung zum Teil pflanzenschädliche Stoffe freisetzen, so geschieht dies doch in so geringem Umfang, daß kaum Beeinträchtigungen des Wachstums auftreten. Vor allem eignen sich Polyäthylenfolien hervorragend zur Abdichtung, so daß bei ihrem Einsatz auch Holz- und Metallgefäße ohne besondere Vorbehandlung verwendet werden können.
Im Erwerbsgartenbau werden heute die Kulturwannen fast ausschließlich aus Beton oder Steinmauern errichtet und anschließend durch Auskleidung mit Folie wasserdicht gemacht.
Ohne Vorbehandlung sind selbstverständlich auch Gefäße aus Glas, lasiertem Steingut oder Porzellan verwendbar. Aber die Palette ist insbesondere im Freiland noch sehr viel größer. Ausgediente Obstkisten, abgefahrene Autoreifen (flach hingelegt) oder schmale Kunststoffschläuche, die man vorne und hinten zubindet und dort wo die Pflanzen eingesetzt werden sollen, einfach einschlitzt, sind ebenfalls geeignet für die sog. Torfkultur. Mit Sommerblumen bepflanzt, lassen sich damit reizvolle „Blumenarrangements" auf kahlen Beton- oder eintönigen Rasenflächen errichten oder Mauervorsprünge und Hauswände durch blühende Girlanden (aus solchen Plastikschläuchen) verschönern (siehe die folgenden Abbildungen).

V. Verschiedene Verfahren der Hydrokultur

Bevor auf die Anwendungsmöglichkeiten im einzelnen genauer eingegangen wird, sollen noch kurz die verschiedenen Verfahren erläutert werden, nach denen Hydrokultur betrieben werden kann. Denn davon hängen später die Pflegemaßnahmen sehr wesentlich ab.
Je nachdem, wie den erdelos kultivierten Pflanzen die Nährlösung dargeboten wird, lassen sich grundsätzlich zwei verschiedene Prinzipien unterscheiden.

a. *Das Anstau-Verfahren (Abb. 1, 2)*
Hier verbleibt die Nährlösung ständig in dem Kulturgefäß, in dem auch die Pflanzen wurzeln. Dabei sollte aus Gründen der Luftversorgung die Lösung nicht mehr als das untere Drittel des Gefäßes ausfüllen. Natürlich müssen mindestens die Wurzelspitzen ständig in die Nährlösung eintauchen. Deshalb ist der eben genannte Flüssigkeitsstand nur ein Anhaltspunkt und in Abhängigkeit von der Größe bzw. Länge der Wurzeln zu variieren.
Bei diesem Verfahren wird jeweils nach 3—4 Wochen — bei Verwendung von Hydrokulturdüngern mit Ionenaustauschern (siehe oben) erst nach 3—4 (bis 6) Monaten — die mittlerweile verbrauchte Nährlösung ausgetauscht durch eine

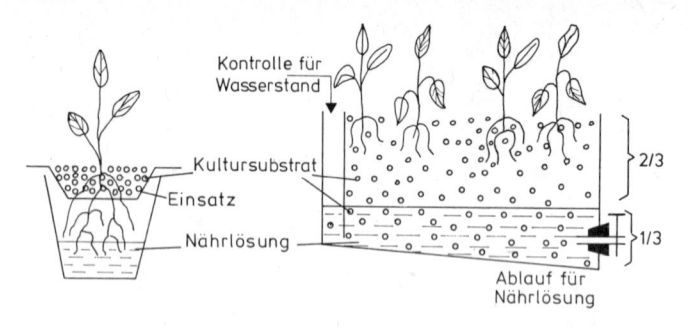

Abb. 1: Schematische Darstellung des Anstau-Verfahrens, dargestellt bei Einzelgefäß mit Einsatz und Untertopf (links) und einer größeren Anlage ohne Einsatz mit Wasserstandkontrolle und Ablaufhahn

neu angesetzte. In der Zwischenzeit ist der als Folge von Verdunstung oder Wasserverbrauch seitens der Pflanze absinkende Flüssigkeitsspiegel durch Zugabe reinen Wassers jeweils wieder entsprechend aufzufüllen.

Je nach Konstruktionsprinzip des Gefäßes — entweder mit Einsatz oder ohne einen solchen — steigt die Nährlösung entweder in dem sterilen und chemisch inaktiven Kultursubstrat nach oben in den Wurzelbereich oder die Wurzeln wachsen allmählich in die Lösung hinein. Im ersteren Falle muß das Substrat porös und saugfähig sein, im letzteren Falle ist dies nicht erforderlich. Dabei eignet sich das Anstauverfahren sowohl für Einzelgefäße als auch für größere Hydroeinrichtungen mit Gruppenpflanzungen. Sein Vorteil liegt insbesondere in dem geringen Aufwand an Pflegearbeiten und Investitionen für technische Hilfseinrichtungen. Deshalb hat sich vor allem dieses Verfahren bei den Pflanzenliebhabern durchgesetzt und die Mehrzahl der käuflichen Gefäße beruht auf diesem Prinzip.

Nachteilig ist — insbesondere für den Erwerbsgartenbau — die nicht immer optimale Luftversorgung der Wurzeln, vor allem bei ungenauer Beobachtung. Etwas häufigere Kontrolle vermeidet jedoch Schäden weitgehend.

In den Anfängen der Hydrokultur-Anwendung sprach man häufig auch noch von dem sog. Hydroponik-Verfahren als einer besonderen Art erdeloser Pflanzenhaltung in Großanlagen. Hier wurzelten die Pflanzen nur in einer dünnen Schicht eines meist organischen Materials (Torf, Stroh, Moos usw.), welches sich auf einem Drahtgeflecht befand. Die Wurzeln wuchsen durch die Schicht hindurch und gelangen so in den wasserdichten lösungshaltigen Trog. Da aber auch hier die Nährlösung bis zu ihrer Erschöpfung im Kulturgefäß verbleibt, ist die Hydroponik-Kultur vom Prinzip her besehen eine Anstau-Kultur. Deshalb hat man diesen Begriff heute fallengelassen.

b. *Das Flutungsverfahren*

Im Gegensatz zum Anstau-Verfahren bleibt in diesem Falle die Nährlösung nicht dauernd im Kulturgefäß, sondern wird — je nach Bedarf — mehrmals am Tag in dieses hineingebracht und anschließend wieder abgesaugt. Auf diese Weise

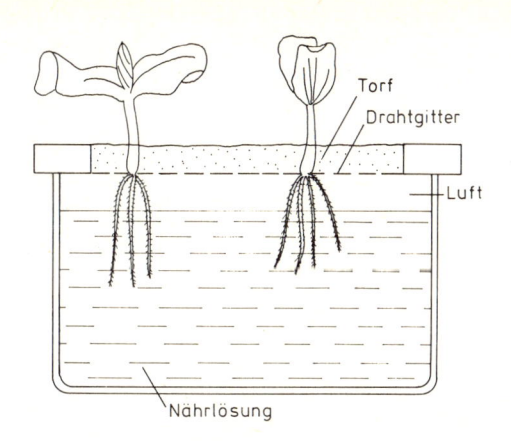

Abb. 2: Schematische Darstellung des sog. Hydroponik-Verfahrens

entsteht ein ständiger Wechsel von Flutungs- und Trockenperioden. Während ersterer wird das gesamte Kulturgefäß bis zum oberen Rand mit Nährlösung gefüllt, so daß alle Wurzelteile Wasser und Lösungssalze aufnehmen können. Nach etwa 1/2 bis 1 Stunde wird die gesamte Lösung dann abgesaugt und die Pflanze verbleibt bis zur nächsten Flutung ohne Wasser, ist dabei jedoch optimal mit Luft versorgt.

Das bringt im Erwerbsgartenbau den wesentlichen Vorteil, daß die Lösung laufend auf ihren Gehalt hin überprüft werden kann und beim Fehlen einzelner Salze diese ergänzt werden können, ohne daß die Restlösung weggeworfen werden muß. Hierzu gibt es natürlich automatisch arbeitende Meßgeräte. Außerdem wird durch das Flutungsverfahren die Luftversorgung der Wurzeln auch bei weniger genauer Kontrolle optimaler gestaltet.

Andererseits ist jedoch für dieses Verfahren ein wesentlich größerer technischer Aufwand erforderlich (Vorratsbehälter für die größeren Lösungsmengen; Pumpen und Wasserstandskontrollen für die Hydrobeete; Konzentrationsmeßgeräte; Meßgeräte zur Feststellung des Feuchtigkeitsgehaltes des Substrates). Andererseits arbeitet mit diesem technischen Aufwand das Verfahren praktisch vollauto-

Abb. 3a: Gewächshausbeete für das Flutungsverfahren; das Faß am linken Bildrand enthält die Nährlösung.

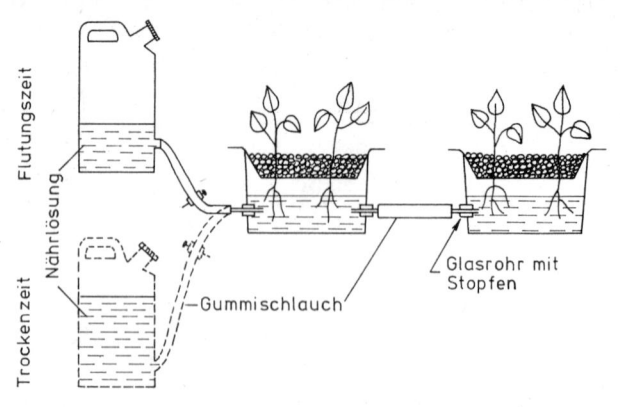

Abb. 3b: Flutungsverfahren in schematischer Sicht; gezeigt ist die Stellung des Nährlösungsbehälters während der Flutung und während der Trockenperiode (gestrichelt)

matisch und sehr rationell. Dies ist insofern notwendig, als die Zahl und Dauer der einzelnen Flutungsperioden in hohem Maße abhängt von der jeweiligen Pflanzenart (in welchem Maße die Verdunstung durch das Blattwerk vonstattengeht oder nicht) und von der Witterung (Wärme, Wind u. a.).
Im Erwerbsgartenbau hat sich folglich — wegen des optimalen Wachstums und der möglichen Automatisierung — das Flutungsverfahren stärker durchgesetzt, beim Hobby-Gärtner dagegen das Anstau-Verfahren, das keinen solchen technischen Aufwand erforderlich macht. Wie man dieses Verfahren dennoch auch z. B. im Schulgarten oder auf dem Balkon erproben kann, ist in der Abb. 3 schematisch dargestellt.
Vielfach findet sich in der Literatur noch ein anderes Unterscheidungsprinzip für Hydrokulturverfahren. Dieses bezieht sich auf das jeweils verwendete Kultursubstrat. Dadurch entstehen dann Begriffe wie Stroh-, Kies-, Sand- oder Torf-Kultur. Aber alle diese Verfahren sagen nichts aus über die Art der Nährsalzversorgung und der praktischen Anwendung.

VI. Anwendungsmöglichkeiten im Zimmer und auf dem Balkon

Die im folgenden aufgezeigten Möglichkeiten der Anwendung der Hydrokultur sind nur als Beispiele aufzufassen, die anregen wollen, sie lassen sich beliebig variieren.

a. *Der Hydrokultur-Einzeltopf*
Erdelose Pflanzenhaltung in Einzeltöpfen ist die am weitesten verbreitete, weil preisgünstigste und einfachste Form der Hydrokultur. Sie wird nach dem Anstau-Verfahren betrieben.

Die Gefäße bestehen folglich aus einem Einsatz, der das Substrat und die Pflanze aufnimmt, sowie einem dazu in der Größe passenden Übertopf (Mantelgefäß), welcher die Nährlösung beinhaltet. Derartige Gefäße kann man heute in verschiedensten Größen, Ausführungen und Formen komplett kaufen (Abb. 4). Sie sind entweder aus Kunststoff gegossen oder aus Keramik gebrannt und enthalten einen gitterförmigen Polyäthylen- oder einen mit mehreren großen Schlitzen versehenen Styropor-Einsatz. Dieser ist heute meist so groß, daß er im Mantelgefäß unten aufsitzt (Erhöhung der Standfestigkeit). Als Substrat wird Blähton empfohlen. Hierbei oder bei der Verwendung anderer saugfähiger Substrate ist aber dann natürlich der Wasserstand niedriger zu halten als oben angegeben. Man kann jedoch auch alle anderen Substrate verwenden, wobei die Regel gilt: Je weniger saugfähig das Substrat ist, um so näher muß die Lösung an die Wurzeln heranreichen. Gefäße aus der Anfangszeit der Hydrokultur hatten einen wesentlich kleineren, in den Übertopf nur eingehängten Einsatz (sog. Hydrovasen).

Abb. 4: Beispiele für käufliche Hydro-Einzelgefäße (Hydroflora H. Funk; Fa. Döring)

Solche Einzelgefäße lassen sich sehr leicht selbst bauen. Als Übertopf eignen sich viele Gefäße aus Glas, Kunststoff, Keramik und Metall (jeweils nach entsprechender Vorbehandlung), also z. B. Blumenvasen, Bechergläser, Standzylinder, Eimer oder Übertöpfe der Erdkultur. Dazu passende Einsätze lassen sich aus Kunststoffsieben, sauberen Ton- oder Plastik-Blumentopfen, vor allem aber aus Styroporgefäßen herstellen, die man in jedem Kaufhaus erhält. Sind in den Einsätzen nicht hinreichend Öffnungen vorhanden für das Durchwachsen der Wurzeln und den Lösung- und Luftaustausch, kann man sie in den genannten Materialien ja leicht mit einem Bohrer, Dosenöffner oder heißem — zur Vermeidung von Verbrennungen vorher durch einen Korken gesteckten — Nagel schaffen.

Zu beachten ist aber, daß der Einsatz einerseits so groß sein soll, daß er in dem Übergefäß einen entsprechenden Halt findet, sonst fällt die Pflanze samt Einsatz und Übertopf später dauernd um. Zum anderen muß aber der mehrfach erwähnte Stoffaustausch möglich sein (Abb. 5).

Zweckmäßig ist es außerdem, wenn die Mantelgefäße noch etwas durchsichtig sind, um später den Nährlösungsspiegel besser kontrollieren zu können. Da jedoch einerseits die Wurzelentwicklung durch Licht gehemmt wird und sich

Abb. 5: Anregungen für selbsthergestellte Hydro-Einzelgefäße

andererseits in einer belichteten Nährlösung rasch Algen ansiedeln, die das Wurzelwachstum und die Zusammensetzung der Nährlösung beeinträchtigen, soll das Mantelgefäß nicht weiß oder lichtdurchlässig sein. Abhilfe schafft erforderlichenfalls ein grüner oder blauer Farbanstrich oder das Bekleben mit einer durchscheinenden Farbfolie.

Sinnvoll ist es außerdem, wenn das Mantelgefäß hinreichend groß gehalten wird, um eine ausreichende Lösungsmenge und das sich allmählich ausbreitende Wurzelwerk aufzunehmen. Bauchige, der Kugelform angenäherte oder sich nach unten erweiternde Mantelgefäße sind deshalb empfehlenswerter, als solche, die noch die „Blumentopf-Form" aufweisen.

Will man ältere oder bisher in Erdkultur gehaltene Pflanzen mit dickeren Wurzeln auf Hydrokultur umstellen — darauf wird weiter unten noch eingegangen — entfernt man den Einsatzboden ganz und ersetzt ihn durch ein loses Gitter aus pflanzenverträglichem, nichtrostendem Draht (Aluminium). Nun lassen sich die Wurzeln nämlich besser durch den Einsatz „hindurchfädeln" bzw. im Gitter besser verteilen und in die Nährlösung hineinbringen (Abb. 6).

Sollten kletternde oder hängende Pflanzenarten erdelos kultiviert werden, ist für eine entsprechende Vorrichtung zu sorgen. Käufliche Gefäße enthalten hierfür häufig Ösen oder Aussparungen für Klettergitter oder Bambusstäbe. Bei selbstgebauten Gefäßen kann man solche Gitter oder Stäbe z. B. mit einem Draht am Einsatz befestigen oder mittels größerer Steinbrocken im Einsatz verankern. Es muß aber noch Platz bleiben für die Wurzeln.

Abb. 6: Hydrowurzeln von Sansevieria und Haworthia in einer Schale nach erfolgreicher Umstellung

b. *Die Wasserkultur von Blumenzwiebeln*

Häufig wird das Treiben von Blumenzwiebeln (Hyazinthen) im Winter, die Bewurzelung von Stecklingen vieler Pflanzenarten oder das Wachstum von *Coleus, Tradescantia* und anderen in reinem Wasser auch als Beispiel für die Hydrokultur angeführt. Das ist aber streng genommen falsch. Denn bei der Hydrokultur werden die Pflanzen ja nicht in reinem Wasser, sondern in einer Nährlösung kultiviert. Trotzdem sei hier kurz darauf eingegangen.

Benötigt wird ein Gefäß, dessen Öffnung so groß ist, daß die speziell präparierte Hyazinthenzwiebel (es kann nicht jede beliebige genommen werden!) oben aufliegt und nur die Zwiebelochscheibe Berührung mit dem Wasser im Gefäß hat. Am besten kauft man sich im Blumengeschäft ein solches Gefäß mit einer entsprechend großen Zwiebel. (Mit diesem Gefäß kann man ferner sehr schön Küchenzwiebeln zur Wurzelbildung bringen, wenn man Wurzelspitzen für mikroskopische oder genetische Zwecke benötigt.)

Kulturdaten für die Hyazinthentreiberei: Mitte Oktober: Kultur ansetzen und für 9—10 Wochen kühl (höchstens 9 Grad) stellen. Außerdem Zwiebel abdunkeln (Hütchen aus Aluminiumfolie). Verbrauchtes oder verdunstetes Wasser von Zeit zu Zeit ergänzen.

Mitte bis Ende Dezember: Das mittlerweile gut durchwurzelte Glas für 5—6 Tage in einen warmen Raum stellen, die Verdunkelung aber noch nicht entfernen. Hierdurch kommt es zur Entwicklung der Blätter und Blütenstandknospe.

Sobald Blätter und Knospe etwa gleich lang sind, wird die Verdunkelung entfernt und das Gefäß warm und hell aufgestellt.

Diese Treiberei dauert bei Hyazinthen also insgesamt etwa 3 Monate und ist zwischen September und Februar in der beschriebenen Form durchzuführen, so daß man bei entsprechender Variation des Anfangstermins zu jedem Termin blühende Pflanzen ziehen kann. Führt man diese Treiberei nun außerdem als Hydrokultur durch — d. h. mit Wasser beginnend und dem Zusatz von Nährlösung, sobald Wurzeln vorhanden sind — entstehen dichtere und länger blühende Exemplare und die Zwiebel wird insgesamt nicht so „ausgelaugt". Eine Ganzjahreskultur von Blumenzwiebeln in Hydrokultur lohnt dagegen kaum.

c. *Hydroanlagen für Gruppenpflanzungen*

Bereits die erdelose Pflanzenhaltung in Einzeltöpfen bietet erhebliche Einsparungen an Pflegezeit und -kosten bei besserem und schnellerem Wachstum. Noch deutlicher werden diese Vorteile, wenn mehrere Pflanzen in einem gemeinsamen Großgefäß zusammengesetzt werden. Bei Einzeltöpfen muß man nämlich je nach Witterung und Gefäßgröße ein bis zwei Mal pro Woche den Flüssigkeitsstand kontrollieren. Sinkt dieser z. B. als Folge übermäßiger Verdunstung ab, steigt im gleichen Maße die Salzkonzentration der Lösung. Gießt man dann Wasser nach, wird die Lösung wieder verdünnt. Dies bedeutet aber, daß die Pflanzen einer ständigen Konzentrationsänderung und eventuell sogar pH-Schwankung ausgesetzt sind. (Bei Verwendung von Langzeitdüngern mit Ionenaustauschern gilt dies natürlich nicht.) Bis dagegen in einer größeren Wanne der Flüssigkeitsspiegel abnimmt, vergeht wesentlich mehr Zeit, so daß sich die Konzentrationen nur in geringerem Maße ändern.

Außerdem entfaltet ein Gefäß, in dem verschiedene Pflanzenarten sinnvoll, d. h. ökologisch oder ästhetisch zueinander passend zusammenstehen — etwa als

Abb. 7a

Abb. 7a

Abb. 7a

Abb. 7a: Beispiele für die Verwendung von industriell gefertigten Gruppen- und Großgefäßen innerhalb geschlossener Räume (Hydroflora H. Funk; Fa. Döring). Siehe auch nächste Abb.

Raumteiler oder Blick-Schwerpunkt eines Zimmers — eine deutlich stärkere Wirkung als es die in Reihe aufgestellten Einzeltöpfe auf einer Fensterbank je vermöchten.

Fachgeschäfte bieten entsprechende Schalen, Kästen und Wannen der verschiedensten Formen und Größen an, die meist aus Kunststoff oder Asbestzement hergestellt (und dann mit einem wasserdichten Innenanstrich versehen) sind. Sie eignen sich zur erdelosen Kultur von Kakteen-, Sukkulenten- oder Orchideen-Sortimenten, teils handelt es sich aber auch um ausgesprochene Großgefäße, die als Raumteiler oder auch als Balkonkästen oder Blumenfensterwannen Verwendung finden können. Meist enthalten sie „automatische" Versorgungs- und Kontrollgeräte, sind aber recht teuer (Abb. 7, 8).

Abb. 7b

Abb. 7b

Die Kostenfrage muß aber kein Grund für einen Verzicht darstellen. Das Kulturprinzip ist nämlich das gleiche wie bei den Einzelgefäßen, also das Anstau-Verfahren. Folglich kann man als Mantelgefäß z. B. Kunststoff- oder Asbestzement- (Eternit-, Fulgurit-) Balkonkästen benutzen, aber auch selbstgefertigte, entsprechend abgedichtete bzw. imprägnierte Holz- oder Blechkästen von entsprechender Form und Größe. Damit sich die Pflanzen — hier lassen sich sogar kleinere Bäume einsetzen — hinreichend verankern können, sollte die Wanne aber mindestens 15—20 cm hoch sein (Kunststoff-Balkonkästen für die Erdkultur sind an sich also etwas zu flach!).

Man kann nun die Pflanzen entweder in einen großen gemeinsamen, zum Mantelgefäß passend konstruierten Einsatz einsetzen (Anregungen hierzu Abb. 9). Das hat den Vorteil, daß man durch Anheben des gemeinsamen Einsatzes leichter die Nährlösung kontrollieren oder austauschen kann. Nachteilig ist, daß der Austausch einzelner (z. B. verblühter oder abgestorbener) Pflanzen erschwert wird.

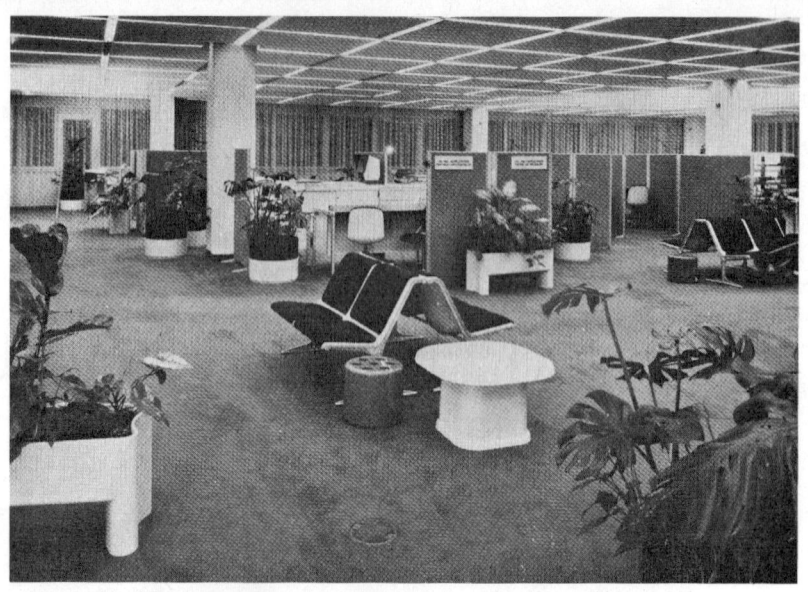

Abb. 7b

Abb. 8: Wasserstandanzeiger der Fa. Döring, die leicht auch selbst herzustellen sind

Es ist aber auch möglich, auf den Einsatz ganz zu verzichten und die Pflanzen direkt in das Substrat zu setzen (Abb. 1 rechts). Man erspart sich dann aber nur die Zeit für den Bau eines Einsatzes, denn die Nachteile sind die gleichen wie bei dem zuerst genannten Verfahren.

Empfehlenswerter ist vielmehr, die Pflanzen einzeln z. B. in durchlöcherte Styropor- oder Kunststoffbehälter zu setzen, diese einzelnen Einsätze dann in der gemeinsamen Wanne entsprechend anzuordnen und schließlich alle verbliebenen Zwischenräume mit Kultursubstrat auszufüllen, so daß die einzelnen Einsätze nicht mehr zu sehen sind.

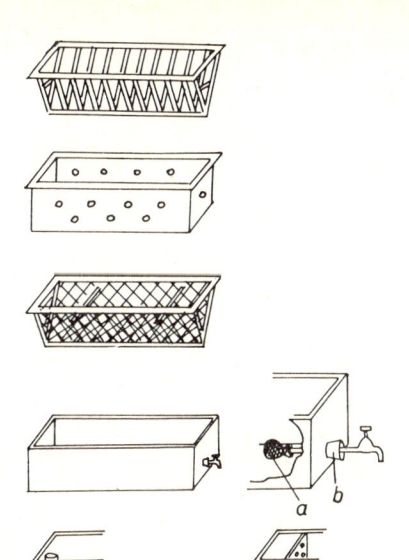

Abb. 9: Anregungen für den Selbstbau von Hydrobalkonkästen. Von oben nach unten: Einsätze aus Latten, Blech und Drahtgeflecht (mit Verstrebungen). Darunter Kulturwanne mit Abflußhahn und zwei Möglichkeiten zur Wasserstandskontrolle: a = Leinengewebe zur Filterung; b = wasserdicht eingepaßter Gummistopfen; c = wurzelfreier Raum zur Wasserstandskontrolle

Um später den Verbrauch an Nährlösung kontrollieren und verbrauchte Lösung austauschen zu können, bringt man an geeigneter Stelle einen Abflußhahn wasserdicht an. Dies kann z. B. ein einfacher Glashahn aus der Sammlung sein, den man in einen passenden Gummistopfen steckt und dann in ein entsprechendes Loch in der Wanne drückt. Bei Metallgefäßen kann man aber auch regelrechte Wasserhähne anschweißen oder -löten.

Der Nährlösungsaustausch kann aber auch folgendermaßen erfolgen: Man steckt in die Öffnung eines nicht zu dickwandigen Kunststoff-Kanisters einen durchbohrten Gummistopfen, schiebt durch die Bohrung ein festsitzendes Glasröhrchen und schiebt über dessen freies Ende ein Stück Laborschlauch. An einer Stelle, wo sich nur wenig Wurzeln und Substrat befinden, taucht man das Ende des Schlauches in die Lösung. Drückt man anschließend einmal kräftig auf den flach und vielleicht sogar etwas tiefer als die Wanne liegenden Kanister (z. B. durch einen Fußtritt), fließt die Lösung als Folge der Saugwirkung des Kanisters aus der Wanne heraus.

Sinnvoll ist ferner der Einbau eines Wasserstandanzeigers, da bei den vorgenannten Beispielen das Mantelgefäß meist undurchsichtig ist. Hierzu folgende Anregungen: Entweder man befestigt in einer Ecke der Wanne ein im Durchmesser etwa 2—3 cm dickes, mehrfach durchbohrtes Rohr aus Glas, Metall oder Kunststoff so, daß die untere Öffnung nicht auf dem Wannenboden aufliegt. Nach dem Prinzip der kommunizierenden Röhren ist dann der Wasserstand in diesem einsehbaren Rohr ebenso hoch wie in der nicht einsehbaren Wanne.

Man kann aber auch einfach den Einsatz an einer Stirnseite etwas kürzer halten als die Wanne, so daß zwischen beiden ein schmaler Zwischenraum verbleibt, in dem man den Wasserstand sehen kann, weil sich hier ja kein Kultursubstrat befindet (siehe Abb. 9).

In Fachgeschäften werden solche Kontrollgeräte auch angeboten (Abb. 8). Sie bestehen in der Regel aus einem auf einer Grundplatte befestigten durchlöcherten Zylinder, in dem sich ein Schwimmer befindet. Dieser zeigt durch einen auffallend gefärbten Signalstift oder -ball jeweils dann den Wasserstand an bzw. macht durch sein Verschwinden darauf aufmerksam, daß sich in der Wanne nicht mehr genügend Flüssigkeit befindet. Bei manchen sehr einfach konstruierten Geräten klemmt jedoch der Schwimmer häufig (wenn z. B. nur ein kleines Korkstück mit einem farbigen Holzstift verklebt ist). Hier sollte man gegebenenfalls sorgfältig auswählen.

Daß man solche größeren Anlagen auch nach dem Flutungsverfahren betreiben kann, ist aus der schematischen Darstellung von Abb. 3 ersichtlich. Im Bereich der Schule ist dies aber wohl nur aus Gründen der Demonstration sinnvoll. Betreibt man solche Hydrokulturanlagen jedoch im Freien (Balkon, Terrasse, Dachgarten) dann ist der Einbau einer „automatischen Wasser- und Nährsalzversorgung" sicherlich zweckmäßig, da hier ja der Wasserstand in sehr viel größerem Maße witterungsabhängig ist. Um dies zu erreichen, braucht man nicht zu Wasserpumpen, Meßfühlern, Zeitschaltgeräten und anderen kostentreibenden Investitionen zu greifen. Für den Selbstbau einer solchen Selbstbewässerung braucht man lediglich ein T- oder Y-förmig gegabeltes Glasrohr von etwa 12—15 mm lichter Weite, ein größeres Vorratsgefäß (je nach Anzahl der anzuschließenden Anlagen (Kanister, Korbflasche oder ähnliches), für dessen Öffnung einen festsitzenden und wasserdichten Gummistopfen mit Bohrung, mehrere ebenfalls durchbohrte kleinere Gummistopfen, einige 4—5 cm lange Glas- oder Metallrohre

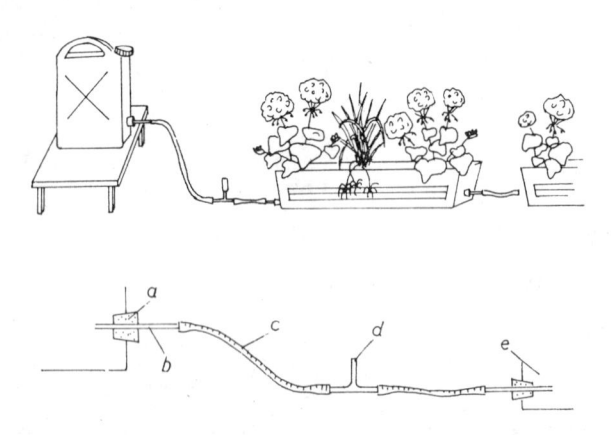

Abb. 10: Selbstbewässerung meherer Balkonkästen, oben am ganzen dargestellt, darunter Detailskizze: a = Gummistopfen des Vorratsgefäßes; b = Glasrohr; c = Gummischlauch; d = T- (oder Y-) Rohr; e = Balkonkasten; Erläuterung im Text

von ca. 10—12 mm lichter Weite und verschiedene 15—20 cm lange Laborgummischläuche. Der Zusammenbau erfolgt wie in der Abb. 10 dargestellt und bedarf hier wohl keiner ausführlicheren Erläuterung.

Diese Konstruktion funktioniert folgendermaßen: Aus dem Vorratsgefäß fließt Nährlösung durch die Glasröhren und Schlauchverbindungen in die Kulturwanne des angeschlossenen Balkonkastens und in diesem steigt also der Flüssigkeitsspiegel. Aus dem Vorratskanister kann aber nur dann Wasser ausfließen, wenn gleichzeitig Luft hineinströmt und das ist — Wasser- und Luftdichtheit vorausgesetzt — nur durch den freien Schenkel des T-(Y-)Rohres möglich. Steigt also in der Kulturwanne der Flüssigkeitsspiegel, steigt er im gleichen Maße auch in dem T-Stück und unterbindet den Lufteinstrom durch das T-Stück in den Kanister. Umgekehrt wird bei einem Sinken des Wasserspiegels in der Kulturwanne der freie Schenkel des T-Stücks auch wieder freigegeben, so daß hier nun Luft einströmen kann und folglich auch aus dem Kanister Lösung ausfließt.

Je höher sich dieses T-Stück also über dem Boden des Hydrokastens befindet, um so höher steht in diesem auch der Wasserspiegel. Drehung des freien Schenkels nach unten bewirkt also Absenkung des Pegels und umgekehrt.

Auf die gleiche Weise kann man natürlich auch mehrere Balkonkästen durch „Hintereinanderschaltung" gleichzeitig versorgen. Man braucht dazu lediglich die Kulturwannen anzubohren und mittels Gummistopfen, Glasröhrchen und Schlauchstücken luft- und wasserdicht miteinander zu verbinden.

Die Selbstbewässerung eines oder mehrerer Balkonkästen läßt sich jedoch auch noch einfacher bewerkstelligen (Abb. 11). Hierzu wird der Vorratsbehälter für die Nährlösung unten angebohrt und in die Bohrung wird ein Glasröhrchen mit Gummistopfen fest eingedrückt. Über das Röhrchen selbst schiebt man einen längeren Gummischlauch, dessen freies Ende in die Kulturwanne geschoben und dort befestigt wird. Das Schlauchende in der Kulturwanne bezeichnet den späteren Flüssigkeitsstand. Denn auch bei dieser Anordnung kann keine Luft in den Kanister eindringen und folglich aus diesem auch keine Lösung ausfließen, solange das hintere Ende des Schlauches noch in die Flüssigkeit der Kulturwanne eintaucht. Voraussetzung ist auch hier selbstverständlich Wasser- und Luftdichtheit der gesamten Konstruktion. Zweckmäßig ist ferner eine sichere Befestigung des Schlauchendes in der gewünschten Höhe.

Abb. 11: Eine vereinfachte Art der Selbstbewässerung. Erläuterung im Text

Im Freien aufgestellte Hydro-Balkonkästen müssen aber auch bei anhaltenden Regenperioden davor geschützt werden, daß die Kulturwanne voll Regenwasser läuft (Verdünnung der Nährlösung; Luftmangel im Wurzelbereich). Dies kann am einfachsten durch eine Folie erfolgen, die man über die ganze Anlage ausbreitet oder mit der man die Kulturwanne abdeckt. Dort wo die Pflanzenstengel stehen, müßte man im zuletzt genannten Falle natürlich entsprechend einschneiden. Besser geeignet ist folgende Maßnahme: Man bohrt in einer Höhe von 7—8 cm über dem Boden (=1/3 der Gesamthöhe) einige kleinere Löcher in die Kulturwanne, die dann als „Überlauf" fungieren. In Balkonkästen aus Asbestzement sind derartige Überlauflöcher bereits angedeutet. Es kommt in diesem Falle zwar immer noch zu einer Verdünnung der Lösung — was vorzeitigen Wechsel erforderlich machen kann — aber es wird wenigstens die Luftversorgung der Wurzeln aufrechterhalten und Fäulnis verhindert.

Zu beachten ist weiterhin, daß die im Freien aufgestellten Hydroanlagen der Sonne und Luftbewegung voll ausgesetzt sind und folglich relativ viel Wasser verdunsten (bis zu 2,5 Liter je Tag und je laufenden Meter Balkonkasten). Bei entsprechenden Wetterlagen ist folglich häufigeres Gießen mit Wasser (nicht Nährlösung!) erforderlich. Man kann diesen Faktor jedoch schon bei der Planung berücksichtigen und die Kulturwanne entsprechend groß dimensionieren.

Insbesondere dann, wenn solche Anlagen auf Mauervorsprünge gestellt oder an Balkonbrüstungen gehängt werden, ist natürlich auch das Gewicht zu berücksichtigen, das deutlich größer ist als bei entsprechender Erdkultur. Gegebenenfalls wäre in dieser Hinsicht auf die Verwendung möglichst leichter Gefäße und Substrate zu achten. Dabei sei insbesondere der Torf als Substrat in Erinnerung gerufen, denn er eignet sich aus verschiedenen Gründen besonders gut. Mit ihm lassen sich vor allem auch ganze Dachgärten schaffen, wie die nebenstehende „Bauskizze" (Abb. 12) andeuten soll. Hier erscheint dann aber der Einbau von industriell gefertigen Wasserstandskontrollen und -reglern doch sinnvoll (z. B. mit Schwimmern und Auslaufventilen, wie sie auch in den Toilettenkästen vorhanden sind).

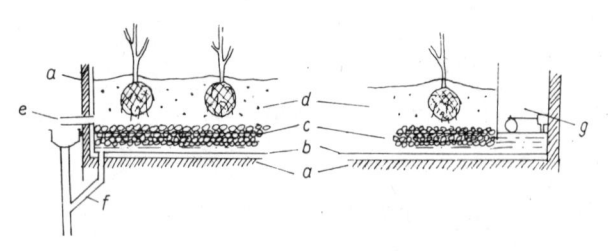

Abb. 12: Bepflanzung eines Dachgartens: a = Dachkonstruktion; b = wasserdichte Folie; c = Kiesschüttung als Drainageschicht; d = Kultursubstrat mit Pflanzen; e = Überlaufrohr zur Dachrinne; f = Abflußrohr für verbrauchte Nährlösung; g = Nährlösungsspeicher mit Wasserzulauf und Schwimmer zur Regelung des Nährlösungsausflusses

d. *Das Hydrokultur-Blumenfenster* (Abb. 13)

Viele Schulen haben Schauvitrinen oder regelrechte „Schaufenster", in denen manchmal auch einige Pflanzen mühevoll dahinvegetieren, weil sich niemand um die Pflege und den Austausch der Pflanzen kümmert. Hier könnte eine Hydro-Anlage leicht Abhilfe schaffen, die bei entsprechender Konzeption sehr viel weniger pflegeaufwendig ist.

Die Umstellung von bisheriger Erd- auf Hydrokultur bzw. der eventuell mögliche Neubau kann in gleicher Weise erfolgen, wie bei allen anderen, bisher beschriebenen Anlagen. Bei einem Neubau sollte man sich jedoch die entsprechenden Genehmigungen einholen!

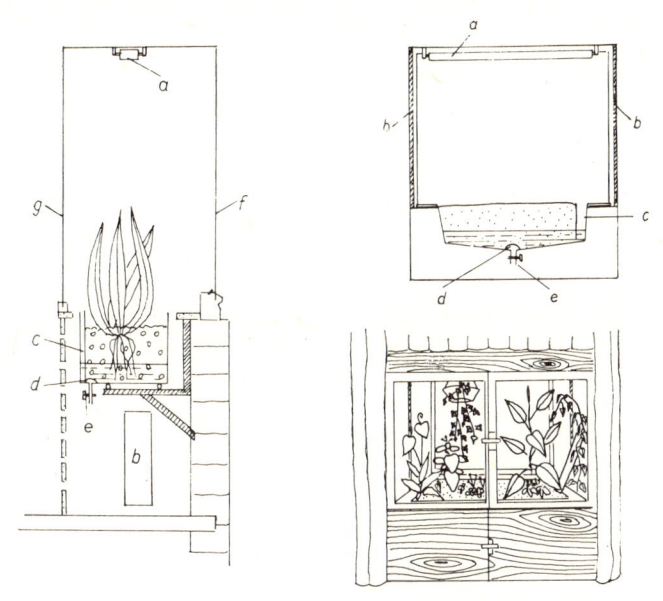

Abb. 13: Anregung zum Bau eines Hydro-Blumenfensters in schematischer Darstellung, links von der Seite und rechts von vorne gesehen. a = Leuchtstoffröhre; b = Heizstäbe bzw. Heizungskörper; c = Wasserstandkontrolle; d = Drainagerohr und Filter; e = Entleerungshahn; f, g = Innen- bzw. Außenfenster

Normalerweise sind Form und Größe meist schon vorgegeben durch die Abmessungen vorhandener Fenster. Bedenken sollte man nur, daß die Tiefe hinreichend groß ist, damit sich die spätere Bepflanzung ausbreiten und entsprechende Wirkung entfalten kann.

Grundlage ist auch hier wieder eine wasserdichte Kulturwanne, die entweder aus Beton oder Asbestzement gegossen und fest eingebaut oder aus Metall gefertigt und nach Vorbehandlung in eine entsprechend große Mauervertiefung eingepaßt werden kann. Ist eine Fensterbank vorhanden und hinreichend stabil und läßt sich wegen der darunter befindlichen Heizkörper keine feste Installation erreichen, kann die Kulturwanne auch auf die Fensterbank gestellt und entsprechend „verkleidet" werden. Die Wanne selbst sollte eine Mindesttiefe von 30—45 cm aufweisen, damit auch höher wachsende Pflanzenarten oder ein abgestorbener Baumast mit Epiphyten hinreichende Verankerung finden. Selbstver-

253

ständlich muß das gesamte Mauerwerk im Bereich des Blumenfensters ausreichend gegen Feuchtigkeit isoliert und geschützt werden (Anstrich mit aushärtenden Silikat-Präparaten).

Bezüglich des Austausches verbrauchter Nährlösung, der Zweckmäßigkeit eines Wasserstandanzeigers und der verschiedenen Möglichkeiten der Bepflanzung kann auf oben Dargelegtes verwiesen werden. Sehr vorteilhaft ist es ferner, wenn man bei der Anlage auch die übrigen Wachstumsfaktoren mitberücksichtigt, die sich ja bei der Erd- und Hydrokultur nicht unterscheiden:

— Zusatzbelichtung für die dunkleren Jahreszeiten; hierfür gibt es spezielle Lampentypen, die einen höheren Anteil an photosynthese-wirksamem Licht ausstrahlen. Es ist aber für eine gleichmäßige Ausleuchtung zu sorgen (Verhinderung von einseitigem Wachstum).

— Heizung des Kultursubstrates und des Luftraumes im Winter, wenn kein Heizkörper unter der Anlage installiert ist. Hier hilft die Verlegung einer Bodenheizung (wie in Gewächshäusern) oder notfalls eine Infrarot-Installation. Bei Hydroanlagen ist dieser Faktor wichtiger als bei Erdkultur, da Lösungen eher einfrieren und dann Schaden am Mauerwerk verursachen können.

— Luftfeuchte: Optimale Luftfeuchte ist nur zu erreichen, wenn das Blumenfenster auch zum Innenraum hin durch eine Glasscheibe abgegrenzt wird. Schiebefenster sind besser geeignet als Dreh- und Kipp-Fenster, weil sie die Bepflanzung nicht beschädigen und nicht so viel Platz benötigen.

— Lüftung im Sommer: Hierfür sollte ein Ventilator im Außenfenster oder zumindest einige Lüftungsklappen eingeplant werden.

Eine solche Anlage schafft dann allerdings auch im Bereich der Schule ideale Wachstumsbedingungen und in ihr lassen sich selbst die verwöhntesten „Kinder der Tropen" erfolgreich kultivieren, z. B. Orchideen oder verschiedene Typen von Epiphyten.

Bei der Auswahl des Kultursubstrates ist zu berücksichtigen, daß für einen relativ ungehinderten Lösungsaustausch gesorgt werden muß. Zuunterst bringt man daher zweckmäßigerweise eine Drainageschicht aus groben Kies oder Blähton ein. Ein der Länge nach an der tiefsten Stelle verlegter, grob durchlöcherter und mit dem Wasserstandsanzeiger oder dem Abflußhahn verbundener Gartenschlauch beschleunigt den Lösungsaustausch beträchtlich. Über diese Drainageschicht kann dann jedes der genannten Substrate eingebracht werden, besonders gut geeignet ist auch hier wieder Torf oder Blähton.

VII. Hydrokultur mit Torf im Freiland

a. *Hydroponik-Beete im Schulgarten*

Wie sich aus dem vorstehenden zwanglos ergibt, kann man z. B. auch im Schulgarten ein Hydroponik-Beet errichten und hier Pflanzen in Nährlösungen kultivieren. Wie die Abb. 14a zeigt, hebt man zu diesem Zweck an etwas windgeschützter Stelle eine entsprechend breite und lange, 40—50 cm tiefe Mulde aus und kleidet diese mit wasserdichter Folie aus (die Folienränder werden am besten mit Steinen beschwert). Den pflanzen- und substrattragenden Rahmen baut man

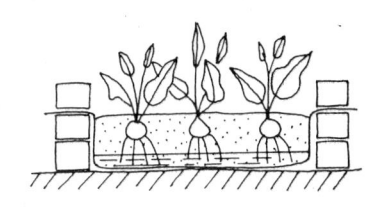

Abb. 14: Hydroponikbeete in unterschiedlicher „Perfektion für den Schulgarten"

aus Holzlatten (maximale Größe 2 × 2,5 m), der etwa alle 25 cm durch Querlatten stabilisiert wird. Unter diesen Rahmen spannt man ein engermaschiges Drahtgeflecht, damit das Kultursubstrat (Stroh, Moos, Torf) nicht in die Lösung fallen. Zu beachten ist hierbei, daß vor allem in der Anfangszeit das Substrat so lange ständig feucht gehalten werden muß, bis die Wurzeln die Lösung erreicht haben. Der Flüssigkeitsspiegel in der Mulde ist dann entsprechend der Wurzellänge allmählich abzusenken. Austausch verbrauchter Lösung oder Entfernung von zu reichlich eingeflossenem Regenwasser kann erfolgen mittels der bereits bekannten „Kanister-Methode" oder mit Hilfe von Säurehebern, die es in vielen Schulen zum Abfüllen von Säuren oder Flüssigkeiten gibt.

Mit einigen Brettern, Latten und durchsichtiger Folie oder Kunstglasplatten läßt sich ein solches Beet leicht zu einem Hydro-Frühbeet ausbauen, das dann außerdem noch den Vorteil hat, daß Regenwasser abgehalten und schon zeitig im Frühjahr Pflanzenwachstum beobachtet werden kann.

b. *Stroh- und gedüngte Torfsubstrat-Kultur*

Eine gewissermaßen stark vereinfachte Variante solcher Hydrobeete stellt die im Erwerbsgartenbau immer häufiger anzutreffende Stroh- oder Torf-Nährlösungskultur dar. Bei ihr verzichtet man, wie die Abb. 14b zeigt, auf alle festen Installationen, sondern breitet lediglich ebenerdig eine wasserdichte Folie aus, deren Ränder z. B. durch Dagegenstellen von Kisten, Brettern oder Steinen nach oben umgelegt werden. Eingefüllt wird meist gedüngter Torf (nicht Düngetorf!), der bereits alle Nährsalze enthält (z. B. Torfkultursubstrat TKS 1 oder TKS 2). Damit spart man sogar noch das nachträgliche Düngen mit Nährlösung während der meist recht kurzen Vegetationsperiode. In Gewächshäusern als Strohkultur betrieben, ergibt sich der wesentliche Vorteil, daß die Pflanzen nicht mehr mit dem Gewächshausboden in Berührung kommen, der als Folge von Monokultur und unzweckmäßiger Düngung heute oft übersalzt und mit Krankheitserregern verseucht ist. Im Bereich einer Schule lassen sich solche „Anlagen" z. B. ohne Aufwand auf Betonflächen oder Schulhöfen errichten und sie sorgen dann für eine gewisse Auflockerung, ohne daß Investitionen erforderlich sind oder „endgültige Situationen" geschaffen werden.

Angemerkt werden muß, daß es sich hierbei aber nicht mehr um eine Hydrokultur im engeren Sinne handelt. Man verzichtet lediglich auf die Erde als Kultursubstrat, kultiviert aber auch nicht mit Nährlösung. Infolgedessen eignen sich solche Beete auch nur zur kurzfristigen Verwendung.

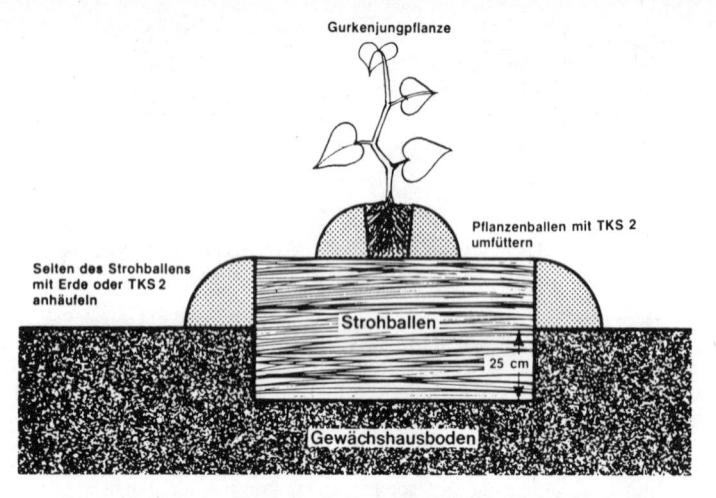

Abb. 15: Stroh- und gedüngte Torfkultursubstrat-Kultur für den Schulgarten
(Foto Torfstreuverband Oldenburg)

c. *Senkrechte Pflanzenbeete*

Ähnliches gilt auch für eine, allerdings sehr viel reizvollere Variante erdeloser Pflanzenhaltung im Freien. Gemeint sind einerseits ortsfest errichtete Moos- oder Torfwände und andererseits transportable, beliebig gruppierbare Blumenwürfel oder aufrecht stehende bepflanzte Gestelle. Sie können als „Neuauflage" der berühmten Hängenden Gärten der babylonischen Königin Semiramis gelten, auch wenn die Pflanzenhaltung und der Bau deutlich davon abweichen.

Abb. 16: Ein aus drei Würfeln zusammengesetztes senkrechtes Torfbeet; im rechten Würfel sind die Querverstrebungen angedeutet, die ein „Ausbeulen" verhindern

Für ortsfeste Pflanzenwände baut man aus Pfosten, Latten und Maschendraht ein Gestell von mindestens 20 cm Tiefe, das sich in der Regel an eine vorhandene Mauer anlehnt. Diese ist vor der Inbetriebnahme und Füllung mit Kultursubstrat aber sorgfältig zu isolieren. Wenn transportable Anlagen bevorzugt werden, baut man sich entsprechende Würfel oder Quader, die bei einer Bepflanzung auf mehreren Seiten aber dann eine Tiefe von 40—50 cm nicht unterschreiten sollten. Die Abb. 16 gibt hierzu und bezüglich der Verwendung einige Anregungen aus der Vielzahl der Möglichkeiten. Aus Gewichtsgründen darf bei beweglichen Anlagen die Größe von $1 \times 1 \times 0,4$ m (bis 0,5 m) nicht wesentlich überschritten werden. Wird Holz oder dünnerer Maschendraht verwendet, plant man am besten einige Querverstrebungen ein.

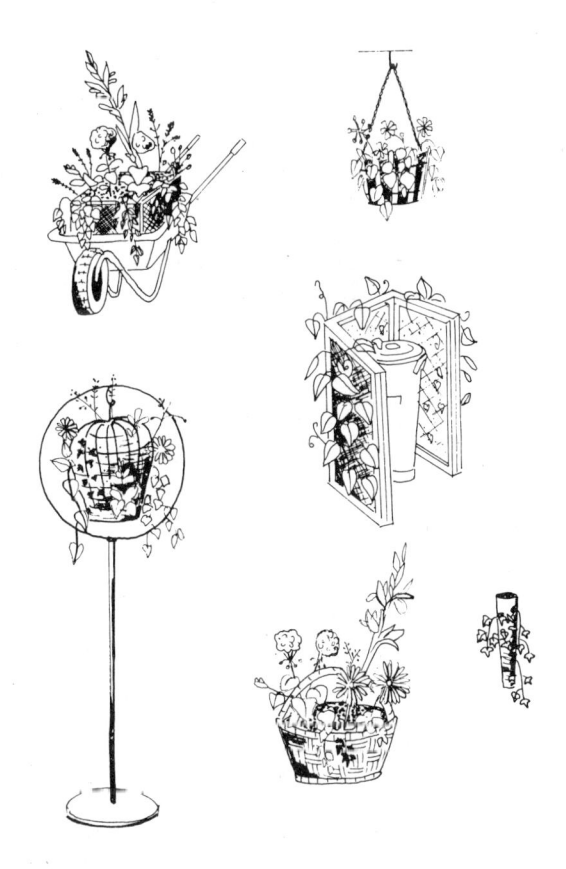

Abb. 17: Einige Anregungen für den Selbstbau origineller „senkrechter" Blumenbeete unter Zuhilfenahme ausgedienter Gegenstände

Eine billige Möglichkeit, kahle Mauern oder Schulhofflächen zu „begrünen" ergibt sich auch dadurch, daß man lange, schmale Plastikschläuche mit dem Kultursubstrat (etwa gedüngter und gut angefeuchteter Torf) füllt. Zum Einsetzen der Pflanzen schneidet man dann den Schlauch an der betreffenden Stelle kreuzweise ein (Abb. 19). Insbesondere einjährige Sommerblumen lassen sich auf diese Weise sehr gut und leicht kultivieren.

Abb. 18: Ortsfeste Torfwand (oben); käufliches Gestell für transportable Torfwand
(Mitte leer, unten bepflanzt)

Als Kultursubstrat eignet sich für alle Formen dieser erdelosen Pflanzenhaltung Torf am besten. Er vermag nämlich Wasser und Nährsalzlösungen relativ lange und in großem Ausmaß aufzusaugen und festzuhalten. Wenn man außerdem an das Drahtgitter zunächst eine Schicht groberen Fasertorf oder Moos einbringt und dann erst den feineren Torfmull, unterbindet man das Herausfallen von Kultursubstrat weitgehend. Allerdings erfordert auch diese Einfüllung einige Erfahrung. Sie darf nämlich weder zu locker sein, sonst sinkt das Substrat mit der Zeit zu sehr ab und „erhängt" die Pflanzen, noch darf es zu fest in das Gestell eingestampft werden, sonst wird die Luftversorgung der Wurzeln eingeschränkt. Um beides zu vermeiden, empfiehlt es sich, das Einfüllen des Substrates schon einige Zeit vor der Bepflanzung vorzunehmen und die unbepflanzte Anlage mehrmals kräftig zu gießen, damit sich das Substrat absetzt. Bepflanzt wird so, daß die Wurzeln stets schräg nach unten zeigen. Genauer und auch für Schüler jüngerer Altersstufen verständlich ist diese Form der Pflanzenhaltung in meiner Veröffentlichung im Philler-Verlag / Minden: LB 140 „Erdelose Pflanzenhaltung" beschrieben. Aus ihr stammen auch sämtliche Zeichnungen und Fotos.

Abb. 19: Mit Torf gefüllte Plastikschläuche; vorne: Mit Torf gefüllt; Mitte: mit den Einstichen für die Bepflanzung; hinten in bepflanztem Zustand

VIII. Beschaffung und Vorbereitung des Pflanzenmaterials

Hydrokultur unterscheidet sich aus pflanzenphysiologischer Sicht von der Erdkultur im wesentlichen dadurch, daß das haltgebende, sowie mineralsalz- und wasserbereitstellende Substrat nicht Erde, sondern ein „künstlicher" Untergrund ist und daß die Versorgung mit Mineralsalzen und Wasser optimaler gestaltet werden kann als bei der Erdkultur (Wegfall der recht komplexen Wechselbeziehungen zwischen Wasser- und Mineralsalzhaushalt und Ton- bzw. Humuskolloiden). Daraus ist korrekterweise abzuleiten, daß sich alle Pflanzenarten erdelos kultivieren lassen, die an dem betreffenden Standort (Zimmer, Freiland) auch in Erde zu halten wären. Eine Beschränkung auf bestimmte Pflanzenfamilien oder Gattungen ist biologisch also nicht zu begründen.

Andererseits gibt es bei der Hydrokultur ebenso wie bei der Erdkultur Arten, die in dem sehr ungünstigen „Biotop" z. B. eines Wohnzimmers oder Klassenraums schlechter gedeihen als andere. Bei anderen Arten lohnt sich ferner eine

Umstellung auf Hydrokultur nicht (etwa bei Blumenzwiebeln oder solchen Arten, die nur während einer relativ kurzen Zeit und nur wegen ihrer Blüten als Zierpflanzen gewählt werden).

Darüber hinaus zeigt sich aber, daß Arten, die bei Erdkultur als ausgesprochen problematisch gelten (und deshalb in Klassenräumen kaum anzutreffen sind) bei richtig durchgeführter Hydrokultur wesentlich besser gedeihen und leichter zu kultivieren sind. Erklärbar ist dies mit speziellen Ansprüchen an die Nährsalzversorgung, den pH-Wert, die Wurzelbelüftung und Wasserversorgung, also mit Faktoren, die bei der Hydrokultur leichter zu optimieren sind als bei der Erdkultur im Einzeltopf.

a. *Für die Hydrokultur besonders geeignete Pflanzen*

Gewisse Probleme ergeben sich mit der Hydrokultur insbesondere aber auch dann, wenn man sie nicht mit Pflanzen beginnt, die bereits nach dieser Kulturmethode herangezogen worden waren, sondern vorher in Erde kultiviert wurden und nun erst umgestellt werden sollen. Solche Pflanzen können nämlich ihre bisherigen (Erd-)wurzeln nicht mehr verwenden und sind gezwungen, anatomisch etwas abgewandelte, für die Hydrokultur geeignete Wurzeln zu bilden. In der Zwischenzeit ist zwangsläufig die Wasser- und Nährsalzversorgung gestört und dies führt zu Blatt- und Blütenfall, zumindest aber zu Wachstumsstillstand. Unter Berücksichtigung dieser Gesichtspunkte erweisen sich folgende Zierpflanzen als weitgehend unproblematisch und also auch für den Hydrokultur-Anfänger empfehlenswert (aus Platzgründen ohne spezielle Art- oder Sortenbezeichnung, obwohl auch hierbei Differenzierungen erforderlich sein können):

Aechmea
Anthurium
(*scherzerianum* und *andreanum*)
Asparagus sprengerii
Aspidistra
Bilbergia
Chlorophytum
Coleus blumei
Cordyline = *Dracaena*
Datura
Euphorbia splendens
Exacum affine
Ficus elastica u. a. Arten

Gossypium herbaceum
Guzmania
Hoya
Impatiens
Monstera deliciosa u. a.
Pandanus
Philodendron
Sansevieria
Scindapsus
Tradescantia
Vriesea u. a. epiphytische Bromeliengewächse
Zantedeschia

Für solche Pflanzen, die vom Gärtner schon in sog. Torfkultursubstraten herangezogen worden waren und unter Verwendung von Torf, Blähton und anderen saugfähigen Substraten hydrokultiviert werden sollen, entfällt eine derartige Umstellung weitgehend. Das trifft z. B. für die meisten Sommerblumen und Stauden oder Sträucher zu, die in senkrechte Pflanzenwände, Blumenfenster oder Hydroponik-Freilandbeete eingesetzt werden sollen. Dieser weitgehende Wegfall der manchmal doch etwas kritischen und risikoreichen Umstellungsphase spricht somit neben anderen bereits erwähnten Vorteilen sehr für die Verwendung von Torf auch als Hydrokultursubstrat.

Die Umstellung auf Hydrokultur-Einzeltöpfe oder Gruppengefäße entfällt ferner bei Zimmerpflanzen, die direkt aus Samen bzw. Stecklingen erdelos gewonnen werden. Unter diesem Gesichtspunkt wird dann die vorstehende Liste noch umfangreicher und schließt nun z. B. alle Sorten der *Aralien- (Dizygotheca-), Peperomia-, Sparmannia-, Vitis (= Tetrastigma-)* und *Cissus*-Arten, aber auch viele Dickblattgewächse und sogar Kakteen ein *(Agaven, Aloen, Echinocactus, Epiphyllum, Zygocactus* usw.). Es vermag zunächst sicherlich manchen verwundern, daß auch Kakteen, die „solche Trockenheit" lieben, in Wasserkultur gedeihen. Diese Vorstellungen von den Wasseransprüchen der Kakteen und Sukkulenten sind jedoch häufig nicht richtig und ein kümmerliches Dahinvegetieren infolge unzureichender Wasser- und Nährsalzversorgung ist dann die Folge. In Kakteen-Spezialgärtnereien werden heute die meisten Kakteen in Sand- oder Kieskultur nach dem Flutungsverfahren herangezogen. Allerdings sollte man den Nährlösungsspiegel insgesamt etwas niedriger halten als normalerweise vorgesehen, denn die wasserspeichernden Pflanzenteile dürfen nicht dauernd benetzt sein, sonst faulen sie. Ferner ist zu berücksichtigen, daß die Mehrzahl dieser Arten alljährlich eine Wachstumsruhepause einlegen. Während dieser Zeit wollen sie meist kühl (aber frostfrei!), hell und ziemlich trocken gehalten werden (letzteres um so mehr, je kühler der Standort ist). In dieser Zeit wird also der Flüssigkeitsspiegel noch stärker abgesenkt oder die Lösung ganz entfernt und stattdessen nur gelegentlich etwas Wasser auf das Substrat gebracht.

Bei einiger Erfahrung ist auch die ganze Gruppe der *Epiphyten* erdelos gut kultivierbar (also vor allem Vertreter der *Bromeliaceae*, aber auch viele Farne). Hier ist dann allerdings zu beachten, daß die natürlichen Lebensbedingungen bei der Haltung in geschlossenen Räumen wenigstens „nachempfunden" werden sollten (z. B. ist ein vorhandener Blatttrichter stets wassergefüllt zu halten und in Blumenfenstern der Luftraum mehrmals täglich anzufeuchten).

Auch eine Reihe von Orchideen, die bei der Erdkultur wegen ihrer sehr speziellen Ansprüche an Wurzelbelüftung, Nährsalz- und Wasserversorgung nur selten im Wohnzimmer gedeihen, lassen sich in Hydrokultur gut kultivieren. Man muß nur die spezifischen Kulturdaten kennen .

b. *Die Umstellung der Pflanzen auf die Hydrokultur*

Wie bereits gesagt, ist die Umstellung der Pflanzen von bisheriger Erd- auf zukünftige Hydrokultur möglich, aber problematisch und wegen der Schwierigkeiten und des Risikos an sich nur zu empfehlen, wenn man keine hydrokultivierten Pflanzen kaufen oder aus Samen bzw. Stecklingen selbst heranziehen kann. Da die Umstellung verbunden ist mit der Ausbildung neuer Wurzelsysteme, sind während dieser Phase eine Reihe von Gesichtspunkten zu berücksichtigen, die hier aber sicherlich nur angedeutet zu werden brauchen:

— Alters- und Gesundheitszustand der Pflanzen: Je jünger und gesunder, also wuchskräftiger die jeweilige Pflanze ist, um so rascher und sicherer kann auch ihre Umstellung erfolgen.

— Umstellungszeitpunkt: Dieser ist so zu wählen, daß er in eine Phase rascher vegetativer Entwicklung fällt (für viele Zimmerpflanzen Frühjahr und Frühsommer). Pflanzenarten, die eine Ruhephase aufweisen, dürfen während dieser natürlich nicht umgestellt werden (Kakteen, Sukkulenten, Orchideen u. a.).

Während des ganzen Jahres lassen sich jedoch z. B. umstellen: *Aechmea, Anthurium Chlorophytum, Coleus, Euphorbia, Monstera, Philodendron, Scindapsus, Sansevieria. Tradescantia, Vriesea.*

— Schaffung optimaler Wachstumsbedingungen in bezug auf die Faktoren Licht und Luftfeuchte: Zusatzbelichtung und Einbringen der Pflanze in ein selbstgebautes „Mini-Gewächshaus" oder Darüberstülpen eines hinreichend großen, lichtdurchlässigen Folienbeutels beschleunigen die Umstellung ebenfalls. Zur Vermeidung der Bildung von Wassertropfen und dadurch zustandekommender Fäulnis ist aber insbesondere ein solcher Plastikbeutel mehrmals täglich zu lüften oder von vornherein mit Luftlöchern zu versehen. Bestimmte Arten vertragen diese Behandlung jedoch nicht (siehe unten).

— Genaue Kontrolle des Wurzelsystems, insbesondere bei Pflanzen, die nach dem Anstauverfahren in Einzeltöpfen oder in Gruppengefäßen mit gemeinsamem Einsatz umgestellt werden. Faulende Erdwurzeln sollten möglichst bald entfernt werden (mit ziehendem Schnitt abschneiden; nicht abreißen oder abquetschen!). Bei zunehmenden Fäulnisprozessen in der Lösung kann kurzfristig etwas Aktivkohle zugefügt werden.

Die Umstellung beginnt damit, daß die bisher in Erde kultivierte Pflanze ausgetopft und ihr Ballen sorgfältig, aber vorsichtig, d. h. unter weitgehender Vermeidung von Wurzelbeschädigungen, mit handwarmem Wasser ausgewaschen wird (z. B. mit einer Brause). Leichtes Abstreifen der an den Wurzeln haftenden Erdklumpen mit den Fingern (stets nur in Richtung zur Wurzelspitze hin streifen) oder vorheriges „Einweichen" des Wurzelballens über Nacht erleichtert diese Arbeit. Je mehr junge Wurzeln mit ihrer -haarzone und -spitze unverletzt bleiben, um so rascher und sicherer erfolgt die Umstellung.

Werden die Pflanzen später ohne Verwendung von Einsätzen hydrokultiviert, setzt man sie nach dem Auswaschen möglichst bald (Verhinderung der Austrocknung des Wurzelballens) in das Substrat der Kulturwanne. In gleicher Weise verfährt man bei Verwendung größerer, im Mantelgefäß unten aufsitzender Einzeleinsätze und bei Verwendung sehr saugfähiger Substrate. Wird dagegen ein in das Mantelgefäß nur eingehängter Einsatz oder wenig saugfähiges Substrat benutzt, sind möglichst viele Wurzeln vorsichtig durch die Öffnung des Einsatzes „hindurchzufädeln", so daß sie direkten Kontakt mit dem Wasser und die Pflanze insgesamt hinreichend Standfestigkeit bekommt. Verbleibende Zwischenräume werden mit Substrat ausgefüllt.

Daß man bei Gruppengefäßen die biologischen Gegebenheiten und die spezifischen Ansprüche der einzelnen Arten mitberücksichtigt, bedarf sicherlich keiner Erläuterung (also keine Kombination von Sonnen- und Schattenpflanzen, Hygrophyten und Xerophyten, oder Arten mit unterschiedlichen pH-Ansprüchen usw.).

Während der Umstellung — also bis zum Erscheinen der ersten neuen Wurzeln bzw. bis zum Wiederbeginn des Wachstums — erhalten die Pflanzen keine Nährlösung, sondern reines Wasser. Dies beschleunigt die Wurzelbildung. Ist die Umstellung erfolgreich vollzogen — bei langsam wachsenden Arten kann dies lange dauern und erfordert dann viel Geduld — wird das Wasser ausgetauscht durch eine Nährlösung, die anfangs aber noch geringer konzentriert ist (z. B. beginnend mit 1/4 der angegebenen Konzentration, 3—4 Wochen später dann eine 1/2 und nach weiteren 3—4 Wochen erst die volle Konzentration; dieser Hinweis entfällt

bei Verwendung von Langzeitdüngern mit Ionenaustauschern). Durch dieses „Eingewöhnen" werden Wurzelschäden der Wasserwurzeln vermieden.
Der oben angeführte Hinweis, während der Umstellung insbesondere die Luftfeuchte zu erhöhen, gilt — wie bereits gesagt — nicht für alle Pflanzengruppen:
— Die meisten Kakteen und viele Sukkulenten *(Euphorbia, Sansevieria, Sedum, Escheverien, Aloen, Agaven, Haworthia* u. a.) haben in Blättern, Stengeln oder Knollen große Wasservorräte gespeichert, die bei erhöhter Luftfeuchte zur Fäulnis neigen. Außerdem wird durch den Wasserspeicher die Wurzelbildung verzögert. Hier geht man entweder von Samen aus (Kakteen) oder beschleunigt die Wurzelbildung durch eine ausgesprochene „Roßkur", indem man die ausgewaschenen Pflanzen samt Wurzeln an einem trockenen warmen Ort mehrere Tage oder Wochen liegen läßt, bis sie regelrecht schrumpfen.
— *Scindapsus-, Peperomia-,* einzelne *Philodendron- und Ficus-*Arten vertragen auch weder eine Austrocknung, noch eine Einbindung in Kunststoffbeutel. Sie verlangen zwar eine relativ hohe Luftfeuchte, aber die Blätter selbst dürfen nicht benetzt werden. Hier hilft nur mehrmaliges Anfeuchten am Tage während der Umstellung oder langandauerndes Lüften und erst danach wieder die Einbringung in den mit Luftlöchern versehenen Kunststoffbeutel.
Notwendig ist dagegen eine hohe Luftfeuchte, also das Einbringen in Plastikbeutel bei folgenden Arten: *Begonien, Aralien, Zimmerreben (Cissus, Tetrastigma, Rhoicissus), Dieffenbachia, Abutilon, Columnea, Codiaeum,* großblättrige *Ficus-* und verschiedene *Philodendron-*Arten.

c. Anzucht von Hydrokulturpflanzen aus Samen oder Stecklingen

Dieses Verfahren ist insgesamt weniger aufwendig und beinhaltet auch ein geringeres Risiko, ist aber leider nicht bei allen Arten durchführbar (Unmöglichkeit der Stecklingsvermehrung z. B. bei Einkeimblättrigen; fehlende Samenbildung bei überzüchteten Kulturpflanzen). Ohne Probleme lassen sich aber z. B. alle Sommerblumen und Kakteen, aber auch Coffea- und Citrus-Arten oder Bananen aus Samen ziehen. Bezüglich des Substrates kann man ausgehen von der Faustregel: Je kleiner die Samen, um so feinkörniger ist das Substrat auszuwählen (z. B. Gurken, Bohnen: Splitt, Blähton; Kakteen, Sommerblumen: Sand). Für alle Pflanzenarten und Samengrößen gut geeignet ist der Torf als Substrat. Dies gilt auch für die Stecklingsvermehrung. Hierbei bringt man die Stecklinge am besten nicht einfach ins Wasser, sondern z. B. in feuchten Torf, Sand oder Watte. Austrocknung ist genau wie bei der Samenkeimung unbedingt zu vermeiden. Vorbehandlung mit einem Wachstumshormon (Indolylessigsäure u. a.) beschleunigt die Wurzelbildung sehr.
Zu berücksichtigen ist ferner bei der Samenvermehrung die Tatsache, ob die Pflanzenart Licht- oder Dunkelkeimer ist und dementsprechend sind die Samen entweder frei auf das Substrat auszustreuen oder mit diesem zu bedecken (höchstens ebenso hoch Substrat, wie die Samen selbst dick sind).
Auch hier wird während der Keimung bzw. Stecklingsbewurzelung nur reines Wasser verabreicht, das genau wie bei der Umstellung von Erd- auf Hydrokultur erst allmählich nach erfolgter Wurzelbildung durch zunehmend konzentriertere Nährlösungen ersetzt wird.
Die vorstehenden Ausführungen haben sicherlich manchen Interessenten abgeschreckt. Ihnen sei gesagt, daß gut sortierte Hydrokulturfachgeschäfte und Hydro-

kulturgärtnereien heute ein sehr umfangreiches Sortiment an fertig umgestellten Zimmerpflanzen anbieten. Bei der Torfkultur im Freien mit Sommerblumen entfällt das Umstellproblem überdies. Außerdem ist es aus methodisch-didaktischer Sicht des Biologie-Unterrichtes auch wohl sehr sinnvoll, die Schüler mit Fragen der praktischen Pflanzenkultur zu konfrontieren und dabei auch Schwierigkeiten aufzuzeigen.

IX. Pflegemaßnahmen

Hydrokultivierte Pflanzen wachsen und blühen nicht nur schneller, besser und üppiger, sie erfordern auch wesentlich weniger Zeitaufwand und Mühe für die Pflege. Gerade dieser Gesichtspunkt hat der Hydrokultur in Großbetrieben der Industrie, Hotels und bei vielen Behörden eigentlich zu dem bisher erreichten „Durchbruch" verholfen.

Sobald nämlich die Umstellung vollzogen ist und die Pflanzen entsprechende, an die Nährlösung gewöhnte Wurzelsysteme aufgebaut haben, braucht nur alle paar Monate die mittlerweile verbrauchte Nährlösung durch neu angesetzte ausgetauscht und in der Zwischenzeit immer wieder einmal der Wasserstand kontrolliert und gegebenenfalls ergänzt zu werden (wenn er als Folge von Verdunstung abgesunken ist). Bei Hydrogefäßen, die entsprechende Wasserstandskontrollen aufweisen, erfordern diese Arbeiten keinen nennenswerten Zeitaufwand. Damit sind eigentlich schon die wesentlichsten Pflegemaßnahmen aufgeführt. Denn bezüglich des Pflanzenschutzes gelten im Grundsatz die gleichen Regeln wie bei der Erdkultur. Besonders empfehlenswert sind bei der Hydrokultur in dieser Hinsicht natürlich die systemisch wirkenden Präparate, die bekanntlich mit der Wurzel aufgenommen, mit dem Saftstrom in den Pflanzenorganen verteilt werden und saugende oder beißende Schädlinge von innen heraus bekämpfen. Sie können der Nährlösung zugeführt werden. Dabei genügen im allgemeinen wesentlich geringere Konzentrationen, da vielfach vorhandene Wechselwirkungen zwischen Bekämpfungsmittel und Boden entfallen.

Nicht verschwiegen werden soll aber, daß insbesondere in geschlossenen Räumen Pflanzen ganz allgemein an Lichtmangel leiden. Dies gilt natürlich für die Hydrokultur in gleicher Weise wie für die Erdkultur. Bekanntlich stammt die Mehrzahl der bei uns kultivierten Zimmerpflanzen aus den Subtropen oder den wechselfeuchten Tropen. Dort haben Pflanzen im Freien etwa zehnmal mehr Licht im Verlaufe eines Jahres als im Freiland unserer Breiten, pro Sommertag ist es immer noch die 2—3fache Lichtmenge. Bedenkt man weiterhin, daß in einem gut belichteten Zimmer direkt hinter der Fensterscheibe nur noch eine Lichtstärke von durchschnittlich 1000 Lux herrscht (gegenüber 20 000 bis 30 000 Lux an Sonnentagen bei unbeschattetem Standort im Freien) so bedeutet dies, daß die Pflanze selbst in „gut" belichteten Räumen nur noch etwa 2 % der Lichtmenge erhält, die an den natürlichen Standorten einwirken würde. Stellt man die Hydrokulturanlage dann auch noch 3—4 m vom Fenster entfernt auf, sinkt die Lichtstärke gar auf 300 bis 500 Lux ab und wirkt dann gemäß dem Minimumgesetz von *Liebig* als wachstumsbegrenzender Faktor. Standort der Hydrokulturanlage und Kenntnis der Lichtansprüche der kultivierten Pflanzenarten sollten also schon bei der Planung mitberücksichtigt werden. Im folgenden seien daher für einige wichtige Zimmerpflanzen die minimalen Lichtansprüche tabellarisch zusammengestellt (mündliche Information der Fa. Hydroflora H. Funk):

Über 1000 Lux:
Citrus, Hibiscus, Peperomia, Ananas, Madagaskar-Palme.

800—1000 Lux:
Allamanda, Codiaeum, Grevillea, Marant, Pilea, Saintpaullia.

600—800 Lux:
Anthurium, die Mehrzahl der *Bromelien, Cissus, Cordyline (Dracaena), Cyperus*, einzelne *Ficus*-Arten, *Hoya, Pandanus*.

400—600 Lux:
Asparagus, Begonia, Dieffenbachia, Fatsia, die Mehrzahl der *Ficus*- und einzelne *Philodendron*-Arten, *Rhoicissus, Scindapsus, Stephanotis, Tetrastigma, Spatiphyllum, Syngonium*.

Unter 400 Lux:
Aglaonema, Chlorophytum, Clivia, Farne, Monstera, die Mehrzahl der *Philodendron*-Arten, *Sansevieria, Schefflera*.

Steht für entsprechende Messungen kein Luxmeter zur Verfügung, kann man sich mit dem Belichtungsmesser eines Fotoapparates folgendermaßen behelfen: Zeigt der Belichtungsmesser an, daß man bei einer Filmempfindlichkeit von 18° DIN, der Blende 8 und einer Belichtungszeit von 1/100 oder 1/125 Sekunde noch fotografieren könnte, so herrscht eine Lichtstärke von etwa 500 bis 600 Lux. Öffnung bzw. Schluß der Blende um eine Einheit bedeutet ferner bekanntlich Halbierung bzw, Verdoppelung der Lichtstärke.

Es würde den Rahmen dieses Beitrages bei weitem sprengen, wollten für alle Arten oder Sorten spezielle Kulturdaten im einzelnen aufgeführt werden. Im übrigen ist das Sammeln von Erfahrungen bekanntlich der beste Lehrmeister und Experimentieren eine unabdingbare Voraussetzung jeden Biologieunterrichtes. Im Bereich der Hydrokultur verbleibt auch heute noch immer ein reiches Betätigungsfeld, denn alle vorstehenden Kulturhinweise sind sicherlich noch zu optimieren und es wirkt zweifellos stark motivierend für Schülergruppen, entsprechende Daten selbst zu finden oder die Hydrokultur auch mit solchen Pflanzenarten zu erproben, die hier nicht genannt wurden. Für eine weiterführende Betrachtung der Hydrokultur und ihrer Praxis sei auf die nachfolgende Literaturliste verwiesen. Insbesondere für die Hand des Schülers sind genauere Einzelheiten und Zusammenhänge dargestellt in meiner Veröffentlichung „Erdlose Pflanzenhaltung" (Philler-Verlag Minden/Westf.; LB 140).

X. Schlußbetrachtung

Als Abrundung der Kenntnisse um den Themenbereich „Hydrokultur" sollen an dieser Stelle noch einmal einige bedeutsame Vor- und Nachteile einander gegenübergestellt werden, die sich im Zusammenhang mit diesem Kulturverfahren insbesondere für den Erwerbsgartenbau ergeben. Denn daraus könnte man vielleicht Schlußfolgerungen ableiten, ob dieses Verfahren der Pflanzenhaltung künftig steigende Bedeutung auch bei der Bekämpfung des Welthungers erlangen könnte oder nicht. Diese Gegenüberstellung soll hier nur stichwortartig erfolgen und erhebt keinerlei Anspruch auf Vollständigkeit.

Nachteile:

— Kosten und Investitionen für Hydro-Anlagen und deren automatische Versorgung im Hinblick auf rationellen und optimalen Pflanzenbau.
— Notwendigkeit theoretischer Kenntnisse beim Gärtner oder Obst- und Gemüse-Anbauer im Zusammenhang mit der Herstellung von Spezial-Nährlösungen für bestimmte Pflanzenarten. Dies ist einerseits im Hinblick auf optimales Wachstum erforderlich und andererseits aber von der Industrie nicht zu leisten. Diese kann nur gute, aber nicht bestmögliche Lösungsgemische für einzelne Pflanzenarten anbieten.
— Mangel an exakten Kenntnissen über die optimalen Bedingungen des Wachstums einzelner Pflanzenarten. Dies ist nur durch aufwendige wissenschaftliche Forschung zu beheben und ist bei der Hydrokultur noch stärker zu berücksichtigen, weil die Optimierung der Wasser- und Nährsalzversorgung gemäß dem Minimumgesetz die Frage nach einer Verbesserung der übrigen Wachstumsfaktoren krasser stellt.
— Schwierigkeiten mit der Luftversorgung im Wurzelbereich bei Anlagen, die nach dem Anstauverfahren betrieben werden.

Vorteile:

— Geringerer Pflegeaufwand beim Gießen und Nachdüngen (ca. 30 %; bei entsprechend automatisierten Großanlagen noch sehr viel weniger).
— Wegfall des Hackens, der Bodenauflockerung und Unkrautbekämpfungsmaßnahmen (alleine durch Verunkrautung entstehen weltweit Ernteverluste in Milliardenhöhe).
— Wegfall von solchen Krankheiten, die die Pflanze vom Boden aus infizieren (Pilzkrankheiten, Nematoden-Müdigkeit des Bodens, Insekten mit bodenbürtigen Entwicklungsstadien usw.). Dieser Faktor schlägt weltweit noch sehr viel stärker zu Buche.
— Wegfall der Düngungs- und Gießfehler bei sachgerechter Anwendung, sofern exakte Kulturdaten vorliegen.
— Möglichkeit, etwa Zierpflanzen auch in Turmgewächshäusern bei nur geringem Grundflächenbedarf zu kultivieren. Dies geschieht z. B. in der Weise, daß Pflanzen an einem paternosterähnlichen Endlosförderband befestigt sind und mit diesem Aufzug ständig auf und ab bewegt werden (gleichmäßigere Belichtung). Am tiefsten Punkt werden die Pflanzen durch ein Tauchbad mit Nährlösung geführt und geflutet. Bei einer Höhe von 40 m und einer Grundfläche von 50—60 qm entstehen so bis zu 1000 qm Kulturfläche.
— Möglichkeit, Hydrokultur auch mit Gemischen von Salz- und Süßwasser zu betreiben, wenn die chemische Beschaffenheit bekannt ist und nur fehlende Mineralsalze als Nährlösung verabreicht werden.
— Möglichkeit, durch Einsatz „künstlicher" Substrate Anbau auch dort zu betreiben, wo kein geeigneter Erdboden zur Verfügung steht. Da Hydrokultur ja stets in wasserdichten Gefäßen betrieben wird, entfällt in Trockengebieten auch der Wasserverlust durch Versickerung in den Untergrund und bei einer Kultur

in Gewächshäusern auch der Wasserverlust durch Verdunstung (in Israel und Saudi-Arabien ergibt dies Wassereinsparungen bis zu 40 %).

Angesichts dieser Gegenüberstellung erscheint es wohl doch lohnend, daß sich Schüler mit dem Prinzip der Hydrokultur beschäftigen, nicht nur — aber auch — deshalb, um durch praktische Betätigung einen Beitrag im Schulbereich zu leisten für eine schönere Umwelt und um außerdem den vielen Topfpflanzen, die in Schulen kläglich dahinvegetieren, bessere Lebensbedingungen zu schaffen, sondern auch deshalb, weil Hydrokultur ein Verfahren des Pflanzenanbaues werden kann bzw. schon ist, das erfolgreich eingesetzt werden kann im Kampf gegen den Welthunger und die ungleiche Verteilung von Nahrungsmittelproduktionsflächen.

Zusammenstellung einiger Firmenanschriften, die Hydrokulturgefäße, -zubehör und -pflanzen in sehr reichhaltiger Sortierung anbieten und überregional verschicken.

Diese Aufstellung ist selbstverständlich nicht vollständig und will auch nicht einseitig Werbung betreiben. Sie will vielmehr nur einige Beispiele aufzeigen. Weitere Firmennachweise lassen sich erhalten bei Gärtnereien und Blumengeschäften (da in gärtnerischen Fachzeitschriften derzeit laufend entsprechende Inserate erscheinen), sowie aus den Branchenverzeichnissen der Telefonbücher (da insbesondere in größeren Städten in zunehmendem Maße „Spezialgärtnereien", Blumenboutiquen oder Gartenbau-Bedarfsgeschäfte Hydrokultur-Abteilungen vorzuweisen haben).

R. Döring, Gartencenter, Friedberger Straße 8, Karben.
P. Hübecker, Gärtner- und Floristen-Technik, Rosenstraße 77, 4154 Tönisvorst 1.
Hydroflora H. Funk, Großhandel, Im-/Export, Am Mühlberg, 6456 Langenselbold.
Luwasa: z. B. Luwasa-Zentrale GmbH & Co KG, Hahnstraße 40, 6000 Frankfurt.
Weitere Firmen-Nachweise sind zu erhalten über:
Arbeitskreis für Hydrokultur im Zentralverband Gartenbau; Kölner Str. 142-148, 5300 Bonn-Bad Godesberg.

Literatur

Hier sind nicht nur Veröffentlichungen aufgeführt, die bei der Zusammenstellung dieses Beitrages mitbenutzt wurden, sondern auch solche, die eine genauere Beschäftigung mit der erdelosen Pflanzenhaltung erlauben.
Dreibrodt: Der Einfluß verschiedener Substrate auf den Erfolg von Gemüseanbau im Hydrokulturverfahren; Archiv f. Gartenbau, Bd. IX; 1961
Ellis, Swaney: Soiless Growth of Plants; Reinhold; New York; 1953
Gordon: Die neue Torfwand; Torfnachrichten 7/1952
Hasselberg: Erdelose Pflanzenhaltung; Minden 1971 und 1976
Kurzmann: Hydrokultur für den Blumenfreund; Praktischer Ratgeber im Obst- und Gartenbau 64/1956
Lau/Röszler: Zimmer- und Balkonpflanzen ohne Erde; Hydrokultur 50/1950
Penningsfeld/Kurzmann: Hydrokultur und Torfkultur; Handb. d. Erwerbsgartenbaus VII/1966. Hier auch sehr umfangreiche Liste weiterer Literatur
Röszler: Die Technik der erdelosen Pflanzenkultur; Göppingen; o. J.
Salzer: Pflanzen wachsen ohne Erde; Göppingen 1959
Schubert: Blumenfreude durch Hydrokultur; München 1975
Votteler: Hydrokultur in Blähton; München 1974

BIOLOGIEUNTERRICHT IM ZOOLOGISCHEN GARTEN

Von Privat-Dozentin Dr. Rosl Kirchshofer,
Schulabteilung Zool. Garten

Frankfurt am Main

I. Allgemeine Gesichtspunkte

1. Standort Zoologischer Gärten in unserer Gesellschaft

Seit der Gründung erster bürgerlicher Zoos im ausgehenden 18. und frühen 19. Jahrhundert verstehen sich Zoologische Gärten als *kulturelle* Einrichtungen mit den gesellschaftsbezogenen Aufgaben der naturwissenschaftlichen *Bildung* und *Forschung*. Erst im 20. Jahrhundert trat als neue Aufgabe die des *Naturschutzes* hinzu.

Der 1793 eröffnete Pariser Zoo „Jardin des Plantes", ein Kind der französischen Revolution [1], war der erste Zoologische Garten der Neuzeit, der wissenschaftlichen Studien diente sowie der Unterhaltung und Belehrung der Bürger. 1824 wurde in London eine „Zoological Society of London" begründet mit dem Ziel, einen Zoo einzurichten. Die Gesellschaft gab sich 1827 eine Satzung, wonach sie ihre Hauptaufgabe in der „Förderung der Zoologie und Tierphysiologie und in der Einfuhr neuer und interessanter Tierarten" [2] sah. Gleichzeitig begann der Aufbau des Londoner Zoos, der dann 1828 den Mitgliedern der Zoologischen Gesellschaft und an besonderen Tagen auch allen anderen Bürgern zugänglich wurde. Seinem Beispiel folgend entstanden noch im selben Jahrhundert in nahezu allen Großstädten Europas (z. B. Berlin 1844, Frankfurt a. M. 1858) aber auch in Überseeländern (z. B. Chicago 1870, Kalkutta 1875, Tokio 1882) zahlreiche Zoos mit gleicher Aufgabenstellung und Zielsetzung. Diese Entwicklung hält auch in unserem Jahrhundert an (z. B. München 1910, Rom 1911, San Diego 1922) und erhielt nach dem zweiten Weltkrieg einen neuen, ungeheuren Aufschwung (z. B. Rio de Janeiro 1945, Slimbridge 1946, Havanna 1959, Bergen 1961) [3]. Heute zählt das „International Zoo Yearbook" [4] rund 900 Zoologische Gärten und ähnliche Wildtierhaltungen auf und jährlich kommen neue hinzu.

Leider fühlen sich meist nur die wissenschaftlich geleiteten Zoos unter ihnen den ursprünglich formulierten Aufgaben und Zielen verpflichtet. Nur sie sind auch in der Regel „nicht kommerzielle (non profit making)" Einrichtungen, was bedeutet, daß sie satzungsgemäß eventuelle finanzielle Gewinne ausschließlich zur Unterhaltung und zum weiteren Ausbau des Zoologischen Gartens und seiner Einrichtungen verwenden müssen. Sie haben außerdem, bedingt durch die weltweiten gesellschaftlichen und politischen Umwälzungen, die Hand in Hand mit Überbevölkerung, Verstädterung, Überindustrialisierung und Umweltzerstörung gehen, ihre gesellschaftsbezogenen Aufgaben präzisiert und erweitert.

So sehen sie heute ihre *erste Aufgabe* darin, für den naturentfremdeten Großstädter eine *Begegnungsstätte mit der Tierwelt* zu schaffen mit dem Ziel, ein Verständnis für die Eigengesetzlichkeit der Lebewelt zu fördern und damit zur Reflexion, zum Nachdenken, über die Beziehungen der Menschen zur Natur anzuregen. Sie gehen dabei von der Erkenntnis aus, daß auch der Mensch als lebendiges Wesen ein Teil dieser Natur ist und in seinem körperlichen aber auch seelisch-geistigen Sein von ihr und ihrer Erhaltung abhängig ist. Da er gleichzeitig aber als einziges Lebewesen immer tiefer in den Naturhaushalt verändernd und störend eingreift, wobei er als erstes jeweils die Existenzgrundlage für zahlreiche Großtierarten vernichtet und seine eigene auf lange Sicht hin in Frage stellt, sind Selbstbesinnung und eine neue Standortbestimmung im Verhältnis Mensch — Natur unumgänglich notwendig geworden.

Insofern ist eine *zweite Aufgabe* des Zoos, die der Vermittlung naturwissenschaftlicher *Bildung* heute nicht mehr nur beschränkt auf eine mehr oder weniger musealische Darbietung von Wildtieren im Zoo, um Artenkenntnis und Einblick in die Artenmannigfaltigkeit zu ermöglichen. Vielmehr versucht man durch neuzeitliche, den Verhaltens- und Umweltansprüchen der Tiere gerecht werdende Haltungs- und Ausstellungstechniken den Besuchern Einsichten in das Verhalten und die Umweltbezogenheit der Wildtiere zu gewähren und sie über die im Zusammenhang mit der Umweltzerstörung einhergehende Vernichtung der Großtierarten aufzuklären. Im Rahmen dieser Bildungsarbeit wenden sich die Zoologischen Gärten mehr und mehr an die *jugendlichen Bürger,* die die gesellschaftspolitischen Entscheidungen von morgen treffen werden. Denn die zur Zeit bedrohlichste Fehlentwicklung in unserer Gesellschaft, nämlich ihr Versäumnis, wieder ausgewogene Verhältnisse zwischen Natur und Technik sowie Industrie herzustellen, hat ihre Ursache sicherlich nicht zuletzt in der nahezu katastrophal schlechten biologischen Ausbildung der heutigen erwachsenen Bevölkerung. So sehr in den letzten Jahrzehnten die naturwissenschaftlich-mathematischen Fächer auch im Unterricht in den Vordergrund gerückt sind und niemand den Bildungswert der Mathematik, Chemie und Physik anzweifelt, so wenig wollte und will man den Bildungswert der Biologie erkennen und ihm im Unterricht ausreichend Rechnung tragen. Ohne grundlegende Kenntnisse biologischer Gesetzlichkeiten und Einsichten in biologische Zusammenhänge wird man aber die für unsere Gesellschaften vordringlichsten Probleme der Erhaltung ökologischer Gleichgewichte, der Ernährung einer stets zunehmenden Weltbevölkerung, der Beschaffung von notwendigen Rohstoffen ohne ständige weitere Vernichtung von Lebensgemeinschaften, nicht lösen können.

In der Erkenntnis dieser Verhältnisse und eingedenk ihrer wichtigsten Aufgabe, nämlich der, biologisches Wissen zu vermitteln, haben in neuester Zeit zahlreiche Zoologische Gärten eigene *Unterrichtsabteilungen* bzw. *Zooschulen* eingerichtet und zusätzlich oder auch für sich allein besondere Unterrichtshilfen sowie Lehrmittel bereitgestellt. Damit beschäftigt sich der Hauptteil dieses Aufsatzes.

Eine *dritte Aufgabe* sehen die modernen Zoos nach wie vor in der *naturwissenschaftlichen Forschung*, die schon aus „Selbsterhaltungsgründen" notwendig ist. Auch dabei stehen Fragen über die Umweltansprüche und -beziehungen der gehaltenen Wildtiere, über ihr Verhalten und zu ihrer Ernährung sowie zu ihrer gesundheitlichen Betreuung im Vordergrund. Denn eine tiergerechte Wildtierhaltung kann ja nur auf den Forschungsergebnissen von Ökologie, Ethologie, Ernährungsphysiologie und Tiermedizin, sowie auf deren praktischer Anwendung auf Unterbringung und Pflege der Wildtiere in Menschenobhut aufbauen. Um darüber hinaus auch zu einer besuchergerechten Darbietung und Ausstellung der Tiere zu kommen, müssen auch allgemein-psychologische sowie ausstellungstechnische Erkenntnisse bei der Anordnung, dem Bau und der Einrichtung der Tierunterkünfte erarbeitet und berücksichtigt werden, ebenso bei allen fachlichen Hinweisen in Gehegeschildern, Schautafeln, Sprechkästen, Zooführern u. a. zusätzlichen Informationsmaterialien [5].

Durch die schon mehrfach erwähnte fortschreitende Umweltzerstörung und ihre Folgen auf die Wildtierwelt erwuchs den Zoologischen Gärten in unserem Jahrhundert eine völlig neuartige *vierte Aufgabe*, nämlich die des Schutzes der diesen tiefgreifenden Lebensraumveränderungen zuerst zum Opfer fallenden Großtiere. Schon gibt es Arten, wie z. B. den Wisent, das Przewalski-Pferd und den Davids-Hirsch u.a., die ihr Überleben nur ihrer Haltung in Zoologischen Gärten und Wildparks verdanken. Die gezielte Haltung und Zucht zahlreicher anderer besonders gefährdeter Tierarten, wie z. B. Orang-Utan, Sumatra-Tiger und Onager mag nicht nur deren Ausrottung verhindern, sondern zugeich mit anderen Zootierzuchten auch eine Gen-Reserve sichern, auf die spätere Generationen vielleicht im Zusammenhang mit Problemen der Welternährung werden zurückgreifen müssen. Nicht nur um der Zukunft dieser Wildtierarten willen und daher aus ethischen Gründen, sondern auch zur Sicherung der Zukunft des Menschen, also aus anthropozentrischen Gründen, sind die Bemühungen zum *Naturschutz* im Sinne des Artenschutzes in Zoologischen Gärten unumgänglich notwendig geworden [6].

2. *Einrichtung von Zooschulen und ihre Bildungsziele*

Zoologische Gärten wurden erstmals in den USA gezielt für den Schulunterricht genutzt. Dort wurde der Beruf des „Educations Officers", des *Zoopädagogen* geboren. Heute gibt es in nahezu jedem amerikanischen Tiergarten ein „Education Department", eine *Unterrichtsabteilung*, die sehr häufig sogar mit mehreren Zoopädagogen ausgestattet ist. Deren Aufgaben umfassen neben dem praktischen Unterricht vor den Tiergehegen oder in eigenen Zooschulräumen bzw. auch in den Schulen selbst, zum Teil auch die schriftliche Ausarbeitung von passenden Unterrichtsmaterialien und die Einschulung von freiwilligen pädagogischen Mitarbeitern, sogenannten „Zoo Docents" [7].

Als erster europäischer Zoodirektor übernahm *Prof. Dr. Dr. h. c. B. Grzimek* 1960 diese Idee einer „Zooschule". Der engagierte Naturschützer und Wildtierbiologe wußte längst, daß die Existenz moderner Zoos überhaupt nur durch ein stets verbreitertes und verbessertes Bildungsangebot zu rechtfertigen ist und daß die Verbreitung biologischer Erkenntnisse und Einsichten noch nie so notwendig war, wie zu unserer Zeit. So erschien ihm die Einbeziehung der Schulen in das Bildungsangebot des von ihm geleiteten *Frankfurter Zoos* nur als ein weiterer, aber besonders wichtiger Schritt auf dem Wege der Zoos zu allgemein anerkannten Bildungsstätten. In Zusammenarbeit mit dem *Frankfurter Städtischen Schulamt* wurde daher bereits am 1. November 1960 im Zoo der Stadt Frankfurt eine eigene *Zoo-Schulabteilung* eingerichtet, die erste ihrer Art in Europa und damit auch in der Bundesrepublik [8]. Seither folgten zahlreiche weitere Zoos und ihre Oberbehörden diesem Beispiel, sowohl in der BRD (Köln, Hannover, Nürnberg, Düsseldorf, Münster, Stuttgart, Osnabrück), der DDR (Rostock, Berlin-Ost, Leipzig, Dresden, Halle) sowie in europäischen Nachbarländern (London, Amsterdam,

Antwerpen, Kopenhagen ...). Diese Zooschulen sind, so wie die Zoologischen Gärten, in die sie integriert sind, hinsichtlich ihrer verwaltungstechnischen Zuordnung, der räumlichen und personellen Ausstattung und ihres Unterrichtsangebotes, recht unterschiedlich. Dennoch verfolgen sie alle weitgehend dieselben *Bildungsziele*, nämlich jungen Menschen unter fachlicher Anleitung Gelegenheit zu geben,

a. Wildtiere im Aussehen, ihren Lebensansprüchen und ihren Verhaltensweisen kennenzulernen,

b. die Grundlagen der Haltung und Pflege von Wildtieren in Menschenobhut verstehen zu lernen,

c. das unbewußte, irreführende naive „Vermenschlichen" (= Bewertung von Tieren nach menschlichen moralischen, ästhetischen und Leistungsmaßstäben) zu Gunsten einer „gerechteren" d. h. biologischen Beurteilung der tierlichen Erscheinungsformen und Leistungen abzubauen,

d. Einblick in die Wechselbeziehungen zwischen Mensch und belebter Natur zu bekommen und die gefährliche „Kopflastigkeit" dieser Beziehungen zu Gunsten der Menschen erkennen zu können.

e. Überlegungen über notwendige Schutzmaßnahmen zu Gunsten der Erhaltung wildlebender Arten anstellen bzw. bereits erreichte Schutzmaßnahmen nach Notwendigkeit und Zielen erklären zu können.

3. Ein Fachverband für Zoopädagogen

Seit über einem Jahrzehnt treffen sich die europäischen Zoopädagogen zu Fachtagungen, auf denen allgemeine Aufgaben und Ziele des Zoo-Unterrichtes besprochen und praktische Unterrichtsmodelle vorgestellt werden. 1972 wurde anläßlich einer solchen Tagung im Frankfurter Zoo eine *„Internationale Zoopädagogen-Vereinigung"* — International Association of Zoo-Educators — gegründet, die seither regelmäßig im Zwei-Jahres-Zyklus Tagungen zur Zoopädagogik ausrichtet (1974 Kopenhagen, 1976 London, 1978 voraussichtlich Washington) und Berichte darüber veröffentlicht [9]. Man kam überein, daß die ordentliche *Mitgliedschaft* für alle Zoopädagogen und Bildungsbeauftragten in ähnlichen Einrichtungen (Aquarien, Tierparks, -gehege, Safari-Parks, Naturkundl. Museen) offen sein soll. Die außerordentliche Mitgliedschaft ist offen für alle Personen, die teilweise auf die eine oder andere Art beruflich mit Bildung und Erziehung in Zoologischen Gärten zu tun haben, also auch für Hochschullehrer, Dozenten in Lehrerfortbildungsinstituten und praktische Lehrkräfte, so sie diese Voraussetzungen erfüllen. Eine eigene Zeitschrift wird herausgegeben.

4. Didaktische Überlegungen für den Zoo-Unterricht im Hinblick auf die Schulbiologie

Für den Biologieunterricht im Zoo gelten weitgehend dieselben *didaktischen Forderungen*, wie sie in dem Fach allgemein gestellt werden. Dies vor allem dann, wenn er — wie z. B. im Frankfurter oder im Stuttgarter Zoo und in anderen — im Rahmen der Schulbiologie und damit vor dem Hintergrund der jeweiligen Bildungspläne und in Absprache mit den Fachlehrkräften abgehalten wird. Allerdings gilt es bei der Stoffauswahl, den Arbeitsverfahren und den Lerntechniken die *Besonderheiten der Unterrichtsstätte Zoo* zu berücksichtigen. Sie sind, bezogen auf einen modernen wissenschaftlich geleiteten Zoo folgende:

a. Lebende Tiere aus verschiedenen Erdteilen, Klimaregionen und Lebensräumen werden in zahlreichen Arten, in überschaubarer Nachbarschaft, unter weitgehender Berücksichtigung ihrer natürlichen Lebensansprüche, der notwendigen Hygiene und der Besucheransprüche so gehalten, daß sie ihre Gehege und Unterkünfte im Sinne von *Hediger* [10] als *Ersatzrevier* annehmen, neue *Raum-Zeit-Systeme* aufbauen und sich *artgemäß* verhalten.

b. Als wichtige Maßstäbe für die körperliche und seelisch-geistige Gesundheit der Zootiere gelten ihr Aussehen (glänzende Augen, gepflegtes Fell oder Gefieder) sowie die natürliche Betreuung und Aufzucht ihrer Jungen. Kranke und/oder seelisch gestörte Wildtiere zeigen ein gestörtes Körperpflegeverhalten; sie vernachlässigen oder töten ihren Nachwuchs.

Die in diesen „Besonderheiten" zum Ausdruck gebrachten modernen *Tierhaltungskriterien* kommen den Aufgaben eines modernen Biologieunterrichtes, wie sie sich aus dem Fach selbst ergeben (Biologie = „Lehre vom Leben") und wie sie aus der besonderen biologischen und gesellschaftlichen Lage des heutigen westlichen Zivilisationsmenschen erwachsen, in sehr günstiger Weise entgegen. Dies sei näher ausgeführt:

Die *bildungstheoretisch* begründeten Aufgaben des Biologieunterrichtes bestehen ja in der Vermittlung von Einsichten in die Eigengesetzlichkeiten des Lebendigen, einer besonderen Seins-Struktur, der auch der Mensch zuzurechnen ist. Es gilt dabei nach *Siedentop* [11], die Schüler „Einsicht in das Eigentümliche der lebenden Natur" gewinnen zu lassen, sie mit den „Methoden des biologischen Arbeitens" vertraut zu machen und es möglichst selbsttätig ein „hinreichendes Wissen von Pflanzen, Tieren und dem Menschen" erwerben zu lassen, wobei im Mittelpunkt der Betrachtung nach Möglichkeit das *lebende Objekt* stehen soll.

In der *Unterrichtsstätte Zoo* haben wir es ausschließlich mit *lebenden Tieren* zu tun. An ihren Lebenstätigkeiten, wie sie sich unmittelbar in ihrem Verhalten wiederspiegeln, an ihrem Aussehen und aus den Beziehungen zu ihrer sekundären, der natürlichen nachgestalteten Umwelt, lassen sich *Grundeinsichten* hinsichtlich

a. der Systemzusammenhänge Körperbau—Funktion—Umwelt (z. B. beim Hangelkletterer Gibbon, beim Schwimmtaucher Pinguin, beim Felskletterer Steinbock ...),

b. des Problems der Anpassung in Farbe, Form und Verhalten (z. B. bei baum-, boden-, wasserlebenden Kriechtieren wie Grüne Mamba, Schwarze Mamba, Fühlerschlange),

c. der Abhängigkeit von besonderen Umweltgegebenheiten (in der Obhut des Menschen aus besonderen Pflegemaßnahmen ersichtlich, z. B. hochgehängter Futterkorb bei Giraffen, Reisigbürste bei Okapis, Sandsuhle bei Mähnenspringern ...),

d. der natürlichen Verwandtschaft (z. B. Großkatzen, Paarhufer, Enten, Gänse, Flamingos, Eulen ...),

e. der Fortpflanzung und Entwicklung (Werbung, Paarung, Brutpflege z. B. bei Pfauen, Affen),

f. der Ernährung und der Eßgewohnheiten (z. B. bei öffentlichen Fütterungen, durch Einblick in Futterküchen ...)
und zahlreicher weiterer Fragestellungen unschwer durch *Beobachtung* und *Vergleich* erarbeiten und zum Menschen in Beziehung setzen.

Dabei wird *Grundwissen (materiale* Lernziele) wie Artenkenntnis, Baupläne, systematisches, physiologisches und ökologisches Wissen erworben, und es können allgemeine Fähigkeiten und Fertigkeiten (formale Lernziele) des Schülers besonders gut entwickelt und geübt werden.

Die *gesellschaftspolitisch* begründeten Aufgaben des Biologieunterrichts bestehen hingegen darin, Einsichten in das — heute weitgehend gestörte — Wirkungsgefüge Mensch — Umwelt zu bieten. „Denn nur wer über die notwendigen Einsichten in das Wirkungsgefüge Mensch — Landschaft verfügt, vermag danach politisch verantwortlich zu handeln," *Schwabe* [12]. Unterrichtsziel muß dabei das Verständnis für die notwendig gewordene Existenzsicherung unserer biologischen Daseinsgrundlage sein, wie er dies 1968 in seiner Arbeit „Von der Selbstbedrohung des Menschen" an Hand einer Analyse der derzeitigen Situation des Menschen aus biologischer Sicht gefordert hat und wie dies der Nobelpreisträger *Konrad Lorenz* 1971 [13] in „Die acht Todsünden der zivilisierten Menschheit" aus humanethologischer Sicht tat.

Im *Zoo-Unterricht* lassen sich vor allem mit Hilfe der da gehaltenen, gezielt vermehrten und in internationalen Zuchtbüchern registrierten bedrohten bzw. in Freiheit bereits ausgerotteten Tierarten für dieses Verständnis wichtige *Grundeinsichten* vermitteln, nämlich

a. daß das Überleben der einzelnen Arten auf Dauer nur durch die Erhaltung der Lebensräume und der an sie angepaßten Lebensgemeinschaften gewährleistet werden kann (z. B. großräumige Abholzung der tropischen Regenwälder in Sumatra und Borneo verurteilen den Orang-Utan zum Aussterben; Überkultivierung in Indien zerstört die Lebensgrundlagen des Tigers),

b. daß für eine einmal ausgerottete Tierart kein Ersatz beschafft werden kann [14] (z. B. Verringerung der Säugetierarten um 63 innerhalb der letzten 350 Jahre, davon Ausrottung von 28 allein in unserem Jahrhundert) [15].

c. daß man rechtzeitig durch Schaffung von Schutzgebieten, Verbringen von Zuchtgruppen in Zoologische Gärten sowie gezielte Wiederausbürgerung vorbeugen muß, um der endgültigen Vernichtung der Großtierwelt Einhalt zu gebieten (z. B. Einrichtung des Nationalparkes Gran Paradiso in Italien, wodurch der Steinbock vor der Ausrottung bewahrt wurde; Verbringen der letzten Arabischen Oryx-Antilopen 1963 in den Zoo von Phoenix/Arizona, USA, mit seither beachtlichen Zuchterfolgen; Wiederausbürgerung von Zoo-Wisenten in den polnischen Nationalpark Bialowieca, nachdem 1921 der letzte freilebende Wisent verstorben war und ab 1923 durch gezielte Zucht 56 noch vorhandene Zoo-Wisente auf heute über 900 vermehrt worden waren) [16].

Diese Grundeinsichten können noch besonders an Hand von *Haltungs-* und *Pflegemaßnahmen* für die Zootiere vertieft werden. Zwar ist jedes Lebewesen, einschließlich des Menschen, eine Einheit für sich, „etwas Ganzes", doch kann es nur eingebettet in umfassendere Ganzheiten wie den Lebensraum und seine Lebensgemeinschaft gedeihen, sich vermehren und damit zur Erhaltung seiner Art beitragen. Verändert man die natürlichen Gegebenheiten, wie dies im Zoo der Fall ist, muß man sie durch passende neue ersetzen, die denselben Zweck erfüllen, soll ein Lebewesen die Veränderung unbeschadet überleben.

a. Nur über das Angebot passender Klimatisierung, passender Ersatznahrung, sinnvoller, sich an Bewegungsdrang, sozialen Ansprüchen, Grad der Scheuheit, Bewegungarten orientierender Gehegeeinrichtungen können Wildtiere sich an die weitgehend anderen Umweltverhältnisse im Zoo individuell anpassen.

b. Doch lassen sich bestimmte Faktoren aus der arteigenen Umwelt durch nichts ersetzen, so z. B. das arteigene Milieu (Luft oder Wasser) oder der Artgenossen. Sie müssen daher tatsächlich „im Original" angeboten werden.

c. Zudem führt ein schlechter Ersatz lebenswichtiger Faktoren zu schweren Störungen im körperlichen wie auch seelisch-geistigen Bereich: Stoffwechselkrankheiten, Wachstumsstörungen, Unfruchtbarkeit sind die somatischen Folgen; Nahrungsverweigerung, Ausbildung von Stereotypien und Hospitalismen, die die Tiere in ihren Sexual- und Sozialbeziehungen beeinträchtigen, sind die Auswirkungen im Verhalten.

Die so gewonnenen Erkenntnisse der zerstörenden bzw. erhaltenden Einflußnahme des Menschen auf die Tierwelt einerseits und der Bedeutung von Umweltfaktoren für Lebewesen andererseits, ermöglichen den Schülern, die notwendigen *Zuordnungen* (koordinative Lernziele) zwischen den Bereichen „der Mensch als Lebewesen", „die Gesellschaft" und „die Umwelt" zu treffen.

Aus diesen didaktischen Überlegungen zu einem Unterricht im Zoo, angestellt im Hinblick auf allgemeine Bildungsaufgaben Zoologischer Gärten und die bildungstheoretischen sowie gesellschaftsbezogenen Forderungen an den modernen Biologieunterricht wird ersichtlich, daß der Zoo-Unterricht besonders gut zur Erfüllung der doppelten Aufgabe des Biologieunterrichtes beitragen kann, nämlich (in Erweiterung von *Grupe* 1971 [17])

a. die jungen Menschen zum kritischen Beobachten von und selbständigen Urteilen über Lebenserscheinungen, -vorgänge und -gesetzlichkeiten zu erziehen, um damit

b. die fachlichen Voraussetzungen und die Einsicht in die Notwendigkeit für ein verantwortliches Handeln in der Auseinandersetzung „Gesellschaft: Umwelt" zu schaffen.

5. Methoden des Unterrichtens in Zoologischen Gärten

In den *Zooschulen* werden zum Teil unterschiedliche Unterrichtsmethoden angewendet, je nachdem, wie weit ihre Unterrichtsprogramme die jeweiligen Bildungspläne berücksichtigen bzw. der praktische Zoo-Unterricht als Teil der gerade in der Schule behandelten zoologischen Lerneinheit gegeben wird oder nicht. Insofern wird der Zoo-Unterricht *ergänzend* zum oder *integriert* in den Biologieunterricht gegeben.

Im Falle eines mehr ergänzenden Zoo-Unterrichts bieten die Zoo-Schulen *feste Unterrichtsprogramme* mit meist nur wenigen ausgewählten Themen an, wie z. B. die Kölner Zooschule (Reptilien, Einheimische Vögel, Winterschläfer und Vorratssammler, Nagetiere und ihre Lebensweise, Anpassung an den Lebensraum, Einheimische und exotische Insekten) [18] oder die von Osnabrück (Anpassung an das Wasser, Afrikanische Steppentiere, Warum werden Tiere im Zoo gehalten, Interessantes aus dem Leben der Reptilien) [19]. Der Zoo-Unterricht findet dann meist ganz (Köln) oder teilweise zur Einführung (Osnabrück) in einem *Schulraum* des Zoos statt. Dort werden mitunter auch die Tiere vorgeführt (Köln) oder es schließt sich daran ein Unterrichtsgang in den Zoo an. In einzelnen Fällen (Leipzig) wird abschließend erneut im Schulraum noch eine Zusammenschau versucht. Bei diesem ergänzenden Unterricht im Zoo übernimmt der Zoolehrer mit dem Angebot des Themas auch gleichzeitig alle drei Unterrichtsstufen der Einführung, Durchführung und der Vertiefung. Er bedient sich neben den lebenden Tieren (primäre Anschauungsmittel) auch sekundärer Anschauungsmittel wie Dias, Filme, Skelette, Verbreitungskarten. Der Unterricht ist meist ein Frontalunterricht, gelegentlich fragend-entwickelnd, seltener anweisend, mit Hilfe von Arbeitsbögen.

Bei einem in den Biologieunterricht integrierten, also *lehrplanbezogenen* Unterricht im Zoo wird das Unterrichtsthema jeweils nach Absprache mit der Biologie-Lehrkraft festgelegt und gleichzeitig auch, ob der Zoobesuch dazu der Einführung, Erarbeitung oder Zusammenschau zu einer im Unterricht gerade abgehandelten Lerneinheit dienen soll. Werden feste Unterrichtsprogramme angeboten, sind sie ebenfalls lehrplanbezogen und einzelnen Schulstufen zugeordnet (z. B. Frankfurt, Hannover, Stuttgart). In diesem Fall übernimmt die Klassenlehrkraft häufig einen Teil des Unterrichts selbst und der Einsatz sekundärer Anschauungsmittel bleibt ihr weitgehend für den Unterricht im Klassenraum überlassen. Die für den Zoo-Unterricht vorgesehene Zeit steht, von kurzen technischen Einführungen abgesehen, nahezu ganz für den eigentlichen *Unterrichtsgang* im Zoo zur Verfügung. Dadurch wird der Zeitanteil, der der Beobachtung der *lebenden Tiere* gewidmet ist, erheblich vergrößert.

Der lehrplanbezogene Zoo- Unterricht erlaubt nicht nur eine engere Einbindung in den schulischen Biologie-Unterricht, er ist auch flexibler und reichhaltiger, was Themenauswahl und -angebot anbelangt und damit vielleicht auf längere Sicht gesehen für die Schulen vielseitiger nutzbar. Zusätzlich bewahrt er die Zoopädagogen und damit den Unterricht vor routinemäßiger „Erstarrung" und zwingt zur Ausarbeitung immer neuer Themenkreise. Als Unterrichtsmethode wird hauptsächlich die fragend-entwickelnde eingesetzt, die Frontalmethode im Sinne eines „Fachmann-Vortrages" nur bei besonders schwierigen Themen. Arbeit mit schon ausgearbeiteten Arbeitsbögen wird in Ergänzung zum Unterrichtsgang empfohlen (Frankfurt, Stuttgart, Leipzig, Halle).

Natürlich lassen sich nicht wirklich scharfe Grenzen zwischen der einen oder anderen Unterrichtsform ziehen.

Die *Unterrichtszeiten* für den Zoo-Unterricht sind meist für Grundschulklassen auf eine, für die Sekundarstufe I auf eineinhalb bis zwei und für die Sekundarstufe II auf bis zu drei Schulstunden festgelegt.

Die *Themenkataloge* sind für die einzelnen Zooschulen noch gesondert unter II.2. angegeben.

Da nicht in jedem Zoo eine Zooschule zur Verfügung steht, folgen nachstehend noch methodische Hinweise zu einem *Zoo-Unterricht durch den Klassenlehrer*. Dabei folge ich *Dylla* [20], der erstmals Grundsätzliches dazu veröffentlichte. Er unterscheidet und empfiehlt sechs unterschiedliche Unterrichtsverfahren: den Informationsgang, den Fachmanns-Vortrag, die Gruppenanalyse, den Anweisenden Unterricht, das Zusammentragende Beobachten und die Projektmethode.

Beim *Informationsgang* führt der Lehrer seine Schüler durch die Zoo-Anlage, um ihnen einen allgemeinen Überblick über die im Zoo gehaltenen Tiere zu vermitteln. Dabei ist wesentlich, an der einen oder anderen Stelle zu verharren, so daß die Schüler Verständnis für Formen und ihre Vielfältigkeit entwickeln können. (Ziel: zeitgemäße Haltung des „Konsumierens im Vorbeigehen" soll durchbrochen werden. Gefahr: Überforderung durch eine übergroße Fülle von Eindrücken. Einsatz: zu Beginn einer Unterrichtsreihe im Zoo). Beim *Fachmanns-Vortrag* hält der Lehrer oder eine andere Person (evtl. der Zoolehrer) angesichts der Tiere einen Vortrag zu einem bereits vorher festgelegten Thema. Dieser sollte nicht länger als 45 Minuten dauern, wobei die Schüler mitprotokollieren sollen. (Ziel: ein zusammenhängendes Thema soll (und kann) in verhältnismäßig kurzer Zeit behandelt werden. Einsatz: vor allem für die Sekundarstufe II. Nacharbeit: einzelnes oder gemeinsames Auswerten des Protokolls.) Die *Gruppenanalyse* von Merkmalen ist hingegen für Schüler der Grund- und Sekundarstufe I gedacht. Dabei wird die Klasse im Halbkreis vor einem Tiergehege aufgestellt. Durch gezielte Fragen wird ein Unterrichtsgespräch in Gang gebracht, wobei die Beobachtungsergebnisse durch zwei „Protokollanten" schriftlich festgehalten werden. (Ziel: Aktivierung der ganzen Klasse. Anregen zum genauen Beobachten, Verbalisieren. Gefahr: Möglichkeit zur Kontrolle der Einzelleistung fehlt.) Beim *Anweisenden Unterricht* erhält jeder Schüler eine schriftliche Anweisung, nach der er zu arbeiten hat. Die Anweisungen muß der Fachlehrer selbst anfertigen bzw. kann er heute auch über bestimmte Zooschulen (z. B. Frankfurt, Stuttgart), Pädagogische Hochschulen und Lehrerfortbildungseinrichtungen (z. B. PH Reutlingen, PH Osnabrück, Didaktisches Zentrum Berlin, Hessisches Institut für Lehrerfortbildung) anfordern. Die Vorteile dieser Methode bestehen darin, daß jeder Schüler gefordert ist und der vom Vortrag entlastete Lehrer schwachen Schülern helfen bzw. besonders begabte Schüler durch zusätzliche Denkaufgaben fördern kann. Diese Methode ist für jede Altersstufe geeignet. Auf sie baut das *Zusammentragende Beobachten* als eine Sonderform des Anweisenden Unterrichts für die Sekundarstufe II auf. Sie ist dann angebracht, wenn ein Vorgang analysiert werden soll, der längere Zeit (Tage, Wochen) in Anspruch nimmt, aber durch Langzeitbeobachtung erfaßt werden kann. Die Schüler arbeiten anhand einer Musteranweisung abwechselnd. Der einzelne Schüler wird dabei doppelt gefordert: einmal beim Zusammentragen der Beobachtungsdaten und zum anderen bei deren Auswertung, die ihm überdies die Vorteile einer Gruppenarbeit zeigt. (Gut geeignet für Schülerpraktika oder -arbeitsgemeinschaften, vor allem zur Lösung von ethologischen Aufgabenstellungen im Zoo). Bei der *Projektmethode* arbeitet jeder Schüler nach einem selbstentworfenen Plan, angeregt durch das Lesen einer Facharbeit. Er bestimmt selbst das Thema, die Fragestellungen, den

Umfang und die Dauer seiner Arbeit und legt die Methoden selbst fest. Dieses Verfahren bietet ein Höchstmaß an Selbständigkeit für Schüler der Sekundarstufe II im Wahlpflichtfach Biologie, einem Biologie-Praktikum, einer Biologie-Arbeitsgemeinschaft. Dabei tritt der Lehrer vollständig in den Hintergrund. Er wählt nur die Originalarbeiten aus und gibt sie an die Schüler weiter, auch berät er sie auf Wunsch.

II. Besondere Möglichkeiten

1. Zoos in der BRD als Ziel für Zoologische Exkursionen

Es werden nachstehend folgende Abkürzungen verwendet: G = Gründung; GR = Größe; LA = Lage; ÖZ = Öffnungszeiten (So = Sommer, Wi = Winter, S = Sonntag, F = Feiertag, W = Wochentag); TB = Tierbestand; TV = Tiervorführungen; UNT = Zoounterricht; BES = Besonderheiten im Tierbestand.
Die Angaben folgen *Das Beste* [21], *Kirchshofer* [22], diversen Zooführern.

Augsburg
Augsburger Tiergarten, Parkstraße 25a, 8900 Augsburg
G: 1937 als Heimattiergarten; seit 1950 Zoo. GR: 21 ha. LA: am Rande des Siebentischwaldes. Aus der Stadt zu erreichen mit Straßenbahn 4, mit Autobus 26. ÖZ: So 9—18.30 Uhr, Wi 9 bis Dunkelheit. TB: rund 350 Arten in rund 1 200 Tieren (Säuger und Vögel). BES: Haltung und Zucht zahlreicher heimischer Tierarten; zahlreiche Haustierarten; Wassergeflügelsammlung; daneben auch fremdländische Tiere.

Berlin-West
Zoologischer Garten, Hardenbergplatz 8, 1000 Berlin 30
G: 1841. GR: 30 ha. LA: am Bahnhof Zoo, Stadtzentrum. ÖZ: Wi 9 bis Dunkelheit, So 8 bis Dunkelheit; Aquarium: W 9—18.30 Uhr, S und F 9—19 Uhr. TB: rund 2 400 Arten in rund 13 300 Tieren (Säuger, Vögel, Reptilien, Amphibien, Fische, Niedere Tiere). TV: Robben, Elefanten, Menschenaffen. UNT: Fortbildungskurse für Lehrer, Schulzooführer. BES: größte Tiersammlung in einem Zoologischen Garten; Vertreter aus allen Tiergruppen; bemerkenswerte Tierhäuser (z. B. Menschenaffenhaus, Vogelhaus, Raubtierhaus und Nachttierhaus, Aquarien- und Terrarienhaus mit Insektarium). Zucht u. a. von Gorillas, Rotbüffeln, Bergzebras, Halbeseln, Pudus.

Bochum
Tierpark im Bochumer Stadtpark, 4630 Bochum
G: 1933. LA: im Stadtpark. BES: hauptsächlich heimische Wildtiere (Säuger und Vögel), einige Affenarten, tropische Vögel, kleines Aquarienhaus.

Bremen
Aquarium des Übersee-Museums, Bahnhofsplatz 13, 2800 Bremen
LA: am Hauptbahnhof. ÖZ: ganzjährig. Montag Ruhetag. W 10—16 Uhr, S (F) 10—14 Uhr. TB: Fische, Kriechtiere, Niedere Tiere. BES: Krokodile, Riesenschlangen.

Bremerhaven
Tiergrotten und Nordseeaquarium, Am Weserdeich, 2850 Bremerhaven
G: 1928. GR: 0,6 ha. LA: Stadtmitte am Weserdeich (vom Hauptbahnhof mit Straßenbahn 2). ÖZ: 8 bis Dunkelheit. TB: rund 270 Arten in rund 1 300 Tieren (Säuger, Vögel, Kriechtiere, Fische, Wirbellose). BES: verschiedene Robbenarten und Pinguine, Fische und andere Meerestiere aus Kalt- und Warmmeeren und dem Süßwasser. In 3 Warmhäusern auch tropische Säugetiere. Aufzuchtstation für „Heuler".

Büsum
Aquarium der Zoologischen Station am Hafen, 2242 Büsum
ÖZ: 8—18 Uhr. TB: Meerestiere in 20 Aquarien. Aufzuchtstation für „Heuler".

Darmstadt
Vivarium Darmstadt, Schnampelweg 4, 6100 Darmstadt
G: 1961. GR: 10 ha. LA: am Stadtwald. ÖZ: ganzjährig täglich 9—18 Uhr. TB: rund 440 Arten in rund 700 Tieren (Säuger, Vögel, Kriechtiere, Lurche, Fische). UNT: Zooschule. War ursprünglich als „Schul-Vivarium" zur Ergänzung des Schulunterrichts gebaut. BES: vor allem kleinere Tierarten in einem Kleinsäuger-Warmhaus: Affenhaus. Vogelhaus und Aquarien-Terrarienhaus.

Dortmund
Tierpark Dortmund, Mergelteichstraße 80, 4600 Dortmund-Brünninghausen
G: 1953. GR: 24 ha. LA: im Romberg-Park (ab Hauptbahnhof mit Omnibus 43 und Straßenbahn). ÖZ: So 8—20 Uhr, Wi 8.30—17 Uhr. TB: rund 250 Arten in rung 2 000 Tieren. TV: Schimpansen, Seelöwen, Ponys. BES: heimische und fremdländische Tiere in großen Freigehegen. Seelöwenanlage mit Jungtierbecken (regelmäßige Zucht). Gibbon-Insel. Aquarien und Terrarien sowie Vogelvolieren.

Düsseldorf
Löbbecke-Museum-Aquarium, Brehmstraße, 4000 Düsseldorf 1
G: nach Zweitem Weltkrieg. GR: 30 ha. Vier Stockwerke, in beiden unteren Aquarium und Terrarium. LA: im Museumsbunker am Zoo (Straßenbahnen 6 und 8 bis Brehmplatz). ÖZ: 10—18 Uhr. TB: rund 250 Arten in rund 1 600 Tieren (Fische, Lurche, Kriechtiere, Niedere Tiere in rund 80 Aquarien und 22 Terrarien; daneben Insektarium). UNT: Aquariumsschule — s. unten.

Duisburg
Zoo Duisburg, Mülheimer Straße 273, 4100 Duisburg
G: 1933. GR: 14 ha. LA: vom Hauptbahnhof mit Straßenbahn 1 und 2. ÖZ: So 8.30—18.30 Uhr. Wi 8.30—16.30 Uhr. TB: rund 640 Arten in rund 2 800 Tieren (Säuger, Vögel, Kriechtiere, Fische, Wirbellose). UNT: Tierpark-Kino mit Schmalfilmvorführungen, Reitschule. TV: Delphine, Wale. BES: modernes Affenhaus (Äquatorium). Delphinarium, einziges europäisches Walarium (Weiße Wale), Aquarium mit Krokodilhalle.

Essen
Aquarium und Terrarium der Stadt Essen, Kühlshammerweg 2, 4300 Essen
GR: dreistöckiges Aquarienhaus, Terrarium. LA: im Botanischen Garten bzw. Gruga-Park (vom Hauptbahnhof mit Bus und Straßenbahn). TB: rund 280 Arten

in rund 2 000 Tieren. BES: Fische in 70 Becken. Unterwassereinblick in Seehund- und Pinguin-Anlage. Etwa 70 Terrarien für Lurche und Kriechtiere (einschl. Riesenschlangen, Riesenschildkröten und Krokodilen).

Frankfurt a. M.

Zoologischer Garten der Stadt Frankfurt a. M., Alfred-Brehm-Platz 16, 6000 Frankfurt a. M. 1

G: 1858. GR: 12 ha. LA: ab Hauptbahnhof mit Straßenbahnen 10, 14, 15. ÖZ: So 8—19 Uhr, Wi 8—18 Uhr. Exotarium: 10—22 Uhr. TB: rund 700 Arten in rund 3 500 Tieren (Säuger, Vögel, Kriechtiere, Lurche, Fische, Niedere Tiere). TV: Elefanten, Robben. UNT: eigene Unterrichtsabteilung. Zooschule —s. unten. BES: modernes Affen- und Menschenaffenhaus. Einzige Koboldmakis in Europa. Haltung und regelmäßige Zucht aller vier Menschenaffenarten, sowie u. a. Sumatratiger, Amurleopard, Waldhund, Okapi, Bongo. Zum Teil bereits in zweiter und dritter Zoogeneration. Einsehbare Menschenaffen-Aufzuchtstation. Vogelhallen (bepflanzte, natürlich gestaltete Volieren mit Glasabsperrung; Freiflughalle; begehbare Fasanerie). Exotarium (Aquarien-Terrarienhaus und Insektarium) mit Königs- und Zwergpinguinen, Arapaimas, Blattschneideameisen mit Einsicht in Bau und Pilzgärten.

Gelsenkirchen

Ruhr-Zoo Gelsenkirchen, Bleckstraße 64, 4650 Gelsenkirchen

G: 1949. GR: 21,5 ha. LA: ab Hauptbahnhof mit Straßenbahn 1. ÖZ: So 9—19 Uhr, Wi 9—17 Uhr. TB: rund 200 Arten in rund 1 160 Tieren. TV: in Sommermonaten Raubtiere. BES: 1,5 ha große „Afrika-Steppe" mit Zebras, Straußen und Antilopen sowie Geiern. Durch Tierhandel bedingt häufiger Wechsel im Tierbestand.

Hamburg

Carl Hagenbecks Tierpark, Hagenbeck-Allee, 2000 Hamburg-Stellingen

G: 1907. GR: 27 ha. LA: Hamburg-Stellingen (U-Bahn, Autobus). ÖZ: 8 bis eine Stunde vor Dunkelheit. TB: rund 280 Arten in rund 1 570 Tieren (alle Wirbeltierklassen, einige Wirbellose). TV: eigene Dressurhalle mit Dressurschule. BES: „Afrika-Panorama" aus der Gründerzeit, mit voreinander gestaffelten Gehegen, bewohnt von Zebras, Straußen, Löwen, Mähnenspringern, Flamingos. Machte „Zoogeschichte" (leitete zu moderner Zootierhaltung über, löste Menageriestil ab). „Troparium" (Aquarien-Terrarienhaus, Delphinarium). Zucht von Panzernashörnern, Onagern und anderen bedrohten Arten. Durch Tierhandel bedingt häufiger Wechsel im Tierbestand.

Hannover

Zoologischer Garten Hannover, Adenauer-Allee 3, 3000 Hannover

G: 1865. GR: 21 ha. LA: ab Hbf. Straßenbahn 6. ÖZ: So 8—19 Uhr, Wi 8 Uhr bis Dunkelheit. TB: rund 300 Arten in rund 1 100 Tieren (Säuger, Vögel, Kriechtiere). TV: Großkatzen und Elefanten. UNT: Zooschule — s. unten. BES: artenreichste Antilopen-Sammlung und -Zucht Europas (über 40 Arten). Zucht Afrikanischer und Indischer Elefanten.

Heidelberg

Tiergarten Heidelberg, Tiergartenstraße 8, 6900 Heidelberg 1

G: 1934. GR: 11 ha. LA: ab Hauptbahnhof mit Bus und Straßenbahn. ÖZ: So

9—18.30 Uhr, Wi 9—17.00 Uhr. TB: rund 190 Arten in rund 900 Tieren (Säuger, Vögel, Kriechtiere). BES: langgestreckte Innen- und Außenvoliere für Kolibris und Nektarvögel.

Karlsruhe
Zoologischer Garten Karlsruhe, Ettlinger Straße 6, 7500 Karlsruhe
G: 1865. GR: 15 ha. LA: am Hauptbahnhof. ÖZ: So 7, Wi 8 bis Dunkelheit. TB: rund 170 Arten in rund 850 Tieren (Säuger, Vögel, Kriechtiere). BES: Herde von Kropfgazellen, Giraffenzucht, Kranichzucht.

Kassel
Aquarium im Städtischen Naturkundemuseum, 3500 Kassel
GR: 18 Süßwasser-Aquarien, 2 Seewasserbecken. TB: heimische und tropische Süßwasserfische, tropische Meeresfische. Niedere Meerestiere. ÖZ: Mo—Fr 10—13 Uhr und 14—16 Uhr, Sa und So 10—13 Uhr.

Köln
Zoologischer Garten Köln, Riehler Straße 173, 5000 Köln 60
G: 1856. GR: 20 ha. LA: Stadtteil Köln-Riehl (Straßenbahnen 6, 16, 24. Bus 34 und 52). ÖZ: So 8—19 Uhr, Wi 8 bis Dunkelheit. TB: 860 Arten in rund 7 800 Stück (Säuger, Vögel, Kriechtiere, Lurche, Fische, Wirbellose). TV: Schimpansen. UNT: Zooschule —s. unten. BES: reichhaltigste Halbaffen-Sammlung Europas. Berggorillas. Berühmte Zucht Sibirischer Tiger. Reichhaltige „Fasanerie" (Fasanen, Papageien). Modernes Aquarium mit Terrarium und Insektarium („Rhein-Panorama": Fischarten von Quelle bis Rheinmündung!). Einzige Brückenechse!

Krefeld
Krefelder Tierpark, Uerdinger Straße 377, 4150 Krefeld
G: 1938. GR: 13 ha. LA: ab Hauptbahnhof mit Straßenbahn 3, 5. ÖZ: 8 Uhr bis Dunkelheit. TB: rund 345 Arten in rund 1 200 Tieren (Säuger, Vögel, Kriechtiere). BES: Zucht von Geparden, Schneeleoparden, Mähnenwölfen. „Afrikawiese" mit Zebras, Wasserböcken, Gnus, Gazellen und Straußen. Modernes Menschenaffen-Tropenhaus.

Kronberg
Georg von Opel-Freigehege, Am Philosophenweg, 6242 Kronberg/Taunus
G: 1956. GR: 20 ha. LA: Südhang des Taunus an Landstraße 1, zwischen Kronberg und Königstein. ÖZ: jederzeit. TB: rund 50 Arten in rund 400 Tieren (Vögel, Säuger). BES: Mesopotamischer Damhirsch, Marco-Polo-Schaf und andere seltene asiatische Huftiere. Zucht Afrikanischer Elefanten. Alle Tierarten in Freianlagen.

Landau in der Pfalz
Tiergarten, Hindenburgstraße, 6740 Landau/Pfalz
G: um die Jahrhundertwende. LA: im Norden der Stadt (ab Hauptbahnhof mit Bus „Oberlandbahn"). ÖZ: So 8—20 Uhr, Wi 8 Uhr bis Dunkelheit. TB: rund 100 Arten (alle Wirbeltierklassen). BES: zahlreiche Haustierarten, heimische Vögel, kleines Aquarium mit Süß- und Seewasserbecken und Kriechtieren.

Lippstadt
Heimattiergarten, 4780 Lippstadt
GR: rund 5 ha. LA: Bus Richtung Lippstadt-Cappel. ÖZ: ganzjährig ganztägig. TB: Säuger und Vögel. BES: heimische Tierarten, Haustiere.

Logabirum
Ostfriesischer Zoo, 2950 Leer-Logabirum
GR: 1 ha. LA: an Bundesstraße 75 nahe Stadt Leer; ab da mit Bus. ÖZ: So 8—20 Uhr, Wi 8 Uhr bis Dunkelheit. TB: Säugetiere.

Lübeck
Tierpark, Waldstraße 2—4, 2400 Lübeck-Israelsdorf
LA: mit Bus 1, 2 und 12. ÖZ: 9 Uhr bis Dunkelheit. TB: Säuger und Vögel. TV: Löwen.

Mülheim/Ruhr
Städtisches Aquarium, Schloß Styrum, Moritzstraße, 4330 Mülheim a. d. Ruhr
GR: 17 Großbecken, 600 bis 1 000 ltr. Inhalt. LA: ab Bahnhof mit Straßenbahn 15. ÖZ: 10—12 und 15—17 Uhr. TB: Tropische Süßwasserfische.

München
Münchener Tierpark Hellabrunn AG, Siebenbrunnerstraße 6, 8000 München 90
G: 1911. GR: 35 ha. LA: in den Isarauen (ab Hauptbahnhof mit Straßenbahn). ÖZ: So 8—19 Uhr, Wi 8—17 Uhr. TB: rund 500 Arten in rund 3 360 Tieren (Säuger, Vögel, Kriechtiere, Lurche, Fische, Niedere Tiere). TV: Schimpansen. UNT: Schulführungen — s. unten. BES: erster „Geo-Zoo". Tiere nach einzelnen Erdteilen geordnet ausgestellt. Große Huftiersammlung mit Schwerpunkt auf besonders bedrohten Arten; Zucht von Wisent, Przewalski-Pferd, Onager, Davidshirsch, Weißschwanzgnu. Große Menschenaffen- und Affensammlung. Aquarium-Terrarium.

Münster
Westfälischer Zoologischer Garten Münster AG, Sentruper Höhe,
4400 Münster/Westf.
G: 1875. Am Alten Stadtwall. 1974 auf die Sentruper Höhe verlagert. GR: rund 29 ha. LA: im Gievenbachtal (Aa-See). Ab Hauptbahnhof Bus Linie 14. ÖZ: So 9—18 Uhr, Wi 9 Uhr bis eine Stunde vor Dunkelheit. Aquarium auch abends. TB: rund 470 Arten in rund 2 000 Tieren (Säuger, Vögel, Kriechtiere, Lurche, Fische). TV: Delphine, Seelöwen. UNT: Zoo-Schule — s. unten. BES: erster „Allwetter-Zoo" — Tierhäuser und Anlagen durch überdeckten Gang miteinander verbunden. Afrika-Panorama mit 12 Tierarten. Große Freiflugvoliere für Greifvögel. Delphinarium, Aquarium, Tropenhaus und Terrarium.

Neumünster
Heimattierpark, Geerdtstraße 100, 2350 Neumünster/Holst.
G: 1950. GR: 16 ha. LA: im NW der Stadt inmitten von Wald. Ab Hauptbahnhof mit Bus. ÖZ: So 9—20 Uhr, Wi 9 Uhr bis Dunkelheit. TB: rund 130 Arten. BES: hauptsächlich heimische (europäische) Säuger, Vögel und Fische. Stein- und Seeadler, Uhu und Kolkrabe.

Neunkirchen
Städtischer Tiergarten, Steinwaldstraße, 6680 Neunkirchen/Saar
LA: im Steinwald, ab Bahnhof mit Straßenbahn. ÖZ: So 8—20 Uhr, Wi 8 Uhr bis Dunkelheit. TB: rund 140 Arten in rund 700 Tieren. BES: Affenhaus, Süßwasser-Aquarium, „Tropicarium" (fremdländische Vögel, Kriechtiere).

Niederfischbach
Tierpark, Kesselbachtal, 5241 Niederfischbach/Sieg
G: 1958. GR: 3 ha. LA: Kesselbachtal. ÖZ: So 9—12 Uhr, 14 Uhr bis Dunkelheit, Wi geschlossen. TB: jeweils einige Arten Säuger, Vögel, Reptilien und Fische.

Nordhorn
Tierpark, Heseper Weg, 4460 Nordhorn
LA: Osten der Stadt. ÖZ: So 8—20 Uhr, Wi 9 Uhr bis Dunkelheit. TB: einige heimische und fremdländische Säugetiere (Guanako, Zebra, Känguruh, Leopard, Puma, Bison) und Vogelarten.

Nürnberg
Tiergarten der Stadt Nürnberg, Am Tiergarten 30, 8500 Nürnberg
G: 1911 am Dutzendteich, Verlagerung 1939 an den „Schmausenbuck". GR: 63 ha. LA: im Lorenzer Reichswald am Schmausenbuck (ab Hauptbahnhof mit Straßenbahn). ÖZ: 8 Uhr bis Dunkelheit. TB: rund 250 Arten in rund 2 000 Tieren (Säuger, Vögel, Fische). TV: Delphine. UNT: Schulabteilung — s. unten. BES: große Freigehege, Schwerpunkt Huftiere in großen Herden (Zucht von Przewalski-Pferden, Orang-Utans, Gorillas, Eisbären und Giraffen, Pelikanen und Kormoranen). Freigehege sehr gut in Landschaft eingepaßt. Delphinarium.

Osnabrück
Zoo Osnabrück e. V., Schölerberg, 4500 Osnabrück
G: 1936. GR: 16 ha. LA: auf dem Schölerberg. ÖZ: So 8—19 Uhr, Wi 9 Uhr bis Dunkelheit. TB: rund 240 Arten in rund 960 Tieren (Säuger, Vögel). TV: Seebären. UNT: Zooschule — s. unten. BES: Felsanlage mit Tharen und Schweinsaffen. Mehrzweckwarmhaus für Affen. Papageien und Kleinsäuger. Reichhaltige Sammlung tropischer Vögel.

Recklinghausen
Tiergarten der Stadt Recklinghausen, 4350 Recklinghausen
G: 1931. GR: rund 2 ha. LA: im Stadtgarten. ÖZ: So 8 bis 21 Uhr, Wi 9—18 Uhr. TB: rund 100 Arten (vorwiegend Vögel, einige Säuger). BES: tropisches Vogelhaus, Haustiere.

Rheine
Tierpark Rheine, 4440 Rheine/Westf,
G: 1937. GR: 6,5 ha. LA: im NW der Stadt. ÖZ: So 8 bis 19 Uhr, Wi 9—17 Uhr. TB: rund 150 Arten in rund 680 Tieren (Säugetiere, Vögel, einige Kriechtiere). BES: für den Besucher betretbarer „Affenpark" — großes Freigehege für eine Herde von rund 40 Berberaffen (einzige euopäische Affenart!). Reichhaltige Vogelsammlung.

Saarbrücken
Zoologischer Garten Saarbrücken, Breslauer Straße, 6600 Saarbrücken 3
G: 1932. GR: 14 ha. LA: am Eschberg (Autobus 5 ab Stadtmitte). ÖZ: So 8.30—18.30 Uhr, Wi 8.30 Uhr bis Dunkelheit. TB: rund 230 Arten in rund 760 Tieren (Säuger, Vögel, Kriechtiere, Lurche). TV: Schimpansen. BES: große Freiflugvoliere (4 000 cbm) für Adler und Geier. Tropenhaus für Kleinsäuger, Reptilien und Vögel.

Straubing
Tiergarten der Stadt Straubing, 8440 Straubing/Niederbayern
G: 1937. GR: 4 ha. LA: mit Bus Strecke Straubing—Regensburg, Bedarfshaltestelle. ÖZ: So 8—19 Uhr, Wi 8 Uhr bis Dunkelheit. TB: rund 170 Arten in rund 700 Tieren (Säuger und Vögel). BES: neues Raubtierhaus, sehenswerte Vogelsammlung, heimische Tiere.

Stuttgart
Zoologisch-Botanischer Garten Wilhelma, 7000 Stuttgart 50 (Bad Cannstatt)
G: 1853. GR: 26 ha. LA: Stuttgart — Bad Cannstatt (ab Hauptbahnhof Stuttgart mit Straßenbahn 12, 14). ÖZ: 8 Uhr bis Dunkelheit. TB: rund 980 Arten in rund 6 000 Tieren (Säuger, Vögel, Kriechtiere, Lurche, Fische, Wirbellose). TV: See-Elefanten, Seelöwen. UNT: Zooschule — s. unten. BES: einziger zoologisch-botanischer Garten Deutschlands. Modernes Aquarien-Terrarienhaus mit rund 600 Arten. Modernes Menschenaffen- und Affenhaus mit allen 4 Menschenaffenarten. Großzügige Raubtieranlagen. Gemeinschafts-Felsanlage mit Mähnenspringern, Blutbrustpavianen und Klippschliefern. Tropenhalle mit Paradiesvögeln. Nachttierhaus.

Walsrode
Vogelpark Walsrode KG, Am Rieselbach, 3030 Walsrode/Hannover
G: 1962. GR: 11 ha. LA: Autobahn Hamburg—Hannover, Ausfahrt Fallingbostel. Autobahn Bremen—Hannover, Ausfahrt Walsrode. ÖZ: 1. 4. — 1. 11. ganztägig. TB: rund 600 Arten in rund 3 800 Tieren (ausschließlich Vögel). BES: tropische „Paradieshalle" mit Schuhschnabel, Argusfasan, Kongopfau, Paradiesvögeln und einer angeschlossenen 3 000 qm großen begehbaren 12 m hohen Freiflughalle für größere Tropenvögel. Große Voliere für Strandvögel mit künstlicher Brandung. Papageienhaus mit Hälfte aller bekannten Arten, größte Sammlung in Europa.

Wuppertal
Zoologischer Garten Wuppertal, Hubertusallee 30, 5600 Wuppertal-Elberfeld
G: 1881. GR: 20 ha. LA: Seitental der Wupper (Bundesbahn bis Bahnhof Zoo, Schwebebahn bis Zoostadion, Straßenbahn bis Zoostadion). ÖZ: So 8—19 Uhr, Wi 8 Uhr bis Dunkelheit. TB: rund 550 Arten in rund 2 200 Tieren (Säuger, Vögel, Kriechtiere, Lurche, Fische, Wirbellose). TV: Schimpansen, Seelöwen, Elefanten. BES: große Freianlagen. Neues Haus für Großkatzen. Gut besetztes Affen- und Vogelhaus. Große Pinguin-Anlage mit Unterwassereinsicht.

2. Zooschulen und andere, den Biologieunterricht im Zoo fördernde Einrichtungen (BRD, DDR)

Es werden hier diejenigen Zoologischen Gärten aufgezählt, die über eigene pädagogische Abteilungen (Schulabteilungen, Zooschulen, Zoopädagogen) verfügen und daher regelmäßig Zoo-Unterricht erteilen. Zusätzlich werden noch solche Zoos und öffentliche Einrichtungen genannt, die auf andere Weise den Zoo-Unterricht fördern.

Berlin-West
Zoologischer Garten, Hardenberg-Platz 8, 1000 Berlin 30

Seit 1964 regelmäßige Ausbildungskurse in Zusammenarbeit mit dem Pädagogischen Zentrum von Berlin für Lehrer [23]. Mehrmalige Schulrundschreiben mit aktuellen Zoo-Neuigkeiten [24]. Gedruckter „Kleiner Wegweiser für den Besuch des Berliner Zoologischen Gartens für Lehrer und Schüler der Berliner Schule" [25].
Pädagogisches Zentrum Berlin, Uhlandstraße 31, 1000 Berlin 31
Lehrerfortbildungsseminare zum Zoo-Unterricht. Erarbeitung zoobezogener Unterrichtsmaterialien. Schriftenreihe „Unterricht im Zoo" seit 1977 mit allgemeinen methodisch-didaktischen Erörterungen und zoobezogenen Unterrichtseinheiten (Verhaltensbeobachtungen bei Pavianen) [26]. Bemühungen um eine Zooschule.

Berlin-Ost
Tiergarten Berlin-Friedrichsfelde, Am Tierpark 124,
DDR 1136 Berlin-Friedrichsfelde
Pädagogische Abteilung seit 1965 mit fünf hauptamtlichen Zoopädagogen (ein Kurator für Pädagogik und vier pädagogische Mitarbeiter) besetzt. Lehrplanbezogener „integrierter" Unterricht vor den Tiergehegen für alle Schulstufen. Zooschulraum mit Projektionsmöglichkeiten. Bevorzugte Unterrichtsthemen für Klassen 2 bis 5: Tiere des Waldes; Raubtiere; Reptilien; Tiere im Herbst und Winter; Frühblüher; Laub- und Nadelbäume; Tiere sind auch Feinschmecker; Domestikation. Fortbildungslehrgänge und -tagungen für Lehrer. Anleitung zu wissenschaftlich-praktischen Arbeiten im Zoo für Schüler der 11. und 12. Klassen als Vorbereitung für späteres Hochschulstudium. Fachtheoretische Ausbildung der Lehrlinge. Informationsschriften für Schulen dreimal jährlich („Informationsdienst für polytechnische Oberschulen"). Ausarbeitung von Arbeitsblättern [27, 28].

Darmstadt
Vivarium Darmstadt, Schnampelweg 4, 6100 Darmstadt
Unterstützung des Schulunterrichts ursprünglich alleiniger Zweck. Ein hauptamtlicher Zoopädagoge. Unterrichtsraum mit Projektor und Präparaten. Zeitschrift „Vivarium", darin veröffentlichte „Unterrichtsgänge durch das Vivarium": (Nesthocker — Nestflüchter; Temperaturanpassungen bei Säugern, Vögeln, Reptilien; Tiere, die auf Inseln leben) und fachwissenschaftliche sowie tiergärtnerische Beiträge [30, 31].

Dresden
Zoologischer Garten Dresden, Tiergartenstraße 1, DDR 8020 Dresden
Zooschule seit 1969. Zwei hauptamtliche Zoopädagogen. Unterrichtsraum mit moderner Ausstattung eines Biologie-Fachkabinetts. Lehrplangemäßer Biologieunterricht für 5. und 10. und Heimatkundeunterricht für 3. und 4. Klassen. Anweisender Unterricht mit Arbeitsblättern nach Einführung im Schulraum. Hinterher dort Auswertung des Zoo-Rundganges. Klassenbesuch ist kostenlos, wird von der Abteilung Volksbildung des Rates der Stadt bezahlt. Angebot von zwölf festen Unterrichtsthemen: Klasse 3 — Haustiere; Klasse 4 — Tiere des Waldes, Tiere unserer Gewässer; Klasse 5 — Körperbau und Lebensweise der Fische, Körperbau und Lebensweise der Lurche, Übersicht über die Kriechtiere, Vergleiche Fische — Lurche — Kriechtiere, Anpassung der Vögel an verschiedene Lebensräume, Anpassung der Säugetiere an verschiedene Lebensräume, Über-

sicht über die Raubtiere; Klasse 10 — Stammesentwicklung der Tiere, Merkmale und Entwicklung der Primaten. Ausarbeitung der (farbig gedruckten) Arbeitsblätter. Lehrerfortbildungsvorträge und -führungen. Zusammenarbeit mit der Fachkommission Biologie. Zeitschrift: „Zooschule Dresden" seit 1973, vierteljährlich, an alle Oberschulen Dresdens und Umgebung [29].

Duisburg
Zoo Duisburg, Mülheimer Straße 273, 4100 Duisburg
1975 Herausgabe eines gedruckten Zoo-Schulführers *(B. Rutert);* von Schulverwaltung finanziert. Kostenlose Ausgabe an alle Grundschullehrer Duisburgs [32].

Düsseldorf
Aquarium der Stadt Düsseldorf im Löbbecke-Museum,
Brehmstraße, 4000 Düsseldorf 1
Seit 1973 eine Aquariums-Pädagogin, ab 1977 zweiter teilzeitlich arbeitender Pädagoge. Unterricht für Kindergartenkinder (4—6 Jahre) und Schüler aller Schulstufen, mit jeweils einführendem Vortrag, Unterrichtsgang im Aquarium bzw. Gruppenarbeit mit Arbeitsblättern dort, hinterher Auswertung in Bibliotheksraum des Aquariums [33].

Frankfurt
Zoologischer Garten der Stadt Frankfurt am Main,
Alfred-Brehm-Platz 16, 6000 Frankfurt a. M. 1
Schulabteilung seit 1960. Seither eine hauptamtliche Zoopädagogin ab 1977 zweiter Ganztagspädagoge; eine hauptamtliche Stenosekretärin; mehrere nebenberufliche pägagogische Mitarbeiter. Zooschulraum (Epi- und Diaskop, Filmgerät, Weltkarten, sonstiges Anschauungsmaterial). Lehrplanbezogener Unterricht für alle Schulstufen von Eingangsstufe bis Abiturklassen. Zoo-Eintritt und -Unterricht für Frankfurter Schulklassen frei (wird pauschal jährlich vom Städtischen Schulamt dem Zoo abgegolten). Für Auswärtige ermäßigter Eintritt und 20,— DM Unterrichtsgebühr (letztere entfällt für hessische Klassen bis 15. 10. 78). Unterricht in Anschauung der Tiere in Tierhäusern und vor Tiergehegen. Zwei Informationsblätter: „Mitteilungen an die Frankfurter Lehrer und Erzieher) (bis viermal jährlich), „Mitteilungen aus dem Frankfurter Zoo" (zweimal jährlich kostenlos an rund 7000 Schulen). Ausarbeitung von Unterrichtsmaterialien (bisher 25 Unterrichtshilfen, 20 Zoo-Lehrwege). Liste darüber *kann angefordert* werden (Unterrichtsmaterialien I). Einzelne Unterrichtsmaterialien gegen Ersatz der Portokosten beziehbar, solange Auflage reicht. „Dokumentation didaktischmethodischer Arbeiten und Unterrichtsprogramme zum Zoounterricht" mit bisher 107 Titeln (siehe unter II.5); alle über Fernausleihe gegen Portokosten entlehnbar. Liste darüber *kann angefordert* werden (Unterrichtmaterialien II), ferner eine dritte zu „Fachwissenschaftliche und methodisch-didaktische Literatur über das lebende Tier im Unterricht und in Zoologischen Gärten" (Unterrichtmaterialien III). Lehrarbeitsgemeinschaften im Zoo in Zusammenarbeit mit dem Hessischen Institut für Lehrerfortbildung; Lehrerfortbildungstagungen. Lehrerausbildung zu „Haltung und Verhalten von Zootieren, der Zoo als Unterrichtsstätte" (Universitäts-Lehrauftrag: einsemestrige Übung, 3stdg. wöchentlich). Betreuung zoobezogener Examensarbeiten für das Lehramt an Grund-, Haupt- und Realschulen und Gymnasien. Regelmäßige Sprechstunden.

Hessisches Institut für Lehrerfortbildung, Zweigstelle Frankfurt a. M.
Gutleutstraße 8—12, 6000 Frankfurt am Main
In Zusammenarbeit mit der Frankfurter Zoo-Schulabteilung: Herausgabe von Protokollen über Fachtagungen und Lehrerarbeitsgemeinschaften, so: „Zoobesuch mit Schulklassen, Protokoll des Lehrgangs F 458, Ffm. 1967", „Ökologie und Umweltschutz, Protokoll des Lehrgangs F 777, Ffm. 1972", „Zoo-Lehrwege — Methodische und fachliche Hinweise zu Unterrichtsgängen im Zoologischen Garten, 1973" und für Staatliche Landesbildstelle Hessen „Im Frankfurter Zoo — Farblichtbildreihe He 86 mit Beiheft".

Halle
Zoologischer Garten Halle, Fasanenstraße 5, DDR 4020 Halle/Saale
Zooschule seit 1968. Zwei hauptamtliche und ein nebenamtlicher Zoopädagoge. Lehrplanbezogener Zoo-Unterricht, zweimal pro Jahr für 5. und einmal für 10. Klassen der Stadt Halle obligatorisch. Festes Angebot von Unterrichtsprogrammen für die 5. Klasse: Fische — Lurche — Kriechtiere — Säugetiere; für die 10. Klasse: Entwicklung der Primaten, Angepaßtheit an Lebensraum, Praktische Bestimmungsübungen. Anweisender Unterricht mit gedruckten Arbeitsblättern zu obigen Themen. Erarbeitung der Arbeitsblätter und von Schulrundschreiben zum technischen Ablauf der Unterrichtsbesuche. Zooschulraum seit 1969 [34]. Sonderführungen und Seminare für Biologielehrer.

Hannover
Zoologischer Garten Hannover, Adenaueralee 3, 3000 Hannover
Seit 1965 eine hauptamtliche Zoopädagogin. Unterrichtsraum. Zoo-Unterricht für alle Schulstufen, hauptsächlich vor Tiergehegen und in Tierhäusern. Fortbildungsführungen für Pädagogikstudenten und Referendare. Betreuung von zoobezogenen Examensarbeiten für das Lehramt an Pädagogischen Hochschulen; von Schüler-, Semester- und Jahresarbeiten [35].

Karlsruhe
Zoo Karlsruhe, Ettlinger Straße 6, 7500 Karlsruhe
Zeitweilig verfügbarer Zoopädagoge für Unterrichtsführungen und Vorträge. Zooschule im Bau [36].

Köln
Zoologischer Garten Köln, Riehler Straße 173, 5000 Köln 60
Zooschule seit 1964. Hörsaalartiger moderner Schulraum mit Projektionsanlage für Dia und Film, Overhead-Projektor, Fotokopiergerät, Film- und Diasammlung, Zoologischer Bibliothek, Umdrucker, Video-Rekorder und -Bändern, Kassettenrekorder und Plattenspieler. Ein nebenamtlicher Zoopädagoge (untersteht der Schulbehörde). Unterricht im Zooschulraum und vor den Tiergehegen, für alle Schulstufen. Fester Themenkatalog von 7 Themen: Reptilien (Riesenschlange, Schildkröte, Leguan); Einheimische Vögel (Greife, Eulen, Singvögel und Vogelzug); Winterschläfer und Vorratssammler (Eichhörnchen, Hamster, Igel, Siebenschläfer); Afrikanische Tierwelt; Nagetiere und ihre Lebensweise; Anpassung an den Lebensraum der Tiere durch Form, Färbung und Verhaltensweise; Einheimische und exotische Insekten. Weitere Themen nach Absprache mit Lehrkräften. Zoo-Unterricht für Kölner Schulklassen frei, ebenso der Zoo-Eintritt. Sprechstunde für Lehrkräfte [37].

Leipzig
Zoologischer Garten Leipzig, Dr.-Kurt-Fischer-Straße 29, DDR 7010 Leipzig
Zooschule seit 1968. Ein hauptamtlicher Zoopädagoge. Moderner Unterrichtsraum mit Lehrmittelkabinett und Fachbibliothek (Präparate, Lehrtafeln, Filme, Lichtbilder, Tonbänder, Mikroskope, Lupen, Labor mit 15 Arbeitsplätzen). Lehrplanbezogener Zoo-Unterricht im Unterrichtsraum (Einführung, Auswertung) und vor den Tiergehegen (anweisender Unterricht mit Arbeitsplätzen) für alle Schulstufen Anleitung zu wissenschaftlich-praktischer Arbeit für Schüler der 11. und 12. Klassen. Fortbildungsvorträge für Lehrerstudenten und Lehrer. Ausarbeitung der Arbeitsblätter und von schriftlichem Anleitungsmaterial für Lehrer und Erzieher. Außerunterrichtliche Arbeit für Schüler in Kursen und Zirkeln (Zoologie, Tierzeichnen, Modellieren, Tierfotografie) [38, 39].

Magdeburg
Zoologischer Garten Magdeburg, Am Vogelgesang 12, DDR 3018 Magdeburg
Pädagogische Abteilung seit 1973. Zwei hauptamtliche Zoopädagogen. Zooschulraum mit moderner Lehrmittelausstattung. Unterricht für Kindergärten und Schüler aller Schulstufen. Ausbildungsveranstaltungen für Studenten der „Pädagogischen Schule für Kindergärtnerinnen" und des „Pädagogischen Instituts der Stadt". Betreuung von Examensarbeiten. Regelmäßige Herausgabe von „Zooschulinformationen". Herstellung von Bildreihen „Tiere im Zoo", „Heimische Wildtiere", „Haustiere und ihre Vorfahren" zur Vor- und Nachbereitung des Zooschulunterrichts. Pädagogischer Führer durch den Magdeburger Zoo. Einrichtung von lehrplanbezogenen Ausstellungen im Zoo [40].

München
Tierpark Hellabrunn AG, Siebenbrunnerstraße 6, 8000 München 90
Unterrichtliche Kurzführungen für Schulklassen durch einen Kurator seit 1972. Regelmäßige Schulinformationen (Mitteilungsblätter) über aktuelle Ereignisse, über bestimmte Tierarten und -gruppen und mit Anregungen für den Unterricht im Zoo. Führung von Lehrkräften zur Vorbereitung von Klassenbesuchen [41].

Münster
Westfälischer Zoologischer Garten, Sentruper Höhe, 4400 Münster/Westf.
Zooschule seit Neugründung 1974. Moderner Schulraum mit 96 Plätzen. Projektionsmöglichkeit für Dia, Filme und Folien, eigene Aquarien. Drei nebenamtliche Lehrkräfte von Unterrichtsbehörde an den Zoo für abwechselnden Unterricht in der Zooschule delegiert (je ein Gymnasial-, Real- und Hauptschullehrer). Unterricht im Schulraum und vor den Tiergehegen [42]. Unterrichtsangebot: Anpassung an den Lebensraum Wasser bei Fischen, Reptilien, Vögeln und Säugern. Einrichtung und Pflege eines Aquariums. Vergleichende Morphologie bei Reptilien und Amphibien. Bewegung mit Hilfe von Gliedmaßen — Schwimmen, Tauchen, Fliegen, Laufen, Klettern. Anpassungen afrikanischer Großtiere an den Lebensraum. Anpassungen von Vögeln an verschiedene Lebensräume. Kennübungen im Zoo am Beispiel von Entenvögeln und Greifvögeln. Übungen zu tiergeografischen Problemen. Rangordnung und Gruppenverhalten bei gesellig lebenden Tieren. Haustiere. Tiere des „tropischen Regenwaldes". Menschenaffen. Ausarbeitung von Zoo-Lehrwegen mittels Arbeitsblättern.

Nürnberg
Tiergarten Nürnberg, Am Tiergarten 30, 8500 Nürnberg
Erarbeitung von Informationsschriften und Unterrichtsvorschlägen für Lehrkräfte. Kein Zoo-Unterricht für Schüler [43].
Pädagogisches Institut der Stadt Nürnberg, Insel Schütt, 8500 Nürnberg
1973 Herausgabe eines „Didaktischen Briefes" zu „Der Tiergarten als Unterrichtsstätte — Die Zooschule als Instrument der Biologieunterrichtung *(P. Mühling)* mit praktischen Modellen zum Unterricht im Nürnberger Zoo.

Osnabrück
Zoologischer Garten Osnabrück, Schölerberg, 4500 Osnabrück
Zooschule seit 1976. Ein hauptamtlicher und mehrere nebenberufliche Zoopädagogen. Moderner Zooschulraum für 60 Schüler. Festes Unterrichtsprogramm mit Themen wie: Anpassung an das Wasser. Afrikanische Steppentiere. Warum werden Tiere im Zoo gehalten? Interessantes aus dem Leben der Reptilien. In Sonderfällen andere Themen nach Absprache. Unterricht im Zooschulraum und vor den Gehegen. Teilnehmergebühr. Angebot an vervielfältigten Zoo-Lehrbogen für Zoo-Unterricht durch Klassenlehrer seit 1975 (gemeinsam mit Universität) [44].
Universität Osnabrück, 4500 Osnabrück
Im Fach Biologie (Didaktik) der Universität Osnabrück Lehrerausbildungsveranstaltungen mit praktischen Übungen zum Unterrichten in Zoologischen Gärten. Ausarbeitung und Angebot von 49 Zoo-Lehrbogen für das 1. bis 9. Schuljahr [45].

Reutlingen
Pädagogische Hochschule Reutlingen, 7410 Reutlingen
Lehrangebot zum Thema „Unterricht in Zoologischen Gärten". Ausgabe und Betreuung von zoobezogenen methodisch-didaktischen Examensarbeiten. Didaktische Publikation „Biologie-Unterricht in Zoologischen Gärten" [46].

Rostock
Zoologischer Garten Rostock, Tiergartenallee 10, DDR 2500 Rostock 1
Zooschule seit 1967. Zwei hauptamtliche Zoopädagogen. Zooschulraum. Lehrplanbezogener Zoo-Unterricht für Kindergartenkinder und Schüler aller Schulstufen mit Schwerpunkt auf und festgelegten Unterrichtsprogrammen für 3. Klasse (Tiere im Herbst und Winter), 4. Klasse (Tiere des Waldes), 5. Klasse (Bau, Entwicklung, Umweltbeziehungen und Leistungen des Wirbeltierkörpers), 10. Klasse (Abstammungslehre) Betreuung von Schülerarbeitsgemeinschaften (Aquarienkunde, Ponypflege und -reiten, Großsäugetiere, Säugetiere, Vergleichende Anatomie, Geschichte des Rostocker Zoos, Imker, Naturschutz), in denen die Schüler selbständig arbeiten. Arbeitsgemeinschaften und Fortbildungsveranstaltungen für Lehrer und Erzieher. Seit 1974 „Kommission Schule und Naturschutz" mit Sitz in der Zooschule. 1967 Herausgabe eines „Pädagogischen Führers durch den Rostocker Zoo" mit fachlichen Informationen und Zoo-Lehrwegen [47, 48].

Saarbrücken
Zoologischer Garten Saarbrücken, Breslauer Straße, 6600 Saarbrücken 3

Zooschulraum seit 1968. Zwei bis fünf nebenamtliche pädagogische Mitarbeiter für Zoo-Unterricht [49].

Stuttgart

Zoologisch-Botanischer Garten Wilhelma, 7000 Stuttgart 50 (Bad Canstatt) Zooschule seit 1975. Eine hauptamtliche Zoopädagogin. Moderner Zooschulraum mit zusätzlichem Anschauungsmaterial, Projektionsmöglichkeiten. Lehrplanbezogener Zoo-Unterricht im Schulraum und vor den Gehegen für alle Schulstufen. Themenkatalog für Orientierungsstufe: Wildschwein und Hausschwein; Pflanzenfressende Großsäugetiere; Großkatzen; Tiere, die auf Bäumen leben; Flugunfähige Vögel; Vögel der Tropenwälder; Reptilien; Körperform, Lebensweise und Lebensraum der Fische. Themenkatalog für Sekundarstufe I und II: Bau und Leben der sessilen Tiere; Primaten; Verhaltensweisen der Zootiere; Seltene und bedrohte Tiere; Tropische und subtropische Nutzpflanzen. Weitere Themen nach Absprache. Ausarbeitung und Angebot von Zoo-Lehrwegen und Zoo-Arbeitsblättern. Katalog vorhandener Arbeitsblätter: Orientierungsstufe — Das Gehege als Lebensraum des Zootieres; Tierbeobachtung; Über die Bewegungsweise der Tiere; Aus dem Alltag des Flußpferdes; Reptilien I—IV; Korallenfische. Sekundarstufe I/II — Menschenaffen; Evolution I (50).

Wuppertal

Zoologischer Garten Wuppertal, Hubertusallee 30, 5600 Wuppertal-Elberfeld
Möglichkeit zu Unterrichtsführungen durch Zoo-Mitarbeiter. Gelegentliche Informationsschriften für Lehrer. Vorträge und unterrichtsbezogene Führungen für Lehrkräfte und Pädagogikstudenten [51, 52].

3. Zoo-Lehrwege und Arbeitsblätter als Unterrichtshilfen für Lehrer und Schüler

Nicht in jedem Zoo gibt es eine Zooschule bzw. sind Unterrichtsführungen für Schulklassen möglich. Davon abgesehen könnte aber keine der bestehenden Zooschulen tatsächlich alle den Zoo besuchenden Schulklassen unterrichtlich betreuen. So kommt nach wie vor allem den Biologie-Lehrkräften die Aufgabe zu, bei Zoo-Exkursionen auch selbst den Unterricht zu erteilen. Dem stehen jedoch in der Praxis eine Reihe von Schwierigkeiten entgegen. Nicht immer befinden sich Schule und nächstgelegener Zoo am gleichen Ort. Doch selbst wenn dies der Fall ist, bleibt den Lehrkräften nur selten Zeit, den Zoo vor der geplanten Exkursion zwecks Unterrichtsvorbereitung aufzusuchen.

Um diesen Schwierigkeiten abzuhelfen und interessierten Lehrkräften auch ohne eigene Vorbereitung einen gezielten Zoo-Unterricht zu ermöglichen, bieten verschiedene Zooschulen und andere Einrichtungen schriftlich ausgearbeitete, gedruckte Unterrichtshilfen an, von denen sich die sogenannten „Zoo-Lehrwege" [53] besonders bewährt haben. In Verbindung damit oder darüber hinaus haben auch einige ein Angebot zu Arbeitsblättern für Schüler, die diesen ein selbständiges Arbeiten im Zoo zu einem gegebenen Thema ermöglichen.

In der Regel behandelt ein Zoo-Lehrweg ein bestimmtes biologisches und meist lehrplanbezogenes Thema. Unter diesen Themen stehen solche im Vordergrund, die besonders gut oder ausschließlich an lebenden Tieren behandelt werden können, also solche aus der funktionellen Morphologie, der Ethologie, der Ökologie, dem Naturschutz (hier hilft das lebende Tier besser als andere Anschauungsmittel mit, die notwendigen Emotionen zu wecken und die Ableitung ethischer Forderungen zu erleichtern) aber auch der Tiergeografie und der Systematik.

Nicht immer, aber meist, sind die einzelnen Zoo-Lehrwege für eine bestimmte Schulstufe ausgearbeitet. Die Frankfurter enthalten in der Regel:

a. eine *methodisch-didaktische Begründung* bezüglich Stoffauswahl, Lehr- und Lernzielen und Methodik,

b. Angaben zur Problematik des Themas in Form von *allgemeinen fachlichen Hinweisen*, mit deren Hilfe der Lehrweg in einen größeren Themenkreis (z. B. Naturschutz, ökologische Anpassung ...) eingebunden wird,

c. Wissenswertes über die ausgewählten Tierarten in Form von *artbezogenem Sachwissen* im Rahmen des ausgewählten Themas,

d. Angaben zur günstigen Route im Zoo zum *Unterbringungsort* der einzelnen Tierarten,

e. Vorschläge zur selbständigen Schülerarbeit im Rahmen des ausgewählten Themas in Form eines oder mehrerer Arbeitsblätter.

Obwohl die meisten vorliegenden Zoo-Lehrwege im Hinblick auf einen bestimmten Zoologischen Garten ausgearbeitet sind, können diese unschwer auf andere Zoos übertragen werden. Zur Zeit sind meines Wissens Zoo-Lehrwege und/oder Arbeitsblätter über die nachfolgend aufgeführten Zoologischen Gärten verfügbar. Die mitgeteilten Themenkataloge sind sicherlich *nicht* in allen Fällen *vollständig*, doch mögen sie anregen, bei der betreffenden Stelle nach dem neuesten Stand zu fragen.

Ich führe in diesem Fall die Zoologischen Gärten nicht alphabetisch, sondern nach dem Zeitpunkt auf, zu dem sie begonnen haben, solche gedruckten Handreichungen für Lehrkräfte herauszugeben:

Rostock — Rostocker Zoologischer Garten
Zoo-Lehrwege seit 1967. Veröffentlicht in „Pädagogischer Führer durch den Rostocker Zoo" [54].
Themenkatalog: *Vorschule:* Affe und Elefant; Löwe und Bär. *Unterstufe:* Ententeich; Vogel-Volieren; Paarhufer. *Mittelstufe:* Bau und Lebensweise der Vögel; Bau der Säugetiere. *Oberstufe:* Ökologischer Lehrweg; Entwicklungsgeschichte der Vögel und Säugetiere; Haustiere und Stammformen der Haustiere.

Frankfurt — Zoologischer Garten Frankfurt
Zoo-Lehrwege (teilweise ergänzt durch Arbeitsblätter) seit 1968. Veröffentlichung in den beiden Mitteilungsblättern „Mitteilungen an die Frankfurter Lehrer und Erzieher" und „Mitteilungen aus dem Frankfurter Zoo" [55, 56].
Themenkatalog: *Eingangsstufe:* Wie weit lassen sich Zoobesuche in die Arbeit der Vorklasse der Grundschule mit einbeziehen? *Primarstufe:* Waldsäugetiere unserer Heimat. Der Zoo — eine Einrichtung unserer Stadt. Lieblingstiere aus dem Fernsehen. *Sekundarstufe I:* Die Großtiere Afrikas — Vergleich von Steppen- und Urwaldtieren. Steppen und ihre Bewohner. Der tropische Regenwald und seine Bewohner. Anpassung an das Leben im Wasser bei Wirbeltieren. „Lebende Fossilien" — Pflanzen und Tiere unserer Zeit als Zeugen vergangener

Welten. Naturschutzarbeit — eine der wichtigsten Aufgaben moderner Zoologischer Gärten. Warum Tiere ausgerottet werden — Bedrohte Kriechtierarten im Zoo. Gefährdete Tiere Asiens. Überblick über die Wirbeltierklasse Fische. Die Anpassung von Fischen an bestimmte Lebensräume und Lebensweisen. Was ist ein Säugetier? Fortbewegung bei Säugetieren. Nahrung und Ernährung bei Säugetieren. Die Großkatzen — besonders gefährdete Säugetiere. Vögel — Lehrweg zur Erarbeitung typischer Grundmerkmale. Vögel und ihre Nester. *Sekundarstufe I/II:* Bemerkenswerte Tierarten im Fankfurter Zoo — moderne Zootierhaltung. Haltung und Verhalten von Menschenaffen. Haustiere. Anpassung von Säugetieren an ihre Lebensräume.

Nürnberg — Tiergarten Nürnberg
Zoo-Lehrwege seit 1973. Veröffentlicht in „Der Tiergarten als Unterrichtsstätte — Die Zooschule, ein Instrument der Biologieunterrichtung" [57].
Themenkatalog: *Unter- und Mittelstufe:* Versuch einer Gliederung der Artenvielfalt. Vergleich der Extremitäten von Säugetieren. Anpassung der Robben an das Wasserleben. Beutefangverhalten und Sprung bei den Katzenartigen. Periodizität der Geweihentwicklung. Tiergeografische Verbreitung. Klärung des Artbegriffs am Beispiel von Wisent und Bison. *Oberstufe:* Klärung des Instinktbegriffes. Beobachtungen zum Brutpflegeverhalten von Cichliden.

Münster — Westfälischer Zoologischer Garten Münster
Zoo-Lehrwege mittels Arbeitsblättern seit 1974. Hauseigen vervielfältigt [58].
Themenkatalog: Rangordnung und Gruppenverhalten. (Siehe Ergänzung S. 303.)

Osnabrück — Zoologischer Garten Osnabrück
Zoo-Lehrwege seit 1975. Hauseigen vervielfältigt [59].
Besonderheit: Monografische Darstellung einzelner Tierarten ohne festgelegte übergeordnete Themenstellung; nicht lehrplanbezogen.
Artenkatalog: 1.—9. Schuljahr: 1. Klasse — Schimpanse, Pony, Kaninchen, Papagei. 2. Klasse — Zebra, Pinguin, Hängebauchschwein, Kapuzineräffchen. 3. Klasse — Känguruh, Ziege, Elefant, Storch. 4. Klasse — Enten, Robben, Dril, Waschbär, Hirsch. 5. Klasse — Seeadler, Tiger, Diana-Meerkatze, Fuchs, Ren. 6. Klasse — Kormoran, Kamel, Uhu, Guanako, Schildkröte. 7. Klasse — Flamingo, Gnu, Yak, Alligator, Stachelschwein, Puma. 8. Klasse — Braunbär, Lachmöwe, Binturong, Kasuar, Gepard, Hirschziegenantilope. 9. Klasse — Leopard, Schimpanse, Zebra, Strauß, Steppenelefant.

Stuttgart — Zoologisch-Botanischer Garten Wihelma
Zoo-Lehrwege mittels Schüler-Arbeitsblätter seit 1975. Hauseigen vervielfältigt [60].
Themenkatalog: *Orientierungsstufe:* Gehege als Lebensraum des Zootieres. Tierbeobachtung. Bewegungsweise von Tieren. Alltag des Flußpferdes. Reptilien I—IV. Korallenfische. *Sekundarstufe I/II:* Menschenaffen. Evolution I.

Berlin-West Didaktisches Zentrum Berlin
Zoo-Lehrwege mittels Arbeitsbögen seit 1977. Veröffentlicht in Publikationsreihe „Unterricht im Zoo" [61].
Themenkatalog: *Sekundarstufe:* Verhalten von Pavianen.

4. Dokumentation von didaktisch-methodischen Arbeiten zum Zoo-Unterricht und von Unterrichtsprogrammen

Die Schulabteilung im Frankfurter Zoo bemüht sich seit Jahren, eine Dokumentation von veröffentlichten und unveröffentlichten Arbeiten über den Zoo-Unterricht (theoretisch/praktisch, didaktisch/methodisch) aufzubauen. Die einzelnen Arbeiten sind in der Bibliothek des Zoos (Buchsammlung, Separatensammlung) inventarisiert und werden seit Jahren an Interessenten zu Ausbildungs- bzw. Fortbildungszwecken laufend ausgeliehen. Damit vesuchen wir, für Studenten und Lehrkräfte die Schwierigkeiten bei der Literatursuche für Staatsexamensarbeiten oder den praktischen Zoo-Unterricht zu verringern, da sehr viel auf dem Gebiet unveröffentlicht bleibt (Staatexamensarbeiten, Hausarbeiten für Ergänzungsprüfungen und dgl. mehr) oder weit verstreut in den verschiedensten mehr oder weniger bekannten Fachzeitschriften veröffentlicht ist. Ende 1977 umfaßte diese Dokumentation 152 Titel, die nachfolgend aufgeführt werden.

Ausleihbedingungen: Einsendung eines adressierten, freigemachten DIN-A-4-Umschlages. Ausleihfrist: drei Wochen [62]. In Klammern ( ) sind die Bestellnummern angegeben, unter denen die Arbeiten angefordert werden können.

A.A.Z.P.A. — Education Programs of Zoos and Aquariums in the Americas (verschiedene Autoren), 1972—1973 (1).

Albrecht, Manfred — Vom Schulzoo zur Zooschule. Aus „Dresden heute", IV, 1971 (74).

Amsterdam Zoo, Educativer Dienst — Sammlung von Arbeitsblättern (holl.) (2).

Antwerpen Zoo — Educational Activities in the Antwerp Zoo (engl.). Einzelne Zoolektionen (franz) (60).

Ders., Opvoedkundige Dienst van der Konink. Maatschappij voor Dierkunde van Antwerpen — Unterrichtsprogramme. Unterrichtsmaterialien (fläm.) (75).

Bach, Ehrenfried — Ein Vergleich sozialer Vehaltensweisen beim Menschen und Affen. (Mutter-Kind-Beziehungen, Beziehung der Kinder zueinander.) Arbeitsunterricht im Zoo, 7. Schulj., Fürstenberger Schule, Ffm., 1975 (3).

Bachus, Reiner — Der Zoologische Garten in Hannover als Anschauungs- und Arbeitsfeld für den Biologieunterricht in der Volksschule. Examensarbeit, PH Hannover, 1970 (4).

Baumbach, Ursula — Inwieweit wird der Zoologische Garten Frankfurt als Unterrichtsstätte optimal genutzt? Hausarb. Erweiterungsprüfung Biologie, Ffm., 1974 (5).

Baumeister, Werner — Der Zoologische Garten unter dem Gesichtspunkt der Erwachsenenbildung (eine empirische Untersuchung). Wissensch. Hausarb., Ffm., 1970 (6).

Becker, Isolde — Möglichkeiten der Tarnung bei Wirbeltieren als Anpassung an die Umwelt — dargestellt an einer Unterrichtseinheit mit Zoobesuchen im 5. Schuljahr. Hausarb. 2. Staatsexamenprüfung, Ffm., 1974 (7).

Berkshire, Royal Windsor Safari Park, Schools Service — Allgemeine Information und einige Unterrichtseinheiten (engl.) (61).

Berlin Tierpark, Zooschule — Informationsdienst für Polytechnische Oberschulen. Mitteilungsblätter (8).

Ders. — Informationsdienst für Polytechn. Oberschulen, Nr. 17—20. Schüler-Arbeitsblätter (76).

Bley, Gisela — Möglichkeiten des Unterrichtes im Zool. Garten im Rahmen einer Unterrichtseinheit in einer 5. Klasse zum Thema: Verständigungsmethoden bei Tieren an ausgewählten Beispielen. Staatexamensarb., Berlin, 1975 (77).

Brookfield Zoo, Chicago — Student Research in Animal Behavior at Brookfield Zoo. A Summer Program, 1973 (78).

Conway, William G. — Zoo Education: recent interpretations. 1st Conference of New York State Zoological Parks and Aquariums. Sponsored by the New York State Council of the Arts. Nov. 1974 (9).

Das Beste GmbH, Stuttgart — Zoos und Aquarien in Deutschland, Österreich und in der Schweiz. Stand: Sommer 1974 (62).

Dathe, Heinrich — Der Zoo, eine Schule besonderer Art. Urania, 48/2, 24—25, 1972 (79).

Döring, Ingeborg — Wie kann man Besuche im Zoologischen Garten in den Biologieunterricht einordnen? Päd. Prüfungsarb., Ffm., 1963 (10).

Dresdener Zoo, Zooschule — Mitteilungen der Zooschule: Heft 1, 1973, bis Heft 7, 1975 (63).

Ders. — Heft 8, 1975, bis Heft 10, 1976. Arbeitsblätter (80).

Duvenhorst, Werner — Gedanken zur Gestaltung eines Tiergartens nach pädagogischen Gesichtspunkten. Examensarb. 1. Lehrerprüfung, Hamburg, 1961 (11).

Dylla, Klaus H. — Methoden des Unterrichtens im Zoologischen Garten. In: Der Biologie-Unterricht, S. 52—65, 1965 (12).

Emmen, Noorder Dierenpark / Zoo, Educatieve Dienst — Arbeitsblätter und allgemeine Zooinformationen (holl.) (13).

Frankfurt Zoo, Schulabteilung — Lehrwege und Unterrichtshilfen. Liste Unterrichtsmaterialien I (14).

Ders., ed.: Kirchshofer, R. — Internationale Zoo-Pädagogen — Tagung im Frankfurter Zoo. Tagungsverlauf und -ergebnisse. 1972 (15).

Ders. — Radioführung: Aquarienhalle des Exotariums (Fassung Frühjahr 1975) (64).

Ders. — Biologieunterricht im Zoo (In: Jahresberichte des Frankfurter Zoo seit Errichtung der Schulabteilung, von 1960—1973) (81).

Ders. — Mitteilungen aus dem Frankfurter Zoo. 1964—1976 (s. Liste I) (82).

Ders. — Mitteilungen an die Frankfurter Lehrer und Erzieher. 1961—1976 (Techn. Hinweise, Tierbestand, Unterrichtshilfen) (83).

Ders. — Dokumentation zoobezogener Unterrichtsmaterialien: Liste I — Im Frankfurter Zoo erarbeitete Unterrichtsmaterialien, 1975. Liste II — Didaktisch-methodische Arbeiten zum Zoo-Unterricht. Unterrichtsprogramme. 1975. Liste III — Fachwissenschaftliche und methodisch-didaktische Literatur über das lebende Tier im Unterricht und in Zoologischen Gärten. 1975. Ergänzungslisten 1975 und 1976 (84).

Gewalt, Wolfgang — Ein kleiner Wegweiser für den Besuch des Berliner Zoologischen Gartens für Lehrer und Schüler der Berliner Schule (85).

Gies, Theodor — Der Zoologische Garten Frankfurt a. M. als Anschauungsmittel für den naturkundlichen Unterricht der Volksschule. Examensarb., Ffm., 1962 (16).

Golding, Robert — The Educational Value of Zoos in West-Africa. Nigeria, 1970 (17).

Grüninger, Werner — Biologieunterricht im Zoologischen Garten. Päd. Institut der Landshauptstadt Düsseldorf. Schriftenreihe Heft 9, 1973 (18).

Ders. — Arbeitsbogen zur Autökologie des Dromedars. Beobachtungen und Informationsübermittlung bei selbständiger Schülerarbeit im Zoo. Der Biologie-Unterricht. Beiträge zu seiner Gestaltung. 2/73, 1973 (19).

Halle Zoo, Zooschule — Sammlung von Arbeitsblättern (20).

Hanàk, F., Bodecek, J., und Vanek, V. — Zoologicka Zahrada Mesta Brna (Zoo Brünn). Ergänzende zoologische Lehre. Handbuch für Lehrer (tschechisch) (86).

Hellabrunn Tierpark, Schulabteilung — Schulinformation März/April 1974: Bedrohte Tierarten — u. März/April 1975: Beobachtungsvorschläge (65).

Hessisches Institut für Lehrerfortbildung — Didaktik und Methodik des Biologieunterrichts an Haupt- und Realschulen. Ffm., 1968 (21).

Ders. — Ökologie und Umweltschutz. Protokoll des Lehrgangs F 777. Ffm., 1972 (22).

Ders. — Zoobesuch mit Schulklassen. Protokoll des Lehrganges F 458. Ffm., 1967 (23).

Ders. — Zoo-Lehrwege. Methodische und fachliche Hinweise zu Unterrichtsgängen im Zoologischen Garten (in Zusammenarbeit mit der Schulabteilung des Zool. Gartens Ffm.), 1973 (24).

Huth, Hans-Hermann — Sozialverhalten bei Wirbeltieren unter Verwertung von Beobachtungen im Zoologischen Garten. Oberstufen-Unterricht im Frankfurter Zoo. Pädagog. Prüfungsarbeit, Ffm., 1973 (25).

Jakobi, Ulrike — Planvolle Unterrichtsgänge im Zoologischen Garten. Päd. Hausarbeit, Köln, 1967 (26).

Jentsch, Herbert — Lebende Tiere als Anschauungsobjekte im Biologieunterricht der Realschule. Hausarb. zur 2. Staatsprüfung, Köln, 1969 (27).

Jerusalem, Biblischer Zoo — Arbeitsblätter (hebräisch) (87).

Kanzow, Juliane — Zoo und Zoo-Schule. Didaktische Überlegungen und Untersuchungen unter besonderer Berücksichtigung der Probleme bei der Nutzung für den Biologieunterricht an Kölner Hauptschulen. Staatsexamensarb., Bonn, 1976 (88).

Kirchshofer, R. — Beiträge eines Zool. Gartens zum Biologieunterricht. Mitt. des Verbandes Deutscher Biologen, in: Naturw. Rundschau, 1964 (28).

Dies. — Biologieunterricht im Zoo. 112. Jahresbericht des Zool. Gartens Ffm. für 1970, 20/21 (29).

Dies. — Frankfurt Zoo's Education Programme. Intern. Zoo Yearbook, 8, 169—171, 1968 (30).

Dies. — The Role of Education in Modern Zoological Gardens. Zoologischer Garten N. F., 43, 2/3, S. 127—135, 1973 (31).

Dies. — Tierhaltung in Zoologischen Gärten. Grzimeks Tierleben. Ergänzungsband: Unsere Umwelt als Lebensraum. Kindler-Verlag, S. 496—522, 1974 (32).

Dies. — Von Tieren im Zoo. Pinguin-Verlag Innsbruck, 1971 (66).

Dies. — Das Tier im Unterricht. In: Didaktik und Methodik des Biologieunterrichts an Haupt- und Realschulen. Hess. Institut für Lehrerfortbildung, Ffm., 1968, S. 86—107 (90).

Dies. — Die größte Schule. In: Zoologische Gärten der Welt — die Welt des Zoo. Herausgeber: *R. Kirchshofer.* Pinguin-Verlag Innsbruck 1966 (108).

Koch, Klaus — Die Effektivität des Unterrichtsganges verglichen mit dem Unterricht im Klassenraum, gemessen am Grad des Wissens und Verständnisses, untersucht am Beispiel des Zoologieunterrichtes in zwei 6. und 9. Schuljahren einer Realschule. Hausarbeit 2. Staatsprüfung, Ffm., 1969 (33).

Koehler, Otto — Der Bildungswert der Biologie (Aus dem Zool. Institut d. Universität Freiburg), 1965 (67).

Kopenhagen Aquarium und Zoo, Edukatives Zentrum — Sammlung von Arbeitsblättern (dän.) (34).

Ders., Zoo Skoletjenesten — Visiting the Zoo — Part of Education. Undervisningsmaterialer. Arbeitsblätter (dän). (90).

Ders. — The IZE Conference, Copenhagen, Sept. 23rd—27th, 1974 (91).

Ders., Skoletjenesten — Laerervejledning (Lehrerinformation) (dän.) (92).

Kulzer, Erwin — Zoo-Exkursion. Arbeitsheft 3, Zoophysiolog. Institut der Universität Tübingen (35).

Leipzig Zoo — Aufgaben und Arbeitsweise der Zooschule des Zoologischen Gartens Leipzig (93).

Lind, Dorothea — Bildungsangebote Zoologischer Gärten. Zulassungsarbeit, 1. Dienstprüfung, Heidelberg, 1974 (36).

London Zoo, Zool. Soc. of London — Educational Visits to the London Zoo and Whipsnade Park. Arbeitsblätter (94).

Los Angeles Zoo Association (GLAZA) — Unterrichtsprogramm und -materialien (Docent program) (37).

Mayer, Dorothea und *Haussmann, Ingrid* — Zur Situation der Zoo-Pädagogik und Beispiele praktischer Erprobung von Unterrichtsbesuchen in der Wilhelma, Zoologisch-Botanischer Garten Stuttgart. Staatsexamensarb., Esslingen, 1975 (95).

Mühling, Peter — Der Tiergarten als Unterrichtsstätte — die Zooschule als Instrument der Biologie-Unterrichtung. Didaktischer Brief des Pädagogischen Instituts der Stadt Nürnberg, Nr. 36, 1973 (38).

Müller, Irmhild — Nutzung verschiedener Bildungshilfen im Frankfurter Zoo durch die Besucher. Staatexamensarb., Ffm., 1975 (96).

Münster Zoo, Zooschule — Biologieunterricht im Zoologischen Garten Münster. Lehrweg 1: Rangordnung und Gruppenverhalten — mit Arbeitsblättern (68).

New York Zoological Society, Education Department — Conference on Graphics, Exhibits and Education. 1974 (39).

Ders. — Unterrichtsprogramm und -materialien (40).

Ders. — Preparation and Follow-Up for „Predators and their Prey" (97).

Osnabrück Zoo — Zoo-Lehrwege für das 1. bis 9. Schuljahr. Ein Angebot für den Biologieunterricht im Osnabrücker Zoo. April 1975 (69).

Ders. — Osnabrücker Zoo Schul-Mitteilungen. Biologie-Unterricht in der Zooschule des Osnabrücker Zoos, 1976 (98).

Paignton Zoo, The Herbert Whitley Trust — The Teacher Takes Over at the Zoo. Prospectus of Educational Courses. 1969 (99).

Ramey, James — A Teacher's Guide to the Zoo Tour. Zoo Journal, Oklahoma City Zoo, 1973 (41).

Rensenbrink, Han — A Few Remarks on the Educational Work in Zoological Gardens. Internat. Zoo Yearbook, 6: 231—234, 1966 (42).

Rostock Zoo, Autoren-Kollektiv — Pädagogischer Führer durch den Rostocker Zoo (43).

Rotterdam Zoo — Illustrierte „Lesbrieven" (holl.) (44).

Ruempler, Götz — Die Fortpflanzung von Katzenhaien (Scyliorhinus caniculus) im Nordsee-Aquarium Bremerhaven und ihre Auswertung für den Biologie-Unterricht. Aus: Zeitschrift des Kölner Zoo. H. 1, 18. Jg., S. 33—35, 1975 (70).

Rusteberg, Karl-Friedrich — Die Behandlung der Abstammungslehre an Hand von Demonstrationen in Zooschule und Zoo Köln. Hausarb. 1. Staatsexamensprüfung, Köln, 1975 (45).

San Francisco Zoo, Docent Council — Information on Docent Council of the San Francisco Zoological Society, 1975 (71).

Schlaefke, Dieter — Tiere bewegen sich. Ein Zoobesuch unter Verwendung von Arbeitsblättern (72).

Schmidt, Wolfgang — Der Zoologische Garten im Unterricht der Grundschule. Examensarbeit II. Staatsprüfung, 1968 (46).

Schöllermann, Liane — Die Behandlung des Themas „Menschenaffen" in meinem Biologieunterricht des 5. Schuljahres. Hausarb. II. Staatsprüfung, Ffm., 1974 (47).

Schramm, Astrid — Abhängigkeit der Säugetiere vom Biotop Savanne in bezug auf Aspekte des Körperbaus und der Lebensweise, dargestellt an einer Unterrichtseinheit im 5. Schuljahr. Staatsexamensarb., Heusenstamm, 1974 (100).

Schumacher, Udo — Der Zoologische Garten als sekundärer Lebensraum. Planung und Durchführung einer Lehreinheit im Biologieunterricht des 5. Schuljahres mit Hilfe von Erkundungsgängen in den Dortmunder Tierpark. Staatsexamensarbeit, Dortmund, 1975 (101).

Slimbridge, The Wildfowl Trust, Educ. Department — Sammlung von Arbeitsblättern (48).

Smith, L. J. — National Zoological Gardens of South Africa. Conservation Teaching in Zoological Gardens (49).

Sommer, Robert — What do we learn at the Zoo? National History, 8 1972 (50).

Staten Island Zoo, New York — Animaland. Junior Edition. Vol. 42, Nr. 1 und 2, 1975 (102).

Steffenhagen, Gesamtschule Stuttgart-Neugereut — Streifzüge durch die Wilhelma — Arbeitsblätter (103).

Stuttgart Zoo „Wilhelma" — Unterrichtsprogramm und Unterrichtsmaterialien (104).

Taronga Zoo, Sydney — Education Service: 1. Unterrichtsprogramme: Infant's programs, 1976, Secondary programs, 1976. 2. Unterrichtsmaterialien (Animals and their food; Looking closely; Animal classification; Zoo people; Teeth, Tusks, Horns, Beaks ...) (105).

Topeka Zoological Park — Educational Slide Programm for Elementary Grades (106).

Turkowski, Frank J. — Education at Zoos and Aquariums in the United States. Bio Science, Aug. 1972, Vol. 22, No. 8, S. 468—474 (51).

Washington Zoo — Educational Programs for School Groups. All Sponsored by Friends of the National Zoo (FONZ): The World of Mammals. School Visits to the National Zoo. The World of Reptiles and Amphibians. Vanishing Animals. (73).

Weber-Rhody, F., Didaktisches Zentrum Berlin — Besuch des Zoologischen Gartens und des Aquariums durch Schulklassen (Sammlung von Arbeitsblättern). Lehrerfortbildungsprogramm Berlin 1974, Kurs 453 (52).

Dies. — Konferenz der Intern. Vereinigung der Zoopädagogen in Kopenhagen. Folgerungen aus dem Erfahrungsaustausch. Didaktische Informationen, 7. Jg., Nr. 3, 1974 (53).

Dies. — Unterricht im Zoologischen Garten. Eine Einführung in die Ökologie und Verhaltenslehre der Säugetiere, durchgeführt mit einer 9. Klasse des Gymnasiums (Prüfungsarbeit) (54).

Weber-Rhody, F., u. a. — Sach-Informationsbogen Zoo-Unterricht (bezogen auf den Berliner Zoologischen Garten) (107).

Widera, Gabriele — Der Zoologische Garten als Unterrichtsstätte für die Unterrichtseinheit: Reptilien in ihrer Anpassung an die Umwelt, im Biologieunterricht des 6. Schuljahres der Förderstufe. 2. Staatsprüfung, Hanau, 1974 (55).

Winkler, Wolfgang — Das Verhältnis und Interesse der 8—12jährigen Schüler zu Tieren und die Konsequenzen, die der Biologieunterricht aus dem Verhalten der Kinder dieser Altersstufe ziehen müßte. Wiss. Hausarb. I. Staatsprüfung, Gießen, 1970 (56).

Zannier, Frank — Besuche im Zoo. Möglichkeiten für den Biologieunterricht in der Großstadt. Schule Aktuell, Finkenverlag, Oberursel, 19. Jg., Nr. 12, 1968 (57).

Ders. — Kann der Zoologische Garten Stadtschulkindern als Stätte für anschaulichen Biologieunterricht dienen? Hausarbeit II. Staatsprüfung, Offenbach, 1966 (58).

Zannier-Tanner, Elke — Tiere und die Großstadtkinder meiner Klasse. Eine empirische und experimentelle Untersuchung über Kenntnisse und Art der Naturbegegnungen und ihre pädagogischen Folgerungen. Hausarbeit II. Staatsprüfung, Offenbach, 1966 (59).

Ergänzung

Seit der obige Beitrag zum Druck eingereicht wurde, stellten wir noch die folgenden Arbeiten in die „Dokumentation zur Zoopädagogik" ein:

Andersen, Lars Lundig — Visiting the Zoo, Part of Education. The Zoo Education Service for Schools. Copenhagen (nicht datiert) (108).

Berlin-Ost, Tierpark Berlin-Friedrichsfelde (ed.) — Informationsdienst für Polytechnische Obesrchulen. Nr. 7 (12. 8. 1962), Michels, H. J.: Von Großbären, Nr. 8 (19. 11. 1962), derselbe: Etwas über Wale. Nr. 10 (13. 2. 1963), derselbe: Hirsche. Nr. 11 (4. 3. 1963), Lau: Hauspferde und ihre Stammform (109).

Biederbick, Annemarie — siehe „Münster, Zooschule" (140a).

Bischoff, Kurt — Pädagogische Zielsetzung für Unterichtsgänge durch das Vivarium. Unterichtsgang durch das Vivarium — 1: Nesthocker — Nestflüchter. Informationen 2, Vivarium Darmstadt, 1976, S. 2—6 (110).

derselbe — Unterrichtsgang durch das Vivarium — 2: Beiträge zur Abstammungslehre. Informationen 3, Vivarium Darmstadt, 1976, S. 2—6 (111).

derselbe — Unterrichtsgang durch das Vivarium — 3: Temperaturanpassungen bei Säugern, Vögeln und Reptilien. Informationen 4, Vivarium Darmstadt, 1076, S. 2—7 (112).

derselbe — Unterrichtsgang durch das Vivarium — 4: Tiere, die auf Inseln leben. Informationen 1, Vivarium Darmstadt, 1977, S. 2—7 (113).

derselbe — Unterrichtsgang durch das Vivarium — 5: Nahrung und Nahrungsaufnahme bei Tieren. Informationen 2, Vivarium Darmstadt, 1977, S. 2—7 (114).

derselbe: Unterrichtsgang durch das Vivarium — 6: Fortbewegung bei Wirbeltieren. Informationen 4, Vivarium Darmstadt, 1977, S. 2—7 (115).

Bonn, Zoologisches Forschungsinstitut und Museum Alexander Koenig — Verschiedene Unterrichtsprogramme: a. Anonymus: Sonderausstellung Bach.
b. Wirth, Ulrich: Säugetiere — Lehrprogramm für Klasse 4—6 — Suchspiel: Heimische Vögel. Suchspiel: Vögel aus aller Welt (116).

Dresden, Zoo (ed.) — Mitteilungen der Zooschule. Heft 11, 1976, Dresden, 1976. Steinbach, H.: Ein neues Arbeitsblatt für Klasse 10 zur Unterichtseinheit „Merkmale und Entwicklung der Primaten". Albrecht, M.: Zoologische Stichworte. Gensch, W.: Neuigkeiten im Tierbestand (121).

derselbe (ed.) — Mitteilungen der Zooschule. Heft 12, 1977, Dresden, 1977. Gensch, W.: Vorbildlicher Naturschutz in der Sowjetunion. Albrecht, M.: Zoologische Stichworte. Steinbach, H.: Prof. Brandes — „Buschi" (122).

Dürschlag, Otto — siehe „Münster, Zooschule". (140b).

Edingburgh, Scottish National Zoological Parc — „Education Unit: Zoo Education Services" (Samples of worksheets for primary and secondary school children). Edinburgh Zoo, 1976/77 (123).

Fank, Ursula — Das Einsetzen des Tiergartens im Unterricht. Hausarbeit. I. Staatsprüfung (Lehramt Grund- u. Hauptschule). Recklingen, 1977 (124).

Fleisch, Erika u. Wolfgang Heine — Lebensraum Vivarium Darmstadt (Text zu einer geichnamigen Tonbildschau). Abschlußarbeit Fachhochschule Darmstadt (Gestaltung: Fotografie). Darmstadt, 1977 (125).

Frankfurt, Schulabteilung Zoologischer Garten (ed.) — 31. Mitteilungen aus dem Frankfurt Zoo. Frankfurt, Juni 1977 (126).

dieselbe — 32. Mitteilungen aus dem Frankfurter Zoo. Frankfurt, Dezember 1977 (127).

dieselbe — Mitteilungen an die Frankfurter Lehrer und Erzieher. Frankfurt, März 1977 (128).

dieselbe — Mitteilungen an die Frankfurter Lehrer und Erzieher. Frankfurt, Nov. 1977 (129).

Hinrichs, Klaus — Mutter und Kind im Zoo (Unterichtsmodell Primarstufe). In: Unterricht Biologie. H. 15, 14—17, Friedrich Verlag, Seelze 1977 (130).

Hoffmann, Hilmar — Eineinhalb Jahrzehnte Biologie-Unterricht im Zoo. Presseaussendung. Kulturdezernat der Stadt Frankfurt a. M. Frankfurt, Jan. 1977 (131).

International Association Zoo Educators (ed.) — Newsletter No. 1 (Red.: J. Hatley, Paignton Zoological and Botanical Gardens, Paignton, UK) (132).

Kirchshofer, Rosl — Die größte Schule. In: Zoologische Gärten der Welt, die Welt des Zoo (Ed.: Kirchshofer), S. 340—346, Pinguin-Verlag, Innsbruck, 1966 (133).

dieselbe: — Gliedmaßenbau und Fortbewegung von Säugetieren. (Unterrichtsmodell Orientierungs- bzw. Sekundarstufe I). In: Unterricht Biologie. H. 15, S. 25—34. Friedrich Verlag, Seelze 1977 (134).

dieselbe — Anpassungen von Säugetieren an Lebensräume. (Zoo-Lehrweg, Sekundarstufe I). In: „31. Mitteilungen aus dem Frankfurter Zoo". Juni 1977, S. 10—40, Zoo Frankfurt, 1977 (siehe „Frankfurt, Schulabteilung") (126).

dieselbe u. P. Wilhelm — Naturschutzarbeit — eine der wichtigen Aufgaben moderner Zoologischer Gärten. (Zoo-Lehrwege für Primar- u. Sekundarstufe I). In: „32. Mitteilungen aus dem Frankfurter Zoo". Dez. 1977, S. 7—53, Zoo Frankfurt, 1977 (siehe: „Frankfurt, Schulabteilung") (127).

dieselbe — Wirbellose Meeresbewohner im Exotarium. In: „Mitteilungen an die Frankfurter Lehrer und Erzieher". März 1977, S. 3—20, Zoo Frankfurt, 1977 (siehe „Frankfurt, Schulabteilung") (128).

dieselbe — Soziale Insekten im Exotarium. In: „Mitteilungen an die Frankfurter Lehrer und Erzieher". Nov. 1977, S. 11—21. Zoo Frankfurt, 1977 (siehe „Frankfurt, Schulabteilung") (129).

Knuthenborg, Safari-Park — „Laerer-Vejledning" (Lehrer-Führer mit Unterrichtsbeispielen) und Sammlung von Schülerarbeitsblättern (dänisch), Knuthenborg, 1977 (135).

Köln, Zoo — Kölner Zoo-Schule. (Kleiner Hinweis für Lehrer und andere Interessierte). Köln, 1965 (136).

Kopenhagen, Zoo — Education Department, School Service (Beschreibung der Abteilung; Schülerarbeitsbögen: Thema „Regenwald" und „Jungtiere". Englisch) Kopenhagen, Aug. 1977 (117).

derselbe — Zoo Skoletjenesten. Laerervejedning. (Informationen für Lehrkräfte über das Angebot von Unterrichtsmaterialien und -themen). Kopenhagen 1977 (118).

derselbe — Zoo Skoletjenesten. Dyrs adfaerd. (Tierverhalten. Fachinformationen für Lehrer). Kopenhagen 1976 (119).

derselbe — Zoo Skoletjenesten. Undervisningsmaterialer (Schülerarbeitsblätter: Savannen, Robben, Steinböcke, Moschusochsen, Regenwald, Form und Funktion, Ernährung, Schutztrachten...), Kopenhagen (nicht datiert) (120).

Kratz, Walter — Sollte man Tiere in Zoologische Gärten sperren? (Unterrichtsmodell Orientierungsstufe). In: Unterricht Biologie. H. 15, S. 18—24. Friedrich Verlag, Seelze 1977 (137).

Lethmate, Jürgen — Verhaltensbeobachtungen an Menschenaffen (Unterrichtsmodell Sekundarstufe II). In: Unterricht Biologie. H. 15, S. 43—45, Friedrich Verlag, Seelze 1977 (138).

Middendorf, Ulrich — Wie weit lassen sich die Zoologischen Gärten der näheren Umgebung in den Biologieunterricht der Sekundarstufe I einbeziehen? Hausarbeit. I. Staatsprüfung (Lehramt Sekundarstufe I), Pädagogische Hochschule Ruhr, 1977 (139).

Münster, Zooschule — Biologieunterricht im Zoologischen Garten Münster für Grund- (nur. 4. Jg.) und Hauptschulen, Realschulen, Gymnasien und ähnliche Bildungseinrichtungen. Unterrichtsmaterialien aus der Zooschule, ausgearbeitet von: a) Biederbick, Annemarie: I. Anpassung an Lebensraum Wasser. II. Bewegung mit Hilfe von Gliedmaßen. III. Die natürlichen Lebensansprüche der Tiere (dargestellt am Lebensraum Zoo). IV. Fleischfresser und Pflanzenfresser. V. Brutpflegehandlungen bei Wirbeltieren. b) Dürschlag, Otto: I. Steppentiere der verschiedenen Erdteile (Prim./Sek. I). II. Vögel haben sich an verschiedene Lebensräume angepaßt (Prim./Sek. I). III. Das passende Kleid zur passenden Umgebung (Sek. I/II). IV. Beobachtungsübungen im Allwetterzoo (Sek. I). V. Übungen zur Tiergeographie im Allwetterzoo von Münster. c) Rath, Hans: I. Rangordnung und

Gruppenverhalten (Sek. II). II. Haustiere (Sek. I). III. Tiere des tropischen Regenwaldes (Prim./Sek. I). IV. Menschenaffen (Sek. II). V. Vergeichende Verhaltensstudien bei verschiedenen Tiergruppen (Sek. I/II). (140).

Pädagogisches Zentrum, Berlin (ed.) — Reihe Curriculäre Entwicklungen. F. Weber-Rhody: Unterricht im Zoo I (Allgemeine Einführung). Berlin 1977 (141).

dasselbe — Reihe Curriculäre Entwicklungen. F. Weber-Rhody: Unterricht im Zoo II (Verhaltensbeobachtungen bei Pavianen). Berlin 1977 (142).

Prag, Zoo (ed.) — Pädagogisches Material des Prager Zoo. (Deutsche Übersicht. Schüler-Arbeitsmaterialien tschechisch). (nicht datiert) (143).

Rath, Hans — Sozialverhalten bei Hundsaffen. (Unterrichtsmodell Sekundarstufe I u. II). In: Unterricht Biologie. H. 15, S. 35—41. Friedrich Verlag, Seelze 1977 (144).

derselbe — siehe „Münster, Zooschule" (140c).

Seubert, Michael — Der Zoobesuch (Beitrag zur Tierkunde. Sek. I). Pädagogische Arbeit. II. Staatsexamen für das Gymnasium. Studienseminar Heidelberg. Aug. 1977 (145).

Strauss, Wofgang — „Der Schulzoo", eine Alternative zum Unterricht im Zoo? In: Unterricht Biologie. H. 15, S. 46—47. Friedrich Verlag, Seelze 1977 (146).

Verfürth, Martin — Biologieunterricht im Zoo Köln. (Ein Unterrichtsbeispiel für das 3. und 4. Schulj. zum Thema Bewegungsweise und Form der Extremitäten von einigen Säugetieren als Anpassungen an die Umwelt). In: Zeitschrift des Kölner Zoo. 20. Jg., H. 2, S. 39—54, 1977 (147).

Weber-Rhody, Felicitas — Unterricht im Zoo I. Allgemeine Einführung. Ed.: Pädagogisches Zentrum Berlin (Reihe Curriculäre Entwicklungen). Berlin, 1977 (141).

dieselbe — Unterricht im Zoo II. Verhaltensbeobachtungen bei Pavianen. Ed.: Pädagogisches Zentrum Berlin. (Reihe Curriculäre Entwicklungen). Berlin, 1977 (142).

Winkel, Gerhard — Der Botanische Schulgarten Burg in Herrenhausen. Presseamt Stadt Hannover. Hannover, 1965 (148).

derselbe — Der Zoo. Heft 15 der Zeitschrift „Unterricht Biologie". Friedrich Verlag, Seelze 1977 (149).

derselbe und Hildegard Nittinger — Der Zoo als Arbeitsstätte des Biologieunterrichtes. In: Unterricht Biologie. H. 15, S. 2—13. Friedrich Verlag, Seelze 1977 (150).

Wirth, Ulrich — Tiere in Naturkundemuseen als Beispiele für die Evolution — Anregungen für Unterricht und Museumsgestatung. In: Der Biologieunterricht. Jg. 13, H. 1, S. 33—79, 1977 (151).

derselbe — siehe „Bonn, Zoologisches Forschungsinstitut und Museum Alexander Koenig" (116b).

Wuppertal, Zoo — Umfrageergebnisse „Zooschule". (Kurzer Überblick über 1976 in westdeutschen Zoos vorhandene Schulabteilungen bzw. Zooschulen) (152).

Literatur

1. *Fisher, J.:* Zoos of the World. New York, 1967.
2. *Derselbe.*
3. *Kirchshofer, R.* ed.: Zoologische Gärten der Welt — die Welt des Zoo. Insbruck, 1966.
4. *Lucas, J.* and *Duplaix-Hall, N.,* ed.: International Zoo Yearbook, 12. London, 1972.
5. *Hediger, H.:* Mensch und Tier im Zoo. Eine Tiergarten-Biologie, Zürich, 1965.
6. *Kirchshofer, R.:* Von Tieren im Zoo. Innsbruck, 1971.
7. *Turkowski, J.:* Education at Zoos and Aquariums in the United States. Bio Science. Vol. 22, No. 8.
8. *Grzimek, B.:* Auf den Mensch gekommen — Erfahrungen mit Leuten. München, 1974.
9. *Kirchshofer, R.* ed.: Tagungsverlauf und -ergebnisse einer Internationalen Zoo-Pädagogen-Tagung im Frankfurter Zoo. Frankfurt, 1973.
10. *Hediger, H.:* Wild Animals in Captivity. New York, 1904.
11. *Siedentop, W.:* Methodik und Didaktik des Biologieunterrichts. Heidelberg, 1971.
12. *Schwabe, H.:* Von der Selbstbedrohung des heutigen Menschen. In: Unser Wald. Mainz, 1968.
13. *Lorenz, K.:* Die acht Todsünden der zivilisierten Menschheit. München, 1973.
14. *Grzimek, B.:* Das nicht vom Menschen Gemachte. Festschrift. Stuttgart, 1964.
15. *Kirchshofer, R.:* Viele Tierarten werden das Jahrhundert nicht überleben. In: Welt am Sonntag, Hamburg, 11. 8. 1974.
16. *Kirchshofer, R.* ed.: Zoologische Gärten der Welt, die Welt des Zoo. Innsbruck, 1966.
17. *Grupe, H.:* Biologie Didaktik. Köln, 1971.
18. *Kanzow, J.:* Zoo und Zooschule. Didaktische Überlegungen und Untersuchungen unter besonderer Berücksichtigung der Probleme bei der Nutzung für den Biologieunterricht an Kölner Hauptschulen. Unveröffentlicht. 1976.
19. *Osnabrücker Zoo-Schul-Mitteilungen:* Biologie-Unterricht in der Zooschule des Osnabrücker Zoo.
20. *Dylla, K. H.:* Methoden des Unterrichtens im Zoologischen Garten In: Der Biologie-Unterricht I, 5, 1965.
21. *Anonymus:* Zoos und Aquarien in Deutschland, Österreich und der Schweiz. Verlag Das Beste GmbH, Stuttgart, 1974.
22. *Kirchshofer, R.* ed.: Zoologische Gärten der Welt — die Welt des Zoo. Innsbruck, 1966.
23. *Weber-Rhody, F.:* Konferenz der Internationalen Vereinigung der Zoo-Pädagogen, Kopenhagen. In: Informationen für den Biologieunterricht. Berlin, 1974.
24. *Aktienverein des Zoologischen Gartens zu Berlin,* ed.: Geschäftsbericht für das Jahr 1975. Berlin, 1975.
25. *Gewalt, W.* und *Lips:* Hinweise für Besuche von Schulklassen im Berliner Zoo. Berlin.
26. *Weber-Rhody, F.:* Unterricht im Zoo. Pädagogisches Zentrum Berlin, 1977.
27. *Dathe, H.:* Tierpark Berlin, Jahresbericht 1974. Berlin-Ost, 1974.
28. *Derselbe:* Tierpark Berlin, Jahresbericht 1975. Berlin-Ost, 1975.
29. *Albrecht, M.:* Sechs Jahre Zooschule Dresden. In: „Mitteilungen der Zooschule", 10, Dresden, 1976.
30. *Zoologischer Garten Wuppertal:* Umfrage betreffend Zooschulen. Unveröffentlicht. Wuppertal 1976.
31. *Bischoff, K.:* Pädagogische Zielsetzung für Unterrichtsgänge durch das Vivarium. Vivarium Darmstadt. Informationen 2, 1976.
32. *Zoo Duisburg Aktiengesellschaft:* Geschäftsbericht der Zoo Duisburg Aktiengesellschaft für das Jahr 1975. Duisburg, 1975.
33. *Lackinger, I.:* Unterrichtserfahrungen am Düsseldorfer Aquarium. The IZE-Conference. Copenhagen, 1974.
34. *Zooschule Halle,* ed.: Mappe mit Unterrichtshinweisen und -materialien. Halle, 1969.
35. *Dittrich, L.:* Jahresbericht des Zoologischen Gartens der Landeshauptstadt Hannover für das Jahr 1975. Hannover, 1975.
36. *Zoologischer Garten Wuppertal:* Umfrage betreffend Zooschulen. Unveröffentlicht. 1976.
37. *Kanzow, U.:* Zoo und Zooschule. Didaktische Überlegungen und Untersuchungen unter besonderer Berücksichtigung der Probleme bei der Nutzung für den Biologieunterricht an Kölner Hauptschulen. Unveröffentlicht. Köln, 1976.
38. *Seifert, S.:* Die Leipziger Zooschule. Panthera (Mitteilungen aus dem Zoologischen Garten Leipzig). 1970
39. *Zooschule Leipzig:* Aufgaben und Arbeitsweise der Zooschule des Zoologischen Gartens Leipzig. Schulmitteilung. Leipzig, 1972.
40. *Wehner, W.:* Aus der Arbeit der Zooschule. Jahresbericht (XVI) des Zoologischen Gartens Magdeburg. Magdeburg 1975.
41. *Heck, L.:* Tierpark Hellabrunn Schulinformation. 1975. München, 1975.
42. *Zoologischer Garten Münster,* ed.: Informationen für Presse, Funk, Fernsehen Münster, 1974.
43. *Tiergarten Nürnberg,* ed.: Informationen 1. und 2. Halbjahr 1975. Nürnberg, 1975.
44. *Zoologischer Garten Osnabrück,* ed.: Osnabrücker Zoo-Schul-Mitteilungen. Osnabrück, 1976.

45. *Andreae, P.* und *Hinrichs, K.:* Zoo-Lehrwege für das 1.—9. Schuljahr. Hauseigen vervielfältigt. Osnabrück, 1975.
46. *Grüninger, W.:* Biologieunterricht im Zoologischen Garten. Schriftenreihe Päd. Inst. Düsseldorf. Düsseldorf, 1973.
47. *Gabriel, C. D.:* Aus der Arbeit der Zooschule. Jahresbericht 1975. Zoo Rostock. Rostock, 1975.
48. *Bezirkskabinett für Weiterbildung der Lehrer und Erzieher,* ed.: Pädagogischer Führer durch den Rostocker Zoo. Rostock, 1967.
49. *Zoologischer Garten Wuppertal:* Umfrage betreffend Zooschulen. Unveröffentlicht. Wuppertal, 1976.
50. *Zoologisch-Botanischer Garten Wilhelma Stuttgart,* ed.: Informationsblatt für Schulen. Hauseigen vervielfältigt. Stuttgart, 1975.
51. *Zoologischer Garten Wuppertal:* 93. Jahresbericht des Zoologischen Gartens der Stadt Wuppertal für 1974. Wuppertal, 1974.
52. *Derselbe:* 95. Jahresbericht des Zoologischen Gartens der Stadt Wuppertal für 1976. Wuppertal, 1976.
53. *Kirchshofer, R.:* Der Zoo-Lehrweg, eine Unterrichtshilfe für den Lehrer. Tagungsverlauf und -ergebnisse einer Internationalen Zoo-Pädagogen-Tagung im Frankfurter Zoo. Eigenverlag. Frankfurt a. M., 1972.
54. *Bezirkskabinett für Weiterbildung der Lehrer und Erzieher,* ed.: Pädagogischer Führer durch den Rostocker Zoo. Rostock, 1967.
55. *Kirchshofer, R.:* Unterrichtsmaterialien aus dem Frankfurter Zoo I, Frankfurt, 1975.
56. *Dieselbe:* Unterrichtsmaterialien aus dem Frankfurter Zoo I. Ergänzungsliste 1976.
57. *Mühling, P.:* Der Tiergarten als Unterrichtsstätte — Die Zooschule als Instrument der Biologie-Unterrichtung. Didaktischer Brief des Päd. Inst. der Stadt Nürnberg, Nr. 36, 1973. Nürnberg, 1973.
58. *Schulkollegium beim Regierungspräsidenten in Münster,* ed.: Schulmitteilung „Biologieunterricht im Zoologischen Garten Münster". Münster, 1974.
59. *Andreae, P.* und *Hinrichs, K.:* Zoolehrwege für das 1.—9. Schuljahr. Ein Angebot für den Biologieunterricht im Osnabrücker Zoo. Osnabrück, 1975.
60. *Zoologisch-Botanischer Garten Wilhelma Stuttgart,* ed.: Informationsblatt für Schulen. Stuttgart, 1975.
61. *Weber-Rhody, F.:* „Verhaltensbeobachtungen bei Pavianen". Unterricht im Zoo. Berlin, 1977.
62. *Kirchshofer, R.:* Unterrichtsmaterialien aus dem Frankfurter Zoo II. Frankfurt, 1975 und Ergänzungsliste 1976.

BIOLOGIEUNTERRICHT IM NATURKUNDE-MUSEUM

Von Dr. Hanns Feustel,

Leiter der zooligischen Abteilung des Hessischen Landesmuseums,

Darmstadt

EINFÜHRUNG

Obwohl der Stellenwert der Museen als Bildungsinstitutionen nicht zuletzt durch verstärkte Anstrengungen der Museen in den Bereichen der Öffentlichkeitsarbeit und Museumsdidaktik gestiegen ist, läßt die Zusammenarbeit mit den Schulen noch sehr zu wünschen übrig. Während in zahlreichen west- und osteuropäischen Ländern, gar nicht zu reden von den USA, Museumsbesuche fest in die Unterrichtspläne der Schulen integriert sind, steht bei uns der Museumsbesuch als Unterrichtsveranstaltung im freien Ermessen des Lehrers. Die Entscheidungsfreiheit des Lehrers müßte nicht unbedingt von Nachteil sein, wenn nur mehr positiver Gebrauch von ihr gemacht würde. Weshalb dies aber nicht der Fall ist, wurde schon oft und wird immer wieder in Vorträgen, Diskussionen, Aufsätzen, Denkschriften, in von pädagogischen Instituten vergebenen Examensarbeiten usw. analysiert und begründet. Da geht es darum, daß die Anfahrt zum Museum zu zeitraubend, kostspielig und risikoreich sei und die Öffnungszeiten der Museen den Stundenplänen nicht genügend entgegenkämen, daß die Schausammlungen von ihrer didaktischen Gestaltung her nur wenig zur Bereicherung und Vertiefung des Unterrichts beitragen könnten. Das mag alles stimmen, aber ich glaube, daß es darüber hinaus noch andere Gründe für das Fernbleiben der Lehrer von den Museen gibt.

Als vor einigen Jahren das Naturfreibad in Darmstadt nach einem Hochwasser bakterienverseucht war und für den Badebetrieb gesperrt werden mußte, nahm ich dieses „Naturereignis" zum Anlaß für eine Sonderausstellung, in der die Tier- und Pflanzenwelt und die Hydrologie des Gewässers sowie die ökologischen Zusammenhänge in einem stehenden Gewässer dargestellt wurden. Die Ausstellung stieß schon wegen ihrer Aktualität auf großes öffentliches Interesse. Aber Schulklassen kamen nur verhältnismäßig wenige, und von 30 über den Schulrat angeschriebenen Schulen nahmen nur 16 Lehrer an einer Führung durch die Ausstellung teil. In einem anderen Fall wurde ein mit den Schulleitern der Grund- und Realschulen vereinbarter Informationsbesuch der naturwissenschaftlichen Abteilungen des Museums von nur drei Fachlehrern befolgt. Auch andere Museen beklagen sich über ähnliche Erfahrungen. Zum Beispiel ist es dem Leiter des Naturwissenschaftlichen Museums in Coburg erst nach 20 Jahren gelungen, über einen verständnisvollen Schulrat zu erreichen, daß wenigstens für die Grundschulklassen einmal im Jahr ein Museumsbesuch vorgesehen wird.

Es scheint, daß der Museumsbesuch für viele Lehrer immer noch ein „lästiges Übel" ist und häufig als Ersatz für einen verregneten Wandertag, unvorbereitet und nicht in den Unterrichtsstoff einbezogen, durchgeführt wird. Für dieses Desinteresse dem Museum gegenüber kann allerdings der Lehrer nicht allein verantwortlich gemacht werden. Zu unterschiedlich sind meist die Schul- und die Museumsdidaktik, als daß der Lehrer beide mühelos miteinander verbinden könnte. Es dauert gewöhnlich nie sehr lange, bis neue wissenschaftliche Erkenntnisse, etwa auf den Gebieten der Mikrobiologie, der Molekulargenetik, der Evolutions- oder der Verhaltensforschung, ihren Eingang in die Schulbücher und damit in die Schuldidaktik finden. Für die Museen sind die Darstellungen solcher Themen viel zeit-, platz-, material- und arbeitsaufwendiger, wenn die Ausstellungen mehr als nur mit einigen Originalobjekten in Schau umgesetzte Schul- oder Time-Life-Bücher sein sollen.

So kommt es, daß moderne biologische Disziplinen nur zögernd in Museumsausstellungen erscheinen und noch immer Themen aus der Systematik mit ihrer oft unübersehbaren Mannigfaltigkeit und Formenfülle den Hauptbestandteil der Schausammlungen bilden. Vor dieser meist noch ohne „roten Faden" präsentierten Objektfülle kapitulieren die meisten jungen Lehrer, in deren Fachausbildung infolge der Vernachlässigung der klassischen biologischen Disziplinen die Erlangung von Artenkenntnissen nicht mehr möglich war und auch nicht mehr für nötig gehalten wurde. In früheren Jahren dürften deshalb auch weniger Biologielehrer in Verlegenheit geraten sein, wenn ihnen Schüler einen Pflanzenstrauß oder ein Tübchen voll „Getier" zur Identifizierung mitbrachten. Heute ist das anders. Während durch freien Eintritt, Cafeterias, mehrsprachige Informationsschriften, einladend weit geöffnete Türen usw. die „Schwellenangst" beim öffentlichen Museumsbesucher weiter abgebaut werden konnte, hat sie bei vielen jungen Lehrern vermutlich sogar noch zugenommen. Wie anders ließe sich sonst erklären, daß zahllose Biologielehrer noch nie die naturwissenschaftlichen Sammlungen ihrer Heimatorte besucht haben, es sei denn, ihre Klassen wurden vom Museumspersonal geführt? Diese Schwellenangst dürfte in der bewußten oder auch unbewußten Scheu vor der Bloßstellung von Wissenslücken begründet liegen. Diese Pädagogen wünschen sich eine „schulbuchdidaktische" Schausammlung in Museen. Für eine zweite Gruppe von Lehrern — und gerade mit dieser arbeiten die Museen besonders fruchtbar zusammen! — bedeutet gerade das reichhaltige Sammlungsmaterial, auch wenn dessen museumspädagogische Aufarbeitung oft noch zu wünschen übrig läßt, eine Fundgrube für die Gestaltung eines lebendigen Biologieunterrichts, zumal die meisten Schulen nur unzureichende biologische Lehrsammlungen besitzen und aus Geldmangel, aber auch aus Gründen des Naturschutzes, keine umfangreichen Tiersammlungen aufbauen können.

Den Belangen beider Pädagogengruppen sollten die Museen Rechnung tragen durch verstärkte Anstrengungen, in ihren Ausstellungen einen glücklichen Kompromiß zwischen museumsbezogenen fachwissenschaftlichen und schulbezogenen fachpädagogischen Aspekten der Sammlungsgestaltung zu finden.

Fast alle größeren Naturkundemuseen sind auf dem Weg dahin, und viele bieten inzwischen Informations- und Arbeitshefte zu ihren Ausstellungen an, die den Lehrern eine schnelle Einarbeitung in die Ausstellungsthemen ermöglichen. An manchen Museen sind Museumspädagogen tätig, deren Aufgabe speziell in der Betreuung der Schulklassen, aber auch außerschulischer Arbeitsgruppen besteht. Der beste Pädagoge im Museum ist aber immer noch der Lehrer selbst durch seine bessere Kenntnis der Klasse und des jeweiligen Unterrichtsstoffes.

Wieder andere Museen veranstalten Vorbereitungskurse und spezielle Führungen für Referendare und Lehrer oder Kurse und Wettbewerbe für die Jugend. Aber „... wie auch immer eine sachbezogene Organisation die Wege ebnet und in welcher Weise auch das Museum seinen Teil zur Begegnung von Schüler und

Museum leistet, die Hauptlast trägt, darüber müssen wir uns klar sein, der führende Lehrer selbst. Die von ihm geforderte Leistung ist hier höher als in den eigenen Räumen der Schule und im Rahmen eines gegebenen Pensums; er muß Mut haben, sich der höheren Verantwortung zu stellen und die höheren Anforderungen zu tragen. So sollte alles Bestreben vor allem darin liegen, ihm die Erfüllung dieser schönen, aber schwierigen Aufgabe zu erleichtern." *(W. Schäfer, 1970.)*

In diese Bestrebungen sollten schulischerseits auch Bemühungen einbezogen werden, die den Lehrern eine effektivere Pädagogik und Wissensvermittlung ermöglichen: Kleinere Klassen und Konzentration auf die Unterrichtsfächer. So mancher junge, idealistische Biologielehrer resigniert über kurz oder lang im pädagogischen Alltag. Vor allem aber sollten in der Ausbildung des Biologiestudenten für das Lehramt die Feldbiologie und die Vermittlung von Artenkenntnissen und biologischen und ökologischen Zusammenhängen wieder einen höheren Stellenwert erhalten! Hierzu können neben Exkursionen und Aufenthalten an biologischen Stationen auch Besuche in zoologischen Gärten und naturwissenschaftlichen Museen im Rahmen der Lehreraus- und weiterbildung entscheidend beitragen.

Einige Anregungen für die Arbeit im und mit dem Museum

Die wenigen nachfolgend aufgeführten Beispiele pädagogischer Aktivitäten der Museen mögen zeigen, wie interessant Museumsbesuche gestaltet werden können. Derartige Aufgabenstellungen finden besonders bei den jüngeren Kindern, die sich gefühlsmäßig noch mehr der Natur, den Pflanzen und Tieren, als der Technik verbunden fühlen — und sich damit in einer guten „biologischen Prägephase" befinden! — großen Zuspruch. Das Tier und seine Gestalt (Morphologie und Anatomie), seine Verbreitung auf der Welt (Tiergeographie), seine stammesgeschichtliche Entwicklung (Evolution, Phylogenie), seine Fortpflanzung (Embryologie, Ontogenie), seine Anpassung und die Abhängigkeit der Pflanzen, Tiere und Menschen voneinander (Ökologie) sind Themen, die nicht nur dem Alter der Kinder entsprechen, sondern für die auch nicht didaktisch „aufbereitete" traditionelle Museumssammlungen reichhaltiges Anschauungsmaterial anbieten können. In ähnlicher Weise wie die Arbeitsblätter der Museen ließen sich auch „Arbeitshefte für den Biologieunterricht", wie sie z. B. der Klett-Verlag herausgibt, für die Arbeit des Schülers im Museum verwenden. Manche ihrer Themen könnten leicht auf das Sammlungsangebot des einheimischen Museums abgestimmt werden. Der Museumsbesuch kann ebenso der Vor- wie der Nachbereitung eines entsprechenden Unterrichtsstoffes dienen. Er bietet sich vor allem für Themen an, für die im knapp bemessenen Stundenplan wenig Zeit bleibt und natürlich da, wo sich in der Schule kein Original-Anschauungsmaterial befindet (z. B. seltene oder ausgestorbene Tiere, Kloaken- und Beuteltiere, stammesgeschichtliche Reihen bei Fossilien, Homologien — Analogien — Konvergenzen).

Museen in der Bundesrepublik Deutschland und West-Berlin
und West-Berlin
mit botanischen, zoologischen oder paläontologischen Sammlungen

In der Bundesrepublik Deutschland und West-Berlin gibt es etwa 300 Museen mit mehr oder weniger umfangreichen naturkundlichen Sammlungen. Ihr Spek-

UNIVERSITETETS ZOOLOGISKE MUSEUM - KØBENHAVN   DYREJAGT 2

Ø-KO-LO-GISK dyrejagt

På tegningen herunder ser du et stykke af Danmark med 6 forskellige levesteder (biotoper), hvor dyrene kan bo.

❶ hav ❷ strand ❸ mark ❹ sø ❺ skov ❻ by

Her ser du 16 dyr. Prøv om du kan finde disse dyr på udstillingen. Hvad hedder de og hvor lever de?

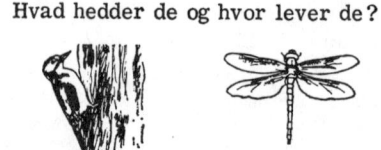

Navn............ Navn............ Navn............ Navn............
Levested........ Levested........ Levested........ Levested........

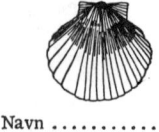

Navn............ Navn............ Navn............ Navn............
Levested........ Levested........ Levested........ Levested........

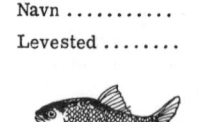

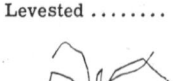

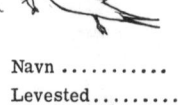

Navn............ Navn............ Navn............ Navn............
Levested........ Levested........ Levested........ Levested........

Navn............ Navn............ Navn............ Navn............
Levested........ Levested........ Levested........ Levested........

Abb. 1: Ökologische Tierjagd". Arbeitsblatt des Zoologischen Museums in Kopenhagen. In einer Landschaftszeichnung sind die Lebensräume Meer, Strand, Feld, Wiese, Wald und Stadt dargestellt, denen verschiedene, in der Ausstellung des Museums zu findende Tiere zugeordnet werden sollen

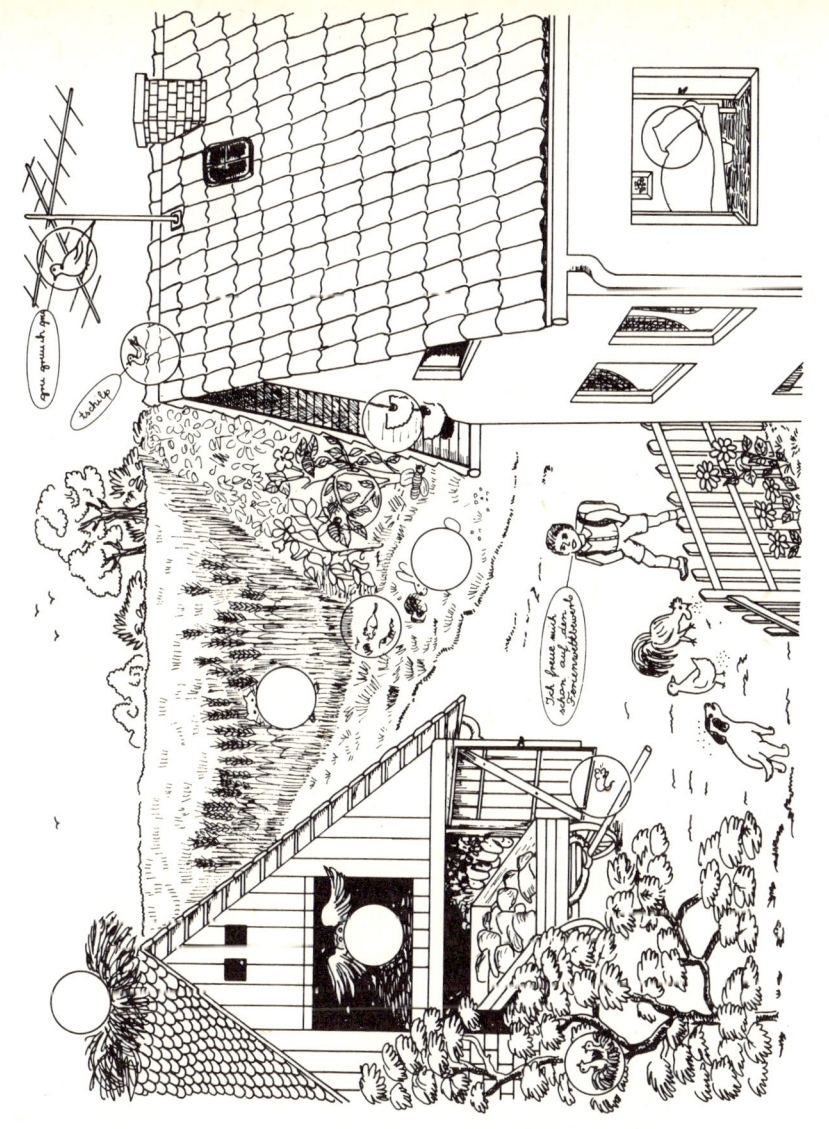

Abb. 2: Skizze aus einem Schüler-Ferienwettbewerb des Hessichen Landesmuseums in Darmstadt. Hier ging es darum, verschiedene mit Buchstaben versehene Tiere in der Schausammlung aufzuspüren und die Buchstaben in die entsprechenden Kreise einzutragen. Die richtige Lösung ergab das Wort „*Kulturfolger*", ein Begriff, der für Tiere, die in der Nähe des Menschen oder im Zusammenhang mit der Tätigkeit des Menschen leben, gesucht werden sollte.

Fuhlrott-Museum Wuppertal
Biologische Abteilung

Arbeitsblatt für den Schüler im Museum

Thema: Aus dem Leben der Insekten I

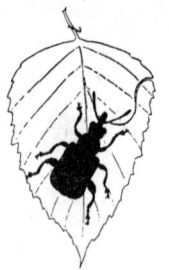

Hinweise für den Schüler

Bei Deinem Gang durch das Museum siehst Du Vitrinen, in denen originale naturkundliche Gegenstände bzw. vom Menschen angefertigte Modelle, Zeichnungen u. a. ausgestellt sind. Außerdem findest Du eine Reihe von Schautafeln, auf denen Zeichnungen und Fotos von Lebewesen zu sehen sind. Die Vitrinen und die Schautafeln sind numeriert.
Auf diesem Arbeitsblatt werden die Nummern einiger Vitrinen und Schautafeln in Raum B genannt. Suche diese auf, betrachte genau, was dort zu sehen ist und löse dann die gestellten Aufgaben!

Raum B
Gitterwand 14 (linke Schautafel)

Die meisten Insekten machen im Laufe ihres Lebens eine Verwandlung (Metamorphose) durch.

Aufgabe:

Betrachte die auf dieser Tafel dargestellte Entwicklung eines Schmetterlings. Nenne nun die vier Stadien, die ein Schmetterling im Laufe seines Lebens durchläuft in der richtigen Reihenfolge:

1. ....
2. ....
3. ....
4. ....

Vitrine 5

Viele Insektenarten werden vom Menschen als sogenannte „Schädlinge" verfolgt. Diese Vitrine gibt Dir einen Einblick in die Lebensweise einiger dieser Schadinsekten.

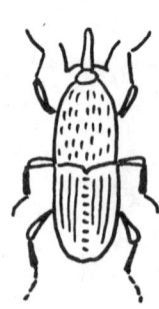

Aufgaben:

Sie Dir die hier ausgestellten lebenden Käfer an und lies dann den Text links oben in der Vitrine. — Beantworte nun folgende Fragen:
1. Was versteht man unter einem „Schädling"?

....

2. Ist der Tabakkäfer Deiner Meinung nach eher ein „Schädling" oder ein „Nützling"? — Begründe Deine Ansicht!

....

Abb. 3: „Aus dem Leben der Insekten", Seite eines Arbeitsblattes der Biologischen Abteilung des Fuhlrott-Museums Wuppertal

trum reicht vom kleinen Heimatmuseum mit lokalem Charakter bis zu den bedeutenden Forschungs- und Universitätsmuseen von überregionaler, oft weltweiter Bedeutung.
Es ist an dieser Stelle nicht möglich, sämtliche Museen mit naturwissenschaftlichen Sammlungen und die in ihnen enthaltenen Objekte oder Schwerpunktthemen aufzuführen. Die Ausstellungen zahlreicher Museen sind in Umgestaltung begriffen, und selbst die Museumsgeographie wechselt ständig: Kleinere „Heimatstuben" werden aufgelöst, neue regionale Schwerpunktmuseen entstehen.
Das folgende Verzeichnis kann deshalb nicht den Anspruch auf Vollständigkeit und allerletzten Stand erheben, aber mit etwas Spürsinn und gutem Willen wird jeder am Museumsbesuch interessierte Lehrer leicht herausfinden, ob und wo sich in der Nähe seines Schulortes Museen mit für den Biologieunterricht geeigneten Sammlungen befinden. Oft sind es gerade die kleinen Heimatmuseen, die bei den Schülern erstes Interesse am Museum wecken und zur Mitarbeit beim Sammeln, Ordnen, Betreuen und selbst bei der Ausstellungsgestaltung anregen.

Schleswig-Holstein

2224 Burg/Dithm.:	Waldmuseum
2448 Burg/Fehmarn:	Fehmarnsches Heimatmuseum
2390 Flensburg:	*Naturwissenschaftliches Heimatmuseum*
2240 Heide:	Museum für Dithmarsche Vorgeschichte
2354 Hohenwestedt:	Heimatmuseum
2250 Husum:	*Nissenhaus — Nordfriesisches Museum*
2210 Itzehoe:	Heimatmuseum Prinzeßhof
2289 Keitum:	Sylter Heimatmuseum
2300 Kiel:	*Mineralogisch-Petrographisches und Geologisch-Paläontologisches Institut und Museum der Universität*
	Zoologisches Institut u. Museum d. Universität
2400 Lübeck:	Naturhistorisches Museum
2279 Nebel:	Amrumer Heimatmuseum
2418 Ratzeburg:	Kreismuseum
2370 Rendsburg:	Heimatmuseum
2270 Wyk auf Föhr:	Dr.-Carl-Haeberlin-Friesenmuseum

Bremen

2800 Bremen:	*Überseemuseum*
2820 Bremen-Vegesack:	Heimatmuseum
2850 Bremerhaven:	*Nordseemuseum im Inst. für Meeresforschung*

Hamburg

2000 Hamburg-Altona:	Norddeutsches Landesmuseum, Altonaer Museum für Landschaft, Volkstum u. Seefischerei Schausammlung des Staatsinstitutes für angewandte Botanik
2000 Hamburg-Harburg:	Helms-Museum

Niedersachsen

3220	Alfeld/Leine:	Heimatmuseum
3352	Bad Gandersheim:	Heimatmuseum
3280	Bad Pyrmont:	Heimatmuseum
4502	Bad Rothenfelde:	Dr.-Alfred-Bauer-Heimatmuseum
4442	Bentheim:	Schloß Bentheim
4558	Bersenbrück:	Kreismuseum
2981	Berumerfehn:	Waldmuseum
3205	Bockenem:	Heimatmuseum
2972	Borkum:	Heimatmuseum
3389	Braunlage:	Heimatmuseum
3300	*Braunschweig:*	*Staatliches Naturhistorisches Museum*
2140	Bremervörde:	Kreisheimatmuseum
4967	Bückeburg:	Schaumburg-Lippisches Heimatmuseum
3138	Dannenberg:	Heimatmuseum „Waldemarturm"
3354	Dassel:	Heimatmuseum „Grafschaft Dassel"
3136	Gartow-Höhbeck:	Heimatmuseum Vietze
3170	Gifhorn:	Kreisheimatmuseum
3380	Goslar:	Goslarer Museum
		Haus der Tiere - Exoten (Naturkundemuseum)
3400	*Göttingen:*	*Geologisch- Paläontologisches Institut und Museum der Universität*
		Zoologisches Museum der Universität
3351	Greene:	Museum Greene
3250	Hameln:	Heimatmuseum
3000	*Hannover:*	*Niedersächsisches Landesmuseum*
3510	Hann. Münden:	Heimatmuseum
3330	Helmstedt:	Kreisheimatmuseum Juleum
3102	Hermannsburg:	Missions- und Heimatmuseum
3200	Hildesheim:	Roemer-Pelizaeus-Museum
3450	Holzminden:	Heimatmuseum
2983	Juist:	Küstenmuseum
2950	Leer:	Heimatmuseum
2841	Lembruch:	Dümmer-Museum
4450	Lingen/Ems:	Kreismuseum
3131	Lüchow:	Heimatmuseum
3057	Neustadt am Rübenberge:	Kreisheimatmuseum
3070	Nienburg/Weser:	Museum für die Grafschaften Hoya, Diepholz, Wölpe
3410	Northeim:	Heimatmuseum
2900	*Oldenburg:*	*Staatliches Museum für Naturkunde und Vorgeschichte*
4500	*Osnabrück:*	*Naturwissenschaftliches Museum*
2860	Osterholz-Scharmbeck:	Kreisheimatmuseum
3320	Salzgitter:	Städtisches Museum
3424	Sankt Andreasberg:	Historisches Silberbergwerk und Heimatmuseum der Grube Samson

3338 Schöningen:	Heimatmuseum
3040 Soltau:	Museum im Heimathaus
3257 Springe:	Kreisheimatmuseum
	Jagdmuseum
2160 Stade:	Urgeschichtsmuseum
3418 Uslar:	Heimatmuseum
3090 Verden/Aller:	Heimatmuseum
2952 Weener/Ems:	Reiderländer Heimatmuseum
2953 Westerhauderfehn:	Fehn- und Schiffahrtsmuseum
2940 Wilhelmshaven-Rüstersiel:	„Heinrich-Gätke-Halle", Museum des Instituts für Vogelforschung

Nordrhein-Westfalen

4730 Ahlen:	Heimathaus
5990 Altena:	Museum der Grafschaft Mark (Burg Altena)
5770 Arnsberg:	Sauerland-Museum
5952 Attendorn:	Kreisheimatmuseum
4970 Bad Oeynhausen:	Heimatmuseum
4902 Bad Salzuflen:	Heimatmuseum
5070 Bergisch-Gladbach:	Städtische Fossiliensammlung im Stadthaus Villa Zanders
4800 Bielefeld:	Naturkundemuseum
5378 Blankenheim:	Kreismuseum
4630 Bochum:	Geologisches Museum des Ruhrbergbaues
5300 Bonn:	Zoologisches Forschungsinstitut und Museum Alexander König
4250 Bottrop:	Museum für Ur- und Ortsgeschichte
4980 Bünde:	Kreismuseum
4354 Datteln:	Hermann-Grochtmann-Museum
4930 Detmold:	Lippisches Landesmuseum
4220 Dinslaken:	Haus der Heimat
4270 Dorsten:	Heimatmuseum
4600 Dortmund:	Museum für Naturkunde
4000 Düsseldorf:	Löbbecke-Museum und Aquarium
4000 Düsseldorf-Benrath:	Naturkundliches Heimatmuseum
4407 Emsdetten:	August-Holländer-Museum
4300 Essen:	Ruhrlandmuseum
5130 Geilenkirchen:	Kreisheimatmuseum
4660 Gelsenkirchen-Buer:	Naturkundliche Abteilung der Städtischen Kunstsammlung
4787 Geseke:	Hellweg-Museum
4390 Gladbeck:	Museum der Stadt
4048 Grevenbroich:	Geologisches Museum (Schloß)
4690 Herne:	Emschertalmuseum
3470 Höxter-Corvey:	Museum (im Schloß)
5850 Hohenlimburg:	Städtisches Heimatmuseum
5334 Homburg b. Nümbrecht:	Museum des Oberbergischen Landes (im Schloß)

5860 Iserlohn:	Haus der Heimat
5000 Köln:	*Museum des Geologischen Inst. der Universität*
5330 Königswinter:	Siebengebirgsmuseum
4990 Lübbecke:	Kreisheimatmuseum
4628 Lünen:	Museum der Stadt
4370 Marl:	Stadtmuseum
5750 Menden:	Städtisches Museum für Erdgeschichte und Naturkunde
4020 Mettmann:	*Museum Neandertal*
4950 Minden:	Mindener Museum für Geschichte, Landes- und Volkskunde
4400 Münster:	*Landesmuseum für Naturkunde*
	Geologisch-Paläontologisches Museum der Universität
	Schausammlung des Zoologischen Institutes der Universität
4285 Ramsdorf:	Heimatmuseum
4334 Recke-Steinbeck:	Biologische Station „Heiliges Meer"
4350 Recklinghausen:	Vestisches Museum
5840 Schwerte:	Ruhrtalmuseum
4542 Tecklenburg:	Kreismuseum
4426 Vreden:	Hamaland-Museum
4680 Wanne-Eickel:	Städtisches Heimatmuseum
4712 Werne:	Heimatmuseum
4793 Wewelsburg:	Heimatmuseum
5603 Wülfrath:	Niederbergisches Museum
5600 Wupperthal:	*Fuhlrott-Museum*
4232 Xanthen:	Regionalmuseum

Hessen

6430 Bad Hersfeld:	Städtisches Museum
6482 Bad Orb:	Städtisches Heimatmuseum
3437 Bad Sooden-Allendorf:	Heimatmuseum
6368 Bad Vilbel:	Brunnen- und Heimatmuseum
3590 Bad Wildungen:	Heimatmuseum
6140 Bensheim:	Bergsträßer Heimatmuseum
3560 Biedenkopf:	Hinterlandmuseum (Schloß)
6333 Braunfels:	Waldmuseum
6100 Darmstadt:	Hessisches Landesmuseum
6122 Erbach:	Gräfliche Sammlungen (Schloß)
6081 Erfelden:	Heimatmuseum
3440 Eschwege:	Heimatmuseum
6000 Frankfurt am Main:	*Naturmuseum und Forschungsinstitut Senckenberg*
6000 Frankfurt/Bergen-Enkheim:	Heimatmuseum
3580 Fritzlar:	Heimatmuseum
6300 Gießen:	Schausammlung des Geologisch-Paläontologischen Instituts der Justus-Liebig-Universität

3568 Gladenbach:	Museum „Am Blankenstein"
6080 Groß-Gerau:	Heimatmuseum des Gerauer Landes
3520 Hofgeismar:	Heimatmuseum
6418 Hünfeld:	Heimatmuseum
3500 Kassel:	*Naturkundemuseum*
3540 Korbach:	Städtisches Heimatmuseum
6842 Lampertheim:	Heimatmuseum
6420 Lauterbach:	Hohaus-Museum
6101 Lichtenberg:	Museum Schloß Lichtenberg
6442 Rotenburg:	Kreis-Heimatmuseum
6479 Schotten:	Vogelsberger Heimatmuseum
6806 Viernheim:	Heimatmuseum
3442 Wanfried:	Städtisches Heimatmuseum
6290 Weilburg:	Heimat- und Bergbaumuseum
6200 Wiesbaden:	*Hessisches Landesmuseum*
3542 Willingen:	Waldmuseum

Rheinland-Pfalz

6508 Alzey:	Museum Alzey
6782 Bad Dürkheim:	*Naturwissenschaftliches Museum der Pfalz*
5427 Bad Ems:	Ortsgeschichtliche Sammlungen
6550 Bad Kreuznach:	*Karl-Geib-Museum, Museum für Stadt und Kreis Bad Kreuznach*
6588 Birkenfeld:	Museum des Vereins für Heimatkunde
6252 Diez:	Nassauisches Heimatmuseum
6580 Idar-Oberstein:	Heimatmuseum am Fuße der Felsenkirche
6507 Ingelheim:	Carlo-Freiherr-von-Erlanger-Museum
6719 Kirchheimbolanden:	Heimatmuseum
5400 Koblenz:	Rhein-Museum
6500 Mainz:	*Naturhistorisches Museum*
5440 Mayen:	Eifeler Landschaftsmuseum
6760 Rockenhausen:	Nordpfälzer Heimatmuseum
6540 Simmern:	Hunsrückmuseum
5485 Sinzig:	Heimatmuseum
6520 Worms:	Museum der Stadt Worms

Saarland

6652 Dexbach:	Gruben- und Heimatmuseum
6630 Saarlouis:	Heimatmuseum
6601 Sankt Wendel:	Heimatmuseum
6601 Von der Heydt:	Geologisches Museum der Saarbergwerke

Baden-Württemberg

7080 Aalen:	Museum für Geologie und Paläontologie
7470 Albstadt-Ebingen:	Städtisches Museum
7753 Allensbach:	Heimatmuseum

7952 Bad Buchau am Federsee:	Federsee-Museum
7460 Balingen:	Heimatmuseum
7141 Benningen am Neckar:	Heimatmuseum
7616 Biberach/Ortenaukreis:	„Kettererhaus" Volks- und Heimatmuseum
7950 Biberach an der Riß:	Braith- und Mali-Museum
7902 Blaubeuren:	Heimatmuseum
	Urgeschichtliches Museum
7520 Bruchsal:	Städtisches Museum (Schloß)
7925 Dischingen:	Heimatmuseum
7710 Donaueschingen:	Fürstlich Fürstenbergische Sammlungen
7295 Dornstetten:	Heimatmuseum
7519 Eppingen:	Heimatmuseum „Alte Universität"
7300 Esslingen:	Stadtmuseum
7012 Fellbach:	Städtisches Museum
7800 Freiburg:	Museum für Naturkunde
7340 Geislingen an der Steige:	Heimatmuseum
7320 Göppingen:	Städtisches Naturkundliches Museum
6900 Heidelberg:	Geologisch-Paläontologische Schausammlung der Universität
8805 Heilbronn:	Historisches Museum
7311 Holzmaden:	Museum Hauff
7746 Hornberg:	Schwarzwälder Pilzlehrschau
7501 Karlsbad-Langensteinbach:	Privatsammlung (Fossilien) Pfarrer Meuret
7500 Karlsruhe:	Landessammlungen für Naturkunde
7640 Kehl:	Hanauer Museum
7312 Kirchheim unter Teck:	Museum der Stadt
7750 Konstanz:	Bodensee-Museum
7054 Korb-Kleinheppach:	Steinzeitmuseum
7630 Lahr:	Museum im Stadtpark
7903 Laichingen:	Museum für Höhlenkunde
6970 Lauda-Königshofen:	Heimatmuseum
7850 Lörrach:	Museum am Burghof
7947 Mengen:	Heimatmuseum
7790 Meßkirch:	Städtisches Museum
7130 Mühlacker:	Städtisches Heimatmuseum
7240 Münsingen:	Heimatmuseum
7157 Murrhardt:	Carl-Schweitzer-Museum
6951 Neckarzimmern:	Burgmuseum Burg Hornberg
7600 Offenburg:	Ritterhaus-Museum
7524 Östringen:	Heimatmuseum
7410 Reutlingen:	Naturkundemuseum
7940 Riedlingen:	Heimatmuseum
7880 Säckingen:	Hochrheinmuseum
7070 Schwäbisch Gmünd:	Städtisches Museum
7032 Sindelfingen:	Stadtmuseum
6920 Sinsheim:	Heimatmuseum
7208 Spaichingen:	Naturhistorisches Museum
7924 Steinheim am Albuch:	Meteorkratermuseum

7141 Steinheim an der Murr:	Urmensch-Museum
7000 Stuttgart:	Staatliches Museum für Naturkunde
7000 Stuttgart-Hohenheim:	Zoologisches Museum Hohenheim
7000 Stuttgart-Möhringen:	Heimatmuseum
7400 Tübingen:	Museum für Geologie und Paläontologie der Universität
	Zoologische Schausammlung der Universität
7200 Tuttlingen:	Heimatmuseum
7900 Ulm:	Naturaliensammlung der Stadt Ulm
7417 Urach:	Albvereins Museum
7143 Vaihingen an der Enz:	Heimatmuseum
7220 Villingen-Schwenningen:	Heimatmuseum Schwenningen
7981 Waldburg:	Burg Waldburg
7890 Waldshut-Tiengen:	Heimat-Museum Waldshut
6940 Weinheim/Bergstraße:	Städtisches Heimatmuseum
7317 Wendlingen-Unterboih.:	Heimatkundliche Sammlung
6908 Wiesloch:	Heimatmuseum

Bayern

8800 Ansbach:	Kreis- und Heimatmuseum
8750 Aschaffenburg:	Naturwissenschaftliches Museum
8900 Augsburg:	Naturwissenschaftliches Museum
8230 Bad Reichenhall:	Städtisches Museum
8170 Bad Tölz:	Heimatmuseum
8532 Bad Windsheim:	Heimatmuseum
8600 Bamberg:	Naturkundemuseum, Linder'sche Stiftung
8621 Banz:	Petrefaktensammlung
8630 Coburg:	Naturwissenschaftliches Museum
8833 Eichstätt:	Jura-Museum Willibaldsburg
8520 Erlangen:	Geologische Sammlung der Universität
	Zoologische Sammlung der Universität
8741 Fladungen:	Rhönmuseum
8550 Forchheim:	Pfalzmuseum
8693 Freyung:	Heimatmuseum Schloß Wolfstein
8492 Furth im Wald:	Heimatmuseum
8551 Gößweinstein:	Heimatmuseum
8484 Grafenwöhr:	Heimatmuseum
8870 Günzburg:	Heimatmuseum
8662 Helmbrechts:	Heimatmuseum
8670 Hof:	Städtisches Museum
8970 Immenstadt:	Heimatmuseum
8070 Ingolstadt:	Deutsches Medizinhistorisches Museum
8420 Kelheim:	Stadtmuseum
8960 Kempten/Allgäu:	Naturwissenschaftliche Reiser-Sammlung
8650 Kulmbach:	Städtische Sammlungen auf der Plassenburg
8831 Maxberg:	Museum beim Solnhofer Aktienverein
8000 München:	Anthropologische Staatssammlung

		Bayerische Staatssammlung für Paläontologie und historische Geologie Botanische Staatssammlung
8430	Neumarkt:	Heimatmuseum
8530	Neustadt an der Aich:	Heimatmuseum
8500	*Nürnberg:*	Museum der Naturhistorischen Gesellschaft
8867	Oettingen:	Heimatmuseum
8942	Ottobeuren:	Klostermuseum
8433	Parsberg:	Kreisheimatmuseum
8573	Pottenstein:	Heimatmuseum
8400	*Regensburg:*	*Naturkundemuseum Ostbayern*
8540	Schwabach:	Stadtmuseum
8930	Schwabmünchen:	Heimatmuseum
8831	*Solnhofen:*	*Bürgermeister-Müller-Museum*
8623	Staffelstein:	Heimatmuseum
8458	Sulzbach-Rosenberg:	Heimatmuseum
8965	Wertach:	Heimatmuseum
8223	Trostberg:	Städtisches Heimatmuseum
8313	Vilsbiburg:	Heimatmuseum

Berlin (West)

1000 Berlin-Dahlem: *Botanischer Garten und Museum*

Literatur

Arbeitsgemeinschaft der Museen in Nordrhein-Westfalen. Hrsg. (1974): Museen in Nordrhein-Westfalen. Recklinghausen
Bott, G., Hrsg. (1970): Das Museum der Zukunft. 14 Beiträge zur Diskussion über die Zukunft des naturwissenschaftlichen Museums. (Festschrift zur 150-Jahr-Feier der Verkündung der Stiftungsurkunde des Hessischen Landesmuseums Darmstadt, Bd. 2) Darmstadt
Feustel, H. u. *G. Scheer* (1967): Aus der Praxis der Museumspädagogik am Kasubockel — Betrachtungen über Schülerführungen in der Zoologischen Abteilung des Hessischen Landesmuseums in Darmstadt. Museumskunde 36, 1—5
Gebhardt, T., Hrsg. (1973): Handbuch der Bayerischen Museen und Sammlungen. 2. Auflage, Regensburg
Hessischer Museumsverband Hrsg. (1970): Museen in Hessen. Ein Handbuch der öffentlich zugänglichen Museen und Sammlungen im Lande Hessen. Kassel
Jedding, H. (1961): Keysers Führer durch Museen und Sammlungen (Bundesrepublik und Westberlin). Heidelberg/München.
Kazmaier, H. (1975): Aus der Praxis der Museumspädagogik am Staatlichen Museum für Naturkunde in Stuttgart: Beispiel zur Aktivierung der Kinder, besonders der Sechs- bis Zwölfjährigen. In: Klausewitz, W. (1975): Museumspädagogik. Museen als Bildungsstätten, 149—160, Frankfurt/M.
Klausewitz, W. Hrsg. (1975): Museumspädagogik. Museen als Bildungsstätten. Deutscher Museumsbund e. V., Frankfurt a. M.
Kolbe, W. (1975): Anmerkungen über den Einsatz von Arbeitsblättern für Schüler im Fuhlrott-Museum in Wuppertal. In: Klausewitz, W. (1975): Museumspädagogik. Museen als Bildungsstätten, 161—166. Frankfurt a. M.
Ladendorf, H. (1973): Das Museum — Geschichte, Aufgaben, Probleme. In: Nationalkom. Deutsch. Internat. Museumsrat (ICOM). Bericht über das internationale Symposium vom 8.—13. 3. 1971. Köln/München
Lühning, A. Hrsg. (1970): Schleswig-Holsteinische Museen und Sammlungen. Flensburg
Merkle, L. (1961): Museen sehen. Bielefeld/Berlin
Meyer, O. E. (1975): Das didaktische System und das pädagogische Programm des Zoologischen Museums in Kopenhagen. In: Klausewitz, W. (1975): Museumspädagogik. Museen als Bildungsstätten, 85—102. Frankfurt a. M.

Röhrbein, W. R. (1974): Museen und Sammlungen in Niedersachsen und Bremen. Hildesheim
Schäfer, W. (1970): Museum und Schule. Natur und Museum 100, 41—45. Frankfurt a. M.
Schäfer, W. Hrsg. (1972): Lerne im Museum. 182 Themen zur Naturgeschichte aus dem Senckenberg-Museum. Kleine Senckenberg-Reihe Nr. 5. Frankfurt a. M.
Stampfuß, R. (1963): Die Rheinischen Museen. Rheinische Schriften des Landschaftsverbandes Rheinland. Düsseldorf
Stirn, A. (1966): Das Naturkunde-Museum als Arbeitsstätte für den Biologie-Unterricht. Jb. Ver. vaterl. Naturkunde Württemberg 121, 264—278. Stuttgart
Villing, P. (1974): Das Naturkundemuseum als Bildungsinstitut. Beschreibung der gegenwärtigen ungünstigen Situation und Möglichkeiten der verbesserten Zusammenarbeit zwischen Schule und Museum. Zulassungsarbeit zum zweiten Staatsexamen für das Lehramt an Gymnasien. Darmstadt
Wirth, U. (1977): Tiere im Naturkundemuseum als Beispiele für die Evolution — Anregungen für Unterricht und Museumsgestaltung. Der Biologie-Unterricht 13/1, 33—79. Stuttgart
Württembergischer Museumsverband Hrsg. (1976): Museen in Baden-Württemberg. Stuttgart
Wolf, H. (1964): Das Museum im Erziehungs- und Bildungswesen der USA. Museumskunde 1964/2, 116—122. Berlin
Zahn, M. (1967): Sind naturkundliche Schausammlungen heute noch aktuell? Sitzungsber. Gesellsch. Naturforsch. Freunde zu Berlin N. F. VII, 118—133. Berlin
Zimmer, C. (1933): Naturkundemuseum und Schulen. Museumskunde N. F. VI/2 und 3, 72—81. Berlin

Anhang:

NATURSCHUTZ UND NATURSCHUTZGESETZE

Von Studiendirektor Dr. Gerhard Peschutter

Starnberg

EINFÜHRUNG

Die Probleme des ökologischen Umweltschutzes sind zur aktuellen Tagesfrage geworden. Naturschutz und Landschaftspflege sollen die Leistungsfähigkeit des Naturhaushalts als Lebensgrundlage des Menschen für die Zukunft sichern. Das zur Abwehr der Umweltgefahren notwendige Wissen ist immer noch recht lückenhaft.
Gerade der Biologie-Unterricht auf allen Schulstufen hat die dringende Aufgabe, Grundkenntnisse des Naturschutzes zu vermitteln.
Die Behandlung von Fragen des Natur- und Landschaftsschutzes muß sich deshalb wie ein roter Faden durch den gesamten Biologieunterricht ziehen, wobei die nähere und weitere Umgebung des Schulortes natürlich besonders zu berücksichtigen sind.
Nun sind Natur- und Landschaftspflege durch Bundes- und Landesgesetze geregelt. Jedoch macht es dem Lehrer bei der Unterrichtsvorbereitung oft Schwierigkeiten und ist mit erheblichem Zeitaufwand verbunden, wenn er die für den Biologie-Unterricht notwendigen Bestimmungen aus den umfangreichen Gesetzen heraussuchen muß.
Hiermit sollen dem Lehrer die für die Behandlung von Naturschutzfragen wichtigen Bestimmungen in Auswahl an die Hand gegeben werden.

Die Entwicklung der Gesetzgebung auf dem Gebiet des Naturschutzes

Im Bereich des in den letzten Jahren hochaktuellen Umweltschutzes kommt dem Naturschutz und der Landschaftspflege besondere Bedeutung zu. Denn nur eine Landschaft, die sich im biologischen Gleichgewicht befindet, kann die Leistungsfähigkeit des Naturhaushalts und damit die natürlichen Lebensgrundlagen auch für den Menschen nachhaltig sichern.
Durch die fortschreitende technisch industrielle Entwicklung der letzten Jahrzehnte wurde die Landschaft in unserer Heimat so stark in Mitleidenschaft gezogen, daß das biologische Gleichgewicht verloren ging. Als einzige Rechtsgrundlage diente das alte Reichs-Naturschutzgesetz und seine Durchführungsverordnungen aus den Jahren 1935 und 1936. Nach einem Beschluß des Bundesverfassungsgerichts vom 14. 10. 1958 (BGBl 1959 I S. 23) hatte es als Landesrecht weiter Gültigkeit, reichte aber längst nicht mehr aus, um die Schäden im Naturhaushalt zu reparieren oder noch unveränderte Landschaftsteile zu erhalten.
Der Bund hätte schon seit Jahren die Pflicht gehabt, durch Ausschöpfung der ihm in Art. 75 Nr. 3 des Grundgesetzes zugestandenen Rahmenkompetenz die Gesetze der Länder auf dem Gebiet des Naturschutzes und der Landschaftspflege in die wünschenswerte Richtung zu lenken.

Der Bund hätte die Auswirkung landschaftsrelevanter Gesetze so steuern können, daß die Landschaftspflege einschließlich Landschaftsplanung, Grünordnung und Erholung in der freien Natur nach einem — wenigstens in den Grundzügen — einheitlichen Konzept durchgeführt wurde.
In der Zeit vor 1970 wurde die Notwendigkeit entsprechender Schritte des Bundes gelegentlich in der Öffentlichkeit angesprochen. Aber die Entwicklung eines modernen Naturschutzgesetzes des Bundes wurde in diesen wachstumsorientierten Jahren immer wieder zurückgestellt aus Sorge, es könnte sich dadurch vielleicht die Rechtslage für die Wirtschaft verschlechtern.
Erst das Europäische Naturschutzjahr 1970 rückte die Verantwortung des Menschen für die Erhaltung der Natur in das Bewußtsein der Öffentlichkeit.
Die Bundesregierung verabschiedete den Entwurf eines Bundesgesetzes über Naturschutz und Landschaftspflege und brachte ihn Anfang 1972 im Bundestag ein. Dieser Gesetzentwurf ging aber von einer vollen und alleinigen Zuständigkeit des Bundes für das ganze Gebiet „Naturschutz und Landschaftspflege" aus. Das aber hätte eine Änderung des Grundgesetzes vorausgesetzt, die vom Bundesrat als dem Vertreter der Länderkompetenz abgelehnt wurde.
Der Bundesrat war mit Mehrheit der Meinung, daß die Rahmenkompetenz des Bundes ausreicht, um im ganzen Bundesgebiet zu Regelungen zu kommen, die auf der einen Seite eine von der Sache bedingte Einheitlichkeit gewährleisten, auf der anderen Seite aber genügend Spielraum lassen, um der Vielgestaltigkeit der Landschaft in den einzelnen Ländern Rechnung zu tragen. Daher gab die Mehrzahl der Bundesländer die Hoffnung auf, daß es in absehbarer Zeit zu einer Regelung auf Bundesebene kommen werde. In den nächsten Jahren erließen Bayern, Hessen, Rheinland-Pfalz, Schleswig-Holstein und weitere Bundesländer eigene Landes-Naturschutz-Gesetze.

Kurze Übersicht über den Inhalt des Bundesnaturschutz-Gesetzes

Durch das neue Bundesgesetz über Naturschutz und Landschaftspflege von 20. 12. 1976 sind für diesen Bereich *Rahmenvorschriften* erlassen worden.
Mit seinen 40 Paragraphen ist es für ein Rahmengesetz ziemlich umfangreich und spiegelt gleichzeitig die Vielfalt der angesprochenen Probleme.
Das Gesetz ist in 9 Abschnitte unterteilt, von denen folgende für den Biologieunterricht wichtig sind:
Ziele und Grundsätze des Naturschutzes und der Landschaftspflege
Vorschriften über Landschaftsplanung
Allgemeine Schutz-, Pflege- und Entwicklungsmaßnahmen
Eingehende Bestimmungen über Schutz, Pflege und Entwicklung bestimmter Teile von Natur und Landschaft
Schutz und Pflege wildwachsender Pflanzen und wildlebender Tiere
Erholung in Natur und Landschaft.
Besondere Bedeutung bei Diskussionen haben folgende Punkte des neuen Bundesnaturschutz-Gesetzes, die sich zum Teil wesentlich von den Gedanken des alten Reichsnaturschutz-Gesetzes unterscheiden:
a. Die im Gesetz enthaltenen Rahmenvorschriften sichern einerseits die Rechtseinheit auf dem Gebiet des Naturschutzes und der Landschaftspflege im notwendigen Umfang. Aber sie lassen den Ländern die Möglichkeit offen, aus ihren

regional unterschiedlichen Gegebenheiten heraus nach besseren Lösungen zu suchen. So können auch die in den Landesgesetzen getroffenen Regelungen weitgehend beibehalten werden.

b. Der Naturschutzbegriff wird erweitert. Er ist kennzeichnend für den Wandel vom allein bewahrenden Naturschutz des Reichsnaturschutz-Gesetzes von 1935 zum notwendigen aktiven Naturschutz der Gegenwart. (§ 1 Abs. 1)

c. Die zentrale Bedeutung einer ordnungsgemäßen Land- und Forstwirtschaft für die Erhaltung der Kultur- und Erholungslandschaft wird in einer besonderen Vorschrift hervorgehoben. (§ 1 Abs. 3)

d. Die Landschaftsplanung soll den ökologischen Beitrag für das Planungssystem der Landes-, Regional- und Bauleitplanung erbringen. (§ 5—7)

e. Für die Eingriffe in Natur und Landschaft wird das Ausgleichs- und Verursacherprinzip eingeführt. Eingriffe mit unvermeidbaren und nicht ausgleichbaren Folgen können nur aus übergeordneten Gründen zugelassen werden. Dabei haben die Länder die Möglichkeit, weitergehende Vorschriften, insbesondere über Ersatzmaßnahmen der Verursacher, zu erlassen. (§ 8)

f. Die ordnungsgemäße land-, forst- und fischereiwirtschaftliche Bodennutzung ist nicht als Eingriff in Natur und Landschaft anzusehen. Das gilt nicht für Maßnahmen des Bauwesens, der Flurbereinigung und des wasserwirtschaftlichen Kulturbaus. (§ 8—11)

g. Die Maßnahmen des Gebietsschutzes (Naturschutzgebiete, Nationalparke, Landschaftsschutzgebiete, Naturparks, Naturdenkmale, geschützte Landschaftsbestandteile) sollen ihrer Ausgestaltung entsprechend eine Handhabe vor allem zur Lösung der ökologischen Probleme in den Verdichtungsräumen bieten oder zur Behebung schwerer Landschaftsschäden beitragen. (§ 12—19)

h. Der Artenschutz ist in die Rahmenregelung einbezogen und verbessert worden. (§ 20—26)

i. Das Recht zum Betreten der freien Natur ist in Anlehnung an den § 14 des Bundeswaldgesetzes vom 2. 5. 1975 geregelt worden. (§ 27)

k. Bestimmten entsprechend anerkannten Organisationen, die mindestens auf Landesebene arbeiten, wird ein Anhörungsrecht bei bestimmten Verwaltungsakten eingeräumt. (§ 29)

l. Einige landschaftsrelevante Bundesgesetze werden an die Erfordernisse des Naturschutzes und der Landschaftspflege angepaßt. (§ 32—37)

Ziele und Grundsätze des Naturschutzes und der Landschaftspflege

Nach der kurzen Übersicht über den Inhalt des Bundesnaturschutz-Gesetzes sollen im folgenden die für den Unterricht wichtigen Grundgedanken des Gesetzes näher erläutert werden.

In den Paragraphen 1 und 2 des Bundesnaturschutzgesetzes sind die Ziele und Grundsätze gewissermaßen als Programm den übrigen Regelungen des Gesetzes vorangestellt.

Beide Paragraphen gehören, wie sich aus § 4 Satz 3 dieses Gesetzes ergibt, zu den unmittelbar geltenden Bestimmungen des Gesetzes. Damit ist bundeseinheitlich festgelegt, mit welcher Zielrichtung und nach welchen Grundsätzen die Länder ihre eigenen Vorschriften zu vollziehen haben.

Aus Absatz 1 des Paragraphen 1 läßt sich zunächst entnehmen, was der Bundesgesetzgeber heute unter Naturschutz und Landschaftspflege verstanden wissen will:
„Maßnahmen zum Schutz, zur Pflege und zur Entwicklung von Natur und Landschaft nicht nur im unbesiedelten, sondern auch im besiedelten Bereich."
Diese Definition zeigt den Wechsel im Verständnis von Natur- und Landschaftspflege. Der Gesetzgeber geht von einem erweiterten Naturschutzbegriff aus. Danach beschränkt sich Naturschutz einschließlich der Landschaftspflege nicht nur auf die Erhaltung von Pflanzen- und Tierarten, von Landschaftsteilen und Einzelschöpfungen der Natur, sondern fordert die aktive Pflege, Entwicklung und Neugestaltung der Natur und Landschaft in allen ihren Erscheinungsformen.
Außerdem wird deutlich gemacht, daß Naturschutz und Landschaftspflege nicht nur in einem vom Menschen unberührten Bereich in Frage kommen, sondern gerade auch in dem vom Menschen veränderten und gestalteten Raum, soweit dieser noch als Natur und Landschaft zu erkennen ist.
Der Paragraph 1 gibt genau das Ziel für alle zukünftigen Entscheidungen an, die dem Schutz, der Pflege und der Entwicklung von Natur und Landschaft dienen. Durch sie sollen
1. die Leistungsfähigkeit des Naturhaushalts
2. die Nutzungsfähigkeit der Naturgüter
3. die Pflanzen- und Tierwelt
4. die Vielfalt, die Eigenart und Schönheit von Natur und Landschaft
als Lebensgrundlagen des Menschen
und als Voraussetzung für seine Erholung in Natur und Landschaft
für die Zukunft gesichert werden.
Damit wird deutlich gemacht, welche Bedeutung der Naturschutz und die Landschaftspflege für die Lebewesen in unserer Umwelt, aber vor allem für den Menschen haben. Während noch vor zehn oder zwanzig Jahren der Naturschutz von der Öffentlichkeit als Lieblingsbeschäftigung von Naturfreunden und Schwärmern angesehen wurde, hat er heute den Rang einer Existenzfrage für uns und unsere Nachkommen erhalten.
Dabei ist die Sicherung der Leistungsfähigkeit des Naturhaushalts und die Nutzungsfähigkeit der Naturgüter sowie die Erhaltung der Pflanzen- und Tierwelt für den Fortbestand des menschlichen Lebens auf der Erde von grundlegender Bedeutung.
Auch die natürlichen Erholungsmöglichkeiten für den Menschen sollen durch den Fortbestand der Schönheit, Eigenart und Vielfalt von Natur und Landschaft erhalten bleiben.
Die Forderungen des Naturschutzes werden in der Praxis immer im Gegensatz stehen zu den Anforderungen der Öffentlichkeit an die Landschaft im Bereich des Verkehrs, der Besiedelung, der Gewinnung von Bodenschätzen und der Anlage von Fabriken. Der Absatz 2 des Paragraphen 1 schreibt in diesem Zusammenhang vor, daß bei diesen gegensätzlichen Gesichtspunkten abzuwägen ist, welchem Interesse im Einzelfall der Vorrang einzuräumen ist. Die Belange des Naturschutzes und der Landschaftspflege müssen also nicht in jedem Fall den Vorrang haben.
In Zweifelsfällen wird jedoch zu berücksichtigen sein, daß den Bestimmungen über Naturschutz und Landschaftspflege lebenswichtige Bedeutung zukommt,

denn sie dienen der nachhaltigen Sicherung der Lebensgrundlagen. Vorrang sollte die Erhaltung des ökologischen Gleichgewichts in der Natur haben, da Schäden oft nicht wieder gutzumachen sind. Werden einzelne Teile der Landschaft zerstört, so verlieren sie ihren Wert als Erholungsgebiete des Menschen. Die Bedeutung der ordnungsgemäßen Land- und Forstwirtschaft wird in dem Absatz 3 des Paragraphen 1 besonders betont. Die zentrale Stellung der Land- und Forstwirtschaft bei der Erhaltung der Kultur- und Erholungslandschaft läßt sich aus der historischen Entwicklung unserer heutigen Landschaft erkennen. In der Regel stimmt sie mit den Zielen des Naturschutzes und der Landschaftspflege überein.

Der Begriff „ordnungsgemäß" wird nicht nur von den auf Ertrag ausgerichteten betriebswirtschaftlichen Erfordernissen bestimmt, sondern auch von dem Ziel, die Kulturlandschaft zu erhalten. Die land- und forstwirtschaftliche Wirtschaftsweise muß die Gesetze und Vorschriften im Gebiet des Pflanzenschutzes, der Viehseuchenbekämpfung und des Forstrechts beachten. Nicht nur die land- und forstwirtschaftliche Nutzung, sondern auch die Fischereiwirtschaft und die Imkerei dienen den Zielen des Bundesnaturschutz-Gesetzes.

Grundsätze des Naturschutzes und der Landschaftspflege

Nach der eingehenden Betrachtung der Ziele des Naturschutzes und der Landschaftspflege, die eine solide Basis für den Biologie-Unterricht über allgemeine Probleme des Naturschutzes darstellen, folgen im Paragraphen zwei die „Grundsätze des Naturschutzes und der Landschaftspflege". Sie geben genaue Anweisungen für die praktische Arbeit der Behörden, nach denen die Ziele realisiert werden sollen.

Wenn im Biologie-Unterricht konkrete Beispiele aus der Umgebung des Schulorts behandelt werden sollen, kann der Fachlehrer auf diese Grundsätze zurückgreifen. Dabei ist zu berücksichtigen, daß diese Grundsätze nicht in jedem Fall unbedingt erfüllt werden müssen. Im Einzelfall ist zu prüfen, ob die Verwirklichung erforderlich, möglich und unter Abwägung aller Anforderungen angemessen ist.

Die 12 Grundsätze:

1. Die Leistungsfähigkeit des Naturhaushalts ist zu erhalten und zu verbessern. Beeinträchtigungen sind zu unterlassen oder auszugleichen.

2. Unbebaute Bereiche sind als Voraussetzung für die Leistungsfähigkeit des Naturhaushalts, die Nutzung der Naturgüter und für die Erholung in Natur und Landschaft insgesamt und auch im einzelnen in für ihre Funktionsfähigkeit genügender Größe zu erhalten.

In besiedelten Bereichen sind Teile von Natur und Landschaft, auch begrünte Flächen und deren Bestände, in besonderem Maße zu schützen, zu pflegen und zu entwickeln.

3. Die Naturgüter sind, soweit sie sich nicht erneuern, sparsam zu nutzen; der Verbrauch der sich erneuernden Naturgüter ist so zu steuern, daß sie nachhaltig zur Verfügung stehen.

4. Der Boden ist zu erhalten; ein Verlust seiner natürlichen Fruchtbarkeit ist zu vermeiden.

5. Beim Abbau von Bodenschätzen ist die Vernichtung wertvoller Landschaftsbestandteile zu vermeiden. Dauernde Schäden des Naturhaushalts sind zu verhüten. Unvermeidbare Beeinträchtigungen von Natur und Landschaft durch die

Aufsuchung und Gewinnung von Bodenschätzen und durch die Aufschüttung sind durch Rekultivierung oder naturnahe Gestaltung auszugleichen.
6. Wasserflächen sind auch durch Maßnahmen des Naturschutzes und der Landschaftspflege zu erhalten und zu vermehren. Gewässer sind vor Verunreinigungen zu schützen, ihre natürliche Selbstreinigungskraft ist zu erhalten oder wiederherzustellen. Nach Möglichkeit ist ein rein technischer Ausbau von Gewässern zu vermeiden und durch biologische Wasserbaumaßnahmen zu ersetzen.
7. Luftverunreinigungen und Lärmeinwirkung sind auch durch Maßnahmen des Naturschutzes und der Landschaftspflege gering zu halten.
8. Beeinträchtigungen des Klimas, insbesondere des örtlichen Klimas, sind zu vermeiden; unvermeidbare Beeinträchtigungen sind auch durch andschaftspflegerische Maßnahmen auszugleichen oder zu mindern.
9. Die Vegetation ist im Rahmen einer ordnungsgemäßen Nutzung zu sichern, dies gilt insbesondere für Wald, sonstige geschlossene Pflanzendecken und die Ufervegetation. Unbebaute Flächen, deren Pflanzendecke beseitigt worden ist, sind wieder standortgerecht zu begrünen.
10. Wildwachsende Pflanzen und wildlebende Tiere sind als Teil des Naturhaushalts zu schützen und zu pflegen.
11. Für Naherholung, Ferienerholung und sonstige Freizeitgestaltung sind in ausreichendem Maße nach ihrer natürlichen Beschaffenheit und Lage geeignete Flächen zu erschließen, zweckentsprechend zu gestalten und zu erhalten.
12. Der Zugang zu Landschaftsteilen, die sich nach ihrer Beschaffenheit für die Erholung der Bevölkerung besonders gut eignen, ist zu erleichtern.

Schutz und Pflege bestimmter Teile von Natur und Landschaft

Bestimmte Teile der Landschaft können unter besonderen Schutz gestellt werden. Im 4. Abschnitt des Bundesnaturschutz-Gesetzes finden die Biologie-Lehrer genaue Vorschriften über die Einteilung der Schutzgebiete und die besonderen Schutzmaßnahmen. Darin werden zwei Gruppen unterschieden:
1. Naturschutzgebiet, Nationalpark, Landschaftsschutzgebiet, Naturpark
2. Naturdenkmal, geschützter Landschaftsbestandteil.
Nach dem Schutzzweck werden die notwendigen Gebote und Verbote erlassen sowie die erforderlichen Pflegemaßnahmen angeordnet.
Die folgende Zusammenstellung soll nur einen kurzen Überblick geben und verzichtet bewußt auf die Fülle der verwirrenden Einzelbestimmungen.

Naturschutzgebiete

In diesen Gebieten mit einer Fläche größer als 5 ha ist ein besonderer Schutz notwendig
1. zur Erhaltung von Lebensgemeinschaften oder Lebensstätten bestimmter wildwachsender Pflanzen oder wildlebender Tiere,
2. aus wissenschaftlichen, naturgeschichtlichen oder landeskundlichen Gründen,
3. wegen ihrer Seltenheit, besonderen Eigenart oder hervorragenden Schönheit.
Verboten sind alle Handlungen, die zu einer Zerstörung, Beschädigung oder Veränderung des Naturschutzgebiets führen können.
Erlaubt ist die herkömmliche Landnutzung, Land- und Forstwirtschaft sowie Fischerei und Jagd.
Beispiele: Moore, Heiden, naturnahe Wälder und Dünen.

Nationalparks

Diese Gebiete sollen folgende Bedingungen erfüllen:
1. Sie sind großräumig mit einer Fläche größer als 10 000 ha und von besonderer Eigenart,
2. erfüllen im überwiegenden Teil ihres Gebiets die Voraussetzungen eines Naturschutzgebiets,
3. befinden sich in einem vom Menschen wenig beeinflußten Zustand,
4. dienen vornehmlich der Erhaltung eines möglichst artenreichen heimischen Pflanzen- und Tierbestands.
Beispiele: NP Bayerischer Wald, NP Königssee.

Landschaftsschutzgebiete

Landschaftsschutzgebiete sind naturnahe Kulturlandschaftsteile, in denen ein besonderer Schutz
1. zur Erhaltung und Wiederherstellung der Leistungsfähigkeit des Naturhaushalts oder der Nutzungsfähigkeit der Naturgüter,
2. wegen der Vielfalt, Eigenart oder Schönheit des Landschaftsbildes,
3. wegen ihrer besonderen Bedeutung für die Erholung
erforderlich ist.

Naturparks

Großräumige Gebiete mit einer Fläche über 20 000 ha, die überwiegend Landschaftsschutz- oder Naturschutzgebiete sind und sich wegen ihrer landschaftlichen Voraussetzungen für die Erholung besonders eignen.

Naturdenkmale

Naturdenkmale sind Einzelschöpfungen der Natur, deren besonderer Schutz
1. aus wissenschaftlichen, naturgeschichtlichen oder landeskundlichen Gründen oder
2. wegen ihrer Seltenheit, Eigenart oder Schönheit
erforderlich ist.
Beispiele: Seltene oder alte Bäume, Quellen, Gletscherspuren.

Geschützte Landschaftsbestandteile

Dieses sind Teile von Natur und Landschaft, deren besonderer Schutz
1. zur Sicherstellung der Leistungsfähigkeit des Naturhaushalts,
2. zur Belebung, Gliederung oder Pflege des Landschaftsbildes
oder
3. zur Abwehr schädlicher Einwirkungen
erforderlich ist. Der Schutz kann sich in bestimmten Gebieten auf den gesamten Bestand an Bäumen, Hecken oder anderen Landschaftsbestandteilen erstrecken.

Schutz und Pflege wildwachsender Pflanzen und wildlebender Tiere

Von allen Bestimmungen im Rahmen des Naturschutzes haben für den Biologielehrer die Vorschriften über Schutz und Pflege wildwachsender Pflanzen und wildlebender Tiere die größte praktische Bedeutung. Fast täglich kann er im Biologieunterricht große Wissenslücken und ungenaue Kenntnisse bei seinen Schülern feststellen. Er sollte jede Möglichkeit im Unterricht ausnutzen, um auf

die Schutzbestimmungen hinzuweisen, und die Artenkenntnis geschützter Pflanzen und Tiere zu festigen.
Daher sollen hier die wichtigsten Bestimmungen zusammengefaßt werden.
Im Bundesnaturschutzgesetz sind in den Paragraphen 21 und 22 die grundsätzlichen Vorschriften zu finden:

Allgemeiner Schutz von Pflanzen und Tieren
Es ist verboten
1. ohne vernünftigen Grund wildwachsende Pflanzen zu entnehmen oder zu nutzen oder ihre Bestände niederzuschlagen oder auf sonstige Weise zu verwüsten,
2. wildlebende Tiere mutwillig zu beunruhigen oder ohne vernünftigen Grund zu fangen, zu verletzen oder zu töten,
3. gebietsfremde Tiere auszusetzen oder in der freien Natur anzusiedeln.

Besonders geschützte Pflanzen und Tiere
Bestimmte Arten wildwachsender Pflanzen und wildlebender Tiere sind unter besonderen Schutz zu stellen, wenn dies
1. wegen ihrer Seltenheit oder der Bedrohung ihres Bestandes,
2. aus wissenschaftlichen, naturgeschichtlichen oder landeskundlichen Gründen,
3. wegen ihres Nutzens oder ihrer Bedeutung für den Naturhaushalt oder
4. zur Erhaltung von Vielfalt, Eigenart oder Schönheit von Natur und Landschaft erforderlich ist.
Es ist verboten,
1. Pflanzen der besonders geschützten Arten oder einzelne Teile von ihnen abzuschneiden, abzupflücken, aus- oder abzureißen, auszugraben, zu entfernen oder sonst zu beschädigen,
2. Tieren der besonders geschützten Arten nachzustellen, sie zu fangen, zu verletzen, zu töten oder ihre Eier, Larven, Puppen oder sonstigen Entwicklungsformen wegzunehmen, zu zerstören oder zu beschädigen,
3. Tiere der vom Aussterben bedrohten Arten an ihren Nist-, Brut-, Wohn- oder Zufluchtsstätten durch Aufsuchen, Fotografieren, Filmen oder ähnliche Handlungen zu stören,
4a. frische oder getrocknete Pflanzen der besonders geschützten Arten oder Teile dieser Pflanzen sowie hieraus gewonnene Erzeugnisse und
b. lebende oder tote Tiere der besonders geschützten Arten oder Teile dieser Tiere, ihre Eier, Larven, Puppen, sonstige Entwicklungsformen oder Nester sowie hieraus gewonnene Erzeugnisse
in Besitz zu nehmen, zu erwerben, die tatsächliche Gewalt darüber auszuüben, zu be- und verarbeiten, abzugeben, feilzuhalten, zu veräußern oder sonst in den Verkehr zu bringen.

Besondere Schutzvorschriften für wildwachsende Pflanzen

Die allgemeinen gesetzlichen Bestimmungen des Bundesnaturschutz-Gesetzes werden ergänzt und genauer festgelegt durch besondere Ergänzungsgesetze, die von den einzelnen Bundesländern erlassen wurden.
Am Beispiel des Bayerischen Naturschutz-Ergänzungsgesetzes vom 29. Juni 1962 mit einigen späteren Änderungen sollen die für den Biologie-Lehrer wichtigen

Bestimmungen herausgegriffen werden. Diese Angaben können in den einzelnen Bundsländern geringfügige Unterschiede aufweisen.

Vollkommen geschützte Pflanzenarten

Es ist verboten, wildwachsende Pflanzen der folgenden Arten zu pflücken, auszureißen, auszugraben oder zu beschädigen:

1. Straußfarn (Trichterfarn), *Struthiopteris germanica Willd.*,
2. Hirschzunge, *Phyllitis scolopendrium (L.) Newm.*,
3. Federgras, *Stipa pennata L.* und *Stipa capillata L.*
4. Türkenbund. *Lilium Martagon L.*,
5. Feuerlilie, *Lilium bulbiferum L.*,
6. Schachblume, *Fritillaria meleagris L.*,
7. Siegwurz (Schwertel), *Gladiolus palustris Gaudin,*
8. Blaue Schwertlilie, *Iris sibirica L.*
9. Orchideen, *Orchidaceae,* alle einheimischen Arten, z. B. alle Knabenkräuter, Frauenschuh, Rotes und Weißes Waldvögelein, Kohlröserl (Brändlein, Brunelle), Ragwurzarten (Fliegen-, Bienen-, Hummel- und Spinnenblume), Riemenzunge,
10. Pfingstnelke (Felsennelke), *Dianthus gratianopolitanus Vill.,*
11. Weiße und Gelbe Seerose, *Nymphaea* und *Nuphar,* alle einheimischen Arten,
12. Akelei, *Aquilegia,* alle einheimischen Arten,
13. Küchenschelle (Kuhschelle, Osterblume), *Pulsatilla,* alle einheimischen Arten einschließlich der Alpen-Anemone(Teufelsbart, Petersbart), *Pulsatilla alpina L.,* mit der gelben Abart *Pulsatilla sulphurea (L.) Arcang.,*
14. Narzissen-Anemone (Berghähnlein), *Anemone narcissiflora L.,*
15. Großes Windröschen, *Anemone silvestris L.,*
16. Frühlings-Adonisröschen (Frühlings-Teufelsauge), *Adonis vernalis L.,*
17. Diptam, *Dictamnus albus L.,*
18. Seidelbast und Steinrösl, *Daphne,* alle einheimischen Arten,
19. Alpenrose, *Rhododendron,* alle einheimischen Arten,
20. Zwergrösl, *Rhodothamnus chamaecistus (L.) Rchb.,*
21. Aurikel (Gamsbleaml), *Primula auricula L.* und alle rotblühenden Arten der Gattung *Primula,*
22. Alpenveilchen, *Cyclamen europaeum L.,*
23. Enzian, *Gentiana,* alle einheimischen Arten,
24. Gelber Fingerhut, *Digitalis grandiflora Mill.* und *D. lutea L.,*
25. Edelweiß, *Leontopodium alpinum Cass.,*
26. Edelraute, *Artemisia laxa L.,*
27. Kaiser-Karl-Szepter, *Pedicularis sceptrum carolinum L.*

Ferner ist es verboten, wildwachsende Pflanzen (Bäume und Sträucher) der folgenden Arten auszugraben oder zu beschädigen:
1. Eibe, *Taxus baccata L.,*
2. Bergkiefer (Latsche), *Pinus mugo Turra,*
3. Wacholder, *Juniperus communis L.* und *Juniperus nana L.,*
4. Sanddorn, *Hippophae rhamnoides L.,*
5. Stechpalme (Hülse), *Ilex aquifolium L.*

Teilweise geschützte Pflanzenarten

Es ist verboten, die Wurzeln, Wurzelstöcke, Zwiebeln und Rosetten wildwachsender Pflanzen der folgenden Arten zu entnehmen oder zu beschädigen:
1. Traubenhyazinthe (Träubel), *Muscari,* alle einheimischen Arten,
2. Maiglöckchen, *Convallaria majalis L.,*
3. Grüne und schwarze Nieswurz oder Christrose (Schneerose), *Helleborus viridis L.* und *Helleborus niger L.,*
4. Trollblume, *Trollius europaeus L.,*
5. Eisenhut (Sturmhut), *Aconitum,* alle einheimischen Arten,
6. Sonnentau, *Drosera,* alle einheimischen Arten,
7. Schlüsselblume (Himmelschlüssel, Primel), alle Arten, die nicht vollkommen geschützt sind,
8. Tausendgüldenkraut, *Centaurium* (Erythräa), alle Arten,
9. Arnika (Wohlverleih), *Arnica montana L.,*
10. Bärlapp (Schlangenmoos), *Lycopodium,* alle einheimischen Arten,
11. Wilde Tulpe, *Tulipa silvestris L.,*
12. Meerzwiebel (Blaustern), *Scilla,* alle einheimischen Arten,
13. Gemeines Schneeglöckchen, *Galanthus nivalis L.,*
14. Großes Schneeglöckchen (Märzenbecher, Frühlingsknotenblume), *Leucoium vernum L.,*
15. Schwertlilie, *Iris,* alle nicht vollkommen geschützten Arten,
16. Leberblümchen, *Anemone hepatica L.,*
17. Alle rosetten- und polsterbildenden Arten der Gattungen:
Hauswurz, *Sempervivum*
Steinbrech, *Saxifraga*
Leimkraut, *Silene.*
18. Schweizer Mannsschild, *Androsace helvetica (L). Gaud.,*
19. Geißbart, *Aruncus silvester Kostel,*
20. Eichenblättriges Wintergrün (Dolden-Wintergrün), *Chimaphila umbellata (L).* Barton,
21 Silberdistel (Wetterdistel, Stengellose Eberwurz), *Carlina acaulis L.*

Besondere Schutzvorschriften für wildlebende Tiere

Zunächst müssen wir unterscheiden zwischen Tierarten, die der Naturschutzgesetzgebung, und solchen, die der Jagdgesetzgebung unterliegen. Im folgenden werden nur die nichtjagdbaren Tiere berücksichtigt.

Vögel

Allgemein ist verboten,
Vögel absichtlich zu verletzen oder zu blenden,
Vögel ohne vernünftigen, berechtigten Zweck zu beunruhigen,
Geräte für den Vogelfang (Leimruten, Schlingen) herzustellen, aufzubewahren, feilzuhalten, zu erwerben oder bei solchen Handlungen mitzuwirken.
Vollkommen geschützte Vögel
Es ist verboten,
1. einheimischen nichtjagdbaren Vögeln aller Arten nachzustellen, sie zu fangen oder zu töten,

2. Eier oder besetzte Brutstätten dieser Vögel wegzunehmen oder zu beschädigen.
Der Schutz gilt nicht für folgende Arten:
1. Raben- und Nebelkrähe, *Corvus corone L.*,
2. Saatkrähe, *Corvus frugilegus L.*,
3. Elster, *Pica pica L.*,
4. Eichelhäher, *Garrulus glandarius L.*,
5. Haussperling, *Passer domesticus L.*,
6. Feldsperling, *Passer montanus L.*,
7. Haustaube, *Columba livia domestica L.* in verwildertem Zustand.

Es ist jedoch verboten, diesen Vögeln mit Luftdruckgewehren, Schlingen und Tellereisen nachzustellen. Kinder unter 14 Jahren dürfen an der Tötung oder am Fang von Vögeln nicht mitwirken.

Geschützte Arten von anderen nicht jagdbaren Tieren

Es ist verboten, Tiere der nachstehend genannten Arten zu fangen, zu töten oder Eier, Larven oder Puppen, Nester oder andere Brutstätten solcher Tiere zu beschädigen oder an sich zu nehmen:

I. Säugetiere (Mammalia)

1. Fledermäuse, *Chiroptera*, alle einheimischen Arten,
2. Igel, *Erinaceus europaeus L.*,
3. Gartenschläfer, *Eliomys quercinus L.*,
4. Baumschläfer, *Dryomis nitedula (Pallas)*,
5. Haselmaus, *Muscardinus avellanarius L.*,

II. Kriechtiere (Reptilien)

6. Sumpfschildkröte, *Emys orbicularis L.*, soweit nicht fischbar,
7. Eidechsen, alle einheimischen Arten, einschließlich der Blindschleiche, *Anguis fragilis L.*,
8. Schlangen, alle einheimischen Arten mit Ausnahme der Kreuzotter, *Vipera berus L.*,

III. Lurche (Amphibien)

9. Molche, alle einheimischen Arten,
10. Feuersalamander, *Salamandra salamandra L.*,
11. Alpensalamander, *Salamandra atra Laur.*,
12. Kröten und Unken, alle einheimischen Arten,
13. Laubfrosch, *Hyla arborea L.*, und alle anderen einheimischen Froscharten mit Ausnahme des Wasser- oder Teichfrosches, *Rana esculenta L.*, und des Gras- oder Taufrosches, *Rana Temporaria L.*

IV. Kerbtiere (Insekten)

14. Segelfalter, *Papilio podalirius L.*,
15. Apollofalter, alle Arten der Gattung *Parnassius Latr.*,
16. Hirschkäfer, *Lucanus cervus L.*,
17. Rote Waldameise, *Formica rufa L.*,
18. Alpenbock, *Rosalia alpina L.*,
19. Puppenräuber, *Calosoma sycophanta L.*

Folgende Einschränkung des Verbots ist für den Biologie-Unterricht wichtig:
Es ist gestattet, einzelne Blindschleichen, Zauneidechsen, Bergeidechsen, Ringelnattern, Molche, Feuersalamander, Alpensalamander, Kröten, Unken und Laubfrösche zur eigenen Haltung zu fangen, damit die Schüler diese Arten kennenlernen.

Rote Listen bedrohter Pflanzen und Tiere

Im Rahmen des Bundes-Naturschutzgesetzes findet in den einzelnen Bundesländern der erweiterte Artenschutz in der letzten Zeit immer stärkere Beachtung. Das führte zur Aufstellung von sogenannten „Roten Listen", in die alle Tiere und Pflanzen aufgenommen wurden, deren Bestand gefährdet oder bedroht ist. Ein kurzer Hinweis soll die Entwicklung in Bayern beleuchten.
Die Rote Liste gefährdeter Farn- und Blütenpflanzen in Bayern, die es seit 1974 gibt, zeigt ein erschreckendes Bild. Das Bayerische Landesamt für Umweltschutz hat nach Unterlagen bayerischer Botaniker und der floristischen Kartierung Bayerns festgestellt, daß von den rund 2000 Arten mehr als 25 % stark im Rückgang begriffen sind. Die Bestände vieler Arten sind bis auf wenige Vorkommen zusammengeschmolzen. Rund 30 Arten sind bereits ausgestorben.
Das Bayerische Landesamt für Umweltschutz hat eine Liste der bedrohten Tierarten (Wirbeltiere und charakteristische Insekten) veröffentlicht. Nach den Feststellungen ist mehr als die Hälfte der in Bayern erfaßten Tierarten im Bestand rückläufig. Rund ein Viertel der Arten ist stark gefährdet und damit mehr oder weniger vom Aussterben bedroht.
Auch für die in Bayern gefährdeten Vogelarten ist eine „Rote Liste" aufgestellt worden. Von den in Bayern bisher beobachteten 354 Vogelarten sind 201 brütend nachgewiesen worden. Bereits ausgestorben sind 13 Arten und 71 Arten (34,6 %) sind gefährdet. Unter den gefährdeten Arten sind 14 Greifvögel und Eulen, 35 Wasser- und Sumpfvögel sowie 6 Vogelarten, die in erster Linie von Großinsekten leben.
Obwohl diese „Roten Listen" bis zum Inkrafttreten der neuen Artenschutzverordnung keinen zusätzlichen Schutz bieten, leisten sie eine wichtige Hilfe für konkrete Schutzmaßnahmen, zum Beispiel bei der Ausweisung neuer Naturschutzgebiete.

Wichtige Bestimmungen aus dem Bundesjagdgesetz

Für den Biologielehrer ist die Kenntnis einiger Vorschriften aus dem Bundesjagdgesetz für seinen Unterricht von großer Bedeutung. Einmal nimmt das Naturschutzgesetz selbst Bezug auf das Jagdgesetz, indem es zwischen Tierarten unterscheidet, die der Jagdgesetzgebung unterliegen und anderen Tieren, die im Naturschutzgesetz erwähnt werden. Zur Erhaltung unserer Tierwelt müssen Naturschutz und Jagd eng zusammenarbeiten.
Das Bundesjagdgesetz (BJG) wurde in der Bekanntmachung vom 29. September 1976 (BGBl I 2849) veröffentlicht und ist am 1. April 1977 rechtswirksam geworden.

Am Anfang wird die Pflicht zur Hege herausgestellt. Die Hege hat zum Ziel die Erhaltung eines den landschaftlichen und landeskulturellen Verhältnissen angepaßten artenreichen und gesunden Wildbestandes sowie die Pflege und Sicherung seiner Lebensgrundlagen. Die Hege muß so durchgeführt werden, daß Beeinträchtigungen einer ordnungsgemäßen land-, forst- und fischereiwirtschaftlichen Nutzung, insbesondere Wildschäden, möglichst vermieden werden.

Nur der Jagdberechtigte in dem betreffenden Revier darf sich Wild aneignen. Das Recht zur Aneignung von Wild umfaßt auch die ausschließliche Befugnis, krankes oder verendetes Wild, Fallwild und Abwurfstangen sowie die Eier von Federwild sich anzueignen.

Dann werden die Tierarten genannt, die dem Jagdrecht unterliegen:

Haarwild:

Wisent *(Bison bonasus L.)*,
Elchwild *(Alces alces L.)*,
Rotwild *(Cervus elaphus L.)*,
Damwild *(Dama dama L.)*,
Sikawild *(Cervus nippon TEMMINCK)*,
Rehwild *(Capreolus capreolus L.)*,
Gamswild *(Rupicapra rupicapra L.)*,
Steinwild *(Capra ibex L.)*,
Muffelwild *(Ovis ammon musimon PALLAS)*,
Schwarzwild *(Sus scrofa L.)*,
Feldhase *(Lepus europaeus PALLAS)*,
Schneehase *(Lepus timidus L.)*,
Wildkaninchen *(Oryctolagus cuniculus L.)*,
Murmeltier *(Marmota marmota L.)*,
Wildkatze *(Felis silvestris SCHREBER)*,
Luchs *(Lynx lynx L.)*,
Fuchs *(Vulpes vulpes L.)*,
Steinmarder *(Martes foina ERXLEBEN)*,
Baummarder *(Martes martes L.)*,
Iltis *(Mustela putorius L.)*,
Hermelin *(Mustela erminea L.)*,
Mauswiesel (Mustela nivalis L.),
Dachs *(Meles meles L.)*,
Fischotter *(Lutra lutra L.)*,
Seehund *(Phoca vitulina L.)*,

Federwild:

Rebhuhn *(Perdix perdix L.)*,
Fasan *(Phasianus colchicus L.)*,
Wachtel *(Coturnix coturnix L.)*,
Auerwild *(Tetrao urogallus L.)*,
Birkwild *(Lyrurus tetrix L.)*,
Rackelwild *(Lyrus tetrix x Tetrao urogallus)*, Kreuzung von Auer- und Birkwild,
Haselwild *(Tetrastes bonasia L.)*,
Alpenschneehuhn *(Lagopus mutus MONTIN)*,

Wildtruthuhn *(Meleagris gallopavo L.)*,
Wildtauben *(Columbidae)*,
Höckerschwan *(Cygnus olor GMEL.)*,
Wildgänse *(Gattungen Anser BRISSON und Branta SCOPOLI)*,
Wildenten *(Anatinae)*,
Säger *(Gattung Mergus L.)*,
Waldschnepfe *(Scolopax rusticola L.)*,
Bläßhuhn *(Fulica atra L.)*,
Möwen *(Laridae)*,
Haubentaucher *(Podiceps cristatus L.)*,
Großtrappe *(Otis tarda L.)*,
Graureiher *(Ardea cinerea L.)*,
Greife *(Accipitridae)*,
Falken *(Falkonidae)*,
Kolkrabe *(Corvus corax L.)*,

Schließlich soll noch auf den § 19 a hingewiesen werden, der das Beunruhigen von Wild betrifft: Verboten ist es, Wild, insbesondere soweit es in seinem Bestand gefährdet oder bedroht ist, unbefugt an seinen Zuflucht-, Brut- oder Wohnstätten durch Aufsuchen, Fotografieren, Filmen oder ähnliche Handlungen zu stören. Da das Bundesjagdgesetz ein Rahmengesetz ist, muß man noch das Jagdgesetz des jeweiligen Bundeslandes beachten und die Ausführungsbestimmungen berücksichtigen.

Namen- und Sachregister

Wahlpflichtfach, Grund- und Leistungskurse als neue Formen der Biologischen Arbeitsgemeinschaft

Anwesenheitsliste 14
Arbeitsgemeinschaften 3, 7
Arbeitskasten 20
Arbeitsweise 13

Bakterienkulturen 11
Bestimmungsübungen 11, 13, 30
Betriebsbesichtigungen 7
Bildungswert 6
Biochemie 6
Bioga-Geräte 11, 18
Bioga-Versuchskartei 28
Biologische Arbeitsbücher 12
Biologisch-sozialkundliche Themen 12
Biologische Ecke 18
Blütenökologie 11, 34
Botanischer Garten 10, 15
Botanische Themen 8, 11

Cecidologie 35
Chemikalien 14, 22
Chromatographie 24

Demonstrationsversuche 16
Drosophila 13

Einzelaufgaben 5
Energiesäulen 18
Entwicklung 6, 13
Entwurf d. Verb. Dtsch. Biologen 31
Exemplarisches Arbeiten 6, 7, 8
Experimentierunterricht 13
Experimente 5
Evolution 5

Fachbücherei 29
Fächerübergreifende Themen 12
Fermente 11, 14
Filmvorführungen 7, 28
Finanzielle Mittel 14
Fortpflanzung 6, 9, 13
Fotoarbeitsgemeinschaft 23
Fotoausstattung 23, 28

Gräser 36
Genetik 13
Gewächshaus 19
Grenzgebiete 6, 11

Hauptthemen 10
Herbar 13

Histochemische Untersuchungen 10
Industriegroßstadt 12
Insektenbeine 36

Jahreszensur 26

Kaffee 10
Kakao 10
Keimungsversuche 25
Kollegiale Oberstufe 3, 31
Konzentration 5
Kühlschrank 18
Kybernetik 6

Lebensgemeinschaft 8, 11, 30
Leick 3
Lehrervortrag 7
Liguster 32
Literaturstudium 11, 30

Mauerraute 35
Mikiola fagi 35
Mikroaufnahmen 23
Mykologie 11

Nebenthemen 10
Neurospora 13
Nüsse 37
Nutzpflanzen 24

Oberstufenlehrer 7
Oekologie 6, 8
Orchideen 31
Osmose 32

Parasitismus 10
Pflanzenanatomie 10, 13
Pflanzen als Energiespender 10
Pflanzenkrankheiten 11
Pflanzenindividuum 9
Pflanzliche Speicherorgane 10
Physiologische Themen 10, 13
Pilze 10
Pipettenflaschen 22
Planktonuntersuchungen 11
Planung 7
Praxis-Schriftenreihe 12
Primula 13
Projektionsgeräte 20
Projektionsleinwand 20
Protokoll 15, 25

Quellung 25

Reagenzglasgestelle 22
Reagenzienblock 21

Selbsttätigkeit des Schülers 26
Sicherung der Gasanschlüsse 17
Sukkulenz 31, 37
Systematik im Pflanzenreich 34
Schülervortrag 7, 10, 25
Schülerübungen 11
Schulgarten 8
Schulversuche mit Südfrüchten 10
Schwierigkeitsgrad eines Themas 9
Spiegelreflexkamera 23
Stoffülle 6

Tee 10
Teilaufgaben 10
Themenkreis 6
Themen für Übungsarbeiten 32
Themenwahl 8, 31
Theoretische Themen 27
Theorie und Praxis 32
Thermostat 18, 24
Tierphysiologie 6, 13
Trockenlandpflanzen 10

UV-Lampe 24
Uebungsarbeiten 25, 32

Verdauungsorgane 10
Vererbungslehre 11
Verhaltensforschung 6
Versuchsaquarien 16
Verdunkelungseinrichtung 18, 19
Versuchskartei 11
Virologie 6

Wahlpflichtfach 3, 5, 12, 13
Wahlprüfungsfach 27
Wahlthemen 27
Wasserflöhe 36
Weitmarer Holz 11

Xerophyten 10

Zelle 31
Zeugnisnoten 25, 32
Zoologische Themen 9, 26, 28, 29, 36
Zusammenarbeit mit wissensch. Instituten 27
Zusammenhänge 8

Der Programmierte Unterricht

Alternierender Unterricht 58
Antwortformen 52

Begleitheft 57
Beratungsstellen für PU 44
Biologisches Objekt
 und Programm 47
Buchprogramm 44

Crowder 43

Effektivität des PU 45
Einsatzformen
 von Programmen 58
Erfahrungen im PU 60
Erfolgserlebnis 56

Fehlantworten 52
Flußdiagramm 52
Fragen 52

Gestaltungsphase 56

Information 48

Kombinierter Einsatz 58

Kurzprogramm 58

Lehrmaschinen 44
Lernmotivation 46
Lernschritt 43, 48, 56
Lernschrittbeispiele 48, 51, 54—55
Lerntempo 46
Lernverstärkung 46
lineare Programme 43, 52

Mehrwegprogramm 43
Musterantwort 48
Musterlösung 48

Nachteile des PU 46
Notenfindung 59

Objektivierter Unterricht 45
Operantes Konditionieren 43

Planungsphase 55
Programmauszüge 48—51, 54—55
Programmentwicklung 55
Programme
 zur Neudurchnahme 53

Programme
 zur Wiederholung 53
Programmverzeichnisse 44
PU-Kurs 58

Rohprogramm 56

Schleifen 52
Schlußtest 56
Schülerbefragungen zum PU 61
Skinner 43

Testen von Programmen 57

Validierungsphase 57
veröffentlichte
 Biologie-Programme 62
Veröffentlichung 57
Verstärkungen
 (positive, negative) 43
Versuch und Irrtum 43
verzweigte Programme 43, 52
Verzweigungen 52
Vorteile des PU 46

Werra-Fulda-Taktik 58
Wiederholungsprogramme 53

Das Schullandheim

Angemessenheit der Themen 85
Anreisetag 78
Arbeitsblätter 83, 87
Arbeitskenntnis 80
Arbeitsgruppe 83
Arbeitsschule 67
Arbeitsteilung 79
Arbeitsthemen 69, 86
Aufgaben 83

Bauernhof im Schwarzwald 91
Beschreibungen
der Umgebung 77
Biologieunterricht
im Schullandheim 82
Biologisches Arbeitsgerät 75
Bücherei 75

Dauer 77
Der Wald 84
Die Fichte am natürlichen
Standort 87

Eltern 70, 71
Ernährung 71
Erste Nacht 79
Exkursion und Lerngang 72

Fachzeitschriften 77
Farbsehvermögen 83
Finanzierung 71
Fotoapparate 86

Fotografische Aufträge 86
Fossilsammlung 92
Freizeitgestaltung 73
Frontalunterricht 82

Geländespiel 78
Grundschulklassen 69
Gruppenarbeit 69, 80, 83, 84

Heim 68
Heimatbewegung 68

Im Biologieunterricht 71
Initiativen 68

Jugendbewegung 67

Karten 77
Kartenkunde 79

Landerziehungsheime 67
Lehrerbibliotheken 77
Lerngang 79

Merkblatt 72

Nachtwanderung 79
Naturschutz 83

Organisation 84

Packzettel 74

Qualität des Heims 70

Referate 86

Schreib- und Zeichenmaterial 75
Schullandheimaufenthalt 72
Schullandheimpädagogik 68
Schwalben im Dorf 90
Sekundarstufe I 69
Selbstverantwortlichkeit 70
Soziale Erziehung 68
Staatsbürgerliche Erziehung 86
Strukturieren 69

Tagebuch 80
Tagesablauf 78
Themen 82
Themen
für die Arbeitsgruppen 73
Torfmoor auf der
Schwäbischen Alb 89
Umfang 83
Umweltschutz 70

Vorbereitung 71
Versuche 83
Verbindung der Gruppen 86

Wandervogelbewegung 67

Zimmerzuteilung 78

Pflanzenverzeichnis

In die alphabetische Reihenfolge konnten zur Platzersparnis nur deutsch-sprachige Bezeichnungen aufgenommen werden. Bei ihrer Vielfalt und mangelnden Eindeutigkeit ist manche Unklarheit entstanden und einige Pflanzen des Textes mußten unaufgeführt bleiben.

Die Buchstabengruppen nach den wissenschaftlichen Familienbezeichnungen zeigen die Zugehörigkeit zu den Großgruppen der Farn- und Samenpflanzen an, die im Schulbetrieb noch wenig geläufig sind. Es bedeutet

(Eu) Eusporangiiden
(Lept) Leptosporangiiden
(Hyd) Hydrosporangiiden
(Pin) Piniden
(Tax) Taxiden

(Mag) Magnoliiden
(Ham) Hamamelididen
(Ros) Rosiden
(Ast) Asteriden
(Dil) Dilleniiden

(Car) Caryophylliden
(Al) Alismatiden
(Lil) Liliiden
(Ar) Areciden

Acker-Gauchheil, *Anagallis arvensis* 197
Acker-Hahnenfuß, *Ran. arvensis* 170, 181
Acker-Schachtelhalm, *Equisetum arvense* 176
Adlerfarn, *Pteridium aquilinum* 178
Adonisröschen, *Adonis vernalis* 124, 182
Affodill, *Asphodelus albus* 199
Agaven-Familie, *Agavaceen (Lil)* 211
Ahorn, *acer* 162, 188
Ahorn-Familie, *Aceraceen (Ros)* 207
Akanthus, langbl., *Acanthus longifol.* 193
Akanthus-Familie, *Acanthaceen (Ast)* 209
Akelei, gew. *Aquilegia vulg.* 152, 163, 182
— Alpen-, *Aquilegia alpina* 163
Akazie, falsche, *Robinia pseudoacacia* 187
Algenfarn, *Azolla* 132
Alpenakelei, *Aquilegia alpina* 163
Alpenaster, *Aster alpinus* 137, 194
Alpenfettkraut, *Pinguicula alpina* 131
Alpenglöckel, *Cortusa matthioli* 141, 198
Alpenleinkraut, *Linaria alpina* 168
Alpenrispengras, *Poa alpina* 156
Alpenrose, rostrote, *Rhododendron ferrugineum* 171
Alpenschneckenklee, *Medicago pironae* 169
Alpensoldanelle, *Soldanella alpina* 198
Alpentaubenkropf *Silene inflata alpina* 139
Alpenveilchen, *Cyclamen purpurascens* = *europaeum* 197
Alpenwegerich, *Plantago alpina* 170

Amstelraute, akeleibl. *Thalictrum aquilegifolium* 158, 181
— große, *Thalictrum dipterocarpum* 181
Apfelbaum, *Malus sylvestris* 185
Aronstab, *Arum maculatum* 121, 152, 201, 215
Aronstab-Familie, *Araceen (Ar)* 211
Aronstab-Ordnung, *Arale* 211
Arve (= Zirbelkiefer), *Pinus cembra* 179
Aster, Alpen-, *Aster alpinus* 137, 194
Astern-Familie, *Asteraceen (Ast)*, Teil der „Korbblüher" 209
Astern-Ordnung, *Asterale* 209
Atlasblume, *Godetia amoena* 212, 222

Bärlap, *Lycopodium* 176
Bärlapp-Familie, *Lycopodiaceen* 202
Bärlapp-Ordnung, *Lycpodiale* 202
Bärlappfl. allg. *Lycopodiaten* 174f, 202
Baldrian, med. *Valeriana off.* 132, 173
Baldrian-Familie, *Valerianaceen (Ast)* 208
Ballonglockenblume, *Platycodon grandi florum* 193
Balsamine, gr., *Impatiens glandulif.* 168, 189
Bartgras, *Andropogon* 156
Bartnelke, *Dianthus barbatus* 198, 212
Baumwolle, *Gossypium* 197
Baumwürger, *Celastrus orbiculata* 144, 164, 189
Becherglocke, *Edraianthus graminifol.* 138
bedecktsam. Pfl., *Magnoliophytinen* 176, 205
Beifuß-Arten, *Artemisia*-Arten 124

Beinwell, *Symphytum* 192
Berberitze, *Berberis vulgaris* 182
Berberitzen-Familie, *Berberidaceen (Mag)* 206
Bergfenchel, *Seseli libanotis* 190
Bergflockenblume, *Centaurea montana* 153
Bergminze, *Satureja mont.* = *pygmaea* 138
Besenginster, *Sarothamnus scoparius* 157, 171
Besenradmelde, *Kochia scoparia* 212
Bienenfreund, *Phacelia tanacetifolia* 155, 192
Bingelkraut, ausdauerndes, *Mercurialis perennis* 123
— einjähriges, *Mercurialis annua* 155, 184
Binse, Kröten-, *Juncus bufonius* 129, 200
— stumpfblüt., *Juncus obtusiflor.* 130, 200
Binsen-Familie, *Juncaceen (Lil)* 212
Binsen-Ordnung, *Juncale* 212
Birke, *Betula* 152, 164, 184
Birken-Familie, *Betulaceen (Ham)* 206
Bisamdistel, Sand-, *Jurinea cyanoides* 125
— spinnwebige, *Jurinea mollis* 125
Blasenesche, *Koelreuteria paniculata* 188
Blasenstrauch, *Colutea arborescens* 160, 187
Blaukissen, *Aubrieta deltoides* 140, 195
Blaukraut, *Brass. olerac. capt. rubra* 220
Blaukresse, *Arabis caerulea* 163, 195
Blauschwingel, *Festuca ovina* ssp. *glauca* 200
Blaustern, sibirischer, *Scilla sibirica* 120, 200
— zweiblättriger, *Scilla bifolia* 120, 122

Bleiwurz, chin.,
 *Ceratostigma
 plumbaginoides* 210
Bleiwurz, kapländische,
 Plumbago capensis 199
Bleiwurz-Familie,
 Plumbaginaceen (Car) 210
Bleiwurz-Ordnung,
 Plumbaginale 210
Blumenbachie,
 Blumenb. hieronymi 164
Blumenrohr, *Canna indica* 200
Blumenrohr-Familie,
 Cannaceen (Lil) 212
Blutklee,
 Trifolium incarnatum 172
Blutstorchschnabel,
 Geranium sanguineum 167, 188
Blutweiderich,
 Lythrum salicaria 130, 188
Blutweiderich-Familie,
 Lythraceen (Ros) 207
Bocksdorn,
 Lycium hamilifolium 148
Bockshornklee,
 Trigonella caerulea 158
Bohne, Feuer-,
 Phaseolus vulgaris 145
Bohnen-Familie,
 Fabaceen (Ros) 207
Bohnen-Ordnung, *Fabale* 207
Boretsch,
 Borago officinalis 192
Boretsch-Familie,
 Boraginaceen 209
Brachsenkraut,
 Isoëtes lacustris 176
Brachsenkraut-Familie,
 Isoëtaceen 203
Brachsenkraut-Ordnung,
 Isoëtale 203
Braunwurz, Hunds-,
 Scrophularia canina 157
Breitsame,
 Orlaya grandiflora 190
Breitwegerich,
 Plantago maior 170
Brennende Liebe,
 Lychnis chalcedonica 198
Brennwinde,
 Cajophora lateritia 143, 195
Brennwinden-Familie,
 Loasaceen (Dil) 195
Brennessel,
 Urtica dioica 158, 184
Brennessel-Familie,
 Urticaceen (Ham) 206
Brennessel-Ordnung,
 Urticale 206
Brombeere, *Rubus* 149, 185
Buche, *Fagus silvatica* 184
Buchen-Familie,
 Fagaceen (Ham) 206
Buchen-Ordnung, *Fagale* 206
Buchweizen,
 Fagopyrum esculentum 198

Büschelglocke, *Edraianthus
 graminifolius* 138
Buddleia-Familie,
 Loganiaceen (Ast) 208
Bunge, *Samolus valerandi* 157
Buschnelke,
 Dianthus barbatus 198, 212
Buschwindröschen, blaues,
 Anemone blanda 216
 — gewöhnliches,
 Anemone nemorosa 121

Christophskraut,
 Actaea spicata 121, 182
Christrose,
 Helleborus niger 181, 215

Darwin-Tulpen 120
Diptam, *Dictamnus albus* 124, 217
„doldenblütige Pflanzen",
 siehe Sellerie-Familie 189
Douglastanne,
 Pseudotsuga canadensis 179
Drachenkopf, *Dracocephalum
 ruyschianum* 141
Drachenwurz,
 Calla palustris 129, 152
Dreimasterblume,
 Tradescantia virginica 127, 200
Dreimasterblumen-Familie,
 Commelinaceen (Lil) 212
Dreimasterblumen-Ordn.,
 Commelinale 212
Dreizipfellilie,
 Trillium grandiflorum 199, 211

Eberesche, *Sorbus aucuparia* 185
Edeldistel,
 Eryngium alpinum 190
Edelkastanie,
 Castanea vesca 153, 183
Edelweiß,
 Leontopodium alpinum 135
Efeu, *Hedera helix* 146, 189
Efeu-Familie,
 Araliaceen (Ros) 208
Efeu-Ordnung, *Araliale* 208
Ehrenpreis, Gamander-,
 Veronica chamaedrys 158
 — fadenförmiger,
 Veronica filiformis 158
 — efeublättriger,
 Veronica hederifolia 173
 — ähriger,
 Veronica spicata 158
 — großer,
 Veronica teucrium 158
Eibe, *Taxus baccata* 172, 180
Eibenpflanzen im allgemeinen,
 Taxiden 175, 204
Eibisch, *Hibiscus officinalis
 = Althea o.* 196
Eibisch, syrischer,
 Hibiscus syriacus 197
Eiche, *Quercus robur* 184
 — kanadische,
 Quercus canadensis 184

Einbeere,
 Paris quadrifolia 123, 199
einkeimblättrige Pflanzen,
 Liliaten 210
Eisenhut, blauer,
 Aconitum napell. 151, 182
Eisenkraut,
 — Lanzen, *Verbena hastata* 193
Eisenkraut-Familie,
 Verbenaceen (Ast) 209
Elfenblume, Alpen-,
 Epimedium alpinum 189
 — zartblättrige,
 Epimedium pinnatum 118
 — bunte,
 Epimedium versicolor 183
Elfenspiegel, *Nemesia
 strumosa versicolor* 169, 213
Emilie, *Emilia sagittata* 212
Enzian, stengelloser,
 Gentiana acaulis 141, 190
Enzian-Familie,
 Gentianaceen (Ast) 208
Enzian-Ordnung, *Genitianale* 208
Erdbeere, *Fragraria vesca* 185
Erdbeerklee,
 Trifolium fragiferum 160
Erdrauch-Familie,
 Fumariaceen (Mag) 206
Erdnuß, *Arachis hypogaea* 173
Erle, *Alnus* 184
Eselsdistel, *Onopordum
 bracteatum* 111, 194
Esparsette, Berg-,
 Onobroych. viciif. mont. 155
 — Futter,
 Onobrychis viciifol. 155
Espe, Zitterpappel,
 Populus tremula 196
Essigrose, *Rosa gallica* 148

Färberwaldmeister,
 Asperula tinctoria 124
Farnpflanzen im engeren Sinn,
 Filicinen 175, 203
Farnpflanzen i. w. S.
 Pteridophyten 175f, 201
Farn, Pfauenrad-,
 Adiantum pedatum 177
 — Rippen-,
 Blechnum spicant 177
 — Schrift-,
 Ceterach officinarum 177
 — Strauß-, *Matteuccia
 struthiopteris* 179
 — Streifen-, grüner,
 Aspl. viride 177
 — schwarzer,
 Aspl. trichom. 177
Farne, derbgehäusige,
 Eusporangiiden 203
 — zartgehäusige,
 Leptosporangiiden 203
Farnpalmen, *Cycadaten* 175, 204f
Federborstengras,
 Penniset. rupp. 213
Federgras, gew.,
 Stipa pennata 126, 172

345

— Reiher-,
Stipa capillata 126, 172
Federmohn,
Macleaya cordifolia 183
Feige, *Ficus carica* 158
Feldrittersporn,
Consolida regalis 206, 212
Feld-Ulme,
Ulmus campestris 158, 173, 184
Felsenbirne,
Amelanchier canadensis 185
Felsenblümchen, immergrünes,
Draba aizoides 137
Felsenkresse, großbl.
Aethionema grdfl. 140, 195
— schöne,
Aeth. pulchellum 140
Felsensteinkraut,
Felsenteller,
Alyssum saxatile 140
Ramonda myconi 193
Fenchel, *Foeniculum vulgare* 190
Fetthennen-Familie,
Crassulaceen (Ros) 207
Fettkraut, Alpen-,
Pinguicula alpina 131
— gewöhnliches,
Pinguicula vulgaris 131
Fettkraut-Fam.,
Lentibuariaceen (Ast) 209
Feuerbohne,
Phaseolus vulgaris 145
Feuerdorn,
Pyracantha coccinea 185
Feuerlilie,
Lilium bulbiferum 199
Fichte, gew., *Picea abies*
(= *excelsa*) 179
— serbische, *Picea omorica* 179
Fieberklee, *Menyanthes trifoliata* 131, 169, 190
Fieberklee-Familie,
Menyanthaceen (Ast) 208
Filzsegge,
Carex tomentosa 129, 200
Fingerhut, großblütiger,
Digitalis grandifl. 192
— roter *Digitalis purpurea* 154, 192, 217
Fingerkraut, blutrotes,
Pot. atrosang. 185
— dunkelgelbes, *Potentilla chrysocraspeda* 147
— Frühlings-,
Potentilla verna 126, 185
— schönes,
Potentilla pulcherrima 185
— weißes,
Potentilla alba 126, 185
Flachs, *Linum usitatissimum* 168
Flaschenbürstengras,
Hystrix patula 156
Flatterulme,
Ulmus efusus 158, 173, 184
Flieder, *Syringa vulgaris* 172, 191
Flockenblume, Berg-,
Centaurea montana 153

— großblütige,
Centaurea macrocephala 153
— Skabiosen-,
Centaurea scabiosa 153
— schöne, *Centaurea pulcherrima* 153, 194
— Wiesen-,
Centaurea jacea 153
Forsytie, *Forsytia* 117, 167, 191
Frauenhaar,
Adiantum pedatum 177
Frauenschuh,
Cypripedium calceolus 151
Froschbiß-Familie,
Hydrocharitaceen (Al) 211
Froschbiß-Ordnung,
Hydrocharitale 211
Froschlöffel,
Alisma plantago 132, 163, 199
Froschlöffel-Familie,
Alismataceen (Al) 211
Froschlöffel-Ordnung,
Alismatale 211
Frühlingsfingerkraut,
Potentilla verna 185
Frühlingsknotenblume,
Leucoium verum 119, 216
Frühlingsmiere,
Minuartia verna 151, 198
Frühlingsplatterbse,
Lathyrus vernus 122, 216
Fuchsie, *Fuchsia* 187
Fuchsschwanz,
Amaranthus caudatus 198
Fuchsschwanz-Familie,
Amarantaceea (Car) 210
Fuchsschwanz-Stragel,
Astragalus alobecurioides 111
— zarter,
Penstemon gracilis 138
Futterwicke, *Vicia sativa* 173

Gänsekresse, blaue,
Arab, caerul. 158, 163, 195
Gamander-Ehrenpr.,
Veronica chamaedr. 158
Gauchheil,
Anagallis arvensis 197
Gauklerblume, gelbe,
Mimulus luteus 127
— getigerte,
Mimulus tigrinus 127
Gazanie, *Gazania splendens* 212
„Gefäßkryptogamen",
Pteridophyten 175, 202
Geißbart,
Aruncus sylvester 163, 184
Geißblatt, *Lonicera caprifolium* 143, 155, 191
— Wald-, *Lonicera periclymenum* 155, 191
Geißblatt-Familie,
Caprifoliaceen (Ast) 208
Gelbe Rübe,
Daucus carota 190, 220
Gelbstern, gew.,
Gagea lutea 122

Gemsschwingel,
Festuca rupicaprina 138
Gewürzstrauch, Blüten-,
Calycanth. florid. 181
— Frucht-,
Calycanthus fertilis 180
Gewürzstrauch-Familie,
Calycanthaceen (Mag) 206
Giftbeere,
Nikotiana physaloides 192
Gifthahnenfuß,
Ranunculus sceleratus 181
Gilbweiderich, gew.
— rundblättriger,
Lysimachia vulg. 128, 198
Lysimachia nummularia 128
— Strauß-,
Lysimachia thyrsiflora 130
Ginkgobaum,
Gingko biloba 108, 178, 204
Ginkgo-Pflanzen,
Ginkgoaten 175, 204
Ginster, Pfeil-,
Genista sagittalis 125
Gipskraut,
Gypsophila repens 167, 198
Glanzgras, *Phaloris arundinacea* 156
Glatthafer,
Arrhenaterum elatius 156
Glockenblume, große,
Campanula medium 212
— Hängepolster-,
Camp. poscharskyana 137
— Karpaten-, *Campanula carpatica* 137, 152, 164
— langblättrige,
Campanula longifolia 152
— löffelkrautblättr.,
Camp. cochlearifolia 140, 164
— pfirsichblättrige,
Camp. persicifolia 152
— Strauß-,
Campanula thyrsoides 137
Glockenblumen-Familie,
Campanulaceen (Ast) 209
Glockenblumen-Ordnung,
Campanulale 209
Glockenrebe, *Cobaea scandens* 145, 191, 212, 217
Glöckel, Alpen-,
Cortusa Matthioli 141, 198
Gloxinie Stauden-,
Incarvillea grandiflora 193
Gloxinien-Familie,
Gesneriaceen (Ast) 209
Glyzine, *Wistaria sinensis* 145
Götterbaum,
Ailanthus altissima 162, 188
Götterbaum-Familie,
Simaroubaceen (Ros) 207
Goldaster, *Aster linosyris* 124
Goldbandgras,
Phalaris arundinacea 156
Goldbart,
Andropogon gryllus 156

Goldmohn, *Eschscholtzia
californica* 166, 183, 212
Goldpippau,
Crepis aurea 137, 194
Goldprimel,
Douglasia vitaliana 138
Goldregen,
Laburnum anagyrioides 155
Gräser-Familie,
Poaceen (Lil) 217
Gräser-Ordnung, *Poale* 212
Graslilie, ästige,
Anthericum ramosum 124, 200
Grasnelke,
Armeria vulgaris 163, 199
Grauerle, *Alnus incana* 184
Gretel im Busch,
Nigella damascena 182
Grünalgen,
Chlorophyceen 174, 201
Gurken-Familie,
Cucurbitaceen (Dil) 210
Gurken-Ordnung,
Cucurbitale 210

Habichtskraut, behaart,
Hieracium vill. 194
— grasnelkenbl.
H. staticifolium 167
— goldenes,
Hierac. aurantiacum 194
Hängepolst.-Glockenbl.
Camp. Poscharskyana 137
Hahnenfuß, Acker-,
Ranunculus arvensis 170
— eisenhutbl.
Ranunc. aconitifol. 128
— flammenblättr.
Ranunc. flammula 131
— Gebirgs-,
Ranunc. aconitifol. 128
— Gift-,
Ranunculus sceleratus 181
— großer,
Ranunculus lingua 134, 181
Hahnenfuß-Familie,
Ranunculaceen (Mag) 206
Hahnenfuß-Ordnung,
Ranunculale 206
Hainblume, blaue, *Nemophila
menziesii insignis* 213
— gefleckte,
Nemophila maculata 192
Hainblumen-Familie,
Hydrophyllaceen (Ast) 208
Hainbuche,
Carpinus betulus 112, 184
Hainsalat, *Aposeris foetida* 121
Hainsimse,
Luzula sylvatica 124, 168, 200
Hanf-Familie,
Cannabinaceen (Ham) 207
Hartheu s. Johanniskraut
Hartriegel, weißer,
Cornus alba 189
Hartriegel-Familie,
Cornaceen (Ros) 208

Hartriegel-Ordnung, *Cornale* 208
Haselnußstrauch, *Corylus
avellana* 117, 154, 165, 184
Haselnußstrauch-Familie,
Corylaceen (Ham) 206
Haselwurz,
Asarum europaeum 121, 152, 181
Hasenlattich,
Prenanthes purpurea 123, 194
Hasenohr, rundblättriges,
Bupleurum rotundifol. 190
Hasenschwanzgras,
Lagurus ovatus 213
Hauhechel, gelbe,
Ononis natrix 125
— rundblättrige,
Ononis rotundifolia 125
Hauswurz, spinnw.
Sempervivum arachn. 139, 184
Heckenrosen, *Rosae* 148, 156
Heidekraut,
Calluna vulgaria 197
Heidekraut-Familie,
Ericaceen (Dil) 210
Heidekraut-Ordnung,
Ericale 210
Heideröschen,
Daphne cneorum 197
Hemlocktanne,
Tsuga canadensis 179
Herbstzeitlose,
Colchicum autumnale 165, 199
Herbst-Krokus
Crocus speciosus 118
Herkulesstaude, *Heracleum
mantigazzianum* 111, 190, 218
Herzblatt,
Parnassia palustris 131
Herzerlstock,
Dicentra spectabils 118, 183
Hexenkraut, *Circaea
lutetiana* 121, 153, 164, 187
Himbeere, *Rubus idaeus* 149, 185
Himmelsleiter,
Polemonium caeruleum 191
— syrische,
Polemonium syriacum 191
Himmelsleiter-Familie,
Polemoniaceen (Ast) 208
Himmelsleiter-Ordnung,
Polemoniale 208
Hirschwurz,
Seseli libanotis 190
Hirschzunge,
Phyllitis scolopendrium 178
Hirsensegge, *Carex panicea* 129
Hirtennadel,
Erodium gruinum 166
Hollunder,
Sambucus nigra 171
Hopfen, *Humulus lupulus* 143
Hornblatt, *Ceratophyllum
demersum* 153, 181
Hornblatt-Familie
Ceratophyllaceen (Mag) 206
Hornklee, gewöhnlicher,
Lotus carniculatus 187

— vogelfußartiger *Lotus
ornithopodioides* 187
Hornmohn,
Glaucium flavum 154
Hortensie, Kletter-, *Hydrangea
anomala petiolaris* 147
Hortensien-Familie,
Hydrangeaceen (Ros) 207
Hundsbraunwurz,
Scrophularia canina 157, 192
Hundsrose, *Rosa canina* 148, 185
Hundsschlange,
Periploca graeca 144
Hundszahn, gew.
Erythronium dens canis 119
— großer,
Erythronium revolutum 119
— Pagoden-, *Erythronium
tuolumnense* 119
Hundszunge, liebliche,
Cynoglossum amabile 192
Hungerblümchen,
Draba aizoides 137

Igelgurke,
Echinocystis lobata 196
Igelkolben,
Sparganium ramosum 134, 201
Igelkolben-Familie,
Sparganiaceen (Ar) 134
Immergrün, großes,
Vinca maior 190
— kleines, *Vinca minor* 190
Immergrün-Familie,
Apocynaceen (Ast) 208
Ingwer-Familie,
Zingiberaceen (Lil) 212
Ingwer-Ordnung,
Zingiberale 212
Islandmohn,
Papaver nudicaule 138, 155, 170

Jakobsträne,
Coix lacrima jobi 212
Je-länger-je-lieber,
Lonicera caprifolium 143
Johannisbrotbaum,
Ceratonia siliqua 186
Johannisbrotbaum-Familie,
Caesalpiniaceen (Ros) 111, 207
Johanniskraut, Schatten-,
Hyp. calycin. 195
vielblättriges, *Hypericum
polyphyllum* 130, 154, 195
Johanniskraut-Familie,
Hypericaceen (Dil) 209
Judasbaum,
Cercis siliquastrum 186
Judassilberling,
Lunaria annua 195, 217
Judenkirsche,
Physalis franchettii 160
Junkerlilie,
Asphodeline lutea 199, 211
Jupiter-Lichtnelke,
Lychnis flos jovis 198

Kaiserkrone, *Fritillaria imperialis* 119, 199, 217
Kalandrinie, großbl., *Calandrinia grdfl.* 198
Kalmus, *Acorus calamus* 132
Kamm-Schillergras, *Koeleria cristata* 125
Kapbleiwurz, *Plumbago capensis* 199
Kappern-Familie, *Capparidaceen (Dil)* 209
Kappern-Ordnung, *Capparale* 209
Kapringelblume, *Dimorphoteca aurantiaca* 212
Kapuzinerkresse, *Tropaeolum maius* 149, 189, 213
— zarte, *Tropaeolum peregrinum* 149
Kapuzinerkressen-Familie, *Tropaeolaceen (Ros)* 208
Karde, gewöhnl., *Dipsacus sylvester* 166, 191
— Weber-, *Dipsacus sativus* 165, 191
Karden-Familie, *Dipsacaceen (Ast)* 208
Karden-Ordnung, *Dipsacale* 208
Kardendistel, *Morina longifolia* 141
Karpatenglockenblume, *Campanula carpatica* 137, 152, 164
Karst-Saturei, *Stureja montana* 138
Kartoffel, *Solanum tuberosum* 192
Kartoffelrose, *Rosa rugosa* 148
Kastanie, *Castanea vesca* 153, 183
Kerrie, *Kerria japonica* 185
Kiefer, *Pinus* 156, 170
Kiefer, Berg-, *Pinus montana* 179
— Wald-, *Pinus sylvestris* 179
— Zirbel-, *Pinus cembra* 179
Kiefern-Familie, *Pinaceen* 204
Kiefern-Ordnung, *Pinale* 204
Kirsch-Lorbeer, *Prunus cerasus*
Kitaibelie, *Kitaibelia vitifolia* 196
Klebkraut, *Galium aparine* 148, 167
Klee, Blutklee, *Trifolium incarnatum* 172
— gelblicher, *Trifolium ochroleucum* 172
— Erdbeerklee, *Trifolium fragiferum* 160, 172
— Lupinenklee, *Trifolium lupinaster* 172
— unterirdischer, *Trifolium subterraneum* 172

— Wiesenklee, *Trifolium pratense* 172
Kleefarn, *Marsilea quadrifolia* 178
Kleefarn-Familie, *Marsileaceen (Hydr)* 203
Kleeseide, *Cuscuta europaea* 144, 165, 101
Klematis, großblütige, *Clematis macropetala* 117, 147
— mongolische, *Clematis tangutica* 148
Klette, *Arctium lappa* 163
Klettengras, *Cenchrus tribuloides* 164
Kletterhortensie, *Hydrangea anomala petiolaris* 147
Klettertrompete, *Campsis radicans* 146
Knöterich, schling-, *Polygonum convol.* 143, 199
— strauchiger Schling-, *Polygonum Aubertii* 145
— Wasser-, *Polygonum amphibium* 133, 170, 198
Knöterich- Familie, *Polygonaceen (Car)* 210
Knöterich-Ordnung, *Polygonale* 210
Knotenblumen-Familie, *Amaryllidaceen (Lil)* 212
Köcherblümchen, rotes, *Cuphea ignea* 188
— schmalblättriges, *Cuphea angustifolia* 188
Koelreuterie, *Koelreuteria paniculata* 188
Königsfarn, *Osmunda regalis* 177
Königsfarn-Familie, *Osmundaceen (Lept)* 203
Königskerze, *Verbascum* 192
Königslilie, *Lilium regale* 199
Kohl-Familie, *Brassicaceen (Dil)* 209
Kohlgemüse 196
Kolkwitzie, *Kolkwitzia amabilis* 117
Kopfsalat, *Lactuca sativa ssp. capitata* 220
„Korbblüher" s. Astern- u. Wegwarten-Familie 209
Kornblume, *Centaurea cyanus* 153
Kornelkirsche, *Cornus mas* 117, 165, 189, 215
Krebsschere, *Stratiotes aloides* 134, 172, 199
„Kreuzblüher" siehe Kohl-Familie 209
Kreuzdorn-Familie, *Rhamnaceen (Ros)* 208
Kreuzdorn-Ordnung, *Rhamnale* 208
Krötenbinse, *Juncus bufonius* 129, 200

Krocus, *Crocus* 118, 200
Kronwicke, *Coronilla varia* 154
Küchenschelle, *Pulsatilla vulgaris* 126, 170
Kürbis, *Cucurbita pepo* 196
Kugelblume, herzblättrige, *Globularia cordata* 138
Kugelblumen-Familie, *Globulariaceen (Ast)* 209
Kugelschneckenklee, *Medicago globosa* 169

„Labiaten" siehe Taubnessel-Familie 209
Labkraut-Familie, *Rubiaceen (Ast)* 208
Lärche, *Larix europaea* 179
Lagerstroemie, *Lagerstroemia indica* 188
Laichkraut, *Potamogeton* 156, 198
Laichkraut-Familie, *Potamogetonaceen (Al)* 211
Lampionpflanze, *Physalis franchettii* 160
Lanzen-Eisenkraut, *Verbena hastata* 193
Latsche, *Pinus montana* 179
Laubmoose, *Musci* 174, 202
Lauch, blauer, *Allium caeruleum* 200
— gekielter, *Allium carinatum* 200
— gelber, *Allium moly* 200
— großblütiger, *Allium macranthum* 200
— Schlegel-, *Allium stipitatum* 200
— steifer, *Allium strictum* 124
Lebensbaum, abendländ. *Thuja occidentalis* 180
Leberblümchen, *Hepatica nobilis* 122, 154, 215
Lebermoose, *Hepaticae* 174, 202
Leimkraut, aufgeblasenes, *Silene inflata* 198
— nickendes, *Silene nutans* 158, 198
Leimsaat, *Collomia grandiflora* 165, 191
Lein, Faserlein, *Linum usitatissimum* 168
— gelber, *Linum flavum* 125, 188
— narbonensa, *Linum narbonense* 188
— weißer, *Linum suffruticosum* (= *salsaloides*) 188
Lein-Familie, *Linaceen (Ros)* 207
Leinblatt-Ordnung, *Santalale* 208
Leindotter, *Camelina sativa* 164, 195
Leinkraut, Alpen-, *Linaria alpina* 168

Lerchensporn, ausgehöhlter,
 Corydalis cava 118, 165, 183
— massiver,
 Corydalis solida 118
— rankender,
 Corydalis claviculata 145
Lichtnelke, Jupiter-,
 Lychnis flos jovis 198
— Kron-,
 Lychnis coronaria 169, 198
Liebstöckel,
 Levisticum officinale 190
Ligularie, *Ligularia* 127, 194
Liguster,
 Ligustrum vulgare 191
Lilie, Feuer-,
 Lilium bulbiferum 199
— Königs-, *Lilium regale* 199
— Madonnen-,
 Lilium candidum 199
— Türkenbund-,
 Lilium martagon 123, 155, 199
Lilien-Familie,
 Liliaceen (Lil) 211
Lilien-Ordnung, *Liliale* 211
Lilienschweif,
 Eremurus himalayicus 124, 217
Linde, Sommer-,
 Tilia platyphyllos 158, 172
Linden-Familie,
 Tiliaceen (Dil) 210
„Lippenblüher"
 siehe Taubnessel-Familie 209
Lobelie, blaue,
 Lobelia erinus 168
Löwenmäulchen, *Antirrhinus maior* 152, 163, 192, 212
Lorbeer-Familie,
 Lauraceen (Mag) 206
Lotwurz, *Onosma arenaria* 126
Lungenkraut,
 Pulmonaria officinalis 123, 192
Lupinenklee,
 Trifolium lupinaster 172

Madonnenlilie,
 Lilium candidum 199
Mädchenauge,
 Coreopsis tinctoria 212
Mädesüß, kleines,
 Filipendula vulgaris 185
Märzveilchen,
 Viola odorata 173, 195
Maggikräutl,
 Levisticum officinale 190
Magnolie, Yünnan-,
 Magnolia denudata 180
— Stern-,
 Magnolia stellata 180
— Garten-,
 Magnolia soulangeana 180
Magnolien-Familie,
 Magnoliaceen (Mag) 206
Magnolien-Ordnung,
 Magnoliale 206
Maiapfel,
 Podophyllum emodi 206

Maiapfel-Familie,
 Podophyllaceen 206
Maiglöckchen,
 Convallaria maialis 122, 199
Mais, *Zea mais* 159
Malope, *Malope trifida* 196, 213
Malven-Familie,
 Malvaceen (Dil) 210
Malven-Ordnung, *Malvale* 210
Mannsschild, weißer,
 Androsace lactea 136, 198
Mannstreu,
 Eryngium alpinum 190
Mastkraut, niederliegendes,
 Sagina procumbens 171, 198
Mauerpfeffer, *Sedum acre* 171
Maulbeer-Familie,
 Moraceen (Ham) 207
Meeres-Narzisse,
 Pancratium maritimum 157
Meernelke, *Armeria vulgaris var. maritima* 163, 199
Meerträubel, Gebirgs-,
 Ephedra saxatilis 180
— kleines,
 Ephedra minima 180
Meerträubel-Familie,
 Ephedraceen 205
Meerwermut,
 Artemisia maritima 157
Meerzwiebel, sibirische,
 Scilla sibirica 120, 200
— zweiblättrige,
 Scilla bifolia 120
Melde,
 Chenopodium album 198
Melden-Familie,
 Chenopodiaceen (Car) 210
Merk, aufrechter,
 Sium erectum 134, 171, 190
— schmalblättriger,
 Sium latifolium 134, 171, 190
Miere, Frühlings-,
 Minuartia verna 151, 198
— lärchenblättrige,
 Minuartia laricifolia 136, 198
Mieren-Gattungen, *Alsineen* 136
Milchkraut, *Glaux maritima* 157
Milchstern, dold.,
 Ornithogalum umbell. 120
— nickender,
 Ornithogalum nutans 200
Milzfarn, nördl.
 Aspl. septentr. 177
Mimose, *Mimosa pudica* 186
Mimosen-Familie,
 Mimosaceen 207
Mina-Prunkwinde,
 Mina lobata 144
Mistel, *Viscum album* 173, 189
Mistel-Familie,
 Loranthaceen (Ros) 208
Mittagsblumen-Familie,
 Aizoaceen (Car) 210
Möhre, *Daucus carota* 190, 220
Mohne, *Papaver* 183, 217, 222

Mohn-Familie,
 Papaveraceen (Mag) 206
Mohn-Ordnung, *Papaverale* 206
Mohngesicht, blaues,
 Meconopsis betonicf. 169
— gelbes, *Meconopsis cambrica* 169, 183
Mohnmalve,
 Callirhoe involucrata 197
Moltebeere,
 Rubus chamaemorus 185
Mondraute,
 Botrychium lunaria 177
Mondviole,
 Hesperis matronalis 196
Moose im allgemeinen,
 Bryophyten 174, 201
Moose, siehe Laub- und Lebermoose 174
Moosfarn,
 Selaginella helvetica 176
Moosfarn-Familie,
 Selaginellaceen 202
Moosfarn-Ordnung,
 Selaginellale 202
Muskatellersalbei,
 Salvia sdarea 157, 217
Myrten-Ordnung, *Myrtale* 207

Nachtkerze, amerikanische,
 Oenothera missouriensis 187
— blaugrüne,
 Oenothera glauca 187
— duftende,
 Oenothera odorata 187, 217
— vierkantige, *Oenothera tetraptera* 159, 187
— weiße,
 Oenothera speciosa 187
Nachtkerzen-Familie,
 Onagraceen (Ros) 207
Nachtschatten, bittersüßer,
 Solanum dulcamara 171
Nachtschatten-Familie,
 Solanaceen (Ast) 209
Nachtviole,
 Hesperis matronalis 223
nacktsamige Pfl., *Coniferophytinen + Cycadophytinen* 208
Nadelhölzer, *Pinaten* 175, 178, 204
Nadelsumpfried,
 Eleocharis acicularis 130
Narzisse, gelbe, *Narcissus pseudonarz.* 120, 200
— weiße,
 Narcissus poeticus 120, 200
Natternzunge,
 Ophioglossum vulgatum 177
Natternzungen-Familie,
 Ophioglossaceen (Eu) 203
Nelke, Bart-,
 Dianthus barbatus 198
— Busch-,
 Dianthus barbatus 198
— Pfingst-,
 Dianthus caesius 137, 154

349

— Pracht-,
  Dianthus superbus 128, 154
Nelken-Familie,
  Caryophyllaceen *(Car)* 210
Nelken-Ordnung,
  Caryophyllale 210
Nepal-Birke,
  Betula utilis 152, 184
Netz-Schwertlilie,
  Iris reticulata 119
Nießwurz, grüne,
  Helleborus viridis 181
— stinkende,
  Helleborus foetidus 181
Nixenkraut-Familie,
  Najadaceen *(Al)* 211
Nixenkraut-Ordnung,
  Najadale 211
Nußbaum, *Juglans regia* 184
Nußbaum-Familie,
  Juglandaceen *(Ham)* 207
Nußbaum-Ordnung,
  Juglandale 207
Nußeibe, *Torreya grandis* 180

Ochsenzunge,
  Anchusa italica 192
Odermennig,
  Agrimonia eupatorium 162
Ölbaum-Familie,
  Oleaceen *(Ast)* 208
Ölbaum-Ordnung, Oleale 208
Ölweiden-Familie,
  Elaeagnaceen *(Ros)* 188
Oleander,
  Nerium oleander 190
Orchideen 155, 169
Orchideen-Familie,
  Orchidaceen *(Lil)* 212
Orchideen-Ordnung,
  Orchidale 212
Osterluzei,
  Aristolochia clematitis 152

Pagoden-Hundszahn,
  Erytron. touolumn. 119
Palmen-Ordnung, Areale 211
Palmlilie, blaugrüne,
  Yucca glauca 159, 200
— fädige,
  Yucca filamentosa 158, 200
Pappel, *Populus* 170
Pechnelke, *Lychnis viscaria*
  = *L. vulgaris*
Perlgras, gewöhnliches,
  Melica nutans 124
— Wimper-, *Melica ciliata* 200
Petersilie,
  Petroselinum sativum 220
Petunie, *Petunia* 192
Pfaffenhutstrauch,
  Evonymus europaea 166, 189
Pfaffenhutstrauch-Familie,
  Celastraceen *(Ros)* 208
Pfaffenhutstrauch-Ordnung,
  Celastrale 208
Pfauenradfarn,
  Adiantum pedatum 177

Pfeifenwinde, *Aristolochia macrophylla* 143, 152, 181
Pfeifenwinden-Familie,
  Aristolochiaceen *(Mag)* 206
Pfeifenwinden-Ordnung,
  Aristolochiale 206
Pfeilginster,
  Genista saggittalis 125
Pfeilkraut,
  Sagittaria sagittifolia 134, 199
Pfennigkraut, *Lysimachia nummularia* 128
Pfingstnelke,
  Dianthus caesius 137, 154
Pfingstrose,
  Paeonia officinalis 194, 215
— strauchige,
  Paeonia suffruticosa 195
Pfingstrosen-Familie,
  Paeoniaceen *(Dil)* 209
Pfingstrosen-Ordnung,
  Dileniale 209
Phlox-Familie,
  Poleminiaceen *(Ast)* 208
Phlox-Ordnung,
  Polemoniale 208
Phlox, Zwerg-,
  Phlox subulata 138
Pillenfarn,
  Staphylea pinnata 117, 160, 188
Pimpernuß,
  Pilularia, globulifera 178
Pimpernuß-Familie,
  Staphyleaceen *(Ros)* 207
Pippau, rosafarbener,
  Cepris rubra 165, 194, 212
Pippau, Gold-,
  Crepis aurea 137, 194
Platanen-Familie,
  Platanaceen 206
Platterbse, breitblättrige,
  Satyrus latifolius 168
— Frühlings-,
  Lathygrus vernus 122
Portulak-Familie,
  Portulacaceen *(Car)* 210
Portulak-Röschen,
  Portulaca grdfl 198, 213
Prachtnelke,
  Dianthus superbus 128, 154
Prachtscharte,
  Liatris spicata 125, 194
Prachtwinde,
  Ipomoea purpurea 217
— große,
  Ipomoa tricolor 217
Primeln 120

Rachenblüher-Familie,
  Scroplulariaceen *(Ast)* 209
Rachenblüher-Ordnung,
  Scrophulariale 209
Ragwurz, *Ophrys* 158
Rapunzel, *Phyteuma* 155
Raschelblume,
  Catananche caerulea 124

Rasenschmiele,
  Deschampsia flexuosa 200
Reiherschnabel, *Erodium* 166, 189
Reiherfedergras,
  Stipa capillata 126
Rettich,
  Raphanus sativus 196, 220
Rhododendren 117, 197
Rippenfarn,
  Blechnum spicant 177
Rispenfarn, Königsfarn,
  Osmunda regalis 177
Rispengras, Alpen-,
  Poa alpina 156
— Wald-, *Poa nemoralis* 124
Rittersporn, *Delphinium* 182
Rittersporn, Feld-,
  Consolida regalis 206, 212
Rizinus,
  Ricinus communis 156
Robinie,
  Robinia pseudoakacia 187
Rohrkolben,
  Typha latifolia 134, 201
Rohrkolben-Familie,
  Typhaceen *(Ar)* 211
Rohrkolben-Ordnung,
  Typhale 211
Rose, Essig-, *Rosa gallica* 148, 185
— Hunds-, *Rosa canina* 148, 185
— Kartoffel-,
  Rosa rugosa 148, 185
— weichhaarige,
  Rosa villosa 148, 185
Rosen, Sorten 149
Rosen-Familie,
  Rosaceen *(Ros)* 207
Rosen-Ordnung, Rosale 207
Roßkastanie,
  Aesculus hippocastanum 188
Roßkastanien-Familie,
  Hippocastanaceen *(Ros)* 207
Rotbuche, *Fagus silvatica* 184
Rübe, gelbe,
  Daucus carota 190, 220
Rüsterstaude, *Filipendula* 185
Rutenröschen,
  Clarkia elegans 212, 222

Salbei, Knollen-,
  Salvia patens 157, 193, 213
— Muskateller-,
  Salvia sclarea 157, 217
— roter, *Salvia cocinea* 157, 193, 213, 217
— Wiesen-,
  Salvia pratensis 157
Salde, *Ruppia maritima* 156
Salden-Familie,
  Zosteraceen *(Al)* 211
Salme, *Obione* = *Halimione pedunculata* 157
Salomonsiegel, *Polygonatum multiflorum* 123, 199, 217
Salzmelde,
  Halimione pedunculata 157

Salzschwaden,
Glyceria maritima 157
Samenfarne,
Lyginopteridaten 204
Samenpflanzen,
Spermatophyten 175, 203
Sand-Bisamdistel,
Jurinea cyanoides 125
Sanddorn, *Hippophaë
rhamnoides* 117, 125, 167, 188
Sand-Radmelde,
Kochia arenaria 125
Sanikel,
Sanicula europaea 123, 190
Sauergräser-Familie,
Cyperaceen (Lil) 212
Sauergräser-Ordnung 212
Sauerklee,
Oxalis acetosella 170, 188
Sauerklee-Familie,
Oxalidaceen (Ros) 207
Schabzigerklee,
Trigonella caerulea 158
Schachblume,
Fritillaria meleagris 119, 128, 199
Schachtelhalm, großer,
Equisetum maximum 176
— Sumpf-,
Equisetum palustre 129, 176
Schachtelhalm-Familie,
Equisetaceen 203
Schachtelhalm-Ordnung,
Equisetale 203
Schachtelhalm-Pflanzen,
Equisetaten 175, 202
Schafgarbe,
Achillea clavennae 140
Schaftdolde,
Hacquetia epipactis 190
Schattenblume,
Maianthemum bifolium 199
Schattensteinbrech,
Saxifraga umbrosa 147, 184
Scheibenklee,
Medigaco orbicularis 169
Scheinkerrie,
Rhodotypus scandens 185
Scheinorchidee, gelbe,
Roscoëa cauteloides 200
— kleinblütige,
Roscoëa sixuitlis 200
— purpurne,
Roscoëa purpurea 200
Scheinzypresse,
Chamaecyparis 179
Schellen-„Staude", *Symphyandra hofmannii* 152, 193
Schildampfer,
Rumex scutatus 156
Schildfarn,
Polystichum lobatum 178
Schillergras, blaugrünes,
Koehleria glauca 125
— Kamm-,
Koehleria cristata 125
Schirmtanne,
Sciatopitys verticillata 179

Schlafmohn,
Papaver somniferum 155, 170
Schlangen-Schmiele,
Deschampsia flexuosa 200
Schlegel-Lauch,
Allium stipitatum 200
Schlehe, Schlehdorn,
Prunus spinosus 185
Schlüsselblume, Etagen-,
Prim. pulverulenta 197
— hohe,
Primula elatior 197
— Himalaya-,
Prim. sikkimens. 170, 197
— stengellose,
Prim. acaulis = vulg. 170
Schlüsselblumen-Familie,
Primulaceen (Dil) 210
Schlüsselblumen-Ordnung 210
„Schmetterlingsblüher"
s. Bohnen-Familie 207
Schmiele, *Deschampsia* 200
Schmuckkörbchen,
Cosmos bipinnatus 212
Schneckenklee, Alpen-,
Medicago pironnae 169
— kugeliger,
Medicago globosa 169
— rauher,
Medicago hispida 169
— Scheiben-,
Medicago orbicularis 169
— Zwerg-,
Medicago minima 169
Schneeball, duftender,
Viburnum fragrans 191
— gefalteter,
Viburnum plicatum 191
— wilder, *Viburnum
opulua* 117, 191, 218
Schneebeere,
Symphoricarpus racemosa 158
Schneeglöckchen, kleines,
Galanthus nivalis 119, 200, 215
— großes, *Galanthus
elwesii* 119, 200, 215
Schneeheide, *Erica carnea* 197
Schneemispel,
Amelanchier laevis 185
Schneerose,
Helleborus niger 181, 215
Schnurbaum,
Sophora japonica 186
Schöllkraut,
Chelidonium maius 183
Schöne Susanne,
Thunbergia alata 145, 193, 213
Schotenbaum,
Gleditschia triacanthos 186
Schriftfarn,
Ceterach officinarum 177
Schuppenkopf, gelber,
Cephalaria tatarica 153
Schuppenwurz,
Lathraea squamaria 122
Schwalbenwurz, *Cynanchum
vincetoximum* 154, 190

Schwalbenwurz-, Seidenpflanzen-Familie,
Asclepiadaceen 208
Schwanenbl., *Butomus
umbell.* 132, 164, 199
Schwanenblumen-Familie,
Butomaceen (Al) 211
Schwarzauge, *Thunbergia
alata* 145, 193, 213
Schwarzdorn,
Prunus spinosus 185
Schwarzkümmel,
Nigella damascena 182
Schwarzwurzel,
Scorzonera rosea 194
Schwertlilie, frühe,
Iris danfordiae 216
— Netz-, *Iris reticulata* 119
— sibirische,
Iris sibirica 128, 155, 168, 200
— Wasser-, *Iris
pseudacorus* 132, 155, 168
Schwertlilien-Familie,
Iridaceen (Lil) 212
Schwimmfarn,
Salvinia natans 178
Schwimmfarn-Familie,
Salviniaceen (Hyd) 203
Schwingel, blauer,
Festuca ovina glauca 200
— Gemsen-, *Festuca
rupicaprina* 138, 200
— Schaf-,
Festuca ovina 200
Seekanne, *Nymphoides
peltata* 133, 169, 190
Seerose,
Nymphaea alba 133, 169, 181
Seerosen-Familie,
Nymphaeaceen (Mag) 206
Seerosen-Ordnung,
Nymphaeale 206
Segge, Filz-,
Carex tomentosa 129, 200
— Hirsen-,
Carex panicea 129, 200
— hängende, große,
Carex pendula 124, 200
— schwarze, Trauer-,
Carex atrata 129, 200
— sylvatica, *Waldsegge* 124, 200
Seidelbast, *Daphne
mezereum* 122, 165, 197, 215
Seidelbast-Familie,
Thymelaeaceen (Dil) 210
Seidelbast-Ordnung,
Thymelaeale 210
Seidenpflanze, rote, *Asclepias
incarnata* 127, 152, 163, 190
— syrische, *Asclepias
syriaca* 128, 152, 190
Seidenpflanzen-Familie,
Asclepiadaceen (Ast) 208
Seifenbaum-Familie,
Sapindaceen (Ros) 207
Seifenbaum-Ordnung,
Sapindale 207

351

Seifenkraut, gewöhnliches,
  Saponaria officinalis 157, 198
— rotes, *Saponaria
  ocymoides* 142, 198
Sellerie-Familie,
  Apiaceen (Ros) 208
Sicheltanne,
  Cryptomeria japonica 179
Silberblatt,
  Lunaria annua 195, 217
Silberkerze,
  Cimicifuga cordifolia 182
Silberpappel,
  Populus alba 196
Silberwurz,
  Dryas octopetale 141, 166
Simse, gelbe,
  Luzula lutea 168, 200
— Hain-, Wald-, *Luzula
  sylvatica* 124, 168, 200
— weiße, Schneesimse,
  Luzula alba 168, 200
Skabiose, grasblättrige,
  Scabiosa graminifolia 142
Skabiosenflockenblume,
  Centaurea scabiosa 153
Sode, *Suaeda maritima* 157
Sojabohne, *Glycine hispida* 187
Soldanelle, Alpen,
  Soldanella alp. 198
— Berg-,
  Soldanella montana 198
Sommerflieder,
  Buddleia variabilis 217
Sommerlinde, *Tilia
  platyphyllos* 158, 172, 196
Sonnenblume,
  Helianthus annuus 194, 212
Sonnenflügel,
  Helipterum roseum 194
Sonnenröschen, gew.,
  *Helianthemum
  nummularium* 154, 195
— graufilziges,
  Helianth. canum 140, 154
Sonnenröschen-Familie,
  Cistaceen (Dil) 209
Sonnentau-Familie,
  Droseraceen (Ros) 207
Sonnentau-Ordnung,
  Sarraceniale 207
Spaltblume,
  Schizanthus pinnatus 192
Speik, weißer,
  Achillea clavennae 140
Spießtanne,
  Cunninghamia lanceolata 179
Spindelstrauch,
  Euonymus europaea 166
Spindelstrauch-Familie,
  Celastraceen (Ros) 208
Spindelstrauch-Ordnung,
  Celastrale 208
Spinnenpflanze,
  Cleome spinosa 195, 212
Spinnweb-Bisamdistel,
  Jurinea mollis 125

Spinnweb-Hauswurz,
  *Sempervivum
  arachnoideum* 129, 184
Spitzkiel, Zotten-, *Astragalus
  (= Oxytropis) pilosus* 124
— Seidenhaar, *Astragalus
  (Oxytropis) sericeus* 124
Spitzklette,
  Xanthium echinatum 173
Spitzwegerich,
  Plantago lanceolata 170
Spornblume,
  Centranthus ruber 153, 164, 191
Springkraut, großes,
  Impatiens glandulifera 168, 189
Springkraut-Familie,
  Balsaminaceen (Ros) 189
Springwolfsmilch,
  Euphorbia lathyris 166, 189
Spritzgurke, *Ekballium
  elaterium* 166, 196
„Stachelgras",
  Cenchrus tribul. 164
Stachelgurke,
  Echinocystis lobata 196
Stauden-Gloxinie,
  Incarvillea grandiflora 209
Stechpalme,
  Ilex aquifolium 189
Stechpalmen-Familie,
  Aquifoliaceen (Ast) 208
Steckenkraut,
  Ferula narthex 190
Steinbeere, *Rubus saxatilis* 185
Steinbrech, Schatten-,
  Saxifraga umbrosa 147
— Silberfahnen-,
  Saxifraga cotyledon 139, 184
— Trauben-,
  Saxifraga aizoon 141
Steinbrech-Familie,
  Saxifragaceen (Ros) 207
Steinbrech-Ordnung,
  Saxifragale 207
Steinkraut, Felsen-,
  Alyssum saxatile 140, 195
Steinraute,
  Achillea clavennae 140
Steinröserl,
  Daphne cneorum 197
Steintäschel, großbl.,
  Aethion. grfl. 140
— schönes,
  Aeth. pulchellum 140
Steppendistel, persische,
  Morina longifolia 191
Steppenmalve,
  Sidalcea malvaeflora 196
Steppenspitzkiel, *Astragalus
  (= Oxytropis) pilosus* 124
Sterndolde, *Astrantia maior* 190
Sternmagnolie,
  Magnolia stellata 180
Sternwinde,
  Quamoclit versicolor 145
Stockrose, *Althaea rosea* 196

Storchschnabel, Blut-,
  Geranum sanguineum 167, 188
— brauner,
  Geranium phaeum 188
— silbriger, *Geranium
  argenteum* 138, 188
— Wiesen-,
  Geranium pratense 188
Storchschnabel-Familie,
  Geraniaceen (Ros) 207
Storchschnabel-Ordnung,
  Geraniale 207.
Stragel, Fuchsschwanz-,
  Astragalus alopecurioides 111
— seidiger,
  Astragalus sericeus 124
— wolliger, *Astragalus pilosus
  = Oxytropis pilosus* 124
Strahlengriffel,
  Actinidia arguta 146
Strandbeifuß,
  Artemisia maritima 157
Strandgrasnelke, *Armeria
  vulgaris maritima* 163, 199
Strandling,
  Litorella uniflora 130, 193
Strandmilchkraut,
  Glaux maritima 157
Strandsalde,
  Ruppia maritima 156
Strand-Salzmelde, *Halimione
  (= Obione) pedunculata* 157
Strandsode,
  Suaeda maritima 157
Straucheibisch,
  Hibiscus syriacus 197
Strauchmalve,
  Lavatera thuringiaca 196
Strauchpfingstrose,
  Paeonia suffruticosa 195
Straußfarn,
  Matteuccia struthiopteris 178
Strauß-Gilbweiderich,
  Lysimachia thyrsiflora 130
Strauß-Glockenblume,
  Campanula thyrsoides 137
Streifenfarn, grüner,
  Asplenium viride 177
— schwarzer,
  Asplenium trichomanes 177
Stundenblume,
  Hibiscus trionum 197, 212, 218
Sumpfbinse,
  Eleocharis acicularis 130
Sumpfblutauge,
  Comarum palustre 131
Sumpfdotterblume,
  Caltha palustris 129, 182
Sumpfschachtelhalm,
  Equisetum palustre 129, 176
Sumpfschnabel-Familie,
  Limnanthaceen (Ros) 208
Sumpfzypressen-Familie,
  Taxodiaceen (Pin.) 204
Susanne, schöne od. schwarze,
  Thunbergia alata 213

Szilla, sibirische,
Scilla sibirica 120, 200
— zweiblättrige,
Scilla bifolia 120, 122

Tagblume,
Commelina caelestis 127, 200
Taglilie, gelbe,
Hemerocallis flava 127
— goldgelbe,
Hemerocallis citrina 127
— braunrote,
Hemerocallis fulva 127
Tamariske, deutsche,
Tamarix germ. 172
Tamrisken-Familie,
Tamariscaceen (Dil) 172
Tanne, weiße, *Abies alba* 179
Tanne, koreanische,
Albies coreana 179
Tannenwedel,
Hippuris vulgaris 132, 188
Tannenwedel-Familie,
Hippuridaceen (Ros) 207
Taubenkropf,
Cucubalus baccifer 148
Taubnessel,
Lamium album 113, 155, 193
Taubnessel-Familie,
Lamiaceen (Ast) 209
Taubnessel-Ordnung,
Lamiale 209
Tausendblatt-Ordnung 206
Tausendguldenkraut,
Centaurium pulch. 190
Teestrauch-Ordnung,
Theale 209
Teichbinse, *Scirpus lacustris* 132
Teichmummel,
Nuphar luteum 181
Teufelskralle, kugelige,
Phyteuma orbiculare 155
Teufelszwirn, *Cuscuta europaea* 144, 165, 191
Thuja, abendländ.,
Thuja occident. 180
— wintergrün,
Thuja plicata 180
Tiger-Gauklerblume,
Mimulus luteus tigrinus 127
Tigerglocke,
Codonopsis clematidea 193, 209
Tigridie,
Tigridia pavonia 218
Tollkirsche,
Atropa belladonna 163
tränendes Herz,
Dicentra spectabilis 118, 183
Coix lacrima Jobi 153
Tränengras,
Traubenhollunder,
Sambucus racemosa 171, 191
Traubenhyazinthe, kleine,
Muscari botrytoides 119
— Weinberg-,
Muscari racemosum 119

Traubensteinbrech,
Saxifr. aizoon 141
Trauersegge,
Carex atrata 129, 200
Trichtermalve,
Lavatera trimestris 197, 213
Trollblume, chinesische,
Trollius sinensis 127, 182
— europäische,
Trollius europaeus 127, 182
Trompetenbaum,
Catalpa bignonioides 164, 193
Trompetenbaum-Familie,
Bignoniaceen (Ast) 209
Trompetenwinde,
Campsis radicans 146, 193
Trompetenzunge,
Salpiglossis sinuata 192
— bunte,
Salpiglossis versicolor 192
Tüpfelfarn,
Polypodium vulgare 178
Tüpfelfarn-Familie,
Polypodiaceen (Lept) 203
Türkenbundlilie,
Lilium martagon 123, 155, 199
Tulpen, botanische 120
Tulpe, wilde,
Tulipa celsiana 120
Tulpenbaum,
Liriodendron tulipifera 180

Ulme, Feld-,
Ulmus campestris 158, 173, 184
— Flatter-,
Ulmus efusa 158, 173, 184
Ulmen-Familie,
Ulmaceen (Ham) 207
„Umbelliferen" siehe Sellerie-Familie 208
Urfarne,
Psilophytaten 174, 175, 202

Veilchen, März-,
Viola odorata 173, 195
Veilchen-Familie,
Violaceen (Dil) 209
Veilchen-Ordnung,
Violale 209
Venuskamm,
Scandix pecten veneris 171, 190
Verbene,
Verbena rigida 213
Vergißmeinnicht,
Myosotis palustris 128
Vogelbeerbaum,
Sorbus aucuparia 185
Vogelmilch, dold.
Ornithogalum umbell. 120
— nickende,
Ornithogallum nutans 120
Vorgymnospermen 202, 204

Wacholder, amerik.
Juniperus virg. 179
— gewöhnlicher,
Junipers communis 179

— niedriger,
Juniperus nana 180
Wachsblume, Alpen-,
Cerinthe glabra 192
Waldbinse,
Luzula silvatica 124
Walderdbeere,
Fragraria vesca 167, 185
Wald-Flattergras,
Milium efusum 124, 201
Waldgeißbart,
Aruncus sylvester 163, 184
Waldmeister, *Galium*
(= *Asperula*) *odorata* 191
Waldmohn,
Hylomecon japonicum 206
Waldrebe,
Clematis vitalba 147, 164, 182
Waldrispengras,
Poa nemoralis 124
Waldsimse,
Luzula silvatica 124, 200
Wanzenkraut,
Cimicifuga cordifolia 182
Wasserfarne,
Hydropteriden (Hyd) 175, 203
Wasserknöterich, *Polygonum amphibium* 133, 170, 198
Wasserlinse, dreifurchige,
Lemna trisulca 133, 155, 201
— kleine,
Lemna minor 133, 201
Wasserlinsen-Familie,
Lemnaceen (Ar) 201
Wasserminze,
Mentha aquatica 130
Wassernuß,
Trapa natans 134
Wassernuß-Familie,
Trapaceen (Ros) 134, 207
Wasserschlauch,
Utricularia vulgaris 135
Wasserschraube,
Vallisneria spiralis 158, 199
Wasserschwaden,
Glyceria aquatica 132
Wasser-Schwertlilie,
Iris peudacorus 155
Wasserstern, Herbst-,
Callitriche autumnalis 152, 193
Wasserstern-Familie,
Callitrichaceen (Ast) 209
Weberkarde,
Dipsacus sativus 165, 191
Wegerich, Alpen-,
Plantago alpina 170
— Breit-,
Plantago maior 170
— mittlerer,
Plantago media 170
— Spitz-,
Plantago lanceolata 170
Wegerich-Familie,
Plantaginaceen (Ast) 209
Wegwarte,
Cichorium intybus 194

353

Wegwarten-Familie,
Cichoriaceen (Ast)
Teil der „Korbblüher" 209
Weiden, Salices 171, 196
Weiden-Familie,
Salicaceen (Dil) 210
Weiden-Ordnung, Salicale 210
Weidenröschen, behaartes,
Epilobium hirsutum 128, 187
— schmalblättriges,
Epilobium
angustifolium 166, 187
Wein, wilder,
Parthenocissus vitacea 147
— dreizipfliger,
Part. tricuspidata 147, 189
— Veitschs,
Sorte von tricuspidata 147
— fünfzipfeliger,
Parth. quinquefolius 147
Weinmalve,
Kitaibelia vitifolia 111
Weinrauten-Familie,
Rutaceen (Ros) 207
Weinrauten-Ordnung,
Rutale 207
Weinstock,
Vitis vinifera 146, 189
Weinstock-Familie,
Vitaceen (Ros) 208
Weißkraut, Brassica oleracea
capitata alba 220
Weißrand-Wolfsmilch,
Euphorbia marginata 189, 212
Weißtanne, Abies alba 179
Wicke, Futter-,
Vicia sativa 173
— Zaun-, Vicia saepium 146
Wiesen-Flockenblume,
Centaurea jacea 153
Wiesenklee,
Trifolium pratense 172
Wiesenknopf, kleiner,
Sanguisorba minor 157
Wiesenraute, akeleiblättrige,
Thalictrum aquilegifolium
158, 181

— hohe, Thalictrum
dipterocarpum 158, 181
Wiesensalbei,
Salvia pratensis 157
Wiesen-Storchschnabel,
Geranium pratense 189
Winde, nichtwindende,
Convolvulus tricolor 191
— Pracht-,
Ipomoea purpurea 144, 191
— Pracht, große
Ipomoea tricolor 144, 191
— Zaun-, Calystegia sapium
= Convolvulus 144, 154, 191
Winden-Familie,
Convolvulaceen (Ast) 208
Windröschen, blaues,
Anemone blanda 117
— Busch-,
Anemone nemorosa 121
Wintergrün-Familie,
Pirolaceen (Dil) 210
Winterjasmin,
Jasminum nudiflorum 148, 191
Winterling, gewöhnlicher,
Eranthis hyemalis 118, 182, 216
— silizischer,
Eranthis cicilia 118
Wolfsmilch, farb.,
Euphorbia polychr. 189
— Spring-,
Euphorb. latyris 189
— Weißrand-, Euphorb.
marginata 189, 212
Wolfsmilch-Familie,
Euphorbiaceen (Ros) 208
Wolfsmilch-Ordnung,
Euphorbiale 208
Wollgras, breitblättriges,
Eriophorum
latifolium 129, 200
Wollklette geflecktblättrige,
Medicago arabica 169
— gewöhnliche,
Medicago hispida 169
Wundklee,
Anthyllis vulneraria 151

Wurmfarn,
Dryopteris filix mas 154, 178

Zahnwurz, Knollen-,
Dentaria bulbifera 122, 195
Zaubernuß, jap.,
Hamamelis jap. 117, 183, 215
— filzige, Hamamel.
mollis 117, 183, 215
Zaubernuß-Familie,
Hamamelidaceen 206
Zaubernuß-Ordnung,
Hamamelidale 206
Zaunrübe,
Brvonia dioica 145, 196
Zaunwicke,
Vicia saepium 146
Zaunwinde,
Calystegia sepium 144, 154, 191
Zimtbrombeere,
Rubus ododratus 149
Zinnkraut,
Equisetum arvense 176
Zirbelkiefer, Arve,
Pinus cembra 179
Zistrose, salbeiblättrige,
Cistus salviaefolius 195
Zistrosen-, Sonnenröschen-
Familie, Cistaceen (Dil) 209
Zittergras, großes,
Briza maxima 152, 201, 212
Zitterpappel,
Populus tremula 196
Zottenspitzkiel, Oxytropis
= Astrag. pilosus 124
Zuckerahorn,
Acer sacharum 162
zweikeimblättrige Pflanzen,
Magnoliaten 176, 205
Zweizahn, dreiteiliger,
Bidens tripartitus 129
— nickender,
Bidens cernuus 129
Zwerg-Saturei,
Satureja pygmaea 138
Zwerg-Schneckenklee,
Medicago minima 169
Zypressen-Familie,
Cupreaaceen (Pin) 204

„Hydrokultur im Bereich der Schule"

Algenbildung 244, 262
Asbestzement 247, 252

Basalt 235
Baystrat s. Kunststoffmatten
Befestigung kletternder
Pflanzen 244, 248, 252
Belichtungsmessung 265
Bimskies 236
Blähton 234, 243
Blumenwürfel 256

Chlorempfindlichkeit 229

Dachgärten 252

Einsätze
f. Gefäße 238, 240, 242, 252, 262
Eisenchlorose 232

Folienverwendung
s. Kunststoff-Folien

Gericke 227
Gewicht v. Anlagen 257
Goldschiefer 235
Granit 235
Grodan s. Steinwolle

Helmont, B. v. 227
Holzgefäße-Vorbehandlung 238
Hygromull 237

Ionenaustauscher 231
Isolierung 238, 249, 254, 256

Kalkentfernung s. pH-Wert
Kalkfliehende Pflanzen 229
Kies 235
Knop 227, 233
Korngröße
d. Substrates 233, 242, 263
Kunststoff-Folien 239, 251, 254
Kunststoffmatten 236
Kurzzeit-
Hydrokultur 236, 245, 255

Langzeitdünger 231
Leca-Ton s. Blähton
Lewatit 231
Lichtbedarf 264
Liebig, J. v. 227
Luftfeuchte 254, 262, 263
Luftversorgung
d. Wurzeln 234, 239

Metallgefäße-Vorbehandlung 238
Moos 236
Mooswände 256

Nährlösung: Aus-
tausch 238, 239, 249, 254, 261, 264
— Zusammen-
setzung 233, 251, 262

Pflanzenanzucht
aus Samen 235, 261, 263
— aus Steck-
lingen 235, 236, 245, 261, 263
— durch
Umstellung 244, 253, 260
Pflanzenschutz 264

pH-Wert: Bedeutung 229
— optimale Werte
f. Pflanzen 229
— Schwankung 230, 245
— Veränderung 231

Quarz 235

Regenwasser-
Verwendung 229, 231

Sachs 227, 233
Sand 235
Selbstbewässerung 250
Steinwolle 234
Stroh 236
Styromull 237

Torfkultur-
substrat 236, 239, 252, 255
Torfwände 238, 256

Umstellung s. Pflanzenanzucht

Verdunstung 262, 264
Vermiculit 235
Volldünger 232

Wachstumsruhe 261
Wasserhärte: empfindliche
Pflanzen 229
— Entfernung 231, 232
Wasserstand-
kontrolle 238, 239, 248, 254
Woodward, J. 227
Wurzelfäulnis 239, 262

Biologieunterricht im Zoologischen Garten

Amsterdam 273
Antwerpen 274
Arbeitsblätter 292ff
Aufgaben des
  Biologieunterrichts 275
  bildungstheoretisch
  begründete 275
  gesellschaftspolitisch
  begründete 276
Aufgaben Zoologischer
  Gärten 271ff
  Begegnungsstätte
  mit Tieren 271
  Naturschutz 273
  Naturwissenschaftliche
  Bildung 272
  Naturwissenschaftliche
  Forschung 272
Augsburg, Tiergarten 280

Bergen 271
Berlin Ost, Tiergarten Berlin-Friedrichsfelde 273, 287
Berlin West, Zoologischer
  Garten 280, 286
Bildungsziele 273ff, 274
Bildungstheorie 275
Bochum, Tierpark 280
BRD 273, 286
Bremen, Aquarium des
  Übersee-Museums 280
Bremerhaven, Tiergrotten und
  Nordseeaquarium 281
Büsum, Aquarium 281

Chicago 271

Darmstadt, Vivarium 281, 287
DDR 273, 286
Didaktik
  des Zoounterrichts 274ff
Dortmund, Tierpark 281
Dresden, Zoologischer
  Garten 273, 287
Düsseldorf, Löbbecke-Museum
  und Aquarium 273, 281, 288
Duisburg,
  Zoologischer Garten 281, 288
Dylla 279

Education Officer 271
Ersatzrevier 275
Essen, Aquarium und
  Terrarium 281

Frankfurt,
  Städtisches Schulamt 273
Frankfurt, Zoologischer
  Garten 271, 273, 282, 288, 293
Frankfurt,
  Zoo-Schulabteilung 273

Gelsenkirchen, Ruhr-Zoo 282
Grundeinsichten 275, 276
Grundwissen 276

Grupe 277
Grzimek, Prof. Dr.
  Dr. h. c., B. 273

Halle, Zoologischer
  Garten 273, 289
Haltungs- und
  Pflegemaßnahmen 276
Hamburg,
  Tierpark Hagenbeck 282
Hannover, Zoologischer
  Garten 273, 282, 289
Havanna 271
Hediger 275
Heidelberg, Tiergarten 282
Hessisches Institut für
  Lehrerfortbildung 289

Internationale Zoopädagogen-Vereinigung (Intern. Association of Zoo Educators) 274
International Zoo Yearbook 271

Kalkutta 271
Karlsruhe, Zoologischer
  Garten 283, 289
Kassel, Aquarium 283
Köln, Zoologischer
  Garten 273, 278, 283, 289
Kopenhagen 274
Krefeld, Tierpark 283
Kronberg, Georg-von-Opel-Freigehege 283

Landau, Tiergarten 283
Leipzig,
  Zoologischer Garten 273, 289
Lernziele 276
  formale 276
  koordinative 277
  materiale 276
Lippstadt, Heimattiergarten 283
Logabirum,
  Ostfriesischer Zoo 284
London, Zoological
  Gardens 271, 273, 274
London, Zoological Society 271
Lorenz, Konrad 276
Lübeck, Tierpark 284

Magdeburg,
  Zoologischer Garten 290
München, Tierpark
  Hellabrunn 271, 284, 290
Münster, Westfälischer Zoologischer Garten 273, 284, 290, 294

Neumünster, Heimattierpark 284
Neunkirchen,
  Städtischer Tierpark 284
Nieder-Fischbach, Tierpark 285
Nordhorn, Tierpark 285
Nürnberg,
  Tiergarten 273, 285, 291, 294

Osnabrück,
  Zoo 273, 278, 285, 291, 294

Pädagogische Hochschule
  Reutlingen 291
Pädagogisches Institut der
  Stadt Nürnberg 291
Pädagogisches Zentrum
  Berlin 287, 294, 297
Paris, Zoo 271

Raum-Zeit-System 275
Recklinghausen, Tiergarten 285
Rheine, Tierpark 285
Rio de Janeiro 271
Rom 271
Rostock, Zoologischer
  Garten 273, 291, 293

Saarbrücken, Zoologischer
  Garten 285, 291
San Diego 271
Schwabe 276
Siedentop 275
Slimbridge 271
Straubing, Tiergarten 286
Stuttgart, Zoologisch-botanischer Garten
  Wilhelma 273, 286, 292, 294

Themenkataloge 279, 293ff
Tierhaltungskriterien 275
Tokyo 271

Unterrichtsabteilungen 273ff
Unterrichtshilfen 292ff
Unterrichtsmethoden 279
  Anweisender Unterricht 279
  Fachmannsvortrag 279
  Gruppenanalyse 279
  Informationsgang 279
  Projektmethode 279
  Zusammentragendes
  Beobachten 279
Unterrichtsstätte Zoo 275
Unterrichtszeiten 278

Walsrode, Vogelpark 286
Washington 274
Wuppertal, Zoologischer
  Garten 286, 292

Zoo als kulturelle
  Einrichtung 271
Zoo Docent 273
Zoo-Lehrwege 292ff
Zoo-Pädagoge 273
Zoopädagogische
  Dokumentation 295ff
Zooschule 273ff, 286ff
Zoounterricht 277ff
  didaktisch-methodische
  Arbeiten zum 295ff
  durch Klassenlehrer 279
  ergänzender 277
  Lehrplan bezogener 278
  Unterrichtsprogramme 295 ff

Biologieunterricht im Naturkundemuseum

Anatomie 311
Arbeitsblätter 311
Artenkenntnis 310

Embryologie 311
Evolution 311

Morphologie 311

Museen, Bundesrepublik
   und Westberlin 315
Museumsführungen 310
Museumspädagoge 310

Ökologie 311
Ontogenie 311

Phylogenie 311

Sammlungsgestaltung 310
Schausammlungen 309
„Schwellenangst" 310
Systematik 310

Tiergeographie 311

Vorbereitungskurse 310

Naturschutz und Naturschutzgesetze

Artenschutz 329

Bayer. Naturschutz-
 Ergänzungsgesetz 334
Boden 331
Bodenschätze 331
Brutstätten 337
Beunruhigen von Wild 340
Bundesjagdgesetz 338
Bundesnaturschutz-Gesetz 328
Bundeswald-Gesetz 329

Europäisches
 Naturschutzjahr 328

Federwild 339
Forstwirtschaft 331

Grundgesetz 327

Haarwild 339

Korbtiere 337
Klima 332
Kriechtiere 337

Landschaftsbestandteile,
 geschützte 333
Landschaftsplanung 329
Landschaftsschutzgebiete 333
Landwirtschaft 331
Luftverunreinigung 332
Lurche 337

Naherholungsgebiete 332
Nationalpark 333
Naturdenkmal 333
Naturgüter 331
Naturpark 333
Naturschutzbegriff 329
Naturschutzgebiete 332

Rahmenvorschriften 328
Reichs-Naturschutzgesetz 327
Rote Listen 338

Säugetiere 337

Teilweise geschützte
 Pflanzen 336

Unbebaute Bereiche 331

Verursacherprinzip 329
Vögel 336
Vollkommen geschützte
 Pflanzen 335

Wasserflächen 332

Zugang zu Landschaftsteilen 332

Verbesserung von sinnentstellenden Druckfehlern im Handbuch

Seite 114, Zeile 37: statt „asterartige": Asternartige
Seite 152, Zeile 14: statt „Kotflsiegen": Kotfliegen
Seite 153, Zeile 29: statt „Spossen": Sprosse
Seite 181, Zeile 15: statt „Honigblatt": Honigblätter
Seite 183, Zeile 21: „siehe Liste 5, Seite 138" entfällt
Seite 195, Zeile 29: statt „vierjährige": vierzählige
Seite 222, Zeile 6: statt „ 8 × 6": 8 × 8
Seite 346, Spalte 1, Zeile 18 ff: Zeile 20 nach Zeile 18; Zeile 21 nach Zeile 19
Seite 346, Spalte 3, Zeile 13 ff: Zeile 15 nach Zeile 13; Zeile 16 nach Zeile 14
Seite 350: Spalte 1, Zeile 44: statt „touolum": tuolumnense
Seite 351: Spalte 2, Zeile 40: statt „opulua": opulus
Seite 351: Spalte 3, Zeile 14: hinter Schwarzwurzel: Zusatz „rote"
Seite 353: Spalte 1, Zeile 58 und 59 vertauschen